21世纪高等学校规划教材｜电子信息

移动通信技术及应用

（第2版）

吴彦文　主编

清华大学出版社
北京

内容简介

本书系统、全面地介绍了移动通信的相关概念、关键技术以及一些典型的移动通信系统，既包括二代的GSM和CDMA系统，又有过渡阶段的GPRS和CDMA 1x系统，还包括三代的WCDMA、CDMA 2000和TD-SCDMA系统。此外，还就移动通信的增值业务与应用做了一定的概述，最后还介绍了四代系统LTE的发展。本书力求结合当前我国移动通信的建设和近期发展进行编写，兼顾了理论性、系统性、实用性和方向性，具有全面和深入的特点，是一本比较好的专业书籍。本书可用作电子信息相关专业高年级的教科书以及从事移动通信建设的工程技术人员和管理人员的参考书。

图书在版编目(CIP)数据

移动通信技术及应用/吴彦文主编. --2版. --北京：清华大学出版社，2013.6(2023.8重印)
21世纪高等学校规划教材·电子信息
ISBN 978-7-302-31612-1

Ⅰ.①移… Ⅱ.①吴… Ⅲ.①移动通信—通信技术 Ⅳ.①TN929.5

中国版本图书馆CIP数据核字(2013)第031178号

责任编辑：魏江江 赵晓宁
封面设计：傅瑞学
责任校对：焦丽丽
责任印制：曹婉颖

出版发行：清华大学出版社
网　　址：http://www.tup.com.cn，http://www.wqbook.com
地　　址：北京清华大学学研大厦A座　**邮　　编**：100084
社 总 机：010-83470000　**邮　　购**：010-62786544
投稿与读者服务：010-62776969，c-service@tup.tsinghua.edu.cn
质量反馈：010-62772015，zhiliang@tup.tsinghua.edu.cn
课件下载：http://www.tup.com.cn，010-83470236
印 装 者：三河市君旺印务有限公司
经　　销：全国新华书店
开　　本：185mm×260mm　**印　　张**：26.75　**字　　数**：647千字
版　　次：2009年4月第1版　2013年5月第2版　**印　　次**：2023年8月第12次印刷
印　　数：8001～8500
定　　价：45.00元

产品编号：050246-01

出版说明

随着我国改革开放的进一步深化，高等教育也得到了快速发展，各地高校紧密结合地方经济建设发展需要，科学运用市场调节机制，加大了使用信息科学等现代科学技术提升、改造传统学科专业的投入力度，通过教育改革合理调整和配置了教育资源，优化了传统学科专业，积极为地方经济建设输送人才，为我国经济社会的快速、健康和可持续发展以及高等教育自身的改革发展做出了巨大贡献。但是，高等教育质量还需要进一步提高以适应经济社会发展的需要，不少高校的专业设置和结构不尽合理，教师队伍整体素质亟待提高，人才培养模式、教学内容和方法需要进一步转变，学生的实践能力和创新精神亟待加强。

教育部一直十分重视高等教育质量工作。2007 年 1 月，教育部下发了《关于实施高等学校本科教学质量与教学改革工程的意见》，计划实施"高等学校本科教学质量与教学改革工程(简称'质量工程')"，通过专业结构调整、课程教材建设、实践教学改革、教学团队建设等多项内容，进一步深化高等学校教学改革，提高人才培养的能力和水平，更好地满足经济社会发展对高素质人才的需要。在贯彻和落实教育部"质量工程"的过程中，各地高校发挥师资力量强、办学经验丰富、教学资源充裕等优势，对其特色专业及特色课程(群)加以规划、整理和总结，更新教学内容、改革课程体系，建设了一大批内容新、体系新、方法新、手段新的特色课程。在此基础上，经教育部相关教学指导委员会专家的指导和建议，清华大学出版社在多个领域精选各高校的特色课程，分别规划出版系列教材，以配合"质量工程"的实施，满足各高校教学质量和教学改革的需要。

为了深入贯彻落实教育部《关于加强高等学校本科教学工作，提高教学质量的若干意见》精神，紧密配合教育部已经启动的"高等学校教学质量与教学改革工程精品课程建设工作"，在有关专家、教授的倡议和有关部门的大力支持下，我们组织并成立了"清华大学出版社教材编审委员会"(以下简称"编委会")，旨在配合教育部制定精品课程教材的出版规划，讨论并实施精品课程教材的编写与出版工作。"编委会"成员皆来自全国各类高等学校教学与科研第一线的骨干教师，其中许多教师为各校相关院、系主管教学的院长或系主任。

按照教育部的要求，"编委会"一致认为，精品课程的建设工作从开始就要坚持高标准、严要求，处于一个比较高的起点上；精品课程教材应该能够反映各高校教学改革与课程建设的需要，要有特色风格、有创新性(新体系、新内容、新手段、新思路，教材的内容体系有较高的科学创新、技术创新和理念创新的含量)、先进性(对原有的学科体系有实质性的改革和发展，顺应并符合 21 世纪教学发展的规律，代表并引领课程发展的趋势和方向)、示范性(教材所体现的课程体系具有较广泛的辐射性和示范性)和一定的前瞻性。教材由个人申报或各校推荐(通过所在高校的"编委会"成员推荐)，经"编委会"认真评审，最后由清华大学出版社审定出版。

目前,针对计算机类和电子信息类相关专业成立了两个“编委会”,即“清华大学出版社计算机教材编审委员会”和“清华大学出版社电子信息教材编审委员会”。推出的特色精品教材包括:

(1) 21世纪高等学校规划教材·计算机应用——高等学校各类专业,特别是非计算机专业的计算机应用类教材。

(2) 21世纪高等学校规划教材·计算机科学与技术——高等学校计算机相关专业的教材。

(3) 21世纪高等学校规划教材·电子信息——高等学校电子信息相关专业的教材。

(4) 21世纪高等学校规划教材·软件工程——高等学校软件工程相关专业的教材。

(5) 21世纪高等学校规划教材·信息管理与信息系统。

(6) 21世纪高等学校规划教材·财经管理与应用。

(7) 21世纪高等学校规划教材·电子商务。

(8) 21世纪高等学校规划教材·物联网。

清华大学出版社经过三十多年的努力,在教材尤其是计算机和电子信息类专业教材出版方面树立了权威品牌,为我国的高等教育事业做出了重要贡献。清华版教材形成了技术准确、内容严谨的独特风格,这种风格将延续并反映在特色精品教材的建设中。

清华大学出版社教材编审委员会
联系人:魏江江
E-mail:weijj@tup.tsinghua.edu.cn

人们对无线通信的极大热情始于1897年马可尼的首次无线电通信实验。20世纪80年代以来，移动通信技术的发展可谓日新月异，目前正处在第三代移动通信技术蓬勃发展的时期，它的特征是语音、数据及多媒体等多种业务相结合。移动通信为整个社会的信息化、移动化提供了方便而又有个性的手段，新型移动增值业务的不断涌现，使得移动通信技术在各行各业中的应用将越来越多。

今天，移动通信的范畴从人—人通信到人—机通信、机—机通信，甚至是物—物通信，从语音通信到数据通信、多媒体通信，从低速移动通信到中速移动通信、高速移动通信，从窄带通信到宽带通信、广带通信等，无所不包。宽带化与分组化正逐步成为移动通信网络发展的主流和趋势。而同时，手机电视、手机证券、手机报、手机地图等移动应用，使得移动终端不仅是通信的工具，更是人们工作、学习与休闲的好帮手，而这时第四代移动通信也已经逐步揭开了它的“面纱”，理想的个人通信时代正在到来。

全书共分9章，主要侧重于技术与应用两大部分，涉及移动通信的相关概念、关键技术以及一些典型的移动通信系统，然后就移动通信的增值业务与应用做了一定的概述，并在最后展望了第四代移动通信系统。本书第1版时，正处于第二代移动通信大发展、第三代移动通信试商用的阶段，而现在却是第三代移动通信大发展、第四代移动通信拟商用的阶段。因此，本书对原版的相关内容进行了更新，包括一些概念与关键技术，还新增了CDMA 2000、TD-SCDMA、LTE等移动通信系统及其关键技术的介绍，使其应用性更强。具体地说，第1章主要介绍移动通信的概念、发展、基本特点以及一些常用的移动通信系统等；第2章介绍移动通信的相关概念，如无线电波的传播特性、信道特征、蜂窝、基本网络结构、噪声与干扰等；第3章介绍一些典型的移动通信技术，如语音编码技术、调制解调技术、扩频通信技术、分集接收技术、链路自适应技术、OFDM技术、软件无线电技术、联合检测技术、智能天线技术、MIMO技术、认知无线电技术等；第4章和第5章详细地介绍了两种典型的第二代移动通信系统，即GSM系统和CDMA系统，包括这些系统的特点、无线接口、关键技术以及控制与管理等都进行了详细的概述，以期读者对第二代系统有个详细的了解；在第6章，以移动通信的演进为思路，先介绍过渡阶段的两种第二代半移动通信系统，即GPRS系统和CDMA 1x系统，又介绍了两种第三代移动通信系统，即WCDMA系统和CDMA 2000系统；在第7章，详细介绍了中国标准的TD-SCDMA移动通信系统，包括该系统的特点、无线接口、关键技术以及控制与管理等都进行了详细的概述，以期读者对第三代系统有个详细的了解；第8章主要介绍移动增值业务，包括其特点、分类、体系结构与关键技术等，阐述了移动增值业务的具体应用，特别是行业应用；第9章作为全文的总结，展望了第四代移动通信系统LTE和LTE-Advanced系统。

本书为了方便读者的阅读，在每章的学习内容之前给出了学习目标、知识地图和学习指导，在每节后面附有思考与练习，在每章的最后又给出了本章小结；同时，本着“学为所用”、

"知识学习与创新实践相结合"的指导思想，每章精心选择了一些实验与实践活动，提供了拓展阅读的指导(将相应的一些参考文献也列在其中)；为了加强学习的趣味性并激发学生的自主研究，每章最后给出了深度思考的题目。本书亦将部分思考与练习的答案、部分提示作为附录，以方便读者阅读时参考。书中的英文缩写词和行业术语，读者可以对照书后的附录或查阅相关的词典进行阅读。

本书编写的目的是为了让读者了解移动通信的新技术与应用。为此，在编写过程中不忘引入新技术和注意知识点的深入浅出。我们相信该书会是一本很好的参考书。

本书由华中师范大学的吴彦文教授主编。华中师范大学物理科学与技术学院的胡楚桥、曹红姣、李诗、张海峰、龚自禄等人为本书的资料收集与文字输入、绘图等做了不少工作，在此表示诚挚的感谢。

由于作者水平有限，书中错误和不当之处在所难免，敬请广大读者和同行专家批评指正。

作　者

2013 年 5 月

目　录

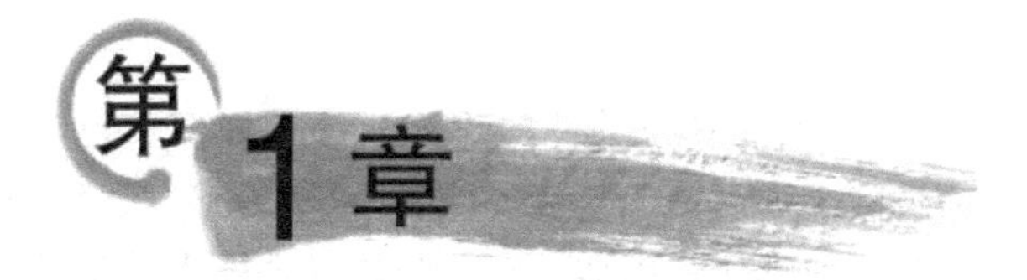

第1章 移动通信概论

学习目标

- 了解本课程的研究对象、研究内容、学科性质与应用范围。
- 理解移动通信的概念及其含义，并能够简单陈述移动通信的意义。
- 了解移动通信的发展历程和我国移动通信的发展概况，能够使用自己的语言陈述移动通信在不同侧面上的发展。
- 掌握移动通信的基本特点。
- 掌握常用移动通信系统的分类、结构、特点和应用。
- 能够使用自己的语言陈述常用的几种移动通信系统的名称、结构、功能与特点及应用。
- 了解移动通信的未来发展方向。

知识地图

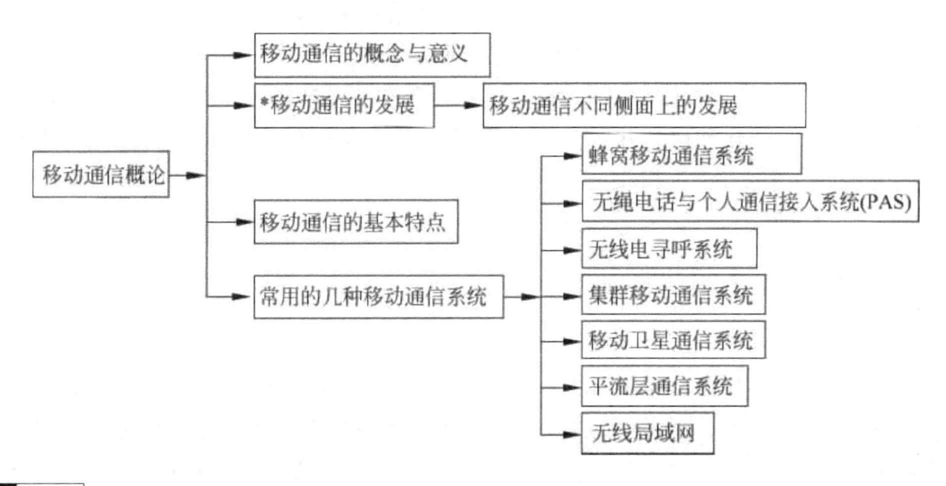

学习指导

本章是全书的绪论部分，主要涉及移动通信的概念与含义、移动通信的意义、移动通信的发展历程、移动通信的基本特点、常用的几种移动通信系统以及移动通信的未来发展方向等基本问题。对这些基本问题的理解与掌握有助于在后续章节的学习中建立一个理解移动通信的基本认知框架。其中，对移动通信概念及含义、移动通信基本特点以及常用移动通信系统分类、结构、特点和应用的理解尤其重要。此外，对移动通信发展历程的介绍为读者提供了一个从历史的视角考察移动通信产生与发展的机会。为了帮助读者掌握所学内容，建议在学习时充分利用本章知识地图。

课程 学习

随着信息社会的到来,信息通信已经成为人们日益关注的焦点。那么如何实现随时随处的联系与信息沟通呢?移动通信无疑是解决该问题的最佳方式,并且随着移动通信、互联网、物联网等技术的进步,各种具有鲜明特色的现代移动通信业务也蓬勃地发展起来了。

1.1 移动通信的概念与意义

1. 移动通信的概念

比较传统的移动通信定义为:用无线通信技术来完成移动终端之间或移动终端与固定终端之间的信息传送。国内的通信教材大都定义为:"移动通信是指通信的双方,至少有一方是在移动中进行信息传输和交换,包括固定点与移动体(车辆、船舶、飞机)之间、移动体之间、移动的人之间的通信,都属于移动通信的范畴。"

应该说,移动通信发展到了今天,其概念也扩展了许多。例如,移动电话与固定电话之间的通信属于移动通信,那么如果将移动业务转移到固定电话上,然后进行与固定电话间的通信,这是否属于移动通信呢?再有,基于短消息方式的数据采集,其发送方与接收方均为固定的设备,这又是否属于移动通信呢?这样的例子还有许多,由此可以看出,移动通信的主要目标是用以解决因人或者设备、物品的移动性而产生的信息传输与交换的问题,其通信的内容不仅包括语音的通信,还将包括数据、图像、视频等的通信。移动通信含义的关键点就在于"动中通",它的突出特点是移动性,主要表现在终端的移动性、业务的移动性及个人身份(如 SIM 卡)的移动性上。移动通信的最终目标是实现 5W+4Z 的通信,5W 即"实现任何人可在任何地方、任何时间、以任何方式与其他的任何人进行任何种类的通信",而 4Z 即"移动化、个性化、智能化和虚拟化",其业务将最终实现与平台的无关性、网络的无关性及与设备的无关性等。今天,随着物联网技术的发展,移动通信还从人与人之间的通信,扩展到了物与物之间的通信、人与物之间的通信等。

2. 移动通信的意义

移动通信是 20 世纪运输与通信两者高度发展而相互结合的产物,它与固定通信相辅相成,同为整个通信领域的重要组成部分。它使人类实现了随时随地、快速可靠地进行多种类型信息的交换(即具有语音、数据、传真、图像等多种业务类型),集中了有线和无线通信的最新技术成就,是一种较为理想的通信方式。它最主要的特色在于,移动通信时呼叫的是人或设备而不是地点,这使通信具有个性并变得自由了。同时,移动通信预付费卡的采用,将使得移动电话业务转变为一种日用消费品,可以像饮料、食品那样在超市货架上买到。

正因为如此,由移动电话业务而引申出来的电信普遍服务更广受人们的关注。普遍服务(Universal Service)最早从美国 AT&T 公司提出,意指全民均有机会接受电信服务,强调给所有想要得到这种电信服务的人,不论其收入高低、残疾与否或在什么地点(包括经济落后地区、偏远地区),都能获得一种方便而负担得起的电信服务,从而获得信息资源。因此,电信的普遍服务是事关全局,需要全社会认真对待和解决的重大问题。今天,手机已经成为了一种消费电子产品,这使得移动通信将在未来的电信普遍服务中承担更多的义务并扮演着更重要的角色。

移动通信是现代社会的三大基础结构(即运输、能源及通信)之一,正如运输可实现的是人和物的转移、能源可完成能量的传递一样,移动通信则帮助人们实现了随时随地的信息转移。从整个通信业发展的趋势来看,电信服务将更加趋向移动化。未来的电信服务将更多地采用无线网络而不是固定网,通信网络正逐渐从地面上移至空中。在2001年,ITU世界电信发展报告中的结束语是:20世纪的目标是实现"任何地方、任何时候、任何人"(Anywhere,Anytime,Anyone)的通信。21世纪的目标应该是实现"处处、时时、人人"(Everywhere,All-the-time,Everyone)的通信。而要实现这一目标,移动通信必须肩负起更大的使命。

同时,移动通信与互联网、物联网的结合将产生一系列全新的应用,并将从根本上改变人们的生活方式,如家电设备的互连互通等。"机对机"应用将逐渐趋于成熟,也许该类应用的信息流量还将超过"人对机"和"人对人"的应用流量。可以说,移动通信的发展将大大加快整个社会信息化的进程。

思考与练习

1.1.1 填空题

① 移动通信含义的关键点就在于"动中通",它的突出特点是移动性,主要表现在________、________以及________的移动性上。

② 个人通信是人类的通信理想,即实现"5W+4Z"的通信,其中这里的"4Z"指的是________,移动通信的业务将最终实现与平台的无关性、网络的无关性以及与设备的无关性等。

1.1.2 简述题

简述移动通信的概念及其含义。

1.1.3 实践题

通过上网查资料,试述"物联网"与"移动通信网"的关系。

1.2 移动通信的发展

1.2.1 移动通信的发展历程

移动通信的发展始于无线通信。1897年,M.马可尼发明了无线通信,完成了陆地和一艘拖船上的无线通信实验(18海里),这标志着无线通信的开始,以后其发展大致经历了5个发展阶段。

(1) 第一阶段(1920年至1970年中)。移动通信的雏形阶段,它由以下几个标志性的事件所组成。

① 移动通信的起步阶段(1920年至1940年)。其代表是1928年美国警用车辆安装的车载无线电系统,它是在几个短波频段上开发出的专用移动通信系统,其特点是专用系统、工作频率较低等,它为移动通信的发展打下了良好的基础。

② 公用移动通信业务问世阶段(1940年至1960年初)。其代表为1946年贝尔系统在

圣路易斯城建立的世界上第一个公用汽车电话网,称为"城市系统"。当时使用的频段为30～40MHz,间隔为120kHz,通信方式为单工。随后西德、法国、英国等国相继研制了公用移动电话系统,使用的频段为150～450MHz,是一个小容量、大区制的移动电话系统。另外,美国贝尔实验室解决了人工交换系统的接续问题。

③ 大区制移动通信系统发展阶段(1960年中至1970年中)。这一阶段美国推出了改进型移动电话系统,使用150MHz和450MHz频段,德国也推出了具有相同技术水平的B网。可以说,这是移动通信系统改进与完善的阶段,其特点是采用大区制、中小容量的移动电话系统,实现了无线频道自动选择并能够自动接续到公用电话网。

(2) 第二阶段(1970年中至1980年中)。第一代模拟移动通信系统发展阶段,也就是1G时代。1974年美国贝尔实验室提出了蜂窝的概念,之后于1978年底成功研制了AMPS蜂窝移动电话系统,大大提高了系统容量。到1980年中,北欧的NMT系统、日本的NAMTS系统及英国的TACS系统等相继建立,标志着第一代模拟移动通信系统的诞生。这一阶段的特点是蜂窝状模拟移动通信网成为实用系统,由于实现了频率复用,大大提高了系统容量,使得移动通信蓬勃发展。显然,模拟移动通信系统存在着频谱利用率低、移动设备复杂、费用较贵、业务种类受限制以及通话易被窃听等缺点。

(3) 第三阶段(1980年末至2000年)。这是第二代数字移动通信系统的发展和成熟时期,即2G时代,其标志是1991年商用的IS-54、1992年商用的GSM、1993商用的PDC等系统的问世。这一阶段的特点是频谱利用率高,可大大提升系统容量,能提供语音、数据等多种业务服务,并与ISDN等兼容。

(4) 第四阶段(2000年至2009年)。这一阶段移动通信技术的发展呈现了加快的趋势,第三代移动通信系统(简称3G)在全球被普遍商用化,即3G时代。我国也从2009年开始了3G的全面商用,从而引发了全民换机的热潮。3G网络能将高速移动接入和基于互联网协议的服务结合起来,提高无线频率利用率;提供包括卫星在内的全球覆盖并实现有线和无线以及不同无线网络之间业务的无缝连接;满足多媒体业务的要求,从而为用户提供使用更经济、内容更丰富的无线通信服务。

(5) 第五阶段(2010年以后)。这一阶段移动通信技术慢慢打上了4G(第四代移动通信技术)的标签。物联网概念的提出,进一步促进了移动通信的发展,而4G系统一经提出,便被寄希望于满足提供更大的带宽需求,满足更高速数据通信和更高分辨率多媒体服务的需要。事实上,早在2007年韩国电子通信研究院就展示了4G系统,世界各国也就4G的远景发展目标达成了基本共识,并于2007年世界无线电大会上为4G移动通信系统指定了频谱,新一代宽带无线移动通信技术标准和产业发展的序幕由此拉开。4G的概念可称为宽带接入和分布网络,具有非对称的数据传输能力。它包括宽带无线固定接入、宽带无线局域网、移动宽带系统和交互式广播网络。第四代移动通信标准比第三代标准具有更多的功能。第四代移动通信可以在不同的固定、无线平台和跨越不同的频带的网络中提供无线服务,可以在任何地方用宽带接入互联网(包括卫星通信和平流层通信),能够提供定位定时、数据采集、远程控制等综合功能。此外,第四代移动通信系统是集成多功能的宽带移动通信系统,是宽带接入的IP系统。至2011年年底,全球4G LTE的用户已达到1160万户,LTE在全球商用范围不断扩大,FDD-LTE、TDD-LTE等各种LTE技术标准暂时共存。

1.2.2 我国移动通信发展概况

我国移动通信经历了近30年的发展，其市场的发展速度和规模令世人瞩目，呈超常规、跳跃式的发展。自1987年中国电信开办移动电话业务以来，用户年增长速度在200%以上，以后用户数几乎每年翻一番；2001年8月用户数超过了1.2亿，成为世界上移动用户数最多的国家；据中国工业和信息化部数据显示，至2003年10月底，中国移动电话用户数量已达到2.569亿户，首次超过固定电话用户数量；2007年，全国移动电话用户新增8622.8万户，是移动电话用户增长最多的一年，达到54 728.6万户，移动电话普及率达到41.6部/百人；2008年1～2月，全国移动电话用户新增1794.1万户，达到56 522.7万户，其中2月份新增945.8万户，再次刷新月度增长纪录；截至2012年1月，据国内三大运营商披露的最新数据，中国的手机用户数已达9.8758亿，逼近10亿大关。

总之，我国移动通信的发展相对较晚，具体经历了以下几个方面的发展：

(1) A网和B网(模拟网)的发展。我国早期(1987年)各地分别建设了移动电话网，分别采用了爱立信和摩托罗拉两大移动电话系统，结果形成了A网和B网两个系统，A网地区使用A网的手机，B网地区使用B网的手机，1996年实现全国联网，2001年年底，我国关闭了模拟网。

(2) G网的发展。1993年，我国开始建设"全球通(GSM)"数字移动电话网，G网工作于900MHz频段，频带比较窄，随着移动电话用户迅猛增长，许多地区的G网已出现容量不足达到饱和的状态。

(3) D网的发展。D网是指DCS1800系统的移动电话网，它的基本体制和现有的GSM900系统完全一致，但工作于1800MHz频段，不少城市均开辟了双频网，用以解决GSM900M系统的容量问题。

(4) GPRS网的发展。2002年5月17日，中国移动正式开通GPRS网络，标志着我国移动通信进入GPRS网络发展阶段。GPRS采用分组交换技术，它可以让多个用户共享某些固定的信道资源。

(5) C网的发展。我国CDMA网几乎是与G网同时建设的，早期称为长城网。2001年5月，联通开始在全国300个城市，以"小容量、广覆盖"的方案，建设IS-95B系统；2002年1月8日，正式放号开通；2002年6月，又开始了1x的升级；至2004年年底，中国联通CDMA 1x网络用户已突破7000万，且用户数急剧上升。

(6) 3G的发展。我国无线通信标准研究组(CWTS)从2000年初开始3G的标准化工作，包括WCDMA、CDMA 2000和TD-SCDMA等3个标准。至2002年上半年，核心网络的标准化工作基本完成。其中值得关注的是，大唐电信集团提出的TD-SCDMA无线传输技术(RTT)是我国第一项被ITU接纳的标准建议，属于CDMA TDD标准的一员，经过3GPP的集成不但可以用于基于GSM MAP的核心网演进，也可以用于基于IS-41的核心网演进。2008年5月中国移动与三星电子已联合向北京奥运会组织委员会交付了TD-SCDMA的通信服务及终端，这标志着基于中国自主创新的3G标准之一的TD-SCDMA技术开始正式被北京奥运会所使用。在北京奥运会期间，新的TD手机可以在全国众多城市随时随地收看7套免费高清电视节目，包括CCTV奥运频道节目。2009年5月17日，随着中国联通WCDMA业务试商用的开始，标志着中国三大运营商的3种制式标准3G业务，全部正式投入运营。

(7) 4G的发展。2007年1月28日在上海,我国第一个4G试验网已经正式进入第三阶段,即外场试验和预商用计划,在120km/h的移动环境下试验系统支持峰值速率为100Mb/s。2010年,中国具有自主知识产权的4G网络已确定,该技术的名称为TD-LTE,于2010年10月入选4G国际标准,并在上海、杭州、南京、广州、深圳、厦门、北京7个城市建设了TD-LTE规模试验网,是目前3G上网速度的10倍以上,能承载在线高清视频会议等宽带数据业务,将为我国移动互联网和物联网的发展提供网络支撑。

1.2.3 移动通信不同侧面的发展

移动通信技术的发展面临着多重的矛盾与困难,如可靠性与信道环境恶劣的矛盾、大容量的用户需求与频率资源有限性的矛盾等。但正是由于这些矛盾与困难的存在,才进一步推动了移动通信技术的发展。以大容量的用户需求和频率资源有限性的矛盾为例,最早的移动通信采用大区制,覆盖范围大,频率为150～450MHz,由于受到频率资源的限制,容量仅为几百个用户;以后随着模拟蜂窝技术的引入,第一代蜂窝移动通信系统频率为800～900MHz,可以和市话网和长话网联网,由于采用了小区制和频率复用技术,系统容量显著增加;再后来,第二代数字移动通信系统的使用,又进一步引入了时分复用技术,能提供更高的频谱利用率、更好的数据业务及更先进的漫游,使用800～900MHz频段和1800～1900MHz频段,进一步提升了系统容量等。目前,整个移动通信领域都以极快的速度在发展,其不同侧面的发展情况如下:

① 频段由HF、VHF、UHF发展到毫米波、红外波等更高的频段。

② 带宽经历了由窄带、中宽带向宽带、广带的演进。

③ 调制方式由模拟的调幅、调频发展到单边带调制、数字调制。

④ 通信方式由单工单信道发展到双工多信道。

⑤ 多址方式由FDMA发展到TDMA、CDMA。

⑥ 传输速率从低速传输发展到高速传输。

⑦ 通信业务经历了单一语音业务到集成数据业务、图像业务等多媒体业务阶段,增值业务不断拓展。

⑧ 通信规模从单机通信到系统通信,并发展到专线、专网通信。

⑨ 网络制式从大区制转变为小区制。

⑩ 移动速率能够逐步满足静止、步行、车速直到高速、航空的需要。

⑪ 传播环境从室外扩展到室内。

⑫ 系统覆盖从有限服务区、国内服务区发展到全球服务。

⑬ 通信容量经历了小容量、中容量到大容量、超大容量的发展。

⑭ 通信终端不断变轻、变巧,从电子管、晶体管发展为集成电路、超大规模集成电路。

⑮ 设备由硬件为主到软件为主。

⑯ 运营由一家专营到数网竞争。

目前第四代移动通信系统即将商用。移动通信的高速发展并不是简单地体现在投资的不断扩大上,而且它的发展集中于技术、业务、市场需求这3个关键词上。这三者的关系又是层层推进的:技术进步为移动通信的发展奠定了良好的基础,并进一步支撑了业务的发展与创新；新的业务不断发展又进一步推动并刺激了市场需求的发展；而市场需求的发展则是移动通信进一步发展的最根本驱动力。另外，微电子技术、结构小型化技术、数字处理技术、触屏技术以及软件技术、各种标准协议的出台等，更促使了新一代移动通信系统的实现。总之，市场、技术及业务的三重驱动，共同推动了移动通信的发展。

1.2.4 移动通信的未来发展

计算机、网络、人工智能等技术的发展带来了全球信息网络化的革命，它是人类信息交流方式的现代化革命，彻底改变了人类生活、工作和交往的方式，它与以往以延伸和扩展人的体能为主要特点的产业革命不同，信息革命是以延伸和扩展人脑为主要特点的。信息高速公路、GII、NII、CII 等概念的提出，使得全球变成了一个地球村，让人们的交流不再受到地理位置的局限。目前，发达国家把信息产业纳入第一产业，其产业的产值已占国民生产总值的 50%以上，而且发达国家中信息产业就业人口占劳动力总量的 50%以上。因此在 21 世纪的通信发展必须围绕以人为本的主题来开展。在通信行业中，许多概念已经发生了很大的变化，例如：

- 通信的目标从“电气通信”发展为“信息通信”，再从“信息通信”向“信息流通”发展。
- 通信的业务从单一的语音向数据、图片、音频、视频等多种媒体业务发展。
- 通信的网络从分立的网络向融合化、开放架构发展。
- 通信的终端从单一的语音通信工具向智能化、多功能化等性质的便携设备发展。
- 通信的研究领域从简单满足人们语言沟通的需求向如何充分利用 5 个感官(触、尝、听、看、闻)来满足人性的需求方向发展，并以延伸人的智能与情感为其目标等。

在这种形势下，下一代的通信网必然会出现 3 个世界：交换是 IP 的世界、传输是光通信的世界、而接入将是无线的世界。移动通信的发展也会随着整个通信行业的发展而发展。

从服务的角度看，虽然移动通信最初是为了在移动环境中打电话而发明的，但是 21 世纪的移动通信绝不是单单为了打电话，因此第三代移动通信一开始就定位于多媒体业务，并提供无所不在的全球性服务。由此可以看出当代移动通信有以下发展趋势。

(1) 移动电话发展的速度大大超过固定有线电话，成为信息通信产业的亮点。

据 ITU 资料显示，电信业务的增长从 1992 年开始逐步加速，至 2002 年移动业务年增长率已超过固定业务年增长率、移动用户数已超过固定用户数；2005 年，全球移动用户数为 20 亿户，业务量为 6000 亿元左右，年平均增长率为 10.3%，而固定用户数为 14 亿户，年平均增长率为 7.8%；2011 年，全球移动用户数达到 57.871 亿户，比 2010 年增长了 10.13%，占全球人口总数的 87%。2012 年，全球移动用户数预计将达到 62.63 亿户。我国的移动通信增长也呈现了类似的规律，2004 年移动用户数已超过固定用户数，移动业务年增长率已超过固定业务年增长率；至 2005 年，我国移动用户数近 4 亿户，年平均增长率为 13.2%；2011 年，我国移动用户数为 9.5 亿户，其中 3G 用户突破 1 亿。由此可见，移动通信将成为 21 世纪非常重要的通信方式，它将与有线通信相辅相成，并逐步成为未来整个信息通信产业耀眼的亮点。

(2) 移动数据业务的比例将日益增长，移动互联网成为人们生活的必需。

在“2012 年增值电信业务合作发展大会暨移动互联网(北京)峰会”上，中国互联网络信息中心(CNNIC)互联网发展研究部副主任陈建功透露，2012 年使用手机上网的网民比例将首次超过台式计算机上网的网民比例。这意味着移动通信赋予人们的自由和因特网的丰富内容相结合,使得手机上网用户激增,用户可从移动终端上接入 IP 业务,进行网页浏览、文件传输等业务。随着手机电视、移动银行、移动购物、防盗报警及家庭自动化等各种信息服务的开展,特别是移动通信在各种行业中的应用的不断开展,移动数据业务所占的比例必将日益增长。

(3) 移动通信终端设备正朝着智能化、宽带化、标准化的方向发展,并逐步成为接入互联网的主要设备。

3G 网络可以提供集语音、图片、文字等于一体的多媒体服务,这要求终端具有强大的处理能力,可以进行网上交易、商务往来、即时通信、手机游戏、在线视听、音乐下载等,因此智能手机的优势非常明显,它是移动通信终端与 PC 融合的产物,也是和 3G 技术相伴而生的概念。与过去的 2G 手机相比,智能终端可以更好地为各种个性化的多媒体数据服务。

未来的移动终端将集 Wi-Fi、红外、蓝牙、摄像头、条形码读取器等多种外设于一体。红外、蓝牙等方便快捷的下载技术使用户可以随意与计算机互联、共享信息、下载图片/铃声/游戏等,这增加了网络运营商的服务空间。带有摄像头的手机不仅可以轻松地完成取景、拍照、照片存储等工作,还可以借助移动通信网络将照片发送给亲人、朋友以交流感情。总之,移动通信终端是推动各种新业务发展的主力军,成为下一代移动通信技术发展的关键因素。

(4) 移动通信网络正朝着融合化、智能化、全球化的方向发展。

移动通信已经完成了从简单的模拟传输技术向复杂的数字传输技术、从具有低频谱效率的 FDMA 技术向高频谱效率的 TDMA 技术与 CDMA 技术、从基于电路交换的网络向基于分组和 IP 交换的网络、从简单的话音业务向"话音+低速数据"到"话音+数据+多媒体业务"等方向的发展。同时,随着从多种标准体制向统一的标准体制发展,全球漫游、高服务质量和高保密性等服务都正在逐步实现。蜂窝、无绳、集群和卫星等各种移动通信系统将在第三代中,以全球通用、系统综合作为基本出发点逐步融合,力图建立一个全球的、无缝覆盖的综合移动通信网。未来,移动通信网络更能集成不同模式的无线通信——从无线局域网和蓝牙等室内网络、蜂窝信号、广播电视到卫星通信,移动用户可以自由地从一个标准漫游到另一个标准。这样,个人通信、信息系统、广播、娱乐等业务无缝连接为一个整体,满足用户的各种需求。各种业务应用、各种系统平台间的互联更便捷、安全,面向不同用户要求,更富有个性化。因此,移动通信网作为一种理想的智能接入网,未来必然要与固定通信网融合成全球统一通信网络,为达到个人通信的理想奠定基础。

思考与练习

1.2.1 简述题

① 结合自己身边通信环境的变化,你能用自己的话陈述一下移动通信的发展历程和我国移动通信发展的概况吗?

② 你认为是什么推动了移动通信的飞速发展呢?

1.2.2 实践题

《通信企业管理》期刊上,经常会有"通信行业运行状况分析"的文章,请检索最近一期的"通信行业运行状况分析"报告并进行阅读。

1.3　移动通信的基本特点

移动通信与固定通信相比，不仅是采用了无线通信信道，而且增加了许多特殊功能。例如，移动的用户如何与通信网络相联系？通信网络又如何找到移动的用户？通信网络如何为移动的用户提供恰当的服务？通信网络如何保证移动用户通信的可靠性、安全性与连续性等。因此，移动通信具有以下基本特点。

1. 通信的移动性

通信的移动性，就是要保持物体在运动状态中的通信，即“动中通”，因而它必须是无线通信或无线通信与有线通信的结合。与固定系统相比，由于移动通信中用户终端的移动性，因此无论是业务量还是信令流量或其他一些网络特性参数，都具有较强的流动性、突发性和随机性。这些特性决定了移动通信系统设计与实际情况在话务模型、信令流量等方面一般存在较大的差异。当网络运行以后，营运者需要对网络的各种结构、配置和参数进行调整，以使网络更合理地工作。

2. 网络结构和管理呈现多样化和复杂化并不断演进

整个移动网络的结构是很复杂的，它既要实现无缝覆盖，又要实现与市话网、卫星通信网、数据网等多网的互连互通。为此，移动通信网络必须具有很强的管理和控制功能，诸如用户的位置登记和定位，通信(呼叫)链路的建立和拆除，信道的分配和管理，通信的计费、鉴权、安全和保密等。同时，移动通信的网络结构是随着技术的发展而不断演进的。例如，从模拟移动通信网向数字移动通信网的演进中，逐步引入了 HLR、VLR 等智能节点；从第二代移动通信网络向第三代移动通信网络的演进中，逐步引入了分组域设备等。

3. 移动通信中使用无线电波作为传播介质的特性

无线电波这种传播介质允许通信中的用户可以在一定范围内自由活动，使其位置不受束缚，但同时由于无线电波的引入又带来了一系列的问题：

(1) 无线电波可用的频谱资源有限，必须分配使用。

(2) 移动通信的电波传播环境十分恶劣。

(3) 无线信道中噪声和干扰严重，以至信道传输特性较复杂、不稳定等。

4. 移动通信综合使用了多种通信技术

当某一移动用户向另一移动用户或有线用户发起呼叫时，或者某一有线用户呼叫移动用户时，移动通信网络就要按照预定的程序开始运转，这一过程会涉及网络的各个功能部件，包括基站、移动台、交换中心、各种数据库以及网络的各个接口等，整个通信过程包括呼叫接续过程、移动性管理、无线资源管理等控制和管理功能，这些均由整体的网络系统实现，每一过程均涉及传送、交换、接入等多种通信技术。

5. 移动通信对用户设备性能要求高

现在人们对手机的要求也越来越高，希望功能多、重量轻、省电、操作简单和携带方便等。另外，移动终端还包括车载台和机载台，它们除要求操作简单和维修方便外，还应保证在剧烈震动、冲击、高低温变化等恶劣环境中都尽量能够正常地工作。同时，移动终端还要求在工业密集、繁忙的市区，频率拥挤、干扰严重的电波环境下，达到电磁兼容并满足机内的电磁兼容等要求。

思考与练习

1.3.1 选择题

① 移动通信的基本特点有(　　)。

A. 移动性　B. 无线性　C. 综合性　D. 设备小型化　E. 网络复杂性

② 无线电波作为移动通信传播介质带来的一系列问题有(　　)。

A. 频谱资源有限，必须分配使用　B. 传播环境恶劣

C. 噪声和干扰严重　D. 传输特性复杂、不稳定

1.3.2 简述题

你认为移动通信中使用了无线电波进行信息的传输，这给移动通信带来了哪些特殊性(相比有线通信而言)?

1.4 常用移动通信系统

移动通信的种类繁多，按照不同的侧面可分为多种类型，主要有以下几种分类方法:

- 从使用环境来分，可分为海、陆、空、地下。
- 从用户对象来分，可分为公用、专用、军用。
- 从调制方式来分，可分为调频、调幅、调相。
- 从信号性质来分，可分为模拟、数字。
- 从工作方式来分，可分为同频单工、异频单工、异频双工、半双工。
- 从多址方式来分，可分为频分多址(FDMA)、时分多址(TDMA)、码分多址(CDMA)。
- 从组网技术来分，可分为大区制、小区制、移动卫星通信系统。
- 从传输速率来分，可分为窄带、宽带、广带。
- 从业务类型来分，可分为电话网、数据网和综合业务网。
- 从覆盖范围来分，可分为广域网、城域网、局域网、个域网。
- 从移动速率来分，可分为高速移动、低速移动、准移动。

下面就几种典型的常用移动通信系统进行简单的介绍。

1.4.1 蜂窝移动通信系统

1. 蜂窝移动通信系统及其特点

早期的移动通信系统是在其覆盖区域中心设置大功率的发射机，采用高架天线把信号

发射到整个覆盖地区(半径可达几十公里)。这种系统的主要矛盾是它同时能提供给用户使用的信道数极为有限,远远满足不了移动通信业务迅速增长的需要。

为了进一步提升系统的容量,美国贝尔实验室等单位提出了蜂窝系统的概念,即将整个服务区域划分成若干个较小的区域(Cell,在蜂窝系统中称为小区),各小区均用小功率的发射机(即基站发射机)进行覆盖,许多小区像蜂窝一样能布满(即覆盖)任意形状的服务地区。此类系统主要由终端子系统、基站子系统、网络子系统以及与其他(如 PSTN 等)的网络相连的中继线所组成,如图 1-1 所示。

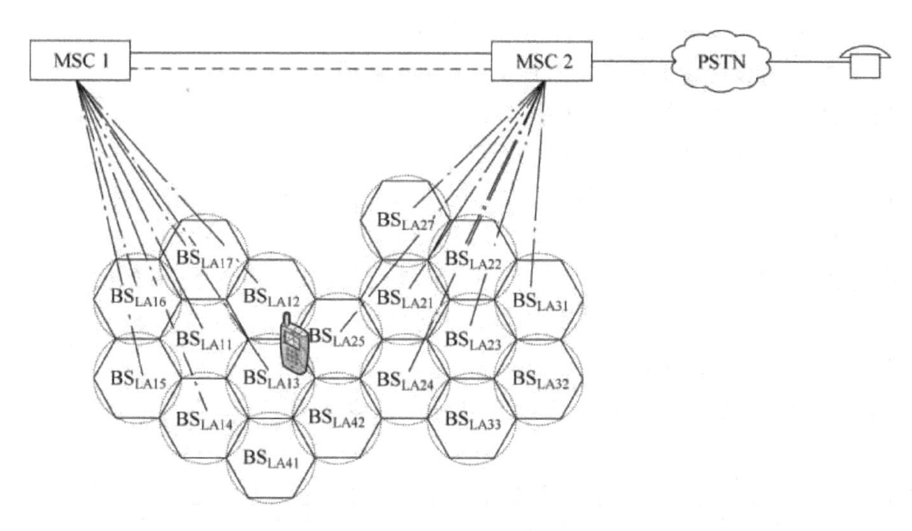

图 1-1　蜂窝移动系统组成示意图

蜂窝移动通信系统具有以下特点:

(1) 频率复用功能。一般而言,相邻的小区不允许使用相同的频道,为此把若干相邻的小区按一定数目划分为区群,并把可供使用的无线频道分成若干个频率组,区群内各小区均使用不同的频率组,而任一小区所使用的频率组,在其他区群相应的小区中还可以再用,这就是频率复用。频率复用技术有效地提升了移动通信系统的容量。

(2) 越区切换功能。当移动用户从某个小区移动到另一个小区时,如图 1-1 所示,为使通话不中断,要自动切换信道,即改变收发信机的无线频率。这个过程中,用户是不介入的,其关键点是切换过程中通信不中断。越区切换是蜂窝移动通信网络的必备功能。

(3) 信道分配与小区分裂。每个小区的信道数量是不同的,要根据话务量的多少而定,目的是满足用户的话务量要求。由于在服务区中话务量分布是极不平衡的,这种信道分配也是相当复杂的。在闹市区中央和郊区的话务量可能相差上百倍,因此小区的半径、每个小区分配到的信道数都不相同。随着话务量的增加,可将原有小区进一步分裂成更小的新小区,这叫小区分裂,这一任务也是蜂窝系统要完成的。但是,小区分裂不能无限制地减小小区面积,因为这反而会增加小区基站等的建设费用,同时还可能会增加同频干扰等问题。

(4) 网络设备增多使系统的构成变复杂。因为各小区的基站间要进行信息交换,需要有交换设备,且各基站至交换局都需要有一定的中继线,这将使建网成本和复杂性增加。

2. 蜂窝移动通信系统的分类

蜂窝移动通信系统按信号的性质来分,可分为模拟蜂窝移动通信系统和数字蜂窝移动通信系统。

1) 模拟蜂窝移动通信系统

模拟蜂窝移动通信技术在20世纪70年代中后期逐步趋于成熟,进入20世纪80年代开始大规模投入商用。它的出现使人们终于摆脱了固定电话的局限。其技术属第一代移动通信技术,主要基于频分复用(FDMA)技术。20世纪80年代后期,人们对移动通信的需求不断提高,模拟蜂窝移动通信系统本身所固有的种种局限也日益暴露了:

① 信道容量无法满足不断增长的用户需求。

② 话音质量和保密性差且盗用现象严重。

③ 适应性不强,不能提供数据业务,如无法与ISDN综合数字网相连接,更无法进行数据传输等非话业务。

另外,模拟蜂窝系统体制混杂、不能实现国际漫游、设备价格高等,因此在2000年前后,各国逐步关闭了模拟蜂窝移动通信系统,我国也于2001年年底关闭了模拟网。

2) 数字蜂窝移动通信系统

第二代以后的移动通信系统都是数字蜂窝移动通信系统,它主要采用的是时分多址(TDMA)技术,即把特定的频率在时间上进行分割,形成若干个通话信道,总的通话信道等于频道与时分数的乘积。比如,把一个频道时分8路,则总的通话信道数就变成了8个,结果系统的总容量也提升了。目前西欧采用的GSM数字蜂窝移动通信系统就是8时隙的TDMA方案。

数字蜂窝移动通信系统有效地改善了模拟蜂窝移动通信系统的不足,具有以下特点:

① 提高了通信保密性,改善了通话质量。

② 抗干扰能力强,使话音质量提高。

③ 数字移动通信可与综合数字网(ISDN)连接,除话音外还可提供图文传真、数据传输等非话业务,并可进行短信息服务、语音信箱、呼叫转移等多种更优的服务。

目前,典型的数字蜂窝移动通信系统有GSM系统、CDMA系统,它们是按多址方式的不同而分类的。另外,GSM和CDMA系统由于当时推出时主要服务于语音业务,被人们称为第二代系统;随着人们对数据业务需求的不断上升,又推出了GPRS等系统,被人们称为第二代半系统,还有基于分组技术的第三代系统(如WCDMA等),这些也是按技术的不同进行分类的,它们都是数字蜂窝移动通信系统。

1.4.2 无绳电话与个人通信接入系统

最早美国于1973年推出的商用无绳电话CT0,俗称子母电话机,主要用于家庭,是把普通的电话单机分成座机和手机两部分,座机与有线电话网连接,手机与座机之间用无线电连接,属于单信道接入系统。这样,允许携带手机的用户可以在一定范围内(如家庭内)自由活动时进行通话,初步解除了普通电话机的导线绳对用户的束缚,如图1-2所示。因为手机与座机之间不需要用电线连接,故称为"无绳电话",并逐步成为移动通信的一个别类。

随着通信技术的发展,无绳电话也朝着网络化的方向发展。第一代无绳电话系统有

CT1 及 CT1+，这些系统都是模拟式的。以后无绳电话进一步向数字化的方向发展，1989年，英国提出了第二代无绳电话系统 CT2，时至今日，又逐步出现了 CT2+、CT3、ECT、PHS、PACS 等无绳电话系统。CT2 与 CT1 相比有两大改进：一是实现了全数字化；二是座机改造成了基站。这样基站与有线电话网连接，并有若干频道为用户所共用；用户在基站的无线覆盖区域内，可选用空闲频道，接入有线电话网，对有线网中的固定用户发起呼叫并建立通信链路。CT2 系统由手机、基站及网络管理及计费系统构成，它依附于公用电话交换网(PSTN)，是市话网的延伸，如图 1-3 所示。

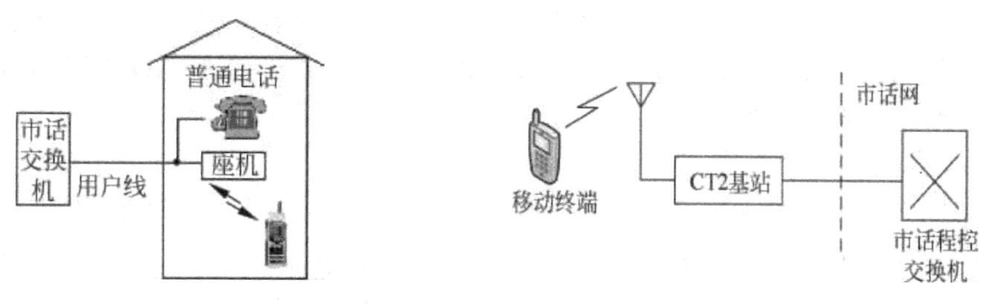

图 1-2　CT0 无绳电话系统示意图　　图 1-3　CT2 系统示意图

无绳电话的特点是设备复杂度较低，话音传输质量好，可以满足一个小区域内同时为众多无线用户服务，适用于步行等低速移动的用户。无绳电话的主要缺点是由于每个微小区面积太小，要做到某一大城市全部覆盖则所需的基站数量多，且微小区制不能支持高速移动。

目前，无绳电话技术得到了很大的提高，曾经广泛应用并发展成为无线市话系统[如我国的个人通信接入系统(PAS)]它由接入市话端局的远端模块、空中话务控制器、基站控制器、基站、手机或固定用户单元以及网络管理系统等组成，如图 1-4 所示。

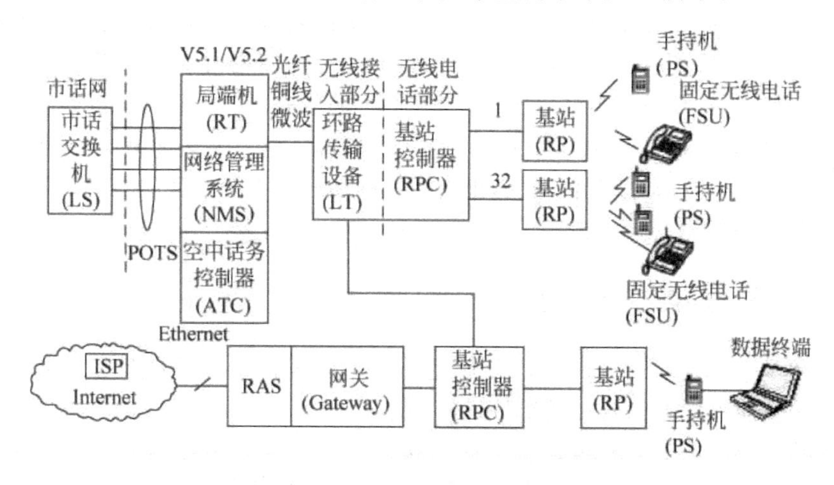

图 1-4　PAS 的系统构成

由图 1-4 可以看到，PAS 系统由以下网络单元构成：

(1) 局端设备 RT。RT 连接 PAS 系统和 PSTN；与 LE 间的接口是模拟接口时，RT 中的局端用户板(FXOW)仿真模拟电话，并将 LE 端过来的语音信令信息转换成数字 Q. 931 信令；对于数字接口，RT 将 V5 信令转换成 Q. 931 信令，然后送到基站控制器(RPC)。除了接口功能,RT还具有提供集中的用户数据库和集线控制功能。

(2) 空中话务控制器ATC。ATC可与多个RT相互连接,并在用户登记的本地交换机和用户漫游的业务范围内接收呼入和呼出,从而为PAS系统提供了社区范围内的漫游业务。ATC系统的功能包括局域漫游数据库的集中管理、全网漫游数据库的集中管理、无线接入点之间的漫游控制与管理、提供与其他网络的通信、提供主、备服务器的同步等。

(3) 基站控制器RPC。其主要功能是向各个RP馈电、话路集线控制、完成协议转换,并且通过RT向本地交换局发送DTMF拨号,还负责RP的同步工作。

(4) 基站RP。这是系统的无线设备,空中接口为RCR STD-28,信号通过基站的射频调制被发射,与PS间构成无线链路;同时,从基站控制器RPC来的ADPCM信号及电源馈电,由一对双绞线传入基站RP的接口(4B+D+K)。

(5) 手机PS。用户终端,采用ADPCM编码,32Kb/s。

(6) 固定用户单元FSU。这是一种连接固定标准电话机的无线设备,安装在用户住宅区,由无线接口(RF)与电话线路接口构成;除完成通话功能以外,还完成管理和控制供电电压、铃流信号、拨号音和忙音信号、监控电话摘机和挂机状态及拨号情况等功能的管理。

(7) 网络管理系统NMS。采用基于TCP/IP的SNMP协议和Client/Server开放式体系结构,全面实现对接入、传输等设备的操作和维护工作。NMS的功能有配置管理、故障管理、性能管理、系统管理(安全管理)等。

在国内,PAS最早由UT斯达康公司率先引入,大家所熟悉的"小灵通"就是该公司手机的专有名词。该系统可支持用户在一个城区范围内的移动通信,既有固定电话的特点,又有移动电话的特点,是对固定电话的有效补充与延伸。它可将固定电话的最后几百米由电缆连接逐步改为无线连接,实现无线来代替铜缆,又可将原来只能在办公室、住宅范围内通话的固定电话,扩展为室外、城市内及城市间的通信。PAS起先是以作为有线本地环路的补充而在我国存在的,是为了解决国家"村村通"电话的目标和农村线路敷设困难而开发的无线接入系统。后来以其资费优势而迈向城市,曾同广为使用的GSM、CDMA等移动通信系统一起,并属于第二代移动通信系统,但与它们不同的是,PAS系统属于移动城域网的范畴。其手机辐射小,待机时间长,但由于所占用频段较高,电波穿透能力弱,覆盖同一地域所需基站数多,故支持的移动速度仍较低,仍属慢速移动通信系统。2011年底,PAS系统完成了退网清频。

1.4.3 无线电寻呼系统

寻呼通信是一种单向的移动通信系统,它以广大的程控电话网为依托,采用单向的无线电呼叫方式将主叫用户的信息传送给持机用户。

本地无线电寻呼网与公用电话交换网的接续方式分为人工接续方式和全自动接续方式。本地无线电寻呼网的结构可分为单区制和多区制,其覆盖范围是一个长途编号区的范围。图1-5是多区制本地无线寻呼网结构示意图,图中寻呼中心与市话网相连,市话用户要呼叫某一寻呼用户时,可拨寻呼中心的专用号码,寻呼中心和话务员记录所要寻找的用户号码及要人工传送的消息,并自动地在无线信道上发出呼叫;这时,被呼用户的寻呼机会发出声音,并能在液晶屏上显示主呼用户的电话号码及简要信息。无线电寻呼系统还可同时向多个移动用户传送同一个信息,非常适用于抢险、救灾、治安、现场作业及开紧急会议等方面。同时，由于寻呼机体积小、重量轻、价格便宜，所以无线电寻呼系统曾在20世纪80年代和90年代初期得到了广泛应用。不过，随着移动通信的蓬勃发展和持有手机用户数的上升，无线寻呼业务也如同模拟移动通信一样，已经退出现有的移动通信市场。

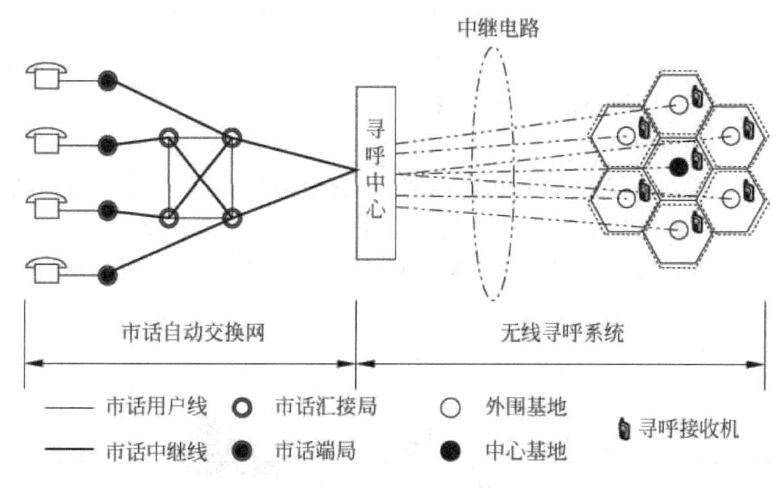

图1-5 多区制本地无线寻呼网结构示意图

1.4.4 集群移动通信系统

最早的集群通信系统是模拟系统，出现于20世纪70年代，20世纪90年代中期数字集群技术在全球范围内兴起，我国于90年代末期引入数字集群技术。2003年4月信息产业部批准中国卫通集团在天津、济南、南京3个城市建设并运营数字集群商业共网实验网工程。

集群系统使用多个无线信道为众多的用户服务，相当于将有线电话中继线的工作方式运用到无线电通信系统中，把有限的信道动态地、自动地、迅速地和最佳地分配给整个系统的用户，从而在最大程度上利用了整个系统信道的频率资源。可以说，集群移动通信系统是一种特殊的用户程控交换机，其呼叫方式为PTT(Push To Talk，一键通话)。

集群移动通信系统的主要特点如下：

(1) 共用频率。将原指配给各部门专有的频率集中供各家共用。

(2) 共用设施。由于频率共用，就有可能将各家分建的控制中心和基地站等设施集中。

(3) 共同建网。可大大降低机房、电源等建网投资，节约运输人员，可分摊费用。

(4) 共享覆盖区。可将各邻近覆盖区的网络互联起来，从而获得更大的覆盖区。

(5) 共享通信业务。可利用网络有组织地发送信息，为大家服务。

(6) 改善服务。由于多信道共用，可调剂信道忙、闲，集中建网，可加强管理提高服务等级，增加系统功能，从而改善服务。

目前流行的数字集群通信系统，能提供指挥调度、电话互联、数据传输、短消息收发等多种业务，且与公众移动通信系统相比较，有一系列特殊功能，特别是在调度及网络结构与安全控制等方面有其独特的功能，如快速调度群呼、组呼、通播、直通、强拆、强插、缩位寻址、优先呼叫、滞后进入、环境侦听、控制转移、动态重组、自动重发、VPN组网等。数字集群的应用遍及铁道、交通、民航、公安以及重大事件与突发事件应对等各行各业,在我国应用较成熟的数字集群通信系统有 TETRA、iDEN 等多种制式,按照通信占用频道的方式,集群系统可分为消息集群、传输集群和准传输集群等 3 种。

目前数字集群通信系统的结构组成基本上可用图 1-6 表示,包括有:

(1) 基站,由若干基本无线收发信机、天线共用器、天馈线系统和电源等设备组成。

(2) 移动台,用于运行中或停留在某未定地点进行通信的用户台,包括车载台、便携台和手持台。

(3) 调度台,是能对移动台进行指挥、调度和管理的设备,分有线调度台和无线调度台两种,无线调度台由收发机、控制单元、天馈线(或双工台)、电源和操作台组成。

(4) 控制中心,包括系统控制器、系统管理终端和电源等设备,主要控制和管理整个集群通信系统的运行、交换和接续。

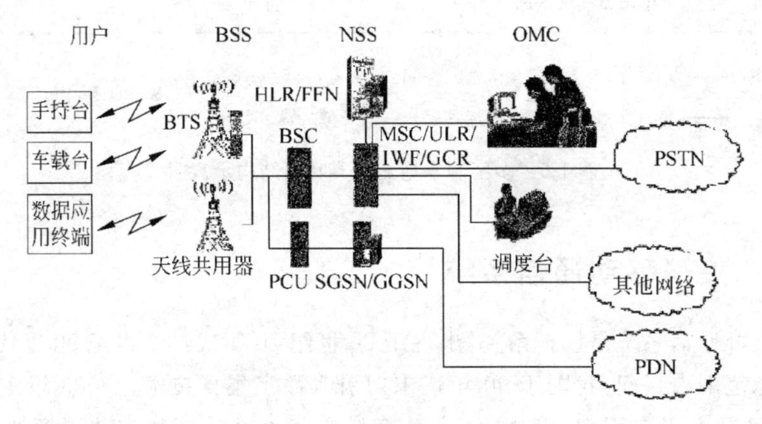

图 1-6 集群通信系统示意图

除了上述设备外,还可根据系统设计和用户要求,增设系统中心操作台、系统监控设备、中继转发器以及计费和打印设备等。另外,随着数据业务量的上升,集群通信系统也相应地引入了 PCU、SGSN/GGSN 等数字通信处理设备。

2005 年以后,有关在公众移动通信网上的"对讲"技术(即 PTT 技术)也急剧升温。在法国戛纳举行的 2004 年 3GSM 大会上,不少业内知名移动通信厂家就纷纷推出各种解决方案和相应的产品,使数字集群的一些重要功能的作用与业务增值的意义越来越得到业界的普遍认同,以 PTT 为中心的一股热浪正在掀起。但是,集群移动通信系统与蜂窝移动通信系统在许多方面是不同的,两者的对比如表 1-1 所示。

表 1-1 集群移动通信系统与蜂窝移动通信系统的对比

项　目	集群移动通信系统	蜂窝移动通信系统
用途	专用网,生产调度指挥通信用	公众网,主营大群个人通信用
网络种类	大区制,一般半径为 20～30km	小区制,一般半径为 0.5～10km
工作频段	以 800MHz 为主,也有其他频段(350MHz)	除 800/900MHz 以外还有 1.8GHz
通信方式	单工、半双工、双方通话只占用一个频道	全双工、双方通话占用两个频道
业务种类	电话、传真、数据等	电话为主、低速数据,第三代移动通信可提供多媒体业务

续表

项　　目	集群移动通信系统	蜂窝移动通信系统
联网方式	本网为主，可以与 PSTN、PABX 连接	与 PSTN 连接，可实现全国、全球漫游
调度功能	有级别优先、组呼、群呼、紧急呼叫、强拆、强插等功能	无调度功能
越区、漫游功能	无越区切换功能，不联网时无需自动漫游功能	必须有越区、漫游功能
信道利用率	高	低
信令	无线数字信令，不统一、接续快，可靠性高	模拟或数字信令，信令统一，接续快
价格	基站和控制设备简单，数量少；移动台价格较高	基站和控制设备复杂，数量多，价格高；移动台用量大，价格相对低

1.4.5 移动卫星通信系统

蜂窝移动电话系统虽然在理论上是可以覆盖无限大的地理区域，但在人烟稀少的地区或经济不发达的地区，如果每隔十几公里就建一个基站太不经济了。因此，可以依靠卫星来为这些地方提供服务。由于卫星使用宽波束天线，故只要少数几个波束就可覆盖很大面积，如图 1-7 所示，在静止轨道(即同步轨道)上放置 3 颗卫星即可实现全球覆盖。

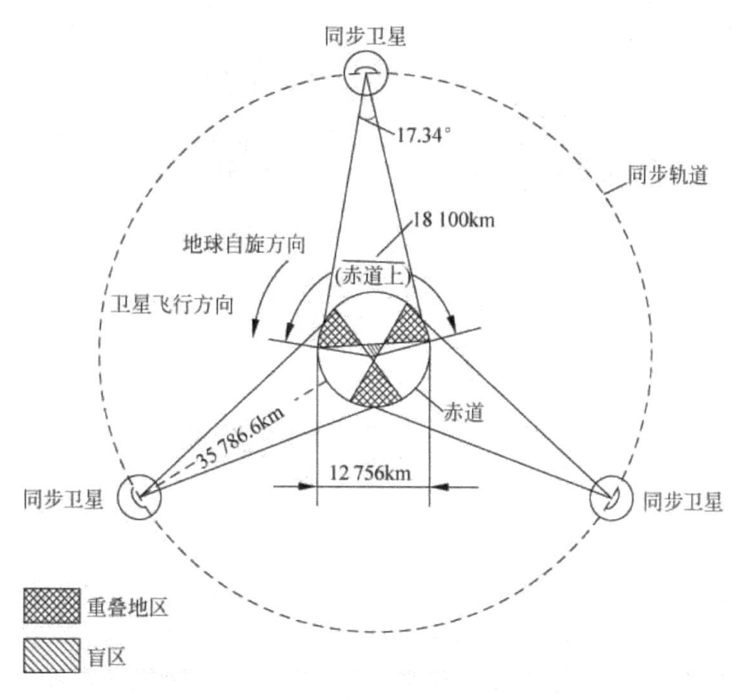

图 1-7　用 3 颗卫星来实现全球覆盖

卫星通信是指利用人造地球卫星作为中继站转发或反射无线电波，在两个或多个地球站之间进行的通信。由于作为中继站的卫星处于外层空间，这就使卫星通信方式不同于其他地面无线电通信方式，而属于宇宙无线电通信的范畴。通信卫星按其结构可分为无源卫星和有源卫星；按其运转轨道可分为运动卫星(非同步卫星)和静止卫星(同步卫星)。目前，在通信中应用最广泛的是有源静止卫星，即将卫星发射到赤道上空 35 800km 附近，它运行的方向与地球自转的方向相同，绕地球一周的时间与地球的自转周期基本相等，从地球上看去如同静止一般。由静止卫星作中继站组成的通信系统，称为静止卫星通信系统或称同步卫星通信系统。图 1-8 所示为一个简单的卫星通信系统。图 1-8 中地球站 A 通过定向天线向通信卫星发射的无线电信号，首先被卫星的转发器接收，经过卫星转发放大和变换后，再由卫星天线转发到地球站 B。当地球站 B 接收到信号后，就完成了从 A 站到 B 站的信息传递过程。从地球站发射信号到通信卫星所经过的通信路径称为上行线路，反之称为下行线路。同样，地球站 B 也可以向地球站 A 发射信号来传递信息。

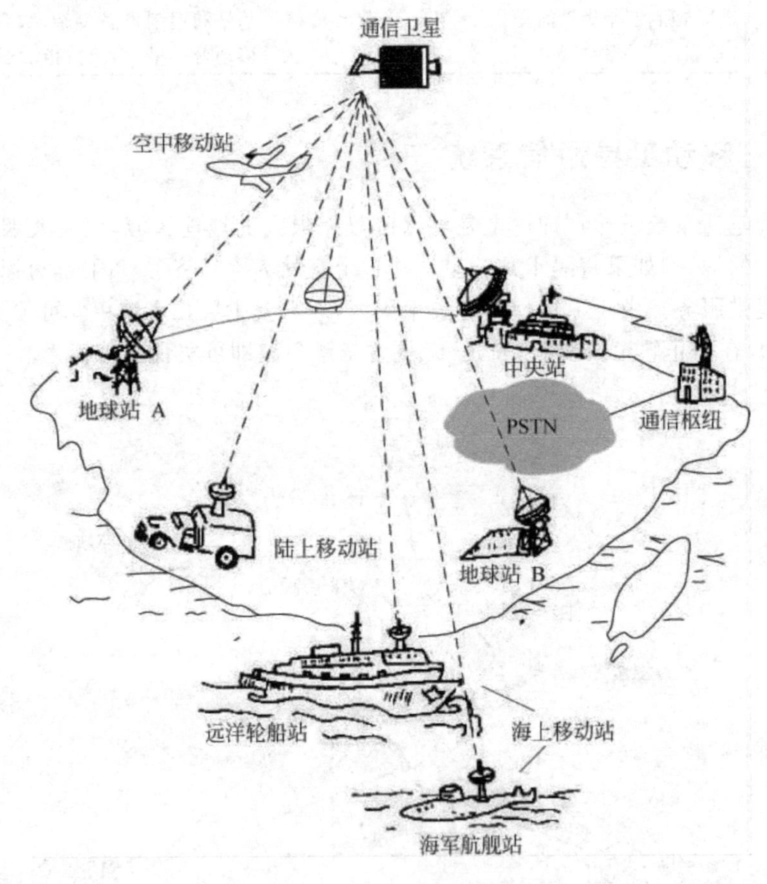

图 1-8　卫星通信示意图

移动卫星通信业务是指利用中继卫星实现移动终端之间通信的无线通信业务，它广泛应用在航海、航空以及边远地区通信场合。包括通过卫星把移动的陆上车辆、船舶或飞机同公众交换网互联起来的语音通信、用户移动终端与基站之间的双向话音调度业务、航空业务以及为了安全和其他目的的话音和数据通信业务、寻呼业务在无干扰基础上的单向通信等。目前移动卫星通信业务经营者主要是国际海事卫星组织，另外加拿大、日本等国也在积极开发和应用卫星通信。一个完整的移动卫星通信系统由空间分系统、地球站群、跟踪遥测及指令分系统和监控管理分系统 4 大部分构成。

(1) 空间分系统。即通信卫星内的主体是通信装置，另外还有星体的遥测指令控制系统和能源装置等。通信卫星主要是起无线电中继站的作用。它是靠星上通信装置中的转发器和天线来完成的。一个卫星的通信装置可以包括一个或多个转发器。每个转发器能接收和转发多个地球站的信号。

(2) 地球站群。一般包括中央站(或中心站)和若干个普通地球站。中央站除具有普通地球站的通信功能外,还负责通信系统中的业务调度与管理,对普通地球站进行监测控制及业务转接等。地球站具有收、发信功能,用户通过它们接入卫星线路,进行通信。地球站有大有小,业务形式也多种多样。一般来说,地球站的天线口径越大,发射和接收能力越强,功能也越强。

(3) 跟踪遥测及指令分系统。也称为测控站,它的任务是对卫星跟踪测量,控制其准确进入静止轨道上的指定位置;待卫星正常运行后,定期对卫星进行轨道修正和位置保持。

(4) 监控管理分系统。也称为监控中心,它的任务是对定点的卫星在业务开通前、后进行通信性能的监测和控制,如对卫星转发器功率、卫星天线增益以及各地球站发射的功率、射频频率和带宽、地球站天线方向图等基本通信参数进行监控,以保证正常通信。

当然还要有移动终端,它包括所有使用移动卫星通信业务的航海、航空以及陆上移动通信终端设备。移动终端多工作于L频段(1.5~1.6GHz)上。

由于接收信号电平是与通信传输距离的平方成反比的,为了使地面用户只借助手机即可实现卫星移动通信,许多人都把注意力集中于中、低轨道卫星移动通信系统。一般来说,卫星轨道越高,所需的卫星数目越少;卫星轨道越低,所需的卫星数目越多。低轨道卫星不能与地球自转保持同步,从地面上看,这些卫星总是缓慢移动的。较典型的移动卫星通信系统就是由美国Motorola公司提出的“铱”系统,它开始计划设置7条圆形轨道均匀分布于地球的极地方向,每条轨道上有11颗卫星,总共有77颗卫星在地球上空运行,这和铱原子中有77个电子围绕原子核旋转的情况相似,故取名为“铱”系统。现在该系统改用66颗卫星,分6条轨道在地球上空运行机制,但原名未改,已于1998年投入运行。

与其他通信手段相比,卫星通信的主要优点如下:

(1) 通信距离远,且费用和通信距离无关。

(2) 工作频段宽,通信容量大,适用于多种业务传输。

(3) 通信线路稳定、可靠,通信质量高。

(4) 以广播方式工作,具有大面积覆盖能力而且通信灵活机动。

(5) 可以自发自收进行监测。

当然,卫星通信也存在某些不足,如两极地区为通信盲区、高纬度地区通信效果不佳、卫星发射和控制技术比较复杂、存在日凌中断现象、有较大的信号延迟和回波干扰、需要有高可靠和长寿命的通信卫星等。总而言之,卫星通信有优点,也存在一些缺点。这些缺点与优点相比是次要的,有的缺点随着卫星通信技术的发展,已经得到或正在得到解决。

1.4.6 平流层通信系统

平流层一般指地表高度18~50km空域,是对地观测与航空航天两大体系的结合部。气流主要表现为水平方向运动,对流现象弱,因此称这一大气层为“平流层”,又称“同温层”。平流层信息平台(一般高度逾20km)和通信卫星一样位于地球的上空,但它不属于卫星通信,因为按定义,“卫星是一个绕着另一个绝对质量占优势的物体运动,它的运动在初期而且以后，永远由那一个物体的引力所决定的物体”。平流层通信业务也不属于空间无线通信，因为ITU定义的空间站是一种位于某一目标，且该目标超过或可能超过地球大气主要范围的站。平流层信息平台所处的空间处于各种通信卫星和地面接力通信站之间，是地球上空一片尚未开垦的“处女地”，它的开发对未来通信发展具有极大的意义。

平流层通信系统是在平流层空间使用准静止的长驻空飞艇作为高空信息平台，与地面控制设备、信息接口设备以及各种类型的无线用户终端构成的天地空一体化综合信息系统。它利用平流层稳定的气象条件将飞艇定点在某一固定的高度，通过携带的有效载荷提供通信、广播和地面遥感等全方位信息服务。多台飞艇同时使用还可以在空中形成网络，实现更大范围的覆盖。与通信卫星相比，它往返延迟短、自由空间衰耗少，有利于实现通信终端的小型化、宽带化和对称双工的无线接入；与地面蜂窝系统相比，平流层平台的作用距离、覆盖地区大、信道衰落小，因而发射功率可以显著减少。不但大大降低了建设地面信息基础设施的费用，而且也降低了对基站周围的辐射污染。

平流层通信系统的模型如图1-9所示。从图中可以看出，平流层通信系统主要包括以下3个方面。

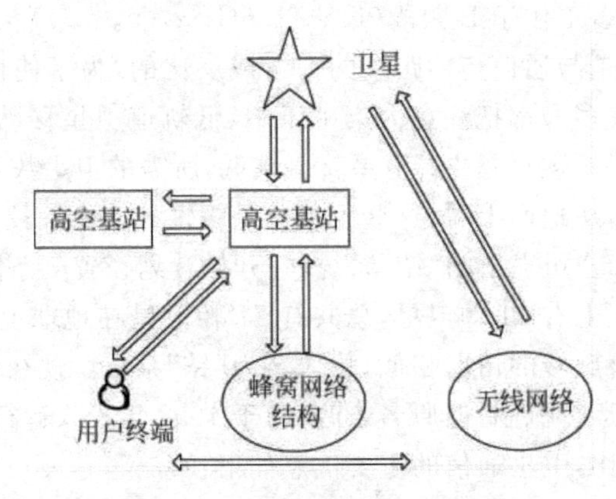

图1-9 平流层通信系统示意图

(1) 平流层平台(高空基站)与地面设施之间的通信。地面设施包括各种用户终端、地面无线网络及地面网关等。平流层平台既可以直接与用户终端进行通信，也可以通过地面网关与其他异种网络(Internet、PSTN等)进行融合，方便地实现网间通信并支持现有的业务。

(2) 平流层平台(高空基站)之间的通信。在平流层通信系统中，既可以只部署一个通信平台，使之与地面终端或地面系统进行通信。也可以根据实际需要，部署多个平台，各个平台不仅可以与地面终端或地面系统进行通信，而且平台之间也可以进行通信，这种平台与平台之间的通信，称为平流层通信网络。平流层通信网络可以比单个的平台覆盖更大的区域，具有更多的链路，当然也具有更大的可靠性。平流层平台之间的通信一般通过比较高的频率链路来实现，甚至通过可见光链路来实现，从而可以满足数据高速传输的要求。

(3) 平流层平台与卫星网络之间的通信。卫星网络发展很快，也得到了广泛的应用，实现平流层平台与卫星网络的通信可以大大拓展平流层通信的应用。信息既可以直接通过平台进行转发，也可以由平流层平台将信息转发给卫星，再通过卫星在更大的范围转发信息。

根据通信量的不同要求，可以将一个平流层平台的覆盖范围分成几个环形区域。中心区域为通信密集区，主要用于对通信量要求较大的场合(如市中区)，具有较大的仰角；外层为通信稀疏区，主要用于对通信量要求较小的场合(如市郊区或农村地区)，具有较小的仰角。

为了充分利用有限的频谱资源，在平流层信息平台上使用相控天线或机械控制的可展开轻型抛物面天线等波束形成技术在地面形成“蜂窝小区”结构，这样空间分离的用户可以复用无线信道。

平流层通信系统具有一些重要的特点：

(1) 和卫星通信相比，平台与地面的距离分别是同步卫星、中轨卫星和低轨卫星的1/1800、1/400和1/40，自由空间衰减分别减少65dB、52dB和32dB，延迟时间只有0.5ms，有利于通信终端的小型化、宽带化和双工数据流的对称传输和互操作，实现对称双工的无线接入。

(2) 与地面平台相比，高度为20km的平流层平台的作用距离远、覆盖地区大。作为一个高空接力站时作用距离约为1000km，比地面接力站约大10倍，信道瑞利衰落一般为20dB/10倍程，而地面系统的瑞利衰减为50dB/10倍程。因此，发射功率可显著减少。作为探测平台时，比一般高度为1万米的飞机的探测距离远70%。

(3) 平流层平台的位置机动灵活，既适用于城市，也可用于海洋、山区，还可以迅速转移，用于发生自然灾害的地区，如洪水、火山的监测。

(4) 造价低，通信资费低。据估算，平流层平台的放飞、回收和日常的监测可利用一般的民航导航与气象系统，不需要特殊的复杂庞大的发射基地，因而造价较低，估算每一平台造价只为通信卫星的1/10。而且每个平台都可以独立运行，不像低轨通信卫星那样需发射几十甚至上百颗卫星并组成星座之后才能工作，因而建设周期短，初期投资少。一般端机价格很低，通信资费也可以不高于已有的公众电话。

(5) 平台可以回收，不会像卫星那样失效后变成空间垃圾，有利于环境保护。此外，平台高度在民航高度以上，不会对空中航行安全造成影响。

(6) 平台位于国境之内，主权、使用权和管理权均属本国，所使用频段一般也不受国际规定的限制，有利于研制开发适用于本国的产品。

1.4.7 无线局域网

无线局域网(Wireless LAN，WLAN)，是一种利用无线方式，提供无线对等(如PC对PC、PC对集线器或打印机对集线器)和点到点(如LAN到LAN)连接性的数据通信系统。WLAN代替了常规LAN中使用的双绞线、同轴线路、光纤，通过电磁波传送和接收数据。WLAN能执行像文件传输、外设共享、Web浏览、电子邮件和数据库访问等传统网络通信功能。WLAN是利用无线通信技术在一定的局部范围内建立的网络，是计算机网络与无线通信技术相结合的产物，它以无线多址信道作为传输介质，提供传统有线局域网LAN(Local Area Network)的功能，能够使用户真正实现随时、随地、随意的宽带网络接入。

WLAN有两种主要的拓扑结构，即自组织网络(也就是对等网络，即人们常称的Ad-Hoc网络)和基础结构网络(Infrastructure Network)。

(1) 自组织型WLAN。自组织型WLAN是一种对等模型的网络，它的建立是为了满足暂时需求的服务。自组织网络是由一组有无线接口卡的无线终端,特别是移动计算机组成。这些无线终端以相同的工作组名、扩展服务集标识号(ESSID)和密码等对等的方式相互直连,在WLAN的覆盖范围之内,进行点对点,或点对多点之间的通信,如图1-10所示。

图1-10 自组织网络结构

组建自组织网络不需要增添任何网络基础设施,仅需要移动节点及配置一种普通的协议。在这种拓扑结构中,不需要有中央控制器的协调。因此,自组织网络使用非集中式的MAC协议,如CSMA/CA。

自组织WLAN另一个重要方面,在于它不能采用全连接的拓扑结构。原因是对于两个移动节点而言,某一个节点可能会暂时处于另一个节点传输范围以外,它接收不到另一个节点的传输信号,因此无法在这两个节点之间直接建立通信。

(2) 基础结构型WLAN。基础结构型WLAN利用了高速的有线或无线骨干传输网络。在这种拓扑结构中,移动节点在基站(BS)的协调下接入到无线信道,如图1-11所示。

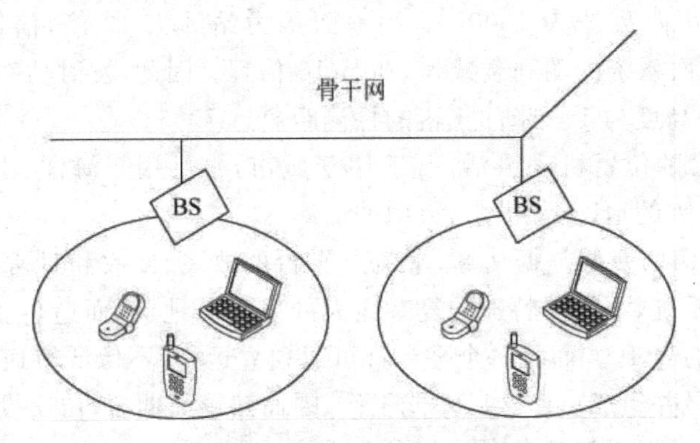

图1-11 基础结构网络结构

基站的另一个作用是将移动节点与现有的有线网络连接起来。当基站执行这项任务时,它被称为接入点(AP)。基础结构网络虽然也会使用非集中式MAC协议,如基于竞争的802.11协议可以用于基础结构的拓扑结构中,但大多数基础结构网络都使用集中式MAC协议,如轮询机制。由于大多数的协议过程都由接入点执行,移动节点只需要执行一小部分的功能,所以其复杂性大大降低。在基础结构型网络中,小区一般都比较小。小区半径的减小,意味着移动节点传输范围的缩短,这样可以减少功率损耗。并且小的蜂窝小区可以采用频率复用技术,从而提高系统频谱利用率。目前,提高频谱利用率的常用策略有固定信道分配(FCA)、动态信道分配(DCA)和功率控制(PC)等。在基础结构网络中,存在许多基站及基站覆盖范围下的移动节点形成的蜂窝小区。在目前的实际应用中,大部分无线WLAN都是基于基础结构的网络。

WLAN利用电磁波在空气中发送和接收数据,而无需线缆介质。与有线网络相比,WLAN具有以下优点:

(1) 移动性好、覆盖范围广。无线局域网系统能够为局域网用户提供实时获取信息的功能,无论他处于建筑物的任何位置。在有线局域网中,两个站点的距离在使用铜缆(粗缆)时被限制在500m,而无线局域网中两个站点间的距离目前可达到50km。通信范围不受环境条件的限制，拓宽了网络的覆盖范围。

(2) 安装快速灵活、扩展能力强。安装快速简单，不用将网线穿墙过顶，无线技术可以使您将网络延伸到线缆无法连接的地方。在已有无线网络的基础上，只需通过增加 AP 及相应的软件设置即可对现有网络进行有效扩展。无线网络的易扩展性是有线网络所不能比拟的。

(3) 开发运营成本低、回报高。无线局域网在人们的印象中是价格昂贵的，但实际上，在购买时不能只考虑设备的价格，因为无线局域网可以在其他方面降低成本。有线通信的开通必须架设电缆，或挖掘电缆沟或架设架空明线，但除电信部门外，其他单位没有在城区挖沟铺设电缆的权力；而架设无线链路则无需架线挖沟，还可根据客户需求灵活定制专网，线路开通速度快。将所有成本和工程周期统筹考虑，无线方式的投资是相当节省的。使用无线局域网不仅可以减少对布线的需求和开支，还可以为用户提供灵活性更高、移动性更强的信息获取方法。尽管无线局域网硬件的初始投资要比有线硬件高，但一方面无线网络减少了布线的费用，另一方面在需要频繁移动和变化的动态环境中，无线局域网的投资更有回报。

(4) 传输速率高、抗干扰性强。WLAN 的数据传输速率现在已经能够达到 22Mb/s，传输距离可远至 20km 以上。应用到正交频分复用(OFDM)技术的 WLAN，甚至可以达到 54Mb/s。无线局域网使用的无线扩频设备直扩技术产生的 11 位随机码元能将源信号在中心频点向上下各展宽 11MHz，使源信号独占 22MHz 的带宽，且信号平均能量降低。在实际传输中，接收端接收到的是混合信号，即混合了(高能量低频宽的)噪声。混合信号经过同步随机码元解调，在中心频点处重新解析出高能的源信号，依据同样算法，混合的噪声反而被解调为平均能量很低可忽略不计的背景噪声。

(5) 安全性高。无线扩频通信本身就起源于军事上的防窃听(Anti-Jamming)技术；扩频无线传输技术本身使盗听者难以捕捉到有用的数据；无线局域网采取网络隔离及网络认证措施；无线局域网设置有严密的用户口令及认证措施，防止非法用户入侵；无线局域网设置附加的第三方数据加密方案，即使信号被盗听也难以理解其中的内容。对于有线局域网中的诸多安全问题，在无线局域网中基本上可以避免。

(6) 受自然环境、地形及灾害影响小。有线通信受地势影响，不能任意铺设；而无线通信覆盖范围大，几乎不受地理环境限制。

今天，无线局域网既是有线网络的无线延伸，又是移动通信网络的扩展。手机等终端设备依托 WLAN 的热点覆盖可实现休闲上网、移动办公、移动购物，还可方便地开会及上课等，并可以应用在医疗、金融证券等方面，实现医生在路途中对病人在网上诊断，实现金融证券室外网上交易等。

可以说，无线局域网有效地将移动通信和互联网两者结合起来成为一体，即移动互联网，它已经成为当今世界上发展最快、市场潜力最大、前景最诱人的业务并不断地创造着经济神话。目前，移动互联网正逐渐渗透到人们生活、工作的各个领域，短信、彩铃下载、移动音乐、手机游戏、视频应用、手机支付、位置服务等丰富多彩的移动互联网应用迅猛发展。3G 时代的移动互联网业务还将向用户提供个性化、内容关联和交互作业的应用，其业务范围将涵盖信息、娱乐、旅游和个人信息管理等领域。未来移动互联网将更多基于云的应用和云计算上，将有更多具有创意和实用性的应用出现。总之，移动互联网正在深刻改变信息时代的社会生活,它经过几年的曲折前行,终于迎来了新的发展高潮。

思考与练习

1.4.1 选择题

① 下列属于数字移动通信系统的是(　　)。

A. GSM　B. CDMA　C. GPRS　D. WCDMA　E. PAS　F. PSTN

② 移动通信的种类繁多,按照不同的侧面可分为多种类型,从覆盖范围可分为(　　)。

A. 广域网　B. 城域网　C. 局域网　D. 个域网

1.4.2 填空题

① 一个完整的移动卫星通信系统由空间分系统、________、________和________ 4 大部分构成。

② 按照通信占用频道的方式,集群系统可分为消息集群、________和________等 3 种。

③ WLAN 有两种主要的拓扑结构,即________和基础结构网络。

④ 从多址方式来分,移动通信系统可分为________、________和码分多址的系统。

1.4.3 判断题

① 地球站的天线口径越大,发射能力越弱,接收能力越强。(　　)

② GSM、CDMA、GPRS、WCDMA 等系统都属于数字蜂窝移动通信系统。(　　)

1.4.4 简述题

① 使用自己的语言陈述常用的几种移动通信系统的名称、结构、功能特点与应用。

② 简述与其他通信手段相比卫星通信主要具有哪些优点。

③ 简述平流层通信系统具有哪些重要特点。

④ 简述对比有线网络、无线局域网具有哪些优点。

1.4.5 画图题

① 画出 PAS 系统的构成。

② 画出 WLAN 的两种主要拓扑结构,并分别描述它们具有哪些特点。

本章小结

总之,移动通信为人们的生活带来了各种各样的便利。今天,它正向着“5W+4Z”的方向发展,这是人类个人通信的理想,要靠下一代宽带移动通信系统和遍及全球的信息网络来实现。因此,未来移动通信的发展,将使人类的通信方式出现革命性的改变,从而将使 21 世纪人类的生活发生深刻的变革,它涉及电信网络技术、计算机网络及终端技术、信号处理技术、多媒体传输技术、超大规模集成电路设计技术、嵌入式实时多任务软件技术、微波与电磁场技术等的发展,需要多种学科、多项技术的相互融合与渗透。

要真正熟练掌握移动的一整套基本理论、方法与技术,首先必须对移动通信的基本概念及含义、移动通信的发展历史、常用的移动通信系统等问题具有基本的把握,形成基本的认识。本章作为《移动通信技术及其应用》一书的绪论,对以上这些问题作出了初步的回答。

实验与实践

活动1 制订自己的课程学习目标与学习计划

每个人的学习特点都不一样，对本课程的期望也不尽相同。请你结合自身的实际情况，并根据本课程的培养目标，制订出自己在本课程学习中的目标以及实现这些学习目标的具体计划。你可以与小组的同学进行共享和讨论，也可以向老师请教，并不断地修正与丰富自己的学习目标与计划。为此，请大家注意以下两点：

(1) 确定适当、明确、具体的学习目标，并尽量符合自己今后的职业发展规划。学习目标首先不能定得过高或过低(即适当)，要根据自己的实际情况提出经过努力能够达到的目标；其次学习目标要便于检查和对照，即可明确自己是否完成某项任务；学习目标还要做得具体，这样便于实现并可适当调整。

(2) 按时按质落实学习计划。制订好了学习计划后，就要对计划的执行情况定期检查。为了使计划不落空，可以制订一个计划检查表，把什么时间完成什么任务达到什么目标列成表格，完成一项，就打上"√"。根据检查结果适当调整学习计划，使计划越定越切合自己的实际。

活动2 建立个人成果集

个人成果集就是自己的学习档案袋，大家可以把自己的作品(包括练习、文献综述、小论文、实验报告等)汇集起来，以展示自己学习情况和进步与收获。所以说，个人成果集收录的是个人的技能、思考、兴趣、业绩等证据。

本课程的学习评价采取结果与过程相互结合的评价方法。因此，学习者需要通过建立个人成果集，以重视记录自己的学习进程。本课程建议采取以学习日记文件的形式创建自己的个人成果集，并记录自己在本课程中的学习与成长过程。一般来说，个人成果集应该包括个人信息、学习计划、学习进度、学习日记、学习反思等几个部分，其中学习日记又可包括预习思考、课程笔记、课后练习、个人知识地图、实验与实践报告、文献综述、自主探索等内容。以上个人成果集的内容均为可选内容，大家可根据自己的个性特性设计成独特的个人成果集。

活动3 协同研究课题

专业课程的学习，重在开拓大家的专业知识面，因此很有一些"师傅领入门、修行靠个人"的味道。所以课堂上教师的讲授只占在本课程学习的一部分，课外需要大家自主学习，如自己去看一些文献以拓展知识面，或去观察一下以获得实际的体验等。同时，本课程的学习还需要大家的协同，即学习者可以根据不同的专业以及对本课程的研究兴趣自由组合，成立不同的研究小组。协同研究的小组一般由研究兴趣相近的学生自愿组成，每组3～6人。各小组在充分讨论的基础上，为本小组命名，并拟订一句最能够体现小组精神的口号，通过民主选举的形式选出小组负责人，负责沟通与协调工作。在组建小组时，主要以自愿组合为主，教师可视情况进行协调，给予帮助。

每个小组根据自己的研究兴趣，在每章的学习过程中围绕每章的主要学习目标选择一项研究课题。在本章的学习过程中围绕"移动通信的意义与未来发展"自由选择研究课题，推荐研究课题如下：

- 试谈推动移动通信发展的主要矛盾。
- 第一代、第二代、第三代和第四代移动通信概念的提出及其演进发展。
- 手机发展史研究。
- 移动通信市场的持续增长与未来预测。
- 受人欢迎的移动通信增值业务。
- 移动通信给社会、经济以及人们生活所带来的影响。
- 评出移动通信发展史中的10件大事。

各小组研究课题应尽量互不重复,如有重复可与教师沟通协商。确定研究主题后,各小组要制订研究计划书(见表1-2)、分配研究任务、收集整理资料、形成阶段性研究成果等,在本章课程结束时进行全班交流,使用PowerPoint软件制作一个演示文稿展示各自小组的研究成果,以此拓宽同学们的视野。

表1-2 研究计划书模板

________研究计划书		
研究课题		
小组名称		
参考文献		
研究目标		
研究的进度计划		
研究结果的呈现方式	□研究报告 □调查报告 □教学软件 □论文 □其他 (注:请在相应成果复选框内打"√",其他请具体说明)	
小组成员	研究专长	任务分工描述
完成日期		

本研究课题的工作由我们这一组成员一起完成。我们承诺以本表为有约束力的协议,认真开展研究工作,按期完成研究工作,取得预期研究成果。

立约人签名:________

二〇一____年____月____日

备注:

拓展阅读

[1] 李建东,郭梯云,邬国扬.移动通信第四版(高等学校电子信息类规划教材).西安:西安电子科技大学出版社,2006.

[2] 王志勤.宽带无线移动通信技术发展趋势.电信网技术,2010年12期.

[3] 雷震洲.未来移动通信的定位与应用.移动通信,2006年01期.

[4] 2012年通信行业运行状况分析.通信企业管理,2012年06期.

[5] 胡海明.第四代移动通信技术浅析.计算机工程与设计,2011年05期.

[6] 张玉忠.个性化推荐在移动互联网业务中的应用.电信科学,2012年03期.

[7] 王红梅.移动互联网现状与趋势浅析.电信科学,2011年S1期.

[8] 王玲玲,钟章队.专用移动通信系统的重要发展方向.中国铁路,2004年01期.
[9] 鲁昆生,程文青,潘晓明.一种集群移动通信系统研究.华中理工大学学报,2000年03期.
[10] 凌翔,胡剑浩,吴诗其.低轨卫星移动通信系统接入方案.电子学报,2000年07期.
[11] 王继宏,阚志刚.无线寻呼系统的设计与实现.计算机应用研究,2000年01期.
[12] 喻世华.美国宽带移动通信发展对我们的启示.移动通信,2008年07期.

深度思考

① 信息化正轰轰烈烈地席卷全球,为移动通信的发展带来前所未有的机遇和挑战。未来移动通信将展现怎样的发展趋势?谈一谈自己对移动通信未来发展的看法。

② 基于移动通信的蓬勃发展,那么你认为未来在移动通信行业可能较有发展前景的职业与职位有哪些?

第2章 移动通信的基本概念

学习目标

- 理解并掌握直射波、反射波、地面波、自由空间、自由空间传播、地球等效半径、视距传播、绕射损耗、多径效应、多普勒频移、快衰落、慢衰落等概念。
- 初步了解地形、地物的分类以及任意地形地区的传播损耗中值的估算。
- 掌握蜂窝、小区、区群、中心激励、顶点激励、移动通信系统的组成、多址技术等概念，能够使用自己的语言陈述常用的各功能设备的作用与接口。
- 理解常见的各类噪声与干扰，如同频干扰、邻频干扰、互调干扰、时隙干扰和码间干扰等，了解某些抑制噪声和干扰的技术。
- 了解全国蜂窝系统的网络结构，了解移动通信网络的区域、号码、地址与识别。

知识地图

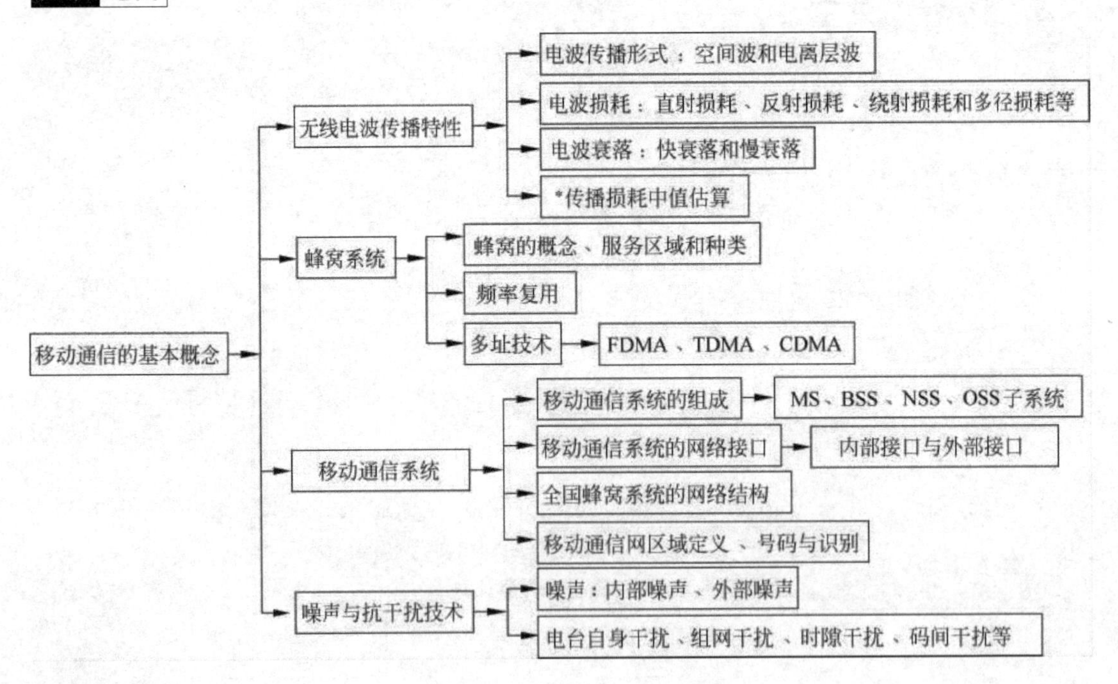

学习指导

本章主要内容涉及移动通信中的一些基础概念，主要包括无线电波的传播特性、移动信道的特征、陆地移动信道的场强估算与损耗、蜂窝系统的工作原理、移动通信系统的基本网络结构以及噪声与抗干扰技术。其中无线电波的传播特性、移动信道的特征两部分是本章的重点与难点，涉及的基本概念很多，而且这两部分是后面陆地移动信道的场强估算与损耗的基础。在本章中，蜂窝系统的工作原理和移动通信系统的基本网络结构也是本章的重点，它提供了一个系统的、全局的视角来理解移动通信的概貌。噪声和干扰是影响通信性能的一个重要因素，了解噪声与干扰对解决移动通信中的很多实际问题具有很大的帮助。对本章中诸多基本概念的理解与掌握有助于后续移动通信系统各章节的学习，为理解移动通信中的一系列问题可提供相关的理论基础。

课程 学习

移动通信使用甚高频（VHF）和超高频（UHF）等频段的无线信道，无线传播环境十分复杂，如直射波与反射波并存、中/长地表面波传播与短波电离层反射传播并存及散射波与众多干扰等。另外，移动通信工作的电磁环境决定了移动通信的信道具有带宽有限、噪声影响大、存在着多径衰落等特点。因此必须要熟悉无线电波的传播方式和特点。

2.1 无线电波的传播特性

2.1.1 电波的传播方式

从发信机发出的电波在到达收信机时，可能会沿不同的路径进行传播，如图 2-1 所示。沿着地表面传播的电波（如路径 1）称为地面波；从发射天线直接到达接收天线的电波（如路径 2）称为直射波；经过大地反射到达收信机的电波（如路径 3）称为反射波。一般而言，收信机 A 接收到的电波是由直射波和大地反射波合成的，但是有时也混有一些地面波，所有这些波统称空间波。经过电离层反射而传播的电波（如路径 4）称为电离层波，它主要用于短波通信。

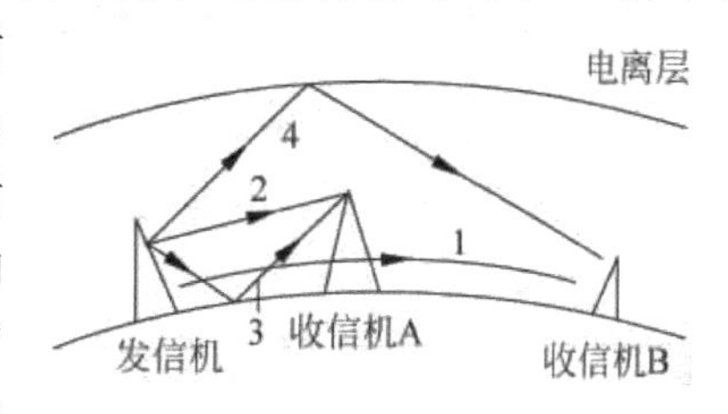

图 2-1　典型的电波传播通路

由于地面波随频率的提高衰减很快，所以在使用 VHF 和 UHF 频段的移动通信中，地面波可以忽略不计。另外，当陆上天线的高度小于一个波长，海上天线的高度小于 5～10 个波长的情况下，地面波的场强才能超过直射波的场强，这时才考虑地面波。即只要天线高度超过这个界限，直射波和反射波合成场强便起主要作用，并大于地面波；当天线高度低于这个界限时，电波传播主要由地面波决定。在 VHF 频带的定点通信中，天线高度都处在几个波长以上，因此可以不考虑地面波的影响。对于 VHF 频带的移动通信，也是将电波传播考虑为直射波和反射波相干合成。

2.1.2 直射波

电磁波在真空中的传播称为自由空间传播。由于自由空间具有各向同性、电导率为零等特性，因此电波在自由空间里传播时，不存在反射、折射、绕射、散射及吸收等现象，只存在因电磁场能量扩散而引起的传播损耗。直射波可近似按自由空间传播来考虑。实际上，只要地面上的大气层是各向同性的均匀介质,其相对介电常数和相对磁导率都等于1,传播路径上没有障碍物阻挡,到达接收天线的地面反射信号场强也可以忽略不计,在这样的情况下,电波传播就可以视作在自由空间中传播。也就是说,把大气看成为近似真空的均匀介质,在大气中的传播就等效于自由空间传播,它只与频率 f 和距离 d 有关。当电波经过一段距离传播之后,辐射能量会扩散而引起衰耗(也称衰减或损耗)。自由空间的传播衰耗 l_{ts} 定义为

$$l_{ts}=\left(\frac{4\pi d}{\lambda}\right)^2 \tag{2-1}$$

式中,λ 为电磁波的波长;d 为收发天线间距离。

直射波的传播途径如图2-1中路径2所示。直射波传播距离一般限于视距范围。在传播过程中,它的强度衰减较慢,超短波和微波通信就是利用直射波传播的。

在地面进行直射波通信,其接收点的场强由两路组成:一路由发射天线直达接收天线,另一路由地面反射后到达接收天线,如果天线高度和方向架设不当,容易造成相互干扰。

限制直射波通信距离的因素主要是地球表面弧度和山地、楼房等障碍物,因此超短波和微波通信要求天线尽量架高。

2.1.3 大气中的电波传播

自由空间的电波传播是电波传播的理想情况,其他情况下的传播特性可与自由空间的传播特性相对照研究,得出相应的传播规律。

1. 自由空间传播的场强计算

电波在自由空间中的传播模型可用图2-2来模拟。在 O 点有一个各向同性的辐射器,假设其辐射功率为 P_t,由电磁场理论知道,在距离波源为 d 处的功率密度为

$$S=\frac{P_t}{4\pi d^2}\left(\frac{\omega}{m^2}\right) \tag{2-2}$$

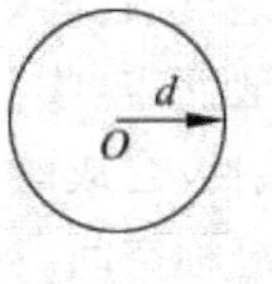

图2-2 各向同性辐射器在自由空间的辐射

同时,功率密度可写成

$$S=\frac{1}{2}E_m H_m=E_0 H_0=\frac{E_0^2}{120\pi} \tag{2-3}$$

式中,E_m、H_m 分别为电场强度和磁场强度的振幅值;E_0、H_0 分别为电场强度和磁场强度的有效值。因式(2-2)和式(2-3)相等,故可得

$$E_0=\frac{\sqrt{30P_t}}{d}\quad(\mathrm{V/m}) \tag{2-4}$$

式中,P_t 和 d 的单位分别为W和m。

通常场强以分贝(dB)表示,并取场强 $1\mu V/m$ 为0参考点($dB\mu V/m$,简称 $dB\mu$),则

$$E_0=74.77+10\lg P_t-20\lg d\quad(\mathrm{dB\mu V/m}) \tag{2-5}$$

式中,P_t 为辐射功率(W);d 为距离(km)。

以上的辐射器为各向同性辐射器,若辐射器有方向性,那么可设其方向性系数为 D_t,则

$$E_0=\frac{\sqrt{30P_t D_t}}{d} \tag{2-6}$$

或

$$E_0 = 74.77 + 10\lg P_t + 10\lg D_t - 20\lg d \quad (\text{dB}\mu) \tag{2-7}$$

2. 自由空间的传播损耗

传播损耗 L_0 是指发信天线的辐射功率 P_t 与收信机输入功率 P_r 之比，即

$$L_0 = \frac{P_t}{P_r} \tag{2-8}$$

自由空间传播损耗是指收、发天线都是各向同性辐射器时，两者之间的传播损耗。

电波由各向同性发信天线辐射后，经传播距离 d 到达收信机，由式(2-2)可计算其功率密度 S 值。收信天线接收的功率为

$$P_r = SA \tag{2-9}$$

式中，A 为收信天线的有效面积。对于各向同性收信天线来说，有

$$A = \frac{\lambda^2}{4\pi} \tag{2-10}$$

式中，λ 为工作波长(m)。由式(2-1)可得自由空间传播损耗为

$$L_0 = \left(\frac{4\pi d}{\lambda}\right)^2 \tag{2-11}$$

该式如以 dB 表示，则

$$L_0 = 32.45 + 20\lg f + 20\lg d \quad (\text{dB}) \tag{2-12}$$

式中，f 为工作频率(MHz)；d 为传播距离(km)。按式(2-12)画出频率为 150MHz、450MHz 和 900MHz 的自由空间传播损耗 L_0 与距离 d 的关系，如图 2-3 所示。由于横坐标采用对数尺度，故损耗(dB)与距离呈直线关系。同时，由式(2-12)可见，自由空间的电波传播损耗只与工作频率 f 和传播距离 d 有关。由式(2-12)可推算出，在该公式的适用范围内，若将 f 或 d 增大 1 倍，则损耗将分别增加 6dB。

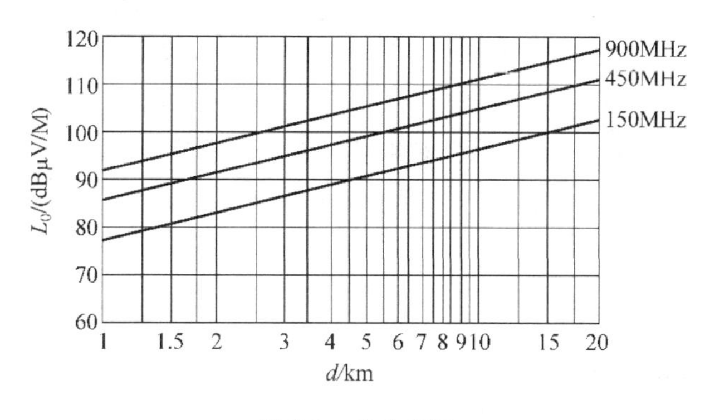

图 2-3　自由空间

3. 大气折射

在不考虑传导电流和介质磁化的情况下，介质折射率 n 与相对介电系数 ε_r 的关系为

$$n = \sqrt{\varepsilon_r} \tag{2-13}$$

众所周知，大气的相对介电系数 ε_r 不是恒定的，它与温度、湿度和气压有关。因此，大气高度不同，ε_r 也不同，即 dn/dh 也是不同的。根据折射定律，设 c 为光速，则电波传播速度

v 与大气折射率 n 成反比,即

$$v = c/n \tag{2-14}$$

这样,当一束电波通过大气层时,会发生大气对电波的折射,且折射率随高度的不同而不同,结果不同高度上的电波传播速度不同,从而使电波射束发生弯曲,弯曲的方向和程度取决于大气折射率的垂直梯度 dn/dh。这种由大气折射率引起电波传播方向发生弯曲的现象,称为大气对电波的折射。通常用"地球等效半径"来表征大气折射对电波传播的影响,即认为电波依然按直线方向行进,只是地球的实际半径 $R_0(6.37\times10^6\text{m})$ 变成了等效半径 R_e,R_e 与 R_0 之间的关系为

$$k = R_e/R_0 = \frac{1}{1+R_0\dfrac{dn}{dh}} \tag{2-15}$$

式中,k 为地球等效半径系数。

显然式(2-15)中,若当 $dn/dh<0$,则表示大气折射率 n 随着高度升高而减少,因而 $k>1$,$R_e>R_0$。在标准大气折射情况下,即当 $dn/dh\approx-4\times10^{-8}(1/\text{m})$,等效地球半径系数 $k=4/3$,等效地球半径 $R_e=8500\text{km}$。所以,大气折射有利于超视距的传播。注意,在视线距离内,这种由折射现象所产生的折射波会同直射波并存,从而也会产生多径衰落。

4. 视距传播

视距传播的极限距离的计算可参考图 2-4,设发射与接收天线的高度分别为 h_t 和 h_r,两个天线顶点的连线 AB 与地面相切于 C 点。由于地球等效半径 R_e 远远大于天线高度,不难证明,自发射天线顶点 A 到切点 C 的距离 d_1 为

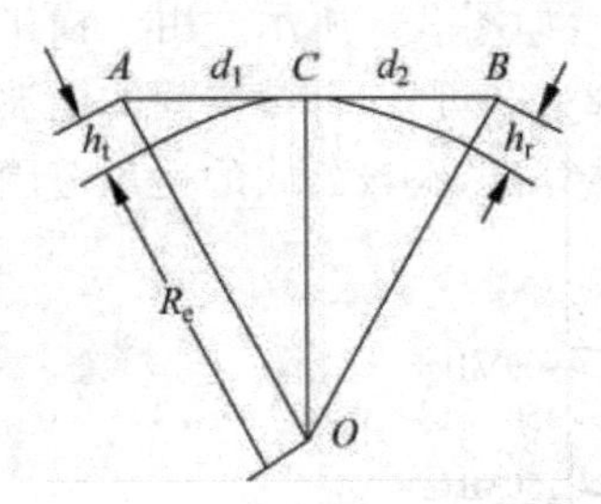

图 2-4 视距传播极限距离

$$d_1 \approx \sqrt{2R_eh_t} \tag{2-16}$$

同理,由切点 C 到接收天线顶点 B 的距离 d_2 为

$$d_2 \approx \sqrt{2R_eh_r} \tag{2-17}$$

可见,视线传播的极限距离 d 为

$$d = d_1 + d_2 = \sqrt{2R_e}(\sqrt{h_t}+\sqrt{h_r}) \tag{2-18}$$

在标准大气折射情况下,$R_e=8500\text{km}$,故

$$d = 4.12(\sqrt{h_t}+\sqrt{h_r}) \tag{2-19}$$

式中,h_t 和 h_r 的单位是 m,d 的单位是 km。

2.1.4 障碍物的影响与绕射损耗

电波在直射传播的路径上可能存在山丘、建筑等障碍物,这些障碍物会引起除了自由空间传播损耗外的附加损耗,这种附加损耗称为绕射损耗。

设障碍物与发射点 T、接收点 R 的相对位置如图 2-5 所示。图 2-5 中,x 表示障碍物顶点 P 至连线 TR 的距离,在传播理论中称为菲涅耳余隙。

图 2-5(a)所示为阻挡情形,此时余隙 x 为负值; 图 2-5(b)所示为非阻挡情形,此时余隙 x 规定为正值。由菲涅耳绕射理论可得障碍物引起的绕射损耗与菲涅耳余隙的关系如

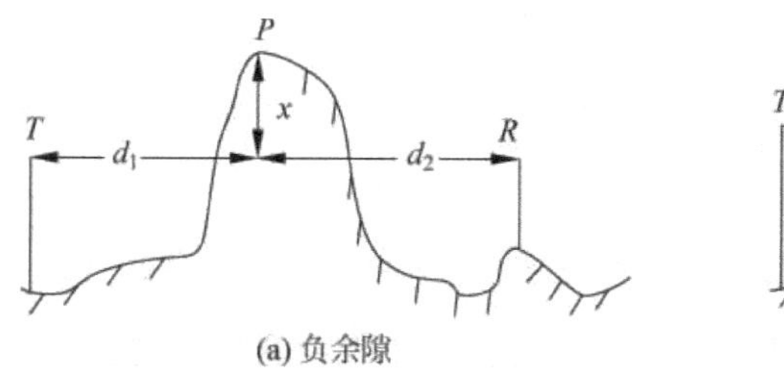

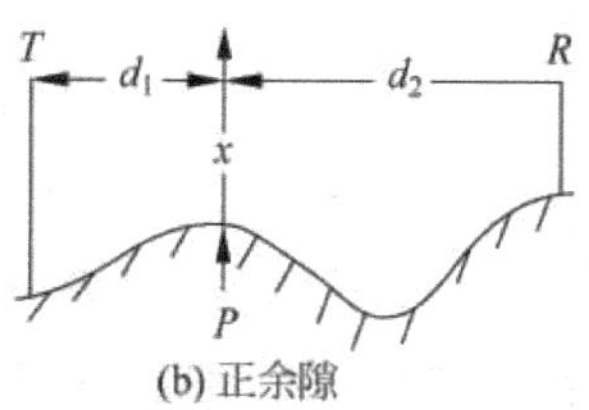

图 2-5 障碍物与余隙

图 2-6 所示。图 2-6 中横坐标为 x/x_1，其中 x_1 称为菲涅耳半径，并由式(2-20)求得

$$x_1 = \sqrt{\frac{\lambda d_1 d_2}{d_1 + d_2}} \tag{2-20}$$

式中，d_1、d_2 如图 2-5 所示；λ 为电波波长。

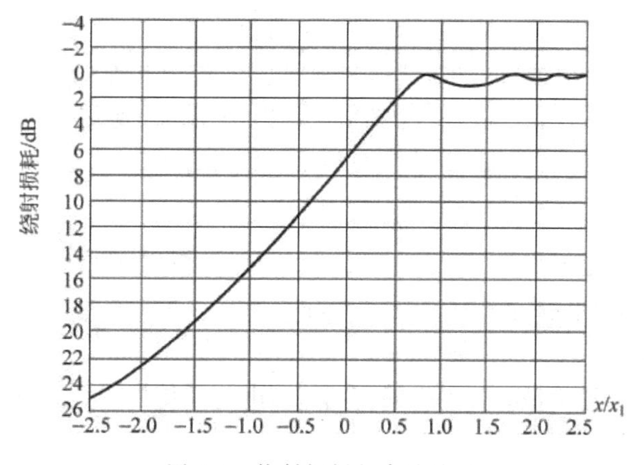

图 2-6 绕射损耗与余隙关系

由图 2-6 可见，当 $x/x_1 > 0.5$ 时，则障碍物对直射波的传播基本上没有影响；当 $x=0$ 时，即 TR 直射线从障碍物顶点擦过时，绕射损耗约 6dB；当 $x<0$ 时，即直射线低于障碍物顶点时，损耗急剧增加。

2.1.5 反射波

由于大地和大气是不同的介质，所以入射波会在地面产生反射，如图 2-1 中的路径 3 所示。

通常，在研究地面对电波的反射时，都是按平面波处理的，即电波在反射点的入射角等于反射角，但相位发生一次反相。不同界面的反射特性用反射系数 R 表征，它定义为反射波场强与入射波场强的比值，R 可表示为

$$R = |R| e^{-j\phi} \tag{2-21}$$

式中，$|R|$ 为反射点上反射波场强与入射波场强的振幅比值；ϕ 为反射波相对于入射波的相移。对于地面反射，当工作频率高于 150MHz($\lambda < 2$m)时，若 $\phi < 1°$ 时，反射波场强的幅度将等于入射波场强的幅度，而相差为 180°。实际的反射路径、直射路径的电波相位差 $\Delta\phi$ 可由

两者间的路径差计算而得,即

$$\Delta\phi = \frac{2\pi}{\lambda} \times \Delta d + \pi \tag{2-22}$$

式中,$2\pi/\lambda$ 为相移常数,决定于工作波长;Δd 为两路径的差值。

相位差 $\Delta\phi$ 的大小对接收到的信号会产生严重的影响。例如,当 $\Delta\phi=(2n+1)\pi$ 时(其中 n 为正整数),直射波和反射波反相而起相互抵消作用;而当 $\Delta\phi=2n\pi$ 时,反射波和直射波在接收端同相而相互叠加。在研究外界条件对通信质量的影响时,应该考虑不利的条件,如果在不利的条件下能够满足通信质量的要求,则在有利的条件下更能满足通信质量。另外,外界条件往往是不稳定的,它会随着各种因素的变化而随机地变化。例如,移动信道中,路径差 Δd 及 $\Delta\phi$ 会随机变化,因此直射波与反射波一会儿同相相加,一会儿反相抵消,结果造成了合成波的衰落现象。直射波与反射波的合成场强如式(2-23),即

$$E = E_0(1 + R\mathrm{e}^{-\mathrm{j}\Delta\phi}) = E_0(1 + |R|\mathrm{e}^{-\mathrm{j}(\phi+\Delta\phi)}) \tag{2-23}$$

由式(2-23)可见,合成场强将随反射系数及路径差的变化而变化,$|R|$越接近于1,衰落就越严重。为此,在固定地址通信中,选择站址时应力求减弱地面反射,或调整天线的位置和高度,使地面反射区离开光滑界面。当然,这种做法在移动通信中是很难实现的。

思考与练习

2.1.1 填空题

① 电波的传播方式有________、________、________和电离层波。

② 障碍物对电波的传播会产生________和________损耗。

2.1.2 名词解释

直射波;反射波;地面波;自由空间传播;自由空间传播损耗;绕射损耗;菲涅耳余隙

2.1.3 判断题

① 地面波随频率的提高衰减很慢,所以在使用 VHF 和 UHF 频段的移动通信中,地面波可以忽略不计。 (　　)

② 超短波和微波通信是利用直射波传播的。 (　　)

2.1.4 简述题

① 自由空间的传播损耗与哪些因素有关?试推导之。

② 视距传播的极限距离与哪些因素有关?试推导之。

2.2 移动信道的特征

信道是任何一个通信系统所必不可少的组成部分,信道按传输介质的不同可分为有线信道和无线信道。这两类信道中的通信是完全不同的。在有线信道通信中,信号的传输介质一般为双绞线、电缆、光纤等,这些介质的传输特性在相当长的时间内是十分稳定的,可以认为这种信道为恒参信道。而在无线信道通信中,信号在空间中自由传播,受外界信道条件的影响很大。由于天气的变化、建筑物和移动物体的遮挡、反射和散射作用以及移动台的运动等原因,造成信道特性在时时改变,可以认为这种信道是随参信道。因此,移动信道就是随参无线信道,下面详细介绍陆地数字移动通信系统的信道特性。

2.2.1 传播路径与信号衰落

移动无线电波传播路径损耗，主要是由于地形、传播路径上的无线电散射体等原因产生的，是直射加上镜面反射、漫反射和绕射等的综合结果，如图 2-7 所示。

(1) 镜面反射。当无线电波投射到两种不同介质间的平滑分界面，并且界面线尺寸与辐射信号波长相比相差很大的情况下时，则发生镜面反射，并服从菲涅耳定律。

(2) 漫反射。当无线电波投射到粗糙表面，且表面粗糙度与辐射信号波长相似时，则产生漫反射，它服从惠更斯原理。一般情况下，漫反射无线电波的强度小于镜面反射无线电波的强度，因为沿不平表面传播时散射了能量，使反射无线电波沿发散路径前进。

(3) 绕射。当无线电波由于地形外廓的变化，遮蔽住其传播路径时，则会出现绕射。

在移动无线电通信中，仅出现镜面反射和漫反射的情况，被认为是视距传播，而绕射则被认为是非视距传播。

在实际的移动信道中，散射体很多，所以接收信号是由多个电波合成的。直射波、反射波或散射波在接收地点形成干涉场，使信号产生深度且快速的衰落，这种衰落称为快衰落，如图 2-8 所示。图 2-8 中，横坐标是时间或距离，纵坐标是相对信号电平(以 dB 计)，信号电平的变动范围为 30～40dB。图 2-8 中，虚线表示的是信号的局部中值，其含义是在局部时间中，信号电平大于或小于它 50%的时间。由于移动台的不断运动，电波传播路径上的地形、地物是不断变化的，因而局部中值也是变化的。这种变化所造成的衰落比多径效应所引起的快衰落要慢得多，所以称为慢衰落。对局部中值取平均，可得全局中值。有关场强中值的计算将在 2.3 节讨论。

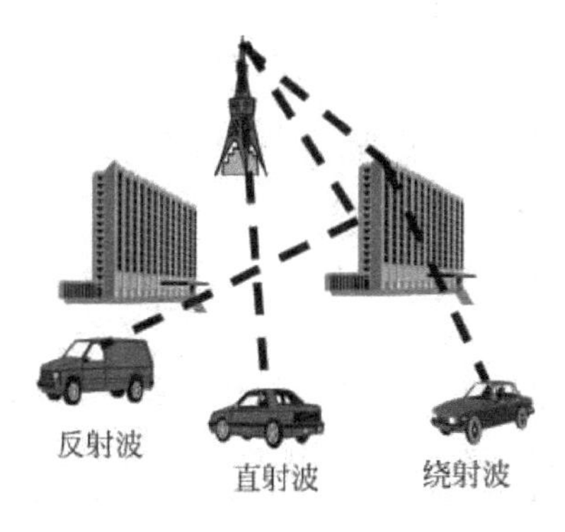

图 2-7 几种传播路径

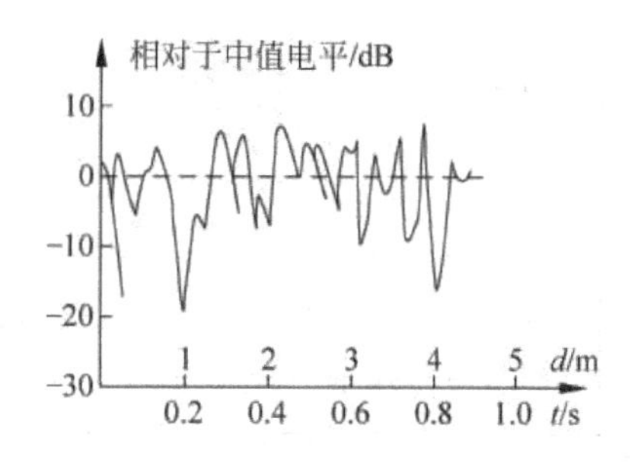

图 2-8 典型信号衰落特性

2.2.2 多普勒效应

在日常生活中，总有这样的体验：当持续鸣笛的火车迎面开过来时，所听到的笛声音调由低到高；而当火车从身边急驰而过奔向远方时，所听到的笛声音调由高到低。火车行驶的速度越快，听到的笛声音调高低变化现象也就越明显。显然，音调的高低是由声源振动的频率所决定的，可见在上述情况下，声源与听者之间的相对运动引起了所听到的音调(即频率)的变化。这种现象首先被澳大利亚物理学家多普勒在 1842 年发现，所以将这种自然现象称为多普勒效应，以后在 1938 年人们证明了在电磁波领域内也有多普勒效应。

移动通信中多普勒效应主要表现在，当移动台在运动中通信时，接收信号频率会发生变化。通常将相对运动所引起的接收频率与发射频率之间的差频称为多普勒频移，用 f_d 表示。假设移动台以恒定的速率 v 移动时，会接收到来自远方信号源发出的信号电波，并设信号电波与移动台运动方向的夹角为 θ，如图 2-9 所示，则频移值可表示为式(2-24)，即

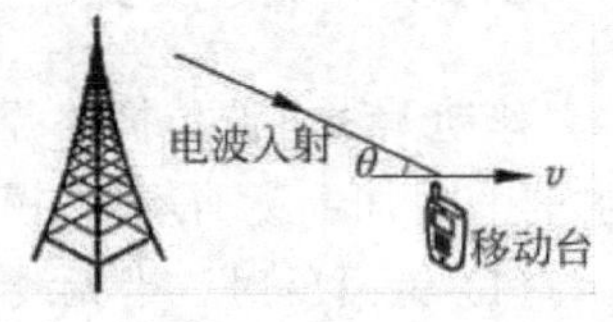

图 2-9 多普勒效应示意图

$$f_d = (v/\lambda)\cos\theta \tag{2-24}$$

例如，若移动台的载波是 900MHz，移动台速度为 50km/h，则最大的频移发生在 $\cos\theta=1$ 时，这时频移值为 41.7Hz。

由式(2-24)可以看出，多普勒频移与移动台运动的速度、运动方向与无线电波入射方向之间的夹角以及无线电波的波长均有关联。若移动台朝向入射波的方向运动，则频移为正，即接收频率升高；反之，若移动台逆向入射波的方向运动，则频移为负，即接收频率降低。因此，信号经不同方向传播，其多径分量造成接收机信号的多普勒扩散，因而增加了信号带宽。

2.2.3 多径效应与瑞利衰落

从发射机到接收机，一般均有多条不同时延的直射或反射传输路径，这种现象称为多径效应，如图 2-10 所示，这样到达接收机的信号是来自不同传播路径的信号之和。多径现象易造成多径衰落和脉冲展宽(也称多径时散，见 2.2.5 节)等。

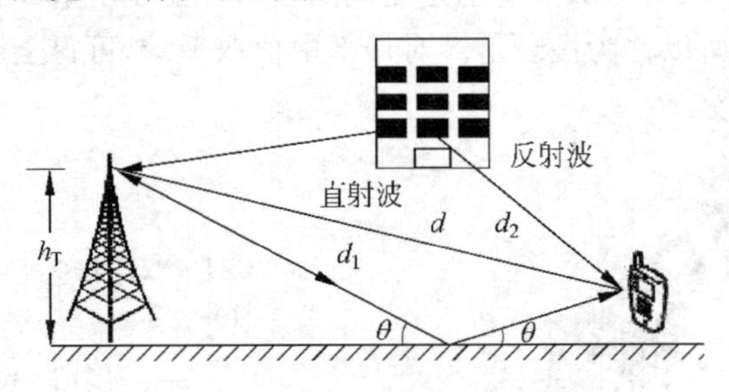

图 2-10 移动信道的传播路径

衰落一般指接收信号电平的随机起伏，即不规则变化。其起因及形式多种多样。最常见的是由于多径传输而产生的干涉型衰落，即不同传输路径的射线随机干涉的结果，也称为多径衰落。多径衰落后的信号包络服从瑞利分布，其公式可描述为式(2-25)和式(2-26)，所以多径衰落又称为瑞利衰落，有

$$p(r) = \frac{1}{2\pi\sigma^2}\int_0^{2\pi} r\mathrm{e}^{-\frac{r^2}{2\sigma^2}}\mathrm{d}\theta = \frac{r}{\sigma^2}\mathrm{e}^{-\frac{r^2}{2\sigma^2}} \quad r \geqslant 0 \tag{2-25}$$

$$p(\theta) = \frac{1}{2\pi\sigma^2}\int_0^{\infty} r\mathrm{e}^{-\frac{r^2}{2\sigma^2}}\mathrm{d}r = \frac{1}{2\pi} \quad 0 \leqslant \theta \leqslant 2\pi \tag{2-26}$$

设信号包络 μ 的概率密度为 $f(\mu)$，则

$$f(\mu) = \mu/\sigma^2 \exp\left(-\frac{\mu^2}{2\sigma^2}\right) \quad \mu \geqslant 0, \quad \sigma > 0 \tag{2-27}$$

$f(\mu)$与 μ/σ 的关系如图 2-11 所示。

通过计算和大量的实测表明，多径效应使接收信号包络变化接近瑞利分布。一般情况下，衰落深度还与地形地物有关，可达 10～30dB。而衰落速率(单位时间内发生衰落的次

数）还与移动台移动速度及工作频率有关。例如，移动速度为 40km/h、频率为 400MHz 时，衰落速率为 30～40 次/秒。

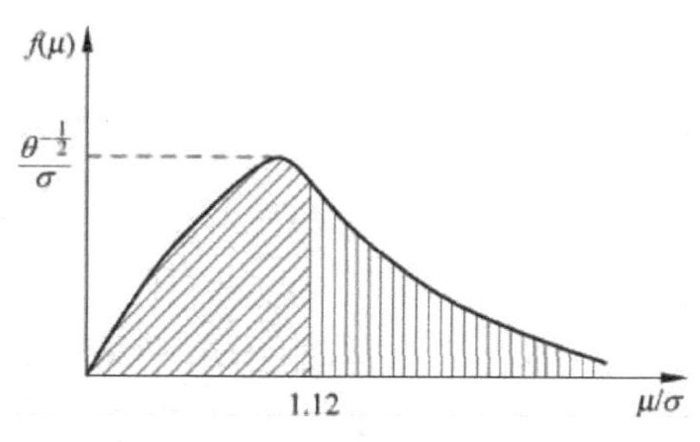

图 2-11 瑞利分布的概率密度

2.2.4 慢衰落特性和衰落储备

由于移动天线低，最多不超过 3m，故地形起伏和建筑物对电波阻挡、屏蔽的影响不可忽视。大量统计数据表明，当信号电平发生快衰落的同时，其局部中值电平还随时间、地点以及移动台速度作比较平缓的变化，其衰落周期以 s 级计，故称这种衰落为慢衰落或地形阴影衰落。这种衰落的规律服从对数正态分布，即以 dB 数表示的信号电平为正态分布。分布的标准偏差随地形波动的高度和频率变化而变化。用 σ_L、σ_ξ 分别表示接收信号中值场强随位置分布和时间分布的标准偏差，见表 2-1。其中 d 为收发间距离。

表 2-1 接收信号中值场强随位置分布和时间分布的标准偏差

工作频率/MHz	σ_L/dB					σ_ξ/dB			
	准平坦地形		不规则地形			d/km	50	100	150
	城市	郊区	Δh/m						
			50	150	300				
50			8	9	10	陆	2	5	7
150	3.5～5.5	4～7	9	11	13	海	9	14	20
450	6	7.5	11	15	18	水路	3	7	9
900	6.5	8	14	18	21				

此外，还有一种随时间变化的慢衰落，它也服从对数正态分布。这是由于大气折射率的平缓变化，使得同一地点处所收到的信号中值电平随时间做慢变化，这种因气象条件造成的慢衰落其变化速度更缓慢（其衰落周期常以小时甚至天为量级计），因此常可以忽略不计。

为了防止因衰落（包括快衰落和慢衰落）引起的通信中断，在信道设计中，必须使信道的电平留有足够的余量，以使中断率 R 小于规定指标。这种电平余量称为衰落储备。衰落储备的大小取决于地形、地物、工作频率和要求的通信可靠性指标。通信可靠性也称为可通率，并用 T 表示，它与中断率的关系是

$$T = 1 - R$$

2.2.5 多径时散与相关带宽

1. 多径时散

多径效应在时域上将造成数字信号波形的展宽。假设基站发射一个脉冲信号 $S_i(t) =$

$a_0\delta(t)$给移动台,由于多径效应使移动台接收到的信号实际上为一串到达时间不等的脉冲叠加,结果数字脉冲信号波形被展宽,这称为多径时散现象,如图 2-12 所示。移动台接收到的脉冲信号为

$$S(t) = a_0 \sum_{i=1}^{N} a_i \delta(t - \tau_i) \cdot \mathrm{e}^{\mathrm{j}\omega t} = E(t) \cdot \mathrm{e}^{\mathrm{j}\omega t} \tag{2-28}$$

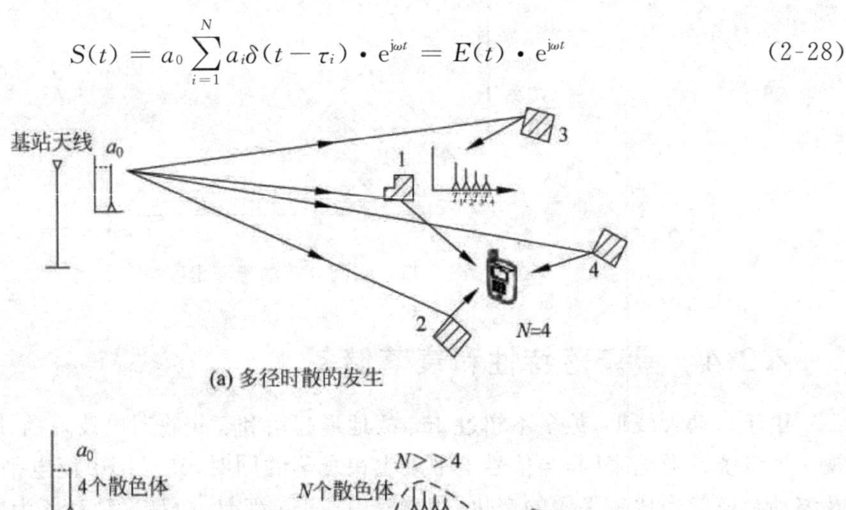

(a) 多径时散的发生

(b) 多径时散造成的码间干扰

图 2-12 多径时散示意图

式(2-28)表示了到达移动接收机的信号是频率为 ω 的离散脉冲串,如图 2-12(a)所示;随着移动台周围散射体数目的增多,接收到的离散脉冲串相互重叠,结果变成了一个脉冲长度为 τ 的连续脉冲信号,这就发生了多径时散,如图 2-12(b)所示。这种多径时散就是造成码间干扰的主要原因。为了防止在瑞利衰落环境下产生码间干扰,就要求发射信号速率远小于 $1/\Delta$ 的间隔。

图 2-12 中多径时散的平均延时时间 d 和标准方差可表示为

$$d = \int_0^\infty tE(t)\,\mathrm{d}t \tag{2-29}$$

$$\Delta^2 = \int_0^\infty t^2 E(t)\,\mathrm{d}t - d_2 \tag{2-30}$$

式中,Δ 为多径时散散布的程度。Δ 越大,时延扩展越严重;Δ 越小,时延扩展越轻。最大时延 $\tau_{\max}$ 是以强度下降 30dB 时测定的时延值,如图 2-13 所示。

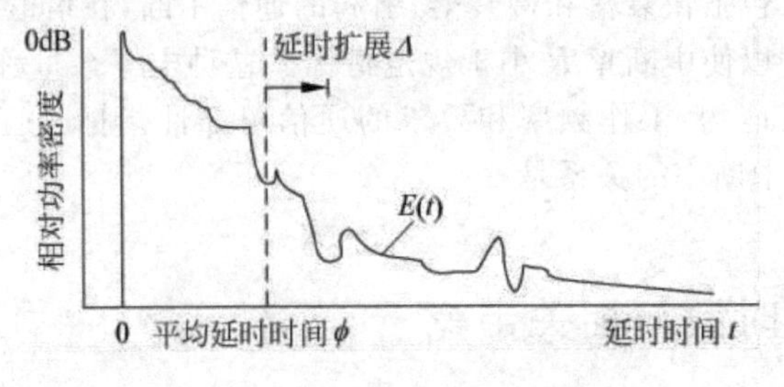

图 2-13 典型多径时延的信号包络

多径时散的参数典型值范围总结如表 2-2 所示。

表 2-2 多径时散参数典型值

参数	市区	郊区
平均延时时间/μs	1.5～2.5	0.1～0.2
相应路径长度/m	450～750	30～600
最大延时时间/μs	5.0～12.0	0.3～7.0
相应路径长度/km	1.5～3.6	0.9～2.1
延时扩展 Δ 的范围/μs	1.3～3.0	0.2～2.0
平均延时扩展/μs	1.3	0.5
最大有效延时扩展/μs	3.5	2.0

可见,时延的大小主要取决于地物(如高大建筑物)和地形的影响。一般情况下,市区的时延要比郊区大,如表 2-2 中市区最大延时时间高达 12μs,而郊区平均延时扩展仅为 0.5μs。也就是说,从多径时散的角度看,市区的传播条件更差。另外,任何超过 2MHz 的信号速率都可能引起码间干扰,除非采用某些改进措施。这样,在移动无线电环境下,多径衰落导致传输的码速率降低,并使码速率随着接收机要求的比特误码率的减小而降低。因此,在无抗多径措施的情况下,要求信号的传输速率必须远小于 $1/\Delta$ 的间隔,以避免码间干扰。最后应指出,多径时散和发射频率无关,因而两者可分别进行考虑。

2. 相关带宽

从频域的观点上看,多径时散现象将导致信道对不同频率成分有不同的响应,即频率选择性衰落。若信号带宽过大,就会引起严重的失真。这是因为频率相邻的两个衰落信号,由于存在不同的时间延迟,将导致这两个信号相关。允许这一条件成立的频率间隔取决于多径时散 Δ,这种频率间隙就称为"相干"或"相关"带宽 B_c。

用来描述延时扩展包络的模型包含两部分,即"脉冲响应"和"衰减指数响应",前者对应于接收到的反射能量,后者对应于接收到的散射能量。假定起始的脉冲是沿着一条非漂移路径无失真地到达接收点,而衰减部分是沿大量散射路径到达,因此,具有有限的相关带宽。利用多径时散包络的拉普拉斯变换的归一化值,即可得到信号的相关函数 $c(f)$。图 2-14(a)所示为脉冲响应模型的理想表示,相应的带宽相关函数值如图 2-14(b)所示。

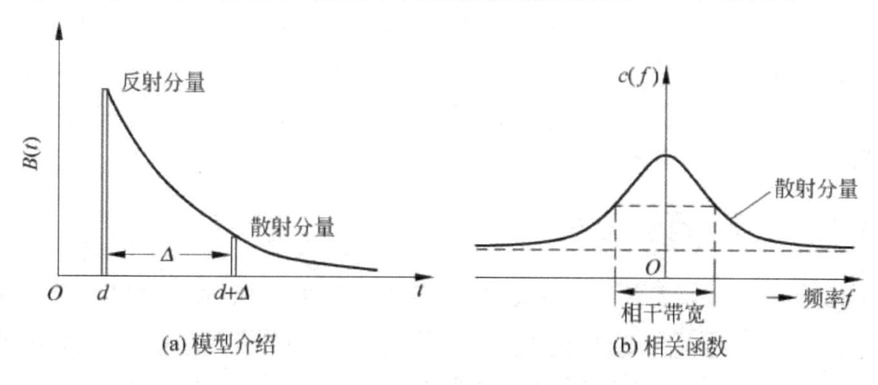

图 2-14 信道脉冲响应模型

相关带宽的定义有多种,一种典型的定义为式(2-31),其适用范围为100kHz～1MHz,即

$$B_c = 1/8\Delta \tag{2-31}$$

工程上对于不同的调制系统,具体的相关带宽计算可用以下方法:

(1) 调幅系统,且振幅相关为0.5时,有

$$B_c = 1/2\pi\Delta \tag{2-32}$$

(2) 调频或调相系统,且相位相关为0.5时,有

$$B_c = 1/4\pi\Delta \tag{2-33}$$

式(2-32)和式(2-33)取平均就可得式(2-31)。如果调制方式未知,通常可用式(2-31)。

思考与练习

2.2.1 填空题

① 多径现象容易造成________和________。

② 多径时散现象会造成________干扰和________衰落。

③ 延时扩展包络的模型可用________和________两部分来描述。

④ 通信可靠性(T)也称为________,它与中断率(R)的关系是________。

2.2.2 判断题

① 在移动无线电通信中,仅出现镜面反射和漫反射的情况,被认为是非视距传播,而绕射则被认为是视距传播。 ( )

② 在移动无线电环境下,多径衰落导致传输的码速率降低,并使码速率随着接收机要求的比特误码率的减小而降低。 ( )

2.2.3 名词解释

镜面反射; 漫反射; 多径效应; 瑞利衰落; 多径时散现象

2.2.4 简述题

试简述多普勒效应产生的原因及估算方法。

*2.3 陆地移动信道的场强估算与损耗

移动信道中电波传播的条件十分恶劣和复杂,要准确地计算信号场强与传播损耗是很困难的。通常采用分析加统计的方法,即利用分析来了解各因素的影响,利用大量的实验来找出各种地形地物下的传播损耗与距离、频率、天线高度之间的关系。陆地移动信道的场强估算是以自由空间的传播为基础的,再分别加上各种地形、地物对电波传播影响的考虑(用修正因子来表达),从而估算出相应地形、地物条件下的场强。为保证通信的可靠性,在信道设计中需留有足够的衰落储备。

2.3.1 地形、地物分类

不同地形和传播环境条件下的电波传播特性是不同的,一般通过对地形特征和传播环境分类进行电波传播的估算,即估算移动信道中信号电场强度中值(也称为传播损耗中值)。

地形一般可分为两类,即准平滑地形和不规则地形。准平滑地形是指在传播路径的地形剖面图上,其地面起伏高度不超过20m,且起伏缓慢(即峰点与谷点之间的距离必须大于

波动幅度)，在以 km 计的距离内，其平均地面高度变化也在 20m 之内。除此以外的其他地形统称为不规则地形。不规则地形按其状态又可分为丘陵地形、孤立山岳、倾斜地形和水陆混合地形等。

除了地形要加以分类外，不同地物环境的传播条件也不同，可根据地物的密集程度，把传播环境分为 4 类。

(1) 开阔区。即在电波传播的方向上没有高大的树木或建筑物等的开阔地带，或者在电波传播方向 300～400m 以内没有任何阻挡的小片场地，如农田、广场等均属开阔地。

(2) 郊区。即在移动台附近有些障碍物但不稠密的地区，如房屋、树林稀少的农村或市郊公路网等。

(3) 市区。即在此区域有较密集的建筑物，如大城市的高楼群等。

(4) 隧道区。即地下铁道、地下停车场、人防工事、海底隧道等地区。

2.3.2 中等起伏地形上传播损耗的中值

1. 市区传播损耗的中值

移动通信中电波传播的实际情况是复杂多变的。人们通过大量的实测和分析，总结归纳出了多种经验模型和公式。在一定条件下，使用这些模型对移动通信电波传播特性进行估算，都能获得比较准确的预测结果，如应用较为广泛的 OM 模型(Okumura 模型)。它是由奥村等人，在日本东京使用不同的频率、不同的天线高度、选择不同的距离进行一系列测试，最后以经验曲线形式表达的模型。这一模型视市区为"准平滑地形"，给出市区传播损耗场强中值的预测曲线簇，如图 2-15 所示，利用该图能够预测准平滑地形上，城市地区的电波传播损耗中值。对于郊区、开阔区等其他地形的场强中值计算，则以此准平滑地形、市区的传播损耗中值(又称其为基本损耗中值或基准损耗中值)为基础进行修正，给出了相应的各种修正因子。这种模型给出的修正因子较多，可以在掌握详细地形、地物的情况下，得到更加准确的预测结果。我国有关部门在移动通信工程设计中也建议采用该模型进行场强预测。OM 模型适用的范围：频率 100～1500MHz；基地站天线高度为 30～200m；移动台天线高度为 1～10m；传播距离为 1～20km 的场强预测。

图 2-15 表明了基本损耗中值 $A_m(f,d)$ 取决于传播距离 d、工作频率 f、基站天线有效高度 h_b、移动台天线高度 h_m 以及街道的走向和宽窄等。可以看出，随着工作频率的升高或通信距离的增大，传播损耗都会增加。图 2-15 中纵坐标以 dB 计量，这是在基站天线有效高度 $h_b=200\text{m}$，移动台天线高度 $h_m=3\text{m}$，以自由空间传播损耗为基准，求得的损耗中值的修正值 $A_m(f,d)$。换言之，由曲线上查得的基本损耗中值 $A_m(f,d)$ 加上自由空间的传播损耗才是实际路径损耗 L_T，即

$$L_T = L_{bs} + A_m(f,d) \tag{2-34}$$

若基站天线有效高度不是 200m，可利用图 2-16 查出基站天线高度修正因子 $H_b(h_b,d)$，对基本损耗中值加以修正。图 2-16 是以 $h_b=200\text{m}$、$h_m=3\text{m}$ 作为 0dB 参考的。$H_b(h_b,d)$ 反映了由于基站天线高度变化，使图 2-15 的预测值产生的变化量。同样，若移动台天线高度不等于 3m 时，可利用图 2-17 查出移动台天线高度修正因子 $H_m(h_m,f)$，对基本损耗中值进行修正。图 2-17 中曲线是以 $h_m=3\text{m}$ 作为 0dB 参考。

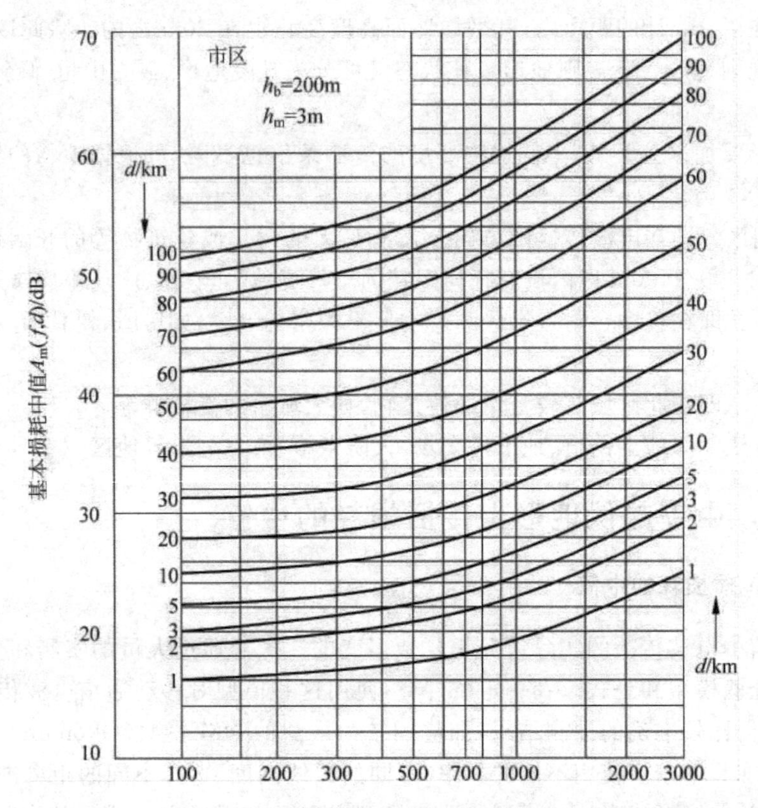

图 2-15　准平滑地形大城市区基本损耗中值

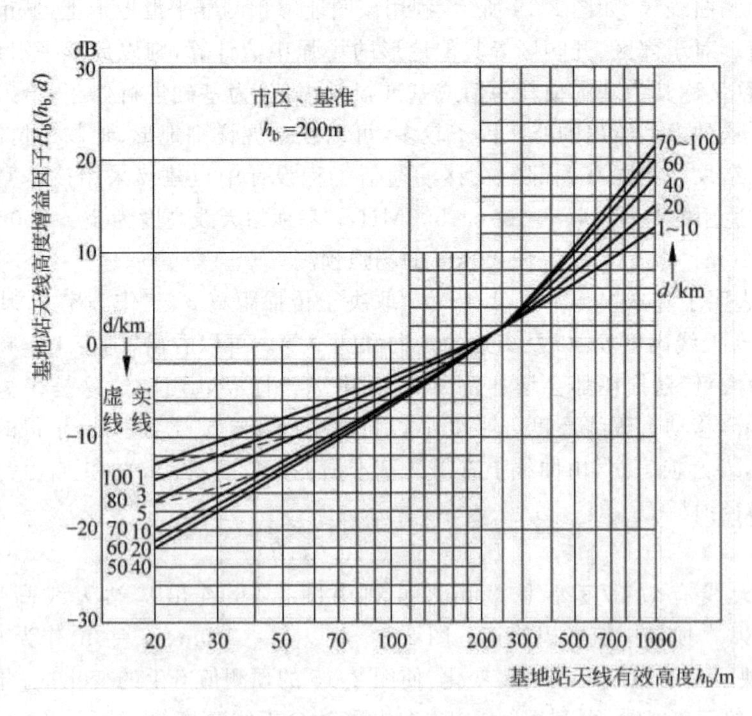

图 2-16　基站天线高度修正因子

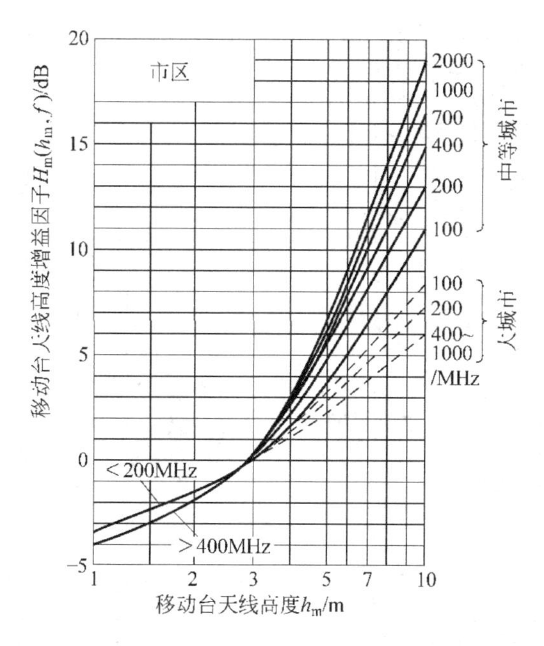

图 2-17 移动台天线高度修正因子

由图 2-17 可见，当 $h_m>5\text{m}$ 时，$H_m(h_m,f)$不仅与天线高度 h_m 和工作频率 f 有关，而且与环境条件有关。当移动台天线高度在 $h_m=4\sim5\text{m}$ 时，移动台增益因子曲线出现拐点。这是因为有些地区(如小城市)的建筑物平均高度为 5m，故当 $h_m>5\text{m}$ 时，建筑物的屏蔽作用减小，因而相对于移动台天线高度修正因子迅速增大。而大城市建筑物的平均高度在 15m 以上，所以对应于大城市而言，曲线在 10m 范围内没有出现拐点。当移动台天线高度在 1～4m 范围内时，$H_m(h_m,f)$受工作频率、环境条件的影响较小，因此移动台天线高度修正因子曲线簇在此范围内大多交汇重合，变化一致。

在考虑基站天线高度修正因子与移动台天线高度修正因子的情况下，准平滑地形、市区路径传播损耗中值应为式(2-35)所示，即

$$L_T = L_{bs} + A_m(f,d) - H_b(h_b,d) - H_m(h_m,f) \tag{2-35}$$

在利用式(2-35)进行损耗中值计算时，由于修正因子 $H_b(h_b,d)$、$H_m(h_m,f)$两项均为增益因子，所以计算损耗值时，两项在公式中的符号均应取负。

2. 郊区或开阔区传播损耗的中值

郊区的建筑物一般是分散、低矮的，电波传播条件优于市区，故其损耗中值必然低于市区损耗中值。市区损耗中值与郊区损耗中值之差，称为郊区修正因子 K_{mr}，且 K_{mr} 为增益因子。它随工作频率和传播距离变化的关系如图 2-18 所示。由图 2-18 可知，K_{mr}随工作频率的提高而增大。在距离小于 20km 范围内，K_{mr}随距离增加而减小，但当距离大于 20km，K_{mr} 基本不变。

同理，开阔区、准开阔区(开阔区与郊区之间的过渡地区)的衰耗中值相对于市区损耗中值的修正曲线如图 2-19 所示，图中 Q_o 为开阔区修正因子，Q_r 为准开阔区修正因子。由于开阔区的传播条件好于郊区，而郊区的传播条件优于市区，所以 Q_o 和 Q_r 均为增益因子。因

此，在求郊区或开阔区、准开阔区的传播损耗中值时，应在市区损耗中值的基础上，减去由图 2-18 或图 2-19 中查得的修正因子。

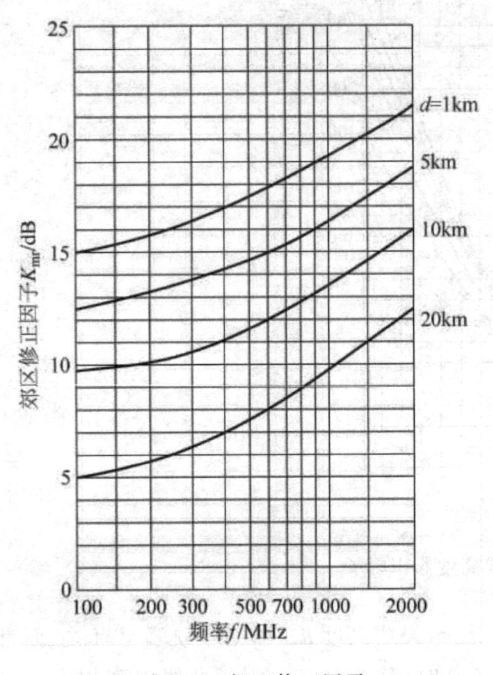

图 2-18 郊区修正因子

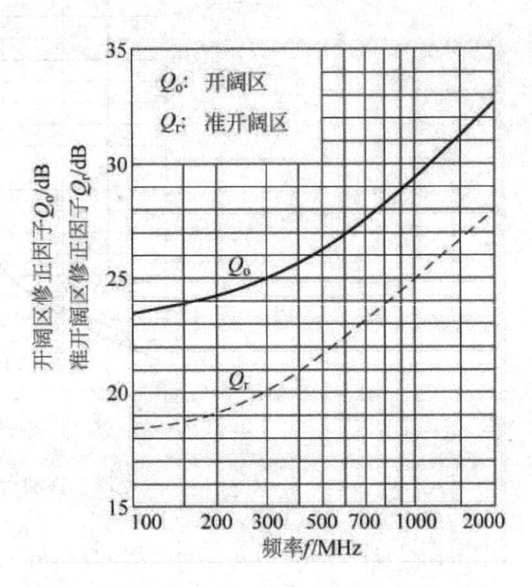

图 2-19 开阔区、准开阔区修正因子

需要说明的是，当通信距离较短(如 5km 以内)，且基站天线又较高时，按上述方法求出的损耗中值若小于自由空间传播损耗时，则应以自由空间传播损耗为准。

2.3.3 不规则地形上传播损耗的中值

在计算不规则地形上(如丘陵、孤立山岳、斜坡、水陆混合地等)的传播损耗中值时，可以采用对基本损耗中值增加修正因子的方法进行估算，下面以丘陵地传播损耗的中值计算为例进行介绍。

丘陵地的地形参数可用“地形起伏”高度 Δh 表示，定义为自接收点向发射点延伸 10km 范围内，地形起伏的 90%与 10%处的高度差，如图 2-20 所示。此定义只适用于地形起伏达数次以上的情况。图 2-20 给出了相对基本损耗中值的修正值，即基本损耗中值与丘陵地损耗中值之差，常称为丘陵地形修正因子 K_h。由图 2-20 可见，当 $\Delta h>20$m 时，丘陵地的损耗中值大于基本损耗中值。而且随着起伏高度 Δh 的增大，由于屏蔽作用增强，使损耗中值也随之加大(K_h 表现为负值)。

由于在丘陵地中，起伏的顶部与谷部的损耗中值相差较大，为此需要进一步加以修正，如图 2-21 所示。图 2-21 中给出了丘陵地上起伏的顶部和谷部的微小修正值 K_{hf}。它是在 K_h 的基础上，进一步修正的微小修正值。图 2-21 上方画的是地形起伏与场强变化的对应关系，顶部处修正值 K_{hf}为正，谷部处修正值 K_{hf}为负。总之，计算丘陵地形上不同位置的损耗中值时，一般先参考图 2-20 修正后，再参照图 2-21 作进一步微小修正。

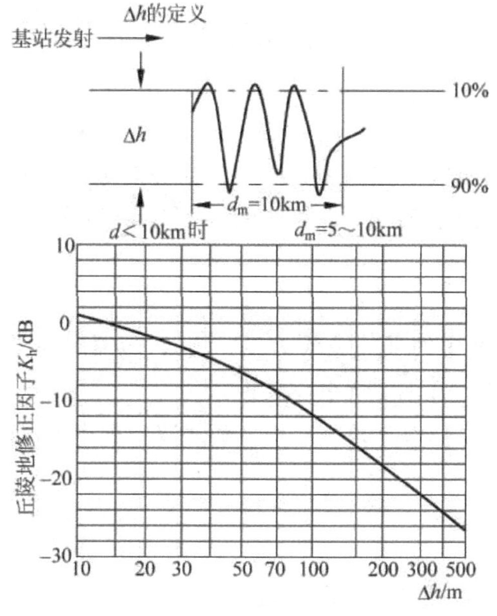

图 2-20　丘陵地场强中值修正因子

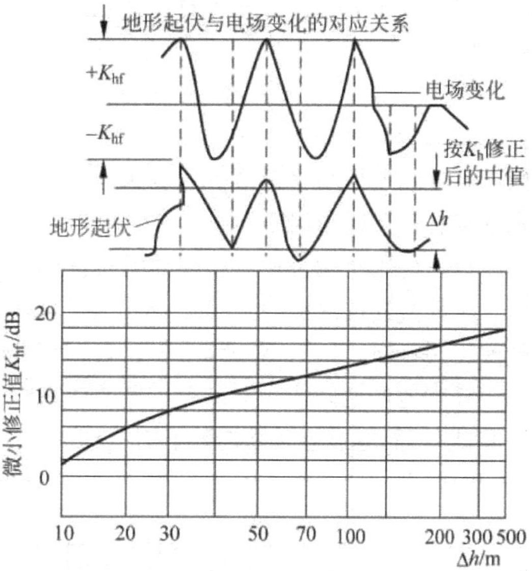

图 2-21　丘陵地形微小修正因子

对于其他不规则地形，如孤立山岳、斜坡、水陆混合地等地形的修正因子可以采取跟丘陵地类似的方法计算得到。

2.3.4　任意地形地区的传播损耗中值

上面介绍了一些准平滑地形和不规则地形下，电波传播损耗中值与工作频率、通信距离、天线高度等的关系，并给出了电波传播的各种损耗曲线。利用这些曲线，就可以对各种地形地区情况下的信号中值做出预测。信号中值可以是场强中值，也可以是路径损耗中值或是接收信号的功率中值，总之都是用来表示移动通信电波传播特性的。不过在传播特性计算中，常用功率中值和路径损耗中值，下面简要说明计算步骤。

1. 计算自由空间的传播损耗

自由空间的传播损耗 L_{bs} 为

$$L_{bs} = 32.15 + 20\lg d(\mathrm{km}) + 20\lg(\mathrm{MHz}) \tag{2-36}$$

2. 准平滑地形市区的信号中值

根据上述相关内容，准平滑地形市区的传播损耗中值 L_T 为

$$L_T = L_{bs} + A_m(f,d) - H_b(h_b,d) - H_m(h_m,f) \tag{2-37}$$

如果发射机送至天线的发射功率为 P_t，则准平滑地形市区接收信号功率中值 P_P 为

$$P_P = P_T - L_T = P_T - L_{bs} - A_m(f,d) + H_b(h_b,d) + H_m(h_m,f) \tag{2-38}$$

3. 任意地形地区情况下的信号中值

任意地形地区情况下的传播损耗中值 L_A 为

$$L_A = L_T - K_T \tag{2-39}$$

式中,L_T 为准平滑地形市区的传播损耗中值;K_T 为地形地区修正因子,它由以下项目构成,即

$$K_T = K_{mr} + Q_o + Q_r + K_h + K_{hf} + K_{js} + K_{sp} + K_s \tag{2-40}$$

式中,K_{mr}为郊区修正因子;Q_o、Q_r 为开阔区、准开阔区修正因子;K_h、K_{hf}为丘陵地形修正因子及丘陵地微小修正值;K_{js}为孤立山岳地形修正因子;K_{sp}为斜坡地形修正因子;K_s 为水陆混合地形修正因子。

以上各因子均可通过相应的图表查得。

根据实际的地形地区状况,K_T 因子可能只有其中的某几项或为零。例如,传播路径是开阔区、斜坡地形,则 $K_T=Q_o+K_{sp}$,其余各项为零。其他情况可以类推。

任意地形地区情况下接收信号的功率中值 P_{pc}是以准平滑地形市区的接收功率中值 P_p 为基础,加上地形地区修正因子 K_T,即

$$P_{pc} = P_p + K_T \tag{2-41}$$

2.3.5 建筑物的穿透损耗以及其他传播特点

各个频段的电波穿透建筑物的能力是不同的。一般来说波长越短,穿透能力越强。同时各个建筑物对电波的吸收能力也是不同的。不同的材料、结构和楼房层数,其吸收损耗的数据都不一样。例如,砖石材料的吸收较小,钢筋混凝土的吸收大些,钢架结构的吸收最大。一般介绍的经验传播模型都是以在街心或空阔地面为假设条件,故如果移动台要在室内使用,在计算传播损耗时,需把建筑物的穿透损耗也计算进去,才能保持良好的可通率,即

$$L_b = L_o + L_p \tag{2-42}$$

式中,L_b 为实际路径的损耗中值;L_o 为在街心的路径损耗中值;L_p 为建筑物的穿透损耗。

建筑物的穿透损耗(地面层)如表 2-3 所示。

表 2-3 建筑物的穿透损耗

频率/MHz	150	250	450	800
平均穿透衰耗/dB	22	19.7	18	17

一般情况下,L_p 不是一个固定的数值(0～30dB),需根据具体情况而定。此外,穿透损耗还随不同的楼层高度而变化,损耗值随楼层的增高而近似线性下降,如图 2-22 所示。

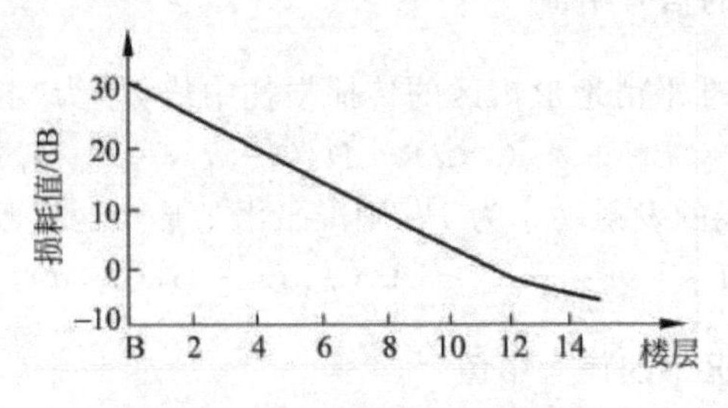

图 2-22 穿透损耗随楼层的变化

由以上可知，移动通信的电波传播是错综复杂的。在前面给出了多种地形地物的修正因子，借以对电波传播特性作出较为准确的估算。除此以外，还有一些其他的因素，也将影响移动通信的电波传播，这些因素在进行预测估算时也应给予考虑。

1. 街道走向的影响

电波传播的衰耗中值与街道的走向（相对于电波传播方向）有关。特别是在市区，当街道走向与电波传播方向平行（纵向）或垂直（横向）时，在离开基站同一距离上，接收的场强中值相差很大。这是由于建筑物形成的沟道有利于电波的传播，因而在纵向街道上衰耗较小，横向街道上衰耗较大。也就是说，在纵向街道上的场强中值高于基准场强中值，在横向街道上的场强中值低于基准场强中值。

2. 植被衰耗

树木、植被对电波有吸收作用。在传播路径上，由树木、植被引起的附加衰耗不仅取决于树木的高度、种类、形状、分布密度、空气温度及季节的变化，还取决于工作频率、无线极化、通过树林的路径长度等多方面因素。在城市中，由于树林、绿地与建筑物往往是交替存在着，所以，它对电波传播引起的衰耗与大片森林对电波传播的影响是不同的。

3. 隧道中传播

移动通信的电波传播在遇到隧道等地理障碍时，将受到严重衰落而不能通信。如地铁中的无线调度系统、汽车移动电话在公路穿越河流或山脉的地下通道中，均需解决隧道或地下通道中的传播问题。空间电波在隧道中传播时，由于隧道壁的吸收及电波的干涉作用而受到较大的损耗。

解决电波在隧道中的传播问题，通常可采用两种措施：一是在较高频段（数百 MHz），使用强方向性天线，把电磁波集中射入隧道内，但传播距离也不可能很长，且受到车体的影响（特别是地铁列车驶入隧道后，占用了隧道内绝大部分的空间）；二是在隧道中，纵向沿隧道壁敷设导波线，使电磁波沿着导波线在隧道中传播，从而减小传播衰耗。导波线可以是单线或双线传输线，也可以是泄漏同轴电缆。将导波线与无线电台相接来代替天线，在导波线附近的移动台天线，可以通过与导波线开放式泄漏场发生耦合，实现与基地站的通信。

思考与练习

2.3.1 填空题

① 不同地形和传播环境条件下的电波传播特性是不同的，一般通过对________和________分类进行电波传播的估算，即估算移动信道中信号电场强度中值。

② 在计算不规则地形上（如丘陵、孤立山岳、斜坡、水陆混合地等）的传播损耗中值时，可以采用对________中值增加________的方法进行估算。

2.3.2 判断题

① 电波的波长越长，其穿透能力越强。 (　　)

② 在移动通信中天线接收电场强度是指长度为 1m 的天线感应的电流值。 (　　)

③ 郊区的电波传播优于市区，其损耗中值低于市区的损耗中值。 (　　)

2.3.3 简述题

① 试用自己的语言简述地形、地物的分类。

② 用自己的语言简述街道走向、植被、隧道等因素对移动通信电波传播的影响。

2.4 蜂窝系统工作原理

众所周知,移动通信系统需要使用无线电波,而无线电波的频率资源是有限的,结果移动通信就会受到频率资源的限制。事实上,无线电波的频率资源有限并不是说无线电波会被用掉、花掉等,而是指一定时间、空间、频率上的占用,因此必须分配使用。而无线电波频率资源有限就意味着系统容量有限,从而无法容纳更多的用户。为了提高移动通信系统的容量,就要根据无线电波的时间、空间、频率的三维占用性,从这 3 个角度上想办法,常用的提高系统容量的方法包括多址技术、蜂窝技术、有效的编码技术等。本节主要介绍蜂窝系统的工作原理。

2.4.1 蜂窝概述

什么是蜂窝呢? 移动通信系统采用一个叫基站的设备来提供无线覆盖服务,基站的覆盖范围有大有小,通常把基站的覆盖范围称为蜂窝。

早期的移动通信系统是在其覆盖区域中心设置大功率的发射机,采用高架天线把信号发射到整个覆盖地区(半径可达几十公里)。这种系统的主要矛盾是它同时能提供给用户使用的信道数极为有限,远远满足不了移动通信业务迅速增长的需要。同时,在前面的学习中也知道,传输损耗是随着距离的增加而增加的,并且与地形环境密切相关,因而移动台与基站间的通信距离是有限的。加上基站功率与手机功率的不等,可能还会造成在基站覆盖区的边缘,手机能接收到基站的信号而基站却不能接收到手机的信号。当然对于这种情况可以用直放站方式来解决,但直放站方式又会带来新问题,如不增加系统容量却增加延时等。

为了在服务区实现无缝覆盖并提高系统的容量,可采用多个基站来覆盖给定的服务区,每个基站的覆盖区称为一个小区,这就是蜂窝制移动通信系统,也叫小区制移动通信系统,其基本的实现原理是将需要服务的大服务区分成若干蜂窝状小区(基站区),在每个基站区中心(或相互隔开的顶角)设一无线基站,基站区半径为 1.5~15km。从理论上讲,可以给每个小区分配不同的频率,但这样需要大量的频率资源,且频谱利用率很低。为了减少对频率资源的需求和提高频谱利用率,需将相同的频率在相隔一定距离的小区中重复使用,只要使用相同频率的小区(同频小区)之间干扰足够小即可。

蜂窝制通信系统容量大解决了大区制通信系统所固有的缺点,并大大提高了频率利用率,具有组网的灵活性等众多优势。当然,蜂窝制通信系统中设备的增多也使系统的构成具有复杂性,如各小区的基站间要进行信息交换,需要有交换设备,且各基站至交换局都需要有一定的中继线,这将使建网成本和复杂性增加等。

根据所覆盖的服务区域类型的不同,可划分为带状服务区和面状服务区。

1. 带状服务区

对于公路、铁路、海岸等的覆盖可采用带状服务区，又称带状网，如图 2-23 所示。基站天线若用全向辐射，覆盖区形状是圆形的。带状网宜采用有向天线，使每个小区是扁圆形。带状网进行频率复用可采用双频制，也可用多频制。若以不同频点的两个小区组成一个区群，不同区群可使用相同的频率，就是双频制；若以不同频点的 3 个小区组成一个区群，称为三频制。从造价和频率资源的利用而言，当然双频制最好；但从抗同道干扰的角度而言，双频制最差，还应考虑多频制。

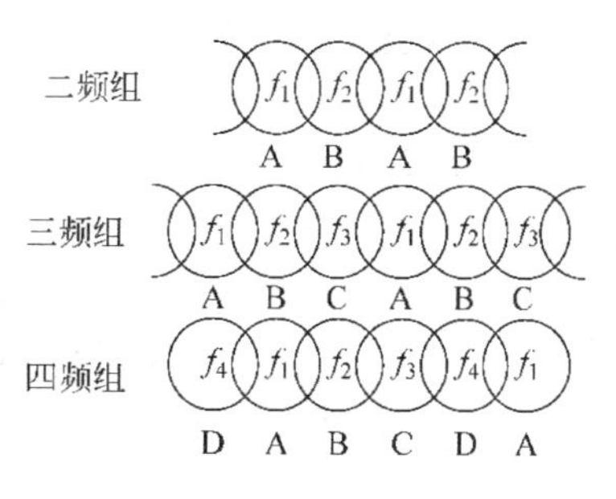

图 2-23 带状服务区的覆盖

2. 面状服务区

1）小区的形状

对于一个平面的覆盖，就可以在平面区域内划分小区，这些小区域按一定大小的几何图形排列起来，如图 2-24 所示，就可以实现一个平面的覆盖。按交叠区的中心线所围成的面积形状看，区域的形状可分为正三角形、正方形和正六边形 3 种，分别称它们为正三角形区域、正四边形区域和正六边形区域。可以证明，要用正多边形无空隙、无重叠地覆盖一个平面区域，可取的形状只有这 3 种。表 2-4 显示了各种形状的中心距离、半个区域面积、交叠部分面积及交叠区宽度，表中 R 表示区域半径。

(a) 三角形单位区域

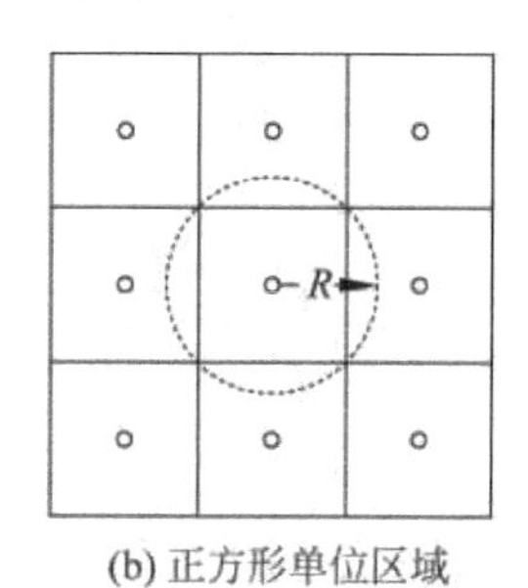

(b) 正方形单位区域

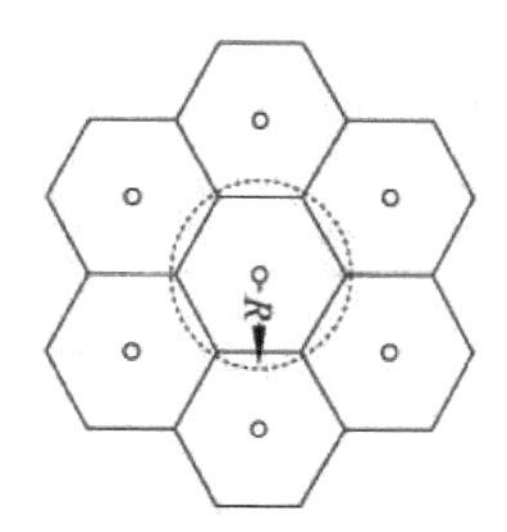

(c) 六边形单位区域

图 2-24 小区的形状

表 2-4 3 种形状小区的比较

单个区域形状	相邻区域中心距离	单个区域面积	交叠部分面积	交叠区宽度
正三角形	R	$\frac{3\sqrt{3}}{4}R$	$\left(2\pi-\frac{3\sqrt{3}}{2}\right)R^2$	R
正四边形	$\sqrt{2}R$	$2R^2$	$(2\pi-4)R^2$	$(2-\sqrt{2})R$
正六边形	$\sqrt{3}R$	$\frac{3\sqrt{3}}{2}R^2$	$(2\pi-3\sqrt{3})R^2$	$(2-\sqrt{3})R$

由表 2-4 可见，在服务区面积一定的情况下，正六边形相邻区域的中心间隔最大，即覆盖面积一定时，需要最少的小区个数，也就是需要较少的发射站。因此，正六边形小区覆盖相对于四边形和三角形费用少。正六边形构成的网络形同蜂窝，所以把小区制移动通信网

称为蜂窝网。需要注意的是,交叠区宽度和区域的切换方式与控制方式有关。

2）区群的组成

单位无线区群的构成应满足以下两个条件：一是单位无线区群之间彼此邻接；二是相邻单位无线区群的同频小区中心间隔距离是一样的。满足以上两个条件的关系式为

$$N = a^2 + ab + b^2 \tag{2-43}$$

式中,N 为构成单位无线区群的正六边形的数目,简称区群数。a 和 b 不能同时为零。按照以上条件,可确定 N 有以下数值,相应的区群形状如图 2-25 所示。

$$a = 2 \quad b = 0 \quad N = 4$$
$$a = 2 \quad b = 1 \quad N = 7$$
$$a = 2 \quad b = 2 \quad N = 12$$
$$a = 3 \quad b = 0 \quad N = 9$$

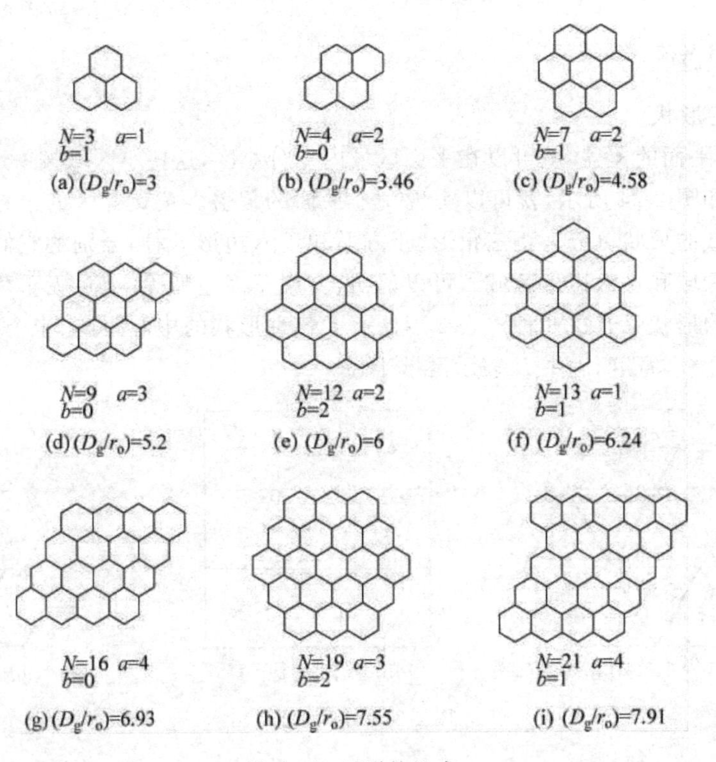

图 2-25 区群的组成

3）中心激励和顶点激励

根据基站的位置不同,可有两种激励方式：如图 2-26 所示,一种是基站位于正六边形的中心,称为中心激励方式；另一种是基站位于每个正六边形的 3 个相隔的顶点上,称为顶点激励方式。对于前者,基站使用全向天线形成圆形覆盖区；对于后者,每个基站使用 3 个 120°扇形覆盖的定向天线实现共同覆盖。从经济效益上看,前者投资较少,可是同信道重用比不能选得很小,否则同道干扰严重；后者

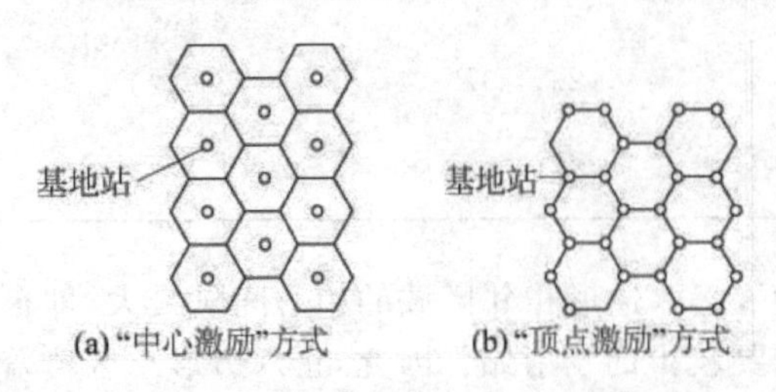

图 2-26 两种激励方式示意图

虽然好像每个小区的基站投资较多，但由于采用了定向天线，对位于天线主瓣之外的区域同道干扰很小，接收时对主瓣之外的干扰衰耗很大，即所接收的同频干扰功率下降，因此允许以较小的信道重用比工作。另外，在不同地点采用多副定向天线可以消除小区内障碍物的阴影区。其最终结果是顶点激励在容量相同时，可以少用一些基站。

4）盲点与热点

在实际的宏蜂窝内，通常存在着两种特殊的微小区域——“盲点”与“热点”。盲点是指由于网络漏覆盖或电波在传播过程中遇到障碍物而造成阴影区域等原因，使得该区域的信号强度极弱，通信质量严重低劣；热点是指由于客观存在商业中心或交通要道等业务繁忙区域，造成空间业务负荷的不均匀分布。对于以上两“点”问题，往往通过设置直放站、分裂小区等方法加以解决。

① 直放站(Repeater)的设置。在移动通信网络中存在着覆盖盲区和信号干扰区，这些造成了移动用户不能接入网络或者通话质量降低，直放站产品就是为了解决这些问题而推出的。它可用于对特殊地形的覆盖以消除盲区，还可实现无线信号的中继与延伸，调配小区业务以平衡各小区话务量，在“导频污染区”强化主导频，优化网络等。另外，直放站安装调试简单、开通快捷、投资省。

直放站也叫中继站，属于同频放大设备，它在无线电传输过程中起到信号增强的作用，如图 2-27 所示。直放站在下行链路中，由施主天线从宿主基站提取信号，通过带通滤波器对带通外的信号进行极好的隔离，将滤波信号经功放放大以后，再次发射到待覆盖区域。在上行链接路径中，覆盖区域内的移动台的信号以同样的工作方式由上行放大链处理后发射到相应基站，从而达到基站与移动台间的信号传递。引入直放站有许多好处，如填补移动通信盲区以实现连续覆盖、室内室外分开覆盖以有利于网络优化、吸收室内话务量等，但直放站的使用也会带来新问题，如时延、多径、电路噪声、直放站的自激等。

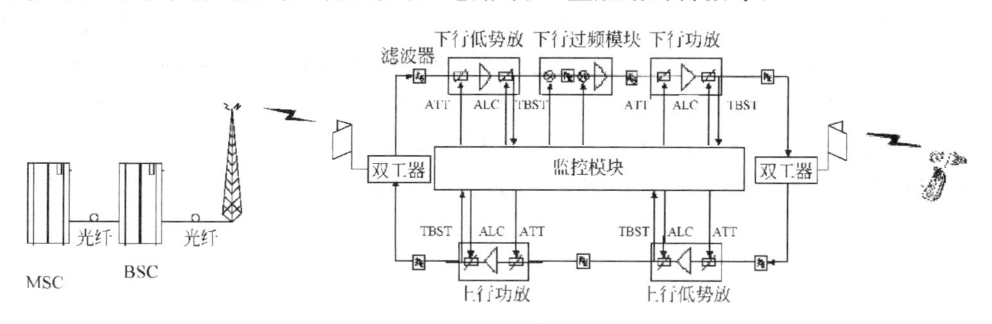

图 2-27 直放站原理

② 分裂小区。在整个服务区中每个区的大小可以是相同的，但这只能适应用户密度均匀的情况。事实上服务区内的用户密度是不均匀的。例如，城市中心商业区的用户密度最高，居民区的用户密度也高，而市郊区的用户密度较低。因此，在用户密度高的市中心区可使小区的面积小一些，在用户密度低的市郊区可使小区的面积大一些，如图 2-28 所示。

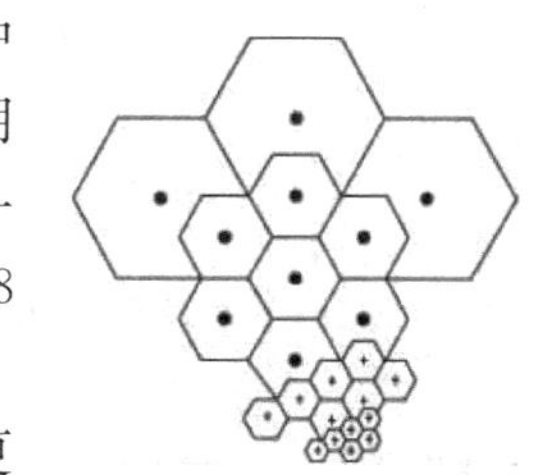

图 2-28 小区的分裂

另外，当一个特定小区的话务量增加时，小区可以被分裂为更小的小区。通过小区数的增加来增加信道的再用数，从而增加用户容量。在原小区内分设3个发射功率更小一些的新基站,就可以形成几个面积更小一些的正六边形小区。上述蜂窝状的小区制是目前大容量公共移动通信网的主要覆盖方式。

但从原理上讲,设置直放站与分裂小区这两种办法也不能无限制地使用:直放站实质是一个宽带放大器,设置不合理(包括选址及安装等)或设置得过多,都极易造成对周围信号的干扰;小区分裂实质就是采用使宏基站变密的办法(即将覆盖面大的基站分裂成覆盖面较小的基站)来增加系统的容量,但当小区面积小到一定程度时,由于干扰和基站接入等问题,也使得这种办法将难以再进行。

5) 蜂窝的种类

① 宏蜂窝小区。传统的蜂窝式网络由宏蜂窝小区(Macrocell)构成,每小区的覆盖半径大多为1~25km。由于覆盖半径较大,所以基站的发射功率较强,一般在10W以上,天线也做得较高。由宏蜂窝组成的移动通信系统中,每个小区分别设有基站,基站与处于其服务区内的移动台建立无线通信链路。若干个小区组成一个区群,区群内各个小区的基站可通过电缆、光缆或微波链路与移动交换中心相连。移动交换中心通过PCM电路与市话交换局相连接。

② 微蜂窝小区。微蜂窝小区(Microcell)是在宏蜂窝小区的基础上发展起来的。它的覆盖半径大约为30~300m,发射功率较小,一般在1W以下;基站天线置于相对低的地方,如屋顶下方,高于地面5~10m,传播主要沿着街道的视线进行,信号在楼顶的泄漏小。因此,微蜂窝最初被用来加大无线电覆盖,消除宏蜂窝中的"盲点"。同时由于低发射功率的微蜂窝基站允许较小的频率复用距离,每个单元区域的信道数量较多,因此业务密度得到了巨大的增长,且RF干扰很低,将它安置在宏蜂窝的"热点"上,可满足该微小区域质量与容量两方面的要求。

在实际设计中,微蜂窝作为无线覆盖的补充,一般用于宏蜂窝覆盖不到又有较大话务量的地点,如地下会议室、娱乐室、地铁、隧道等,也可作为热点应用的场合,如购物中心、娱乐中心、会议中心、商务楼、停车场等话务量比较集中的地区。而在话务量很高的商业街道等地还可采用多层网形式进行连续覆盖,即分级蜂窝结构:不同尺寸的小区重叠起来,不同发射功率的基站紧密相邻并同时存在,使得整个通信网络呈现出多层次的结构。相邻微蜂窝的切换都回到所在的宏蜂窝上,宏蜂窝的广域大功率覆盖可看成是宏蜂窝上层网络,并作为移动用户在两个微蜂窝区间移动时的"安全网",而大量的微蜂窝则构成微蜂窝下层网络。

③ 其他蜂窝小区。小区按照半径大小,一般分为卫星小区、宏小区、微小区、微微小区等几类,具体见表2-5。

表2-5 小区的分类

蜂窝类型	蜂窝半径/km	终端速度/(km/h)	运行环境	业务带宽	适用系统
卫星小区	500	1500	所有	低	卫星
兆小区	20m~100km	≤500	偏远区	低	卫星
大小区	5~35km	≤300	乡村郊区	低到中	蜂窝
宏小区	5km	≤200	乡村郊区	低到中	蜂窝
小小区	500m~3km	≤80	市区	中到高	蜂窝
微小区	10~400m	≤40	市区	高	蜂窝/无绳
节小区	10~200m	≤20	市区	高	蜂窝/无绳
毫小区	10m	≤5	小区内	高	无绳等
微微小区	几m	≤1	室内	高	无绳等

2.4.2 频率复用

1. 频率复用概述

蜂窝系统的基本出发点是频率复用，也称为频分复用(Frequency Division Multiplexing，FDM)，就是将用于传输信道的总带宽划分成若干个子频带(或称子信道)以进行信号的传输。频分复用要求总频率宽度大于各个子信道频率之和，同时为了保证各子信道中所传输的信号互不干扰，应在各子信道之间设立保护隔离带。频分复用技术的特点是所有子信道传输的信号以并行的方式工作。

通常，不同区群的两个小区只要相互之间的空间距离大于某一数值，就可使用相同的频道，而不会产生显著的同道干扰，这是利用了电波的传播损耗以实现频率再用。频率复用的优势是可以极大地提高频谱效率，但是如果系统设计得不好将产生严重的干扰，这种干扰称为同信道干扰。

2. 频率复用距离的计算

频率复用距离的计算取决于许多因素，如频率分组数、衰落和屏蔽对频率复用的影响、同道干扰的概率等。

1) D 与 R 的关系

使用同一组频率的小区称为共道小区，它们间产生的干扰叫共道干扰。一个区群中的小区数越少，则相邻区群的地理位置越靠近，共道干扰就会越强。设两个地区彼此相距 D 时，不会产生明显的同道干扰，则称 D 为复用空间保护距离。设小区的半径为 R，则称 D/R 为共道干扰抑制因子。根据蜂窝系统的几何关系，设区群数为 k，则有

$$D/R=\sqrt{3k} \tag{2-44}$$

式中，k 是由 $(C/I)_s$ 所确定，可推出

$$\frac{1}{6}\left(\frac{R}{D}\right)^4 \geqslant (C/I)_s \tag{2-45}$$

所以有

$$k \geqslant \sqrt{\frac{2}{3}(C/I)_s} \tag{2-46}$$

对于 7/21 复用方式(即 7 个基站，21 个小区使用 21 组频率)，则复用保护距离 D 为

$$D=\sqrt{3k}R \approx 7.9R \tag{2-47}$$

同理，对 4/12 复用方式，$D=6R$；对 3/9 复用方式，$D \approx 5.2R$。

可见，区群内小区数 k 越大，同信道小区的距离就越远，抗同频干扰的性能也就越好。但区群内小区数 k 也不是越大越好，k 大了以后，反而每个小区内分得的频点数少了，结果致使小区的容量下降。所以，k 到底取多少还是要综合考虑各方面的因素。

2) 载波干扰比 C/I

在式(2-46)中谈到 k 是由 $(C/I)_s$ 所确定，而系统的载波干扰比 C/I 又是由系统所选用的调制方式和带宽来确定的。例如，当蜂窝网络每个区群共有 7 个小区，基站收发信机采用

全向天线,只考虑到第一频道组的共道小区的干扰,如图 2-29 所示。

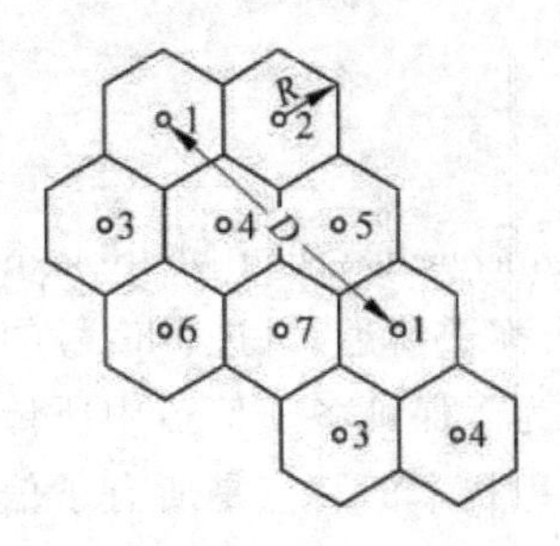

图 2-29 蜂窝网络共道小区分布

此时的载波干扰比 C/I 计算式为

$$C/I=\frac{C}{\sum_{i=1}^{6}I_i+n} \tag{2-48}$$

式中,I_i 为第 i 频道组的共道干扰电平,共有 6 个;n 为环境噪声功率,可忽略不计。考虑到电波传播损耗为 4 次幂规律,则接收到的信号功率和干扰功率分别为

$$C=AR^{-4} \tag{2-49}$$

$$I_i=AD^{-4} \tag{2-50}$$

式中,A 为常数。考虑到上述情况,而且 D_i 都相同,则有

$$C/I=\frac{R^{-4}}{\sum_{i=1}^{6}D_i^{-4}}=\frac{1}{6}\left(\frac{R}{D}\right)^{-4} \tag{2-51}$$

规定系统的载干比门限为$(C/I)_s$,只要满足

$$C/I\geqslant(C/I)_s \tag{2-52}$$

就可以保证通信质量。

3) 考虑衰落和屏蔽情况下的频率复用距离计算

衰落和屏蔽情况下的频率复用距离可分为 3 种情况加以考虑,一是只考虑衰落,二是只考虑屏蔽,三是同时考虑衰落和屏蔽。这时需要先考察同频干扰概率。

若移动台在某个接收点收到来自基站的有用信号包络 S_1,又收到另一基站的不需要信号(干扰信号)的包络 S_2,则同频干扰概率定义为

$$S_1\leqslant rS_2 \tag{2-53}$$

式中,r 为射频率保护比,$r=[\text{接收的有用信号}/\text{接收的干扰信号}]_{\text{最小}}$。

通过计算可以发现,若当同频干扰概率的标准方差 $\sigma=6\text{dB}$,干扰概率 $P=10^{-2}$时,既有衰落又有屏蔽情况下较只有屏蔽情况下的同频干扰概率增大 8dB 左右;当 $\sigma=8\text{dB}$,干扰概率 $P=10^{-3}$时,既有衰落又有屏蔽情况下较只有屏蔽情况下的同频干扰概率增大 10dB 左右;当 $\sigma=12\text{dB}$,两者差别就小多了。由此可以得出结论,在郊区和较低层建筑的市区,衰落对干扰概率影响很大,而在高建筑较多的城市,则主要由屏蔽引起的。所以,在进行频率复用距离计算时,分几种情况进行。

4) 考虑通信概率的频率复用距离计算

根据同频干扰容限的条件下,去找出最小所需的 D/R 比的计算方法如下:

假定 90%的覆盖区有 75%的边缘覆盖率,并假定载频信号和一个干扰信号都服从对数正态衰落,并且不相关。它们的标准偏差都为 6dB,则合成偏差为$\sqrt{2}\times6=8.4\text{dB}$。为了保证载干比大于 18dB($D/I>18\text{dB}$),且在边缘地区通信概率大于 75%,相应的衰落储备应大于 $0.6\times8.4\text{dB}=5\text{dB}$。考虑到干扰源可能会多于一个,需再增加 4dB 的储备。在最坏的条件下,所需的 D/R 比应能保证 C/I 的比值大于 27dB。由于传播特性与距离的 4 次方成正比,假定是光滑地球平面,则路径传播衰减为

$$L_I - L_c = 40\lg \frac{D_I}{R} \tag{2-54}$$

式中，L_I 为干扰的传播衰减；L_c 为信号的传播衰减。

$$D_I/R = 10^{\frac{C/I}{40}} = 10^{\frac{27}{40}} = 4.73 \tag{2-55}$$

$$D/R = 1 + D_I/R = 1 + 4.73 = 5.73 \tag{2-56}$$

$$D = 3N \cdot R \text{ 则 } N \geqslant \frac{1}{3}(D/R)^2 = 10.9443 \tag{2-57}$$

由此可见，满足同频干扰比 27dB 条件下，选 $N=12$ 即可满足要求。

实际工程中，同频复用距离的大小还取决于许多因素，包括业务量、基站的位置、周围的电磁环境等，CDMA 系统中还要考虑软切换增益等，它的大小需要进行综合性、系统性的计算。

2.4.3 多址方式

固定通信中相应的通信设备是固定不动的，如家里的电话；但移动通信与固定通信不同，其通信设备可能发生移动。要实现两个移动用户之间或移动用户与固定用户之间的通信，首先必须要动态地寻找用户，而且同一个小区内同时需要通信的用户不止一个，因此就产生了多址问题与多址接入技术。

多址技术主要是解决如何使多用户共享系统无线资源的问题。为了做到这一点，在移动通信系统中，就必须对不同的移动台和基站发出的信号赋予不同的特征，使基站能从众多移动台的信号中区分出是哪一个移动台发出来的信号，而各移动台又能识别出基站发出的信号中哪个是发给自己的信号。它的基本原理与有线通信中的信号复用技术相同，实质上都是属于信号正交划分与设计技术。不同点是信号复用技术的目的在于区分多路，常在中频或基带实现；而多址技术的目的是区分多个动态地址，必须在射频段实现。实现多址连接的理论基础是信号分割技术。这样，在发送端通过恰当的信号设计使信号按某种参量相互正交或准正交，以实现各站信号的差异性；在接收端有信号识别能力，能从混合信号中分离选择出相应的信号。

无线电信号可以表达为时间、频率和码型的函数，即

$$s(c,f,t) = c(t) \cdot s(f,t) \tag{2-58}$$

式中，$c(t)$ 是码型函数；$s(f,t)$ 为时间 t 和频率 f 的函数。按照这些参量的分割，可以实现的多址连接有频分多址（FDMA）、时分多址（TDMA）、空分多址（SDMA）、码分多址（CDMA）等，由这些基本的多址方式还可以派生出多种组合多址方式，如 TDMA/FDMA、CDMA/FDMA 等。

双工方式主要是解决系统中用户双向通信的问题。频率、时间是两种较好的方式，对应的有两种双工方式，即频分双工（FDD）和时分双工（TDD）。

1. 频分多址技术

移动通信的频率资源十分紧缺，不可能为每个移动台预留一个信道，因此只能事先为每个基站配置好一组信道，供该基站所覆盖的小区内的所有移动台共用。这就是信道共用问题。频分复用技术下，多个用户可以共享一个物理通信信道。

频分复用（FDMA）又称频分多址，是发送端对所发信号的频率参量进行正交分割，形成

许多互不重叠的频带,即将载波带宽划分为多个不同频带的子信道,在接收端利用频率的正交性,通过频率选择(滤波),从混合信号中选出相应的信号,这样每个子信道可以单独并行地传送一路信号。在单纯的FDMA系统中,通常采用频分双工(FDD)的方式来实现双工通信,即接收频率 F 和发送频率 f 是不同的。所以,为了使得同一部电台的收发之间不产生干扰,收发频率间隔 $|f-F|$ 必须大于一定的数值,因此在FDMA系统中,收发频段是分开的。另外,在移动通信系统中,移动台与移动台之间是不能直接通信的,必须经过基站中转,如图2-30所示。再有,所有信道都可以作为单信号被扩大、控制,并转换为频带传送至目的地,所以FDMA技术主要优点在于经济、实用。

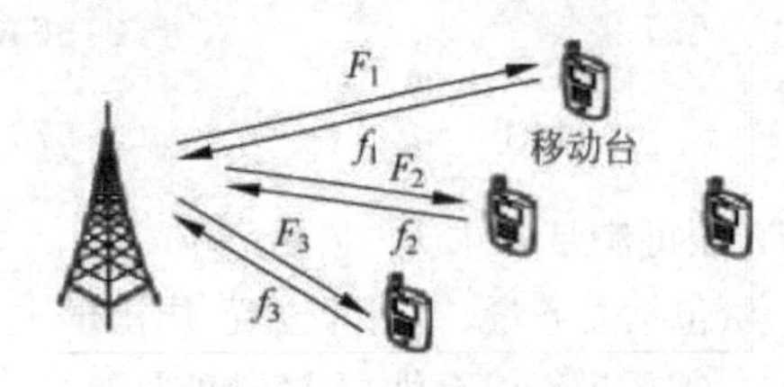

图2-30 FDMA系统的工作示意图

从图2-30中还可以看出,两个移动台间通信通过基站的中转,需占两个上行子频段和两个下行子频段,加上收发间的保护频带,因此FDMA系统的频率资源利用率低;还有FDMA的基站必须要设置 N 套调制解调器,设备比较复杂;且FDMA信道大于通常需要的特定数字压缩信道,对于通信过程FDMA信道也是浪费的。

尽管存在着一些缺陷,但在整个通信领域,FDMA还是最经典的多址技术,已应用于许多通信系统中。另外,目前TDMA和CDMA都可以结合FDMA共同作用,也就是说,特定频带可以独立用于其他频带的TDMA或CDMA信号。

2. 时分多址技术

时分多址(TDMA)是发送端对所发送信号的时间参量进行正交分割,形成许多互不重叠的时隙,即在一个宽带的载波上,把时间分成周期性的帧,每一帧再分割成若干时隙(无论是帧还是时隙都是互不重叠的),每个时隙就是一个通信信道,分配给一个用户,在每一帧内依次排列,互不干扰。在接收端再利用时间的正交性,通过时间选择(选通门)从混合信号中选出相应的信号。近年来,TDMA有较多的应用,如GSM、MMDS、LMDS等系统中都主要使用了TDMA技术。在TDMA系统中,总的带宽约等于各个用户信号带宽的总和,在这一点上,TDMA与FDMA是相似的。

TDMA的基本工作原理如下:系统根据一定的时隙分配原则,使各个移动台在每帧内只能按指定的时隙向基站发射信号;为了保证不同传播时延情况下,各移动台到达基站的信号不会重叠,通常在帧结构中有保护间隔比特,在此保护间隔内不传送信号;这样在满足定时和同步的条件下,基站可以在各时隙中接收到各移动台的信号而互不干扰。同时,基站发向各个移动台的信号都按顺序安排在预定的时隙中传输,各移动台只要在指定的时隙内接收,就能在合路的信号(TDM信号)中把发给它的信号区分出来。所以TDMA系统发射数据是用缓存—突发法,因此对任何一个用户而言发射都是不连续的。另外,在TDD方式下,各移动台在上行帧内只能按指定的时隙向基站发送信号,基站按顺序安排在预定的时隙中向各移动台发送信息。

如前所述,在FDD方式中,上行链路和下行链路的帧分别在不同的频率上,但在TDD方式中,上下行帧都在相同的频率上,如图2-31所示。在每一个子频带上又分了若干个子时隙,每个用户只占用子时隙进行通话。显然,TDMA使得频率资源的利用率得到了很大的提高，即相同频率资源下可容纳比FDMA多几倍的用户数。但同时TDMA系统要注意通信中的同步和定时问题，否则会因为时隙的错位和混乱而导致接收端移动台无法正常接收信息。

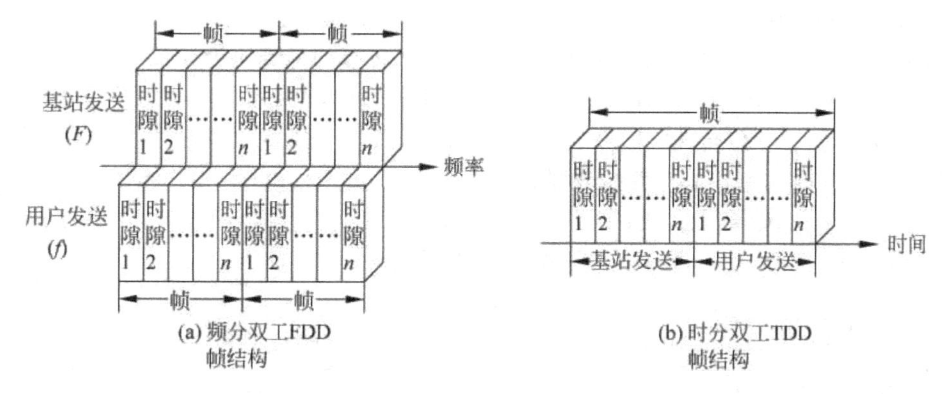

图2-31　TDMA系统的工作示意图

在TDMA系统中，每帧中的时隙结构(或称为突发脉冲)的设计通常要考虑3个主要的因素：一是控制和信令信息的传输；二是信道多径的影响；三是系统的同步。解决以上3个问题的主要方法是：一是在每个时隙中专门划出部分比特用于控制和信令信息的传输；二是在时隙中插入自适应均衡器所需的训练序列，并在上行链路的每个时隙中留出一定的保护间隔；三是在时隙中有专用的同步序列。

采用时分复用(TDMA)的优点是抗干扰能力增强，频率利用率有所提高，系统容量增大，基站复杂性减小。时分复用(TDMA)用不同的时隙来发射和接收，因此不需要双工器。由于时分复用(TDMA)的诸多优点，所以在第二代移动通信系统(如GSM系统)中广泛采用了时分复用(TDMA)技术。

3. 码分多址技术

码分多址(CDMA)系统采用一组彼此正交(或准正交)的伪随机噪声(PN)序列作为扩频序列码，对传输信号进行扩频调制，在接收端用相应的PN码通过相关处理解扩来实现多用户共享频率资源的功能。该技术将每一来话编码，并在接收端进行解码，使大量用户能够共享同一无线电频率。码分多址有两种主要形式：直扩码分(DS-CDMA)与跳频码分(FH-CDMA)，前者多用于民用，后者多用于军事。

码分多址通信系统中各用户发射的信号共同使用整个频带，发射时间又是任意的，所以各用户的发射信号在时间上、频率上都可能相互重叠。因此，采用传统的滤波器或选通门是不能分离信号的，对某用户发送的信号，只有与其相匹配的接收机通过相关检测才可能正确接收。移动用户之间的信息传输也是由基站进行转发和控制的。为了实现双工通信，正向传输(由基站到移动台)和反向传输(由移动台至基站)各使用一个载波频率，即频分双工。无论正向传输还是反向传输，除传输业务信息外，还必须传送相应的控制信息。为了传送不同的信息，需要设置不同的信道。

图2-32是码分多址收发系统示意图，其基本工作原理如下：在码分多址通信系统中，利用自相关性很强而互相关值为0或很小的周期性码序列作为地址码，与用户信息数据相

乘(或模 2 加),经过相应的信道传输后,在接收端以本地产生的已知地址码为参考,根据相关性的差异对接收到的所有信号进行鉴别,从中将地址码与本地地址码一致的信号选出,把不一致的信号除掉(称为相关检测)。

例如,图 2-32 中 $d_1 \sim d_N$ 分别是 N 个用户的信息数据,其对应的地址码分别为 $W_1 \sim W_N$,为了简明起见,假定系统有 4 个用户(即 $N=4$),各自的地址码为

$$W_1 = \{1,1,1,1\}, \quad W_2 = \{1,-1,1,-1\},$$
$$W_3 = \{1,1,-1,-1\}, \quad W_4 = \{1,-1,-1,1\} \tag{2-59}$$

假设在某一时刻用户信息数据分别为

$$d_1 = \{1\}, \quad d_2 = \{-1\}, \quad d_3 = \{1\}, \quad d_4 = \{-1\} \tag{2-60}$$

与式(2-59)和式(2-60)相应的波形如图 2-33 所示。

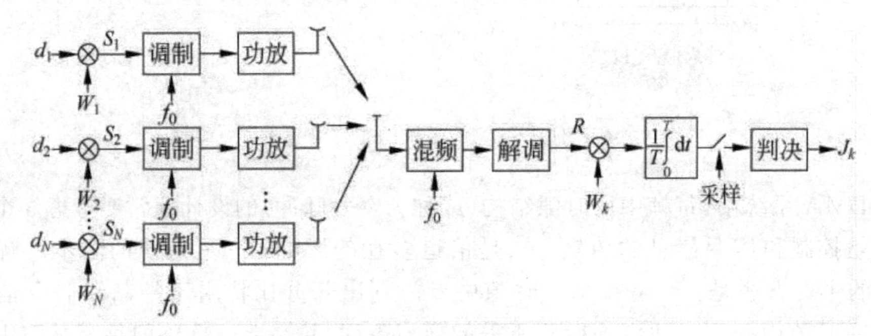

图 2-32　码分多址收发系统示意图

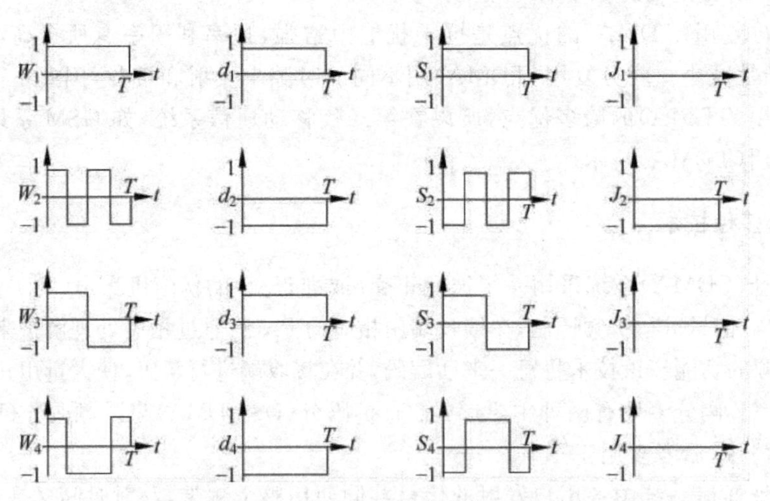

图 2-33　码分多址原理波形示意图

与各自对应的地址码相乘后的波形 $S_1 \sim S_4$ 如图 2-33 所示。在接收端,当系统处于同步状态和忽略噪声时,在接收机中解调输出 R 端的波形是 $S_1 \sim S_4$ 的叠加,如果欲接收某一用户(如用户 2)的信息数据,本地产生的地址码应与该用户的地址码相同($W_k = W_2$)。

并且用此地址码与解调输出 R 端的波形相乘,再送入积分电路,然后经过采样判决电路得到相应的信息数据。如果本地产生的地址码与用户 2 的地址码相同(即 $W_k = W_2$),经过相乘、积分电路后,产生的波形 $J_1 \sim J_4$ 如图 2-33 所示,即

$$J_1 = \{0\}, \quad J_2 = \{-1\}, \quad J_3 = \{0\}, \quad J_4 = \{0\} \tag{2-61}$$

也就是在采样、判决电路前的信号是：0+、(−1)、+0、+0。此时，虽然解调输出 R 端的波形是 $S_1 \sim S_4$ 的叠加，但是，因为要接收的是用户 2 的信息数据，本地产生地址码与用户 2 的地址码相同，经过相关检测后，用户 1、3、4 所发射的信号加到采样、判决电路前的信号是 0，对信号的采样、判决没有影响。采样、判决电路的输出信号是 $r_2=\{-1\}$，是用户 2 所发送的信息数据。

如果要接收用户 3 的信息数据，本地产生的地址码应与该用户 3 的地址码相同($W_k=W_3$)，经过相乘、积分电路后，产生的波形 $J_1 \sim J_4$ 是

$$J_1=\{0\},\quad J_2=\{0\},\quad J_3=\{1\},\quad J_4=\{0\} \tag{2-62}$$

也就是在采样、判决电路前的信号是 0+、0+、1+、0+。此时，虽然解调输出 R 端的波形是 $S_1 \sim S_4$ 的叠加，但是要接收的是用户 3 的信息数据，本地产生的地址码与用户 3 的地址码相同，经过相关检测后，用户 1、2、4 所发射的信号加到采样、判决电路前的信号是 0，对信号的采样没有影响。采样、判决电路的输出信号是 $r_3=\{-1\}$，是用户 3 所发送的信息数据。

如果要接收用户 1、4 的信息数据，其工作机理与上述相同。

以上是通过一个简单例子，简要地叙述了码分多址通信系统的工作原理。实际上，码分多址移动通信系统并不是这样简单，而是复杂得多：一是要有足够多的自相关性和互相关性良好的地址码，这是“码分”的基础；二是在码分多址通信系统中的各接收端，必须产生与发送端码型和相位均一致的本地地址码(简称本地码)，这是“码分”最主要的环节；三是由于码分多址通信系统中的特点，即网内所有用户使用同一载波，各个用户可以同时发送或接收信号，这样在接收机的输入信号干扰比将远小于 1(负若干 dB)，这是传统的调制解调方式无能为力的。为了把各用户之间的相互干扰降到最低程度，并且使各个用户的信号占用相同的带宽，码分系统必须与扩展频谱(简称扩频)技术相结合，使在信道传输的信号所占频带极大展宽(一般达百倍以上)，为接收端分离信号完成实质性的准备。

以上所述的 3 种多址方式，可比较如图 2-34 所示。由图 2-34 可见：

① FDMA 多址方式是一种基本的多址方式，它靠不同的子频带来区分用户，其技术成熟、应用广泛。但是，单纯的 FDMA 方式存在频率利用率低、基站收发信机数量大、互调干扰严重等问题。

② TDMA 多址方式靠不同的子时隙来区分用户，它将时间划分成周期性的帧，每一帧分成若干时隙，这样一个载频就含有多个信道，从而一个载频可供多个用户工作，基站的收发设备数量减少，其互调干扰也就大大减小。

③ CDMA 多址方式靠不同的正交码型来区分用户，它是在同频、同时条件下，各个接收机根据信号码型之间的差异分离出所需要的信号。

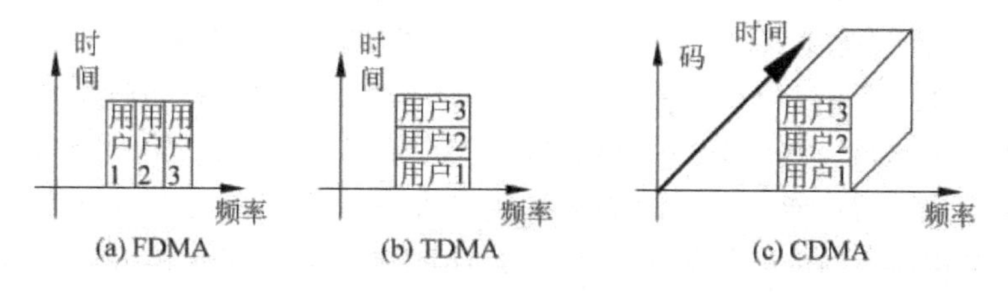

图 2-34 3 种多址技术的对比

因此,与 FDMA 和 TDMA 相比,CDMA 具有许多独特的优点,含有频域、时域和码域三维信号处理的一种协作,因此它具有抗干扰性好、抗多径衰落、保密安全性高、同频率可在多个小区内重复使用、所要求的载干比(C/I)<1、容量和质量之间可做权衡取舍等属性。这些属性使 CDMA 比其他系统有非常重要的优势:系统容量大、系统容量配置灵活、通话质量好等。

正是由于 CDMA 技术的多种优势,CDMA 成了实现第三代移动通信的关键。目前该技术发展成为多个标准,我国也有 WCDMA、CDMA 2000 和 TD-SCDMA 三大阵营,互不相让,竞争激烈。

思考与练习

2.4.1 名词解释

蜂窝;盲点;热点;频率复用

2.4.2 选择题

① 下列不属于蜂窝移动通信系统特点的有(   )。

A. 有频率复用功能　　B. 有越区切换功能

C. 可信道分配与小区分裂　　D. 网络设备增多使系统的构成复杂

E. 有日凌中断现象

② 下列(   )方式的基站收发设备数量少,互调干扰小,频率利用率高,系统容量大。

A. 频分多址　B. 时分多址　C. 空分多址　D. 码分多址

③ CDMA 的优点有(   )。

A. 抗干扰性好　　B. 抗多径衰落

C. 保密安全性高　　D. 系统容量大

E. 系统容量配置灵活　　F. 通话质量好

2.4.3 简述题

① 试用自己的语言简述蜂窝系统的工作原理。

② 简述频分多址(FDMA)、时分多址(TDMA)、码分多址(CDMA)的基本工作原理,试比较 3 种多址方式的优、缺点。

2.5 移动通信系统的基本网络结构

2.5.1 移动通信系统的组成

移动通信系统从 1G、2G 演进到现在的 3G、4G,总的体系架构还是分为传输、交换、接入 3 个部分。下面以现有 2G 移动通信系统为例,了解其基本网络结构,具体如图 2-35 所示,主要是由移动台子系统(MS)、基站子系统(BSS)、网路子系统(NSS)及操作支持子系统(OSS)等几大部分组成。其中 BSS 提供和管理 MS 和 NSS 之间的传输通路,特别是包括了 MS 与移动通信系统的功能实体之间的无线接口管理。NSS 必须管理通信业务承担建立 MS 与相关的公用通信网或与其他 MS 之间的通信任务。MS、BSS 和 NSS 组成移动通信系统的实体部分,而 OSS 则是控制和维护这些实际运行部分的。另外,图 2-35 中 BSC 是基站

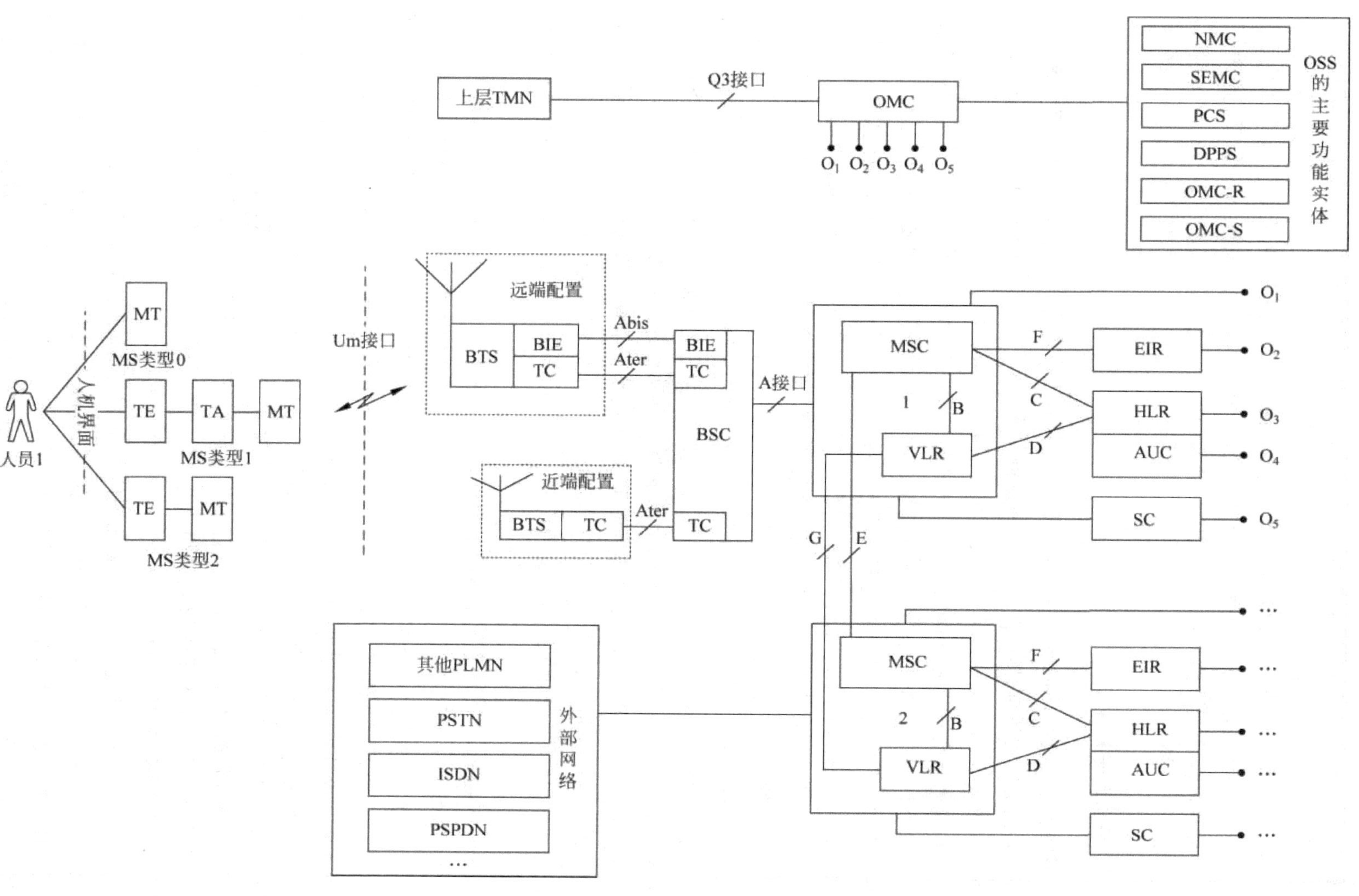

图 2-35 现有移动通信系统的基本网络结构框图

控制器；BTS是基站收发信机；MSC是移动交换中心；OMC是操作维护中心；AUC(或AC)是鉴权中心；EIR是设备识别登记器；HLR(Home Location Register)是归属地位置寄存器；VLR是拜访地位置寄存器；MS是移动台；ISDN是综合业务数字网；PSTN是公用电话交换网；PSPDN是公用数据交换网；PLMN是公用陆地移动网；SC是短消息中心；MT为移动终端；TA为终端适配器；TE为终端设备；TC为码型变换器；BIE为基站接口设备。

1. 移动台子系统(MS)

移动台通过无线接口接入移动通信系统，它具有无线传输与处理功能，且为使用者提供完成通话所必需的话筒、扬声器、显示屏和按键等人—机界面，有的还提供与其他一些终端设备之间的接口，如与个人计算机或传真机之间的接口等。

根据应用与服务情况，移动台可以是单独的移动终端(MT)、手持机、车载机(MS类型0)或者是由移动终端(MT)直接与终端设备(TE)传真机相连接而构成(MS类型2)，或者是由移动终端(MT)通过相关终端适配器(TA)与终端设备(TE)相连接而构成(MS类型1)，如图2-35中相关部分所示，它们都是移动台子系统中的一部分——移动设备部分。

移动台子系统的另外一个重要的组成部分是用户识别模块(SIM或UIM)，它包含所有与用户有关的和某些无线接口的信息，即认证用户身份所需的所有信息(如鉴权)，并能执行一些与安全保密有关的重要信息，以防止非法用户进入网络。用户识别模块还存储与网络和用户有关的管理数据，只有插入用户识别模块后移动终端才能接入进网(使用GSM标准的移动台都需要插入SIM卡，使用CDMA标准的移动台都需要插入UIM卡)。当处理异常的紧急呼叫时，也可以在不用SIM卡或UIM卡的情况下操作移动台。用户识别模块的应用实现了用户身份的移动性，使用户与移动台可以分离，移动通信系统是通过用户识别模块来识别移动电话用户的身份，这也为将来发展个人通信打下了基础。下面重点来了解SIM卡。

SIM卡是整个GSM系统中最小的部件，它的全称为Subscriber Identification Module(用户识别模块)。SIM卡是一个装有微处理器的芯片卡，它的内部有5个模块，并且每个模块都对应一个功能：微处理器CPU(8b)、程序存储器ROM(3～8Kb)、工作存储器RAM(6～16Kb)、数据存储器EEPROM(128～256Kb)和串行通信单元。这5个模块被胶封在SIM卡铜制接口后，与普通IC卡封装方式相同。

SIM卡有4种密码：PIN码、PUK码、PIN2码和PUK2码。PIN码是4位数，可以设置要用SIM卡前必须输入PIN码，以防止别人盗打电话。而且PIN码输错3次就锁卡，必须用运营商提供的PUK码才能解锁，而PUK码最多只能输入10次，超过10次这张卡就自动报废了。PIN2码和PUK2码的用法与上述PIN码和PUK码的用法基本一致，不过PIN2码和PUK2码是用于设置计费的，大家一般用不到。

SIM卡中存储的信息包括持卡者相关信息、IC卡识别信息和GSM应用目录、电信应用目录，如图2-36所示。电信应用目录下又有手机号码、固定拨号数据(短号)、短信息存储数据及其他一些数据。GSM应用目录下又有鉴权、加密的数据(如IMSI号和Ki号)、位置信息数据(如LAI号和TMSI号)、位置状态更新等信息。此外，网络还经常告诉手机一些信息，即BCCH信息，手机把这些信息也存储于SIM卡。

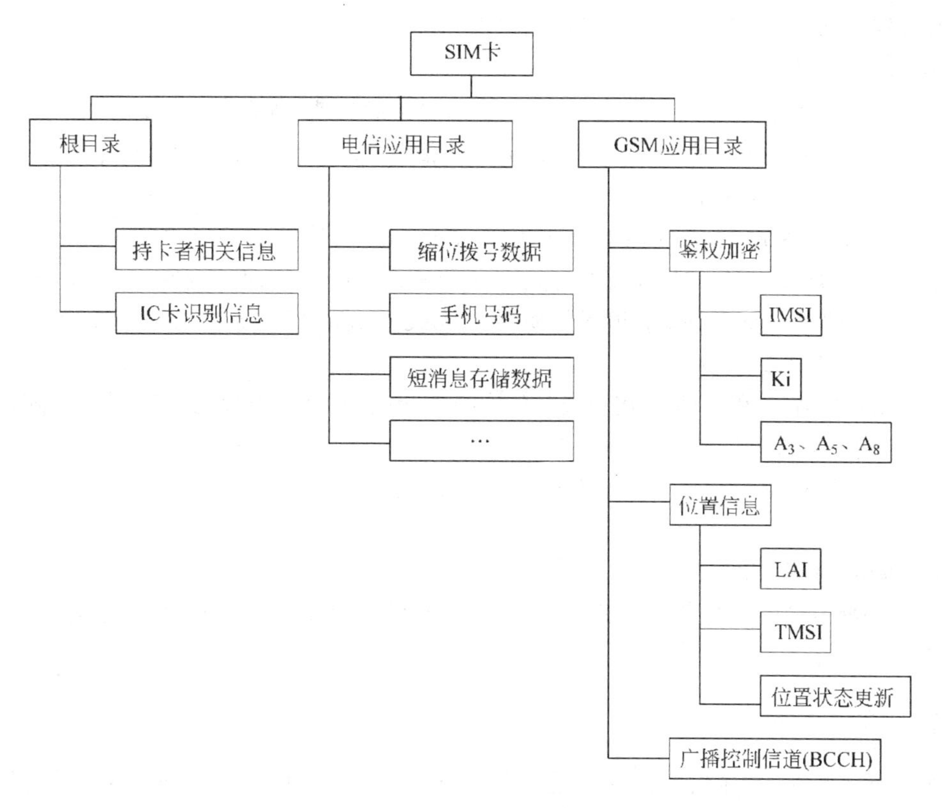

图 2-36　SIM 卡所存储的信息

综上，MS 系统是移动系统的用户设备，它由两部分组成，即移动终端和用户识别卡。移动终端就是"机"，它可完成话音编/解码、信道编/解码、信息加密/解密、信息的调制/解调、信息发射/接收等功能。用户识别卡就是"人"，存有认证和管理用户身份所需的所有信息，并能执行一些与安全保密有关的重要信息，以防止非法用户入网。

2. 基站子系统(BSS)

基站子系统 BSS 提供公用陆地移动网 PLMN 网络的有线核心网和无线接入网之间的中继，它分为两个部分，一部分是通过无线接口与移动台通信的基站收发信台(BTS)，另一部分是与移动交换中心相连的基站控制器(BSC)，BTS 负责无线传输、BSC 负责无线资源控制与管理。一个基站控制器 BSC 根据话务量需要可以控制一个至数十个 BTS，一个 BSS 系统由一个 BSC 或多个 BSC 及其控制下的 BTS 组成。BTS 可以直接与 BSC 相连，也可以通过基站接口设备 BIE 与远端的 BSC 相连。基站子系统还应包括码变换器(TC)和子复用设备(SM)，如图 2-35 中相应部分所示。

1) 基站收发信台(BTS)

BTS 包括无线传输所需要的各种硬件和软件，如发射机、接收机、支持各种小区结构(如全向、扇形等)所需要的天线、连接基站控制器的接口电路以及收发台本身所需要的检测和控制装置等，属于基站系统的无线部分，由基站控制器控制，服务于某个小区。

当 BTS 与 BSC 为远端配置方式时，则需采用 Abis 接口，这时，BTS 与 BSC 两侧都需配置 BIE 设备；而当 BSC 与 BTS 之间的间隔不超过 10m 时(如在局内)，可将 BSC 与 BTS 直接相连，采用内部 BS 接口，不需要接口设备 BIE。

基站收发信机设备中含有大量的无线参数，如跳频模式、跳频序列号、负荷门限、测量平均周期等，这些无线参数的合理选取与否关系着整个移动通信网络的通信质量。

2) 基站控制器(BSC)

BSC 是基站系统(BSS)的控制部分，它一端可与一个或多个 BTS 相连(由业务量的大小决定)，另一端与 MSC 和操作维护中心 OMC 相连。BSC 面向无线网络，在 BSS 中起交换作用，即各种接口的管理、承担无线资源和无线参数的管理等。BSC 主要由下列部分构成：

- 朝向与 MSC 相接的 A 接口或与码变换器相接的 Ater 接口的数字中继控制部分。
- 朝向与 BTS 相接的 Abis 接口或 BS 接口的 BTS 控制部分。
- 公共处理部分，包括与操作维护中心相接的接口控制。
- 交换部分。

3) 码型变换器(TC)

码型变换器 TC 主要完成 16Kb/s RPE-LTP(规则脉冲激励长期预测)编码和 64Kb/s A 律 PCM 之间的语音变换。

3. 网络子系统(NSS)

网络子系统 NSS 主要完成移动通信系统的交换功能、用户数据管理和移动性管理、移动用户之间的通信以及移动用户与其他通信网用户之间的通信等。如图 2-35 所示，网络子系统 NSS 包括 6 个功能单元：移动交换中心(MSC)、拜访地位置寄存器(VLR)、归属地位置寄存器(HLR)、鉴权中心(AUC)、设备识别寄存器(EIR)和短消息中心(SC)。

1) 移动交换中心(MSC)

MSC 是 PLMN 的核心，它完成通话接续、计费、BSS 和 MSC 之间的切换和辅助性的无线资源管理、移动性管理等功能。

为了建立至移动台的呼叫路由，每个 MSC 还要完成查询移动台位置信息的功能，即 MSC 从 VLR、HLR 和 AUC 这 3 种数据库中取得处理用户呼叫请求所需的全部数据。同时，MSC 也负责根据移动台的最新数据更新这 3 个数据库中相应的用户数据。

还有一种 MSC 设备是 GMSC，它是关口交换局，连接 PLMN 与 PSTN，即在不明路径情况下，查询用户的位置信息，并把路由转到移动用户所在的移动交换局 MSC，为网内用户建立通信。

2) 拜访地位置寄存器(VLR)

VLR 通常与 MSC 合设，存储移动至 MSC 所管辖区域中的移动台(称拜访客户)的相关用户数据，包括用户号码、移动台的位置区信息、用户状态和用户可获得的服务等参数。

VLR 是一个动态用户数据库。VLR 从移动用户的 HLR 处获取并暂存必要的数据，一旦移动用户离开该 VLR 的控制区域，则重新在另一个 VLR 上登记，原 VLR 将取消该移动用户的所有临时存储数据记录。

3) 归属地位置寄存器(HLR)

HLR 是系统的中央数据库，存储有管理部门用于管理移动用户的数据。信息存储主要分为两类：一类是永久性的移动用户参数，如移动用户识别号码、访问能力、用户类别和补充业务等数据；另一类是暂时性的移动用户参数，如移动用户目前所处位置的信息等，以便建立至移动台的呼叫路由。这样，移动用户不管是否位于 HLR 的服务区域内，HLR 均会记录移动用户的所在地信息，以方便通信链路的建立。

4）鉴权中心（AUC 或 AC）

AUC 专用于移动通信系统的安全性管理。AUC 产生鉴权 3 参数组（随机数 RAND、符号响应 SRES、加密键 Kc），用来鉴权用户身份的合法性以及对无线接口上的话音、数据、信令信号等进行加密，防止无权用户接入和保证移动用户通信的安全。因此该设备的主要作用是可靠地识别用户的身份，只允许有权用户接入网络并获得服务。

5）设备识别寄存器（EIR）

EIR 存储有关移动台设备的参数（如移动设备的国际移动设备识别码 IMEI），完成对移动设备的识别、监视、闭锁等功能，以防止非法移动台的使用。

EIR 中存有 3 种名单。

- 白名单：存储属于准许使用的 IMEI。
- 黑名单：存储所有应被禁用的 IMEI，如失窃而不准使用的。
- 灰名单：存储有故障的以及未经型号认证的 IMEI，由网络运营者决定。

AUC 和 EIR 都是保密管理方面的设备。

6）短消息中心（SC）

短消息中心是提供短消息业务（SMS）功能的实体。短消息中心的作用像邮局一样，对用户的短消息进行接收、存储和转发。通过短消息中心能够更可靠地将信息传送到目的地。如果传送失败，短消息中心在一个规定的时间内（如 24h）保存失败消息直至发送成功为止。短消息中心的设置可为运营部门增加收入，如提供短消息业务和开放广播式公共信息业务等。

4. 操作支持子系统 OSS

操作支持子系统是完成对 BSS 和 NSS 进行操作与维护管理任务的，主要设备是操作与维护中心（OMC）。OMC 与系统各网络单元的关系如图 2-35 中相应部分所示，它完成对全网进行监控和操作，即对系统的交换实体进行管理，如系统的自检、报警与备用设备的激活、系统的故障诊断与处理、话务量的统计和计费数据的记录与传递，以及各种资料的收集、分析与显示等。

OSS 的功能实体主要包括有网络管理中心（NMC）、安全性管理中心（SEMC）、用于用户识别卡管理的个人化中心（PCS）、用于集中计费管理的数据后处理系统（DPPS）、管理无线设备的 OMC-R、管理交换设备的 OMC-S 等。OSS 还具备与高层次的 TMN 进行通信的接口功能，以保证移动网络能与其他电信网络一起纳入先进、统一的电信管理网络中，进行集中操作与维护管理。

5. 移动通信系统的网络接口

为了保证不同供应商生产的移动终端子系统、基站子系统和网络子系统等设备能纳入同一个数字移动通信网运行和使用，以及与其他固定电信网络、数据网络等的互联互通，需要将移动通信系统的网络接口进行定义和标准化。移动通信系统的网络接口数量较多,从位置上来划分可分为移动通信系统的外部接口与内部接口两类。而移动通信系统的内部接口又分为交换子系统 MSS 内部接口与接入子系统内部接口两类。

1）移动通信系统的外部接口

就移动通信系统与外界的联系,可划分为 3 大边界,因而也有了 3 大外部接口,如图 2-35 所示。

① 首先是用户侧的接口,即移动台(MS)和用户之间的界面,可认为是一个人机界面。

② 其次是移动通信系统与其他电信网间的接口,可以将移动通信网作为一种接入网,即接入移动用户与其他电信网用户之间的呼叫,因此需定义移动通信网与其他电信网的接口。

③ 再次是移动通信系统与运营者的接口,提供对 NSS、BSS 设备管理和运行管理,实现运营商对网络的管理,包括纳入到统一的 TMN 管理的接口。

2）移动交换子系统 MSS 内部接口

移动交换子系统 MSS 内部接口如图 2-35 所示。

① B 接口。MSC 与 VLR 间接口,MSC 通过该接口向 VLR 传送漫游用户的位置信息,并在呼叫建立时向 VLR 查询漫游用户的有关数据,若 MSC 与 VLR 合设则用内部接口。

② C 接口。MSC 与 HLR 间接口,MSC 通过该接口向 HLR 查询被叫移动台的路由信息,HLR 提供路由。

③ D 接口。VLR 与 HLR 间接口,此接口用于两个位置寄存器之间传送用户数据信息(位置信息、路由信息、业务信息等)。

④ E 接口。MSC 与 MSC 间接口,用于越局频道转接。该接口要传送控制两个 MSC 之间话路接续的常规电话网局间信令。

⑤ F 接口。MSC 与 EIR 间接口,MSC 向 EIR 查询移动台设备的合法性。

⑥ G 接口。VLR 之间的接口,当移动台由某一 VLR 进入另一 VLR 覆盖区域时,新老 VLR 通过该接口交换必要的信息,仅用于数字移动通信系统。

⑦ MSC 与 PSTN 间的接口。这是常规电话网局间信令接口,用于建立移动网至公用电话网的话路接续。

3）移动接入子系统内部接口

移动接入子系统的主要接口有 A 接口、Abis 接口和 Um 接口,如图 2-35 所示。这些接口的定义和标准化能保证不同供应商生产的移动台、基站子系统和网路子系统设备能纳入同一个数字移动通信网运行和使用。

① A 接口。定义为网络子系统(NSS)与基站子系统(BSS)之间的通信接口,从系统的功能实体来说,就是移动业务交换中心(MSC)与基站控制器 BSC 之间的互连接口。此接口传递的信息包括移动台管理、基站管理、移动性管理、接续管理等。

② Abis 接口。定义为基站子系统的两个功能实体基站控制器(BSC)和基站收发信台(BTS)之间的通信接口,用于 BTS(不与 BSC 并置)与 BSC 之间的远端互连方式。

③ Um 接口。定义为移动台与基站收发信机之间的无线通信的空中接口,它是移动通信系统中最重要、最复杂的接口。此接口传递的信息包括无线资源管理、移动性管理和接续

管理等。

2.5.2 全国蜂窝系统的网络结构

移动通信网的网络结构视不同国家地区而定，地域大的国家一般分为3级：第一级为大区（或省级汇接局）；第二级为省级地区汇接局；第三级为各基本业务区的MSC。中小型国家只有两级：一级为汇接中心；另一级为各基本业务区的MSC或无级。我国数字公用陆地蜂窝移动通信网是采用3级组网结构的，如图2-37所示。

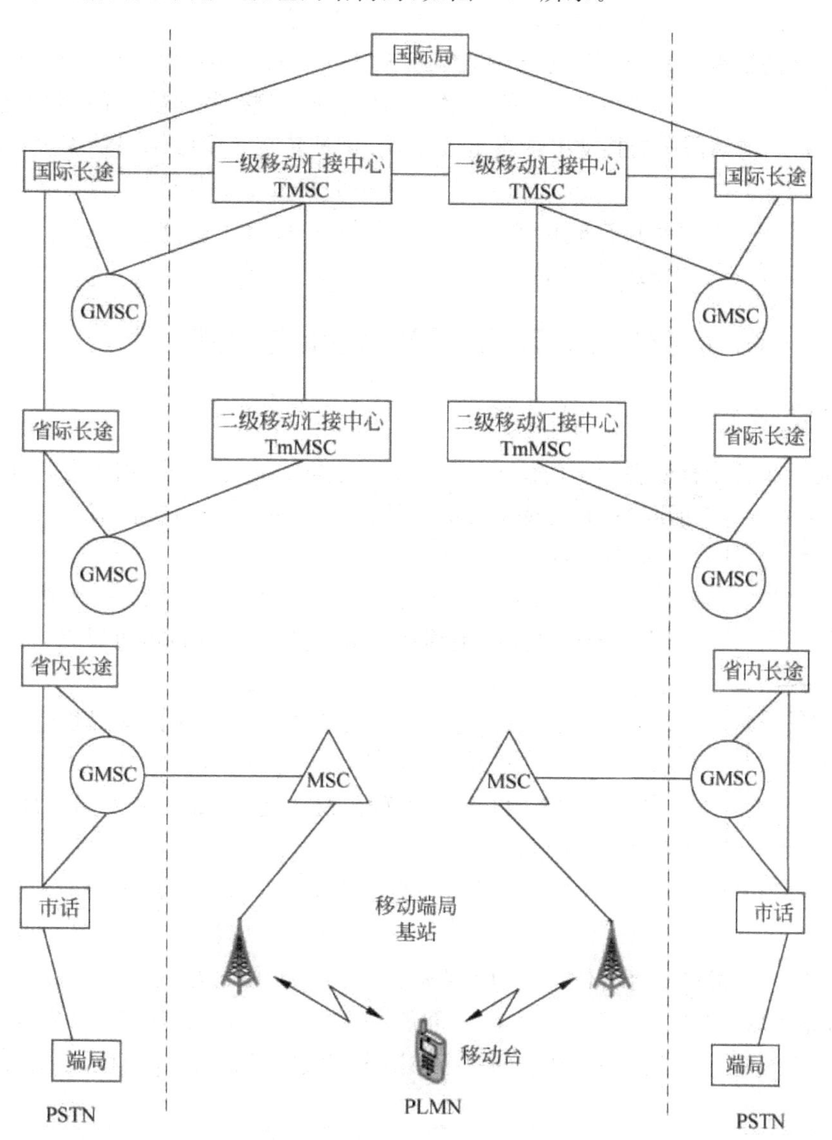

图2-37 全国数字蜂窝PLMN的网络结构及其与PSTN连接的示意图

（1）在各省或大区设有两个一级移动汇接中心，通常为单独设置的移动业务汇接中心，它们以网状网方式相连。

(2) 每个省内至少应设有两个以上的二级移动汇接中心,并把它们置于省内主要城市,它们之间也是以网状网方式相连,同时每个二级移动汇接中心还应与相应的两个一级移动汇接中心都有电路连接,二级汇接中心可以只作汇接中心,或者既作端局又作汇接中心的移动业务交换中心。

(3) 省内数字蜂窝公用陆地蜂窝移动通信网中的每一个移动端局,至少应与省内两个二级汇接中心相连,也就是说本地移动交换中心和二级移动汇接中心以星型网连接,移动端局与基站子系统相连,同时与 VLR 共同负责对来访用户进行管理和接续。

另外,图 2-37 中,GMSC 为移动电话网与 PSTN 网的关口局,负责转接 PSTN 网和移动电话网之间的话务。它的特殊功能在于处理从 PSTN 网到移动电话网的呼叫,必须具备 MAP 功能,访问 HLR 寻找用户在哪一个 VLR,将呼叫接续至被叫的移动电话用户;TmMSC 为移动电话网中的移动电话本地汇接局,负责转接一个移动电话本地网内的几个移动电话端局之间的话务;TMSC 为移动电话网中的移动电话长途局,负责转接移动用户间和 PSTN 用户拨打移动用户的长途电话话务,TMSC 可分一级和二级,一级负责省际的话务转接,二级负责省内的话务转接。

2.5.3 移动通信网的区域、号码、地址与识别

1. 区域定义

移动通信中移动台没有固定的位置,移动通信网需要在服务区域内为移动用户提供通话服务,并实现位置更新越区切换和自动漫游等功能。因此,移动通信网络中,区域的定义如图 2-38 所示。

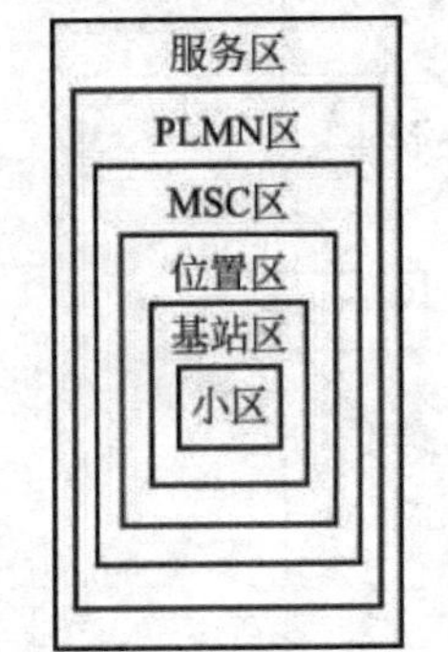

图 2-38 区域的定义

(1) 服务区是指移动台可获得服务的区域。一个服务区可由一个或若干个公用陆地移动通信网(PLMN)组成,可以是一个国家或是一个国家的一部分,也可以是若干个国家。

(2) PLMN 区是由一个公用陆地移动通信网提供通信业务的地理区域。一个 PLMN 区可由一个或若干个移动业务交换中心(MSC)组成。在该区内具有共同的编号制度(比如相同的国内地区号)和共同的路由计划。

(3) MSC 区是由一个移动业务交换中心所控制的所有小区共同覆盖的区域,一个 MSC 区可以由一个或若干个位置区组成。

(4) 位置区是指移动台可任意移动不要进行位置更新的区域。位置区可由一个或若干个小区(或基站区)组成。为了呼叫移动台,可在一个位置区内所有基站同时发寻呼信号。

(5) 基站区是由置于同一基站点的一个或数个基站收发信台(BTS)所覆盖的所有小区所组成。

(6) 小区是采用全球小区识别码进行标识的无线覆盖区域。在采用全向天线结构时,小区即为基站区。

2. 号码与识别

移动通信网络复杂,为了将一个呼叫接至某个移动客户,需要调用相应的实体,这时编

号计划就非常重要，它能保证正确地寻址。

1）移动台 ISDN 号码（MSISDN）

MSISDN 号码是指主叫客户为呼叫 PLMN 网中用户所需拨的号码，即用户的手机号。号码的结构如图 2-39 所示。图中，CC 是国家码，我国为 86；NDC 是国内目的地码，即网络接入号，中国移动为 139 等、中国联通为 130 等；SN 是客户号码，采用等长 8 位编号计划，结构是 H0H1H2H3ABCD，其中 H1H2 为每个移动业务本地网的 HLR 号码，ABCD 为移动客户码。

2）国际移动客户识别码（IMSI）

为了在无线路径和整个移动通信网上正确地识别某个移动客户，就必须给移动客户分配一个特定的识别码，即国际移动客户识别码（IMSI），用于移动通信网所有信令中，存储在客户识别模块（SIM）、HLR 和 VLR 中。IMSI 号码结构如图 2-40 所示。

图 2-39　移动台 ISDN 号码（MSISDN）的结构

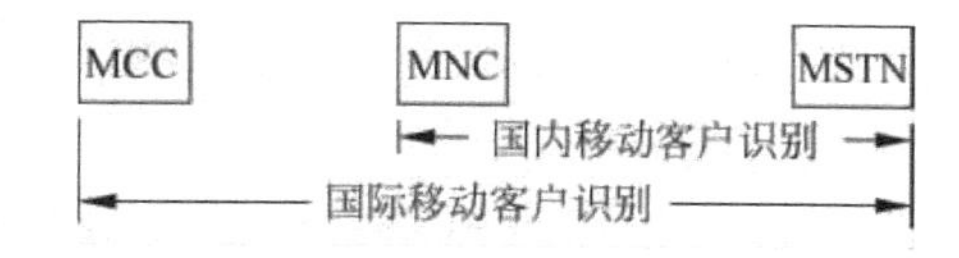

图 2-40　国际移动客户识别码（IMSI）的结构

图 2-40 中 MCC 是移动国家号码，由 3 位数字组成，唯一地识别移动客户所属的国家，我国为 460；MNC 是移动网号，由两位数字组成，用于识别移动客户所归属的移动网，中国移动为 00，中国联通为 01；MSIN 是移动客户识别码，采用等长 11 位数字构成。唯一地识别国内移动通信网中移动客户。

3）移动客户漫游号码（MSRN）

某一用户的位置信息，即目前该用户是处于哪一个 MSC/VLR 业务区的信息是存储于被叫客户所归属的 HLR 的。为了提供给入口 MSC/VLR（GMSC）一个用于选路由的临时号码，HLR 请求被叫所在业务区的 MSC/VLR 给该被叫用户分配一个移动用户漫游号码（MSRN），并将此号码送至 HLR，HLR 收到后再发送给 GMSC，GMSC 根据此号码选路由，将呼叫接至被叫用户所在的 MSC/VLR 交换局。路由一旦建立，此号码就可立即释放。

移动客户漫游号码（MSRN）结构如图 2-41 所示。

4）临时移动用户识别码（TMSI）

为了对 IMSI 保密，MSC/VLR 可给来访移动用户分配一个唯一的 TMSI 号码，即为一个由 MSC 自行分配的 4 字节的 BCD 编码，仅限在本 MSC 业务区内使用。

5）位置区识别码（LAI）

位置区识别码用于识别用户所在的位置区，并帮助移动用户位置更新的实现，其号码结构如图 2-42 所示。

图 2-41　移动客户漫游号码（MSRN）结构

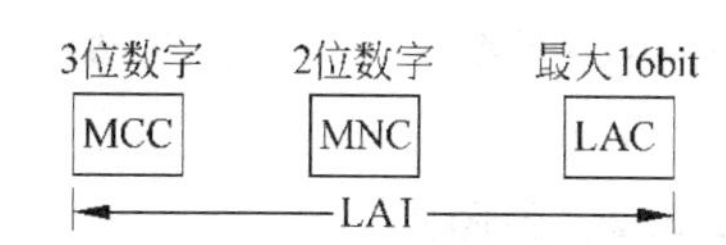

图 2-42　位置区识别码（LAI）结构

图 2-42 中 MCC 是移动客户国家码,同 IMSI 中的前 3 位数字;MNC 是移动网号,同 IMSI 中的 MNC;LAC 是位置区号码,为一个 2 字节 BCD 编码,表示为 $X_1X_2X_3X_4$,在一个 PLMN 网中可定义 65536 个不同的位置区。

6) 全球小区识别码(CGI)

CGI 是用来识别一个位置区内的小区,它是在位置区识别码 (LAI)后加上一个小区识别码(CI),其结构如图 2-43 所示。图中 CI 是一个 2 字节 BCD 编码,由各 MSC 自定。

7) 基站识别码(BSIC)

BSIC 是用于识别相邻国家的相邻基站的,为 6bit 编码,其结构如图 2-44 所示。

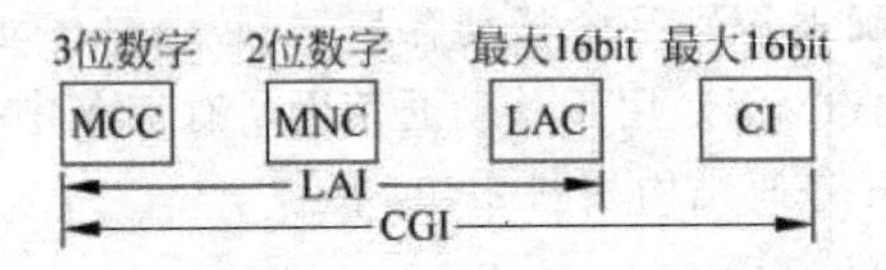

图 2-43 全球小区识别码(CGI)结构

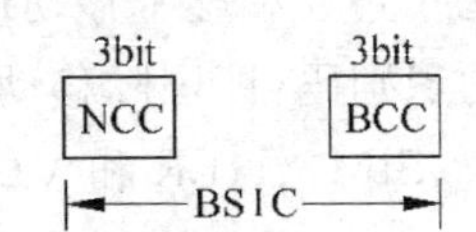

图 2-44 基站识别码(BSIC)结构

图 2-44 中 NCC 是国家色码,主要用来区分国界各侧的运营者(国内区别不同的省),为 XY_1Y_2,而 X 代表运营者(中国移动 $X=1$,中国联通 $X=0$);BCC 是基站色码,识别基站,由运营者设定。

8) 国际移动台设备识别码(IMEI)

唯一地识别一个移动台设备的编码,为一个 15 位的十进制数字,其结构如图 2-45 所示。

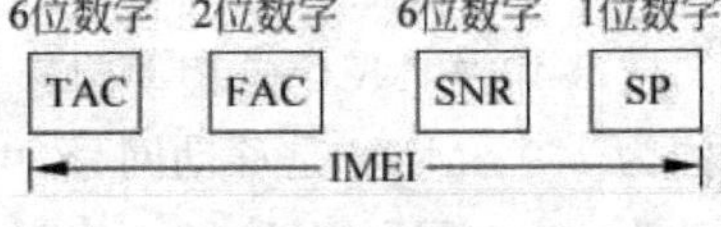

图 2-45 国际移动台设备识别码(IMEI)结构

图 2-45 中 TAC 是型号批准码,由欧洲型号认证中心分配;FAC 是工厂装配码,由厂家编码,表示生产厂家及其装配地;SNR 是序号码,由厂家分配,识别每个 TAC 和 FAC 中的某个设备的;SP 为备用。

9) MSC/VLR 号码

MSC/VLR 号码在 No.7 信令信息中使用,代表 MSC 的号码。我国邮电部门移动通信网中的 MSC/VLR 号码结构为 M1M2M3,其中 M1M2 的分配同 H1H2 的分配。

10) HLR 号码

HLR 号码在 No.7 信令信息中使用,我国邮电部门移动通信网中的 HLR 号码结构是客户号码为全零的 MSISDN 号码,如 1390H1H2H3000。

思考与练习

2.5.1 填空题

① 移动通信系统的基本网络结构由________、________、________以及________等 4 部分组成。

② 移动通信系统的网络接口从位置上可分为________、________和________接口 3 类。

③ 网络子系统(NSS)与基站子系统(BSS)之间的通信接口为________接口。

④ SIM 卡中存储的信息包括________、________和 GSM 应用目录、电信应用目录。

2.5.2 画图题

画出 2G 移动通信系统的组成及主要接口,并使用自己的语言陈述常用设备的功能和作用。

2.5.3　简答题

① SIM卡中存储了哪些信息？

② 简述移动通信网络中的区域定义。

③ 简述下列号码的结构：MSISDN、IMSI、LAI、CGI、IMEI。

2.5.4　选择题

① 移动通信网的网络结构视不同国家地区而定，我国数字公用陆地蜂窝移动通信网是采用(　　)组网结构。

A. 三级　　B. 二级　　C. 无级　　D. 四级

② 下面(　　)单元不是网络子系统(NSS)的功能单元。

A. 移动交换中心(MSC)　　B. 设备识别寄存器(EIR)

C. 短消息中心(SC)　　D. 码型变换器(TC)

2.6　无线环境下的噪声与干扰

通常认为通信系统中任何不需要的信号都是噪声或干扰。噪声和干扰是使通信性能变坏的重要因素。接收机能否正常工作，不仅取决于接收机输入信号的大小，而且取决于噪声和干扰的大小。

2.6.1　噪声

噪声分为内部噪声和外部噪声。内部噪声主要是指热噪声，它的瞬时值服从高斯分布，又称高斯噪声或白噪声。外部噪声包括自然噪声和人为噪声，自然噪声主要有大气噪声、太阳噪声和银河噪声，人为噪声是由汽车点火系统、电机电器、电力线等产生的电磁辐射造成。在城市中各种噪声源比较集中，故城市的人为噪声(也称城市噪声)比郊区大，大城市的人为噪声比中小城市大。随着汽车数量的日益增多，汽车点火系统噪声已成为城市噪声的重要来源。各种外部噪声的功率与频率关系如图2-46所示。

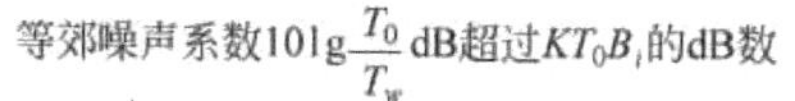

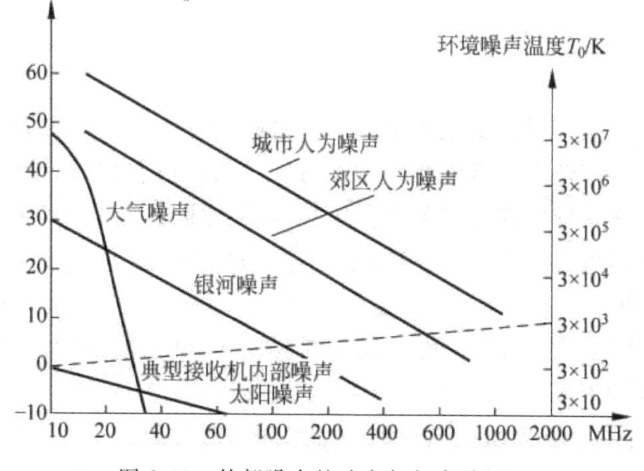

图2-46　外部噪声的功率与频率关系

在图 2-46 中,K(玻耳兹曼常数)$=1.38\times10^{-23}$ W/K · Hz,$T_0=290$K 为绝对温度,B_i 为接收机带宽。由图可见,当工作频率在 150MHz 以上时,大气噪声和宇宙噪声(太阳噪声和银河噪声总称)都比接收机内部噪声小,基本上可不考虑。在 1000MHz 以下频段,人为噪声较大,尤其是城市噪声影响较大,在移动通信系统设计时应给予重点考虑。

2.6.2 电台本身产生的干扰

1. 发射机噪声

发射机噪声主要是由振荡器、倍频器、调制器及电源脉冲等造成的。一般的发射机,在无调制状况下,发射机存在着以载频为中心,在相当宽的频率范围内存在着噪声分量,其幅值比载频低 70～90dB。发射机噪声的大小不仅与主振级信噪比有关,而且与倍频器的倍频次数有着密切关系。为降低由于倍频造成的信噪比恶化,应力求减小倍频次数,同时在倍频之前的主振器输出应有足够的滤波,抑制不必要的频率成分,从而减小发射机噪声。

2. 发射机寄生辐射

获得高频射频信号的方法有两种:一种是由频率较低的主振级经多次倍频而获得;另一种是由频率合成器获得。无论采用哪种方法,在获得高频载频的同时,还会产生大量的谐波或组合频率成分。它们随着高频信号一起辐射出去时,称寄生辐射。这样就会干扰与寄生辐射频率相同的接收机。为减小寄生辐射,应力求减小倍频次数,同时各级倍频器输出应具有良好滤波、屏蔽隔离。

3. 接收机寄生响应

接收机除接收所需的有用信号外,同时还可能接收其他的无用信号。通常将接收机对无用信号的响应,称为寄生响应。在超短波频段电台中,接收机的本机振荡器频率也是经过若干次倍频获得的,由此产生的寄生谐波分量也会造成寄生响应。为减少接收机寄生响应,应力求减少本振的倍频次数,同时接收机输入电路、高频放大器应具有足够好的选择性。

2.6.3 组网产生的干扰

1. 同频干扰

由相同频率的无用信号所造成的干扰,即为同频干扰,也称为共道干扰。事实上,凡是无用信号的载频与有用信号的载频相同,并对接收同频有用信号的接收机造成的干扰都称为同频道干扰。蜂窝系统中采用了频率复用技术,显然同频道的无线小区相距越远,它们之间的空间隔离度就越大,同频道干扰就越小,但频率利用率就低。为了避免同频干扰,必须保证接收机输入端的信号/同频干扰≥射频防护比,即静态同频干扰保护比:$C/I\geqslant9$dB,C 为有用信号,I 为干扰信号,该保护比不仅与调制方式、电波传播特性、通信可靠性有关,而且与无线区的半径和工作方式有关。

为了克服同道干扰,在系统组网设计中可采用以下方法:

(1) 增加两个同频道小区间的间距,同时频道配置进行优化调整。

(2) 更改天线的安装位置，把基站天线依墙架设在高层建筑的侧面，或安装在室内，这样能有效地抑制来自另一侧的同频道小区内移动台发射的上行同频道干扰信号。消除玻璃幕墙反射引起的同频干扰，主要是调整天线方向角设法避开玻璃幕墙的反射。

(3) 降低发射功率电平。降低移动台发射功率可以减少上行同频干扰，但为保证建筑物内手机用户的通信，发射功率还不能降得太低；降低基站发射功率可以减少它对其他同频道小区内移动台的干扰，但可能会引入过多的盲区，所以需慎用。

(4) 使用不连续发射(DTX)可有效改善无线的干扰环境。

(5) 使用跳频技术可有效地改善无线信号的传输质量，特别是慢速移动体的传输质量。

(6) 降低基站天线高度。在相当平坦的地面上降低基站天线高度对减少同频道干扰和邻频道干扰非常有效，特别是市区中高基站天线。但和降低功率一样，这将会影响服务区的覆盖范围。对于基站天线设置在高山或高地上的情况，降低基站天线高度可能并不会减少同频道干扰和邻频道干扰，因为有效天线高度变化不大。当基站天线设置在山谷时，从天线有效高度的变化可看出，降低山谷中的天线高度对到达距离较远的高地上的路径损耗影响较大，对天线附近的地区影响则不大。所以该方法不是首选的推荐方法。

(7) 天线方向去耦，利用小区定向天线水平方向图中不同方向角之间的天线增益差，调整产生干扰的基站天线方向角，在保证本小区的覆盖范围情况下，使其主波束轴向偏离被干扰小区。

(8) 天线向下倾斜，有时比降低天线高度更有效，特别是对高基站或有很高树林的区域，利用方向图中的凹坑减少同频道干扰。但注意，改善抗同频道干扰能力的大小并非与下倾角成正比，且天线向下倾斜对覆盖范围有影响；当下倾角较大时，还必须考虑天线的前后辐射比，避免天线的后瓣对背后小区的干扰或天线旁瓣对相邻扇区的干扰等。

(9) 分集接收，是一种减少干扰的有效技术。目前通常在基站采用空间分集接收天线或极化分集接收天线的分集接收形式。

(10) 分层小区结构。通过调整最低接入电平参数及切换参数来使上层小区专为高架桥及高层用户服务，基站天线架设较高，使用的频率不复用，采用大区制其覆盖范围很大。下层小区则为其他用户服务，频率可以复用，其基站天线高度也尽量降低及采用天线下倾技术或抗同频干扰天线，力争避免对高架桥及高层用户提供覆盖。

2. 邻道干扰

邻道干扰是指相邻的或邻近的信道之间的干扰，即干扰台邻频道功率落入接收邻频道接收机通带内所造成的干扰。在多频道共用的移动通信系统组网中，如图 2-47 所示，如果用户甲占用了 j 信道，用户乙占用 $j+1$ 或 $j-1$ 信道，这两个用户就是在相邻信道上工作。当乙移动台距基站较近，而甲移动台距基站较远时，使基站 j 信道接收机接收甲移动台的有用信号较弱，与它相隔 25kHz 的 $j+1$ 信道接收机收到的信号却很强。这样，当乙移动台发射机存在调制边带扩展和边带噪声辐射时，就会有部分 $j+1$ 信道的信号落入 j 信道，并且与有用信号强度相当，就造成对 j 信道接收机的干扰，这就是邻道干扰。一般来说，产生干扰的移动台距基站越近，路径传播损耗越小，则邻道干扰就越严重。但基站发射机对移动台接收机的邻道干扰却不严重，这是因为移动台接收机有信道滤波器，移动台接收的有用信号功率远大于邻道干扰功率的缘故。可见，邻道干扰主要是由移动台发信机的调制边带扩展和边带噪声辐射造成的。欲减小调制边带扩展干扰,必须严格限制移动台的发射机频偏。要减小发射机本身的边带噪声,就必须设法减小倍频次数、降低振荡器的噪声、电源去耦,尽量少采用低电平工作的电路及高灵敏度的调制电路等。

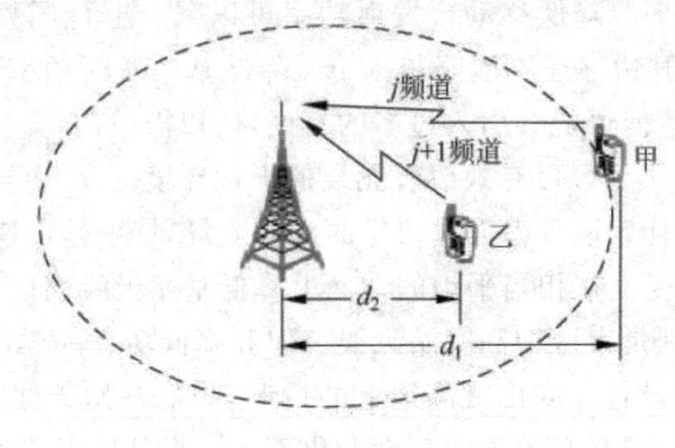

图 2-47 邻道干扰示意图

为了克服邻道干扰,在系统组网设计中可采用以下方法:

(1) 频率规划优化调整。如果存在邻频道干扰的相邻小区间的 $C/I<-9$dB 时,则需要对蜂窝系统的频率规划重新进行优化调整,特别要尽量保证小区的 BCCH 频率不出现邻频道干扰。

(2) 减小场强变化的范围。例如,降低基站发射功率以缩小服务区,移动台采取自动功率控制以缩小远近不同移动台到达基地的场强差值。

(3) 设置基站天线近区强信号吸收转置。对近区来的强信号,可控制天线自动地降低增益,使到达基地站收信机前端的场强被限制在某个固定电平以下。

(4) 降低同频道干扰的措施大多可用于减少邻频道干扰。

3. 互调干扰

互调干扰是指两个或多个不同频率信号作用在通信设备的非线性器件上,将互相调制产生新频率信号输出,如果该新频率正好落在接收机共用信道带宽内,则构成对该接收机的干扰,成为互调干扰。互调干扰的起因是由于器件的非线性造成的。在移动通信系统中,造成互调干扰主要有 3 个方面:发射机互调、接收机互调以及在天线、馈线、双工器等处,由于接触不良或不同金属的接触,也会产生非线性作用,由此出现互调现象。这种现象只要采取适当措施,便可以避免。下面讨论前两种互调干扰。

1) 发射机互调

发射机互调干扰是基站使用多部不同频率的发射机所产生的特殊干扰。因为多部发射机设置在同一个地点时,无论它们是分别使用各自的天线还是共用一副天线,它们的信号都可能通过电磁耦合或其他途径窜入其他的发射机中,从而产生互调干扰。发射机末级功率放大器通常工作在非线性状态,经天线或其他渠道耦合进来的无用信号,与发射信号产生相互调制,就产生了发射机互调。

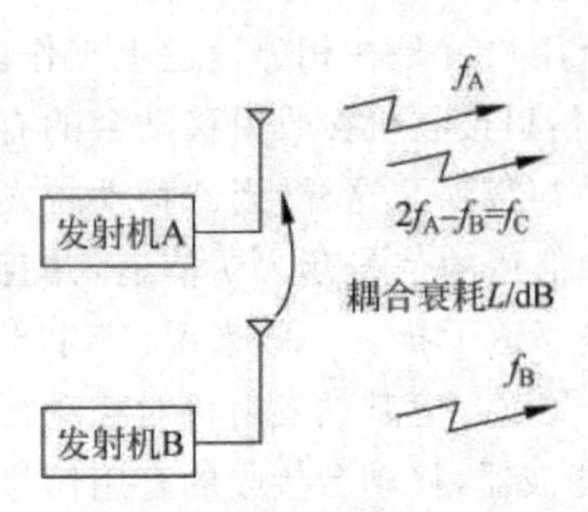

图 2-48 发射机互调

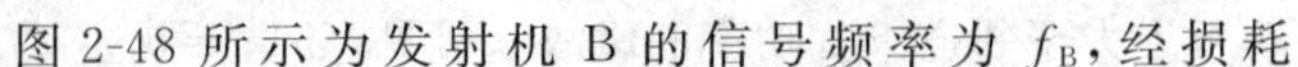
图 2-48 所示为发射机 B 的信号频率为 f_B,经损耗

L/dB，进入频率为 f_A 的发射机，在发射机 A 中产生互调制。其中，3 阶互调产物为 $2f_A-f_B$ 和 $2f_B-f_A$，互调产物又通过天线辐射出去，因而造成互调干扰，尤其是 $2f_A-f_B$ 的电平较高，影响较大。同样，当发射机 A 的信号进入发射机 B 时，也会产生 $2f_B-f_A$ 和 $2f_A-f_B$ 互调产物。

一般情况下可以将 3 阶互调干扰归纳为两种类型，即两信号 3 阶互调和三信号 3 阶互调，分别表示为

$$2f_A - f_B = f_C \tag{2-63}$$

$$f_A + f_B - f_C = f_D \tag{2-64}$$

等式左边表示 3 阶互调源频率，而等式右边表示 3 阶互调源信号产生的干扰频率。至于其他互调产物，由于远离信号频率，经发射机及天线系统滤波，危害不大，不必考虑。

减小发射机互调的措施有加大发射机天线之间的隔离度、在各发射机之间采用单向隔离器件(如单向环行器、3dB 定向耦合器等)、高 Q 值谐振腔等。

2) 接收机互调

一般接收机前端射频通带较宽，如有两个或多个干扰信号，同时进入高级或混频级，由于非线性作用，各干扰信号就会彼此作用产生互调产物。如果互调产物落入接收机频带内，就会形成接收机的互调干扰。为了保证互调干扰在环境噪声电平以下，一般对接收机的互调指标有严格的要求。具体减少接收机互调的措施有：

① 提高接收机的射频互调阻抗比，一般要求高于 70dB。

② 移动台发射机采用自动功率控制系统，降低接收干扰信号电平。

③ 在系统设计时，选用无 3 阶互调频道组，如表 2-6 所示。

表 2-6 无 3 阶互调频道组

需要频道数	最小占用频道数	无 3 阶互调的频道组	频段利用率/%
3	4	1,2,4; 1,3,4	75
4	7	1,2,5,7; 1,3,6,7	57
5	12	1,2,5,10,12; 1,3,8,11,12	42
6	18	1,2,5,11,13,18; 1,2,9,13,15,18; 1,2,5,11,16,18; 1,2,9,12,14,18	33
7	26	1,2,8,12,21,24,26; 1,3,4,11,17,22,26; 1,2,5,11,19,24,26; 1,3,8,14,22,23,26; 1,2,12,17,20,24,26; 1,4,5,13,19,24,26; 1,5,10,16,23,24,26	27
8	35	1,2,5,10,16,23,33,35	23
9	45	1,2,6,13,26,28,36,42,45	20
10	56	1,2,7,11,24,27,35,42,54,56	18

2.6.4 其他干扰

除了上面介绍的电台本身干扰、组网干扰以外，还有时隙干扰、码间干扰等。

1. 时隙干扰

时隙干扰指使用同一载频不同时隙的呼叫之间的干扰。由于移动台到基站间的距离有

远有近,较远的移动台发出的上行信号在时间上会有延迟,延迟的信号重叠到下一个相邻的时隙上就会造成相互干扰,在 GSM 系统中可利用提前量 TA(Timing Advance)来克服这类干扰,BTS 根据自己脉冲时隙与接收到的 MS 时隙之间的时间偏移测量值,在 SACCH 上通知 MS 所要求的时间提前量,以补偿传播时延。

2. 码间干扰

移动通信中的多径传播对接收信号的影响有两个方面:一方面会造成接收信号多径衰落现象;另一方面在时域上会使数字信号传输时产生时延扩展。由于时延扩展接收信号中一个码元的波形会扩展到其他码元周期中,造成码间干扰 ISI。造成码间干扰的另一个原因是频率选择性衰落。当数字信号在传输过程中由于频率选择性衰落造成各频率分量的变化不一致时会引起失真,从而引起码间干扰。在 GSM 系统中用带均衡的解调技术来解决码间干扰。即采用自适应均衡技术,产生与信道特性相反的特性,用来抵消信道的时变多径传播特性引起的干扰。该技术适用于信号不可分离多径的条件下,且时延扩展远大于符号的宽度,并可分为时域均衡和频域均衡两种。频域均衡指的是总的传输函数满足无失真传输的条件,即校正幅度特性和群时延特性。时域均衡是使总冲击响应满足无码间干扰的条件,数字通信多采用时域均衡,而模拟通信则多采用频域均衡。

综上,移动通信所使用的无线信道中充满了各种各样的噪声与干扰。如果不对这些噪声和干扰采取有效的抑制措施,将会影响正常的移动通信业务。因此,有必要加强抗噪声与抗干扰技术的研究。

思考与练习

2.6.1 填空题

① 噪声分为内部噪声和外部噪声,内部噪声主要是指________,又称________或________。外部噪声包括________和________。

② 发射机噪声主要由________、________、________及电源脉冲等造成。

③ 同频干扰是指________,也称为________。

④ 邻道干扰主要是由________造成的。

2.6.2 判断题

① 蜂窝系统中无线小区相距越远,它们之间的空间隔离度就越大,同频道干扰就越小,频率利用率就越高。 (　　)

② 降低移动台发射功率可以减少下行同频干扰,降低基站发射功率可以减少它对其他同频道小区内移动台的干扰,降低基站天线高度一定会减少同频道干扰和邻频道干扰。 (　　)

2.6.3 选择题

① 下列噪声属于自然噪声的有(　　)。

A. 大气噪声　　B. 太阳噪声　　C. 银河噪声

D. 热噪声　　E. 汽车点火噪声

② 减小倍频器的倍频次数能够减小的干扰有(　　)。

A. 发射机噪声　　B. 发射机寄生辐射　　C. 自然噪声

D. 接收机寄生响应

本章小结

本章主要介绍了移动通信中的一些基本概念，包括无线电波传播特性、移动信道特征、陆地移动信道场强的估算与损耗和蜂窝系统工作原理这4个部分。在无线电波的传播特性这一部分，主要介绍了电波的各种传播方式，包括直射、反射、绕射、散射等；在移动信道特征这一部分主要介绍了传播路径与信号衰落，包括快衰落与慢衰落两种特性，并着重讨论了多径所带来的多径时散和信道衰落等问题；在陆地移动信道的场强估算与损耗这一部分，主要是让大家了解如何利用OM模型等经验模型或公式进行各种地形地区情况下的信号中值预测，即任意地形地区情况下信号中值均是以准平滑地形市区的中值为基础，加上相应的各种地形地区的修正因子；在蜂窝系统工作原理这一部分，着重介绍了什么是蜂窝以及频率复用、多址方式等概念；移动通信系统的基本网络结构是本章也是本书的重点之一，整个移动通信系统的结构与接口都是大家要熟练掌握的；本章的最后，简单给大家介绍了一下移动通信中的噪声和干扰，它们是影响通信性能的重要因素。本章讨论的这些移动通信基本概念，是学习后面移动通信相关知识的基础。

实验与实践

活动1　结识“网络规划与网络优化”

移动通信网络是一个动态的网络，网络的负载随时都在变化，网络上的业务会不断更新，网络对资源的需求也会动态变化，所有这些都要求运营商要经常对网络进行调整，以便优化资源配置，合理地调整网络的参数，使网络达到最佳的运行状态，这就是移动通信网络优化要达到的目标。另外，网络负荷的增加需要对网络进行扩容建设，而扩容则需要对网络进行规划。同时3G的建设也在如火如荼地进行着，这也需要对新的网络进行规划。可见，移动通信网的规划设计是移动通信网络发展建设中的一项重要工作，其主要目标就是要在一定的时期，使移动通信网在符合国家通信技术标准的条件下得到经济、合理地改造和发展，使移动通信网的发展水平同国民经济和人民生活的发展水平相适应。

你知道我们前面学的一些无线传播理论方面的知识是如何应用的吗？在实际的网络规划与网络优化中，是否都是需要手算呢？请访问：中文站点 http://www.dingli.com/和http://www.chinagci.com，或以“网络规划软件”、“网络优化软件”等为关键词，了解一下国内网络规划与网络优化软件的发展，并举行一个研讨会，对这一技术的背景、目标、解决方案、关键技术等进行讨论，和同学相互交流。研讨结束后，请根据讨论结果，结合自己的感想，作一篇名为“网络规划与网络优化”的文献综述，并收入个人成果集。

活动2　频率复用面面观

频率复用的概念与技术历经数十年的演变，为数众多的学者与专家对其进行了探索。目前，频率复用的技术众多，请你：

- 广泛搜集各种频率复用的解决方案，如4×3频率复用技术、MRP技术、同心圆(Concentric Cell)技术等。

• 对各种频率复用技术进行比较分析。

• 使用 PowerPoint 创作一个演示文稿向小组同学报告研究成果,并存入个人成果集。

活动 3　资费调查

过去,使用手机在外地打电话时需付长途费、漫游费。那么,如果你是武汉的手机,当你出差到北京后,接到武汉朋友打来的电话时,你也需要付长途费、漫游费吗?怎样在外地使用手机时更经济一些呢?请你实地去调查一下中国移动 GSM 系统和中国联通 CDMA 系统近几年的资费标准及其变化,可访问有关客服人员。

实验:移动通信系统组成及功能

为了加深对移动通信系统组成的理解,您可以利用有线电话(2 部)、无绳电话座机(2 部)、无绳电话手机(2 部)、双踪示波器、程控电话交换机、综合测试仪等设备进行实验,构成移动通信实验系统,了解移动通信系统的基本功能、基带话音的基本特点,完成有线→有线、有线→无线及无线→有线呼叫接续,观察呼叫接续过程,熟悉移动通信系统的基本功能,并用双路无线综合测试仪(以下简称综测仪)及示波器观测空中传输的话音波形。移动通信实验基本原理如图 2-49 所示。

推荐的实验步骤如下:

① 复习移动通信系统的组成、基本功能等。

② 按以下实验原理图连接各设备,构成移动通信实验系统。注意两部有线电话在最左面,接下来是程控交换机、无绳电话座机、双路无线综合测试仪。

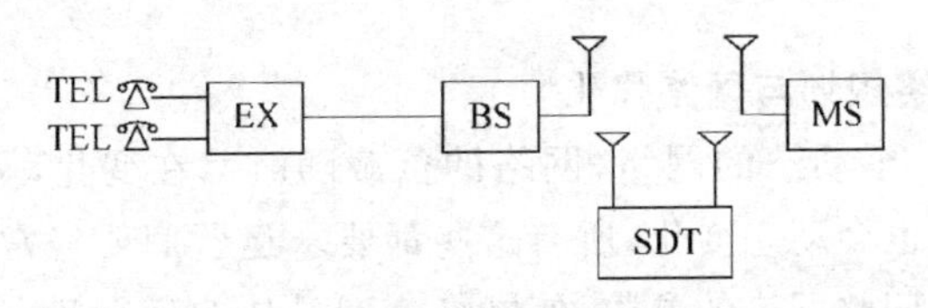

图 2-49　移动通信实验基本原理

MS (Mobile Station)—移动台(无绳电话手机); BS (Base Station)—基地台(无绳电话座机);

EX (Exchanger)—程控交换机; TEL (Telephone)—有线电话;

SDT—双路无线综合测试仪(综测仪)

BS、MS 实际选用 FDMA(频分多址)技术、采用数字信令的中国 CT1 无绳电话,EX 选用小型程控电话交换机,TEL 为有线电话。

由程控交换机、有线电话、无绳电话座机(也就是系统的基站)、无绳电话手机(也就是系统移动台)构成的频分多址的小系统,通过双路综合测试仪可以实现有线电话呼叫有线电话、有线电话呼叫无绳手机、移动手机呼叫有线电话。

③ 连接方法。两部有线电话用户线插入交换机标号为 801、802 的用户线插孔;无绳电话座机的用户线插入标号为 804 的用户线插孔,这些号码就是有线电话、无绳电话座机和无绳电话手机的号码,基站收发信机的天线放在无绳电话座机天线的缝隙里面,综测仪移动台收发天线探头夹在一起,套在无绳电话手机的天线上面。

④ 设置无绳电话及综测仪识别码(ID 码)及专用呼叫信道。按下综测仪的对码键,保持 4s,综测仪进入对码状态,停留在信道 7;再按下无绳电话座机对码键,综测仪收到新的识别码后,发出一声蜂鸣声表示收到正确的 ID 码。在不释放无绳电话座机对码键的情况下

按手机的对码键，手机对好码后也发出一声蜂鸣声，然后释放对码键，综测仪便处在扫描无绳电话的呼叫状态。

⑤ 用有线电话呼叫无绳电话。无绳电话手机振铃，综测仪扫描当前的呼叫信道，停留在该信道，并发出蜂鸣声，按扫描键，完成信道的扫描。综测仪在守候状态下，守候在 1 信道，也就是无绳电话的呼叫信道。

⑥ 有线电话呼叫有线电话。801 号有线电话摘机拨 802，802 号有线电话振铃，802 号电话摘机通话，通话完毕挂机。

⑦ 有线电话呼叫无绳手机。有线电话摘机拨号码 804，无绳手机振铃，通话完毕挂机。

⑧ 无绳手机呼叫有线电话。按通话键摘机，拨 801，801 号有线电话振铃，通话完毕挂机。

⑨ 在通话过程中的话音波形。示波器的探头接在接收机的解调器的输出 AFO 端，综测仪设置为系统测量方式，综测仪自动跟踪扫描无绳电话的通信过程，并锁定通话频道。

请您整理实验记录，书写实验报告：

- 画出移动通信实验系统的网络结构框图，给出系统功能。
- 总结主呼方从摘机、拨号、通话到挂机的各个阶段听到哪些信号音。
- 由实验结果回答，有线电话挂机时用户线是处于开路状态吗？
- 画出自己话音浊音波形，给出所测基音频率，与同组同学比较。

最后使用 PowerPoint 软件创作一个演示文稿，向同学展示自己的研究成果，并存入个人成果集。

拓展阅读

[1] 丁奇. 大话无线通信. 北京：人民邮电出版社，2010.
[2] 李夏，李建东. 无线传播特性的实时估计. 西安电子科技大学学报，2001 年 2 期.
[3] 叶佩军. 一种移动通信信道模拟器的设计与实现. 电子技术应用，2004 年 07 期.
[4] 宋晓晋. 移动通信衰落信道的建模与仿真. 东南大学学报(自然科学版)，2005 年 03 期.
[5] 金钰，等. 跳频技术与 1×3 频率复用技术的结合. 电信科学，2002 年 08 期.
[6] 刘东苏. 移动通信系统中的若干安全问题研究. 西安电子科技大学学报，2006 年 2 期.
[7] 黄永明，等. 室内无线传播中一种混合建模方法的改进. 北京邮电大学学报，2004 年 01 期.
[8] 朱三保. 第三代移动通信频率规划及其相关考虑[A]. 第四届中国(北京)IMT-2000 移动通信国际论坛论文集[C]，2003.
[9] 刘洋. TD-SCDMA 同频组网中扰码性能分析及同频干扰的解决方法. 电信科学，2007 年 12 期.
[10] 孙智博. 无线通信系统中排除三阶互调干扰频率的方法. 陕西师范大学学报(自然科学版)，2003 年 S1 期.

深度思考

众所周知，无线电波的资源是有限的，它具有时间、空间、频率的三维占用性。为了提高移动通信系统的容量，就要从这 3 个角度上想办法，请结合本章的学习内容并上网查一下，常用来提高系统容量的方法有哪些？

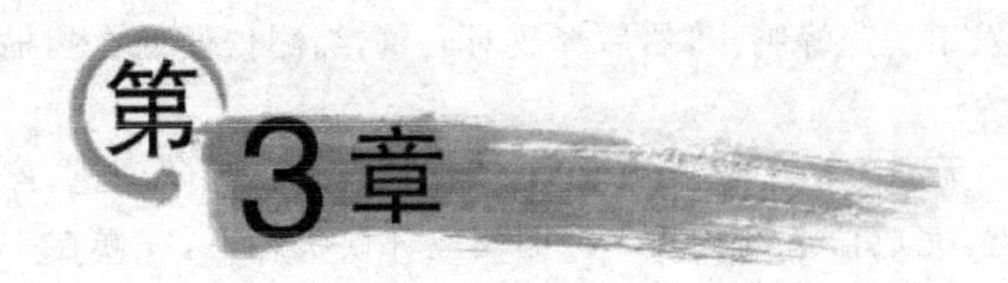

第3章 关键技术

学习目标

- 理解并掌握移动通信系统中的语音编码、调制解调、扩频通信、分集技术等关键基础技术，并能用自己的语言陈述其工作过程。
- 了解链路自适应技术，掌握链路自适应技术的基本概念，包括自适应调制、自适应差错控制、反馈信令设计等。
- 理解正交频分复用技术(OFDM)的基本原理，了解其与MIMO(多输入多输出系统)相结合的应用。
- 了解软件无线电的发展历程，理解软件无线电的基本原理。
- 理解智能天线的基本原理与应用。
- 掌握多输入多输出系统(MIMO)的基本原理、核心技术与应用。
- 理解联合检测技术的基本原理与应用，还有其常用算法。
- 理解认知无线电(CR)的基本概念与关键技术。

知识地图

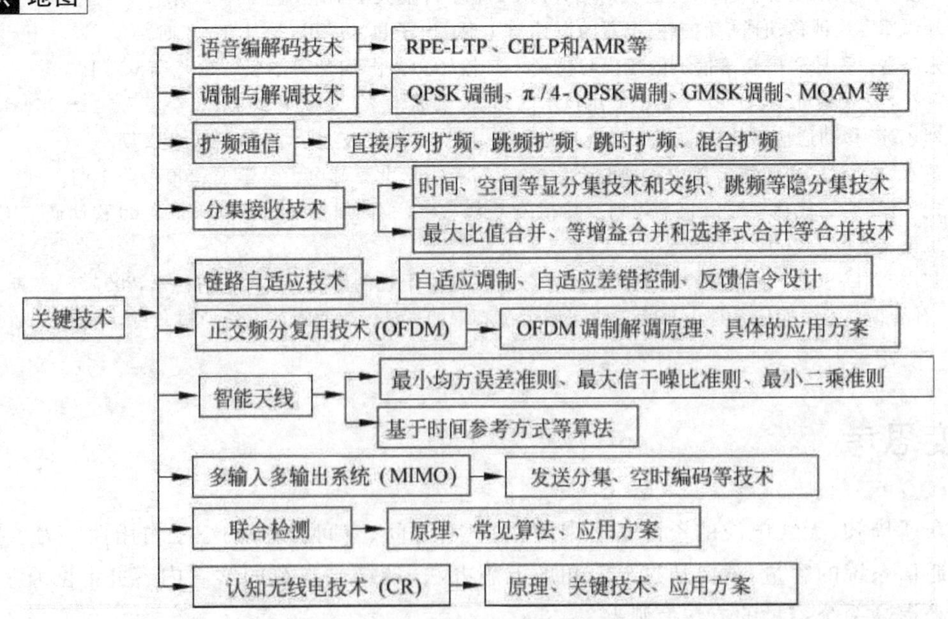

学习指导

在移动通信发展的近30年里，从传统大功率的单基站到蜂窝移动通信系统，从本地覆盖到区域、全国覆盖，并实现了国内与国际的漫游，从提供单一的话音业务到提供多媒体业务，从1G、2G系统到3G、4G系统等，移动通信技术取得了巨大的进步。因此本章主要介绍现代移动通信系统中应用的和正在不断发展的一些关键技术，如语音编码技术、调制解调技术、多址技术、分集技术、扩频通信链路自适应技术、OFDM技术、软件无线电、智能天线、MIMO系统、联合检测技术和认知无线电等。本章涉及的基本概念很多，大家要仔细领会它们的含义，而且这些关键技术是学习后续内容的基础。为了帮助您对学习内容的掌握，建议在学习本章时充分利用本章知识地图。

课程学习

3.1 语音编解码技术

数字移动网可提供高于模拟移动网的系统容量，这需要高质量、低速率的语音编码技术与高效率数字调制技术相结合。目前，降低话音编码速率和提高话音质量是国际上语音编码技术的两个主要研究方向。这是因为，语音编码速率与传输信号带宽成比例关系，即语音编码速率减半，传输信号所占用带宽也减半，而系统容量增加1倍，频率利用率可有效提高。同时，为了抑制误码对语音质量的影响，要研究抗误码能力强的编码方式，即采取高效纠错/检测编码的方案。

语音编码技术是将语音波形通过采样、量化，然后利用二进制码表示出来，即是将模拟信号转变为数字信号，然后在信道中传输；语音解码技术是上述过程的逆过程。语音编解码技术要尽可能地使语音信号的原始波形在接收方无失真地恢复，主要分为波形编码、参数编码和混合编码这3大类。

1. 波形编码

该技术基于时域模拟话音的波形，按一定的速率采样、量化，对每个量化点用代码表示。解码是相反过程，将接收的数字信号序列经解码和滤波后恢复成模拟信号。波形编码能提供很好的话音质量，但编码速率较高，一般应用在对信号带宽要求不高的通信中。常见的波形编码技术包括脉冲编码调制(PCM)、增量调制(DM)、差分脉冲编码调制(DPCM)、自适应差分脉冲编码调制(ADPCM)、自适应增量调制(ADM)和自适应传输编码(ATC)等。

2. 参数编码

参数编码又称声源编码，该技术基于发音模型，从模拟话音中提取各个特征参量并进行量化编码，可实现低速率语音编码，但话音质量只能达到中等。常见的参数编码技术包括线性预测(LPC)声码器和余弦声码器等，20世纪80年代中期人们又对LPC声码器进行了改进，提出了混合激励、规则激励等。

3. 混合编码

混合编码是将波形编码和参数编码结合起来,吸收了波形编码的高质量和参数编码的低速率这两者的优点。常见的混合编码技术有基于线性预测技术的分析—合成编码算法,如泛欧 GSM 系统的规则脉冲激励—长期预测编码(RPE-LTP)混合编码方案。

3.1.1 GSM 语音编解码技术简介

线性预测编码(LPC)技术是将线性预测技术应用于语音编码领域,形成了较有效的话音分析技术。利用 LPC 技术能有效降低声码器的编码速率,但质量不尽如人意。对此可采用声激励声码器来构成更精确的激励模型,这样系统就包括两条不同的传输路径:一条路径产生并传送线性预测参数(线性滤波器数目和增益等);另一条路径是滤出波形信号的低频部分,并传送波形编码。在接收端的话音合成器中,将收到的低频话音信号经过适当组合以及平滑处理后,作为激励信号输入到数字滤波器中以恢复话音,而数字滤波器由接收到的预测参数所确定。这种改进的线性预测编码,同时对话音信号的特征参数和原信号的部分波形进行了编码,所以称为混合编码。

GSM 数字移动通信系统采用 13Kb/s 的"规则脉冲激励长期预测编码(RPE-LTP)"语音编码技术,它包括预处理、LPC 分析、短时分析滤波、长时预测和规则码激励编码等 5 个主要部分,如图 3-1 所示。为使合成波形更接近于原信号,该方案采用间隔相等、相位和幅度优化的规则脉冲作为激励源,并结合长期预测,从而消除信号冗余度,降低了编码速率,且易于实现。

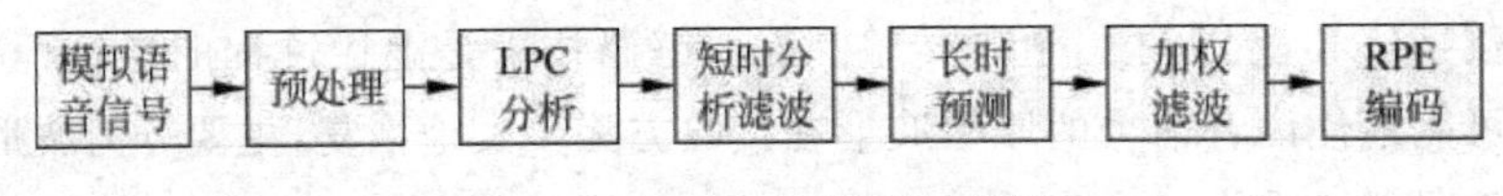

图 3-1 RPE-LTP 编码示意图

(1) 预处理

预处理主要完成两项工作,离散语音信号和高频预加重。

① 先用 8kHz 采样频率对输入的模拟语音信号进行采样得到离散语音信号 $s_0(n)$,滤除 $s_0(n)$中的直流分量,得到 $s_{0f}(n)$。

② 再采用一阶有限冲激响应(FIR)滤波器进行高频预加重,得到信号 $s(n)$;加重的目的是加强语音谱中的高频共振峰,从而提高谱参数估值的精确性。

(2) LPC 分析

产生供短时分析滤波时使用的参数,然后按 20ms 一帧进行处理,共取 160 个话音样本,编码为 260bit 的编码块,每帧计算出 8 个 LPC 反射系数 $r(i)$,再转换成对数面积比参数 LAR(i),最后对 LAR 进行量化得到 LAR_c。一方面送到解码器;另一方面对它解码,恢复出量化后的反射系数 $r'(i)$,以供短时分析滤波时使用。

(3) 短时分析滤波

其主要用于滤除语音信号样点之间的短时相关性,它让信号 $s(n)$经过格型滤波器,产生短时 LP 余量信号 $d(n)$。

(4) 长时预测

长时预测是为了除去语音信号相邻基音周期之间的长时相关性,以便压缩编码速率。长时预测按子帧处理,每一帧分成 4 个子帧。长时预测使用过去子帧中经过处理后恢复出来的短时余量信号 $d'(n)$,对当前子帧的余量信号 $d(n)$进行预测。通过对 $d(n)$和 $d'(n)$进行互相关运算,获得各个子帧的长时预测系数 b 和最佳延时 N,分别用 2bit 和 7bit 编码,即 b_c 和 N_c,把它们作为边信息送到解码器。将各个子帧的长时余量信号 $e(n)=d(n)-d'(n)$送往 RPE 编码器的前端加权感觉滤波器。

(5) 规则码激励序列编码

经短时、长时分析之后得到的 LP 余量信号,在这里进行平滑及降维激励脉冲串的选取。

(6) 比特分配

GSM 编码方案的语音帧长为 20ms,每帧有 260bit,所以总的编码速率为 13Kb/s。经过激励信号自身编码,把以上一组参数组合到 260bit 的帧中,编码后 260bit 分配如表 3-1 所示。260bit 再经过信道编码、交织、调制、上变频,得到射频信号形成 GSM 突发脉冲发射到无线信道中。

表 3-1 编码后 260bit 分配

LPC 滤波	8 参数	每 5ms 中 bit 数	每 20ms 中 bit 数
LTP 滤波	N_r(延时参数)	7	28
	b_r(采样相位)	2	8
激励信号(话音)	子采样相位	2	8
	最大幅度	6	24
	13 个采样	39	156
RPE-LTP 总计			260

GSM 语音信源解码技术是上述编码技术的逆过程,但也略有不同,它在信道解码后获得的语音信息中进行 RPE 解码、长时预测分析滤波、短时分析滤波和后处理,来实现语音解码,最后还要将获得的离散信号去加重滤波,送 D/A 转换电路后即可得到语音信号。具体过程这里就不赘述了。

3.1.2 CDMA 中的语音编解码技术简介

CDMA 的语音编码主要采用码激励线性预测编码(CELP),它包含多种算法,如美国联邦通信标准的 CELP 算法(4.8Kb/s)、IS-54 的 VSELP 算法(8Kb/s)、IS-95 的 QCELP 等,下面主要简介 IS-95 所使用的 QCELP 算法。

1. CELP 编码概述

CELP(Code Excited Linear Prediction,码激励线性预测)语音编码算法综合使用了线性预测、矢量量化、感觉加权、A-B-S(综合分析法)等技术,具有很清晰的语音品质和很高的背景噪声免疫性。CELP 编码器的基本原理框图如图 3-2 所示,其核心是用线性预测提取声道参数,用一个包含许多典型激励矢量的码本作为激励参数,每次编码时都在这个码本中搜索一个最佳的激励矢量,这个激励矢量的编码值就是这个序列的码本序号。具体原理如下:目前常用的CELP模型中,激励信号来自两个方面,即长时基音预测器(又称自适应码本)和随机码本。自适应码本被用来描述语音信号的周期性(基音信息)。固定的随机码本则被用来逼近语音信号,该语音信号是经过短时和长时预测后的线性预测余量信号。从自适应码本和随机码本中搜索出的最佳激励矢量乘以各自的最佳增益后相加,便可得到激励 $i(n)$。它一方面被用来更新自适应码本;另一方面则被输入到合成滤波器 $H(z)$ 以得到合成语音 $s(\hat{n})$。$s(\hat{n})$ 与原始语音 $s(n)$ 的误差通过感觉加权滤波器 $W(z)$ 后可得到感觉加权误差信号 $e(n)$。使 $e(n)$ 均方误差为最小的激励矢量就是最佳激励矢量。

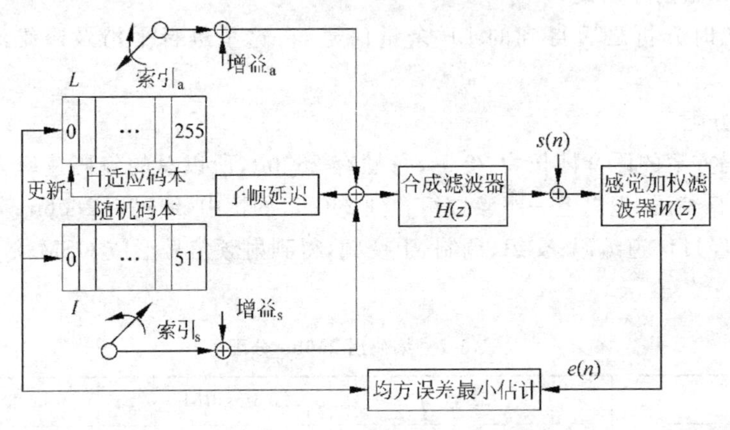

图 3-2 CELP编码器原理框图

CELP的解码过程已经包含在编码过程中。在解码时,根据编码传输过来的信息,从自适应码本和随机码本中找出最佳码矢量,分别乘以各自的最佳增益并相加,可以得到激励信号 $e(n)$,将 $i(n)$ 输入到合成滤波器 $H(z)$,便可得到合成语音 $s(n)$,如图3-3所示。可以看出,搜索最佳激励矢量是通过综合重建语音信号进行的,这种分析语音编码参数的优化方法称为综合分析法,即A-B-S方法。这种采用闭环LPC结构,由特征参数激励得到预测信号,将此信号与原信号 $s(n)$ 相减得到残差信号 $\Delta e(n)$,把此信号与有关参数一并编码传送,在解码端进行误差修正可有效改善合成语音质量,但也使编码运算量增加不少。为了进一步降低编码速率,可以对一定时间内残差信号可能出现的各种样值的组合按一定规则排列构成一个码本,编码时从本地码本中搜索出一组最接近的残差信号,然后对该组残差信号对应的地址编码并传送,解码端也设置一个同样的码本,按照接收到的地址取出相应的残差信号加到滤波器上完成话音重建,则显然可以大大减少传输比特数,提高编码效率。这就是CELP编码的基本原理。固定码本采用不同的结构形式,就构成不同类型的CELP,如采用代数码本、多脉冲码本、矢量和码本的CELP分别称为ACELP、MP-CELP和VSELP编码。

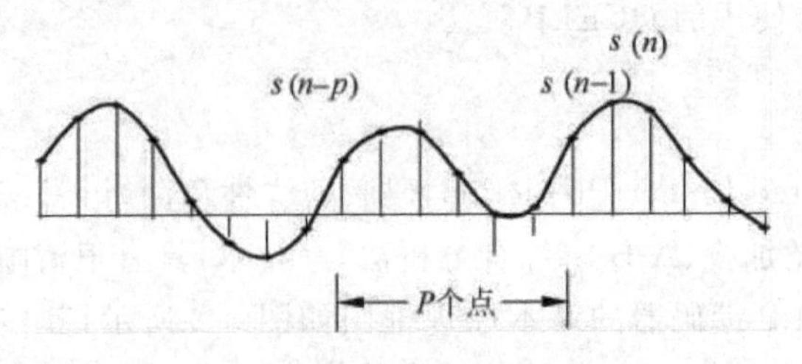

图 3-3 CELP语音合成示意图

对 CELP 算法来说码本是关键。如果码本编得好，就可以在低码率的情况下获得较好的语音质量。CELP 码激励线性预测编码的主要特点是利用了人类听觉的掩蔽性，采用了对误差信号进行感觉加权、用分数延迟改进基音预测、用修正的 MSPE 准则来寻找“最佳”的延迟、基于信道错误率估计的自适应平滑器等多项技术，从而大大改善了语音的质量，尤其改善了女性语音的质量，在信道误码率较高的情况下也能合成自然度较高的语音。

2. QCELP 受激线性预测编码

QCELP 是美国 Qualcomm 通信公司的专利语音编码算法，是北美第二代数字移动电话(CDMA)的语音编码标准(IS-95)。这种算法不仅可工作于 4/4.8/8/9.6Kb/s 等固定速率上，而且可变速率地工作于 800～9600b/s 之间。QCELP 算法被认为是到目前为止效率最高的一种算法。该算法可依靠适当的阈值来决定所需速率，而阈值根据背景噪声电平的变化而变化，这样就抑制了背景噪声，使得即使在喧闹的环境中，也能得到良好的话音质量，其语音质量可以与有线电话媲美。

QCELP 的编码原理如图 3-4 所示，采用了 3 种滤波器：动态音调合成滤波器、线性预测编码滤波器和自适应滤波器，从而使得话音的自然度更好。QCELP 采用动态可变速率，大大降低了码的平均速率。

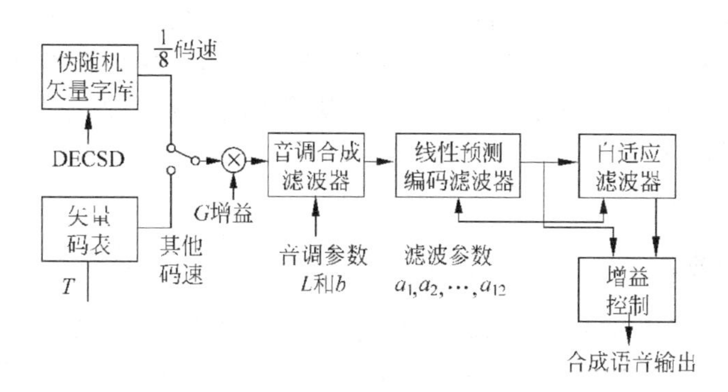

图 3-4 QCELP 方案框图

QCELP 方案的实现如下：

(1) 对模拟话音按 8kHz 采样。

(2) 按 20ms 划分一个话音帧，每帧有 160 个样本点。

(3) 将 160 个样本点生成 3 个参数子帧并不断更新后按一定帧结构送至接收端：滤波参数 a_1、a_2、…、a_{12}对任何速率每 20ms 更新一次，音调参数和码表参数是不同速率，更新次数不一样。

(4) 不同速率的参数变化如表 3-2 所示(表中 1/8 速率的 6 个比特不是码表中取出的，而是采用伪随机激励)。

(5) 数据速率的选择首先基于每一帧中的能量与 3 个阈值的比较，而 3 个阈值的选择是基于背景噪声电平的估计，每一帧中的能量由自相关函数 $R(0)$值决定：

- 若 $R(0)$大于 3 个阈值，则选择速率“1”。
- 若 $R(0)$大于 2 个阈值，则选择速率“1/2”。
- 若 $R(0)$大于 1 个阈值，则选择速率“1/4”。

- 若 $R(0)$小于所有阈值,则选择速率"1/8"。
- 每次只允许变化一次,半速率时阈值"1"为实际阈值的"1/2"。

表 3-2 QCELP 的参数

参数	速率 1 (9.6Kb/s)	速率 2 (4.8Kb/s)	速率 3 (2.4Kb/s)	速率 4 (1.2Kb/s)
每帧更新 LPC 子帧次数	1	1	1	1
每次 LPC 子帧更新所需取样值	160(20ms)	160(20ms)	160(20ms)	160(20ms)
每个子帧所占比特	40	20	10	10
每帧更新的音调合成子帧次数	4	2	1	0
每次音调合成子帧更新所需取样值	—	—	—	—
每个音调合成子帧所占比特数	10	10	10	—
每帧更新的码表子帧次数	8	4	2	1
每次码表子帧更新所需取样值	20(2.5ms)	40(5ms)	80(10ms)	160(20ms)
每个码表子帧所占比特数	10	10	10	6

3.1.3 AMR 语音编码技术简介

AMR (Adaptive Multi-Rate,自适应多速率)语音编码是由 3GPP 制定的应用于第三代移动通信 WCDMA 和 TD-SCDMA 系统中的语音压缩编码。AMR 的概念就是以更智能的方式解决信源编码和信道编码的速率分配问题,使得无线资源的配置和利用更加灵活和高效。也就是说,语音编码速率是信道质量的函数,即在不同的信道条件下,实际的语音编码速率不同。

1. AMR 支持的速率

AMR 编码技术采用自适应算法选择最佳的语音编码速率。它支持 8 种速率: 12.2Kb/s、10.2Kb/s、7.95Kb/s、7.40Kb/s、6.70Kb/s、5.90Kb/s、5.15Kb/s 和 4.75Kb/s,此外它还包括低速率(1.80Kb/s)的背景噪声编码模式,如表 3-3 所示。

表 3-3 AMR 所支持的速率

编码模式	信源编码速率	编码模式	信源编码速率
AMR_4.75	4.75Kb/s	AMR_7.95	7.95Kb/s
AMR_5.15	5.15Kb/s	AMR_10.2	10.2Kb/s
AMR_5.90	5.90Kb/s	AMR_12.2	12.2Kb/s(GSM EFR)
AMR_6.70	6.70Kb/s(PDC EFR)	AMR_SID	1.90Kb/s
AMR_7.40	7.40Kb/s(TDMA EFR)		

实际的语音编码速率取决于信道的条件,与现在的 GSM 语音编码采用固定的编码速率相比,AMR 语音编码则根据无线信道和传输状况来自适地选择一种最佳信道模式(全速率或半速率)和编码模式(以比特率来区分)进行编码传输。

2. 实际系统中 AMR 语音传输处理

图 3-5 所示为一个实际系统中的 AMR 语音处理框图,基站侧和移动台侧的 AMR 模型

都是由以下的功能模块组成的：可变速率的语音编码器、可变语音编码器速率对应的可变速率信道纠错编码器、信道估计单元与控制速率改变的控制单元。

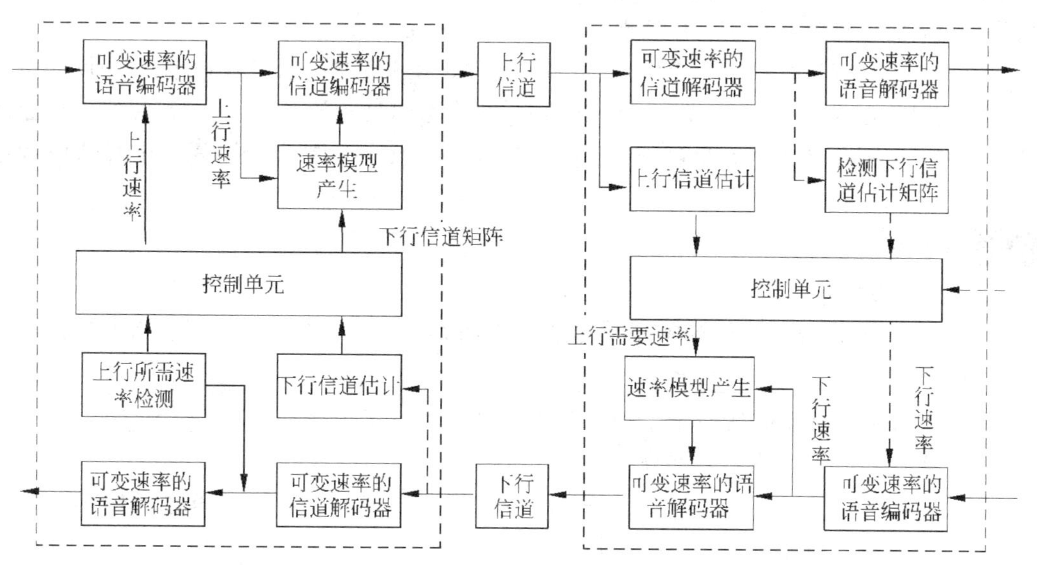

图 3-5 采用 AMR 语音处理框图

基站决定上、下行链路需要采用的速率模式，移动台将对此速率模式进行解码，并将估计得到的下行信道信息送给基站，信道质量参数是均衡器产生并输出的，用于控制上、下行链路编码的速率模式。

语音传输的具体过程如下。

(1) 上行链路。初始化后移动台以最低语音编码速率传输，有关的速率模式和下行信道质量信息送经信道编码器，并通过反向信道送给基站，基站首先进行信道解码，再进行语音解码。同时，对上行信道的质量进行信道估计，并检测出移动台送来的有关下行信道质量的信息，将此信息送给基站控制单元，以此决定下行信道的语音编码和信道编码速率。基站还根据测量得到的有关下行信道质量，请求上行信道的语音和信道编码速率。

(2) 下行链路。基站将当前下行链路的速率模式和上行链路需要的速率请求通过下行链路送给移动台，移动台根据监测到的下行速率模式进行语音和信道解码。同时，移动台对下行信道的质量进行信道估计，并将结果送给基站。此后，语音编码器以新的请求速率进行工作。

(3) 信道估计。对上行和下行无线信道的质量进行估计，AMR 选择最佳信道和编码模式以得到最佳的语音质量，并充分利用系统容量。

3. AMR 语音编码的关键技术

(1) VAD。话音激活检测技术，用来检测语音通信时是否有话音存在，它是变速率语音编码中的关键。其基本原理是用部分语音编码参数和自带点评估计得到的能量信息与一个阈值做比较来检测信号帧是否为语音帧。

(2) RDA。速率判决技术，主要包括 SCR(信源控制速率)和 CCR(信道控制速率)，基本原理就是在无话和有话时采用不同的编码速率，从而降低平均速率。

(3) ECU。差错隐藏技术,基本原理是在接收端对接收到的信号帧采用一定的方法进行差错控制,如果发现该帧是正常语音帧,则用相应的译码算法合成语音;如果是差错帧,则采用相应的差错隐藏算法进行处理。

(4) CAN。舒适背景噪声产生技术,基本原理是在发送端对背景噪声进行估计,并将其特征参数用静音描述(Silence Descriptor,SID)帧传送到接收端,SID帧中有关的背景噪声参数被编码,在接收端对SID帧进行译码,然后就在没有正常语音期间产生舒适的背景噪声。

思考与练习

3.1.1 填空题

① 国际上语音编码技术的两个主要研究方向是________和________。语音编码技术主要分为________、________和________编码3大类。

② GSM数字移动通信系统采用的语音编码技术包括________、________、________、________和________5个主要部分。

③ ________________是由3GPP制定的应用于第三代移动通信WCDMA和TD-SCDMA系统中的语音压缩编码。

3.1.2 判断题

① 语音编码速率与传输信号带宽成比例关系,即语音编码速率减半,传输信号所占用带宽也减半,而系统容量增加1倍,频率利用率降低。 ( )

② CELP的解码过程包含在编码过程中。 ( )

③ GMSK的解调可采用类似于MSK方式的正交相干解调技术,不能使用非相干检测解调技术,如差分解调和鉴频器解调等。 ( )

3.1.3 选择题

下列属于语音编码技术的是( )。

A. PCM　　B. LPC　　C. ADM　　D. ATC　　E. RPE-LTP

3.1.4 简述题

① 试用自己的语言简述QCELP编码的基本原理。

② 简述AMR语音编码的关键技术有哪些。

3.2 调制与解调技术

调制解调技术的宗旨是为了使通信系统的抗干扰、抗衰落性能得到提高并使频率资源得到更充分的利用。一般在通信系统的发端进行调制,调制后的信号称为已调信号。在接收机端要将已调信号还原成要传输的原始信号,即解调制或解调。调制解调技术的主要作用如下:

(1) 便于传输。将所需传送的基带信号进行频谱搬移至相应频段的信道上以便于传输。

(2) 抗干扰。调制后具有较小的功率谱占用率(即功率的有效性),从而提升抗干扰能力。

(3) 提高系统有效性。单位频带内传送尽可能高的信息率(b/s/Hz),即提高频谱有效性。

按照调制器输入信号的形式,调制可分为模拟调制和数字调制,而数字调制又可分为线性调制技术和恒包络调制技术。目前的移动通信系统都是采用数字调制技术,包括缓变调频(TFM)、相干移相键控(CPSK)、四相移相键控(QPSK)和高斯最小移频键控(GMSK)等,数字调制技术具有抗干扰能力强、易于加密、话音间隙噪声小等优点。

调制技术的选择对数字蜂窝移动系统的容量有直接的影响,它通过每赫兹每秒比特数(b/s/Hz)决定着单物理信道的带宽效率。下面介绍几种应用于移动和个人通信系统的调制方案。

3.2.1 四相移相键控调制

四相移相键控(QPSK)技术应用广泛,是一种正交移相键控。图 3-6 所示为传统 QPSK 调制器框图,其基本工作原理如下。

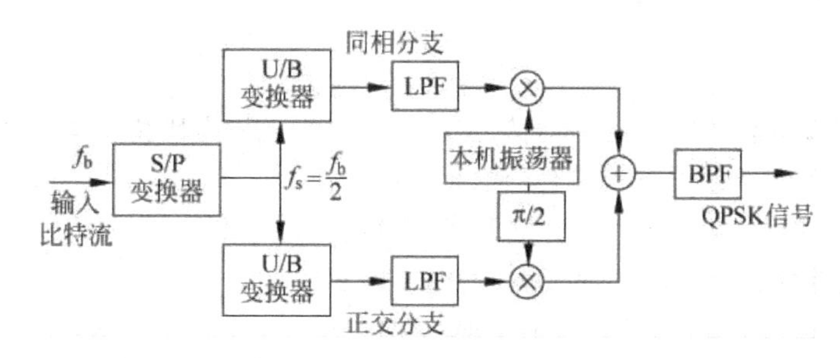

图 3-6 QPSK 调制器框图

比特率为 f_b 的输入单级二进制码流通过串/并(S/P)变换器转换成比特率为 $f_s=f_b/2$ 的两个比特流(同相和正交码流)。单双(U/B)变换器把两个比特流变换成两个双极二进制信号,之后通过频谱成形滤波器,再被同相和正交载波调制。其中,调制使用了双边带载波抑制幅度调制(DSS-SC-AM)技术。两个已调信号合成产生一个 QPSK 信号。QPSK 信号在调制器输出端滤波以进一步限制其功率谱,阻止其溢出至邻信道,也可滤除调制过程中的带外寄生信号,图 3-7 所示为相干 QPSK 解调器框图。输入带通滤波器滤除带外噪声和邻道干扰,滤波器输出端信号分成两部分,分别用同相和正交载波相干解调,之后两路信号通过低通滤波、1bit 模拟/数字(A/D)转换器再生出同相和正交基带信号。这两个信号流通过一个并/串(P/S)变换器再组合形成最初的比特流。图 3-7 中载波恢复环路提供与接收未调信号同步的同相正交载波。

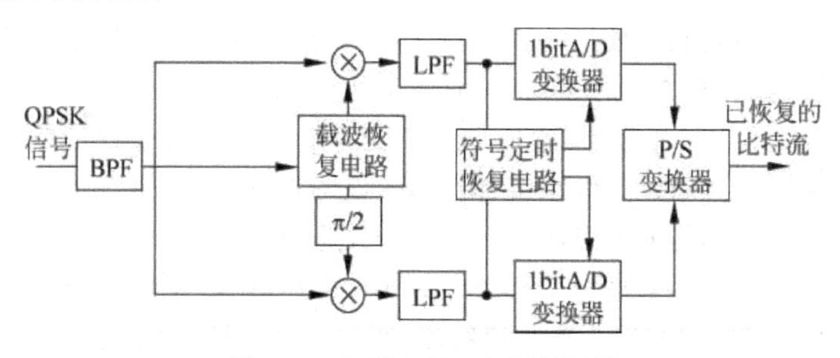

图 3-7 相干 QPSK 解调器框图

大多数实际的载波恢复电路在恢复载波过程中将产生一个相位模糊度。对 QPSK 系统很可能出现四相位模糊,产生严重的误比特率。为清除相位模糊,可在调制器中使用差分编码器,在解调器中使用差分解码器。图 3-8 给出了差分 QPSK 解调器框图。

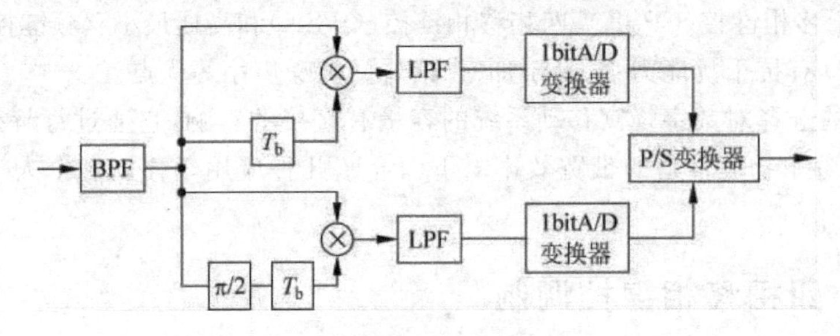

图 3-8 差分 QPSK 解调器框图

一个未滤波 QPSK 信号的功率谱密度为

$$S(f) = 4CT_b\left[\frac{\sin 2\pi(f-f_c)T_b}{2\pi(f-f_c)T_b}\right]^2 \tag{3-1}$$

式中,C 为通过 1Ω 电阻的归一化平均信号功率;$T_b=1/f_b$ 为比特持续时间。假定调制器中使用了具有升余弦函数均方根特性、滚降系数为 α(最佳特性时)的频谱成形滤波器,则很容易得到 QPSK 信号滤波后的频谱,如图 3-9 所示。图 3-9(a)中曲线是未滤波 QPSK 频谱,图 3-9(b)中曲线是带幅度均衡器的滚降系数为 α 的升余弦函数的幅度响应,图 3-9(c)中曲线是已滤波 QPSK 频谱只存在加性高斯白噪声(AWGN),且无符号间干扰(ISI)时的幅度响应。由图 3-9 可知,QPSK 信号带宽为$(1+\alpha)f_s$,故谱效率为

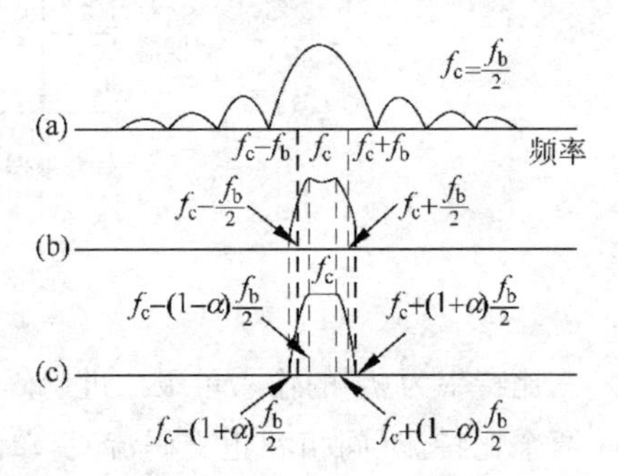

图 3-9 QPSK 信号的功率谱密度

$$\eta_{QPSK} = \frac{f_b}{B} = \frac{f_b}{(1+\alpha)f_s} = \frac{2}{1+\alpha} \tag{3-2}$$

可见,最小带宽情况,即 $\alpha=0$ 时,QPSK 系统的理论谱效率为 2b/s/Hz。目前的技术可使实际滤波器的滚降系数降到 $\alpha=0.2$,则谱效率实际可达 1.7b/s/Hz 左右。

3.2.2 π/4 移位 QPSK 调制

π/4 移位 QPSK 技术是在 QPSK 基础上通过载波相位移动 ±π/4 和 ±3π/4 得到的。该调制方案的主要优点是它可使用非相干检测(差分检测或 FM 鉴频器),用低复杂性的接收机就可完成。而且,当存在多径衰落时,它的工作性能优。π/4 移位 QPSK 的另一个优点是同 QPSK 相比,包络起伏比较小(它的最大相变为 135°),故有较好的输出谱特性。日本和美国的第二代蜂窝数字移动无线系统都选用了该调制方案。

π/4 移位 QPSK 的信号元素可看成是从两个彼此相移 π/4 的信号星座图中交替选样出来的。π/4 移位 QPSK 调制器框图示于图 3-10 中。输入比特流经 S/P 变换器转换成两个并行流(a_k, b_k),并行流的符号率为输入比特流的一半。信号映射电路输出端的第 k 个同相

和正交脉冲由它的前一个脉冲电平 I_{k-1}、Q_{k-1} 及输入符号 a_k、b_k 决定。

$$I_k = I_{k-1}\cos\theta_k - Q_{k-1}\sin\theta_k \tag{3-3}$$

$$Q_k = I_{k-1}\sin\theta_k + Q_{k-1}\cos\theta_k \tag{3-4}$$

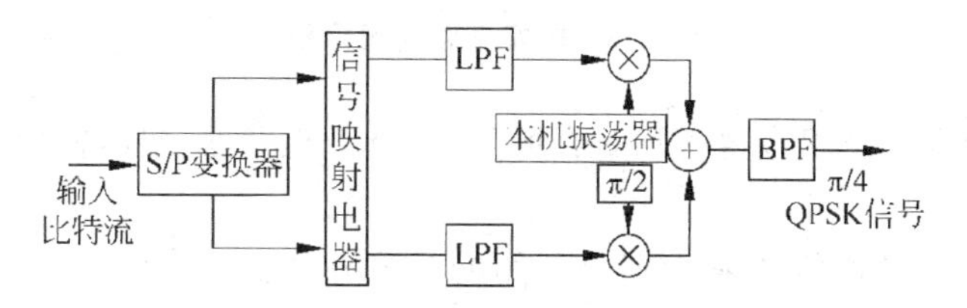

图 3-10 π/4 移位 QPSK 和 π/4 CTPSK 调制器框图

而 a_k、b_k 反过来与已调信号的相位变化有关，如表 3-4 所示，该调制器的其他部分同 QPSK 调制器。

表 3-4 π/4 QPSK 系统相移与信息比特关系

信息比特 a_kb_k	0 0	0 1	1 1	1 0
相移 θ_k	π/4	3π/4	5π/4	7π/4

π/4 移位 QPSK 的解调可用下面差分检测方法之一实现。

(1) 基带差分检测。该方法的差分解码是在已恢复的同相和正交基带信号上进行的，如图 3-11 所示。它须使用本机振荡器，但不需相位相干检测，因为相位误差已在基带差分检测中去掉。

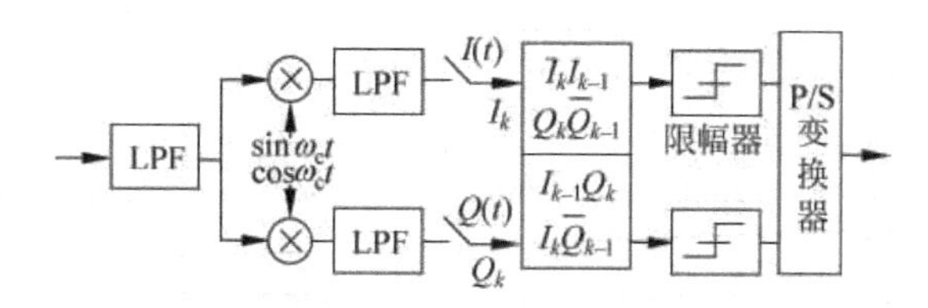

图 3-11 基带差分检测器

(2) 中频差分检测。图 3-12 所示为 π/4 移位 QPSK 中频差分检测器框图。差分解码是在接收的中频信号上完成的，使用了一个延迟线和两个乘法器。该方案的优点是不需本机振荡器。为使符号间干扰和噪声影响降至最小，其中 BPF 和 LPF 的带宽选为 $0.57/T$。

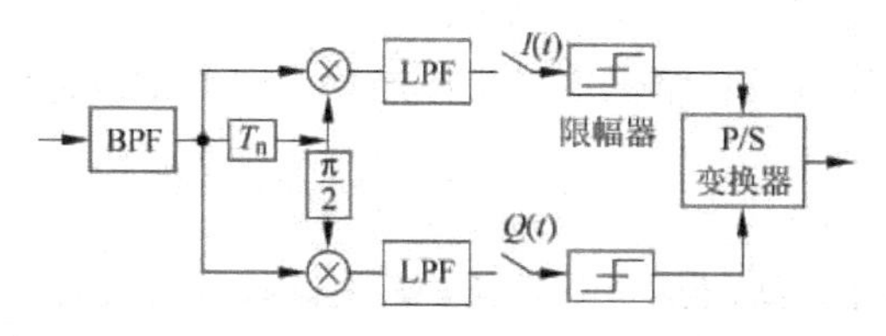

图 3-12 中频差分检测器

(3) 限幅 FM 鉴频器检测。图 3-13 所示为 FM 鉴频器提取接收信号的瞬时频偏。积分一释放电路对每一符号持续期上的频偏积分，积分取两个抽样瞬相位差。最后，用 4-电平阈值比较器检测输出相位差。

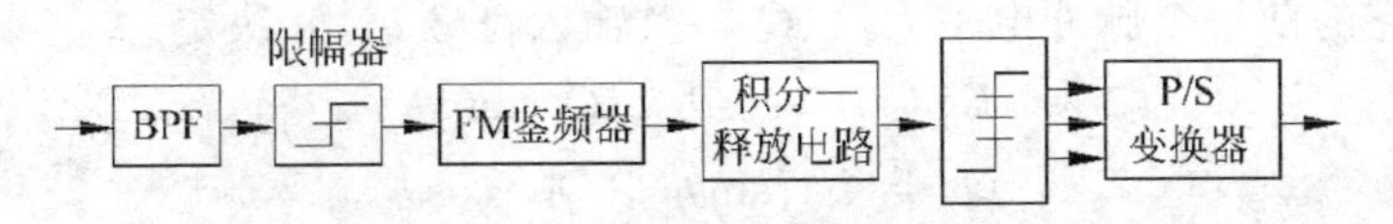

图 3-13 限幅 FM 鉴频检测器

若存在同波道干扰和高斯噪声时，可通过适当选取电路元器件，使以上 3 种方案的性能相同。

美国数字蜂窝移动通信系统(IS-54)采用的是滚降系数 $\alpha=0.35$ 的 $\pi/4$ 移位 QPSK 调制方案，该系统突发传输信号比特率为 48.6Kb/s，信道带宽为 30kHz，谱效率为 1.62b/s/Hz。日本的系统采用的是滚降因子 $\alpha=0.5$ 的 $\pi/4$ 移位 QPSK 技术，其突发传输比特率和实际信道带宽分别为 42Kb/s 和 25kHz，带宽效率为 1.68b/s/Hz。

3.2.3 高斯最小移频键控

高斯最小移频键控(GMSK)是一种恒包络调制方案，其优点是能在保持谱效率的同时维持相应的同波道和邻波道干扰，且包络恒定，所以可用简单、高效的 C 类放大器实现。

GMSK 的基本原理是基带信号先经过高斯滤波器成形，再进行最小移频键控调制(MSK)。MSK 是二进制连续相位移频键控(FSK)的一个特例，而 GMSK 主要是改进了它的带外特性，使其衰减速度加快。MSK 调制器可用压控振荡器(VCO)或正交形式实现，如图 3-14 所示。解调器可用相干检测实现，也可用非相干检测实现，如 1bit 差分检测和 2bit 差分检测等。

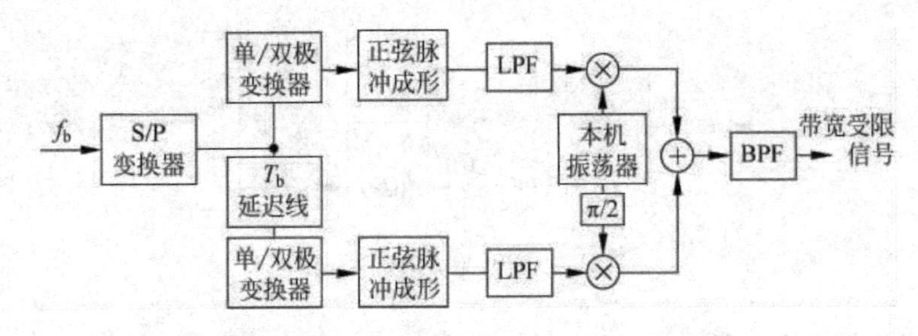

图 3-14 MSK 调制器框图

GMSK 调制器的一个简单实现方法就是用带调制前加高斯成形 LPF，用 VCO 来实现，如图 3-15 所示。由图可见，VCO 输出已调波的频谱由 LPF 的特性来决定，LPF 的输出直接对 VCO 调频，以保持已调波包络恒定和相位连续。LPF 的脉冲响应函数为

$$h(t)=\exp\left(-\frac{t^2}{2\sigma^2T^2}\right)/\sigma T\ \sqrt{2\pi} \tag{3-5}$$

式中，$\sigma=\sqrt{\ln 2}/2\pi BT$；$B$ 为滤波器 3dB 带宽；T 为比特持续时间。

然而，由于 VCO 的线性和灵敏度受到限制，要使中心频率精确地保持在规定值上，是很困难的。为克服此缺点，可选用锁相环(PLL)型 GMSK 调制器，如图 3-16 所示，其中 12 位相移 BPSK 调制器确保每个码元的相位变化为 $\pm\pi/2$，锁相环对 BPSK 的相位突跳进行平滑，以使码元转换点相位连续，且无尖角。该调制器的关键是要设计好 PLL 的传输函数，以满足输出功率谱特性的要求。

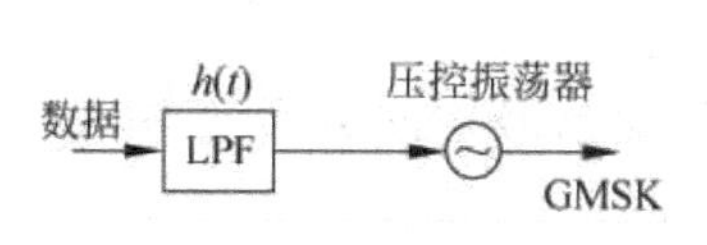

图 3-15 GMSK 调制器框图

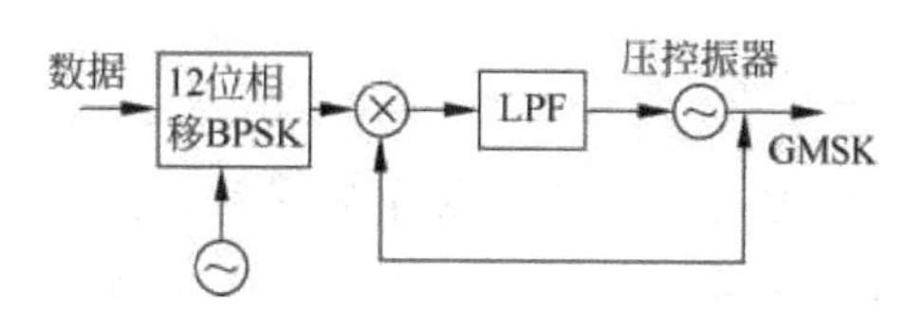

图 3-16 PLL 型 GMSK 调制器

GMSK 的解调可采用类似于 MSK 方式的正交相干解调技术，也可使用非相干检测解调技术，如差分解调和鉴频器解调等。泛欧数字蜂窝移动通信系统（GSM）采用了 GMSK 调制。该系统突发信号速率为 270Kb/s，带宽为 200kHz，带宽效率为 1.356b/s/Hz。

3.2.4 多进制正交振幅调制

单独使用振幅或相位携带信息时，不能最充分地利用信号平面，这可以由矢量图中信号矢量端点的分布直观观察到。多进制振幅调制（MQAM）时，矢量端点在一条轴上分布；多进制相位调制时，矢量端点在一个圆上分布。随着进制数 M 的增大，这些矢量端点之间的最小距离随之减少。但如果充分地利用整个平面，将矢量端点重新合理地分布，则有可能在不减小最小距离的情况下，增加信号矢量的端点数目。基于上述概念可以引出振幅与相位相结合的调制方式，这种方式常称为数字复合调制方式。一般的复合调制称为幅相键控（APK），两个正交载波幅相键控称为正交振幅调制（QAM）。

1. QAM 信号的时域表示

APK 是指载波的幅度和相位两个参量同时受基带信号的控制，APK 信号一般表示为

$$s_{\mathrm{APK}}(t)=\sum_{n}a_{n}g(t-nT_{\mathrm{b}})\cos(\omega_{0}t+\varphi_{n}) \tag{3-6}$$

式中，a_n 为基带信号第 n 个码元的幅度；φ_n 为第 n 个码元信号的初始相位；$g(t)$ 为幅度为 1，宽度为 T_{b} 的单个矩形脉冲。

利用三角公式将式(3-6)进一步展开，得到 QAM 信号的表达式为

$$S_{\mathrm{QAM}}(t)=\sum_{n}a_{n}g(t-nT_{\mathrm{b}})\cos\omega_{0}t\cos\varphi_{n}-\sum_{n}a_{n}g(t-nT_{\mathrm{b}})\sin\omega_{0}t\sin\varphi_{n} \tag{3-7}$$

令

$$\left.\begin{aligned}X_{n}&=a_{n}\cos\varphi_{n}=c_{n}A\\Y_{n}&=-a_{n}\sin\varphi_{n}=d_{n}A\end{aligned}\right\} \tag{3-8}$$

式中，A 为固定的振幅；(c_n,d_n) 由输入数据确定，(c_n,d_n) 决定了已调 QAM 信号在信号空间中的坐标点。将式(3-8)代入式(3-7)有

$$\begin{aligned}S_{\mathrm{QAM}}(t)&=\sum_{n}X_{n}g(t-nT_{\mathrm{b}})\cos\omega_{0}t-\sum_{n}Y_{n}g(t-nT_{\mathrm{b}})\sin\omega_{0}t\\&=m_{\mathrm{I}}(t)\cos\omega_{0}t+m_{\mathrm{Q}}(t)\sin\omega_{0}t\end{aligned} \tag{3-9}$$

可见，QAM 信号是由两路相互正交的载波叠加而成的，两路载波分别被两组离散振幅 $m_{\mathrm{I}}(t)$ 和 $m_{\mathrm{Q}}(t)$ 所调制，故称正交振幅调制。通常，$m_{\mathrm{I}}(t)$ 称为同相分量，$m_{\mathrm{Q}}(t)$ 称为正交分量。当进行 M 进制的正交振幅调制时，可记为 MQAM。

2. 星座图

通常,把信号矢量端点分布图称为星座图,用来描述信号空间分布状态,如图 3-17 所示。

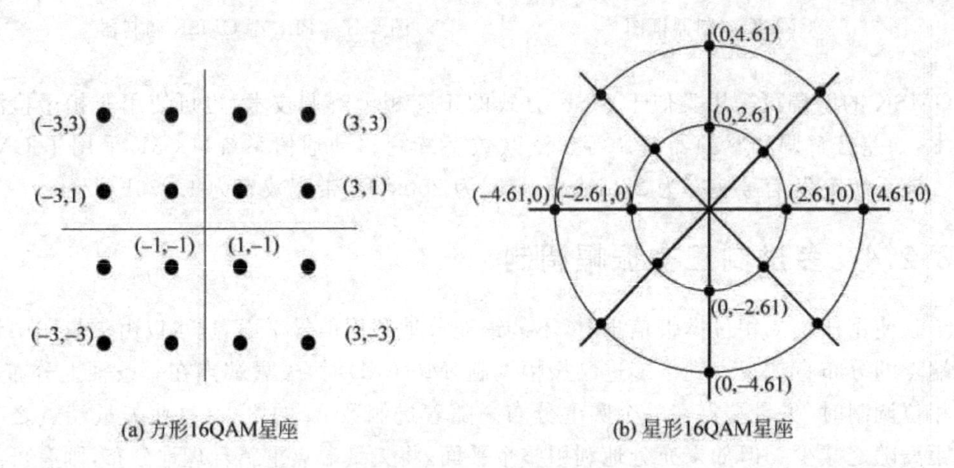

图 3-17 16QAM 的星座图

若信号点之间的最小距离为 $2A$,且所有信号点等概率出现,则平均发射信号功率为

$$P_s = \frac{A^2}{M}\sum_{n=1}^{M}(c_n^2 + d_n^2) \tag{3-10}$$

对于方形 16QAM,信号平均功率为

$$P_s = \frac{A^2}{M}\sum_{n=1}^{M}(c_n^2 + d_n^2) = \frac{A^2}{16}(4\times 2 + 8\times 10 + 4\times 18) = 10A^2 \tag{3-11}$$

对于星形 16QAM,信号平均功率为

$$P_s = \frac{A^2}{M}\sum_{n=1}^{M}(c_n^2 + d_n^2) = \frac{A^2}{16}(4\times 2.61^2 + 8\times 4.61^2) = 14.03A^2 \tag{3-12}$$

两者功率相差 1.4dB。另外,两者的星座结构也有重要的差别。一是星形 16QAM 只有两个振幅值,而方形 16QAM 有 3 种振幅值;二是星形 16QAM 只有 8 种相位值,而方形 16QAM 有 12 种相位值。这两点使得在衰落信道中,星形 16QAM 比方形 16QAM 更具有吸引力。

若已调信号的最大幅度为 1,则 MPSK 信号星座图上信号点间的最小距离为

$$d_{\mathrm{MPSK}} = 2\sin\left(\frac{\pi}{M}\right) \tag{3-13}$$

而 MQAM 信号矩形星座图上星座上信号点间的最小距离为

$$d_{\mathrm{MQAM}} = \frac{\sqrt{2}}{L-1} = \frac{\sqrt{2}}{\sqrt{M}-1} \tag{3-14}$$

3. MQAM 的调制与解调

(1) MQAM 的调制

图 3-18 给出了 MQAM 的调制原理框图。输入的二进制序列经过串/并转换器后输出

速率减半的两路并行序列，分别经过 $2 \sim L(L=\sqrt{M})$ 电平的变换，形成 L 电平的基带信号 $m_I(t)$ 和 $m_Q(t)$。为了抑制已调信号的带外辐射，$m_I(t)$ 和 $m_Q(t)$ 需要经过预调制低通滤波器，再分别与同相载波和正交载波相乘，最后将两路信号相加即可得到 $MQAM$ 信号。

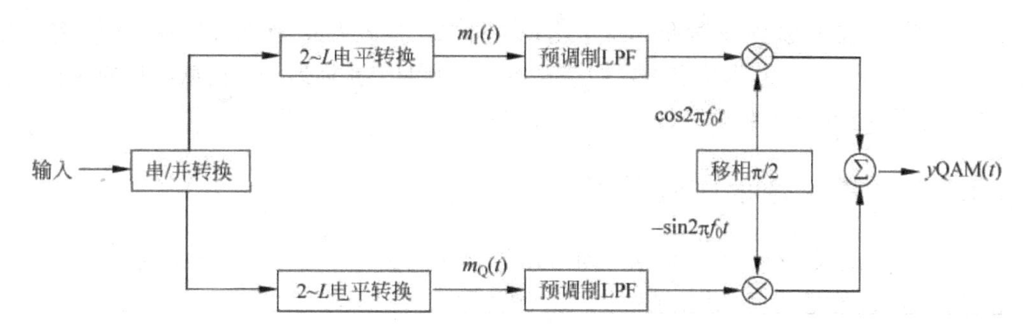

图 3-18　$MQAM$ 的调制原理框图

(2) $MQAM$ 的解调

$MQAM$ 信号同样可以采用正交相干解调方法，其解调原理如图 3-19 所示。多电平判决器对多电平基带信号进行判决和检测。

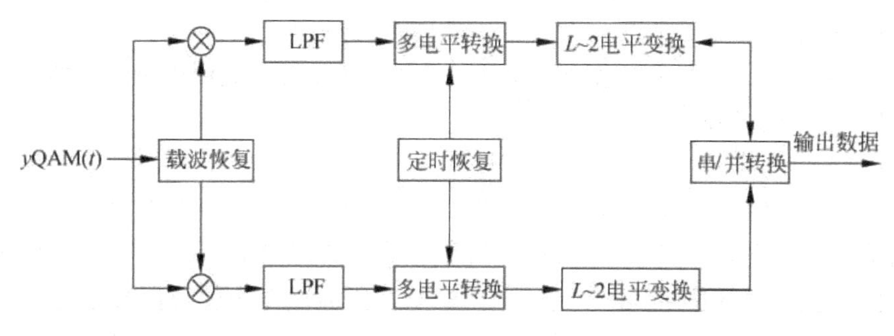

图 3-19　$MQAM$ 的解调原理框图

解调器输入信号与本地恢复的两个正交载波相乘后，经过低通滤波器输出两路多电平基带信号 $m_I(t)$ 和 $m_Q(t)$。多电平判决器对多电平基带信号进行判决和检测，再经过 $L \sim 2$ 电平转换和并/串转换器最终输出二进制数据。

思考与练习

3.2.1　填空题

① 按照调制器输入信号的形式，调制可分为________和数字调制，而数字调制又可分为________和________调制技术。

② 数字调制技术具有________、________和话音间隙噪声小等优点。

3.2.2　选择题

调制解调可以实现(　　)功能。

A. 便于信号的传输　　B. 提升抗干扰能力

C. 提高抗衰落性能　　D. 提高频谱有效性

3.2.3　简述题

试用自己的语言简述几种调制方案的基本工作原理。

3.3 扩频通信

扩展频谱通信简称“扩频通信”,最早出现在第二次世界大战,作为美军使用的无线保密通信技术。扩频通信的基本特点是传输信息所用信号的带宽远远大于信息本身的带宽。因为扩展了信号频谱,使扩频通信具有一系列独特的优点。

3.3.1 扩频通信的理论基础

扩频通信的基本特点,是传输信号所占用的频带宽度(W)远大于原始信息本身实际所需的最小(有效)带宽(DF),其比值称为处理增益,即

$$G = W/\mathrm{DF} \tag{3-15}$$

现今使用的电话、广播系统中,无论是采用调幅、调频或脉冲编码调制制式,G 值一般都在 10 多倍范围内,统称为“窄带通信”。而扩频通信的 G 值,高达数百、上千,称为“宽带通信”。长期以来,人们总是想方设法使信号所占频谱尽量的窄,以充分利用十分宝贵的频谱资源。为什么要用这样宽频带的信号来传送信息呢?简单的回答就是主要为了通信的安全可靠,更是容量拓展的需要。

扩频通信的可行性,是从信息论和抗干扰理论中的相关公式中引申而来的。信息论中关于信息容量的香农(Shannon)公式为

$$C = W\log_2(1 + S/N) \tag{3-16}$$

式中,C 为信道容量(用传输速率度量);W 为信号频带宽度;S 为信号功率;N 为白噪声功率。香农公式表明,在给定信号功率和白噪声功率的情况下,只要采用某种编码系统,就能以任意小的差错概率,以接近于信道容量 C 的传输速率来传送信息。式(3-16)还说明,在给定传输速率 C 的条件下,频带宽度 W 和信噪比 S/N 是可以互换的。即可通过增加频带宽度的方法,在较低的信噪比 S/N 情况下,传输可靠的信息。换句话说,若减少带宽,则必须发送较大的信号功率(较大的信噪比来传送);反过来,若有较大的传输带宽,则同样的信道容量能够由较小的信号功率(较小的信噪比来传送)。甚至在信号被噪声淹没的情况下,即 $S/N<1$ 或 $10\log_2(S/N)<0\mathrm{dB}$,只要相应地增加信号带宽,也能进行可靠的通信。

扩展频谱换取信噪比要求的降低,即降低接收机接收的信噪比阈值,这正是扩频通信的重要特点,因此香农公式为扩频通信的应用奠定了基础。所以,由该信号理论知道,在时间上有限的信号,其频谱是无限的。脉冲信号宽度越窄,其频谱就越宽。作为工程估算,信号的频带宽度与其脉冲宽度近似成反比。例如,$1\mu s$ 脉冲的带宽约为 1MHz。因此,如果很窄的脉冲序列被所传信息调制,则可产生很宽频带的信号。需要说明的是,所采用的扩频序列与所传的信息数据是无关的,也就是说它与一般的正弦载波信号是相类似的,丝毫不影响信息传输的透明性。扩频码序列仅仅起扩展信号频谱的作用。

扩频通信可行性的另一个理论基础,是柯捷尔尼可夫关于信息传输差错概率的公式,即

$$P_e \approx f\left(\frac{E}{n_0}\right) \tag{3-17}$$

式中，P_e 为差错概率；E 为信号能量；n_0 为噪声功率谱密度；f 为某一函数。因为信号功率 $P=E/T$（T 为信息持续时间），而噪声功率 $N=W_n$。（W 为信号频带宽度），信息带宽 $B=1/T$，则式(3-17)可化为

$$P_e \approx f\left(\frac{ST}{N}W\right)=f\left(\frac{S}{N}\frac{W}{B}\right) \tag{3-18}$$

式(3-18)说明，差错概率 P_e 是输入信号与噪声功率之比(S/N)和信号带宽与信息带宽比(W/B)两者乘积的函数。式(3-18)与式(3-16)都说明信噪比和带宽是可以互换的，都同样指示了用增加带宽的方法可以换取信噪比的降低。总之，用信息带宽的100倍，甚至1000倍以上的宽带信号来传输信息，就是为了提高通信的抗干扰能力，即在强干扰条件下保证可靠安全地通信。这就是扩展频谱通信的基本思想和理论依据。

3.3.2 扩频通信的基本原理

1. 直接序列扩频通信系统

直接序列扩频通信系统主要有下列两种方式：

(1) 第一种码分直扩系统构成的简单框图如图3-20(a)所示。在这种系统中，发端的用户信息数据 a_i 首先与其对应的地址码 W_i 相乘（或模2加），进行地址码调制；再与高速伪随机码（PN码）相乘（或模2加），进行扩频调制。在收端，扩频信号经过由本地产生的与发端伪随机码"完全相同（包括码型和相位相同）"的PN码解扩后，再与相应的地址码（$W_k=W_i$）进行相关检测，得到所需的用户信息（$r_k=a_i$）。系统中的地址码是采用一组正交码，而伪随机码系统中只有一个，用于加扩和解扩，以增强系统的抗干扰能力。这种系统由于采用了完全正交的地址码组，各用户之间的相互影响可以完全除掉，提高了系统的性能，但是整个系统更为复杂，尤其是同步系统。

(2) 第二种码分直扩系统构成的简单框图如图3-20(b)所示。在这种系统中，发端的用户信息数据 a_i 直接与对应的高速伪随机码（PN_i 码）相乘（或模2加），进行地址调制同时又进行了扩频调制。在收端，扩频信号经过与发端伪随机码完全相同的本地产生的伪随机码（$PN_k=PN_i$）解扩，相关检测得到所需的用户信息（$r_k=a_i$）。在这种系统中，系统中的伪随机码不是一个，而是采用一组正交性良好的伪随机码组，其两两之间的互相关值接近于0。该组伪随机码既用做用户的地址码，又用于加扩和解扩，增强了系统的抗干扰能力。这种系统与第一种系统相比，由于去掉了单独的地址码组，用不同的伪随机码来代替，整个系统相对简单一些。但是，由于伪随机码组不是完全正交的，而是准正交的，也就是码组内任意两个伪随机码的互相关值不为0，各用户之间的相互影响不可能完全除掉，整个系统的性能将受到一定的影响。

由上可见，扩频通信系统与普通数字通信系统相比，就是多了扩频调制和解扩部分。

信息数据（速率 R_i）经过信息调制器后输出的是窄带信号[图3-21(a)]，经过扩频调制（加扩）后频谱展宽[图3-21(b)]，在接收机的输入信号中如果加有干扰信号，其功率谱如图3-21(c)所示，经过扩频解调（解扩）后有用信号变成窄带信号，而干扰信号变成宽带信号[图3-21(d)]，再经过窄带滤波器，滤掉有用信号带外的干扰信号[图3-21(e)]，从而降低了干扰信号的强度，改善了信噪比。这就是扩频通信系统抗干扰的基本原理。

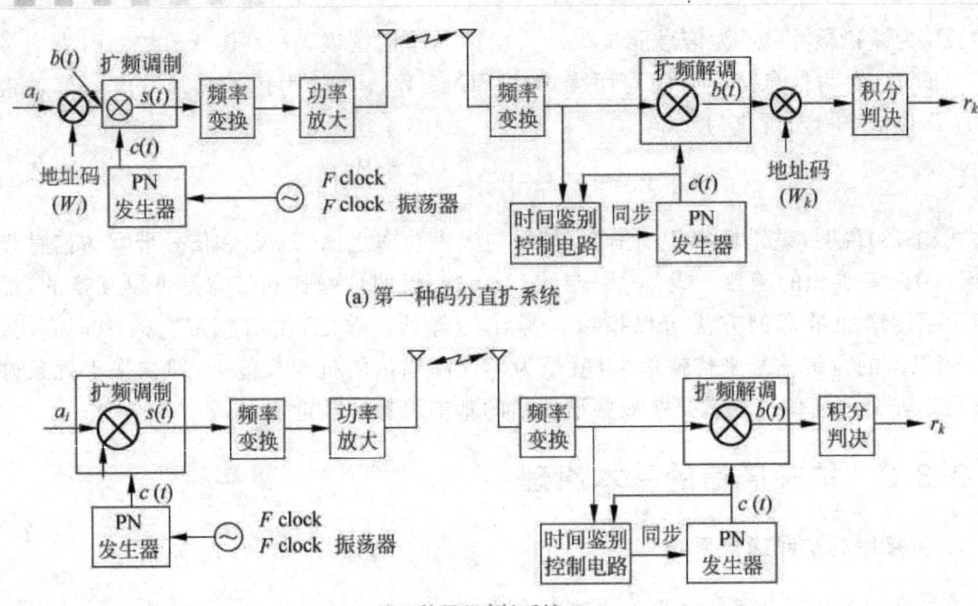

(a) 第一种码分直扩系统

(b) 第二种码分直扩系统

图 3-20 码分直扩系统

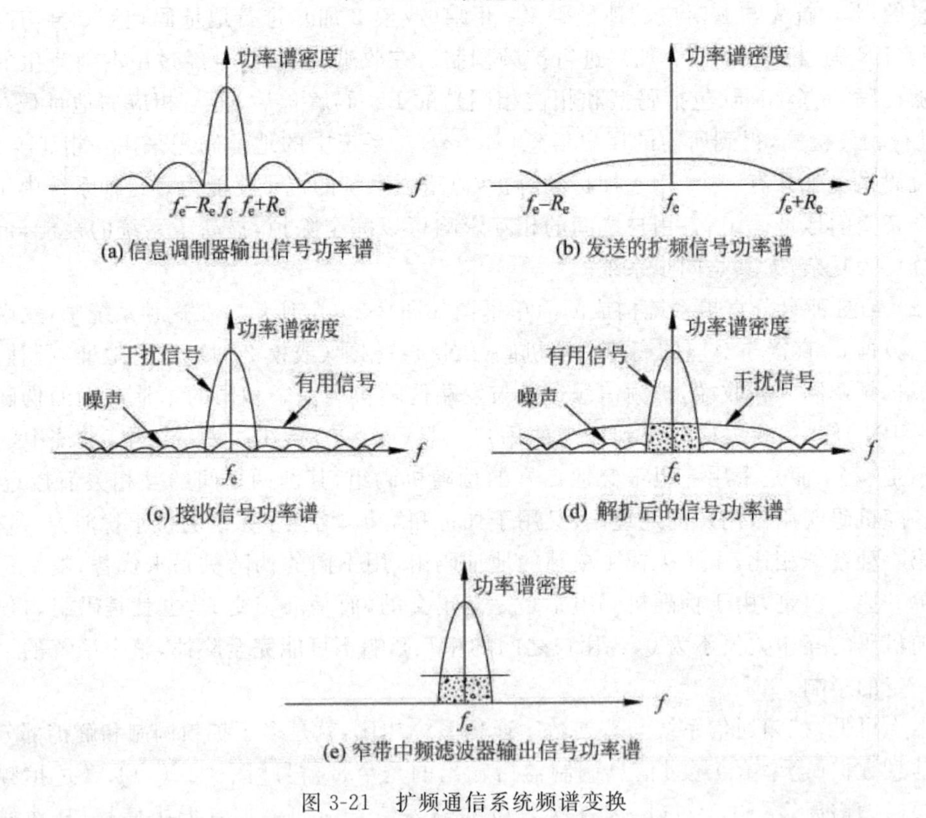

(a) 信息调制器输出信号功率谱

(b) 发送的扩频信号功率谱

(c) 接收信号功率谱

(d) 解扩后的信号功率谱

(e) 窄带中频滤波器输出信号功率谱

图 3-21 扩频通信系统频谱变换

2. 直接序列扩频信号的波形

直接序列扩频通信系统是以直接扩频方式构成的扩展频谱通信系统,通常简称直扩

(DS)系统，又称伪噪声(PN)扩频系统。如前所述，它是直接用高速率伪随机码在发端去扩展信息数据的频谱；在收端，用完全相同的伪随机码进行解扩，把展宽的扩频信号还原成原始信息。这里的"完全相同"是指收端产生的伪随机码不但在码型结构上与发端的相同，而且在相位上也要一致(完全同步)。如果码型结构相同但不同步，也不能恢复成窄带信号，得不到所发的信息。图 3-22 所示为直扩系统各点波形和频谱。

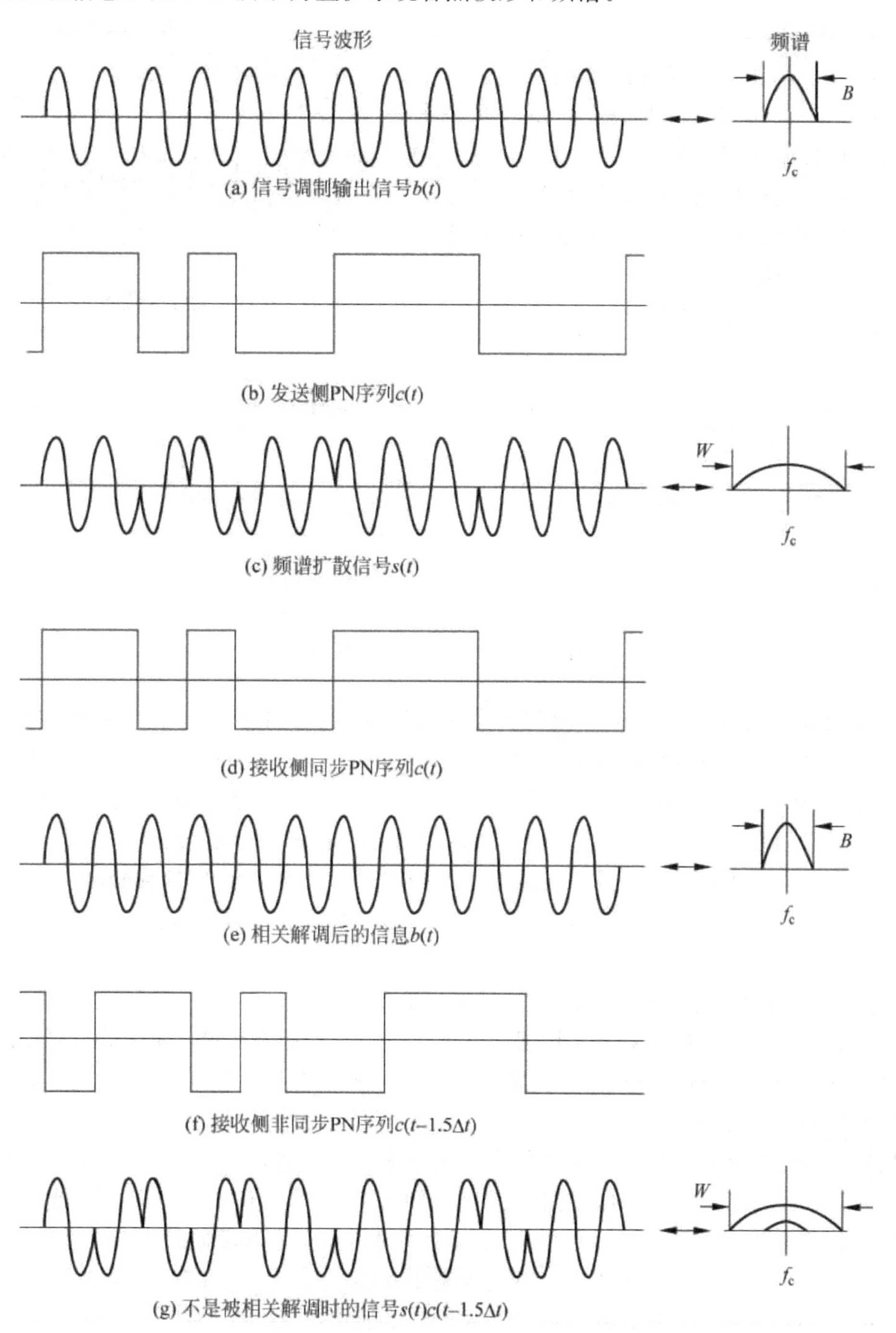

图 3-22 直扩频系统各点波形和频谱

3. 跳频扩频通信系统

跳频(FH)通信是指用一定码序列进行选择的多频率频移键控,也是一种扩频技术,即通信使用的载波频率受一组快速变化的伪随机码控制而随机跳变。这种载波变化的规律,通常叫做"跳频图案"。跳频实际上是一种复杂的频移键控,是一种用伪随机码进行多频频移键控的通信方式。

最简单的频移键控只有两个频率 f_1 和 f_2,分别代表空号和传号,称为二元频移键控(2FSK),其波形如图 3-23 所示。而在跳频扩频通信系统中,载波频率有几个、几十个、甚至上千万个,必须用复杂的伪随机码来控制频率的变化。这是跳频系统与频移键控的不同之处。

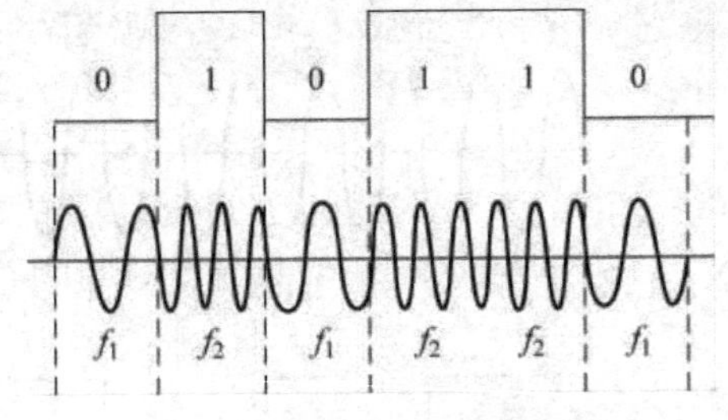

图 3-23　二元频移键控的波形

跳频系统的组成框图如图 3-24 所示。

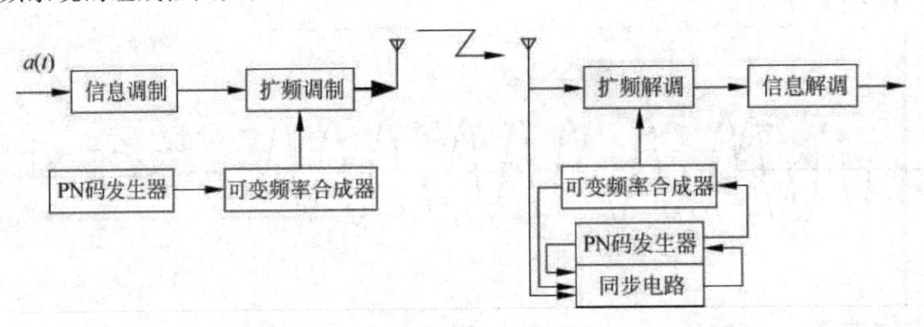

图 3-24　跳频系统组成框图

在发送端,信息数据 a 经信号调制变成带宽为 B 的基带信号后,进入载波调制。产生载波的频率合成器在伪随机码发生器的控制下,产生的载波频率在带宽为 $W(B)$ 的频带内随机跳变,从而实现基带信号带宽 B 扩展到发射信号使用的带宽 W 的频谱扩展。在收端,为了解出跳频信号,需要有一个与发端完全相同的伪随机码去控制本地频率合成器,使本地频率合成器输出一个始终与接收到的载波频率相差一个固定中频的本地跳频信号,然后与接收到的跳频信号进行混频,得到一个不跳变的固定中频信号(IF),经过信号解调电路,解调出发端所发送的信息数据。

由图 3-25 可见,从时域上看,跳频信号是一个多频率的频移键控信号；从频域上看,跳频信号的频谱是一个在很宽频带上随机跳变的不等间隔的频率信道。图中载波频率跳变次序是 $f_5 \to f_4 \to f_7 \to f_0 \to f_6 \to f_3 \to f_1$。如果从时间—频率域来看,跳频信号为一个时—频矩阵,每个频率持续时间为 T_c 秒。

跳频分慢跳频和快跳频。慢跳频是指跳频速率低于信息比特速率,即连续几个信息比特跳频一次；快跳频是指跳频速率高于信息比特速率,即每个信息比特跳频一次以上。跳频速率应根据使用要求来决定。一般来说,跳频速率越高,跳频系统的抗干扰性能就越好,但相应的设备复杂性与成本也越高。跳频的频率间隔应选择 $1/T_c$(T_c 为频率停留时间,即跳频时间间隔),使一载波频率的峰值处于其他频率的零点,这就构成了频率正交关系,避免了相互干扰,便于信号分离。若取频率数 K,则占用总的频率带宽为 $W=K/T_c$。

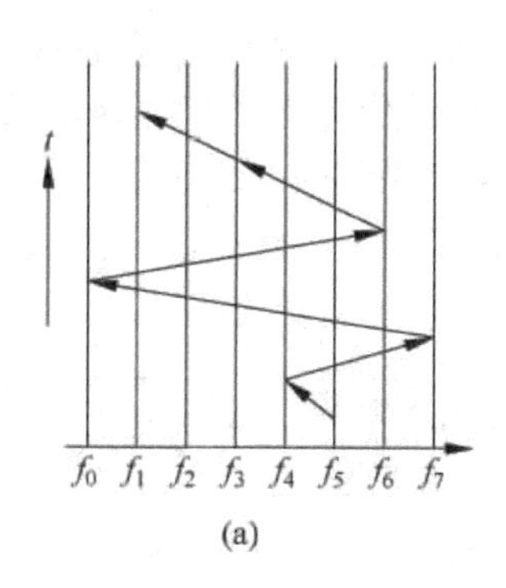

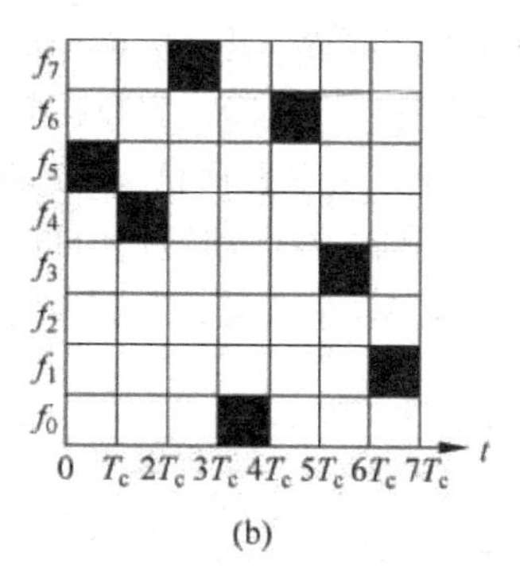

图 3-25 跳频信号的时域矩阵图

与直接序列扩频系统一样，跳频系统也有较强的抗干扰能力。对于单频干扰和宽带干扰，跳频系统虽然不能像直扩系统那样把单频干扰和窄带干扰信号的频谱扩展，并靠中频滤波器抑制通带外的频谱分量，但跳频系统减少了单频干扰和窄带干扰进入接收机的概率。此外，在跳频过程中，即使某一频道中出现一个较强的干扰，也只能在某个特定的时刻与所需信号发生频率的碰撞。因此，跳频系统对于强干扰产生的阻塞现象和近电台产生的远近效应，有较强的抵抗能力。

4. 跳时扩频通信系统

与跳频相似，跳时(Time Hopping，TH)是使发射信号在时间轴上跳变。这里先把时间轴分成许多时隙。在一帧内哪个时隙发射信号由扩频码序列进行控制。因此，可以把跳时理解为：用一定码序列进行选择的多时隙的时移键控。由于采用了窄得多的时隙去发送信号，相对来说，信号的频谱也就展宽了，如图 3-26 所示。在发端输入的数据先存储起来，由扩频码发送器产生的扩频码序列去控制通—断开关，经二相或四相调制后再经射频调制后发射。在收端，由射频接收机输出的中频信号经本地产生的与发端相同的扩频码序列控制通—断开关，再经二相或四相解调器，送到数据存储器经再定时后输出数据。只要收、发两端在时间上严格同步进行，就能正确地恢复原始数据。跳时也可以看成是一种时分系统，所不同的是它不是在一帧中固定分配一定位置的时隙，而是由扩频码序列控制的按一定规律跳变位置的时隙。跳时系统的处理增益等于一帧中所分的时隙数。由于简单的跳时抗干扰性不强，故很少单独使用。跳时通常都与其他方式结合后使用，组成各种混合方式。

此外还有由上述 4 种系统组合的混合系统。实际的扩频通信系统以前 3 种为主流，主要用于军事通信，而在民用上一般只用前两种，即直接序列扩频通信系统和跳频扩频通信系统。扩频通信系统的主要性能指标包括处理增益和抗干扰容限。处理增益表示了扩频通信系统信噪比改善的程度；抗干扰容限是在保证系统正常工作的条件下，接收机输入端能承受的干扰信号比有用信号高出的分贝(dB)数，它表示系统在干扰环境下的工作性能，它直接反映了扩频通信系统接收机允许的极限干扰强度，它往往能比处理增益更确切地表达系统的抗干扰能力。扩频通信的主要特点有：抗干扰能力强；保密性好；可以实现码分多址；抗衰落、抗多径干扰；能精确地定时和测距等。

几十年来，扩频通信的基本理论和技术已达到了成熟阶段。如在海湾战争中，美军使用扩频技术对敌方实施的电子战,更是发挥了扩频通信电子反对抗、抗强干扰、反窃听的技术威力,成了克敌制胜的最有力武器。现在扩频通信已成为电子战中通信反对抗的一种必不可少的十分重要的手段。除军事通信外,扩频通信技术也广泛应用于跟踪、导航、测距、雷达、遥控等各个领域,特别是在民用通信中也获得了巨大的发展,如应用于无线通信、移动通信、卫星通信、微波通信等,并迅速成为引领通信发展的新潮流。

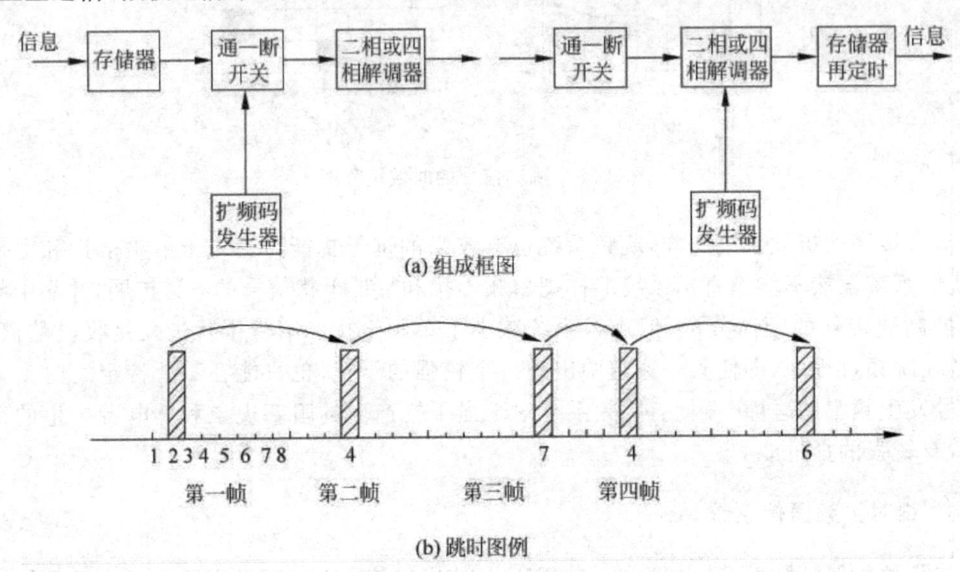

图 3-26 跳时系统的信号波形示意图

思考与练习

3.3.1 填空题

① 扩展频谱通信简称"________",可分为________、________、________和混合扩频系统 4 种。

② 扩频通信的基本特点是________。

③ 扩频通信的理论基础有________和________理论。

④ 跳频(FH)通信是指________,可分________和________,________是指连续几个信息比特跳频一次;________是指每个信息比特跳频一次以上。

⑤ 扩频通信系统的主要性能指标包括________和________。

3.3.2 判断题

① 由信息论可以知道:在时间上有限的信号,其频谱是有限的,脉冲信号宽度越窄,其频谱就越窄,在工程估算中信号的频带宽度与其脉冲宽度近似成正比。 ( )

② 扩展频谱换取信噪比要求的提高,即提高接收机接收的信噪比阈值。 ( )

③ 跳频(FH)也是一种扩频技术。 ( )

④ 跳频速率越低,跳频系统的抗干扰性能就越好,但相应的设备复杂性使成本也越高。 ( )

⑤ 处理增益表示系统在干扰环境下的工作性能,它直接反映了扩频通信系统接收机允许的极限干扰强度。 ( )

3.3.3 选择题

① 扩频通信的主要特点有( )。

A. 抗干扰能力强　　B. 保密性好

C. 可以实现码分多址　　D. 抗衰落

E. 抗多径干扰　　F. 能精确地定时和测距

② 表示扩频通信系统信噪比改善程度的性能指标是( )。

A. 跳频速率　　B. 抗干扰容限　　C. 处理增益　　D. 信噪比

3.3.4 简述题

① 试简述扩频通信可行性的理论基础。

② 试用自己的语言简述跳频扩频通信系统的工作原理。

③ 试用自己的语言简述跳时扩频系统的工作原理。

3.4 分集接收

分集接收技术是一项主要的抗衰落技术,它可以大大提高多径衰落信道下的传输可靠性,其本质就是采用两种或两种以上的不同方法接收同一信号以克服衰落,其作用是在不增加发射机功率或信道带宽的情况下充分利用传输中的多径信号能量,以提高系统的接收性能。它的基本思路是:将接收到的多径信号分离成不相关的(独立的)多路信号,即选取了一个信号的两个或多个独立的采样,这些样本的衰落是互不相关的,这意味着所有样本同时低于一个给定电平的概率比任何一个样本低于该值的概率要小得多;然后将这些信号的能量按一定规则合并起来,使接收的有用信号能量最大。对数字系统而言,使接收端的误码率最小,对模拟系统而言,提高接收端的信噪比。

目前,分集技术已经有了非常广泛的应用,如IS-95中用RAKE进行二重空间接收,而第三代移动通信中不论是WCDMA还是CDMA 2000则都采用发端分集技术。

3.4.1 分集技术的分类

"分"与"集"是一对矛盾。为了在接收端得到几乎相互独立的不同路径,可以通过空域、频域和时域的不同角度、不同方法来加以实现。因此分集技术研究是利用信号的基本参量在时域、频域和空域中,如何分散开又如何收集起来的技术。

从信号传输的方式来看,分集技术分为显分集和隐分集两大类。其中显分集指利用多副天线接收信号的分集,构成明显的分集信号的传输方式,它又分为宏分集和微分集(包括空间分集、频率分集、时间分集、极化分集、路径分集、场分量分集、角度分集等);隐分集指只需一副天线来接收信号的分集,分集隐含在传输信号中,在接收端利用信号处理技术来实现分集接收,它又分为交织编码技术、跳频技术、直接扩频技术等。

3.4.2 几种常用的显分集技术

在显分集技术中又分为宏分集与微分集两种形式。

宏分集(也称为"多基站"分集)以减少由于阴影效应而引起的大范围慢衰落为目的,它的做法是把多个基站设置在不同的地理位置和不同方向上,同时和一个移动台进行通信,也可以选用其中信号最好的一个基站与移动台进行通信。显然,只要在各个方向上的信号传播不是同时受到阴影效应或地形的影响而出现严重的慢衰落(基站天线的架设可以防止这种情况发生),用这种方法就能保证通信不会中断。分集数 N 越大,分集效果越好,即分集增益正比于分集的数量 N,但分集增益的增加随着 N 的增加而逐步减少。工程上要在性能或复杂性间作一折中,一般取 $N=2\sim4$。

微分集是以抗快衰落为目的,同一天线场地使用两副或多副天线的分集方式。理论和实践都表明,在空间、频率、极化、场分量、角度及时间等方面分离的无线信号,都呈现互相独立的衰落特性,因此可采用空间分集、时间分集、频率分集、角度分集、极化分集、场分量分集和多径分集等多种分集技术。

1. 空间分集

空间分集在发端采用一副天线发射,而在接收端采用多副间隔距离 $d\geqslant\lambda/2$(λ 为工作波长)的天线接收,以保证接收天线输出信号的衰落特性是相互独立的。经相应的合并电路从中选出信号幅度较大、信噪比最佳的一路,得到一个总的接收天线输出信号,从而降低了信道衰落的影响,改善了传输的可靠性。该技术在 FDMA、TDMA 及 CDMA 移动通信系统中都有应用。

2. 时间分集

快衰落除了具有空间和频率独立性之外,还具有时间独立性,即同一信号以大于相干时间的时间间隔重复传输 M 次,只要各次发送的时间间隔足够大,那么各次发送信号所出现的衰落将是彼此独立的,即得到 M 条独立的分集支路。接收机将重复收到的同一信号进行合并,以减小衰落的影响。

3. 频率分集

频率分集就是将信息分别在不同的载频上发射出去,要求载频间的频率间隔要大于信道相关带宽,以保证各频率分集信号在频域上的独立性,在接收端就可以得到衰落特性不相干的信号。在移动通信系统中,可采用信号载波频率跳变扩展频谱技术来达到频率分集的目的。和空间分集相比,频率分集的优点是减少了天线数目,缺点是要占用更多的频谱资源,在发端需要多部发射机。

4. 角度分集

当工作频率高于 10GHz 时,从发射机到接收机的散射信号产生从不同方向来的互不相关的信号。这样接收端利用方向性天线,在同一位置设置指向不同方向的两个或更多的有向天线,向合成器提供信号,以达到克服衰落的目的。采用这种方案,移动台比基站的电路更有效。

5. 极化分集

极化分集实际上是空间分集的特殊情况。两个在同一地点极化方向相互正交的天线发出的信号呈现出互不相关的衰落特性。利用这一特点，在发端同一地点装上垂直极化和水平极化两副发射天线，在收端同一地点装上垂直极化和水平极化两副接收天线，就可以得到两路衰落特性互不相关的极化分量。这种方法的优点是结构紧凑、节省空间；缺点是由于发射功率要分配到两副天线上，将有3dB的信号功率损失。

6. 场分量分集

由电磁场理论可知，电磁波的E场和H场载有相同的消息，而反射机理是不同的。例如，一个散射体反射E波和H波的驻波图形相位相差90°，即当E波为最大时，H波最小。因此利用场分量的这个特点也可以实现分集。

7. 多径分集

移动台接收到的信号是一个多径衰落信号。通常这一多径衰落信号的时延差很小且是随机的，对于窄带系统(如模拟TACS、数字GSM系统)，在同一地点，到达的各路信号是相关的，无法分离。只有特定设计的扩频信号才可以进行分离，分离的手段是相关接收。因此，多径分集也称码分集，它要求直扩系统的时间(T)与带宽(W)的积远大于1，即$TW \gg 1$，对于带宽为W的系统，所能分离的最小路径时延差为$1/W$，对于直扩序列的码片宽度为T_c的系统，所能分离的最小路径时延差为T_c，并且要求直扩序列信号的自相关性和互相关性要好。使用RAKE接收技术，利用伪随机码的相关性，对各路信号分别进行相关接收，提出不同时延的相关峰，然后进行适当的合并，再进行信息解调。从而既克服了多径效应问题，又等效增加了接收功率(或发射功率)。一般的分集技术把多径信号作为干扰来处理，而RAKE接收机采取变害为利，即利用多径现象来增强信号。现以3条路径为例简述RAKE接收机的工作原理，如图3-27所示。

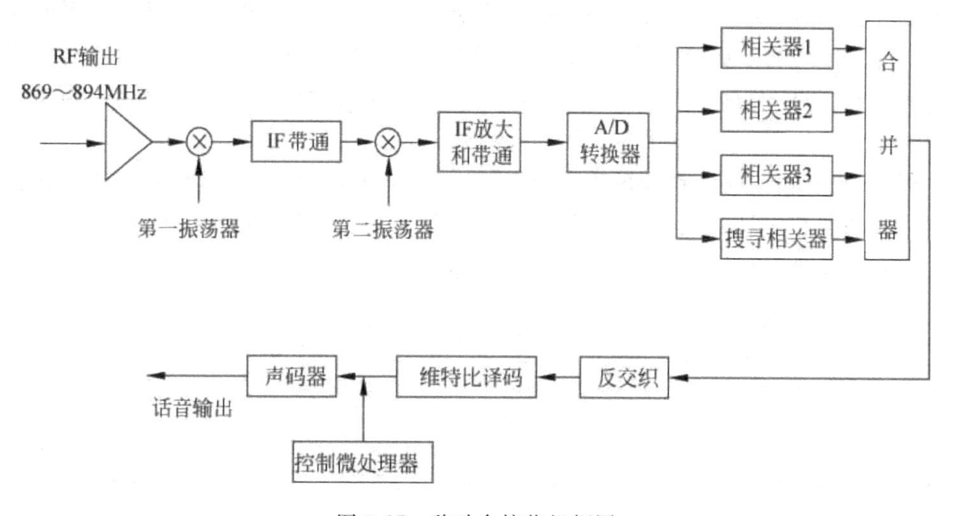

图3-27 移动台接收机框图

移动台RAKE接收部分主要由相关器1～3、搜寻相关器和合并器等组成。伪随机码调制过的信号由发端发射，经多条不同的路径延时和损耗后与噪声一起进入接收机，经过变频、中频放大和A/D变换后，进入RAKE接收部分。该部分的搜寻相关器从到达的各路信号中找出3路最强的信号,并给出这3路信号中伪随机码的参考相位,使本地码的3个发生器的输出码相位分别与这3路信号中的伪随机码同步,经过各自解扩,相关解调输出同一信息的数据,经相应的合并后进行译码。由于每一个相关器都等效一个接收机,3个相关器等效3个接收机,其输出经合并后的信号的信噪比得到了很大的改善(一般平均有3dB的增益)。另外,搜寻相关器总是搜索和估计各路中最强的3个信号供其他3个相关器进行相关解调,从而系统可以处于最佳的接收状态。

一般来说,相关器的数目越多,系统获得的增益越大,但设备的复杂度也随之增加。而且当相关器的数目增加到一定程度时,系统获得的增益将缓慢增加。考虑到性能价格比,IS-95系统基站用4个相关器接收同一移动台的信号。

3.4.3 几种常用的隐分集技术

1. 交织编码技术

交织编码的目的是把一个较长的连续突发差错离散成随机的非连续差错,再用纠正随机差错的编码(FEC)技术消除随机差错。交织深度越大,则离散度越大,抗突发差错能力也就越强,但处理时间也越长,从而造成数据传输时延增大。也就是说,交织编码是以时间为代价的。因此,交织编码属于时间隐分集。

交织编码技术举例如下:

假设原始为1110011011001010101100101011,共计28位,按4×7矩阵排列,依次按行写入发送矩阵,如图3-28(a)所示。

假设由于某种干扰出现突发错误,即使7个码元中连续错两个或两个以上时,接收端如果不采用交织编码技术就不能正确恢复,出现码字错误。为了提高纠错能力,在发端改变一下传输顺序,即将图3-28(a)中的数据用"横写竖读"法写入块交织器,这时交织器的输出就是按图3-28 (b)中的左面第一列1010,然后第二列1101……这样,当所传输的码序列连续错4个码元时,对应的每个码字只错一个,已将连续错码分散开来,通过分组码纠错技术可以纠正少量的差错,从而纠正了突发性的连续差错。交织阵列的行、列数越多,抗干扰能力越强。但是,只有在接收端收到最后一个数据时,才能进行纠检错处理,从而造成数据传输时延增大。所以在设计交织编码阵列时,应该统筹考虑。上面只是作了原理性说明,但有了这样的概念或基础,就可理解GSM和CDMA等系统中的各种交织编码技术了。

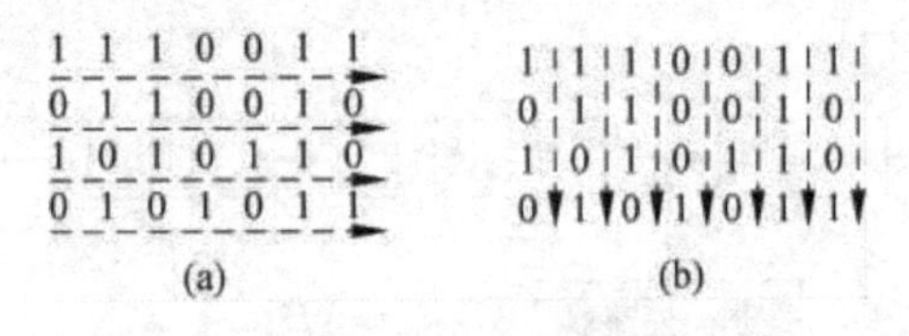

图3-28 交织原理示意图

2. 跳频技术

瑞利衰落与信号频率有关,不同频率的信号遭受的衰落不同。当两个频率相距足够远时(如1MHz),可认为它们的衰落是不相关的。通过跳频,信号的所有突发脉冲不会被瑞利衰落以同一方式破坏，从而提高系统的抗干扰能力。可见，跳频相当于频率分集。

跳频有慢跳频(SFH)和快跳频(FFH)两种。慢跳频的跳频速率低于信息比特率，即连续几个信息比特跳频一次。GSM 系统中，传输频率在一个完整的突发脉冲传输期间保持不变，属于慢跳频。快跳频的跳频速率不小于信息比特率，即每个信息比特跳频一次以上。

跳频的实现方式有两种。一是基带跳频，它将话音信号随着时间的变换使用不同频率的发射机发射，基带跳频适合于发射机数量较多的高话务量小区。二是射频跳频，又称合成器跳频，它是话音信号使用固定的发射机，在一定跳频序列的控制下，频率合成器合成不同的频率来进行发射。射频跳频比基带跳频有更高的性能改善和抗同频干扰能力，但它只有当每个小区有 4 个以上频率时效果才比较明显，且使用合成器会引入一定的衰耗，减小覆盖范围。

GSM 系统的跳频是在时—频域内的时隙和频隙上同时进行的，即以一定的时间间隔不断地在不同的频隙上跳变。为了保证在小区内的跳频信道之间不发生干扰，采用正交跳频组网方式，即小区内的跳频图案是相互正交的，从而不会使频率不同用户的通信在同一个时—频隙内发生碰撞。由于使用了跳频技术，从而提高了系统频谱利用率。

3.4.4 分集合并技术

在分集接收中，在接收端从不同的 N 个独立信号支路所获得的信号，可以通过不同形式的合并技术来获得分集增益。如果从合并所处的位置来看：合并可以在检测器以前，即中频和射频上进行合并，且多半是在中频上合并；也可以在检测器以后，即在基带上进行合并。合并时采用的准则与方式主要可以分为 3 种：最大比值合并、等增益合并和选择式合并。

假设 M 个输入信号电压为 $r_1(t),r_2(t),\cdots,r_M(t)$，则合并器输出电压 $r(t)$ 为

$$r(t)=a_1r_1(t)+a_2r_2(t)+\cdots+a_Mr_M(t)=\sum_{k=1}^{M}a_kr_k(t) \tag{3-19}$$

式中，a_k 为第 k 个信号的加权系数。

1. 最大比值合并

最大比值合并是在接收端有 N 个分集支路，经过相位调整后，按适当的增益系统，同相相加，再送入检测器进行检测。利用切比雪夫不等式，设 N 为每支路噪声功率，可以证明当可变加权系数为 $a_i=\dfrac{r_i(t)}{N}$时，分集合并后的信噪比达到最大值。最大比值合并的平均输出信噪比、最大比值合并增益分别如式(3-20)、式(3-21)，即

$$\overline{\mathrm{SNR}_{\mathrm{R}}}=M\cdot\overline{\mathrm{SNR}} \tag{3-20}$$

$$K_{\mathrm{R}}=\frac{\overline{\mathrm{SNR}_{\mathrm{R}}}}{\mathrm{SNR}}=M \tag{3-21}$$

可见信噪比越大，最大比值合并对合并后的信号贡献越大；另外，平均输出信噪比 $\overline{\mathrm{SNR}_{\mathrm{R}}}$随 M(分集支路数目)的增加而增加。

2. 等增益合并

等增益合并是各支路的信号等增益相加，即式(3-9)中加权系数 $a_k=1(k=1,2,\cdots,M)$。

等增益合并后平均输出信噪比、等增益合并增益分别如式(3-22)和式(3-23),即

$$\overline{\mathrm{SNR_E}}=\mathrm{SNR}\left[1+(M-1)\frac{\pi}{4}\right] \tag{3-22}$$

$$K_{\mathrm{E}}=\frac{\overline{\mathrm{SNR_E}}}{\mathrm{SNR}}=1+(M-1)\frac{\pi}{4} \tag{3-23}$$

3. 选择式合并

选择式合并是检测所有分集支路的信号,以选择其中信噪比最高的那一个支路作为合并器的输出。由式(3-19)可见,在选择式合并器中,加权系数只有一项为1,其余均为0。选择式合并又称为开关式相加。这种方式方法简单,实现容易。选择式合并的平均输出信噪比、选择式合并增益分别如式(3-24)和式(3-25),即

$$\overline{\mathrm{SNR_S}}=\overline{\mathrm{SNR_m}}\sum_{i=1}^{M}\frac{1}{i} \tag{3-24}$$

$$K_{\mathrm{S}}=\frac{\overline{\mathrm{SNR_S}}}{\overline{\mathrm{SNR_m}}}=\sum_{i=1}^{M}\frac{1}{i} \tag{3-25}$$

可见,每增加一条分集支路,对选择式分集输出信噪比的贡献仅为总分集支路数的倒数倍。图3-29给出了3种合并方式平均信噪比的改善程度。

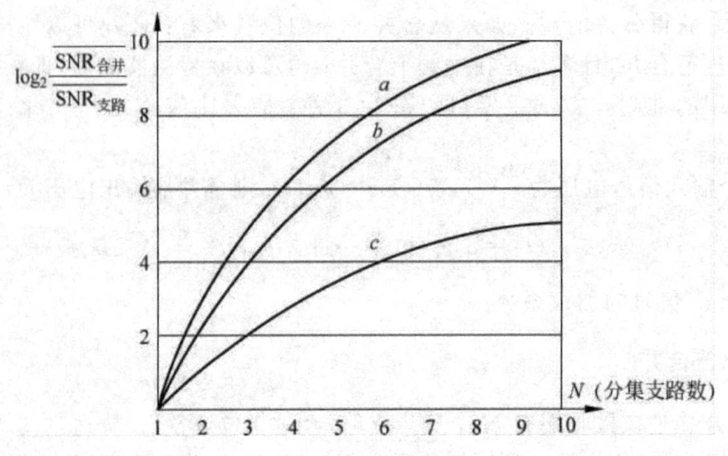

图3-29 3种分集合并性能比较

a—最大比值合并;b—等增益合并;c—选择式合并

思考与练习

3.4.1 填空题

① 分集接收技术对数字系统而言,减小接收端的________,对模拟系统而言,提高接收端的________。

② 分集技术的应用非常广泛,如IS-95中用RAKE进行________,而第三代移动通信WCDMA和CDMA 2000中都计划采用________技术。

③ 从信号传输的方式来看,分集技术分为________和隐分集两大类,隐分集又分为________、________和________等。

④ 跳频的实现方式有________和________。

⑤ 合并技术在合并时采用的准则与方式有________、________和________。

3.4.2　判断题

① 分集数 N 越大，分集效果越差，即分集增益反比于分集的数量 N，且分集增益的增加随着 N 的增加而逐步减少。（　）

② 相关器的数目越多，系统获得的增益越大，但设备的复杂度也随之增加。当相关器的数目增加到一定程度时，系统获得的增益将迅速增加。（　）

③ 交织深度越大，则离散度越大，抗突发差错能力也就越强，处理时间也越长，从而造成数据传输时延增大。（　）

④ 交织阵列的行、列数越多，抗干扰能力越强。（　）

⑤ 合并可以在检测器以前，即中频和射频上进行合并，且多半是在射频上合并，也可以在检测器以后，即在基带上进行合并。（　）

3.4.3　选择题

① 下列移动通信系统采用了空间分集技术的是（　）。

A. GPRS　B. PAS　C. CDMA　D. GSM

② 下列分集技术属于微分集技术的是（　）。

A. 空间分集　B. 时间分集

C. 频率分集　D. 角度分集

E. 多径分集　F. 跳频技术

③ 下列分集技术既克服了多径效应，又等效增加了接收功率的是（　）。

A. 极化分集　B. 频率分集　C. 多径分集　D. 场分量分集

3.4.4　简述题

① 试用自己的语言简述分集接收技术的本质、作用和基本思路。

② 试简述分集技术的分类。

3.5　链路自适应技术

随着无线通信技术的发展，无线通信用户也在大量增长。同时用户对无线通信业务的需求也从低速的单一话音业务转向高速的多媒体业务，因此未来的无线通信系统必须具有高的频谱利用率和高速数据传输能力。大家知道，无线通信信道是时变信道，根据香农信道容量公式，在一定频谱上信道容量取决于信道的特性（如衰落、噪声和干扰等），因此无线信道的容量也是时变的。传统的系统设计采用固定的传输模式（如固定的调制方式、固定的编码方式编码速率和固定的发射功率等），为了保证在恶劣信道条件或平均信道条件下的通信不中断，必须牺牲频谱利用率来换取通信的可靠性。而链路自适应（Link Adaptation，LA）技术与此思路不同，它动态地跟踪信道变化，根据信道情况确定当前信道的容量，进而改变传输信息的符号速率、发送功率、编码速率和编码方式、调制的星座图尺寸和调制方式等参数，因此可以最大限度地发送信息，实现更低的误码率，并减轻对其他用户的干扰，满足不同业务的需求，提高系统的整体吞吐量。

3.5.1 链路自适应技术概述及关键技术

链路自适应技术虽然是对物理层的传输参数进行调整,但它不仅需要物理层,也需要其他各层之间紧密配合。从图3-30中可以看出,链路自适应技术需要物理层提供调制、编码和发射功率等参数信息;需要链路层提供一条可靠的信令链路,以便在发射参数改变时通知接收机和发射机,以协调它们之间的工作。此外,由于无线通信中一个用户发射参数的改变有可能对其他用户造成影响(形成干扰或占有资源),因此链路自适应还需要网络层提供其他用户的信息等。

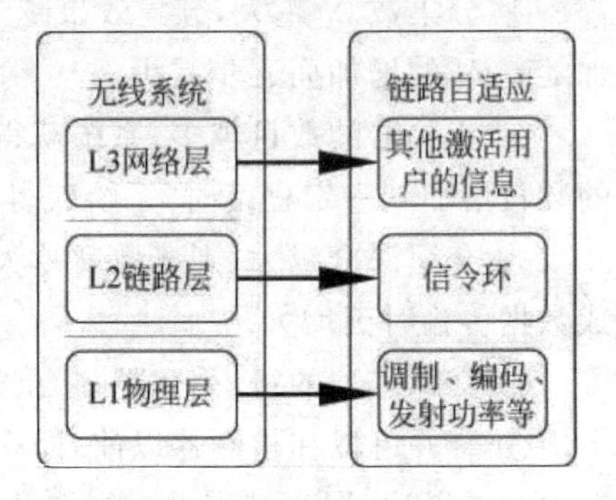

图3-30 链路自适应技术结构

链路自适应技术的关键点在于定义一个信道质量指示,或者称为信道状态信息(CSI),然后基于CSI在信号传输域(时域、频域和空域)上的变化,动态调整信号传输参数。在物理层,可以使用测得的信噪比(SNR)或信号干扰噪声比(SINR)作为CSI。在链路层,可以使用从循环冗余校验(CRC)得到的误包率(PER)来指示信道质量。

链路自适应的关键技术包括自适应调制和编码等一系列算法和协议,随着对MIMO和OFDM等技术的大量采用,链路自适应设计将综合时域、频域和空域上的信道变化特性进行。链路自适应主要涉及以下关键技术:

(1) 自适应调制技术

调制方式的星座设计对无线通信系统的性能至关重要。不同的调制方式具有不同的传输速率,在同样误码率性能要求下所需要的发射功率也不相同。自适应调制根据信道的时间、频率和空间选择特性,将时、频、空域划分成多个子信道,根据各子信道的条件好坏,为它们分配不同数目的比特,进而映射为不同的调制方式,如图3-31所示。

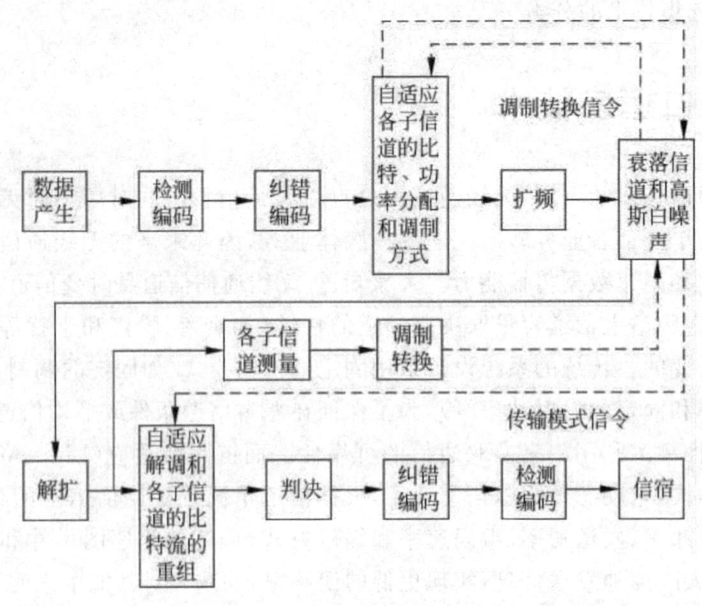

图3-31 自适应调制技术

为了使各子信道上分配的比特数目尽可能地与信道条件相匹配，并且具有尽量低的复杂度，人们提出了各种算法。

① Water-Filling算法。此算法是最优链路自适应算法，它能使系统的频谱利用率逼近香农界。它的基本思想是给信道条件好的子信道多分配发射功率和数据比特，对信道条件差的子信道少分配或不分配发射功率和比特。但Water-Filling算法给每个子信道分配的比特数目可能为非整数，不存在相应的调制方式，而且其实现复杂度相当高，所以很少应用于高速无线数据传输中。但它提供了一条实现多信道传输的思路。

② Hughes-Hartogs算法。该算法的优化准则是在约束总发射功率和维持目标误码率前提下使频谱效率最高。它是一种基于迭代的连续比特和功率分配算法。每一次迭代只分配一个比特，该比特分配给只需要增加最少发射功率就能维持目标误码率的子信道。迭代过程循环进行，直到所有功率被分配完毕。该算法迭代的数目等于所需分配的总比特数，每次迭代都要在所有子信道间进行比较操作，因此运算复杂度高，导致实时性较差。而且，该算法无法事先决定调制方式的个数和种类，只有各子信道的比特数确定后才能确定这些参数，造成系统设计的灵活性较差。

③ Chow算法。该算法是为了减少自适应比特和功率分配算法中的迭代次数和每次迭代中复杂的排序操作而被提出来的。其优化准则与Hughes-Hartogs算法相同，算法首先经过迭代计算得到参数Γ，然后直接通过闭式解为各子信道分配比特速率。由此分配的比特速率有可能是非整数，这时必须将其量化成整数，为了弥补比特量化带来的性能损失，在分配发射功率时必须保证各子信道的性能达到目标误码率。由于不要求复杂的迭代计算和比较操作，Chow算法的实现复杂度显著降低，而其性能比最优的Water-Filling算法相差很小。

(2) 自适应差错控制技术

差错控制技术一般分为前向纠错(信道编码)和自动请求重发(ARQ)两类。信道编码可以保证系统具有稳定的传输效率，但编译码器的实现复杂度较高；ARQ的硬件实现简单，但当信道条件恶化时，数据包重传次数增多，导致传输效率下降。

① 自适应信道编码。固定的信道编码方式在信道条件恶化时无法保证数据的可靠传输，在信道条件改善时又会产生冗余，造成频谱资源的浪费。自适应信道编码将信道的变化情况离散为有限状态(如有限状态Markov信道模型)，对每一种信道状态采用不同的信道编码方式，因此可以较好地兼顾传输可靠性和频谱效率。

自适应信道编码一般采用RCPT(速率匹配凿孔Turbo码)和软判决Viterbi译码，这样不必对编码器和译码器的结构进行修改，减小了实现的复杂度。RCPT由单一的码率为$1/M$的Turbo码构成，通过在不同位置的“凿孔”，可以形成一系列不同码率的Turbo码。这些Turbo码在实际使用中，只需要一个码率为$1/M$的编码器和一个Turbo译码器。发送和接收端只需要共同检索一个凿孔表，这个表决定发送哪一些编码符号，接收端只需要在没有发送的位置插入“0”即可。码率兼容性要求限制凿孔的方法，即高码率发送的编码符号应该也可以被比较低的码率的Turbo码所使用，最终码率为$1/M$的Turbo码将使用所有符号进行译码。在这种情况下，发送端只需要补充发送一些编码符号就可以达到更低的码率。图3-32显示了RCPT的结构，其中的凿孔矩阵表是比较重要的，发送端和接收端都要存储此表，以决定每种编码率对应的凿孔矩阵形式，决定需要发送的分组大小。凿孔矩阵表的选择对于 RCPT 性能的影响很大,选择的凿孔矩阵表要能够充分发挥译码器迭代算法的能力,发送端要注意发送的系统码和校验码的比例,要在成员码译码单元间尽量均匀地分配校验码,使迭代算法充分发挥作用。

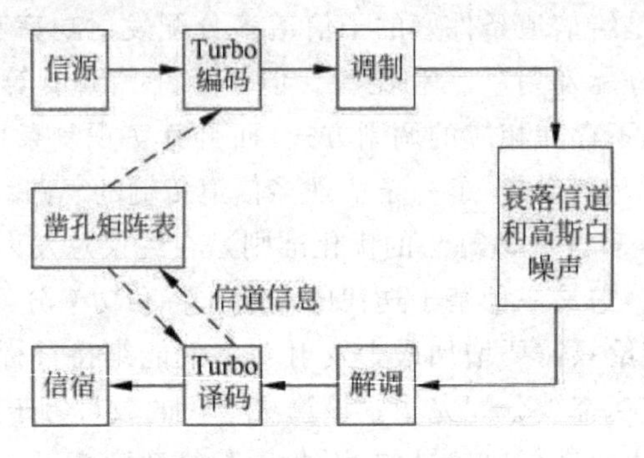

图 3-32　RCPT 的结构

② 反馈信令设计。决定传输模式转换的反馈信令一般是由接收机根据 CSI 测量结果产生,然后经由信令信道送回发射机告知其下一次传输时应采取的模式。因为反馈信令的传输也必须经过无线信道,所以发射机有可能检测出错误的信令信息,这对于链路自适应系统是灾难性的。因此,链路自适应系统中反馈信令的设计准则是保证信令在无线信道中无错传输。反馈信令的设计方法有下列几种:

- 单一调制符号。设计非常简单直接,只用经过 PSK 或 QAM 调制的单个符号来承载信令信息。例如,单个调制符号在星座图上的 M 个可能状态分别代表自适应调制中 M 种候选调制方式,发射机收到反馈回的该信令符号后,检测出下一次传输应该采用的调制方式。
- 多数判决。将同样的信令信息传输多遍时,发射机在收到这些信令信息后进行多数判决,多次检测出错的联合概率肯定比单一检测出错概率降低很多,可以提高反馈信令的传输可靠性。
- 离散 Walsh 码。将信令的状态信息用 Walsh 序列编码,对每个码元采用最低阶调制方式(如 BPSK)。长度为 n 比特的 Walsh 码有 2^n 种信令信息。
- 非对称保护。该设计根据信道质量的好坏,自适应地选择不同的调制方式来传输反馈信令。例如,在时分双工(TDD)系统中,数据和信令在相反的信道上传输,但它们经历的信道特性具有很强的相关性。以下行数据传输为例,假设调制方式转换的反馈信令在接收机中生成,它将通过上行信道传送给发射机,而此时接收机则测量下行信道的质量好坏。当得知上行信道质量较好时,可以采用高阶调制方式向发射机传送反馈信令,否则采用低阶调制方式传送反馈信令。从而对反馈信令提供非对称保护。

3.5.2 链路自适应技术的应用与发展

链路自适应技术凭借其在提高频谱利用率和数据传输速率方面的卓越性能日益赢得了人们的青睐,已成功应用于多种移动通信系统中,应用程度也逐渐从简单到复杂,成为提高系统性能的关键技术之一。

下面来看一下链路自适应技术在GPRS中的应用。与GSM相比较，GPRS在数据业务的承载和支持上具有非常明显的优势，最突出的特点是可以灵活地占用无线信道。它支持的数据传输速率的理论峰值可以达到171.2Kb/s。GPRS标准定义了4种不同的编码方案，即CS1～CS4，数据速率分别为9.05Kb/s、13.4Kb/s、15.6Kb/s和21.4Kb/s，对应的码率分别为1/2、2/3、3/4和1。GPRS可根据数据速率要求和无线链路的质量来动态选择编码类型，以达到最大的无线吞吐量。CS1拥有最高的纠错能力和最低的速率，而CS4无纠错能力但编码速率最高。不同时隙可选择不同的信道编码，当网络传输质量较好时，可采用较高速的编码方式，反之采用较低速的编码方式。链路自适应的概念在这里得到了很好的体现，但应该说GPRS中应用的链路自适应技术是比较基本的，它只涉及编码方式的动态选择，而调制方式是固定不变的。

虽然GPRS采用了多时隙的操作模式和简单的链路自适应技术，但它采用了固定的GMSK(高斯最小频移键控)调制方式，因此每个时隙只能得到有限的速率提高。而由Ericsson公司率先提出并且已经被ETSI(欧洲电信标准协会)采纳的EDGE(Enhanced Data Rates For GSM Evolution)技术应运而生，成为GSM未来的演进方向之一。EDGE包括增强的电路交换数据(ECSD)和增强的GPRS(EGPRS)两部分，两者分别以电路交换和分组交换为基础。下面提到的EDGE主要是指EGPRS。

EDGE技术的核心就是链路自适应，与GPRS不同的是，EDGE技术不仅编码方案可以选择，调制方式也不再是固定的一种GMSK方式，而是引入了另一种调制方式，即八进制移相键控(8-PSK)。这种调制方式能提供更高的比特率和频谱效率，且实现复杂度属于中等。GMSK和8-PSK的符号速率都是271Kb/s，但由于8-PSK将GMSK的信号空间从2扩展到8，因此每个符号可以包括的信息是GMSK的4倍。为了保证链路的健壮性，EDGE对两种调制方案和几种编码方案进行组合，形成了9种不同的传输模式。EDGE标准支持的链路自适应算法包括周期性的对下行链路质量的测量和报告以及为下一个要传输的内容选择新的调制和编码方法等。EDGE中另外一种对付链路质量变化的方式是逐步增加冗余度。在这种方式中，信息刚开始传输时，采用纠错能力较低的编码方式，如果接收端解码正确，则能得到比较高的信息码率；反之，如果解码失败，则需要增加编码冗余量，直到解码正确为止。显然，编码冗余度的增加将导致有效数据速率的降低和延时的增加。

思考与练习

3.5.1 填空题

① 传统的系统设计采用固定的传输模式，为了保证在恶劣信道条件或平均信道条件下通信不会中断，必须牺牲________来换取通信的可靠性。

② 链路自适应技术动态跟踪信道变化，根据信道情况确定当前信道的容量，进而确定传输的信息符号速率、________、________、________、调制的星座图尺寸和调制方式等参数。

3.5.2 选择题

下面不是自适应调节技术的算法是(　　)。

A. Water-Filling算法　　B. Hughes-Hartogs算法

C. Chow算法　　D. Music算法

3.5.3 简述题

试简述在无线通信系统中采用链路自适应技术的优点。

3.6 OFDM 技术

OFDM(Orthogonal Frequency Division Multiplexing,正交频分复用)技术具有在杂波干扰下传送信号的能力,因此常常会被利用在容易受外界干扰或者抵抗外界干扰能力较差的传输介质中。其主要思想是:将信道分成若干正交子信道,将高速数据信号转换成并行的低速子数据流,调制到每个子信道上进行传输。正交信号可以通过在接收端采用相关技术来分开,这样可以减少子信道之间的相互干扰(ICI)。每个子信道上的信号带宽小于信道的相关带宽,因此每个子信道上的信号可以看成平坦性衰落,从而可以消除符号间干扰。而且由于每个子信道的带宽仅仅是原信道带宽的一小部分,信道均衡变得相对容易。

3.6.1 OFDM 的原理

OFDM 是一种无线环境下的高速传输技术,该技术的基本原理是将高速串行数据变换成多路相对低速的并行数据,并对不同的载波进行调制。这种并行传输体制大大扩展了符号的脉冲宽度,提高了抗多径衰落的性能。传统的频分复用方法中各个子载波的频谱是互不重叠的,需要使用大量的发送滤波器和接收滤波器,这样就大大增加了系统的复杂度和成本。同时,为了减小各个子载波间的相互串扰,各子载波间必须保持足够的频率间隔,这样会降低系统的频率利用率。而现代 OFDM 系统采用数字信号处理技术,各子载波的产生和接收都由数字信号处理算法完成,极大地简化了系统的结构。同时为了提高频谱利用率,使各子载波上的频谱相互重叠,如图 3-33 所示,但这些频谱在整个符号周期内满足正交性,从而保证接收端能够不失真地恢复原信号。

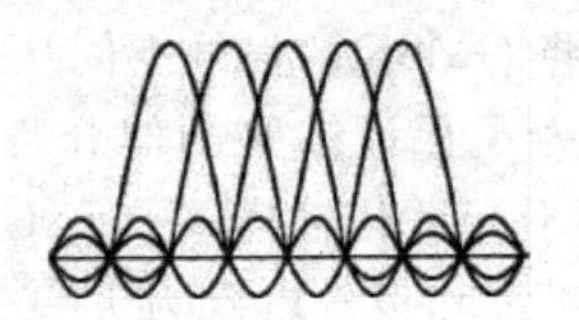

图 3-33 正交频分复用信号的频谱示意图

当传输信道中出现多径传播时,接收子载波间的正交性就会被破坏,使得每个子载波上的前后传输符号间以及各个子载波间发生相互干扰。为解决这个问题,在每个 OFDM 传输信号前面插入一个保护间隔,它是由 OFDM 信号进行周期扩展得到的。只要多径时延不超过保护间隔,子载波间的正交性就不会被破坏。由上面的原理分析可知,若要实现 OFDM,需要利用一组正交的信号作为子载波,再以码元周期为 T 的不归零方波作为基带码型,经调制器调制后送入信道传输。

OFDM 调制器如图 3-34 所示。要发送的串行二进制数据经过数据编码器形成了 M 个复数序列,此复数序列经过串/并变换器变换后得到码元周期为 T 的 M 路并行码,码型选用不归零方波。用这 M 路并行码调制 M 个子载波来实现频分复用。

在接收端也是由这样一组正交信号在一个码元周期内分别与发送信号进行相关运算实现解调,恢复出原始信号。OFDM 解调器如图 3-35 所示。

然而上述方法所需设备非常复杂,当 M 很大时,需要大量的正弦波发生器、滤波器、调制器和解调器等设备,因此系统非常昂贵。为了降低 OFDM 系统的复杂度和成本,考虑用

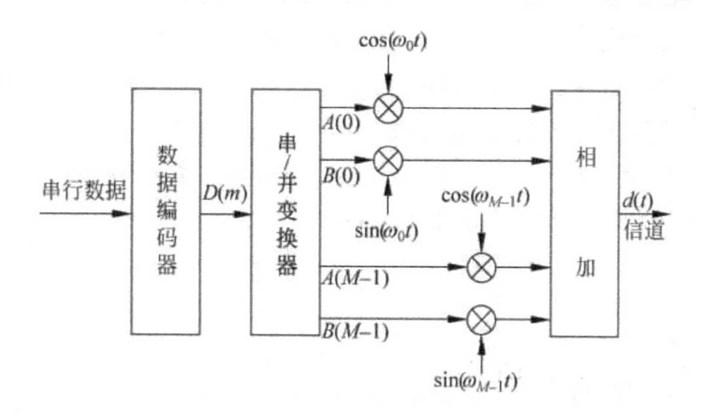

图 3-34 OFDM 调制器

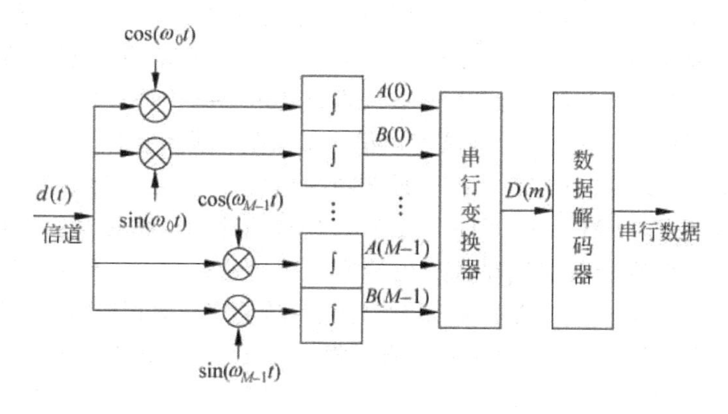

图 3-35 OFDM 解调器原理框图

离散傅里叶变换(DFT)和反变换(IDFT)来实现上述功能。如果在发送端对 $D(m)$ 做 IDFT,把结果经信道发送到接收端,然后对接收到的信号再做 DFT,取其实部,则可以不失真地恢复出原始信号 $D(m)$。这样就可以利用离散傅里叶变换来实现 OFDM 信号的调制和解调,实现框图如图 3-36 和图 3-37 所示。用 DFT 和 IDFT 实现的 OFDM 系统,大大降低了系统的复杂度,减小了系统成本,为 OFDM 的广泛应用奠定了基础。

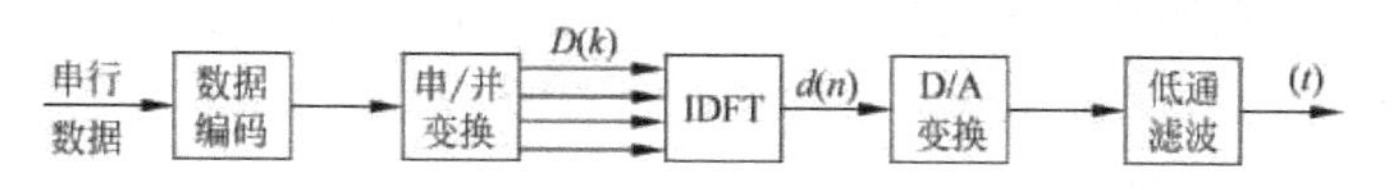

图 3-36 用离散傅里叶变换实现 OFDM 的调制器

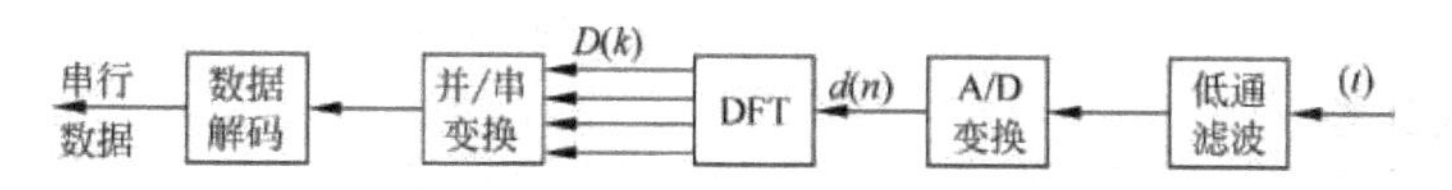

图 3-37 用离散傅里叶变换实现 OFDM 的解调器

通过各个子载波的联合编码,OFDM 具有很强的抗衰落能力,同时也有很强的抗窄带干扰能力,因为这些干扰仅仅影响到很小一部分的子信道。OFDM 系统可以有效地抗信号波形间干扰,适用于多径环境和衰落信道中的高速数据传输。OFDM 信道利用率高,这在频谱资源有限的无线环境中尤为重要。

OFDM 子载波可以按两种方式排列,即集中式(Locolized)和分布式(Distributed)。集中式即将若干连续子载波分配给一个用户,这种方式下系统可以通过频域调度(Scheduling)选择较优的子载波组(用户)进行传输,从而获得多用户分集增益。另外,集中方式也可以降低信道估计的难度。但这种方式获得的频率分集增益较小,用户平均性能略差。分布式系统将分配给一个用户的子载波分散到整个带宽,从而获得频率分集增益。但这种方式下信道估计较为复杂,也无法采用频域调度。设计中应根据实际情况在上述两种方式中灵活进行选择。

3.6.2 OFDM 的应用

为了达到高速传输及高 QoS 的保障,必须使频谱利用率提高、信号抗衰落能力增强和抗码间干扰能力显著增强等,因此需要 OFDM 等先进技术。OFDM 技术除频谱利用率高和较强的带宽扩展性外,由于其采用了子载波传输,使其在抗多径衰落性能方面的优势非常明显。另外,OFDM 系统可灵活选择各子载波进行传输,使其具有灵活分配频谱资源的性能,所以它越来越得到人们的重视,各项产业化工作也在不断开展中。

在未来的宽带无线通信中,存在两个最严峻的挑战,即多径衰落信道和带宽效率。因此,802.11n 计划采用 MIMO 与 OFDM 相结合,使传输速率成倍提高。这是因为,OFDM 通过将频率选择性多径衰落信道在频域内转换为平坦信道,减小了多径衰落的影响;而 MIMO 技术能够在空间中产生独立的并行信道同时传输多路数据流,这样就有效地提高了系统的传输速率,即在不增加系统带宽的情况下提高频谱效率。因此,OFDM 和 MIMO 相结合,就能达到两种效果:一种是实现很高的传输速率;另一种是通过分集实现很强的可靠性。

思考与练习

3.6.1 填空题

① OFDM 在技术上存在相当大的优势,由于其采用了________传输,使其在抗多径衰落性能方面的优势非常明显。

② OFDM 子载波可以按________和________两种方式排列。

3.6.2 选择题

① 802.11a 使用调制技术来处理更高的数据速率,这种技术是(　　)。

A. DSSS　　B. QAM　　C. FHSS　　D. OFDM

② OFDM 技术是一种(　　)。

A. 信道编码技术　　B. 载波调制技术

C. 滤波技术　　D. 分集技术

3.6.3 简述题

试简述 OFDM 技术的主要思想以及采用 OFDM 技术的优点。

3.7 软件无线电

随着通信技术不断地从模拟向数字化转变,现代无线系统越来越多的功能靠软件实现,因此产生了新一代的无线通信技术——软件无线电(Software Radio)。传统的无线电,是由硬件实现其通信功能的无线电。无线电技术演化的进程由模拟电路发展到数字电路；由分立器件发展到集成器件；由小规模、中规模、大规模到超大规模集成器件；由固定集成器件到可编程器件，因而先后出现了模拟无线电、数字无线电和可编程数字无线电。大规模集成器件特别是宽带大动态范围的模—数（A/D）、数—模（D/A）变换器和可编程器件（FPGA、DSP等）的出现，为无线电的技术革命奠定了硬件技术基础。基于通用处理器、总线等概念的引入，导致无线电结构思想的重大变革——软件无线电概念。完整的软件无线电概念和结构体系是由美国MILTR公司的Jeo Mitola于1992年5月首次明确提出的。其基本思想是：将宽带A/D变换尽可能地靠近射频天线，即尽可能早地将接收到的模拟信号数字化，最大程度地通过软件来实现电台的各种功能。通过运行不同的算法，软件无线电可以实时地配置信号波形，使其能够提供各种语音编码、信道调制、载波频率和加密算法等无线电通信业务。软件无线电台不仅可与现有的其他电台通信，还能在两种不同的电台系统间充当"无线电网关"，使两者能够互通互连。这样就解决了由于拥有电台类型、性能不同带来的无线电联系的困难。

由于软件无线电具有传统无线电所不具备的许多优点，因此它有着广泛的应用前景。在军用方面，软件无线电技术可实现各种军用电台的互连互通，软件无线电系统可接入各种军用移动通信网；在民用方面，多频段多模式移动电话通用手机、多频段多模式移动电话通用基站、无线局域网及通用网关等都是软件无线电的应用领域。

3.7.1 软件无线电的基本结构

软件无线电是多频段、多模式、开放式体系结构，其无线功能通过加载软件来实现，从而提供多种无线电通信业务。软件无线电的基本平台包括天线、多频段射频(RF)转换器、宽带A/D(D/A)转换器和DSP处理器等，如图3-38所示。

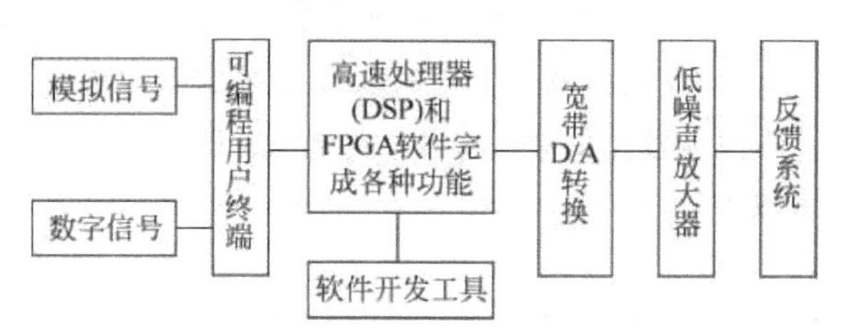

图3-38 软件无线电基本平台

其关键思想与传统结构的主要区别在于：将A/D和D/A向RF端靠近，由基带到中频对整个系统频带进行采样；用高速DSP/CPU代替传统的专用数字电路与低速DSP/CPU做A/D后的一系列处理。

典型的软件无线电台的工作模块主要包括下面3个部分：

(1) 实时信道处理。其包括天线、射频变换、A/D和D/A变换器、中频处理、基带与比特流处理及信源编码。其中，射频变换包括输出功率的产生、前置放大、射频信号变换为标准中频或由标准中频变换为射频信号。中频处理部分变换基带和中频之间的发射和接收信号。比特流部分将多个用户产生的信源编码复用成比特流，或与之相对应将比特流多路分解。

(2) 环境管理。在准实时环境管理模块中持续地使用频率、时间和空间特征来表征无线电环境，这些特征包括信道识别和估计等其他参数。

(3) 在线和离线的软件工具。在线和离线系统分析、信号处理和变宿主工具允许人们确定增量业务。这些业务的增加可在实时信道处理模块中生成和连接，也允许人们调整算法，以便测试参数位置、确定业务的一些数值和资源影响。

下面看一下软件无线电平台的各个模块的作用。

1. 宽带/多频段天线与宽带射频模块

软件无线电平台覆盖的频段为 2MHz～2GHz，要求宽带射频模块和低损耗宽带天线。就目前水平而言，要研制出一种全频段天线是不可能的。研究最佳多频段天线的主要障碍是当两个频率的频谱十分靠近时，不能设计出同时在两个频率上工作的多频段天线。对于大多数系统只需覆盖不同频程的几个窗口，而不必覆盖全部频段，故可以采用组合式多频段天线的方案。美军的 Speakeasy 项目中就采用了分段实现的宽带天线，即把 2MHz～2GHz 的频段分为 2～30MHz、30～500MHz、500～2GHz 3 段，并且作为过渡措施，把软件无线电平台中的功率射频模块设计成更换式。这在技术上可行，且基本不影响战术使用要求。

软件无线电平台的一个商业应用是移动通信中基站采用的"智能天线"。这种天线设计首次将过去 30 年中用于军事通信的天线与数字处理技术结合起来。智能天线通过提高前向和反向链路所需信号的载/干比，扩大信道的容量。提高智能天线载/干比的途径有 3 条：

(1) 利用天线截面积，用定向阵列产生增益。这可以利用物理的定向单元完成，或综合更多单元的输出以增加截面积，再产生增益。

(2) 减少多径衰落，防止多径传播所引起的载/干比损耗。

(3) 识别并抑制干扰信号。

软件无线电平台结构支持这 3 种方法的实现。实验分析表明，采用"智能天线"的软件无线电平台，可以提高前向和反向链路的载/干比，使系统容量扩大 2 倍以上。

宽带射频前端要求器件有较宽的频率范围，主要完成低噪声放大、滤波、混频、自动增益控制(AGC)及输出功率放大等功能。

2. 模/数转换部分

在无线接收机中，A/D 转换器是一关键部件，它常用于射频或中频的宽带数字化，在目前的 2G 和 3G 移动通信系统中，均用一个高速 A/D 转换器使整个频带数字化。对 A/D 的要求主要是采样速率和位数。现有的 A/D 转换器还不能同时满足速率与采样位数的要求。解决方法：一方面考虑用多个高速的采样保持电路和模/数转换器 ADC，然后通过并/串转换将量化速度降低，以提高采样分辨率；另一方面也可考虑研究适合于低分辨率、高采样率的 A/D 编码调制方案。

在无线接收机中使用 A/D 转换器时，必须考虑的因素包括采样方法的选择、带外能量的数值和效应、模拟滤波方法、量化噪声、接收机噪声、失真的影响以及 A/D 转换器的技术特性。

3. 高速并行 DSP 技术

数字信号处理是发展软件无线电通信的关键问题，其中处理速度是其技术瓶颈。A/D

变换后首先要完成的处理工作包括数字下变频、滤波和二次采样，这些是系统数字处理运算量最大的部分。对于一个系统带宽为10MHz的系统，采样频率要大于25MHz，这就需要2500MIPS的运算能力，虽然现代可编程数字信号处理器通常可提供高达200MIPS或50MFLOPS(每秒百万浮点运算)以上的处理能力，但现有的任何单个DSP仍无法完成上述运算。这样由于数字信号处理器的限制，只能对几百kHz的滤波信号进行运算，即使采用较快的设备，数字信号处理软件仍不能用于下变频。这就必须采用高速并行DSP组成的多处理器模块(MCM)或专用集成电路。数字下变频后的高速信号处理部分主要完成中频处理、基带处理、比特流处理和信源编码等其他功能工作。

由于软件无线电通信中数字信号处理采用并行和顺序分割算法来获得所要求的处理能力，要求数字处理速度更快，就必须利用多重处理来分担工作，可将一个CPU和一个专用DSP集成在同一芯片上来完成这一工作。当系统处于实时操作时，数据必须从DSP输出和输入，这就要求有高速存储器，但这很昂贵，如果同时使用几个处理器，必须有连接和协调多个处理器工作的有效方法。图3-39所示为满足该条件的DSP多重处理的结构。可以看到，快速处理器之间的链路加快了数据流的速度，同时统一的地址空间和专门的控制操作简化了存储器存取和多重处理。

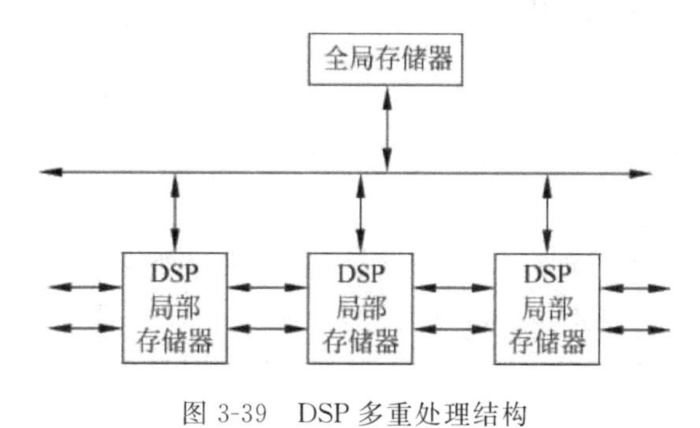

图3-39 DSP多重处理结构

3.7.2 软件无线电的特点、应用和存在的问题

软件无线电的特点是：①软件无线电具有完全可编程特性，包括可编程的无线波段、信道接入方式、信道调制和数据速率等，通过软件提供信令与控制、操作和管理及维护功能；②A/D和D/A尽可能地向RF靠近，以便充分利用DSP器件的速度和软件资源，尽量通过软件编程完成从信源基带直至射频的波形变换和相关处理。软件无线电台遵循开放平台的设计思想，采用模块化结构，方便硬件模块更换和软件升级。物理、电气接口的技术指标符合高性能的VME总线标准，满足一般协议如信令格式、链路自动建立及相关算法等要求。新业务的增加仅需在平台中加载新的软件模块即可实现，从而降低了通信设备的成本，改善了性能，缩短研制周期。因此这样的一个体系结构具有非常大的通用性，可用来实现多频段、多用户、多体制的通用无线通信系统。

由于软件无线电的这些特点决定了其应用具有以下特征：业务多样化，新业务、新技术的引入更加方便和经济；优越的低截获概率、低探测概率、抗干扰性能；自动选择通信模式，无感觉地自动选择接入不同的通信网络，选择最佳的通信模式，发送探寻信号去建立通信链路,采用合适的通信协议和信号格式与远端进行通信,通信模式可以根据业务可用性或信号质量来选择;可作为网关站加入全球网格通信网。例如,在移动通信中,它可解决传统基站和移动终端的单一模式而造成的不兼容问题,使基站和移动终端能够满足多种标准,能应付当前和将来复杂的通信模式和信令结构。

软件无线电技术在商用通信领域中的应用前景非常广阔,目前软件无线电技术已在800MHz商用蜂窝无线频段、卫星通信等领域中得到应用。软件无线电也存在一些缺点,如很难设计宽频带、低损耗天线和射频变频器;很难估计在实用中对处理能力的需求和可再编程DSP/CPU处理能力的配置;较难保证内部处理器接口的数据速率。目前软件无线电结构关键部件还没有开放结构标准。DSP功能库还不能像混合和匹配VME板那样,对来自不同软件供应商的实时软件进行混合和匹配。

思考与练习

3.7.1 填空题

① 软件无线电可以实时地配置信号波形,使其能够提供各种语音编码、________、________、加密算法等无线电通信业务。

② 将宽带________尽可能地靠近________,而将电台功能尽可能地采用软件的方式进行定义。

3.7.2 选择题

① 一个标准的软件无线电台包括(　　)。

A. 宽带多波段天线　　B. 射频前端

C. 宽带数模/模数转换器　　D. 通用DSP处理器

② 软件无线电具有的特点包括(　　)。

A. 完全的可编程性　　B. 基于DSP技术

C. 很强的灵活性　　D. 集中性

3.7.3 简述题

试讨论软件无线电技术的特点与意义。

3.8 智能天线

在移动通信发展的早期,运营商为节约投资,总是希望用尽可能少的基站覆盖尽可能大的区域,为使接收到的有用信号不至于低于阈值,真正可行的是增加天线增益,相对而言用智能天线实现较大增益比用单天线容易。利用智能天线,借助有用信号和干扰信号在入射角度上的差异,选择恰当的合并权值,形成正确的天线接收模式,即将主瓣对准有用信号,低增益副瓣对准主要的干扰信号,从而可更有效地抑制干扰,更大比例地降低频率复用因子,同时支持更多用户。从某种角度可将智能天线看作是更灵活、主瓣更窄的扇形天线。另外,智能天线可以通过形成多波束来获得额外信道,而不需要分配额外频谱,从根本上提高了频谱效率。智能天线的另一个好处是可减小多径效应。在移动通信系统中,接收天线接收的多径信号随着环境而变化,信号瞬时值和延迟失真的变化非常迅速。如果采用智能天线控制接收方向,自适应地形成指向性方向图,就能减小信号衰落的影响。

3.8.1 智能天线的原理

智能天线之所以称其为智能天线，"智能"不是在于天线，而在于信号处理。在最简单的情况下，天线信号的合并是采用权值矢量 $\boldsymbol{w}$ 进行线性合并，如图 3-40 所示。

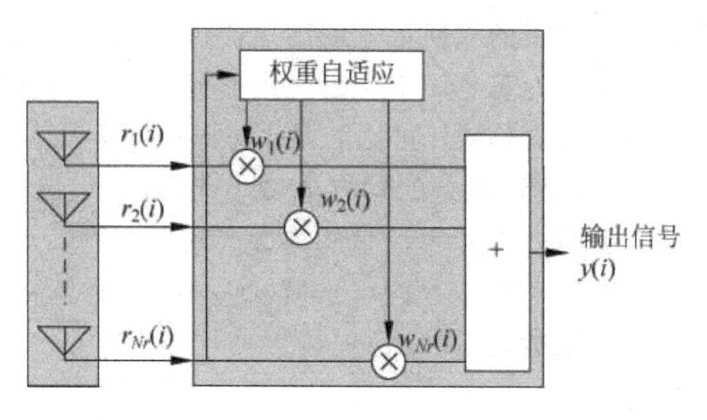

图 3-40 智能天线结构

作为不同天线输出信号的合并器，智能天线定义强调的是利用从不同空间位置得到的信号，或者也可以说智能天线利用了信道的方向性。具有多天线的接收机能区分不同到达方向的多径分量。因此可以将智能天线看做一个空间 Rake 接收机，它能区分不同到达方向的多径分量，并分别进行处理。这使得接收机能对不同的多径分量进行相干合并，因此可以减小衰落，同时还可以抑制来自其他干扰的多径分量。

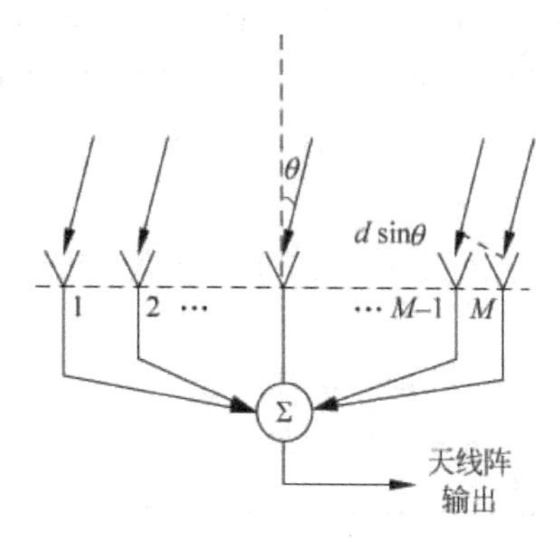

图 3-41 天线阵列

对一个等间距的 M 元直线阵，如果阵元间距为 d，信号波长为 λ，信号 X 从相对阵轴法线夹角为 θ 的方向入射，如图 3-41 所示，则 t 时刻 M 个阵元信号的向量和是

$$\boldsymbol{Y}(t) = \sum_{i=1}^{M} X(t)\mathrm{e}^{\mathrm{j}(i-1)\phi} \tag{3-26}$$

式中，

$$\phi = 2\pi(d/\lambda)\sin\theta \tag{3-27}$$

天线阵的方向图由式(3-28)确定，即

$$A(\theta) = \sum_{i=1}^{M} \mathrm{e}^{\mathrm{j}(i-1)\phi} \tag{3-28}$$

归一化方向图以 dB 表示为

$$P(\theta) = 10\lg\{|A(\theta)|^2\} \tag{3-29}$$

若保持间距不变，增加无方向性的阵元数，由式(3-29)可推得当阵元数增加时，方向图主瓣的宽度将减小，并且零点和旁瓣增加。

如果天线阵阵元数少，那么对干扰信号进行抑制的零点形成明显减少，这样就减小了在所希望的方向上作用区的灵敏度。克服这种情况的方法之一是使用大型天线阵列，提高自适应零点控制的能力。当然随着阵元数的增加，费用和复杂性也随之增加。因此在阵的分辨能力、旁瓣电平以及对具体方向上的作用区内所要求的阵元数之间,应该进行综合考虑。

3.8.2 智能天线的接收准则

在波束形成中,权向量通过代价函数的最优化来确定,代价函数的不同分别对应着不同的方法,这些方法都是通过求合适的权向量来最优化代价函数。自适应波束形成技术经过了几十年的发展,已有许多文献专著专门来介绍波束形成的基本原理和准则。常用的基本准则包括最小均方误差准则、最大信噪比准则和最小方差准则等。

最小均方误差准则旨在使估计误差的均方值最小化,是应用最广泛的一种最佳准则。定义参考信号为 $d(t)$,则阵列输出与参考信号的均方误差为

$$e(t)=d(t)-Y(t)=d(t)-\boldsymbol{W}^{H}X(t) \tag{3-30}$$

为使其均方值最小,代价函数取为

$$J=E\{|e(t)|^{2}\} \tag{3-31}$$

展开得

$$J=E\{|d(t)-\boldsymbol{W}^{\mathrm{H}}\boldsymbol{X}(t)|^{2}\} \tag{3-32}$$

$$=E\{|d(t)|^{2}\}-2\mathrm{Re}[\boldsymbol{W}^{\mathrm{H}}\boldsymbol{r}_{xd}]+\boldsymbol{W}^{\mathrm{H}}\boldsymbol{R}_{xx}\boldsymbol{W} \tag{3-33}$$

式中,$\boldsymbol{R}_{xx}=E\{\boldsymbol{X}(t)\boldsymbol{X}^{\mathrm{H}}(t)\}$,为输入信号 $\boldsymbol{X}(t)$的自相关矩阵;$\boldsymbol{r}_{xd}=E\{\boldsymbol{X}(t)d^{*}(t)\}$,为输入信号 $\boldsymbol{X}(t)$和参考信号 $d(t)$的互相关矩阵。

J 取最小值的最佳权 $\boldsymbol{W}_{\mathrm{opt}}$,可由令其对 $\boldsymbol{W}$ 的梯度为零求得

$$\nabla_{W}\boldsymbol{J}=2\boldsymbol{R}_{xx}\boldsymbol{W}-2\boldsymbol{r}_{xd}=0 \tag{3-34}$$

得到最小均方误差准则下的最优全向量为

$$\boldsymbol{W}_{\mathrm{opt}}=\boldsymbol{R}_{xx}^{-1}\boldsymbol{r}_{xd} \tag{3-35}$$

此解是一种最优维纳解。

另外两种基本准则为最大信噪比准则和最小二乘准则。其中最大信噪比准则旨在使有用信号功率和干扰噪声功率之比最大,常用于通信系统中,以实现系统误码率的要求。它的代价函数为

$$\mathrm{SINR}=J=\frac{E\{|\boldsymbol{W}^{\mathrm{H}}S(t)|^{2}\}}{E\{|\boldsymbol{W}^{\mathrm{H}}U(t)|^{2}\}}=\frac{\boldsymbol{W}^{\mathrm{H}}\boldsymbol{R}_{xx}\boldsymbol{W}}{\boldsymbol{W}^{\mathrm{H}}\boldsymbol{R}_{uu}\boldsymbol{W}} \tag{3-36}$$

据此代价函数可求出最优权向量。

最小二乘准则旨在使以下的加权平方误差累计代价函数最小,由此得出代价函数为

$$J(t)=\sum_{k=1}^{t}\lambda^{t-k}|e(k)|^{2} \tag{3-37}$$

同理可求出最优权向量。

虽然这 3 种准则从表面上看相差很大,但可以证明它们的联系非常紧密,最优权向量都是维纳解的特例。因此,选择哪一种准则并不具有决定意义,而选择哪一种算法进行波束方向图的调整却非常重要。

3.8.3 智能天线中常用的自适应算法

通过算法可以自动地调整天线增益的权值,以便实现所需要的空间滤波和频率滤波。

通常对算法的基本要求是收敛快、稳定性好、计算量不能太大和硬件实现容易。目前已经提出的算法有很多,根据计算权矢量所必需的参考信号,信息形式大体可分为 3 种,即时间参考方式、盲处理方式和空间参考方式。

1. 基于时间参考方式的算法

基于时间参考方式的算法根据最小均方误差准则,利用导引信号来恢复信号。这类算法收敛速度较快,可以实现实时跟踪,非常适合多径丰富且信道特性变化剧烈的环境,缺点是需要系统发射训练序列,会占用一定的系统频谱资源。下面列举几种常用的算法。

最小均方误差算法(Least Mean Square,LMS)基于最小均方误差准则,应用了梯度估计的最陡下降原理,适用于环境中信号的统计特性平稳但未知的情况。算法迭代公式为

$$Y(t) = \boldsymbol{W}(t)^{\mathrm{H}}\boldsymbol{X}(t) \tag{3-38}$$

$$e(t) = d(t) - \boldsymbol{Y}(t) \tag{3-39}$$

$$\boldsymbol{W}(t+1) = \boldsymbol{W}(t) + \mu e^{*}(t)\boldsymbol{X}(t) \tag{3-40}$$

式中,μ 为迭代步长,它决定着算法收敛的速度,取值必须满足 $0<\mu<1$ 才能保证算法收敛。LMS 算法的收敛性取决于相关矩阵的特征结构,当其特征值相差很大时,算法收敛速度很慢,同时受输入信号的功率变化的影响。但是由于算法简便易于实现,它仍然得到了广泛的应用。

为了减小收敛速度对输入信号功率的依赖性,可引入归一化技术,令式(3-40)变为

$$\boldsymbol{W}(t+1) = \boldsymbol{W}(t) + \mu(t)e^{*}(t)\boldsymbol{X}(t) \tag{3-41}$$

$$\mu(t) = \frac{\mu}{\|\boldsymbol{X}(t)\|^{2}} \tag{3-42}$$

这时的算法称为归一化最小均方误差算法(Normaliezd LMS,NLMS),收敛条件是 $0<\mu<1$。

NLMS 算法根据输入信号的功率调整迭代步长,收敛速度要比 LMS 算法快,但是它的收敛性依然取决于相关矩阵的特征结构。

递归最小二乘算法(Recursive Least Squares,RLS)基于最小二乘准则,利用从算法初始化后得到的所有阵列数据信息,用递推方法来完成采样相关矩阵的求逆运算。RLS 算法无须直接进行矩阵求逆运算,因而收敛速度快,对特征值的散布度不敏感,且能实现收敛速度与计算复杂性之间的折中。一般在大信噪比的情况下,RLS 算法要比 LMS 算法的收敛速度快一个数量级。

2. 基于盲处理方式的算法

基于盲处理方式的算法只利用接收信号本身的特征结构来恢复信号,这些特征结构包括恒模性、非高斯性、循环平稳性和有限码集特性等。这类算法通常也称为盲波束形成算法,它们不需要导引信号,提高了频谱的利用率,可应用于不同的传播环境。缺点是收敛性能差,且在复杂信道中可能不收敛或收敛到干扰信号。在近年来流行的盲算法中,恒模算法无须时间同步,运算复杂度相对较低,实现起来比较简单。

许多常见的通信信号都具有恒定包络的特性,当天线阵列仅接收到具有恒模的期望信号时,其输出信号的幅度也是恒定的。利用这一特性,当接收信号中有干扰存在时,通过

CMA算法可以消除由干扰带来的阵列输出信号的幅度波动。恒模算法具有结构简单的优点,但它的缺点是当多个恒模用户同时存在时,只捕获最强的信号(可能是干扰),不能够自适应的辨别出不同的恒模信号。当信号环境已知时,通过适当选择权矢量迭代初始值能使其捕获到所需信号,但实际信号环境往往很难精确估计出来,特别是在时变环境下,算法捕获的信号难以预测。该问题的解决方法之一是先将多个恒模阵列级联或并联以截获所有恒模信号,然后进一步处理以确定所需信号。但是,当入射信号较多时,算法的工作量是相当大的。另一种解决方案是加约束条件,确保恒模算法收敛到期望解。

3. 基于空间参考方式的算法

基于空间参考方式的算法利用阵列响应的先验知识,确定同时处在空间某一区域内感兴趣信号的空间位置,然后根据到达角(Direction Of Arrival,DOA)信息建立最优波束形成器。这类算法需要进行DOA估计和波束形成两个过程,因此计算量大,而且能够估计出的DOA的数目受限于天线阵元的个数。基于DOA估计的方法主要有多重信号分类算法、旋转不变信号参数估计算法、加权子空间拟合算法和最小范数算法等。其中,多重信号分类算法以其良好的性能得到了广泛应用。

多重信号分类算法(MUltiple SIgnal Classification,MUSIC)的原理为:若天线阵元数比信号源数多,则天线接收的信号分量一定位于一个低秩的子空间,在一定条件下,这个子空间将唯一确定信号的波达方向,并且可以利用数值稳定的奇异值分解来精确确定波达方向。

MUSIC算法在信号源独立且阵元数大于信号源数情况下,有很高分辨率。但在实际中,信号都具有一定相关性,当相关性比较强时,MUSIC算法就不能把信号分离出来,估计误差也会很大。空间平滑技术是对付相干或强相关信号的有效方法,可以利用它来改进MUSIC算法,但这是以牺牲阵列的有效孔径为代价的。

3.8.4 智能天线的作用

智能天线的作用主要有增大覆盖范围、提升容量、改善链路质量、减小时延色散和提高用户定位的估计等方面。

1. 增大覆盖范围

假设在接收机中使用智能天线,如果发射机的空间(角度)位置已知,则接收机能形成朝向发射机的天线方向图(波束形成),这样可获得较大的接收功率。例如,由8个天线元组成的天线阵列与单一天线相比,可将信噪比(SNR)提高9dB。在噪声受限的蜂窝系统中,信噪比的提高可增大单个基站(BS)的覆盖面积;反过来,若覆盖范围保持不变,则可减小发射功率。

2. 增大容量

智能天线能提高信干比(SIR),因此允许系统增加用户数,这实际上是智能天线最重要的一个优点。根据系统所采用的多址方式是频分多址(FDMA)、时分多址(TDMA)还是码分多址(CDMA),智能天线技术还有不同的途径来获得容量增益,如通过空间滤波以减小干扰(SFIR)、空分多址(SDMA)等方法来获得容量增益。另外,智能天线还可以用于增大CDMA系统的容量,小区中的用户数可随着天线元的个数增加而线性增加。

3. 改善链路质量

通过增大信号功率和减小干扰功率，也可以提高每一个链路上的传输质量。

4. 减小时延色散

通过抑制时延大的多径分量，可以减小时延色散。这一特点对于数据速率非常高的系统特别有用。

5. 提高用户定位的估计

到达方向的信息，特别是有关视距分量的信息，可提高定位性能。这对基于位置的各种服务，以及在紧急情况下确定用户的方位都很有用。

思考与练习

3.8.1 填空题

① 智能天线技术的核心是________。

② 智能天线技术的研究内容主要包括________和________两个方面。

3.8.2 选择题

① 智能天线技术中常用的自适应算法主要包括(　　)。

A. 基于时间参考方式的算法　　B. 基于空间参考方式的算法

C. 基于频率参考方式的算法　　D. 基于盲处理方式的算法

② 最小均方误差算法的收敛条件是(　　)。

A. $\mu>0$　　B. $-1<\mu<0$　　C. $\mu\equiv0$　　D. $0<\mu<1$

3.8.3 简述题

试讨论为什么智能天线对于改善蜂窝通信系统中的基站覆盖来说是一个十分有效的技术，并回答它是如何实现的。

3.9 MIMO技术

MIMO(Multiple Input-Multiple Output，多入多出)技术是无线通信领域智能天线技术的重大突破，它扩展了一维智能天线技术，具有极高的频谱利用率，能在不增加带宽的情况下成倍提高通信系统的容量，且信道可靠性大为增强，是后3G系统采用的核心技术之一。目前，世界各国学者都在对MIMO的理论、性能、算法和实现等各方面进行着广泛的研究，MIMO技术已成为通信技术发展中最为炙手可热的课题。

MIMO是指信号系统发射端和接收端，分别使用了多个发射天线和接收天线，因而该技术被称为多发送天线和多接收天线(简称多入多出)技术，它可看成是分集技术的一种衍生。在实际的通信环境中，信号往往是通过周围物体的多次反射和散射才到达接收天线的，这被称为多径，信号的多径传送会产生多径干扰，从而引起信号的衰落，因而一直被认为是不利信号准确传输的有害因素。克服的方法是采用分集的方法——它含有“分散”和“集合”两重含义，一方面它将载有相同信息的几路信号通过相对独立的途径(利用多发射天线)分散传输，另一方面设法将分散传输到接收点的几路信号最有效地收集起来(利用多接收天线)，因为安排恰当的多副天线提供的多个空间信道不会全部同时受到衰落，因此有降低信号电平的衰落幅度的作用，具有优化接收的含义。

3.9.1 MIMO技术原理

MIMO技术的实质是为系统提供了空间复用增益和空间分集增益。空间复用就是使用多天线系统，使每副发射天线发送的信号都与其他发射天线发送的信号有微小区别，充分利用空间传播中的多径分量，在同一信道中，同时传输多路信号，从而使得系统容量大为提高。实现空间复用接收的解码算法有ZF算法、MMSE算法、V-BLAST算法、D-BLAST算法和ML算法等，其中V-BLAST是综合性能最优的算法，该算法实际上是由ZF算法加上干扰删除技术得出的，它不是对所有接收到的信号同时解码，而是由强至弱按顺序译码，译出一个，删除一个，直至译出所有信号。空间分集技术可分为接收分集和发射分集两大类，传统的分集主要是考虑接收分集，而现在主要研究的是发射分集，分集可从时间、频率和空间3方面进行，具体实现的方法有空间分集、时间分集、频率分集、极化分集、角度分集和路径分集等多种，每一种分集方法都有它适用的场合。一个好的天线系统，应尽量包含所有的分集技术，这样才能最大程度地提高系统信道的可靠性。研究天线分集的多种方案中，空时编码是最具有潜力的编码方案，是目前研究的热点。空时编码(STC)这个概念是由朗讯实验室的Forchini、AT&T实验室的Tarokh及他们的同事率先提出来的。它利用在空间分布的多个天线将时间域和空间域结合起来进行信号处理，通过编码实现一定的空间分集和时间分集，经空时编码后的数据被串/并转换器转换成多个速度较低的信息子流，每路信息子流经脉冲形成、调制后通过多个天线同时发送到无线空间，每条天线传送一条独立的信息子流，所有信息子流都在同一条信道中进行传送，因而带宽并未增加。信号在传送中遇到物体发生反射和散射，产生多条路径，MIMO技术将这些路径变为传送信息子流的"虚拟信道"。在接收端可用单一天线，也可用多个天线进行接收，当然每个接收天线接收到的是所有发送信号与干扰信号的叠加，MIMO的空时解码系统利用数学算法拆开和恢复纠缠在一起的传输信号，并将它们正确地识别出来。

MIMO系统在发射端和接收端均采用多个天线和多个通道，如图3-42所示。

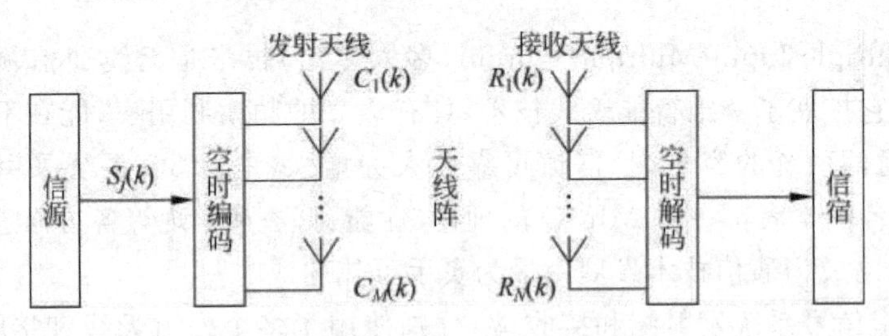

图3-42 MIMO系统原理

传输信息流$S(k)$经过空时编码形成M个信息子流$C_i(k)(i=1,2,\cdots,M)$，这M个信息子流由M个天线发送出去，经空间信道后由N个接收天线接收，多天线接收机能够利用先进的空时编码处理技术分开并解码这些数据子流，从而实现最佳处理。MIMO是在收、发两端使用多副天线，每副收发天线之间对应一个MIMO子信道，在收、发天线之间形成$M\times$

N 信道矩阵 $\boldsymbol{H}$，在某一时刻 t，信道矩阵如式(3-43)，即

$$\boldsymbol{H}(t)=\begin{bmatrix} h_{1,1}^{t} & h_{2,1}^{t} & \cdots & h_{M,1}^{t} \\ h_{1,2}^{t} & h_{2,2}^{t} & \cdots & h_{M,2}^{t} \\ & & \vdots & \\ h_{1,N}^{t} & h_{2,N}^{t} & \cdots & h_{M,N}^{t} \end{bmatrix} \tag{3-43}$$

式中，$\boldsymbol{H}$ 的元素是任意一对收、发天线之间的增益。

M 个信息子流同时发送到信道，各发射信号占用同一个频带，因而并未增加带宽。若各发射天线间的通道响应独立，则 MIMO 系统可以创造多个并行空间信道。通过这些并行的信道独立传输信息，必然可以提高数据传输速率。对于信道矩阵参数确定的 MIMO 信道，假定发射端总的发射功率为 P，与发送天线的数量 M 无关；接收端的噪声用 $N\times 1$ 矩阵 n 表示，其元素是独立的零均值高斯复数变量，各个接收天线的噪声功率均为 σ^2；ρ 为接地端平均信噪比。此时，发射信号是 M 维统计独立、能量相同、高斯分布的复向量。发射功率平均分配到每一副天线上，则容量公式为

$$C=\log_2\left[\det\left(I_N+\frac{\rho}{M}\boldsymbol{H}\boldsymbol{H}^{\mathrm{H}}\right)\right] \tag{3-44}$$

固定 N，令 M 增大，使得 $\frac{1}{M}\boldsymbol{H}\boldsymbol{H}^{\mathrm{H}}\to I_N$，这时可以得到容量的近似表达式为

$$C=N\log_2(1+\rho) \tag{3-45}$$

式中，det 为行列式；I_N 为 M 维单位矩阵；$\boldsymbol{H}^{\mathrm{H}}$ 为共扼转置。

从式(3-45)可以看出，此时的信道容量随着天线数的增加而线性增大。即可以利用 MIMO 信道成倍地提高无线信道容量，在不增加带宽和天线发射功率的情况下，频谱利用率可以成倍地提高，充分展现了 MIMO 技术的巨大优越性。

3.9.2 MIMO 技术的应用方案

前面分析指出 MIMO 技术优势明显，但对频率选择性衰落无能为力，而 OFDM 技术却有很强的抗频率选择性衰落的能力。因此将两种技术有效整合，便成为最佳的实用方案，如图 3-43 所示。图中，数据进行两次串/并转换。首先将数据分成 N 个并行数据流，将这 N 个数据流中的第 $n(n\in[1,N])$ 个数据流进行第二次串/并转换成 L 个并行数据流，分别对应 L 个子载波，接着对这 L 个并行数据流进行 IFFT 变换，再将信号从频域转换到时域，然后从第 $n(n\in[1,N])$ 个天线上发送出去。这样共有 NL 个 M-QAM(正交振幅调制)符号被发送。整个 MIMO 系统假定具有 N 个发送天线，M 个接收天线。在接收端第 $m(m\in[1,M])$ 个天线接收到的第 $l(l\in[1,L])$ 个子载波的接收信号为

$$r_{m,l}=\sum_{n=1}^{N}\boldsymbol{H}_{m,n,l}C_{n,l}+\eta_{m,l}\quad l=1,\cdots,L \tag{3-46}$$

式中，$\boldsymbol{H}_{m,n,l}$是第 l 个子载波频率上的从第 n 个发送天线到第 m 个接收天线之间的信道矩阵，并且假定该信道矩阵在接收端是已知的；$C_{n,l}$是第 l 个子载波频率上的从第 n 个发送天线发送的符号；$\eta_{m,l}$是第 l 个子载波频率上的从第 m 个接收天线接收到的高斯白噪声。这样在接收端接收到的第 l 个子载波频率上的 N 个符号可以通过 V-BLAST 算法进行解译码，重复进行 L 次以后，NL 个 M-QAM 符号就可以被恢复出来。

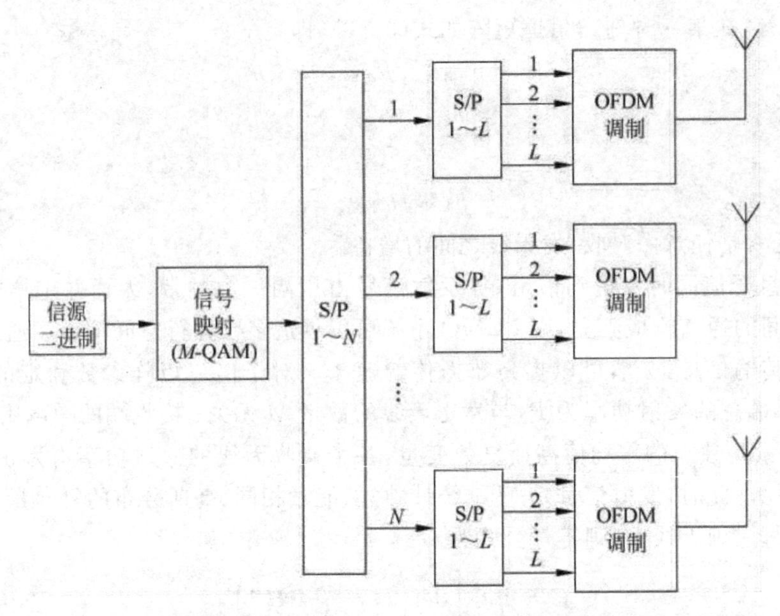

图 3-43　MIMO＋OFDM 实现原理框图

MIMO＋OFDM 系统，通过在 OFDM 传输系统中采用天线阵列来实现空间分集，以提高信号质量，是 MIMO 与 OFDM 相结合而产生的一种新技术。它采用了时间、频率结合空间 3 种分集方法，使无线系统对噪声、干扰和多径的容限大大增加。

思考与练习

3.9.1　填空题

① MIMO 技术可以看做是________技术的衍生。

② MIMO 技术的实质是为系统提供了________和________。

3.9.2　选择题

① 实现空间复用接收的解码算法有(　　)。

A. ZF 算法　　B. MMSE 算法
C. V-BLAST 算法　　D. ML 算法

② 空间分集技术可分为(　　)。

A. 接收分集　　B. 极化分集　　C. 角度分集　　D. 发射分集

3.9.3　简述题

试着用自己的话简要阐述 MIMO 技术的原理。

3.10　联合检测

3.10.1　联合检测的原理

联合检测技术是多用户检测(Multi-User Detection)技术的一种。CDMA 系统中多个用户的信号在时域和频域上是混叠的，接收时需要在数字域上用一定的信号分离方法把各个用户的信号分离开来。信号分离的方法大致可以分为单用户检测和多用户检测技术两种。

CDMA 系统中的主要干扰是同频干扰，它可以分为两部分，一部分是小区内部干扰(Intracell Interference)，指的是同小区内部其他用户信号造成的干扰，又称多址干扰(Multiple Access Interference, MAI)；另一部分是小区间干扰(Intercell Interference)，指的是其他同频小区信号造成的干扰，这部分干扰可以通过合理的小区配置来减小其影响。

传统的 CDMA 系统信号分离方法是把多址干扰(MAI)看做热噪声一样的干扰，当用户数量上升时，其他用户的干扰也会随着加重，导致检测到的信号刚刚大于 MAI，使信噪比恶化，系统容量也随之下降。这种将单个用户的信号分离看做是各自独立过程的信号分离技术称为单用户检测(Single-User Detection)。

为了进一步提高 CDMA 系统容量，人们探索将其他用户的信息联合加以利用，也就是多个用户同时检测的技术，即多用户检测。多用户检测是利用 MAI 中包含的许多先验信息，如确知的用户信道码、各用户的信道估计等将所有用户信号统一分离的方法。

一个 CDMA 系统的离散模型可以用式(3-47)来表示，即

$$e = \mathbf{A} \cdot d + n \tag{3-47}$$

式中，d 为发射的数据符号序列；e 为接收的数据序列；n 为噪声；$\mathbf{A}$ 为与扩频码 c 和信道冲激响应 h 有关的矩阵。只要接收端知道 $\mathbf{A}$(扩频码 c 和信道冲激响应 h)，就可以估计出符号序列 $\hat{d}$，如图 3-44 所示。对于扩频码 c，系统是已知的，信道冲激响应 h 可以利用突发结构中的训练序列 Midamble 求解出。这样就可以达到估计用户原始信号 d 的目的。

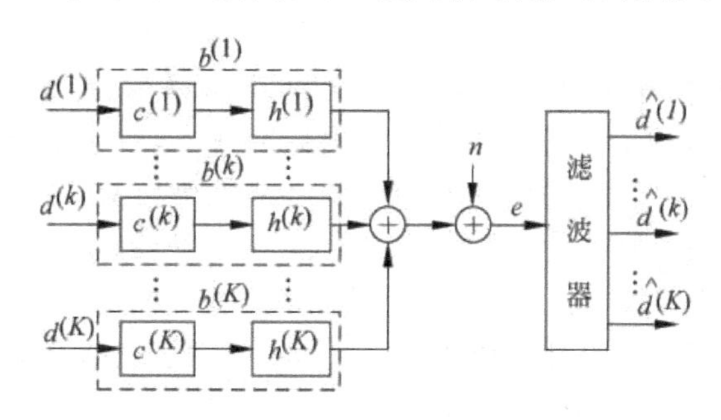

图 3-44 联合检测原理示意

3.10.2 线性联合检测中常用的算法

联合检测(JD)的基本思想是利用所有用户的相关先验信息，在一步之内将所有用户的信号分离出来，理论上 JD 可以完全消除 MAI 的影响。由于多用户检测算法的复杂性，实际应用主要考虑次优化联合检测器。

联合检测的算法分为线性和非线性两种。线性或非线性是根据算法输出是否是输入的线性变换来进行判断。线性联合检测算法主要包括相关匹配滤波线性块均衡器(MF-BLE)法、迫零线性块均衡(ZF-BLE)法和最小均方误差线性块均衡(MMSE-BLE)法等。非线性联合检测算法主要有迫零判决反馈块均衡(ZF-BDFE)法和最小均方误差判决反馈块均衡(MMSE-BDFE)法等。非线性联合检测算法的效果优于线性联合检测算法，但算法复杂度太大。本节主要讨论线性联合检测算法。线性联合检测器的一般结构如图 3-45 所示。

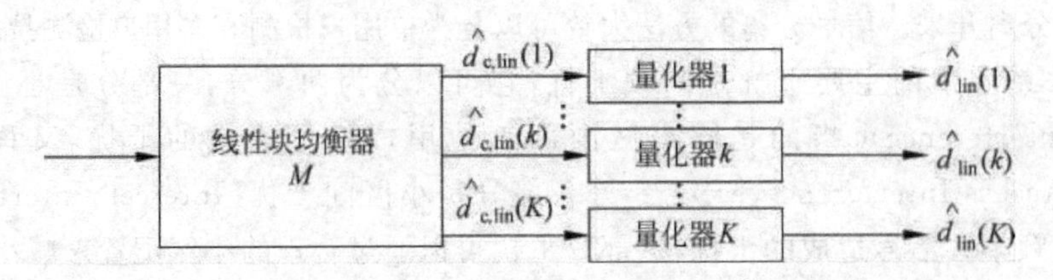

图 3-45 采用线性检测算法的检测器结构

在线性联合检测器中，首先用线性块均衡器 M 对接收信号进行检测，得到 K 个用户发送符号的连续值估计。然后用 K 个量化器对这些连续值估计进行量化，得到对用户发送符号的离散值估计。该过程可以用公式表示为

$$\hat{d}_{c,\text{lin}} = M_e \tag{3-48}$$

$$\hat{d} = Q\{\hat{d}_{c,\text{lin}}\} \tag{3-49}$$

式中，$Q\{.\}$为量化过程。

将 $e=A\cdot d+n$ 代入得到

$$\hat{d}_{c,\text{lin}} = \boldsymbol{M}Ad + M_n \tag{3-50}$$

令 $F=\boldsymbol{M}A$，有

$$\hat{d}_{c,\text{lin}} = \text{diag}(F)d + \overline{\text{diag}}(F)d + M_n \tag{3-51}$$

式中，$\text{diag}(F)d$ 为希望得到的符号；$\overline{\text{diag}}(F)d$ 为 ISI 和 MAI；M_n 为噪声部分；式(3-51)清晰地指示了线性联合检测算法的方向，即根据一定的准则选取 $\boldsymbol{M}$ 矩阵，使得式中后两项，即 MAI+ISI 和噪声对估计值的影响尽可能小。根据准则选择方式的不同，线性联合检测算法大致可以分为解相关匹配滤波器(DMF)法、迫零线性块均衡(ZF-BLE)法和最小均方误差块均(MMSE-BLE)法 3 种。本节主要讲解相关匹配滤波器(DMF)法。

解相关匹配滤波器(DMF)法严格来说不属于联合检测的范畴。因为它仍然将 MAI 当作噪声来处理，但是由于它为另外两种联合检测算法提供了理论基础，并且它简单易行，故仍然具有一定的重要性。图 3-46 所示即为 DMF 的结构。

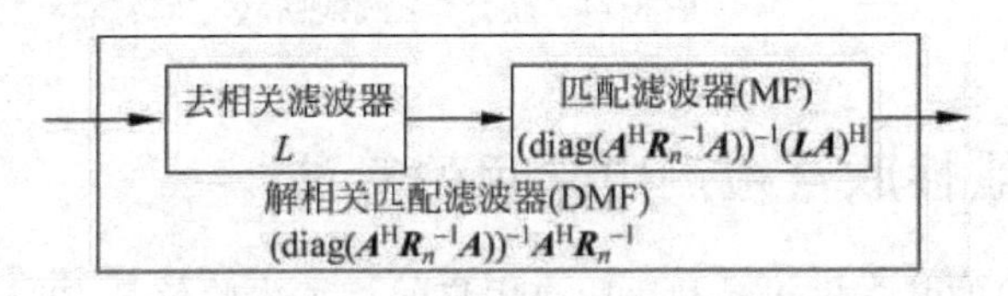

图 3-46 DMF 的结构

解相关滤波器和匹配滤波器组成了解相关匹配滤波器(DMF)，用公式可以表示为

$$\begin{aligned}\hat{d}_{c,\text{DMF}} &= (\text{diag}(\hat{d}^H\boldsymbol{R}_n^{-1}\boldsymbol{A}))^{-1}\boldsymbol{A}^H\boldsymbol{R}_n^{-1}e \\ &= (\text{diag}(\hat{d}^H\boldsymbol{R}_n^{-1}\boldsymbol{A}))^{-1}(\boldsymbol{LA})^H\boldsymbol{L}e\end{aligned} \tag{3-52}$$

式中，矩阵 $\boldsymbol{L}$ 为解相关滤波器，是矩阵 $\boldsymbol{R}_n^{-1}$ 的 Cholesky 分解：$\boldsymbol{R}_n^{-1}=\boldsymbol{L}^{*T}\boldsymbol{L}$；矩阵 $\boldsymbol{R}_n$ 是噪声向量 $\boldsymbol{n}$ 的协方差矩阵，$\boldsymbol{R}_n=E\{\boldsymbol{nn}^H\}$。

将式(3-52)写成式(3-51)的形式，得到

$$\hat{d}_{c,DMF} = \boldsymbol{d} + (\mathrm{diag}(\boldsymbol{A}^H\boldsymbol{R}_n^{-1}\boldsymbol{A}))^{-1}\overline{\mathrm{diag}}(\boldsymbol{A}^H\boldsymbol{R}_n^{-1}\boldsymbol{A})\boldsymbol{d} + (\mathrm{diag}(\boldsymbol{A}^H\boldsymbol{R}_n^{-1}\boldsymbol{A}))^{-1}\boldsymbol{A}^H\boldsymbol{R}_n^{-1}\boldsymbol{n} \tag{3-53}$$

从式(3-53)可以清晰地看到，用 DMF 法进行检测，无法完全解决 ISI+MAI 的干扰。但是在某些特殊情况下，如噪声 n 为白噪声，即当协方差矩阵完全满足下式，即

$$\boldsymbol{R}_n^{-1} = \delta^2\boldsymbol{I}$$

这时式(3-53)可以写成

$$\bar{d}_{c,DMF}\,|_{\boldsymbol{R}_n^{-1}*\delta^2\boldsymbol{I}} = (\mathrm{diag}(\boldsymbol{A}^H\boldsymbol{A}))^{-1}\boldsymbol{A}^H e \tag{3-54}$$

式(3-54)的优点是计算量非常小，它可应用在实际信道不是特别恶劣的情况下。

3.10.3 联合检测的作用

随着算法和相应基带处理器处理能力的不断提高，联合检测技术的优势也会越来越显著。其主要的优势如下：

(1) 降低干扰。联合检测技术的使用可以降低 ISI(符号间干扰)与 MAI(多址干扰)。

(2) 扩大容量。联合检测技术充分利用了 MAI 的所有用户信息，使得在相同目标误码率的前提下，所需的接收信号信噪比可以大大降低，这样就大大提高了接收机性能并增加了系统容量。

(3) 削弱“远近效应”的影响。由于联合检测技术能完全消除 MAI 干扰，因此产生的噪声量将与干扰信号的接收功率无关，从而大大减少“远近效应”对信号接收的影响。

(4) 降低功控的要求。由于联合检测技术可以削弱“远近效应”的影响，从而降低对功控模块的要求，简化功率控制系统的设计。

3.10.4 联合检测技术的应用方案

单独采用联合检测会遇到以下问题：对小区间的干扰没有办法解决；信道估计的不准确性将影响到干扰消除的效果；当用户增多或信道增多时，算法的计算量会非常大，难以实时实现。单独采用智能天线也存在下列问题：组成智能天线的阵元数有限，所形成的指向用户的波束有一定的宽度(副瓣)，对其他用户而言仍然是干扰；在 TDD 模式下，上、下行波束赋形采用的同样空间参数，由于用户的移动，其传播环境是随机变化的，这样波束赋形有偏差，特别是用户高速移动时更为显著；当用户都在同一方向时，智能天线作用有限；对时延超过一个码片宽度的多径造成的 ISI 没有简单有效的办法。

这样，无论是智能天线还是联合检测技术，单独使用它们都难以满足第三代移动通信系统的要求，必须扬长避短，将这两种技术结合使用。智能天线和联合检测两种技术相结合，不等于将两者简单地相加。TD-SCDMA 系统中智能天线技术和联合检测技术相结合的方法使得在计算量未大幅增加的情况下，上行能获得分集接收的好处，下行能实现波束赋形。图 3-47 说明了 TD-SCDMA 系统智能天线和联合检测技术相结合的方法。

在图 3-47 中，用户信道估计是根据用户的训练序列求得的，即假设接收端信号对应于训练序列的码片速率采样为

$$y_{mid} = \boldsymbol{G}\boldsymbol{h} + n_{mid} \tag{3-55}$$

式中，$\boldsymbol{G}$ 为 N 个用户训练序列组成的矩阵；n_{mid} 为训练序列所遭受的信道噪声；$\boldsymbol{h}$ 为信道矩

阵,有

$$\boldsymbol{h}=(\boldsymbol{h}^{(1)\mathrm{T}},\boldsymbol{h}^{(2)\mathrm{T}},\cdots,\boldsymbol{h}^{(N)\mathrm{T}})^{\mathrm{T}} \tag{3-56}$$

可以得到信道矩阵的估计：$\hat{\boldsymbol{h}}=\boldsymbol{G}^{+}y_{\mathrm{mid}}$，$\boldsymbol{G}^{+}$表示广义逆，当$\boldsymbol{G}$为方阵时，$\boldsymbol{G}^{+}=\boldsymbol{G}^{-1}$。

显然,由于矩阵的维数很高,计算量很大。根据训练序列循环移位的特性,可以绕开高维矩阵的求逆运算,利用FFT计算求得,这样就可以大大降低计算的复杂度。计算出信道估计后,采用迫零判决反馈检测器(ZF-DF)进行处理,一方面求得每个信道对应的系统矩阵$\boldsymbol{A}_i$,然后生成总系统矩阵$\boldsymbol{A}$,最后输出给联合检测模块。

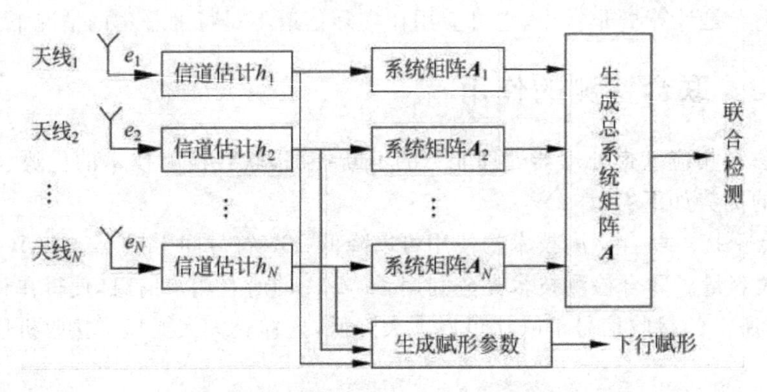

图3-47 智能天线和联合检测技术结合流程示意图

思考与练习

3.10.1 填空题

① 信号分离的方法大致可以分为单用户检测和________技术两种。

② 联合检测的算法分为线性和非线性两种。线性或非线性,________来进行判断。线性联合检测算法主要包括相关匹配滤波线性块均衡器(MF-BLE)法、________和________等。

③ 联合检测的优势有________、________、________和________。

3.10.2 简述题

试用自己的话简要阐述联合检测技术的原理。

3.11 认知无线电技术

随着无线通信技术的飞速发展,频谱资源变得越来越紧张。尤其是随着无线局域网(WLAN)技术、无线个人域网络(WPAN)技术的发展,越来越多的人通过这些技术以无线的方式接入互联网。这些网络技术大多使用非授权的频段(UFB)工作。由于WLAN、WPAN无线通信业务的迅猛发展,这些网络所工作的非授权频段已经渐趋饱和。而另外一些通信业务(如电视广播业务等)需要通信网络提供一定的保护,使他们免受其他通信业务的干扰。为了提供良好的保护,频率管理部门专门分配了特定的授权频段(LFB)以供特定通信业务使用。与授权频段相比,非授权频段的频谱资源要少很多(大部分的频谱资源均被用来做授权频段使用)。而相当数量的授权频谱资源的利用率却非常低。于是就出现了这样的事实：某些部分的频谱资源相对较少但其承载的业务量很大,而另外一些已授权的频谱资源利用率却很低。因此,可以得出这样的结论:基于目前的频谱资源分配方法,有相当一部分频谱资源的利用率是很低的。

为了解决频谱资源匮乏的问题,基本思路就是尽量提高现有频谱的利用率。为此,人们提出了认知无线电的概念。认知无线电的基本出发点就是:为了提高频谱利用率,具有认知功能的无线通信设备可以按照某种“伺机(Opportunistic Way)”的方式工作在已授权的频段内。当然,这一定要建立在已授权频段没用或只有很少的通信业务在活动的情况下。这种在空域、时域和频域中出现的可以被利用的频谱资源被称为“频谱空洞”。认知无线电的核心思想就是使无线通信设备具有发现“频谱空洞”并合理利用的能力。

当非授权通信用户通过“借用”的方式使用已授权的频谱资源时,必须保证他的通信不会影响到其他已授权用户的通信。要做到这一点,非授权用户必须按照一定的规则来使用所发现的“频谱空洞”。在认知无线电中,这样的规则是以某种机器可理解的形式(如XML语言)加载到通信终端上。由于这些规则可以随时根据频谱的利用情况、通信业务的负荷与分布等进行不断的调整,因此通过这些规则,频谱管理者就能以更为灵活的方式来管理宝贵的频谱资源。

3.11.1 认知无线电技术原理

1. 认知无线电的概念和特征

自1999年“软件无线电之父”J. Mitola III博士首次提出了CR的概念并系统地阐述了CR的基本原理以来,不同的机构和学者从不同的角度给出了CR的定义,其中比较有代表性的包括FCC和著名学者Simon Haykin教授的定义。FCC认为:“CR是能够基于对其工作环境的交互改变发射机参数的无线电。”Simon Haykin则从信号处理的角度出发,认为:“CR是一个智能无线通信系统。它能感知外界环境,并使用人工智能技术从环境中学习,通过实时改变某些操作参数(比如传输功率、载波频率和调制技术等),使其内部状态适应接收到的无线信号的统计性变化,以达到以下目的:任何时间任何地点的高度可靠通信;对频谱资源的有效利用。”

总结上述定义,CR应该具备以下两个主要特征:

(1) 认知能力

认知能力使CR能够从其工作的无线环境中捕获或者感知信息,从而可以标识特定时间和空间的未使用频谱资源(也称为频谱空洞),并选择最适当的频谱和工作参数。这一任务通常采用图3-48所示的认知环进行表示,包括3个主要的步骤:频谱感知、频谱分析和频谱判决。频谱感知的主要功能是监测可用频段,检测频谱空洞;频谱分析估计频谱感知获取的频谱空洞的特性;频谱判决根据频谱空洞的特性和用户需求选择合适的频段传输数据。

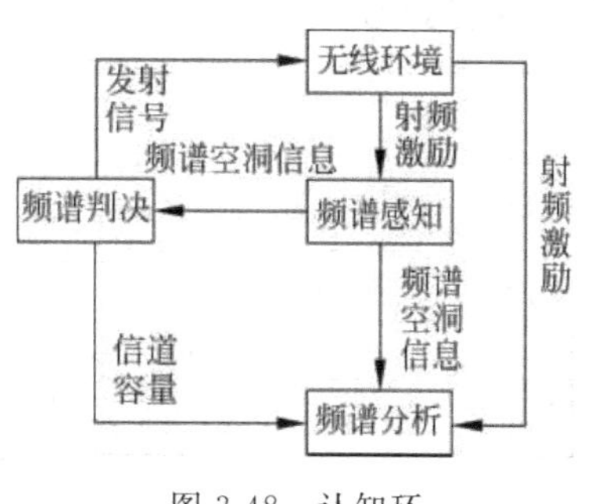

图3-48 认知环

(2) 重构能力

重构能力使得CR设备可以根据无线环境动态编程,从而允许CR设备采用不同的无线传输技术收发数据。可以重构的参数包括工作频率、调制方式、发射功率和通信协议等。

重构的核心思想是在部分频谱授权用户(LU)产生有害干扰的前提下,利用授权系统的空闲频谱提供可靠的通信服务。一旦该频段被LU使用,CR有两种应对方式:一是切换到其他空闲频段通信;二是继续使用该频段,但改变发射功率或者调制方案避免对LU的有害干扰。

2. 认知无线电与软件无线电之间的关系

为了便于理解CR的基本原理,有必要将CR与软件无线电(SDR)进行区分。根据电子与电气工程师协会(IEEE)的定义,一个无线电设备可以称为SDR的基本前提是:部分或者全部基带或RF信号处理通过使用数字信号处理软件完成;这些软件可以在出厂后修改。

因此,SDR关注的是无线电系统信号处理的实现方式;而CR是指无线系统能够感知操作环境的变化,并据此调整系统工作参数。从这个意义上讲,CR是更高层的概念,不仅包括信号处理,还包括根据相应的任务、政策、规则、目标进行推理和规划的高层功能。

3.11.2 认知无线电的关键技术

认知无线电技术能够依靠人工智能的支持,感知无线通信环境,根据一定的学习和决策算法,实时自适应地改变系统工作参数,动态的检测和有效的利用空闲频谱。下面对认知无线电的关键技术作简要介绍。

1. 频谱感知技术

频谱感知的目的是发现在时域、频域和空域上的频谱空穴,以便供认知用户以机会方式利用频谱。认知用户是指未经授权使用只有授权用户才能使用的频谱的用户,主用户则是获得授权使用频谱的用户。为了不对主用户造成干扰,认知用户在利用频谱空穴进行通信的过程中,需要能够快速感知主用户的再次出现,及时进行频谱切换,腾出信道给主用户使用,或者继续使用原来频段,但需要通过调整传输功率或者改变调制方式来避免对主用户的干扰。这就需要认知无线电系统具有频谱检测功能,能够实时地连续侦听频谱,以提高检测的可靠性。频谱感知主要是物理层的技术,是频谱管理、频谱共享和频谱移动性管理的基础。一般来说,认知无线电频谱检测技术可以分为基于发射机的检测、合作检测和基于接收机的检测这几大类,如图3-49所示。当然,在实际的感知算法中,为了提高检测性能,各种方法会有所融合。

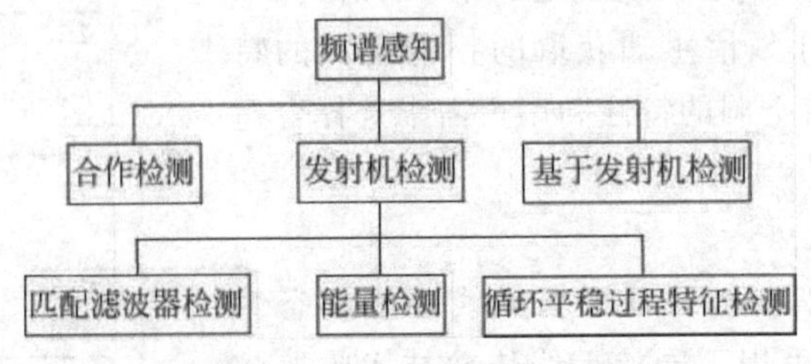

图3-49 频谱检测技术的分类

发射机检测又称为非合作检测，它主要有匹配滤波器检测、能量检测和循环平稳过程特征检测这3种方法。匹配滤波器检测的结构简单，可以达到很高的检测概率，但是需要授权用户信号为确知信号，因此这种检测方式有很大的局限性；能量检测实现相对比较简单，只需测量频域或时域上一段观测空间内接收信号的总能量来判决是否有授权用户出现，是目前应用较广的一种频谱检测方法，但不适合低信噪比情况；循环平稳过程特性检测可以提取出调制信号的特有特征，如正弦载波、符号速率及调制类型等。这些特性均通过分析频谱相关性函数来检测，它可以从调制信号功率中区别噪声能量。这种方法不仅在低信噪比条件下具有很好的检测性能，而且具有信号识别能力，只是运算复杂度较高。

根据目前的仿真和分析，采用合作检测的方法可达到高的检测概率。合作侦听允许多个认知用户之间相互交换侦听信息，来提高频谱的侦听和检测能力。合作检测可以采用集中式和分布式两种方式进行。集中式是指各个感知节点将本地感知结果送到基站或接入点统一进行数据融合，做出决策；分布式则是指多个节点间相互交换感知信息，各个节点独自决策。基于发射机检测包括基于干扰温度的检测和本振泄漏检测两种。

2. 频谱分配技术

认知无线电系统采用动态频谱分配(Dynamic Spectrum Allocation，DSA)方案。DSA能够在不影响主用户正常工作的情况下，实现认知用户对频谱空穴的接入，从而提高频谱的利用率。目前认知无线电技术的DSA研究主要是基于频谱池(Spectrum Pooling)这一策略，其基本思想是将一部分分配给不同业务的频谱合并成一个公共的频谱池，并将整个频谱池划分为若干个子信道。非授权用户可临时占用频谱池里空闲的信道。基于频谱池策略的DSA主要目的是信道利用率的最大化和用户接入的公平性，DSA可协调和管理授权用户与非授权用户之间的信道接入。根据分配行为的不同，频谱分配技术可以分为合作式和非合作式两大类。合作式频谱分配考虑各认知用户行为对其他用户的影响；非合作式则只考虑自己的行为。在文献中提出了一种基于规则的频谱分配方案，其思路是用户通过观察本地干扰码型，依据预先设定的适用于不同场景的规则独立决策选择信道，从而使性能复杂度和通信成本得到折中。这个方案会使系统的性能有轻微的下降，但是通信中的过载现象明显减少。根据分配架构的不同，频谱分配技术可以分为集中式和分布式两大类。集中式算法由集中单元控制频谱分配和接入的过程，计算复杂度高；分布式算法中每个认知用户都参与频谱分配决策，多采用启发式分配方法，收敛法是其中一项很重要的性能指标，它主要体现了算法对系统变化的适应能力。

3. 功率控制技术

在认知无线电通信系统中功率控制的实现以分布式进行，以扩大系统的工作范围，提高接收机性能，而每个用户的发射功率是造成其他用户干扰的主要原因，因此功率控制是认知无线电系统的关键技术之一。在多址接入的CR信道环境中，主要采用协作机制方法，包括规则及协议和协作的Ad-hoc网络这两方面的内容。多用户的CR系统中的协作工作以及基于先进的频谱管理功能，可以提高系统的工作性能，并支持更多的用户接入。但是这种系统除了协作，还存在竞争。

在给定的网络资源限制下,允许其他用户同时工作。因此在这样的系统中发送功率控制必须考虑以下两种限制,即给定的干扰温度和可用频谱空穴数量。目前解决功率控制这一难题的主要技术是对策论和信息论。

多用户 CR 系统的功率控制可以看成一个对策论的问题,对策论是研究决策主体行为发生直接相互作用时的决策以及这种决策的均衡问题,它可以划分为合作对策和非合作对策。如果不考虑非合作对策,看成完全的合作对策,这样功率控制则简化成一个最优控制问题。而这种完全的合作在多用户系统中是不可能实现的,因为每个用户都试图最大化自己的功率,使用功率控制被归结为一个非合作对策。目前主流技术是用 Markov 对策进行分析,Markov 对策是将多步对策看做是一个随机过程,并将传统的 Markov 对策扩展到多个参与者的分布式决策过程。多用户 CR 系统的功率控制问题就可以看成是 Markov 对策进行分析解决。实现功率控制的另一种方法是基于信息论的迭代注水法,其基本思想是把系统的信道看做是若干个平行的独立子信道的集合,各个子信道的增益则由其对应的奇异值来决定。使用了该算法后,发送端会在增益较多的子信道上分配更多的能量,而在衰减比较厉害的子信道上分配较少的能量,甚至不分配能量,从而在整体上充分利用现有的资源,达到传输容量的最大化。

3.11.3 认知无线电的应用场景

考虑一个工作在非授权频段(如免授权国家信息基础设施频段)的无线通信终端(遵循 Wi-Fi 规范)。在其工作的免授权国家信息基础设施(U-NII)频段,通信业务非常繁忙(近乎达到饱和状态)。这样的工作频段已无法满足其他通信终端新的业务请求。鉴于这种情况,频谱管理机构(如 FCC)将选择利用率较低的其他已授权频段(如电视广播频段中若干未被使用的频谱资源)。这样的频段可以被暂时用来支持非授权频段上那些未能接入其系统的通信业务。为此,频谱管理机构将生成一套使用已授权频段的法规(这些法规将指导并约束着非授权用户去合理地使用授权频段)。这些法规由频谱管理机构以某种机器可以理解的方式发布。

具有认知无线电功能的非授权用户定期地搜索并下载相应的频谱使用法规。获得最新的频谱使用法规之后,非授权用户将根据这些法规,对自身的通信机制进行调整(通信机制可能包括工作的频段、发射频率、调制解调方式及多址接入策略等)。为了使周边的通信终端尽快获得更新的法规,获得最新法规的终端还将其所获得的法规广播出去。当然,对那些不具备认知无线电能力的通信终端来说,这样的广播信息将被忽略。

对于具有认知能力的通信终端,除了获得最新的频谱使用规则外,另外一项很重要的工作就是完成对"频谱空洞"的检测。对"频谱空洞"的检测实际上就是完成对周边通信环境的认知。根据检测到的"频谱空洞"的特性(如"空洞"的带宽等)和获得的频谱使用法规,通信终端产生出合理使用该"空洞"的具体行为。

以工作在非授权频段的无线局域网通信终端为例,可以说明认知无线电的可能的应用场景。当然,从认知无线电的定义可以看出认知无线电的概念涵盖面极宽,其应用场景绝不仅限于此。

认知无线电技术在宽带无线通信系统中有着广泛的用途。基于 IEEE 802.11b/g 和

IEEE 802.11a 的无线局域网设备工作在 2.4GHz 和 5GHz 的不需授权的频段上。然而在这个频段上，可能受到包括蓝牙设备、HomeRF 设备、微波炉、无绳电话以及其他一些工业设备的干扰。具有认知功能的无线局域网可以通过接入点对频谱的不间断扫描，从而识别出可能的干扰信号，并结合对其他信道通信环境和质量的认知，自适应地选择最佳的通信信道。另外，具有认知功能的接入点，在不间断正常通信业务进行的同时，通过认知模块对其工作的频段以及更宽的频段进行扫描分析，从而可以尽快地发现非法的恶意攻击终端。这样的技术可以进一步增强通信网络的安全性。同样，将这样的认知技术应用在其他类型的宽带无线通信网络中也会进一步提高系统的性能和安全性。

思考与练习

3.11.1 填空题

① 认知无线电具备两个主要特征：________和________。

② 频谱感知的目的是发现在时域、频域、空域上的________，以便供认知用户以机会方式利用频谱。

③ ________能够在不影响主用户正常工作的情况下，实现认知用户对频谱空穴的接入，从而提高频谱的利用率。

3.11.2 简述题

试用自己的话简要阐述认知无线电中的关键技术。

本章小结

本章主要介绍了现代移动通信系统中一些正在不断发展中的关键技术，如语音编码技术、调制解调技术、多址技术、分集技术、扩频通信、链路自适应技术、OFDM、软件无线电、智能天线、MIMO、联合检测和认知无线电等。在语音编码技术这一部分，主要阐述了 GSM 系统和 CDMA 系统的语音编、解码技术以及 AMR 语音编码技术；在调制与解调技术这一部分，主要介绍了 QPSK 调制、π/4-QPSK 调制、GMSK 调制和 MQAM 调制；在扩频通信这一部分，主要介绍了扩频通信的两个理论基础，又介绍了直接序列扩频通信系统、跳频扩频通信系统和跳时扩频通信系统的工作原理，并阐述了扩频通信的主要特点；在分集接收这一部分，主要介绍了空间分集、时间分集、频率分集、角度分集、极化分集、场分量分集、多径分集等显分集技术和交织编码技术、跳频技术等隐分集技术，还介绍了最大比值合并、等增益合并、选择式合并等合并技术；在链路自适应技术这一部分，主要介绍了链路自适应技术的各种关键技术，包括自适应调制、自适应差错控制、反馈信令设计等；在 OFDM 这一部分，主要介绍了 OFDM 调制解调的原理及过程，OFDM 的具体应用及与 MIMO 相结合的应用；在软件无线电这一部分，主要介绍了无线电的发展历程及基本原理，软件无线电的基本结构与模块；在智能天线这一部分，主要介绍了智能天线的几种不同的接受准则，即最小均方误差准则、最大信噪比准则和最小二乘准则，还介绍了智能天线的自适应算法，即基于时间参考方式的算法、基于盲处理方式的算法和基于空间参考方式的算法；在 MIMO 这一部分里，主要介绍了 MIMO 的基本原理及技术应用，还有在实践应用中 MIMO 的具体实现方法，以及怎样与 OFDM 相结合的应用；在联合检测这一部分里，主要介绍了联合检测技术的基本原理与应用，还有其常用算法；在认知无线电这一部分里，主要介绍了认知无线电的基本概念及关键技术。这些技术其实都是人们不断克服无线信道的恶劣环境而追求高系统容量、高频谱利用率、高速率传送、系统性能最佳化等目标的结果。本章所讨论的现代移动通信的关键技术，是学习后面移动通信相关知识的基础。

实验与实践

活动 1　认识身边的移动通信网络

回忆一下，在第 1 章中学习过的几种常用的移动通信系统。那么，在身边的移动通信网络与移动通信设备有哪些呢？你和你家人所使用的移动通信终端是哪种呢？

请你实地去参观一下中国移动的 TD-SCDMA 系统、中国联通的 CDMA 2000 系统及中国电信的 WCDMA 系统，并访问有关技术人员和老师，特别留心一下学校周边的各种基站及天线系统，它们的天线各是哪类的？为什么？

活动 2　应用研究

移动通信的迅猛发展是与技术的进步分不开的，本章学习的关键技术以及其他一些无线通信技术已经被人们所广泛应用了。请你根据自己的研究兴趣，在本章的学习过程中围绕“技术应用”选择一项研究课题，也可以在老师的指导下，成立课题研究小组，推荐研究的课题有：

- 扩频通信技术的研究与应用。
- 低速率语音编码技术的研究与应用。
- 抗多址干扰技术的研究与应用。
- 信源编码技术的研究与应用。
- QAM 与 QPSK 调制技术的对比研究。
- 光码分多址技术的研究与应用。
- 其他无线通信技术的研究与应用。

请你或小组使用 PowerPoint 创作一个演示文稿，在本章课程结束时进行全班交流，并存入个人成果集。

活动 3　MIMO 与 OFDM

本章对于移动通信的关键技术 MIMO 与 OFDM 做了一个简单的介绍，请大家查阅相关资料，了解 MIMO 与 OFDM 之间的关系，在实际的应用中 MIMO 与 OFDM 可以怎样的结合以发挥出各自的最大优点，达到系统的最优化？画出具体的技术应用方案。

实验：DS-CDMA(直扩码分多址)移动通信实验

为了加深对 DS-CDMA(直扩码分多址)移动通信原理的理解，你可以利用小型交换机、无绳电话座机、无绳电话手机、双踪示波器等设备进行实验，测量单信道和 2 信道 DS-CDMA 通信系统发端及收端波形，了解发端扩频调制及收端相关检测原理，初步了解直扩码分多址逻辑信道形成原理。

推荐实验步骤如下：

(1) 复习直扩码分多址通信系统原理。

(2) 按图 3-50 所示搭建实验系统。

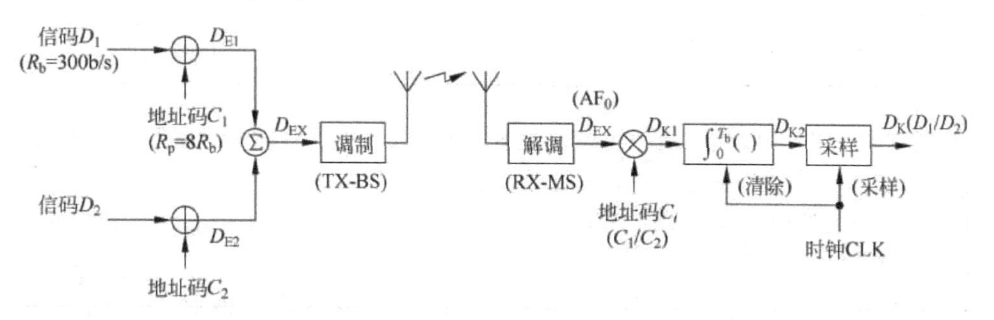

图 3-50 DS-CDMA 移动通信实验系统

发端采用两个正交地址码 C_1 及 C_2，通过异或门分别对两路信码 D_1 及 D_2 实现扩频调制，得到两路信码各自的扩频(调制)基带信号 D_{E1}、D_{E2}，它们线性叠加为两路信码的扩频基带信号 D_{EX}。TX-BS 作为系统基站 BS 的发射机，D_{EX}对载波 FSK 调制，再发射出去。收端 RX-MS 载波 FSK 解调输出扩频基带信号 D_{EX}。通过切换本地地址码 C_i 为 C_1/C_2，再经过相关检测得到信码 D_1/D_2，模拟两个移动台 MS_1/MS_2 的接收机。实验系统采用两个正交地址码，在同一载频上形成两个 DS-CDMA 逻揖信道。信码 $D_1=10101100\cdots$(周期循环)，$D_2=01010011\cdots$(周期循环)，码速率为 $R_b=300\text{b/s}$。地址码 $C_1=W_1^8=01010101$，$C_2=W_7^8=01101001$，子码速率为 $R_p=8R_b=2.4\text{Kc/s}$(2.4 千子码/秒)，则有 $T_b=8T_p=T$。接收端地址码同步及时钟同步电路都认为是理想的，不作为本实验的研究内容，收端地址码 C_i 及时钟 CLK 实际上与发端 D_1、D_2、C_1、C_2 一起由同一单片机产生。

实验系统有以下表示的几种子工作方式：

① 单信道 DS-CDMA 通信，又分为：发端发 $D_1(C_1)$，收端收 $D_1(C_1)$；发端发 $D_2(C_2)$，收端收 $D_2(C_2)$；发端发 $D_2(C_2)$，收端地址码为 C_1，收不到发端 $D_2(C_2)$。

② 2 信道 DS-CDMA 通信，又分为：发端发 $D_1(C_1)+D_2(C_2)$，收端收 $D_1(C_1)$；发端发 $D_1(C_1)+D_2(C_2)$，收端收 $D_2(C_2)$。

由单信道 DS-CDMA 通信实验可初步了解 DS-CDMA 通信原理，观察地址码 C_1、C_2 各自的自相关检测及互相关检测波形，为研究 2 信道 DS-CDMA 通信实验做准备。由 2 信道 DS-CDMA 通信实验可深入观测、了解 DS-CDMA 通信原理，了解时域、频域完全混叠的 DS-CDMA 多用户信号如何被分离，DS-CDMA 系统的多路逻辑信道是如何形成的。

(3) 先进行单信道 DS-CDMA 通信实验。

① 设置综测仪为单信道 DS-CDMA 通信工作方式(按 K1 至 T/CDMA 灯亮，再按 K3 使 K3 灯亮)，打开发射机 TX-BS(K6 置 ON，K7 置 BS，BS 测量面板 TX 灯亮)，置内调制(K9 置 INT)，综测仪内部组合成 DS-CDMA 通信系统，收、发两端有关信号都已引到收发信机测试面板上，便于用示波器观测。

② 反复按 K3 键，系统循环步进处于表 3-5 所示 3 种子工作方式之一。

表 3-5 单信道 DS-CDMA 通信子工作方式(T/CDMA 灯常亮)

子方式序号	K3 灯指示		子工作方式
	闪速	占空比	
1	1Hz	0.1	发 $D_1(C_1)$,收 $D_1(C_1)$
2	1Hz	0.5	发 $D_2(C_2)$,收 $D_2(C_2)$
3	1Hz	0.9	发 $D_2(C_2)$,收 $D_1(C_1)$

在子方式 1、2 中,收端地址码与发端地址码相同,则接收到发端数据;在子方式 3 中,收端地址码与发端不同,则接收不到发端数据。

③ 双踪示波器两个通道都设置为 DC、2～5V/div;扫描速率 1～5ms/div;置外触发方式,外触发输入接至综测仪 MS 测量面板 TRI_A端。

④ 从发端至收端顺着信号流向,测 3 种子方式下系统各点信号波形。注意收端相关检测(相乘—积分)输出信号 D_{K2}:1、2 子工作方式下,D_{K2}分别为 C_1、C_2 的自相关运算波形乘以对应的数据 D_1、D_2(+1/−1),为正/负极性锯齿波;子工作方式 3 下,D_{K2}为 C_1、C_2 的互相关运算波形乘以数据 D_2(+1/−1),在地址码序列周期即一个信码周期内进行相关运算,D_{K2}开始为 0 电平(+2V),然后上下起伏,最后时刻的相关运算值(即互相关函数值)仍为 0 电平(+2V)。

⑤ 关断 TX-BS(K6 置 OFF,BS 测量面板 TX 灯灭),再测量收端各点信号。

(4) 然后进行 2 信道 DS-CDMA 通信实验。

① 设置综测仪为 2 信道 DS-CDMA 通信工作方式(按 K1 至 T/CDMA 灯亮,再按 K4 使 K4 灯亮),打开发射机 TX-BS(K6 置 ON,K7 置 BS,BS 测量面板 TX 灯亮),置内调制(K9 置 INT),综测仪内部组合成 DS-CDMA 通信系统。

② 反复按 K4 键,系统循环步进处于表 3-6 所示两种子工作方式之一。两种子工作方式中,发端都是发送时域、频域混叠在一起的二路 DS-CDMA 数据。子工作方式 1 中,收端地址码 C_i 为 C_1,经相关检测从混叠的扩频信码中分离出本地址的信码 D_1;子方式 2 中,收端地址码 C_i 为 C_2,则收到信码 D_2。

表 3-6 信道 DS-CDMA 通信子工作方式(T/CDMA 灯常亮)

子方式序号	K4 灯指示		子工作方式
	闪速	占空比	
1	1Hz	0.1	发 $D_1(C_1)+D_2(C_2)$,收 $D_1(C_1)$
2	1Hz	0.9	发 $D_1(C_1)+D_2(C_2)$,收 $D_2(C_2)$

③ 双踪示波器的设置。

④ 顺着信号流向测量并用坐标纸记录两种子方式下系统发端 D_1、C_1、D_{E1}、D_2、C_2、D_{E2}、D_{EX}至收端 AF_O、D_{K1}、D_{K2}、CLK(上升沿有效)、D_K 各点信号波形,注意比较发端扩频调制(异或门)、收端解扩(相乘器)及相关检测(相乘—积分)输入输出波形,比较发端及收端数据。特别注意收端相关检测输出信号 D_{K2}是 1 个地址码自相关运算波形(线性上升/下降的锯齿波形)及 2 个地址码互相关运算波形(围绕着参考电平上下起伏的波形)的线性叠加。由于采样时刻互相关函数值为 0,因而对采样值没有影响,不存在多址干扰。

⑤ 关断 TX-BS(K6 置 OFF,BS 测量面板 TX 灯灭),再测量收端各点信号。

请你整理实验记录,书写实验报告,在坐标纸上画出 2 信道 DS-CDMA 通信系统两种子工作方式下发端 D_1、C_1、D_{E1}、D_2、C_2、D_{E2}、D_{EX}及收端 AF_O、D_{K1}、D_{K2}、CLK(上升沿有效)、D_K 各点波形,分析同一载频上的两个 DS-CDMA 逻辑信道是如何形成的,总结 DS-CDMA 通信工作原理。然后比较单信道 DS-CDMA 通信系统及 2 信道 DS-CDMA 通信系统收端相关检测输出波形,回答 2 信道 DS-CDMA 通信系统收端线性模拟乘法器能用非线性的异或门代替吗?思考一下,回答关断发射机后,收端还能收到信号吗?

最后使用 PowerPoint 创作演示文稿,向同学展示自己的研究成果,并存入个人成果集。

拓展阅读

[1] 郑世伟. 利用半速率语音编码技术解决话务拥塞. 移动通信,2005 年 02 期.
[2] 于英欣,王琳. 编织卷积码交织器的设计. 无线通信技术,2005 年 02 期.
[3] 王红军,等. GSM 数字移动通信系统语音信源编解码技术. 电讯技术,2004 年 01 期.
[4] 王莉,段哲民. CDMA 伪导频技术分析及其实现. 无线通信技术,2005 年 02 期.
[5] 唐瑜,等. 扩频通信中组合自适应抗干扰技术. 电子科技大学学报,1998 年 27 卷第 2 期.
[6] 苏仁宏,杨士中. 移动通信中的 π/4QPSK 调制解调技术及 DSP 实现. 电讯技术,1998 年 38 卷第 4 期.
[7] 杨运甫,陶然,王越. 一种新的 GMSK 正交调制信号产生方法. 电子学报,2005 年 06 期.
[8] 刘建军,李杰,赵恩宝. 浅谈 QPSK 调制技术. 中国有线电视,2004 年 22 期.
[9] 熊立志,等. 智能天线提高 IS-95 系统抗多址干扰性能研究. 华中科技大学学报(自然科学版),2003 年 09 期.
[10] 任立刚,等. 移动通信中 MIMO 技术[J]. 现代电信技术,2004 年 01 期.
[11] 田飞. 4G 移动通信关键技术. 中国新通信,2012 年 11 期.
[12] 刘光普. 基于 RFID-SIM 卡移动手机检票终端的设计与实现. 计算机应用与软件,2012 年 06 期.
[13] 曹利兵. AMR 语音编码器. 贵州大学硕士学位论文,2009.
[14] 刘元,彭端,陈楚. 认知无线电的关键技术和应用研究. 通信技术,2007 年 07 期.
[15] 张珣. TD-SCDMA 系统中联合检测算法及实现过程. 数字通信,2010 年 06 期.

深度思考

通过本章的学习,可以发现为了克服无线传播环境的复杂性,人们采用了多项关键技术并不断地追求高质量、高频谱利用率、高速率传输以及系统性能最佳化等目标。请你结合本章的学习内容并上网查一下,在当前移动通信网络中,哪些关键技术已被人们所采纳?未来还会有哪些关键技术将被人们所看好?

全球数字移动通信(GSM)系统

学习目标

- 熟练掌握全球数字移动通信(GSM)的概念、系统结构和特点，能用自己的语言陈述GSM系统发展、业务与应用。
- 熟练掌握GSM系统的信道结构、帧结构和GSM系统的基带处理流程。
- 掌握频率复用的原理和方法。
- 初步能用自己的语言陈述一些GSM的控制与管理工作流程，如位置更新、切换等。

知识地图

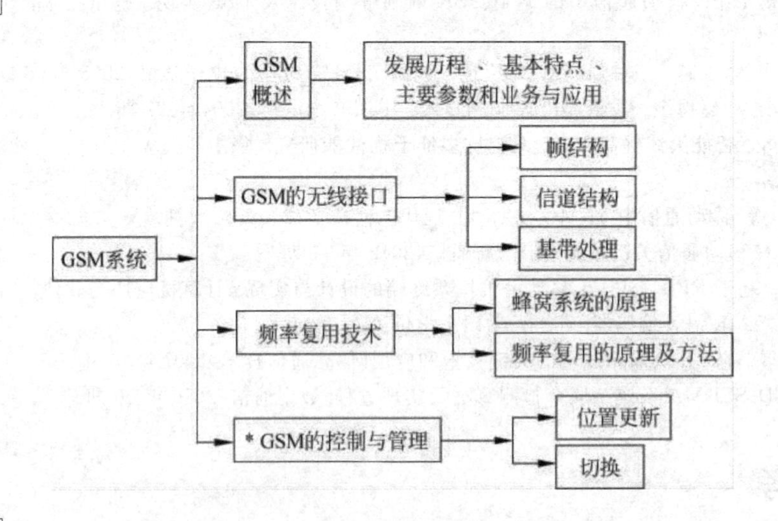

学习指导

在世界范围内，移动通信的发展如日中天。从所提供业务的角度来看，移动通信发展到现在可以分为3个阶段：第一阶段是提供移动语音业务，如模拟的移动通信系统和早期的GSM系统；第二阶段是提供语音加电路型数据业务，如GSM系统和CDMA IS-95B系统；第三阶段是增加提供分组数据业务，如GPRS系统和CDMA 2000 1x系统。本章主要介绍GSM数字移动通信系统，主要涉及了GSM的发展、特点、主要参数，GSM系统的帧结构、信道结构、基带处理，频率复用的原理和方法以及GSM的控制与管理。其中GSM系统的帧结构、信道结构、基带处理、位置更新与切换和频率复用技术等是本章的重点和难点，大家要仔细领会这些内容。另外，GSM的控制与管理为选学内容，大家可以根据自己的情况进行掌握。为了帮助对学习内容的掌握，建议你在学习本章时充分利用本章知识地图。

课程 学习

4.1 GSM 系统简介

4.1.1 GSM 的发展

1. GSM 系统概述

GSM 数字移动通信系统源于欧洲。1982 年，欧洲已开始了模拟蜂窝移动系统的运营，如北欧多国的 NMT(北欧移动电话)和英国的 TACS(全接入通信系统)等。为了进一步实现全欧洲移动电话的漫游需要，1982 年北欧向 CEPT(欧洲邮电行政大会)提议成立了一个在欧洲电信标准学会(ETSI)技术委员会下的"移动特别小组(Group Special Mobile，GSM)"来制定有关 900MHz 频段的公共欧洲电信业务的标准和建议书。

1987 年 5 月，GSM 成员国就数字系统采用窄带时分多址 TDMA、规则脉冲激励线性预测 RPE-LTP 话音编码和高斯滤波最小移频键控 GMSK 调制方式等达成一致意见。同年，欧洲 17 个国家的运营者和管理者签署了谅解备忘录(MoU)，相互达成履行规范的协议。与此同时还成立了 MoU 组织，致力于 GSM 标准的发展。

1990 年完成了 GSM900 的规范，1991 年在欧洲开通了第一个系统，同时 MoU 组织为该系统设计和注册了市场商标，将 GSM 更名为"全球移动通信系统"(Global System for Mobile Communications)，从此移动通信跨入了第二代数字移动通信系统。同年，移动特别小组还完成了制定 1800MHz 频段的公共欧洲电信业务的规范，名为 DCS1800 系统。该系统与 GSM900 系统具有同样的基本功能特性，因而该规范只占 GSM 建议的很小一部分，仅将 GSM900 和 DCS1800 之间的差别加以描述，绝大部分两者是通用的，两系统均可通称为 GSM 系统。

1992 年大多数欧洲 GSM 运营者开始商用业务。到 1994 年 5 月已有 50 个 GSM 网在世界上运营，10 月总客户数已超过 400 万，国际漫游客户每月呼叫次数超过 500 万，客户平均增长超过 50%。

2008 年时，全球 GSM 手机用户已达 30 亿，占全球移动无线用户总数的 88%。在这之后，GSM 用户逐渐转网为 3G 用户。

GSM 数字移动通信系统在我国的发展也十分迅速：

1987 年 11 月 18 日，第一个 TACS 模拟蜂窝移动电话系统在广东省建成并投入商用。

1994 年 12 月底，广东首先开通了 GSM 数字移动电话网。

1995 年 7 月，中国联通 GSM130 数字移动电话网在北京、天津、上海、广州建成开放。

1996 年，移动电话实现全国漫游，并开始提供国际漫游服务。

2002 年 1 月 8 日，中国网通集团北京通信控股的北京正通网络通信有限公司宣告成立，成为继中国移动、电信、网通、联通、铁通和卫通 6 大运营商之后，国内第 7 家获信息产业部发牌的基础电信业务运营商。

2003 年 7 月，我国移动通信网络的规模和用户总量均居世界第一，手机产量约占全球的 1/3，已成为名副其实的手机生产大国。

截至 2008 年 6 月，我国的 GSM 手机用户已达 5.2 亿户。在这之后，我国也开始了 3G

系统的商用,不少GSM用户也逐渐转网为3G用户。

2. GSM的系统构成及其特点

GSM的系统组成如图2-35所示,也是由移动台子系统、基站子系统、网络子系统、管理子系统等几部分组成的,这里就不再重复了。

GSM系统有以下的特点:

(1) GSM有越区切换和漫游功能,可以实现国际漫游。

(2) GSM可以提供多种业务,包括话音业务和一些数据业务。

(3) GSM有较好的保密功能,提供对移动识别码的加密、用户数据的加密及用户鉴权等。

(4) GSM还有一些其他的特点,如容量大、通话质量较好、有电子信箱与短消息功能等。

3. GSM系统的主要参数

GSM系统的主要参数包括频段、频段宽度、通信方式、信道分配等,具体参数如下:

频段:935～960MHz为基站发、移动台收的频段;890～915MHz为移动台发、基站收的频段。频段宽度:25MHz。

通信方式:全双工。

载波间隔:200kHz。

信道分配:TDMA每载波8时隙,全速率信道8个,半速率信道16个。

信道总速率:270.83Kb/s。

调制方式:GMSK,调制指数为0.3。

语音编码:RPE-LPT 13Kb/s规则脉冲激励线性预测编码。

数据速率:9.6Kb/s。

4.1.2 GSM的业务与应用

GSM业务按照ISDN的原则主要分为电信业务和数据业务。电信业务包括标准移动电话业务、移动台发起或基站发起业务,数据业务则包括计算机间通信和分组交换业务。

一般所说的GSM业务主要是指其用户业务,用户业务可分为3大类。

(1) 电信业务。电信业务是GSM系统提供的最重要业务。经过GSM网与固定网,为移动用户与移动用户之间或移动用户与固定网电话用户之间提供实时双向会话。电信业务还包括紧急呼叫业务、可视图文接入、智能用户电报传送和传真业务等。

(2) 承载业务或数据业务。该类业务被限定在开放系统互连(OSI)参考模型的第1、2、3层上,所支持的业务数据速率从300b/s到9.6Kb/s。GSM可以为用户数据提供标准信道编码并以透明方式传送数据,也可以提供基于特定数据接口的特殊编码功能并以非透明方式传送数据。

(3) 补充ISDN业务。本质上是数字业务,又分为:

- 号码识别类补充业务,主要包括主叫号码识别显示、主叫号码识别限制、被叫号码识别显示、被叫号码识别限制和恶意呼叫识别等。
- 呼叫提供类补充业务,主要包括无条件呼叫前转、遇移动用户忙呼叫前转、遇无应答呼叫前转、遇移动用户不可及呼叫前转、呼叫转移和移动接入搜索等。

- 呼叫完成类补充业务,主要包括呼叫等待、呼叫保持等。
- 多方通信类补充业务,主要指第三方业务。
- 集团类补充业务,主要指封闭用户群。
- 计费类补充业务,主要包括计费通知、免费业务和对方付费等。
- 呼叫限制类补充业务。

大部分业务在模拟移动网络中是无法实现的。补充业务还包括短消息业务(SMS),该业务允许 GSM 的手机和基站在传送正常语音业务时,可同时传送一定字符长度消息;SMS 也提供小区广播,它允许 GSM 基站以连续方式重复传送字符信息;SMS 也可以用于安全和咨询业务,如在接收范围内向所有 GSM 用户播发交通或气象信息等。

思考与练习

4.1.1 填空题

① 1982 年北欧向 CEPT(欧洲邮电行政大会)提议成立了一个在欧洲电信标准学会(ETSI)技术委员会下的"________",英文全称为________,简称"________"。1991 更名为"________",英文全称为________。

② GSM 由________、________、________和________等几部分组成。

4.1.2 选择题

① GSM 系统具有的功能有(　　)。

A. 有越区切换的功能　　B. 可实现国际漫游

C. 可实现用户数据的加密　　D. 有电子信箱

② GSM 业务主要是指用户业务,其用户业务可分为(　　)。

A. 承载业务或数据业务　　B. 电信业务

C. 互联网业务　　D. 补充 ISDN 业务

③ GSM 系统的频段为(　　)。

A. 869～894MHz 为基站发、移动台收的频段;824～849MHz 为移动台发、基站收的频段

B. 935～960MHz 为基站发、移动台收的频段;890～915MHz 为移动台发、基站收的频段

C. 1925～1960MHz 为基站发、移动台收的频段;1980～2015MHz 为移动台发、基站收的频段

D. 1895～1918.1MHz

4.1.3 简述题

① 试简述 GSM 的发展历史。

② 试用自己的语言简述 GSM 的特点。

4.2 GSM 的无线接口

移动终端与网络之间的接口为无线接口,它是保证不同厂家的移动台与不同厂家的系统设备之间互通的主要接口。无线接口自下而上分为 3 层:物理层、数据链路层和第 3 层。

第3层又分为3个子层：无线资源管理层(RR)、移动性管理层(MM)和连接管理层(CM)。这些功能是在移动台和网络实体间进行的，不同的功能对应于不同的网络实体。其中：

(1) RR完成专用无线信道连接的建立、操作和释放等，它是在移动台与基站子系统间进行的。

(2) MM完成位置更新、鉴权和临时移动用户号码的分配等工作。

(3) CM完成电路交换的呼叫建立、维持和结束，并支持补充业务和短消息业务等。

MM和CM层是移动台直接与移动交换机之间的通信，A接口不作任何处理。

4.2.1 GSM的帧结构

GSM系统采用时分多址、频分多址和频分双工的制式，每个TDMA信道上的一个时隙中的信息格式称为突发脉冲序列(Burst)，简称突发序列，它是GSM系统无线传输上的重要概念。突发脉冲序列占有一个限定的持续时间和无线频谱，它们在时间和频率窗上输出，而这个窗被人们称为隙缝(Slot)。确切地说，在系统频段内，每200kHz设置时隙缝的中心频率(以FDMA角度观察)，每隙缝在时间上循环地发生，每次占15/26ms，即近似为0.577ms(以TDMA角度观察)。这样，可用时间—频率图把隙缝画为一个小矩形，其长为15/26ms，宽为200kHz，如图4-1所示。在给定的小区内，所有隙缝的时间范围是同时存在的。这些隙缝的时间间隔称为时隙(Time Slot)，而它的持续时间被用于作为时间单元，记为BP，意为突发脉冲序列周期(Burst Period)。

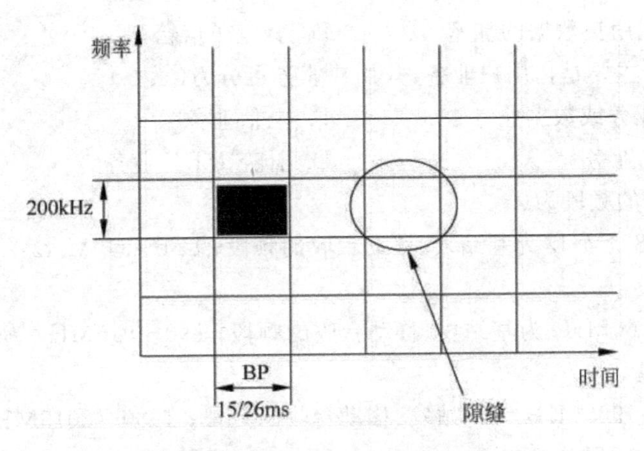

图4-1 GSM中的频隙与时隙

使用一个给定的信道就意味着在特定的时刻和特定的频率，也就是说在特定的隙缝中传送突发脉冲序列。通常，一个信道的隙缝在时间上不是邻接的。信道对于每个时隙具有给定的时间限界和时隙号码TN(Time Slot Number)，这些都是信道的要素。一个信道的时间限界是循环重复的。与时间限界类似，信道的频率限界给出了属于信道的各隙缝的频率。它把频率配置给各时隙，而信道带有一个隙缝。对于固定的频道，频率对每个隙缝是相同的。对于跳频信道的隙缝，可使用不同的频率。

1. 帧

帧(Frame)通常被表示为接连发生的 i 个时隙。在GSM系统图4-1中，目前采用全速率业务信道,i 取为 8。一个 TDMA 帧包含 8 个时隙,这其实就是 8 个基本的物理信道,可用来传输控制数据与不同的用户数据,如图 4-2 所示。

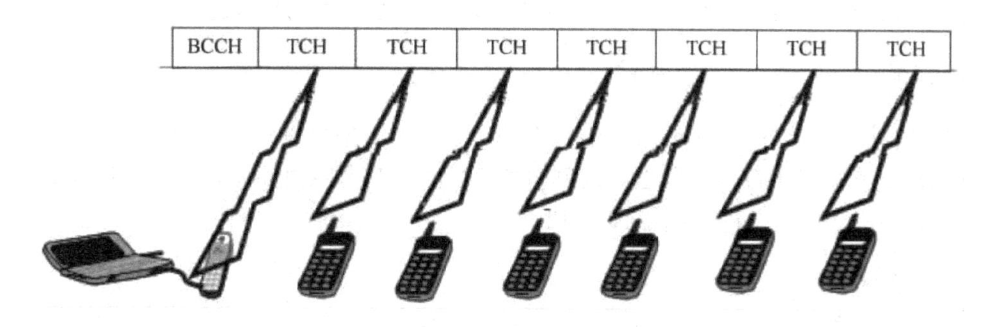

图 4-2 一个 TDMA 帧包含 8 个时隙

2. 复帧

图 4-3 显示出了 TDMA 帧的完整结构,还包括了时隙和突发脉冲序列,必须记住 TDMA 帧是在无线链路上重复的物理帧。每一个 TDMA 帧含 8 个时隙,共占 4.615ms。每个时隙含 156.25 个码元,占 0.557ms。多个 TDMA 帧构成复帧(Multiframe),其结构有两种,如图 4-3(c)所示,分别含连贯的 26 个或 51 个 TDMA 帧。当不同的逻辑信道复用到一个物理信道时,需要使用这些复帧。

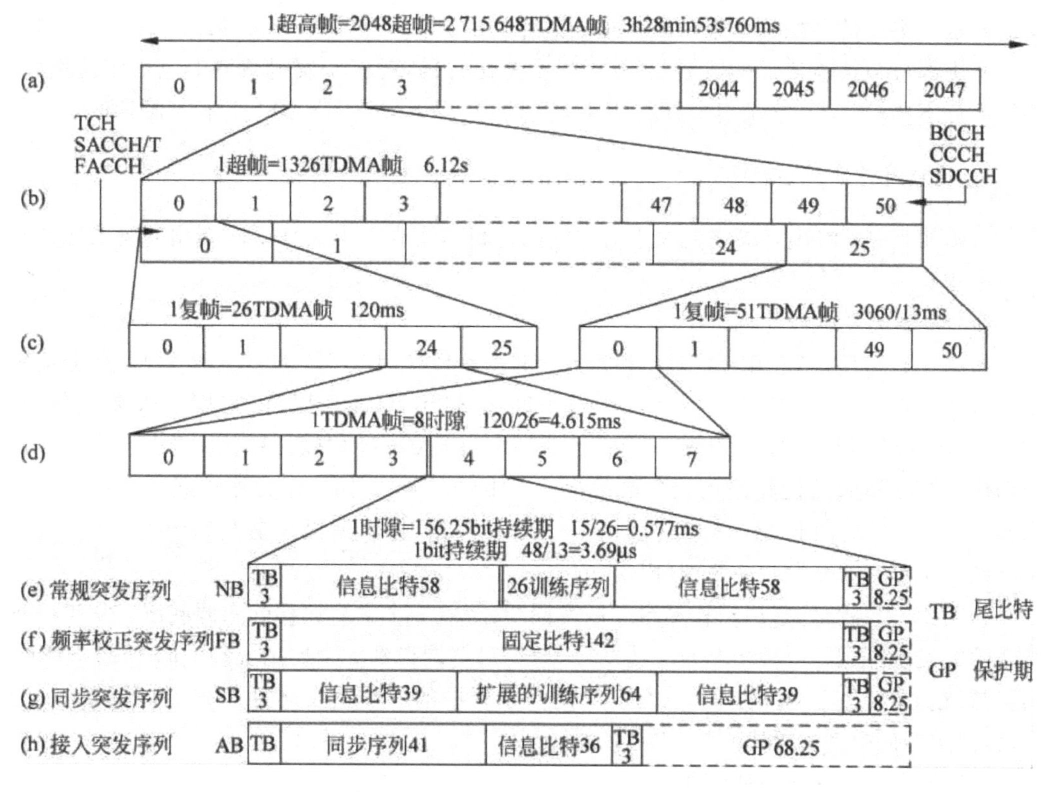

图 4-3 GSM 帧、时隙和突发脉冲序列

含26帧的复合帧其周期为120ms,用于业务信道及其随路控制信道。其中24个突发序列用于业务,2个突发序列用于信令。

含51帧的复合帧其周期为3060/13≈235.385ms,专用于控制信道。

3. 超帧

多个复帧又构成超帧(Super frame),它是一个连贯的51×26 TDMA帧,即一个超帧可以是包括51个26TDMA复帧,也可以是包括26个51TDMA复帧,如图4-3(b)所示。超帧的周期均为1326个TDMA帧,即6.12s。

4. 超高帧

多个超帧构成超高帧(Hyper frame)。它包括2048个超帧,如图4-3(a)所示,周期为12 533.76s,即3h28min53s760ms,用于加密的话音和数据,超高帧每一周期包含2 715 648个TDMA帧,这些TDMA帧按序编号,依次为0~2 715 647,帧号在同步信道中传送。帧号在跳频算法中是必需的。

GSM系统上行传输所用的帧号和下行传输所用的帧号相同,但上行帧相对于下行帧来说,在时间上推后3个时隙。这样安排,允许移动台在这3个时隙的时间内,进行帧调整以及对收发信机的调谐和转换。

时分数字系统的无线载波发送用间歇方式。突发开始时,载波电平从最低值迅速升到预定值并保持一段时间,此时发送突发中的有用信息,然后又迅速降到最低值,结束一个突发的发送。突发的开始和结束阶段传送的是保护部分。

有用部分包括被传送的数据、突发序列及尾比特码,对应于发射载波的电平维持期间。保护部分不传输信息,它是用来分隔相邻突发的,对应于载波电平的上升和下降期间。

5. 突发脉冲序列(BP)

从图4-3中可看出,GSM建议中对不同的逻辑信道规定了5种不同类型的突发脉冲序列帧结构。

(1) 常规突发脉冲序列(NB)

如图4-3(e)所示,它用于TCH和控制信道(除RACH、SCH和PCCH外)。业务信道要传送话音的1/4段,即57×2=114bit,中间为26bit的训练比特,它用于收端均衡,在26bit两端的各1bit为"借用比特",用它标明是否为FACCH偷帧。尾比特总是3个"0",以帮助均衡器知道起始位和停止位。最后是8.25bit的空白空间,作为保护间隔。这个突发总共有156.25bit,时长为576.9μs,每个码元时长为3.69μs,所以速率为270Kb/s。

(2) 频率校正突发脉冲序列(FB)

如图4-3(f)所示,它用于移动台的频率同步,等效一个频率偏移的未调载波。它是一种特殊的突发脉冲,长达148bit,且全为"0"。它经过解调得到一个比中心频率高1625/24kHz的正弦波。主要用于MS定位,以及解调同一小区中的同步突发脉冲序列,与BCCH一起广播,保护时间仍为8.25bit。

(3) 同步突发脉冲序列(SB)

如图4-3(g)所示,它用于移动台的定时同步。因为在语音编码与信道编码时没考虑到同步问题，数字传输中最重要的同步问题由突发传输解决。SB是从BTS到MS的突发，它包括一个易于被检测的长同步序列，携带TDMA的帧号(FN)和基站识别码(BSIC)，与FS一起广播。SB的重复发送构成同步信道(SCH)。它是MS在下行方向上解调的第一个突发脉冲。有了TDMA帧号，MS就能判断控制信道TS。64bit训练序列的两端是各为39bit的加密比特，最后是8.25bit的保护时间。

(4) 接入突发脉冲序列(AB)

如图4-3(h)所示，它用于移动台随机接入。AB是一种较短的突发脉冲，训练比特为41bit，信息比特为36bit，再加上7bit和3bit的分界标志，都为“0”，保护间隔为68.25bit。头标志和训练比特比标准突发脉冲要长，因为接收器在收RACH上的信息时既不知道接收电平、频率误差，也不知道接收开始时间，是一个随机消息，因此需要特别安排，以提高解调的成功率。由于无法预知MS与BTS之间的传输时间，AB到达BTS时会产生2倍于实际传播时延的误差。当MS远离BTS时，还会出现突发脉冲不能适应接收窗口的问题，AB较短安排的目的就是为了克服这种影响。AB的特点是保护时间较长，为68.25bit，合252μs。这适用于移动台的首次接入和越区切换接入，因为随机接入不知道定时提前量。

(5) 空闲突发脉冲序列(DB)

当无信息发送时，出于系统的需要，在相应的时隙内还应有突发序列发送，这种突发序列称为空闲突发脉冲(DB)，其结构与常规突发相同，只不过发送的比特流为固定比特序列。

4.2.2 GSM的信道结构

GSM系统的信道分类较复杂，前面说过，每个时隙其实就是基本的物理信道(Physical Channel)，而物理信道又支撑着逻辑信道(Logical Channel)。

① 物理信道。采用频分和时分复用的组合，它由用于基站(BS)和移动台(MS)之间连接的时隙流构成。这些时隙在TDMA帧中的位置，从帧到帧是不变的，参见图4-1。

② 逻辑信道。是在一个物理信道中作时间复用的。不同逻辑信道用于BS和MS间传送不同类型的信息，如信令或数据业务。而逻辑信道是根据BTS与MS之间传播的消息种类不同而定义的不同逻辑信道。这些逻辑信道是通过BTS映射到不同的物理信道上来传送。

而GSM的逻辑信道又分为两类：一类是业务信道(TCH)，用于传输话音和数据；另一类是控制信道(CCH)，用于传输各种信令信息，跟踪整个通信过程。逻辑信道类型如图4-4所示。

1. 业务信道

业务信道又分为话音业务信道和数据业务信道，如图4-5所示。

(1) 话音业务信道按速率的不同，可分为全速率话音业务信道(TCH/FS)和半速率话音业务信道(TCH/HS)。

(2) 数据业务信道按速率的不同，也分为全速率数据业务信道和半速率数据业务信道。

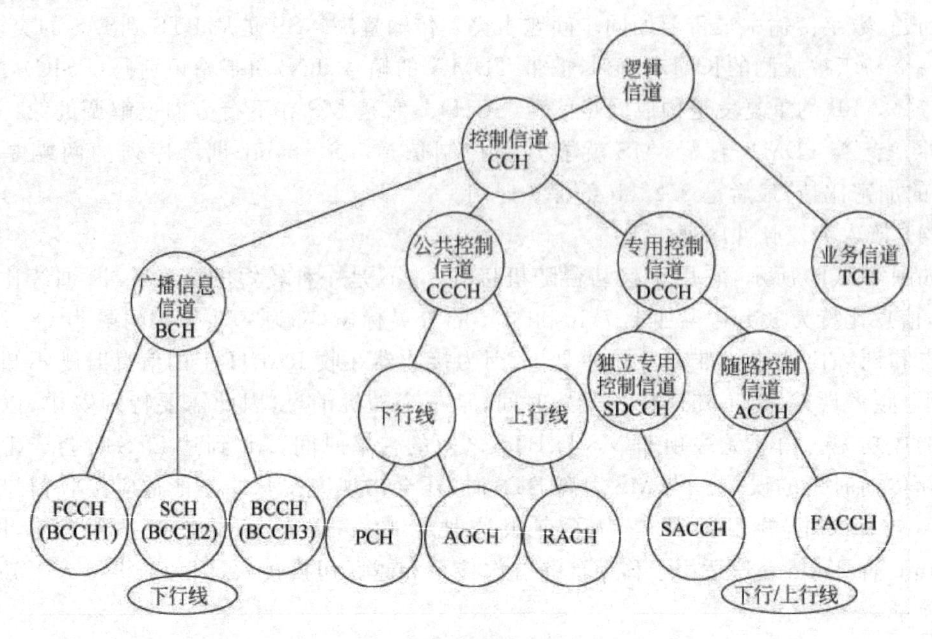

图 4-4 逻辑信道类型

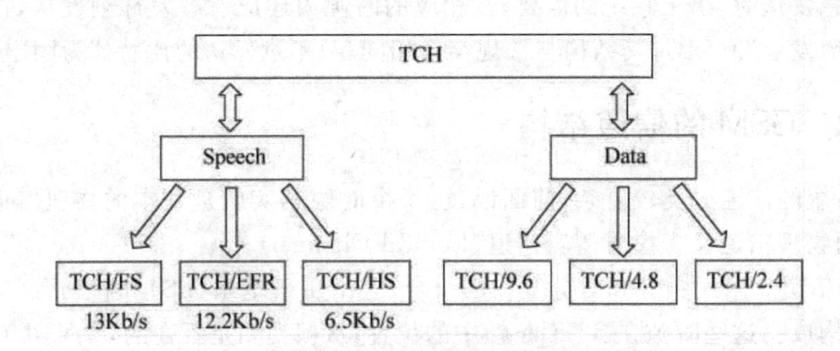

图 4-5 TCH 信道示意图

2. 控制信道

控制信道又分为广播信息信道、公共控制信道和专用控制信道。

(1) 广播信息信道(BCH)。是"一点对多点"的单方向控制信道,用于基站向所有移动台广播公用信息。传输的内容是移动台入网和呼叫建立所需要的各种信息,它又分为以下信道:

① 频率校正信道(FCCH)。传输供移动台校正其工作频率的信息,使手机工作在合适的频率。

② 同步信道(SCH)。传输供移动台进行同步和对基站进行识别的信息。

③ 广播控制信道(BCCH)。传输通用信息,用于移动台测量信号强度和识别小区标识等。BCCH 分配频率表是一项重要的网优参数。

(2) 公共控制信道(CCCH)。这是"一点对多点"的双向控制信道,其用途是在呼叫接续阶段,传输链路连接所需要的控制信令与信息,它又分为以下信道:

① 寻呼信道(PCH)。传输基站寻呼移动台的信息。

② 随机接入信道(RACH)。移动台申请入网时,向基站发送入网请求信息。

③ 准许接入信道(AGCH)。基站在呼叫接续开始时,向移动台发送分配专用控制信道的信令。

(3) 专用控制信道(DCCH)。这是一种“点对点”的双向控制信道,其用途是在呼叫接续阶段和在通信进行中,在移动台和基站之间传输必需的控制信息。其中又分为:

① 独立专用控制信道(SDCCH)。传输移动台和基站连接过程中的信道分配信令。

② 慢速辅助控制信道(SACCH)。在移动台和基站之间,周期地传输一些特定的信息,如功率调整、帧调整和测量数据等信息;SACCH 是安排在业务信道和有关的控制信道中,以复接方式传输信息。安排在业务信道时,以 SACCH/T 表示,安排在控制信道时,以 SACCH/C 表示,SACCH/C 常与 SDCCH 联合使用。

③ 快速辅助控制信道(FACCH)。传送与 SDCCH 相同的信息。使用时要中断业务信息(4 帧),把 FACCH 插入。不过,只有在没有分配 SDCCH 的情况下,才使用这种控制信道。这种控制信道的传输速率较快,每次占用 4 帧时间,约 18.5ms。

4.2.3 GSM 的基带处理

话音信号在发送端无线接口的基带处理过程如图 4-6 所示,接收端的处理过程与此相反。

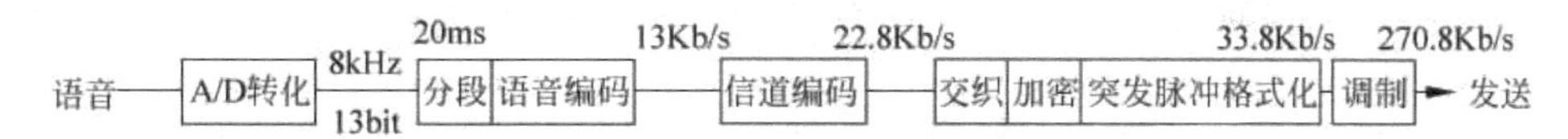

图 4-6 语音在 MS 中的处理过程

1. 语音编码

GSM 采用规则脉冲激励—长期预测编码(RPE-LTP)的编码方式。它利用语音编码器模拟人体喉咙的发音并建模,这些模型参数将通过 TCH 信道进行传送。语音通过一个模/数转换器,即经过 8kHz 抽样、用 A 率量化法,语音编码器以 20ms 为单位,得到 128Kb/s 的数据流,经编码器压缩编码后输出 260bit,因此码速率为 13Kb/s。与传统的 PCM 线路上语音的直接编码传输相比,GSM 的 13Kb/s 的话音速率要低得多。未来更先进的话音编码器还可以进一步将速率降低到 6.5Kb/s (半速率编码)。

2. 信道编码

为了检测和纠正传输期间引入的差错,用于 GSM 系统的信道编码方法有 3 种:卷积码、分组码和奇偶码。它们在数据流中引入冗余,即通过加入额外字符来提高信道的抗差错率。信道编码的结果是码字流。语音编码器中输出的码流为 13Kb/s,被分为 20m 一段,每段中含有 260bit,根据重要性的不同,又可细分为 50 个非常重要的比特、132 个重要比特、78 个一般比特。对它们分别进行不同的冗余处理,如图 4-7 所示。其中,块编码器引入 3 位冗余码,激变编码器引入 2 倍冗余后再加 4 位尾比特。结果对话音

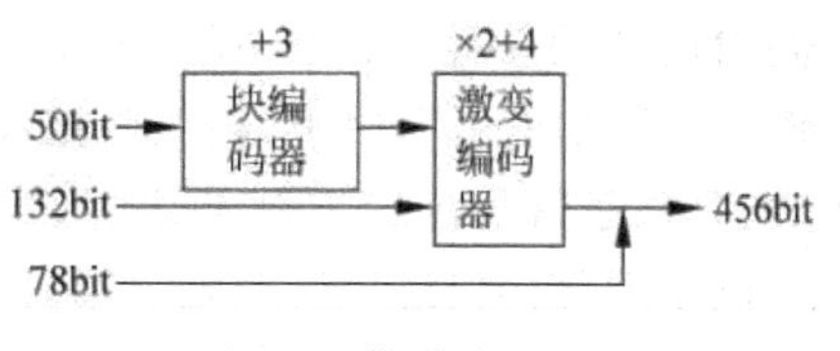

图 4-7 信道编码过程

信道来说,这些码字长456bit。其他信道原理类似,可参见有关资料。经信道编码后,数据速率变为22.8Kb/s。

3. 交织

在信道编码后,语音组成的是一系列有序的帧。而在传输时的比特错误通常是突发性的,这将影响连续帧的正确性。为了纠正随机错误及突发错误,最有效的方法就是用交织技术来分散这些错误。交织的要点是把码字的 b 个连续比特分散到 n 个突发脉冲序列中,以改变比特间的邻近关系。n 值越大,传输特性越好,但传输时延也越大,因此必须作折中考虑,这样交织就与信道的用途有关,所以在GSM系统中规定了采用二次交织方法,由信道编码后的456bit被分为8组,进行第一次交织(也称块内交织),如图4-8所示。

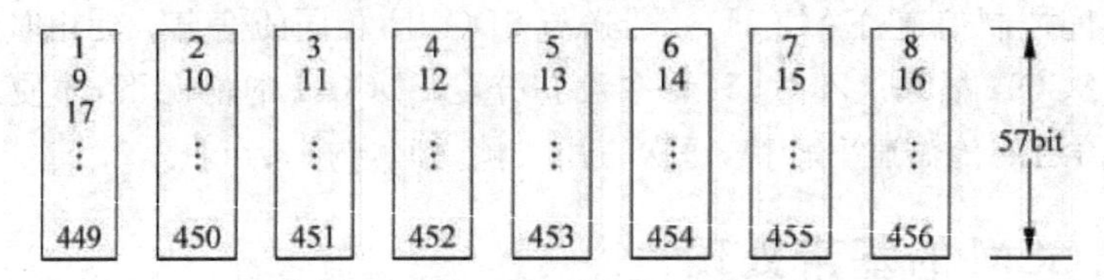

图4-8 456bit交织

由它们组成语音帧的一帧,现假设有3帧语音帧,如图4-9所示。

A帧(20ms,8×57=456bit)	B帧(20ms,456bit)	C帧(20ms,456bit)

图4-9 3个语音帧

而在一个突发脉冲中包括一个语音帧中的两组,如图4-10所示。

3	57	1	26	1	57	3

图4-10 突发脉冲的结构

其中,前后3个尾比特的用途是消息界定,接着是26个训练比特,训练比特的左右各1个比特是偷帧标志。而一个突发脉冲携带有两段57bit的声音信息。在发送时进行第二次交织,也称为块间交织,如图4-11所示。

A	
A	
A	
A	
B	A
B	A
B	A
B	A
C	B
C	B
C	B
C	B
	C
	C
	C
	C

图4-11 块间交织

4. 突发脉冲的形成

这一部分前面已经叙述过了。

5. 加密

在数字传输系统的各种优点中,能提供良好的保密性是很重要的特性之一。GSM通过传输加密提供保密措施。这种加密可以用于语音、数据和信令,与数据类型无关,只限于常规的突发脉冲之上。加密是通过一个泊松随机序列(由加密钥Kc与帧号通过A5算法产生)和常规突发脉冲之中114个信息比特进行异或操作而得到的。在接收端再产生相同的泊松随机序列，与所收到的加密序列进行异或操作便可得到所需要的数据了。经此数据速率变为了33.8Kb/s的码流。

6. 调制和解调

调制和解调是GSM信号处理的最后一步。

简单地说，GSM所使用的调制是BT=0.3的GMSK技术，其调制速率是270.833Kb/s，使用的是Viterbi(维特比)算法进行的解调。调制功能就是按照一定的规则把某种特性强加到电磁波上，这个特性就是要发射的数据。GSM系统中承载信息的是电磁场的相位，即采用调相方式。解调的功能就是接收信号，从一个受调的电磁波中还原发送的数据。从发送者的角度来看，首先要完成二进制数据到一个低频调制信号的变换，然后再进一步把它变成电磁波的形式。解调是调制的逆过程。

7. 跳频

在调制发射时，还会采用跳频技术——即在不同时隙发射载频在不断地改变(当然，同时要符合频率规划原则)。引入跳频技术主要是出于以下两点考虑：一是引入跳频可减少瑞利衰落的相关性；二是避开特定频段的干扰源。GSM系统的无线接口采用了慢速跳频(SFH)技术，GSM系统在整个突发序列传输期，传送频率保持不变，如图4-12所示。

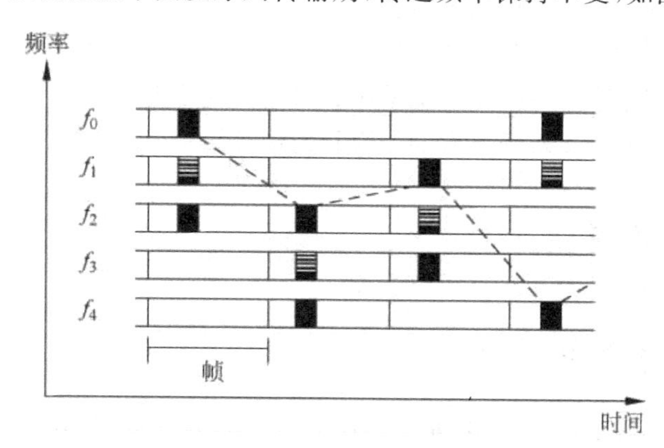

图4-12 GSM系统跳频示意图

在上、下行两个方向上，突发序列号在时间上相差3BP，跳频序列在频率上相差45MHz。GSM系统允许有64种不同的跳频序列，对它的描述主要有两个参数：移动分配指数偏置MAIO和跳频序列号HSN。MAIO的取值可以与一组频率的频率数一样多，HSN可以取64个不同值。跳频序列选用伪随机序列。通常，在一个小区的信道载有同样的HSN和不同的MAIO，这是避免小区内信道之间的干扰所希望的。邻近小区不会有干扰，因它们使用不同的频率组。为了获得干扰参差的效果，使用同样频率组的远小区应使用不同的HSN。对跳频算法感兴趣的读者可参阅GSM Rec. 05.02，这里不再细述。

思考与练习

4.2.1 填空题

① 无线接口是指________与________的接口，自下而上分________、________和________层。

② TDMA 帧的完整结构包括了________和________，它是在无线链路上重复的________帧，每一个 TDMA 帧含________个时隙，共占________ms。

③ GSM 建议中对不同的逻辑信道规定的突发脉冲序列帧结构为________、________、________、________和空闲突发脉冲序列(DB)。

④ 接入突发脉冲序列(AB)的特点是________，为________bit，合________μs。

4.2.2 判断题

① MM 和 CM 层是移动台间接与移动交换机之间的通信。（ ）

② 对于固定的频道，频率对每个隙缝是相同的；对于跳频信道的隙缝，可使用不同的频率。（ ）

③ 空闲突发脉冲(DB)，其结构与常规突发相反，只不过发送的比特流为固定比特序列。（ ）

4.2.3 选择题

下列控制信道是“一点对多点”的双向控制信道的是( )。

A. 专用控制信道　　B. 同步信道　　C. 寻呼信道　　D. 随机接入信道

4.2.4 画图简述题

① 试画图说明常规突发序列帧结构。

② 画图说明 GSM 的逻辑信道类型。

③ 画图说明 GSM 系统的基带处理过程。

④ 试用自己的语言简述 GSM 系统采用二次交织的原理。

⑤ 简述 GSM 系统引入跳频技术的原因和描述跳频系列的参数。

4.3 频率复用技术

4.3.1 频率复用原理

蜂窝通信网络把整个服务区域划分为若干个较小的区域(Cell，在蜂窝系统中称为小区)，各小区均用小功率的发射机(即基站发射机)进行覆盖，许多小区像蜂窝一样能布满(即覆盖)任意形状的服务地区。

蜂窝系统的基本原理是频率复用。通常，相邻小区不允许使用相同的频道，否则会发生相互干扰(称同道干扰)，但由于各小区在通信时所使用的功率较小，因而任意两个小区只要相互之间的空间距离大于某一数值，即使使用相同的频道，也不会产生显著的同道干扰(保证信干比高于某一阈值)。为此，把若干相邻的小区按一定数目划分成区群，并把可供使用的无线频道分成若干个(等于区群中的小区数)频率组，区群内小区均使用不同的频率组，而任意小区使用的频率组，在其他区群相应的小区中还可以再用，这就是频率复用，如图 4-13 所示。频率复用是蜂窝通信网络解决用户增多而被有限频谱制约的重大突破。

一般来说，小区越小(频率组不变)，单位面积可容纳的用户越多，即系统的频率复用率越高。由此可以设想，当用户数增多并达到小区所能服务的最大限度时，如果把这些小区分割成更小的蜂窝状区域，并相应减小新小区的发射功率和采用相同的频率复用模式，那么分裂后的新小区能支持和原小区同样数量的用户，也就提高了系统单位面积可服务的用户数。

而且，当新小区所支持的用户数又达到饱和时，还可以将这些小区进一步分裂，以适应持续增长的业务需求。这种过程称为小区分裂，是蜂窝通信系统在运行过程中为适应业务需求的增长而逐步提高其容量的独特方式。但是不能说，无限制地减小小区面积可以无限度地增加用户数量，因为小区半径减小到原小区半径的1/10时，可容纳的用户数可增加100倍，而小区数也需要增加100倍，一般小区基站的建立费用是昂贵的，特别在城市区域中，占用房地产的费用非常高，这是不能不考虑的实际问题(另外还有其他的限制)。此外，区群中的小区数越少，系统所划分的频率组数就越少，每个频率组所含的频道数就越多，因而每个小区能使用的频道数就越多，可同时服务的用户数也增多，然而频率复用距离是和区群所含的小区数有关的，区群所含的小区数越少，频率复用距离越短，相邻区群中使用相邻频道的小区的同道干扰就越强。因为频率复用距离必须足够大，才能保证这种同道干扰低于某个预定的阈值，这也就限制了区群中所含小区数目不能小于某种值。

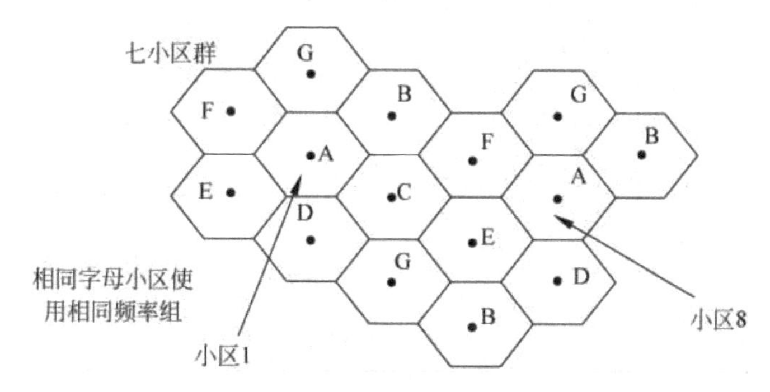

图 4-13　蜂窝系统的频率复用

4.3.2　常规频率复用技术

频谱利用效率可以用频率复用度来表征，它反映了频率复用的紧密程度。频率复用度 f_{reuse} 可以表示为

$$f_{\text{reuse}} = \frac{N_{\text{ARFCN}}}{N_{\text{TRX}}}$$

式中，N_{ARFCN} 为系统中总的可用频点数；N_{TRX} 为小区中配置的收发信机。

对于 $n \times m$ 频率复用方式，n 表示小区簇中有 n 个基站，m 表示每个基站有 m 个小区。那么它的频率复用度为

$$f_{\text{reuse}} = n \times m$$

频率复用度越小，其频率复用越紧密，频率的利用率越高。但随着频率复用紧密程度的增加，带来干扰增大，需要相关抗干扰技术的支持。频率复用度越大，其频谱利用率越小，但容易获得较高的网络话音质量，如图4-14所示。

在GSM系统中，最基本的频率复用方式为4×3频率复用方式，“4”表示4个基站，“3”表示每基站3个小区，即将一个蜂窝等分成3个小区，使用3组不同频率。这12个扇形小区为一个频率复用簇，同一簇中频率不能被复用。这种频率复用方式由于同频复用距离大，能够比较可靠地满足GSM体制对同频干扰和邻频干扰的指标要求。使GSM网络运行质量好，安全性好。4×3频率复用方式下，它的频率复用度为12，如图4-15所示。

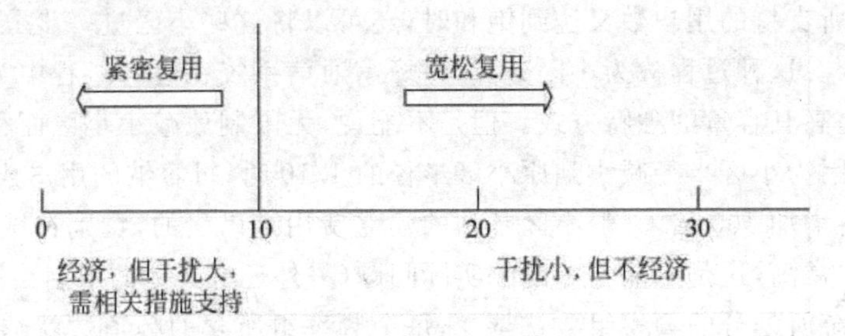

图 4-14 频率复用度示意图

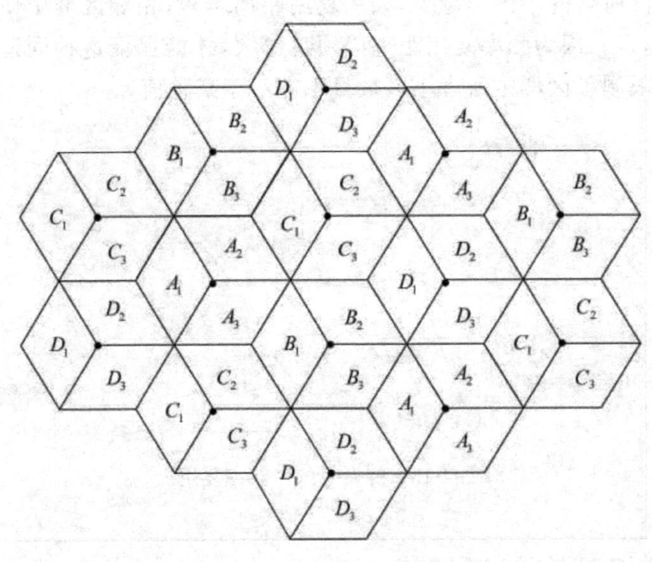

图 4-15 4×3 频率复用方式

4.3.3 紧密频率复用技术

随着无线服务需求的提高，分配给每个小区的信道数最终变得不足以支持所要达到的用户数。从这一点来看，需要一些蜂窝设计技术来给单位覆盖区域提供更多的信道。在实际应用中小区分裂(Splitting)、裂向(Sectoring)和覆盖区分区域(Coverage Zone)的方法是增大蜂窝系统容量的有效方法。另外，在现有的频谱资源下，采用紧密频率复用技术提高网络容量是最经济、最快捷的手段，因此也是最受移动运营商欢迎的手段。

比较典型的频率紧密复用技术主要有 3×3、2×6、2×3、MRP、1×3、1×1 复用技术及同心圆技术。而 1×3 紧密复用技术其实就是 MRP 技术的一个特例，所以在介绍 1×3 复用技术之前，先介绍一下 MRP 技术。

MRP(Multiple Reuse Pattern，多重复用技术)的实质是将载波分层，各层采用不同的复用模式，以达到扩容的目的。多重复用就是把所有频带分为几部分，每部分采用不同的频率复用系数，就是说同一网络采用不同的频率复用方式。例如，共有 37 个信道，其中控制信道载频以 12 扇区为一复用群，业务信道载频分别以 9、6、4 扇区为复用群。在多重复用方式中，同一小区的业务载频的复用度之所以能一个比一个高，是因为采用跳频技术，通过跳频将不同载频干扰进行了平均，主要保证平均干扰情况符合要求，就能满足通话要求。

MRP技术可根据容量需求及话务量分布情况灵活进行频率规划，可逐步提高网络容量，比仅使用3×3复用方式网络容量高，与2×3、1×3相比对网络质量影响小，采用的技术如跳频、功率控制，不连续发射(DTX)是较成熟的技术，在设备及软件上无其他特殊要求，只要进行仔细的网络规划和优化，就能满足网络安全可靠运行。容量提高较大，较大地提高了频率利用率，频道配置灵活，不同的频率复用方式可根据容量需求逐步引入，还可根据话务量分布情况，仅在话务量高的地方增加载频。

下面介绍1×3频率复用方式。采用该复用方式时，每个基站的3个小区组成一个簇，按簇进行频率复用，即每个基站的1、2、3小区分别使用相同的频率集，如图4-16所示。

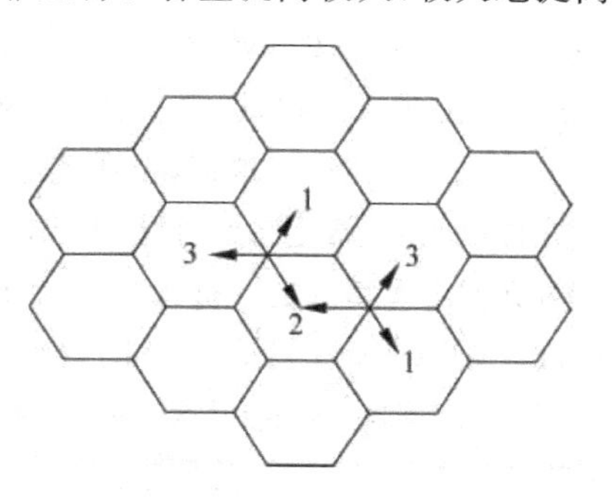

图4-16 1×3频率复用方式

采用1×3紧密复用技术时，必须使用射频跳频。通常有两种跳频集(MA)分配方式：连续分配方式和间隔分配方式。跳频算法的表达式为

$$\mathrm{MAI} = f(\mathrm{MAIO},\mathrm{FN},\mathrm{MA},\mathrm{HSN},N) = f(\mathrm{FN},\mathrm{HSN},N)\cdot f(\mathrm{MA},\mathrm{MAIO}) \quad (4\text{-}1)$$

式(4-1)中MAI为跳频索引地址，用于索引MA中的第几个频点；N为MA中的频点，FN为帧号，HSN为调频序列号，MAIO为跳频分配偏移量。

当在同一基站内3个小区的FN、HSN、N都相同时，MAI仅取决于MA和MAIO。这说明通过仔细规划MA和MAIO，可以控制同一基站内的邻频碰撞。式(4-1)也说明同一基站内的3个小区的MA集中的频点数量相同时，同一基站内的邻频碰撞可以受控。

1×3紧密复用方式的复用度比3×3复用方式和MRP技术更加紧密，能提高更多的容量。频率规划简单，在优化阶段需调整或增扩载频时，无需重新规划频率。采用射频跳频，获取比基带跳频更大的跳频增益。当然，随着复用距离的减小，同频和邻频干扰也显著增加，需要相关措施解决。

在许多实际情况中，采用1×3的组网方式，由于目前话务量还没有达到过于拥塞的程度，所以采用了一些基本的控制干扰的措施，如降低静态输出功率、降低天线下倾角等方法就能解决干扰问题。但是当用户量进一步增加，话务量进一步增大时，有可能要增加基站或载频数，这时的网络具有以下特点：站距更为紧密，频率复用度更高，话务量更大，网络的干扰严重。因此当用户量进一步增加时，如何避免或减少无线干扰，保证话音质量，就成为需要解决的关键问题。

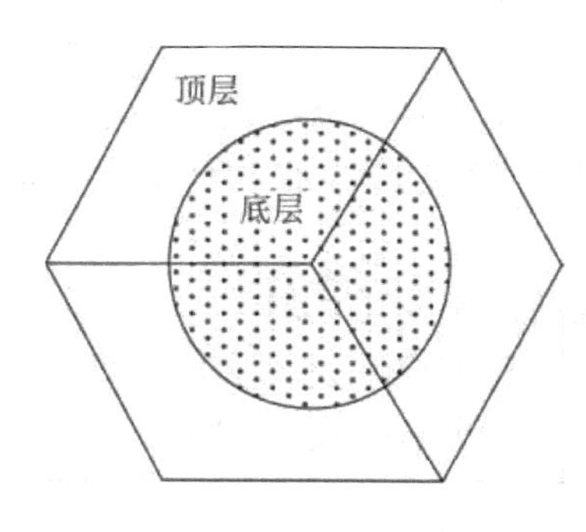

图4-17 同心圆复用方式

为了解决这一问题，研究人员开发出了紧密复用模式下的同心圆(Concentric Cell)技术，如图4-17所示。同心圆技术就是在GSM网中，将无线覆盖小区(一个基站或基站的一部分小区)，分为两层，即外层和内层，又称顶层(Overlay)和底层(Underlay)。外层的覆盖范围是传统的蜂窝小区，而内层的覆盖范围主要集中在基站附近；外层一般采用常规的4×3复用方式，而内层则采用密化的复

用方式,如 3×3、2×3 或 1×3 等。因而,所有的载频被分为两组,一组用于外层,另一组用于内层。外层和内层是共站址的,而且共用一套天线系统。共用同一个广播控制信道(BCCH),但公共控制信道(CCCH)必须设置在外层载频信道上,这就意味着通话的建立必须在外层信道上进行。

使用同心圆技术,将把一个小区的载频根据频率复用情况分为内圆载频和外圆载频。频率复用度低的载频,其干扰也低,因此配置为外圆载频;频率复用度高的载频干扰大,配置为内圆载频。对于离基站近的地区,呼叫的上下行电平高,抗干扰能力强,因此希望能将这种呼叫分配到内圆载频上。而在离基站远的地区,其电平相对较低,抗干扰能力弱,同时由于处于小区的边缘地带,受到其他小区的干扰电平也强,同时对其他邻近小区的干扰也大。在这种情况下,希望将这种呼叫分配到外圆载频上,这样该呼叫受到的干扰小,话音质量好,同时对其他小区造成的干扰也小。这样,对于大面积开通的同心圆小区来说,可以降低整网的干扰效应;反过来说,要降低整网的干扰,只开通少数同心圆小区是不起作用的。例如,只开通了一个同心圆小区,对于这个同心圆小区来说,它根据同心圆的信道分配技术,减少了对其他邻近小区的干扰,但是其他小区对该同心圆小区的干扰并没有减少,网络质量没有明显改善。

4.3.4 蜂窝系统的扩容

随着无线服务需求的进一步提高,若要进一步提高系统容量,除了上文所介绍到的技术手段外,在实际应用中,小区分裂(Splitting)和裂向(Sectoring)是增大蜂窝系统容量的有效方法。

1. 小区分裂技术

小区分裂是将拥塞的小区分成更小的小区的方法,每个小区都有自己的基站并相应地降低天线高度和减小发射机功率。由于小区分裂提高了信道的复用次数,因而能提高系统容量。通过设定比原小区半径更小的新小区和在原有小区间安置这些小区(称为微小区),使得单位面积内的信道数目增加,从而增加系统容量。

假设每个小区都按半径的一半来分裂,如图 4-18 所示。为了利用这些更小的小区来覆盖整个服务区域,将需要大约为原来小区数 4 倍的小区。为了理解这个概念,以 R 为半径画一个圆。以 R 为半径的圆所覆盖的区域是以 $R/2$ 为半径的圆所覆盖的区域的 4 倍。小区数的增加将增加覆盖区域内的簇数目,这样就增加了覆盖区域内的信道数量,从而增加了容量。小区分裂通过用更小的小区代替较大的小区来允许系统容量的增长,同时又不影响为了维持同频小区间的最小同频复用因子 $Q=D/R$ 所需的信道分配策略。

图 4-18 所示的小区分裂的例子,基站放置在小区角上,并假设基站 A 服务区域内的话务量已经饱和(即基站 A 的阻塞超过了可接受的阻塞率)。因此该小区需要新的基站来增加区域内的信道数目,并减小单个基站的服务范围。在图 4-18 中注意到,最初的基站 A 被 6 个新的微小区基站所包围。

在图 4-18 所示的例子中,更小的小区是在不改变系统的频率复用计划的前提下增加的,如标为 G 的微小区基站安置在两个使用同样信道的、也标为 G 的大基站中间。图中其他的微小区也是一样。从图中可以看出,小区分裂只是按比例缩小了簇的几何形状。这样,每个新小区的半径都是原来小区的一半。

对于在尺寸上更小的新小区,它们的发射功率也应该下降。半径为原来小区一半的新小区的发射功率，可以通过检查在新的和旧的小区边界接收到的功率 P_r 并令它们相等。这需要保证新的微小区的频率复用方案和原小区一样。

小区分裂增加了单位面积上的信道数，它通过减小小区半径 R 和不改变同频率复用因子 $Q=D/R$ 的比值，因而获得了系统容量的增加。

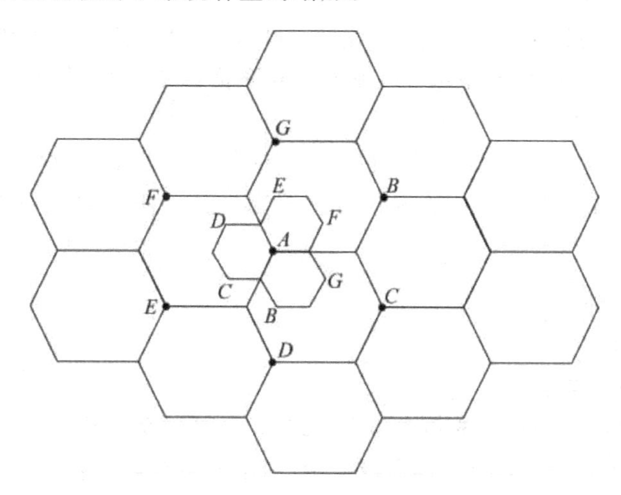

图 4-18　小区分裂示意图

2. 小区裂向技术

另一种增大系统容量的办法就是保持小区半径不变，而设法减小 D/R 的比值。下面介绍裂向(划分扇区)技术。

小区裂向可增大信干比 SIR(Signal to Interference Ratio)，但可能导致簇大小减小。在这种方法中，首先使用定向天线提高 SIR，而容量的提高是通过减小簇中小区数量以提高频率复用度来实现的。但是为了做到这一点，需要在不降低发射功率的前提下减小相互干扰。

蜂窝系统中的同频干扰能通过用定向天线来代替基站中单独的一根全向天线而减小，其中每个定向天线辐射某一特定的扇区。使用定向天线，小区将只接收同频小区中一部分小区的干扰。使用定向天线来减小同频干扰，从而提高系统容量的技术称为裂向。同频干扰减小的因素取决于使用扇区的数目。通常一个小区划分为 3 个 120°的扇区或是 6 个 60°的扇区，如图 4-19(a)、(b)所示。

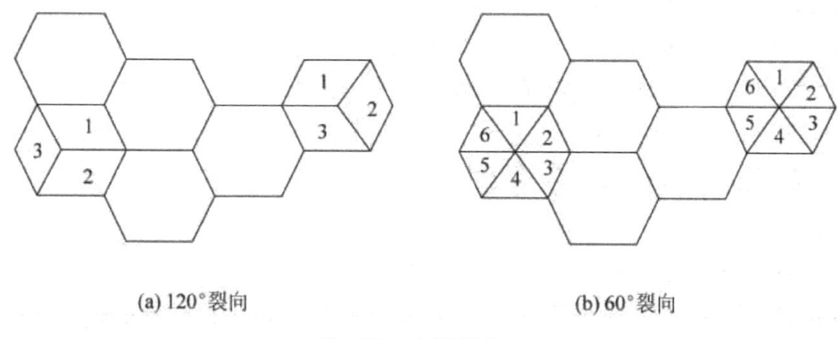

图 4-19　小区划分

利用裂向以后,在某个小区中使用的信道就分为分散的组,每组只在某个扇区中使用,如图4-19所示。假设为7小区复用,对120°扇区,第一层的干扰源数目由6个下降到2个。这是因为6个同频小区中只有2个能接收到相应信道组的干扰。在这6个同频小区中,只有两个小区具有可以辐射进入到中心小区的天线模式,因此中心小区的移动台只会受到来自这两个小区的前向链路的干扰。这种情况下可以计算出SIR=24.2dB。SIR值的提高允许无线工程师减小簇的大小N来增大频率复用和系统容量。在实际系统中,扇区天线下倾能进一步提高SIR的值。

SIR值的提高意味着120°裂向后,相对于没有裂向的12小区复用的最坏情况而言,所需的最小SIR值18dB在7小区复用时很容易满足。这样裂向减小干扰,获得12/7或1.714倍的容量增加。

思考与练习

4.3.1 填空题

① 蜂窝系统的基本原理是________。

② 在GSM系统中,最基本的频率复用方式为4×3频率复用方式,"4"表示________,"3"表示________,即将一个蜂窝中等分成3份,使用3种不同频率。

③ 使用同心圆技术,将把一个小区的载频根据频率复用情况分为________和________。频率复用度低的载频,其干扰也低,因此配置为________;频率复用度高的载频干扰大,配置为________。

4.3.2 选择题

① 比较典型的频率紧密复用技术主要有(　　)。

A. 3×3　B. 1×3　C. MRP　D. 2×3　E. 2×6　F. 1×1

② 增大蜂窝系统容量的有效方法主要有(　　)。

A. 小区分裂　B. 小区裂向

C. 提高发射功率　D. 覆盖区分区域

E. 增加基站

4.3.3 名词解释

多重复用技术;小区分裂技术;小区裂向技术

4.3.4 简述题

① 试简述蜂窝系统的原理。

② 画图说明频率复用的原理。

③ 试说明同心圆复用的原理,并指出其优点。

④ 蜂窝系统扩容有哪些有效方法,试分别叙述之。

*4.4 GSM的控制与管理

应当说移动通信在很多方面都比固定通信要复杂得多。移动通信有其固有的特质,比如说通信位置不固定、信道资源极其有限、需要进行鉴权和加密以防止窃听等,这都给无线通信带来了极大的困扰。同时,无线通信与有线通信的主要差异在于接续资源的管理。在有线网中用户终端和系统之间的通信介质总是存在的，电路总是预留着的，当客户需要进行一个呼叫时，可以立刻建立电路连接。而对于GSM而言，空中接口的频谱是非常有限的，显然不可能这么奢侈地为每个用户预留一条信道，为了提高系统资源的利用效率，就必须资源共享，路径必须按需分配，无线接口上的信道仅仅在MS需要和通话期间提供，通信结束时进行释放。综上，移动通信网络如何知道移动用户在哪儿、如何接受用户的请求、如何呼叫用户、接续通话及信道的分配和释放等，都需要受到系统的控制和管理，包括无线资源管理(RR管理)、移动性管理(MM管理)和连接管理(CM管理)。下面就一一加以介绍。

1. MS开机，网络对它做"附着"标记

MS开机，首先要进行IMSI附着，又分以下3种情况：

(1) 若MS是第一次开机。在SIM卡中没有位置区识别码(LAI)，MS向MSC发送"位置更新请求"消息，通知GSM系统这是一个此位置区的新用户。MSC根据该用户发送的IMSI号，向HLR发送"位置更新请求"，HLR记录发请求的MSC号以及相应的VLR号，并向MSC回送"位置更新接受"消息。至此MSC认为MS已被激活，在VLR中对该用户对应的IMSI上做"附着"标记，再向MS发送"位置更新证实"消息，MS的SIM卡记录此位置区识别码。

(2) 若MS不是第一次开机，而是关机后再开机的，MS接收到的LAI与它SIM卡中原来存储的LAI不一致，则MS立即向MSC发送"位置更新请求"，VLR要判断原有的LAI是否是自己服务区的位置：如判断为肯定，MSC只需要将该用户的SIM卡中原来的LAI码改成新的LAI码即可；若为否定，MSC根据该用户的IMSI号中的信息，向HLR发送"位置更新请求"，HLR在数据库中记录发请求的MSC号，再回送"位置更新接受"，MSC再对用户的IMSI做"附着"标记，并向MS回送"位置更新证实"消息，MS将SIM卡原来的LAI码改成新的LAI码。

(3) MS再开机时，所接收到的LAI与它SIM卡中原来存储的LAI相一致：此时VLR只对该用户做"附着"标记。

2. MS关机，从网络中"分离"

MS切断电源后，MS向MSC发送分离处理请求，MSC接收后，通知VLR对该MS对应的IMSI上做"分离"标记，此时HLR并没有得到该用户已脱离网络的通知。当该用户被寻呼后，HLR向拜访地MSC/VLR要漫游号码(MSRN)时，VLR通知HLR该用户已关机。

3. MS忙

此时，给MS分配一个业务信道传送话音或数据，并在用户ISDN上标注用户"忙"。

4. 周期性登记

当MS向网络发送"IMSI分离"消息时，有可能因为此时无线质量差或其他原因，GSM系统无法正确译码而仍认为MS处于附着状态。或者MS开着机，却移动到覆盖区以外的地方，即盲区，GSM系统也不知道。在这两种情况下，该用户若被寻呼，系统就会不断地发

出寻呼消息,无效占用无线资源。为了解决上述问题,GSM系统采用了强制登记的措施。要求MS每过一定时间登记一次,这就是周期性登记。若GSM系统没有接收到MS的周期性登记信息,它所处的VLR就以"隐分离"状态在该MS上做记录,只有再次接收到正确的周期性登记信息后,才将它改写成"附着"状态。

5. 位置更新

当移动台更换位置区时,移动台发现其存储器中的LAI与接收到的LAI发生了变化,便执行登记,这个过程就叫"位置更新"。位置更新是移动台主动发起的,共有两种情况:同一MSC局内的位置区更新和越局位置区更新。

(1) 同一MSC局内的位置更新。这时HLR并不参与位置更新过程,如图4-20所示。

① 移动台漫游到新位置区时,分析出接收到的位置区号码和存储在SIM卡中的位置区号码不一致,就向当前的基站控制器(BSC)发一个位置更新请求。

② BSC接收到MS的位置更新请求,就向MSC/VLR发一个位置更新请求。

③ VLR修改这个MS的数据,将位置区号码改成当前的位置区号码,然后向BSC发一个应答消息。

④ BSC向MS发一个应答消息,MS将自己SIM卡中存储的位置区号码改成当前的位置区号码。这样,一个同一MSC局内的位置更新过程就结束了。

(2) 越局位置更新。当移动用户从一个MSC局漫游到另一个MSC局时,就要进行越局位置更新。这时HLR就要参与位置更新过程,如图4-21所示。不同MSC之间的位置更新比同一MSC内的位置更新稍复杂一些,在这里为了描述方便,称用户原来所在的MSC局为MSC1,漫游到的MSC局为MSC2,在图中基站控制器(BSC)已省略,但描述时仍将提到BSC,将BSC和MSC一样称为BSC1和BSC2,具体步骤如下:

① 移动用户漫游到另一个MSC局时,移动台(MS)发现当前的位置区号码和SIM卡中存储的位置区号码不一致,就向BSC2发位置更新请求,BSC2向MSC2发一个位置更新请求。

② MSC/VLR2接到位置更新请求,发现当前MSC中不存在该用户信息(从其他MSC漫游过来的用户),就向用户登记的HLR发一个位置更新请求。

③ HLR向MSC/VLR2发一个位置更新证实,并将此用户的一些数据传送给MSC/VLR2。

④ MSC/VLR2通过BSC2给MS发一个位置更新证实消息,MS接到后,将SIM卡中位置区号码改成当前的位置区码。

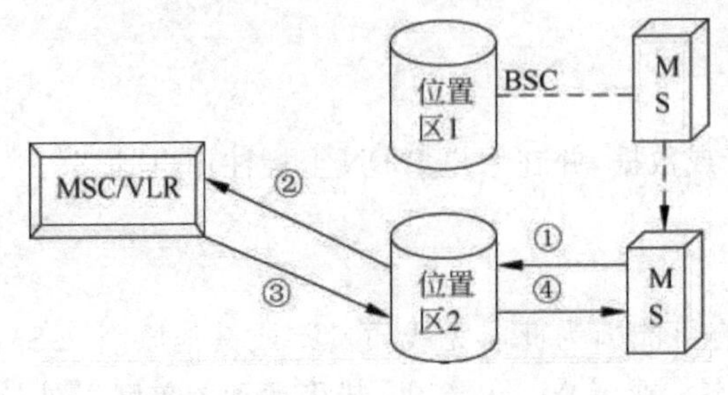

图4-20 同一MSC局内的位置更新

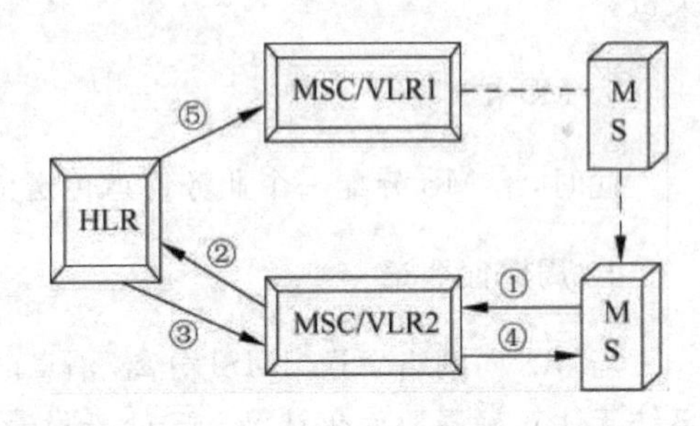

图4-21 不同MSC之间的位置更新

⑤ HLR负责向MSC/VLR1发消息，通知VLR1将该用户的数据删除。

这里要特别提出的是：在每次位置更新之前，都将对这个用户进行鉴权。

总之，位置更新总是由新BTS发起的；总要修改VLR数据；相同MSC不修改HLR数据，不同MSC要修改HLR数据。

6. 切换

当移动用户在蜂窝服务区中快速移动时，用户之间的通话常常不会在一个小区中结束，如快速行驶的汽车在一次通话的时间内可能跨越多个小区。当移动台从一个小区进入另一个相邻的小区时，其工作频率及基站与移动交换中心所用的连接链路必须从它离开的小区转换到正在进入的小区，这一过程称为越区切换，即将一个正处于呼叫建立状态或忙状态的MS转换到新的业务信道上的过程，称为切换。其控制机理如下：当通信中的移动台到达小区边界时，该小区的基站能检测出此移动台的信号正在逐渐变弱，而邻近小区的基站能检测到此移动台的信号越来越强，系统收集来自这些基站的有关信息，进行判决，当需要实施越区切换时，就发出相应的指令，使正在越过边界的移动台将其工作频率和通信链路从离开的小区切换到进入的小区。整个过程自动进行，用户并不知道，也不会中断进行中的通话。因此，切换是由网络决定的，一般在下述两种情况下要进行切换：一种是正在通话的客户从一个小区移向另一个小区；另一种是MS在两个小区覆盖重叠区进行通话，原小区业务特别忙，这时BSC通知MS测试它邻近小区的信号强度、信道质量，决定将它切换到另一个小区，这就是业务平衡所需要的切换。

切换首先是BTS要通知MS将其周围小区BTS的有关信息及BCCH载频信号强度进行测量，同时还要测量它所占用的TCH的信号强度和传输质量，再将测量结果发送给基站控制器(BSC)，BSC根据这些信息对周围小区进行比较排队(这就是“定位”)，最后由BSC做出是否需要切换的决定(图4-22)。另外，BSC还需判别在什么时候进行切换，切换到哪个BTS。

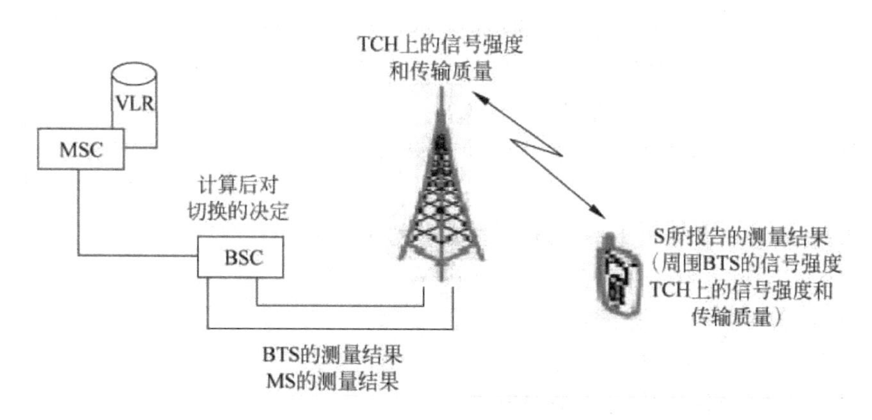

图4-22 BSC决定是否要切换

(1) BSC内切换

在这种情况下，BSC需要建立与新BTS间的链路，并在新小区内分配一个TCH供MS

切换到此小区后使用,而网络 MSC 对这种切换不做进一步了解。由于切换后邻近小区发生了变化,MS 必须接收了解有关新的邻近小区的信息。若 MS 所在的位置区也变了,那么在呼叫完成后还需进行位置更新。其具体的工作流程见图 4-23。

① BSC 预订新的 BTS 激活一个 TCH。

② BSC 通过旧 BTS 发送一个包括频率、时隙及发射功率参数的信息至 MS,此信息在 FACCH 上传送。

③ MS 在规定新频率上发送一个切换接入突发脉冲,通过 FACCH 发送。

④ 新 BTS 收到此突发脉冲后,将时间提前量信息通过 FACCH 回送 MS。

⑤ MS 通过新 BTS 向 BSC 发送一切换成功信息。

⑥ BSC 要求旧 BTS 释放 TCH。

(2) 相同 MSC/VLR 业务区,不同 BSC 间的切换

在这种情况下,网络很大程度地参与了切换过程。

BSC 需向 MSC 请求切换,然后再建立 MSC 与新的 BSC、新的 BTS 的链路,选择并保留新小区内空闲 TCH 供 MS 切换后使用,然后命令 MS 切换到新频率的新 TCH 上。切换成功后 MS 同样需要接收了解周围小区信息,由于位置区发生了变化,因此在呼叫完成后还须进行位置更新。其具体的工作流程见图 4-24。

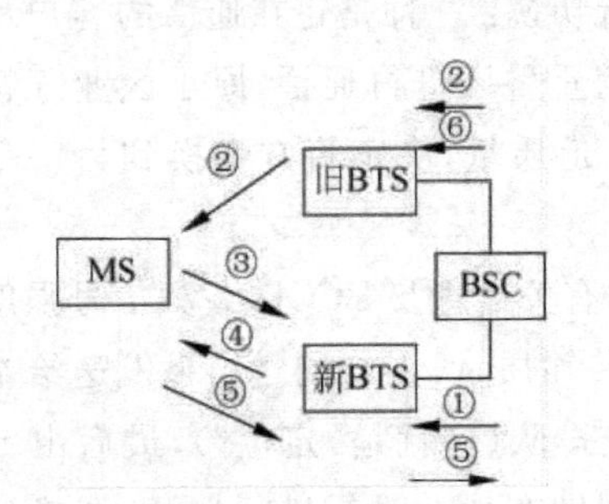

图 4-23 相同 BSC 控制小区间的切换

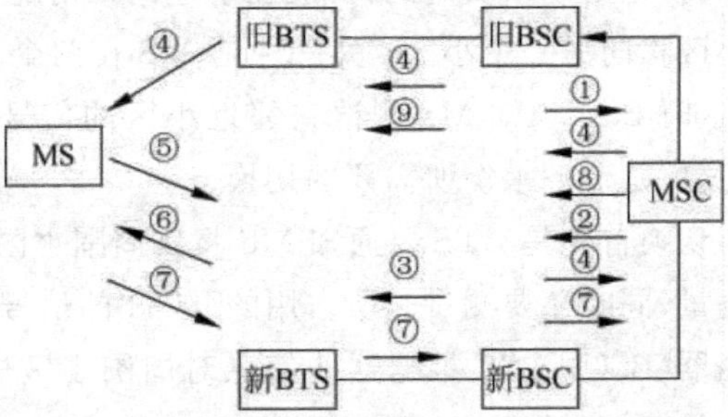

图 4-24 相同 MSC 下不同 BSC 控制小区间的切换

① 旧 BSC 把切换请求及切换目的小区标识一起发给 MSC。

② MSC 判断是哪个 BSC 控制的 BTS,并向新 BSC 发送切换请求。

③ 新 BSC 预订目标 BTS 激活一个 TCH。

④ 新 BSC 把包含有频率时隙及发射功率的参数通过 MSC,旧 BSC 和旧 BTS 传到 MS。

⑤ MS 在新频率上通过 FACCH 发送接入突发脉冲。

⑥ 新 BTS 收到此脉冲后回送时间提前量信息至 MS。

⑦ MS 发送切换成功信息通过新 BSC 传至 MSC。

⑧ MSC 命令旧 BSC 释放 TCH。

⑨ BSC 转发 MSC 命令至 BTS 并执行。

(3) 不同 MSC 间的切换

这是一种最复杂的情况,切换前需进行大量的信息传递。这种切换由于涉及两个 MSC,则称切换前 MS 所处的 MSC 为服务交换机(旧 MSC),切换后 MS 所处的 MSC 为目标交换机(新 MSC)。

MS 原所处的 BSC 根据 MS 送来的测量信息作决定需要切换，就向旧 MSC 发送切换请求，旧 MSC 再向新 MSC 发送切换请求，新 MSC 负责建立与新 BSC 和 BTS 的链路连接，新 MSC 向旧 MSC 回送无线信道确认。根据越局切换号码(HON)，两交换机之间建立通信链路，由旧 MSC 向 MS 发送切换命令，MS 切换到新的 TCH 频率上，由新的 BSC 向新 MSC，新 MSC 向旧 MSC 发送切换完成指令。旧 MSC 控制原 BSC 和 BTS 释放原 TCH。其具体的工作流程见图 4-25。

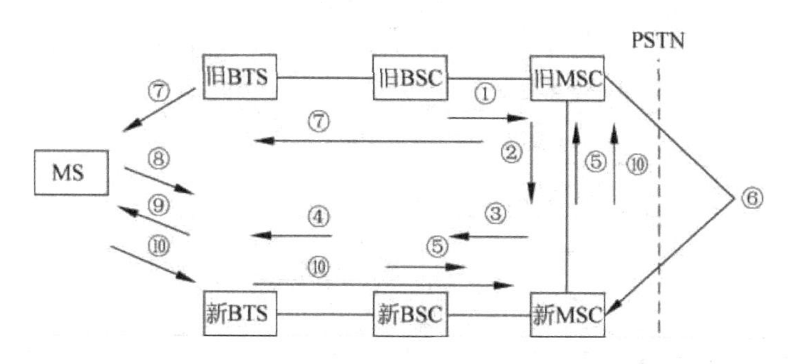

图 4-25 不同 MSC 下控制小区间的切换

① 旧 BSC 把切换目标小区标识和切换请求发至旧 MSC。

② 旧 MSC 判断出小区属另一 MSC 管辖。

③ 新 MSC 分配一个切换号(路由呼叫用)并向新 BSC 发送切换请求。

④ 新 BSC 激活 BTS 的一个 TCH。

⑤ 新 MSC 收到 BSC 回送信息并与切换号一起转至旧 MSC。

⑥ 一个连接在 MSC 间被建立也许会通过 PSTN 网。

⑦ 旧 MSC 通过旧 BSC 向 MS 发送切换命令，其中包含频率时隙和发射功率。

⑧ MS 在新频率上发一接入突发脉冲通过 FACCH。

⑨ 新 BTS 收到后回送时间提前量信息通过 FACCH。

⑩ MS 通过新 BSC 和新 MSC 向旧 MSC 发送切换成功信息。

此后旧 TCH 被释放而控制权仍在旧 MSC 手中。

综上，发现各种切换是有共同点的，如切换都是由旧 BTS 或旧 BSC 发起，都需要链路的建立，新 BTS 的频率等参数都由旧 BTS 发送给 MS，MS 都要向新 BTS 发起接入突发脉冲，新 BTS 都要回送 TA，MS 都通过新 BTS 发送切换成功信息，旧 TCH 无线资源都要释放等。

7. 保密处理

在 GSM 数字移动通信系统中，为了保密与安全起见，用户接入网络系统(开机、起呼、寻呼等)，需要对用户合法性进行检查，如图 4-26 所示。具体包括两部分：

(1) 用户终端的合法性。通过网络中的 EIR 设备，检查用户使用的终端是否在“黑名单”中，如果是非法用户，则不能接入网络。

(2) 用户身份的合法性。

① 密码参数 Ki。同时存储在用户 SIM 卡和鉴权中心 AUC 中。

② 算法。鉴权算法 A3、加密算法 A8 等。

③ 鉴权参数组。随机数 RAND、应答信号(残留结果)SRES、密钥 Kc。

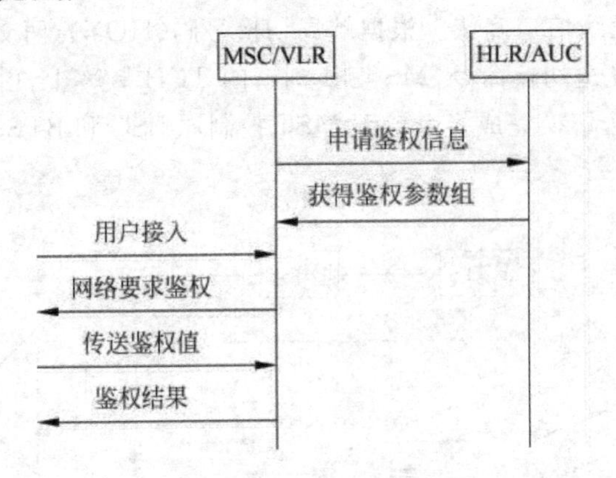

图 4-26 用户合法性检测

实现 GSM 系统的保密与安全,主要的方法有以下几种:

(1) PIN 码

这是一种简单的鉴权方法。

在 GSM 系统中,客户签约等信息均被记录在 SIM 卡中。SIM 卡插到某个 GSM 终端设备中,通话的计费账单便记录在此 SIM 卡名下。为防止盗打,在 SIM 卡上设置了 PIN 码操作(类似计算机上的 Password 功能)。PIN 码是由 4~8 位数字组成,其位数由客户自己决定。如客户输入了一个错误的 PIN 码,它会给客户一个提示,重新输入,若连续 3 次输入错误,SIM 卡就被闭锁,即使将 SIM 卡拔出或关掉手机电源也无济于事,必须由运营商为用户解锁。

(2) 鉴权

鉴权的计算如图 4-27 所示。其中 RAND 是网络侧 AUC 的随机数发生器产生的,长度为 128bit,它随机地在 $0\sim2^{128}-1$ 范围内抽取,此值对用户进行提问,只有合法的用户才能够给出正确的回答 SRES(符号响应)。SRES 可通过用户唯一的密码参数(Ki)的计算获取,长度为 32bit。Ki 以相当保密的方式存储于 SIM 卡和 AUC 中,用户也不了解自己的 Ki,Ki 可以是任意格式和长度的。A3 算法为鉴权算法,由运营者决定,该算法也是保密的。A3 算法的唯一限制是输入参数的长度(RAND 是 128bit)和输出参数尺寸(SRES 必须是 32bit)。

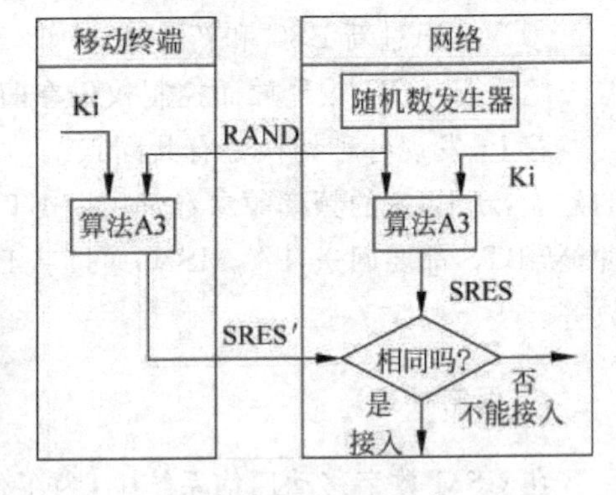

图 4-27 鉴权的计算

(3) 加密

在 GSM 中为确保用户信息以及与用户有关的信令信息的私密性,采用了加密算法,加密对象可以是用户信息(语音、数据等),也可以是与用户相关的信令(如携带被呼号码的消息),甚至是与系统相关信令(如携带着准备切换的无线测量结果的消息)等。加密和解密是对 114 个无线突发脉冲编码比特与一个由特殊算法产生的 114bit 加密序列进行异或运算(A5 算法)完成的。为获得每个突发加密序列,A5 对两个输入进行计算:一个是帧号码,另一个是移动台与网络之间同意的密钥(称为 Kc),见图 4-28。上行链路和下行链路上使用两个不同的序列:对每一个突发,一个序列用于移动台内的加密,并作为 BTS 中的解密序列;而另一个序列用于 BTS 的加密,并作为移动台的解密序列。

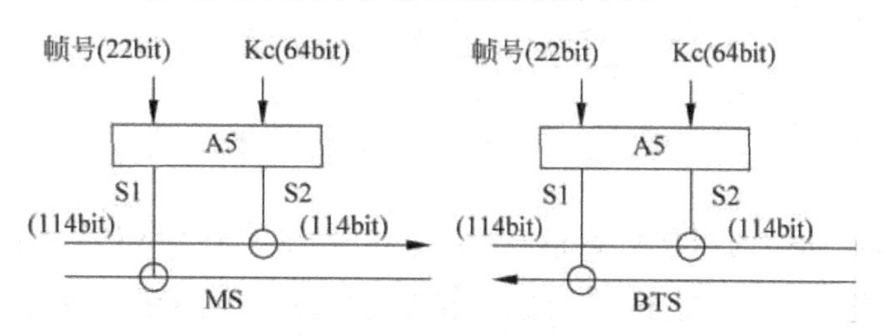

图 4-28 加密和解密

① 帧号。帧号编码成一连串的 3 个值,总共加起来 22bit。对于各种无线信道,每个突发的帧号都不同,所有同一方向上给定通信的每个突发的帧号使用不同的加密序列。

② A5 算法。必须在国际范围内规定,该算法可以描述成由 22bit 长的参数(帧号码)和 64bit 长参数(Kc)生成两个 114bit 长的序列的黑盒子。

③ 密钥 Kc。开始加密之前,密钥 Kc 必须是移动台和网络同意的。GSM 中选择在鉴权期间计算密钥 Kc;然后把密钥存储于 SIM 卡的永久内存中。在网络一侧,这个"潜在"的密钥也存储于拜访 MSC/VLR 中,以备加密开始时使用。由 RAND(与用于鉴权的相同)和 Ki 计算 Kc 的算法为 A8 算法。与 A3 算法(由 RAND 和 Ki 计算 SRES 的鉴权算法)类似,可由运营者选择决定。Kc 的计算如图 4-29 所示。

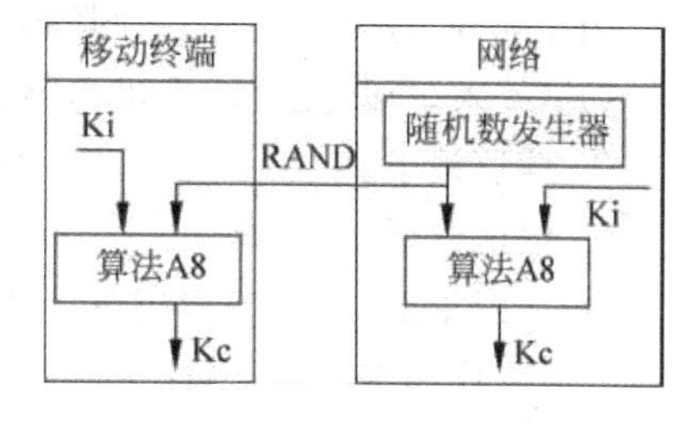

图 4-29 Kc 的计算

(4) 用户身份保护

加密方法虽然有效,但不能用来在无线路径上保护每一次的信息交换。首先,加密不能应用于公共信道;其次,当移动台转到专用信道,网络还不知道用户身份时,也不能加密。第三方就有可能在这两种情况下侦听到用户身份,从而得知该用户此时漫游到的地点。这对于用户的隐私性来说是有害的,GSM 中为确保这种机密性引入了一个特殊的功能,即在可能的情况下通过使用临时移动用户身份号 TMSI 替代用户身份 IMSI,以保护用户信息。TMSI 由 MSC/VLR 分配,并不断地进行更换,更换周期由网络运营者设置。

8. 主叫

以移动用户呼叫移动用户为例,来看一下主叫的工作流程,如图 4-30 所示。MS1 在 MSC1/VLR1 的服务区、MS2 在 MSC2/VLR2 的服务区,MS2 归属于 HLR/AUC。

① 主叫用户 MS1 拨叫 MS2 电话号码,经过基站系统通知 MSC1。

② MSC1 分析被叫用户 MS2 的电话号码,找到 MS2 所属的 HLR,向 HLR 发送路由申请。

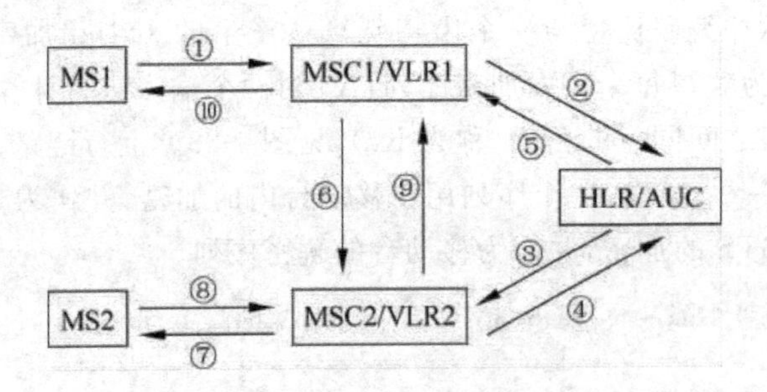

图 4-30 移动用户主叫移动用户

③ HLR 查询 MS2 的当前位置信息,获得 MS2 在 MSC2/VLR2 的服务区,HLR 向 MSC2/VLR2 请求路由信息;MSC2/VLR2 分配路由信息,即漫游号码。

④ 将 MSRN 提交给 HLR。

⑤ HLR 将 MSRN 送给主叫 MSC1。

⑥ MSC1 根据 MSRN 与 MSC2 之间进行呼叫建立。

⑦ MSC2/VLR2 向被叫用户 MS2 发送寻呼消息。

⑧ MSC2/VLR2 收到 MS2 用户可以接入消息。

⑨ MSC2 与 MSC1 间呼叫建立。

⑩ MSC1 向主叫 MS1 发送接通信号,MS1 与 MS2 可以通话。

由上可见,主叫由以下几个阶段组成:

(1) 接入阶段,此阶段手机与 BTS 建立了暂时固定关系,主要工作包括:

① 信道请求。

② 信道激活、激活响应。

③ 立即指配(分配专用信道 SDCCH)。

(2) 鉴权加密阶段,经此主叫用户身份确认,网络允许继续处理该呼叫,主要工作包括:

① 鉴权请求、响应。

② 加密模式命令完成。

③ 呼叫建立。

(3) TCH 指配阶段,指配命令完成,经此,主叫 TCH 确定。

(4) 取被叫用户路由信息阶段,主要工作包括:

① 向 HLR 请求路由信息。

② HLR 向 VLR 请求漫游号码。

③ MSC 进行话路接续,开始通话。

而被叫的工作流程与上相似,但多了寻呼流程。此外,GSM 呼叫处理还包括 MS 发起的呼叫终止、网络端发起的呼叫终止等许多的呼叫处理流程,鉴于篇幅原因,这里就不一一详细叙述了。

思考与练习

4.4.1 填空题

① 当移动台更换位置区时,移动台发现其存储器中的 LAI 与接收到的 LAI 发生了变化,便执行登记,这个过程就叫"________",有________和________两种情况。

② 切换是指________的过程。

③ 实现 GSM 系统的保密与安全的方法有________、________、________和用户身份保护 4 种。

④ 主叫由________、________、________和取被叫用户路由信息阶段 4 个阶段组成。

4.4.2　判断题

① GSM 系统在每次位置更新之前,都将对某一用户进行鉴权。　(　　)

② 位置更新总是由新 BTS 发起的,不一定要修改 VLR 数据;相同 MSC 不修改 HLR 数据,不同 MSC 要修改 HLR 数据。　(　　)

③ 加密不能应用于公共信道,但可以用于专用信道。　(　　)

4.4.3　画图简述题

① 画图说明 BSC 内切换的工作流程。

② 画图说明相同 MSC/VLR 业务区、不同 BSC 间切换的工作流程。

③ 画图说明不同 MSC 间切换的工作流程。

④ 简述各种切换之间的共同点。

本章小结

本章介绍了 GSM 数字移动通信系统,主要涉及 GSM 的发展、无线接口、频率复用技术和控制与管理这 4 部分内容。在 GSM 的发展这一部分,主要介绍了 GSM 的概念、发展历史、特点、业务和应用;在 GSM 系统的无线接口这一部分,主要介绍了 GSM 系统的帧结构、信道结构,重点讲述了 GSM 系统的基带处理过程;在频率复用技术这一节中重点介绍了蜂窝系统的常规频率复用原理与方法;在 GSM 的控制与管理这一部分主要介绍了位置更新、切换等基本概念与工作流程。其中 GSM 系统的信道结构、帧结构和 GSM 系统的基带处理流程是本章的重点和难点,大家要仔细领会它们的含义。

实验与实践

活动 1　GSM 市场观察

全球第一个 GSM 电话呼叫是由诺基亚于 1991 年在芬兰建立的 GSM 网络中实现的。自从 GSM 技术投入应用,它已经是迄今为止全球最成功的全球无线通信技术。

针对 GSM 的发展现状,请你实地参观 GSM 的制造厂家,或上网访问:华为网站 http://www.huawei.com.cn、中国移动网站 http://www.chinamobile.com,或以"GSM"等为关键词,了解一下国内 GSM 的技术发展与市场;同时到中国移动的客户服务部,了解一些运营商的业务和品牌等,或上网访问中国移动的网站。然后组织一个研讨会,对 GSM 的背景、市场、解决方案、关键技术等进行讨论,大家相互交流。研讨结束后,请根据讨论结果,结合自己的感想,作一篇名为"GSM 的业务品牌"的综述,并收入个人成果集。

活动 2　GSM 课题研究

GSM 技术在全球使用多个频段,能够为用户提供市场上最广泛的移动服务和移动终端选择。整个 GSM 技术的规模经济效应基于它拥有众多的生产商、运营商和服务商。由于 GSM 采用开放标准,它能够保障移动运营商的投资安全,从而在目前的移动通信标准中处于主流地位。

请您根据自己的研究兴趣,在本章的学习过程中围绕"GSM 的技术与发展"选择一项研究课题。也可以在老师的指导下,成立课题研究小组,推荐研究的课题有:

- 浅析 GSM 系统的关键技术。
- 探究 GSM 系统的未来演进。
- GSM 系统抗干扰浅谈。
- 初探双频网。
- GSM 的组网与网络规划。
- GSM 系统的容量与频谱效率分析。
- 其他 GSM 的技术研究。

请你或小组使用 PowerPoint 创作一个演示文稿,在本章课程结束时进行全班交流,并存入个人成果集。

活动 3　蜂窝系统小区几何形状的研究

书中介绍的蜂窝系统小区为正六边形,还有其他的可行几何形状吗?请从数学的角度证明选择正六边形的原因。

活动 4　GSM 手机面面观

你或周围人用了 GSM 手机吗?对于 GSM 手机的外形、功能、业务、辐射等,你的感受如何?回忆一下本章学习过的 GSM 基带处理流程,并试探究一下 GSM 手机的构造原理。

实验:TDMA 实验

为了加深对 TDMA(时分多址)移动通信原理的理解,你可以利用有线电话(2 部)、无绳电话座机、无绳电话手机、双踪示波器、综合测试仪等设备进行实验,测量 2 信道 TDMA 移动通信实验系统发端和收端的波形。

推荐的实验步骤如下:

(1) 复习时分多址 TDMA 的原理,注意在时分双工(TDD)方式中,上、下行帧交错排列在相同载频上。为保证在不同传播时延情况下,各移动台到达基站的信号不重叠,可采取以下两项措施:

① 移动台受基站控制,动态调整所占用的上行时隙发送时刻的提前量,补偿电磁波从移动台至基站的传播时延。

② 移动台上行时隙起始和结束位置留有保护间隔,在该间隔内不传送信号。

下行时隙由基站统一安排,不会重叠。

(2) 按图 4-31 所示搭建实验系统。

发端 TX-BS 为系统基站 BS 的发射机,两个时隙 TS_1 及 TS_2 的数据 d_1 及 d_2 复接成帧数据 D_1,$d_1=1010\cdots$(每时隙 4bit,周期循环),$d_2=1100\cdots$(每时隙 4bit,周期循环),则 $D_1=10101100\cdots$(每帧 8bit,2 个时隙,周期循环),码速率 $f_b=1.2$Kb/s。D_1 经 FSK 载波调制后发送给移动台。收端 RX-MS 载波 FSK 解调后的基带信号经整形、积分/采样/保持,以最低误码率恢复发端数据。时隙及时钟同步电路送出某个时隙的同步时钟 CLK,取出本移动台给定时隙的数据。通过切换本地时钟的时隙为 TS_1 或 TS_2,模拟两个 TDMA 移动台

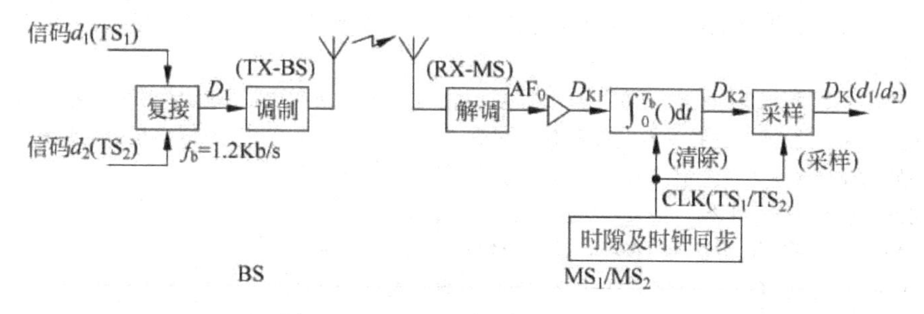

图 4-31 TDMA 移动通信实验系统

MS_1/MS_2 的接收机,分别接收 TS_1 的数据 d_1 或 TS_2 的数据 d_2。

(3) 设置综测仪为 TDMA 通信工作方式(按 K1 至 T/CDMA 灯亮,再按 K2 使 K2 灯亮),打开发射机 TX-BS(K6 置 ON,K7 置 BS,BS 测量面板 TX 灯亮),置内调制(K9 置 INT)方式,综测仪内部组合成图 4-31 所示 2 信道 TDMA 通信系统,图中收、发端有关点的信号已引到收发信机测量面板上(发端只引出 D_1,d_1 及 d_2 未引出)。

(4) 反复按 K2 键,系统循环步进处于表 4-1 所示两种子工作方式之一。当 K2 指示灯占空比为 0.1 的时候,发端发两个时隙的数据,收端的时钟为第一个时隙的时钟,收到第一个时隙的数据;当 K2 的闪烁占空比为 0.9 的时候,发端仍然发两个时隙的数据,收端的时钟为第二个时隙的时钟,收到第二个时隙的数据。

(5) 双踪示波器两个通道都设置为 DC、2～5V/div;扫描速率 1～5ms/div;外触发方式,外触发输入端接至综测仪 MS 测量面板的 TRI_A 端。

(6) 顺着信号流向测量并用坐标纸记录两种子方式下系统发端 D_1 及收端 AF_O、D_{K1}、D_{K2}、CLK(上升沿有效)、D_K 波形,比较发端数据及收端数据,其中收端某时隙的输出数据 D_K 要对比时钟 CLK(上升沿有效)来读取。由此了解 TDMA 通信基本原理。

(7) 关断 TX-BS(K6 置 OFF,BS 测量面板 TX 灯灭),再测量收端各点信号。

表 4-1 二信道 TDMA 通信子工作方式(T/CDMA 灯常亮)

子方式序号	K2 灯指示		子工作方式
	闪速	占空比	
1	1Hz	0.1	发 $D_1(TS_1+TS_2)$,收 $d_1(TS_1)$
2	1Hz	0.9	发 $D_1(TS_1+TS_2)$,收 $d_2(TS_2)$

请整理实验记录,书写实验报告,分别画出系统在两种子工作方式下发端 D_1 及收端 AF_O、D_{K1}、D_{K2}、CLK(上升沿有效)、D_K 波形,分析、总结 TDMA 通信工作原理。最后使用 PowerPoint 创作一个演示文稿,向同学展示自己的研究成果,并存入个人成果集。

拓展阅读

[1] 韩斌杰. GSM 原理及其网络优化. 北京:机械工业出版社,2001.

[2] 潘天红,等. 基于 GSM 短信技术的电网电压监测仪研制. 电力自动化设备,2005 年 07 期.

[3] 万蕾,匡镜明. GSM 系统中高效数据传输业务的实现. 通信学报,2001 年第 04 期.

[4] 江朝元. 基于 GSM/GPRS 的城域化管网泄漏监测与定位系统. 重庆大学学报(自然科学版),2005年04期.
[5] 朱晓梅. GSM 短消息通信方式在车辆监控系统的具体应用. 计算机系统应用,2005年04期.
[6] 章步云. GSM 数据传输技术及其在野外实时数据采集系统中的应用. 通信学报,2004年04期.
[7] 朱东照,吴松. GSM 系统中话务均衡的研究. 电信科学,2002年12期.
[8] 许明杰,李怡. GSM 手机防盗策略探讨. 移动通信,2004年05期.
[9] 孟小华. 移动百宝箱业务——在线阅读系统解决方案. 移动通信,2004年04期.
[10] 付俊超,刘新凯. CDMA 与 GSM 接续时长对比测试分析. 移动通信,2007年01期.
[11] 汪伟,赵品勇. TD-SCDMA/GSM 混合组网研究. 移动通信,2007年04期.
[12] 陈传红. 2007 GSMA 移动通信亚洲大会热点回顾. 移动通信,2008年01期.
[13] 王宁,司亮. 浅析 WCDMA 与 GSM 混合网络的系统间切换策略. 移动通信,2008年08期.

深度思考

① 想一想,如何画一张图把各种切换、位置更新都包括在内?

② 当发起一个呼叫时,会用到哪些无线信道? 切换时又会用到哪些无线信道?

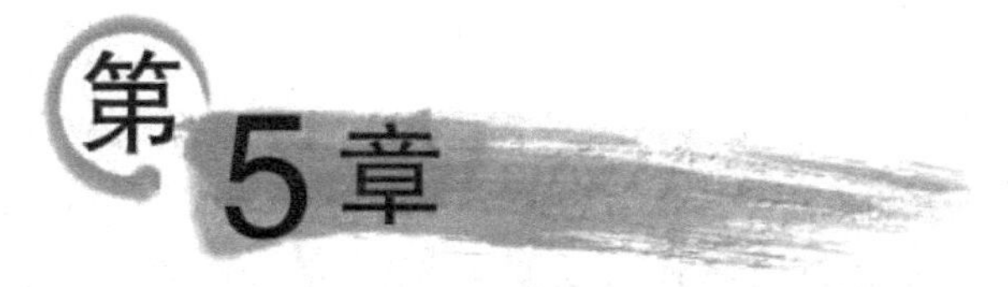

第5章 码分多址移动通信(CDMA)系统

学习目标

- 熟练掌握码分多址移动通信(CDMA)的概念、系统结构、特点,能用自己的语言陈述CDMA系统的业务与应用。
- 熟练掌握CDMA系统的信道结构和基带处理流程。
- 熟练掌握PN码的原理、复用技术和同步技术。
- 了解CDMA系统的新技术并关注其发展。
- 初步能用自己的语言陈述一些CDMA的控制与管理的工作流程,如位置更新、切换等。

知识地图

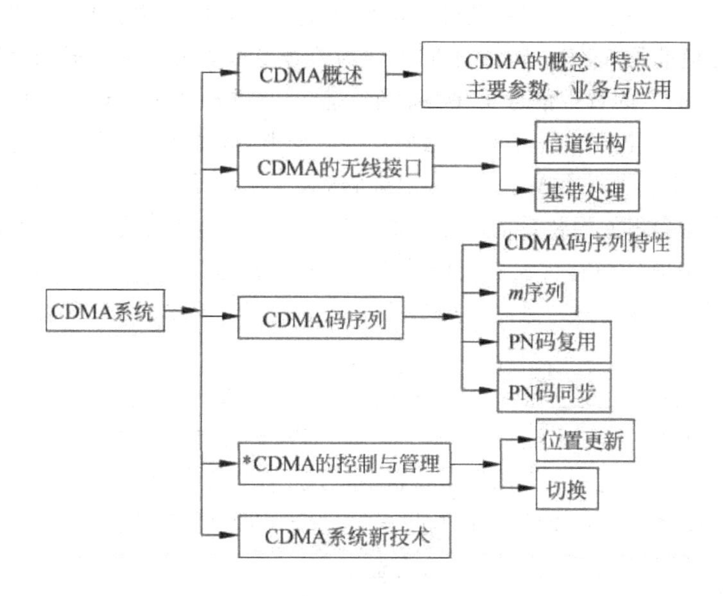

学习指导

随着移动通信的飞速发展,因频域拥挤而引起的矛盾也日益突出。如何使有限的频率能分配给更多用户使用,已成为当前发展移动通信的首要课题,而CDMA已成为解决这一问题的首选技术。本章介绍了CDMA系统的基本概念、系统结构及特点、主要参数、业务与应用、控制与管理等,着重讲述了CDMA的概念、PN码序列的原理与特点、CDMA的信道结构、CDMA的基带处理过程以及CDMA系统的切换方式等,这些内容是本章的重点和难点,大家要仔细领会。另外,CDMA的控制与管理为选学内容,大家可以根据自己的情况进行掌握。为了帮助你对学习内容的掌握,建议你在学习本章时充分利用本章知识地图。

课程 学习

CDMA 技术的出现源自于人类对更高质量无线通信的需求。第二次世界大战期间因战争的需要而研究开发出 CDMA 技术,其思想初衷是防止敌方对己方通讯的干扰,在战争期间广泛应用于军事抗干扰通信,后来由美国高通公司更新成为商用蜂窝电信技术。1995 年,第一个 CDMA 商用系统运行之后,CDMA 技术理论上的诸多优势在实践中得到了检验,从而在北美、南美和亚洲等地得到了迅速推广和应用。全球许多国家和地区,包括中国、韩国、日本、美国都已建有 CDMA 商用网络。在美国和日本,CDMA 成为国内的主要移动通信技术。

5.1 CDMA 系统概述

5.1.1 对 CDMA 的理解

CDMA(Code Division Multiple Access,码分多址)也是扩频通信的一种方式,要理解好 CDMA 的概念就要从码分和扩频两个角度上进行理解。

首先,CDMA 是一种码分多址技术,即信道共享技术。码分就是在发送端每一个用户信号被分配一个自相关性大而互相关性小的伪随机二进制序列进行扩频,这个伪随机二进制序列就被称为地址码(即 PN 码);不同用户的信号能量被分配到不同的伪随机扩频序列里,在信道中许多用户的宽带信号相互叠加在一起同时进行宽带传输,同时还叠加有宽带、窄带干扰及噪声。在接收机端,信号被相关器加以分离,这种相关器只接收选定的二进制序列并压缩其频谱,即系统利用本地产生的地址码对接收到的信号及噪声进行解调,凡是与本地产生的地址码完全相关的宽带信号才可被还原成窄带信号(相关解调),而其他与本地地址码不相关的宽带信号与宽带噪声仍保持带宽;解扩信号经窄带滤波后,信噪比得到极大提高。这样凡不符合该用户二进制序列的信号就不被压缩带宽,结果只有对该用户有用的信息才被识别和提取出来。

其次,CDMA 技术是建立在正交编码、相关接收的理论基础上,运用扩频通信技术解决无线通信的选址问题,是扩频通信的一种。也就是说,系统将所需传输的信号用一个带宽远大于信号带宽的高速伪随机编码信号去调制它,使原信息数据的带宽大大扩展,再经载波调制后发射出去;接收端经解调后,使用与发送端完全相同的伪随机码,与接收的宽带信号做相关处理,把宽带信号解扩为原始的数据信息。

综上,CDMA 是采用扩频技术的码分多址方式。CDMA 给每一用户分配一个唯一的码序列(扩频码,PN 码),并用它对承载信息的信号进行编码。知道该码序列用户的接收机可对收到的信号进行解码,并恢复出原始数据,这是因为该用户码序列与其他用户码序列的互相关是很小的。由于码序列的带宽远大于所承载信息的信号的带宽,编码过程扩展了信号的频谱,所以也称为扩频调制,其所产生的信号也称为扩频信号。这其中,PN 码的选择是非常关键的,它直接影响到 CDMA 系统的容量、抗干扰能力、接入和切换速度等性能。CDMA 多址技术能适合现代移动通信网所要求的大容量、高质量、综合业务和软切换等,正受到越来越多的运营商和用户的青睐。

1. CDMA 的系统构成及其特点

CDMA 的系统组成如图 2-35 所示，也是由移动台子系统、基站子系统、网络子系统、管理子系统等几部分组成的，但与 GSM 不同的是，基站为 CDMA IS-95B 的基站，其他均类似，这里就不再重复了。

CDMA 手机以前不支持 UIM 卡，号码和手机捆绑在一起，更换号码必须更换手机，或对手机重新写码。现在机卡分离的 CDMA 早已研制成功，UIM 卡和 GSM 手机的 SIM 卡一样，它包含所有与用户有关的某些无线接口的信息，其中也包括鉴权和加密信息。CDMA 系统的机卡分离将促进 CDMA 系统的大力发展。

CDMA 系统有以下的特点：

(1) 大容量。理论分析和试验表明，CDMA 系统容量是 GSM 的 3～4 倍，是模拟网的 8～10 倍，而且每扇区的话务容量为软容量，不受频率或收发信机数量的严格限制。

(2) 干扰受限系统。CDMA 系统的全部用户共享一个无线频点、不分时隙，用户信号的区分只靠所用码型的不同。网中一个用户的通话对另一个用户而言就是干扰，为克服此干扰就需提升自身的功率直到不能再提升为止，因此 CDMA 是干扰受限的系统。

(3) 存在远近效应。由于使用相同的载频，近处强信号对远处弱信号有着明显的抑制作用，从而产生"远—近"效应，影响用户通话，这点需要功率控制技术来解决。

(4) 高质量服务。由于软切换、分集等先进技术的采用，CDMA 系统抗干扰能力强，覆盖区域内通信质量高。

(5) 保密。CDMA 系统具有加密和鉴权功能，能确保用户保密和网络安全。

(6) 综合成本低，频率规划简单。全网共用同一频点，具有灵活和方便的组网结构，频率复用系数可以达到 1，移动交换机的话务承载能力一般都很强，保证在话音和数据通信两个方面都能满足用户对大容量、高密度业务的要求。

(7) 用户终端设备(手持机)功耗小、待机时间长；辐射低，有利于人体健康等。

2. CDMA 系统的主要参数

以 IS-95 的 CDMA 系统为例，其主要参数为频段、语音编码、导频、信道数等，具体如下：

频段：869～894MHz 为基站发、移动台收的频段；

824～849MHz 为移动台发、基站收的频段。

通信方式：全双工。

载波间隔：1.23MHz。

调制方式：$\pi/4$-QPSK。

语音编码：QCELP。

信道数：64 (码分信道)/每 1.23MHz。

扩频方式：DS-PN。

话音编码：采用可变速率编码及话音激活技术，每帧 20ms。

PN 码：片码率为 1.2288MHz，基站识别码(短码)为 $2^{15}-1$，用户识别码(长码)为 $2^{42}-1$，64 个正交 Walsh 函数组成 64 个信道。

交织编码：交织深度 20ms。

导频：前向链路用导频信号作同步跟踪。

接收方式：RAKE 接收(移动台 3RAKE、基站 4RAKE)。

5.1.2 CDMA 的业务与应用

当前我国的 CDMA 业务包括第二代网络已有的话音业务、补充业务、数据业务，也包括了一部分 3G 网络特有的流媒体等新业务，因此共有 3 种基本业务类型，即会话类业务、流媒体业务和交互类与背景类业务。

(1) 会话类业务。语音通信是 CDMA 的基本业务应用，未来视频电话可能会是会话类业务的主要发展方向。

(2) 流媒体业务。根据流媒体持续时间的长短，流媒体业务可分为长流媒体业务与短流媒体业务两大类；根据同时使用同一流媒体内容的人数多少，可分为群组流媒体业务与个人流媒体业务；根据人们对流媒体业务的接收主动性，可分为广播式流媒体业务和交互式流媒体业务。

(3) 交互类与背景类业务。交互类与背景类业务应用种类繁多，可满足不同的消费群体的个性化需求，是 CDMA 数据业务的主要应用类型。

另外还可按照面向用户需求的业务进行划分，这样 CDMA 业务可以分为通信类业务、资讯类业务、娱乐类业务及互联网业务。通信类业务通常包括基础话音业务、视像业务以及利用手机终端进行即时通信的相关业务等；娱乐类业务包括音乐、影视的点播业务，图片、铃声的下载业务等；咨询类业务主要有新闻类咨询、财经类咨询和便民类咨询等。

思考与练习

5.1.1 填空题

① CDMA 是________的英文缩写，全称为________。

② CDMA 系统要求 PN 码________，实现方案简单等。并要求接收机生成的本地码与发送端的 PN 码在________、________和________方面完全一致。

③ CDMA 扩频通信的关键技术是________。

5.1.2 选择题

① CDMA 系统的载波间隔为(　　)。

A. 25MHz　　B. 1.73MHz　　C. 1.23MHz　　D. 200kHz

② CDMA 系统的基本业务有(　　)。

A. 承载业务或数据业务　　B. 流媒体业务

C. 互联网业务　　D. 会话类业务

E. 交互类业务　　F. 背景类业务

5.1.3 简述题

① 试用自己的语言简述你对 CDMA 系统的理解。

② 简述 CDMA 系统的特点。

③ 简述 CDMA 的业务与应用。

5.2　CDMA 的无线接口

CDMA 的无线接口也是 Um 接口(空中接口),同样定义为移动台与基站收发信台(BTS)之间的通信接口,用于移动台与 CDMA 系统的固定部分之间的互通,其物理链接通过无线链路实现。此接口传递的信息包括无线资源管理、移动性管理和接续管理等。

5.2.1　CDMA 的信道结构

无线信道用来传输无线信号,从基站发往移动台的无线信道称正向信道,从移动台发往基站的无线信道称反向信道。正向传输与反向传输的信道结构有较大差异,如图 5-1 所示。

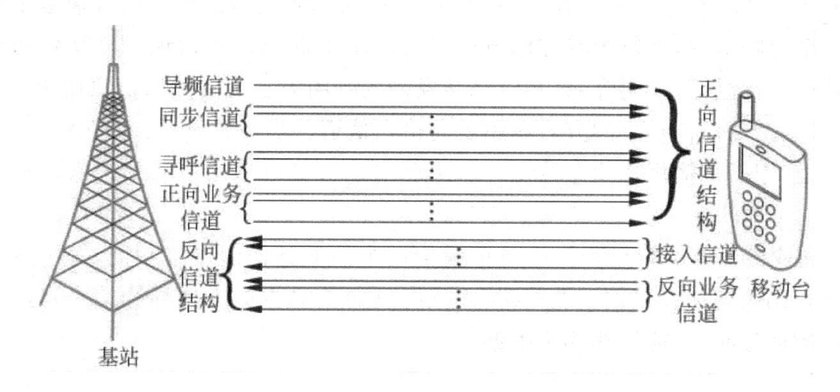

图 5-1　CDMA 系统信道结构分类

1. CDMA 的正向信道结构

CDMA 的正向信道包括 1 路导频信道、1 路同步信道、最多 7 路寻呼信道和 55 路正向业务信道。采用 64 阶沃尔码区分这些信道,分别用 W_0,W_1,…,W_{63}表示。其中 W_0用作导频信道,W_{32}为同步信道,W_1是首选的寻呼信道,W_2,…,W_7用作寻呼信道,其他用作业务信道。

(1) 导频信道用于传送导频信息。由基站在导频信道连续不断地发送一种不调制的直接序列扩频信号,移动台监视导频信道以获取信道的信息,并提取相干载波以进行相干解调,并可对导频信号电平进行检测,以比较相邻基站的信号强度和辅助决定是否需要进行越区切换。为了保证各移动台载波检测和提取的可靠性,导频信道是不可缺少的,导频信道的功率高于其他信道的平均功率,一般情况下,导频信道功率占 64 个信道总功率的 12%～20%,以 19.2Kb/s 的速率发送全“0”。

(2) 同步信道用于传输同步信息。在基站覆盖范围内,各移动台可利用这些信息进行同步捕获。同步信道上载有系统的时间和基站引导 PN 码的偏置系数,以实现移动台接收解调。同步信道在捕获阶段使用,一旦捕获成功就不再使用。一般同步信道占 64 个信道总功率的 1.5%～2%,以固定速率 1200Kb/s 分帧传输。

(3) 寻呼信道供基站在呼叫建立阶段传输控制信息。当呼叫移动用户时,寻呼信道上就播送该移动用户的识别码等信息。通常,移动台在建立同步后,就在首选的 W_1寻呼信道

(或在基站指定的寻呼信道上)监听由基站发来的信令,当收到基站分配业务信道的指令后,就转入指配的信道传输信息。当需要时,寻呼信道可以变成业务信道,用于传输用户业务数据。一般寻呼信道功率占64个信道总功率的5.25%～6%,支持9600b/s、4800b/s两种不同速率的传输。

(4) 正向业务信道用来传输在通话过程中基站向特定移动台发送用户语音编码数据或其他业务数据及随路信令。一般情况下,正向业务信道功率占64个信道总功率的78%左右,最多可有63个业务信道,支持9600b/s、4800b/s、2400b/s和1200b/s等4种变速率的传输。

2. CDMA 的反向信道结构

CDMA 的反向信道由反向接入信道和反向业务信道组成。

(1) 在反向信道中至少有一个、至多有32个反向接入信道。每个接入信道都对应正向信道中的一个寻呼信道,而每个寻呼信道可以对应多个反向接入信道。移动台通过反向接入信道向基站进行登记、发起呼叫、响应基站发来的呼叫等。反向接入信道使用一种随机接入协议,允许多个用户以竞争的方式占用反向接入信道。当需要时,反向接入信道可以变成反向业务信道,用于传输用户业务数据。每个反向接入信道采用不同的接入信道长码序列加以区别。

(2) 反向业务信道的特点和作用与正向信道中的业务信道基本相同,每个业务信道用不同的用户长码序列加以识别。在CDMA系统反向传输方向上无导频信道,这样,基站接收反向传输的信号时,只能用非相干解调。

5.2.2 CDMA 的基带处理

1. 正向传输

正向信道传输如图5-2所示,具体介绍如下:

(1) 数据速率。同步信道的数据速率为1.2Kb/s,寻呼信道的数据速率为9.6Kb/s或4.8Kb/s,正向业务信道的数据速率为9.6Kb/s、4.8Kb/s、9.4Kb/s和1.2Kb/s。

(2) 正向信道的数据在每帧(20ms)末含有8位编码器尾比特,它把卷积码编码器置于规定的状态。此外,在9.6Kb/s和4.8Kb/s的数据中含有帧质量指示比特,即CRC检验比特。所以,实际上正向业务信道的信息速率分别为8.6Kb/s、4.0Kb/s、2.0Kb/s和0.8Kb/s。

(3) 卷积编码。数据在传输之前都要进行卷积编码,卷积码的码率为1/2,约束长度为9。

(4) 码元重复。对于同步信道,经过卷积编码后的各个码元,在分组交织之前,都要重复一次(每码元连续出现两次);码元重复的目的是使各种信息速率均统一到19200码元/s的标准速率上来。

(5) 分组交织。所有码元在重复之后都要进行分组交织。

(6) 数据掩蔽。数据掩蔽用于寻呼信道和正向业务信道,其作用为通信提供保密。

(7) 功率控制子信道。正向业务信道中有一个功率控制子信道,在该子信道中,基站连续发送功率控制信息数据,不断地控制移动台发射功率。

(8) 正交扩展。为了使正向传输的各个信道之间具有正交性,在正向信道中传输的所有信号都要用64阶的Walsh码进行正交扩展。

(9) 四相调制。在正交扩展后,各种信号都要进行四相调制,所用的两个伪随机序列为引导PN序列,引导PN序列的作用是给不同基站发出的信号赋予不同的特征,便于移动台识别所需的基站。

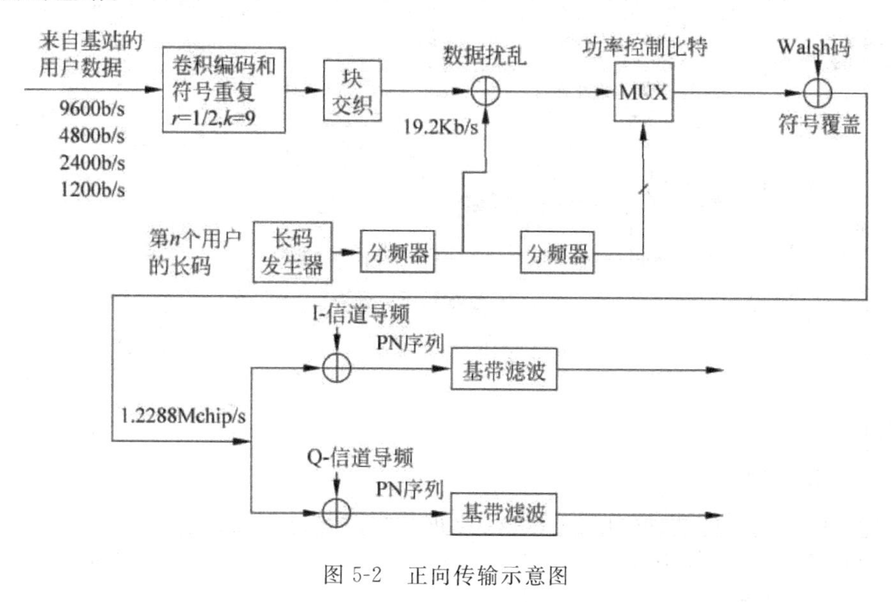

图5-2 正向传输示意图

2. 反向传输

反向信道传输如图5-3所示,具体介绍如下:

(1) 数据速率。反向业务信道的数据速率可为9.6Kb/s、4.8Kb/s、9.4Kb/s和1.2Kb/s,而接入信道的数据速率固定为4.8Kb/s;两种信道的数据中均要加入编码器尾比特,用于把卷积码编码器复位到规定的状态。此外,在反向业务信道上传送9.6Kb/s和4.8Kb/s的数据中也含有帧质量指示比特,即CRC检验比特。

(2) 卷积编码。接入信道和反向业务信道上数据在传输之前都要进行卷积编码,卷积码的约束长度为9。

(3) 码元重复。反向业务信道的数据速率为9.6Kb/s,码元不重复;数据速率为4.8Kb/s、9.4Kb/s和1.2Kb/s时,码元分别重复1次、3次和7次(每码元连续出现2、4和8次);这样可使得各种数据速率均统一到28800码元/s的标准速率上。

(4) 分组交织。所有码元在重复之后都要进行分组交织。

(5) 可变数据速率传输。为了减少功耗和减小对CDMA信道产生的干扰,对交织器输出的码元,用一个时间滤波器进行选通,只允许所需码元输出,而删除其他重复的码元。

(6) 正交调制。在反向CDMA信道中,把交织器输出的码元每6个为一组,用64阶的Walsh函数之一(称调制码元)进行正交传输。

(7) 直接序列扩展。在反向业务信道和接入信道传输的信号都要用长码进行扩展。

(8) 四相调制。反向信道四相调制所用的伪随机序列就是正向CDMA信道所用的引导PN序列。

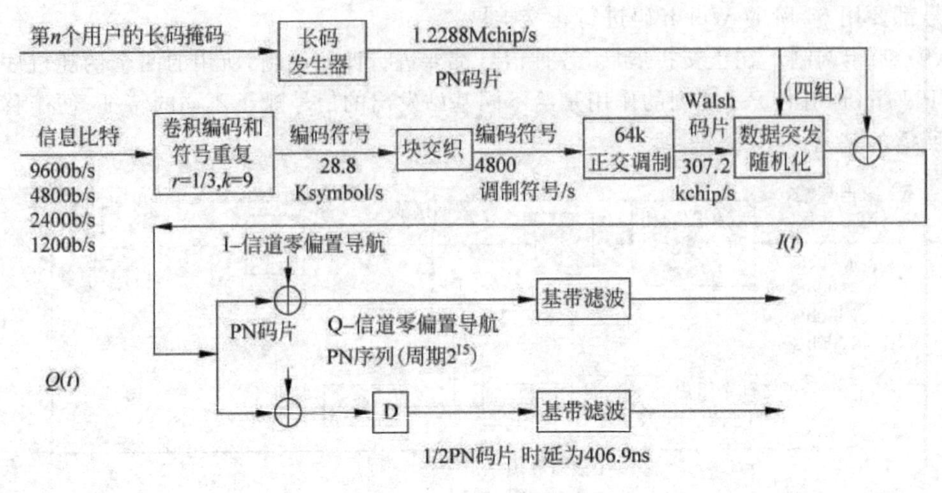

图 5-3 反向传输示意图

思考与练习

5.2.1 填空题

① CDMA 的正向信道是指________;反向信道是指________。

② CDMA 的正向信道包括________、________、________和 55 路正向业务信道,采用________区分这些信道。

③ 正向业务信道用来传输________。一般情况下,正向业务信道功率占 64 个信道总功率的________,最多可有________个业务信道,支持________、________、________和________4 种变速率的传输。

④ CDMA 的反向信道由________和________道组成。

5.2.2 判断题

① 为了保证各移动台载波检测和提取的可靠性,导频信道是不可缺少的,导频信道的功率低于其他信道的平均功率。 ( )

② 在反向信道中至少有一个、至多有 32 个反向接入信道。 ( )

③ 数据在传输之前不一定要进行卷积编码,卷积码的码率为 1/2,约束长度为 9。( )

5.2.3 简述题

① 简述 CDMA 的正向信道结构。

② 简述 CDMA 的反向信道结构。

③ 画图并简述 CDMA 基带处理过程中的正向传输过程。

5.3 CDMA 码序列

5.3.1 CDMA 码序列特性

CDMA 码序列的设计是码分多址系统的关键技术之一。具有良好的相关性和随机性的地址码和扩频码对码分多址通信是非常重要的,对系统的性能具有决定性的作用;它直接关系到系统的多址能力,关系到抗干扰、抗噪声、抗截获的能力及多径保护和抗衰落的能力,关系到信息数据的隐蔽和保密,关系到捕获与同步系统的实现。理想的地址码和扩频码主要应具有以下特性:

- 有足够多的地址码。
- 有尖锐的自相关特性。
- 有处处为零的互相关特性。
- 不同码元数平衡相等。
- 尽可能大的复杂度。

PN序列有一个很大的家族,包含很多码组,如 m 序列、M 序列、Gold 序列等。以沃尔码为例,该码是正交码,具有良好的自相关特性和处处为零的互相关特性。但是,该码组内的各码由于所占频谱带宽不同等原因,不能用作扩频码。作为扩频码的伪随机码具有与白噪声类似的特征。由于真正的随机信号无法重复产生得到,可以产生一种具有与随机信号的性能相似的周期性脉冲信号作为扩频码,即伪随机码或PN(Pseu-do-Noise)码。此类码具有良好的相关特性,并且同一码组内的各码占据的频带可以做到很宽并且相等。另外,由于PN码的互相关值不是处处为零,当同时用作扩频码和地址码时,系统的性能将受到一定的影响。

5.3.2　m 序列PN码

1. 移位寄存器序列

目前,几乎所有的扩频序列都用移位寄存器产生。移位寄存器又可分为线性反馈移位寄存器和非线性反馈移位寄存器两类。这里主要研究线性反馈移位寄存器产生的伪随机序列。图5-4给出了线性反馈移位寄存器的一般形式。设有 $1,2,3,\cdots,n$ 个移位寄存器,它们的状态为 $X_i(i=1,2,\cdots,n)$,经 $C_i(i=1,2,\cdots,n)$ 相乘后再进行模二加(即异或运算),最后反馈。这里 C_i 取值仅为0或1,实际意义为:C_i 取0表示断开不同,C_i 取1表示闭合连接,可传送数据。因此,这个移位寄存器的反馈函数如式(5-1),即

$$F(X_1,X_2,\cdots,X_n)=\sum_{i=1}^{n}C_iX_i(\text{mod } 2) \tag{5-1}$$

这个移位寄存器称为 n 阶移位寄存器。

如果移位寄存器反馈函数的系数 $C_1,C_2,C_3,\cdots,C_n$ 中有偶数个不为0,则该移位寄存器在输入合理的情况下能够产生最大长度序列。n 阶移位寄存器能够产生的最长序列的周期为 2^n-1。

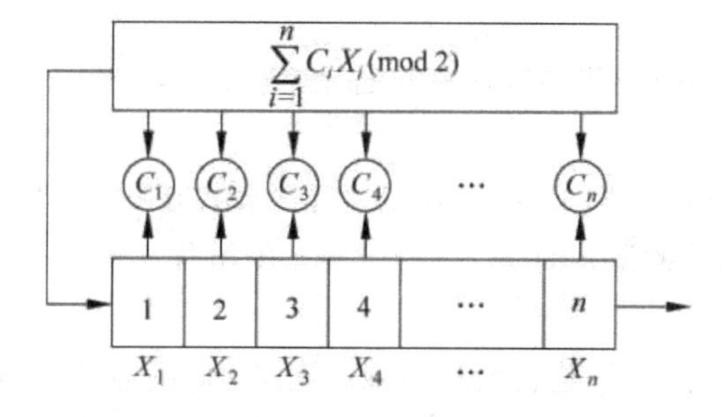

图5-4　线性反馈移位寄存器的一般形式

2. *m* 序列的生成

CDMA 通信要求扩频序列具有良好的伪随机特性。由于随机噪声具有难以重复产生和处理的缺点,而伪随机噪声既具有类似于随机噪声的一些统计特性,又便于重复产生和处理,因而伪随机序列或伪噪声序列(PN 序列)被广泛应用于扩频通信。目前应用最为广泛的伪随机序列是 *m* 序列,它是由线性反馈移存器产生的周期最长的二进制数字序列。

图 5-5 所示的是一个由 4 阶线性反馈移位寄存器构成的 PN 序列生成器。该序列生成器能够产生周期为 15 的 0、1 二值序列。设初始状态$(a_4,a_3,a_2,a_1)=(1,0,0,0)$,则周期序列输出为 000111101011001。图 5-6 是反馈移存器生成的 *m* 序列状态图。若设初始状态$(a_4,a_3,a_2,a_1)=(0,0,0,0)$,移位后得到的仍为全“0”状态。反馈移存器应避免出现全“0”的初始状态,并用尽可能少的级数产生尽可能长的序列。

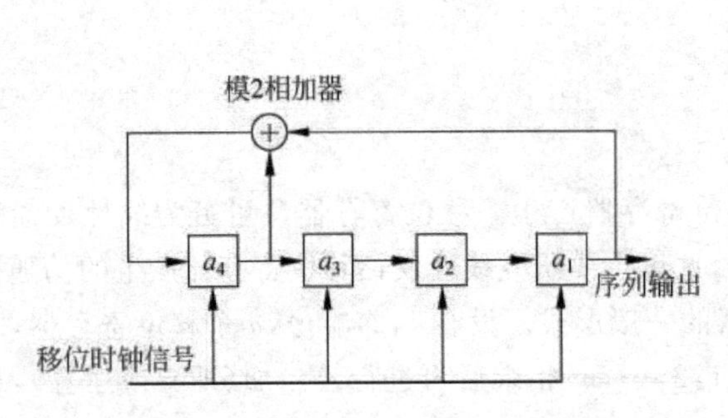

图 5-5　4 阶移位寄存器序列生成器

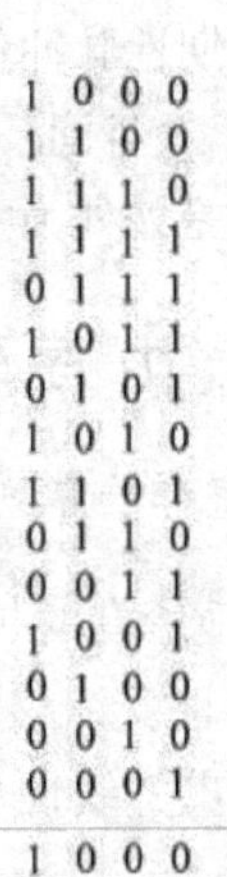

图 5-6　4 阶 *m* 序列状态图

3. *m* 序列的特性

(1) 平衡特性

在 *m* 序列的一周期中,“1”的个数仅比“0”的个数多 1,即“1”的个数为$(N+1)/2$,“0”的个数为$(N-1)/2$。例如,由图 5-5 所示的 4 阶移位寄存器序列生成器产生的序列 000111101011001 中,“1”的个数为 8,“0”的个数为 7。

(2) 游程分布特性

把一个序列中取值相同的那些连在一起的元素合称为一个“游程”。在一个游程中元素的个数称为游程长度。

例如,同样是在上例的 000111101011001 序列中,共有 000、1111、0、1、0、11、00 和 1 共 8 个游程。其中,长度为 4 的游程有 1 个;长度为 3 的游程有 1 个;长度为 2 的游程有 2 个;长度为 1 的游程有 4 个。

在 *m* 序列中,长度为 1 的游程占游程总数的 1/2;长度为 2 的游程占游程总数的 1/4;长度为 3 的游程占游程总数的 1/8;长度为 *n* 的游程占游程总数的 $1/2^n$。

(3) 延位相加特性

一个 m 序列 M_p 与其经任意次迟延移位产生的另一个不同序列 M_r 模 2 相加,得到的仍是 M_p 的某次迟延移位序列 M_s,即 $M_p \oplus M_r = M_s$。

上例中,$m=7$ 的 m 序列 $M_p=1110010$,$M_r=0111001$,这样:

$$M_s = M_p \oplus M_r = 1110010 \oplus 0111001 = 1001011$$

而将 M_p 向右移位 5 次即得到 1001011 序列。

(4) 双极性 m 序列的自相关函数

设 $\{b_n\}$ 是周期为 N 的 m 序列,$\{c_n\}=\{(-1)^{b_n}\}$ 是双极性 m 序列,则 $\{c_n\}$ 的自相关函数为

$$\theta_c(k) = \frac{1}{N}\sum_{m=0}^{N-1} c_m c_{m+k} = \begin{cases} 1, & k=0 \\ -\dfrac{1}{N}, & k \neq 0 \end{cases} \tag{5-2}$$

以上 4 点表明,m 序列是一个性能良好的伪随机序列。

5.3.3　其他伪随机序列

1. Gold 序列

在有些应用中,除了对 PN 序列的自相关有较严格的要求外,还对 PN 序列之间的互相关有相当大的限制。例如,在 CDMA 系统中,每个用户分配到自己的特征 PN 序列,系统要求这些 PN 序列有尽可能小的互相关,最好这些 PN 序列相互正交,这样能够实现最小的多址干扰。但是具有相同周期的不同 m 序列之间的互相关性并不好。

Gold 序列是在 1967 年提出的一种具有良好互相关性的 PN 序列。Gold 序列是一对经特殊选取的具有相同周期的 m 序列作模 2 运算和构成的。设 $g_1(D)$ 和 $g_2(D)$ 是两个不同的 r 阶本原多项式,其分别产生周期为 $N=2^r-1$ 的 m 序列 $\{u_n\}$ 和 $\{v_n\}$。这两个 m 序列的和序列为 $\{s_n\}=\{u_n\}\oplus\{v_n\}$,其中,$s_n=u_n \oplus v_n (n=1,2,\cdots)$。图 5-7 给出了一个 Gold 序列生成器。

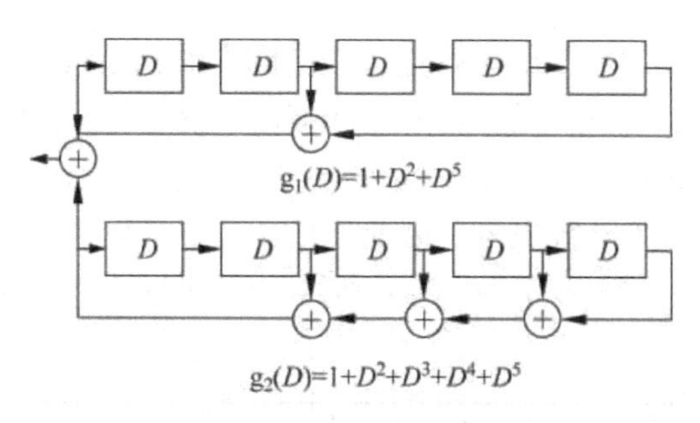

图 5-7　Gold 序列生成器

2. Walsh 序列

除了 Gold 序列外,Walsh 序列也有着良好的互相关和较好的自相关特性。

Walsh 函数是一种非正弦的完备函数,其连续波形如图 5-8 所示。它仅有两个可能的

取值,即+1或−1,所以比较适合用来处理数字信号。利用 Walsh 函数的正交性,可获得 CDMA 的地址码。若对图中的 Walsh 函数波形在 8 个等间隔上取样,即得到离散 Walsh 函数,可用 8×8 的 Walsh 函数矩阵来表示。采用负逻辑,即"0"用"+1"表示、"1"用"−1"表示,从上往下排列,图 5-8 所示函数对应的矩阵如式(5-3)所示,从中可见,变换行的次序后与下面所述的 Walsh 函数的矩阵相同。

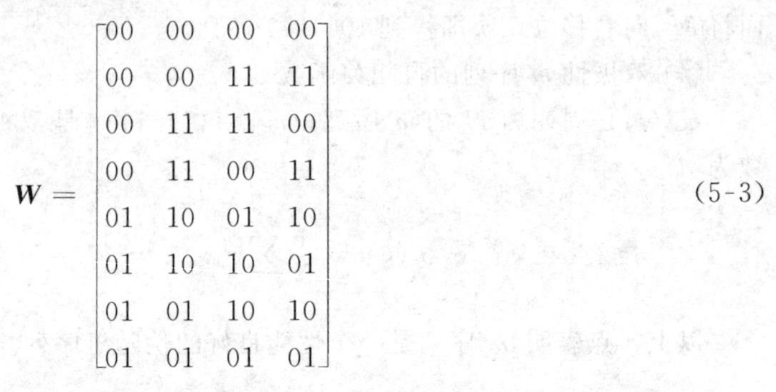

$$\boldsymbol{W}=\begin{bmatrix}00 & 00 & 00 & 00\\ 00 & 00 & 11 & 11\\ 00 & 11 & 11 & 00\\ 00 & 11 & 00 & 11\\ 01 & 10 & 01 & 10\\ 01 & 10 & 10 & 01\\ 01 & 01 & 10 & 10\\ 01 & 01 & 01 & 01\end{bmatrix} \tag{5-3}$$

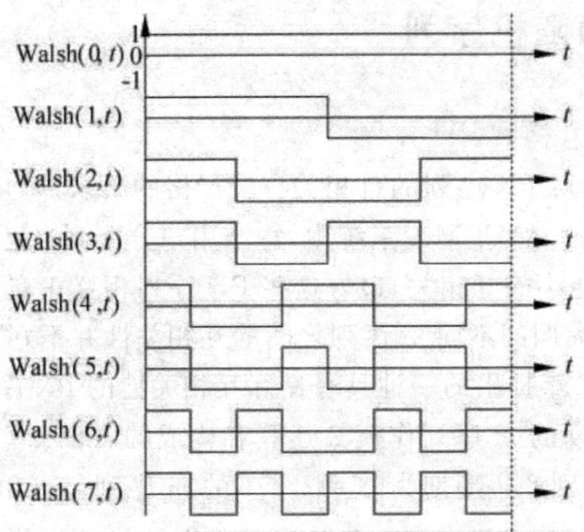

图 5-8 连续 Walsh 函数的波形

Walsh 函数可用 Hadamard(哈达码)矩阵 $\boldsymbol{H}$ 表示,利用递推关系很容易构成 Walsh 函数序列族。哈达码矩阵 $\boldsymbol{H}$ 是由"1"和"0"元素构成的正交方阵。在哈达码矩阵中,任意两行(列)都是正交的。这样,当把哈达码矩阵的每一行(列)看成一个函数时,则任意两行(列)之间也都是正交的,即互相关函数为零。因此,将 M 阶哈达码矩阵中的每一行定义为一个 Walsh 序列(又称为 Walsh 码或 Walsh 函数)时,就得到 M 个 Walsh 序列。哈达码矩阵有以下递推关系,即

$$\boldsymbol{H}_0=[0]\quad \boldsymbol{H}_2=\begin{bmatrix}0 & 0\\ 0 & 1\end{bmatrix} \tag{5-4}$$

$$\boldsymbol{H}_4=\boldsymbol{H}_{2\times 2}=\begin{bmatrix}\boldsymbol{H}_2 & \boldsymbol{H}_2\\ \boldsymbol{H}_2 & \overline{\boldsymbol{H}_2}\end{bmatrix}=\begin{bmatrix}0 & 0 & 0 & 0\\ 0 & 1 & 0 & 1\\ 0 & 0 & 1 & 1\\ 0 & 1 & 1 & 0\end{bmatrix} \tag{5-5}$$

$$H_8 = \begin{bmatrix} H_4 & H_4 \\ H_4 & \overline{H_4} \end{bmatrix} \cdots H_{2M} = \begin{bmatrix} H_M & H_M \\ H_M & \overline{H_M} \end{bmatrix} \tag{5-6}$$

式中，M 取 2 的幂；$\overline{H_M}$是 H_M 的补。

例如，当 $M=64$ 时，利用上述的递推关系，就可以得到 64×64 的 Walsh 序列(函数)。这些序列在 IS-95 CDMA 蜂窝系统中被作为前向码分信道。因为是正交码，可供码分的信道数等于正交码长，即 64 个。在反向信道中，利用 Walsh 序列的良好互相关性，64 位的正交 Walsh 序列用作编码调制。

5.3.4 PN 码的复用

1. CDMA 通信系统的编码结构

CDMA 通信不是简单的点对点、点对多点、甚至多点对多点的通信，而是大量用户同时工作的大容量、大范围的通信。移动通信的蜂窝结构是建立大容量、大范围通信网络的基础，而采用 CDMA 通信技术实现和构建多用户大容量的通信网络，具有码分多址等众多优异特点。

以常规的移动通信系统为例，其移动通信网络结构如图 5-9 所示的蜂窝结构。小区基站记做 I。移动用户 MS_1 在某一位置正与 I_i 基站通信，但它也有可能收到 I_1、I_2、…、I_k 来的信号。移动用户 MS_2 在另一位置也正在与 I_i 基站通信……因此，移动用户收发过程中，要分辨是否为本移动用户的信号，是否是所在基站的信号，是所在基站的哪一信道的信号。只有能准确、有效地分辨这些信号，无论是在移动用户终端还是小区基站，才能建立起蜂窝结构的移动通信网络。CDMA 通信系统利用码分多址的优势，仅仅分配不同的扩频编码来简便实现，是其他多址方式不可比拟的。

CDMA 移动通信系统，通常具有如图 5-10 所示的 3 层扩频编码结构：分配给移动终端与基站通信用的信道标识编码、表征基站的基站码、表征移动终端的用户码。

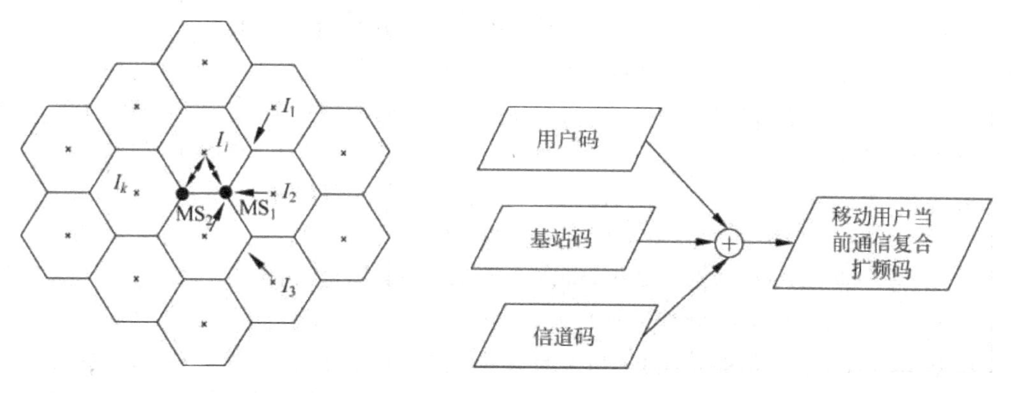

图 5-9　移动通信的蜂窝小区结构　　图 5-10　CDMA 移动通信 3 层扩频编码结构

信道码是基站能够同时用来收发的扩频编码，记为 PN_C。其扩频编码周期为 N_C，最多能够成 1、2、3、…、N_C 个相互正交或准正交的伪随机编码，则信道码为

$$PN_C = (PN_{C_1}, PN_{C_2}, PN_{C_3}, \cdots, PN_{C_{N_C}}) \tag{5-7}$$

基站码是表征基站的扩频编码。为了基站收发信号的信道码各个基站都能使用，信道

码重复使用，而基站码不能相同。对于蜂窝结构大范围地区覆盖的蜂窝移动通信系统而言，基站数目远比一个基站能同时收发的信道数多，基站码的扩频码周期 N_I 一定大于 N_C，最大具有 N_I 个基站，记为

$$PN_I = (PN_{I_1}, PN_{I_2}, PN_{I_3}, \cdots, PN_{I_{N_I}}) \tag{5-8}$$

表征移动终端的用户码，既有信号区分的要求也有保密的需要，应该与移动用户一样，是完全唯一的。由于移动用户相当多，表征移动终端的用户扩频编码周期 N_M 就会相当长，记为

$$PN_M = (PN_{M_1}, PN_{M_2}, PN_{M_3}, \cdots, PN_{M_{N_M}}) \tag{5-9}$$

上述 3 种码的周期大小关系为

$$N_M \gg N_I \gg N_C$$

按照图 5-10 所示的扩频编码结构，在图 5-9 所示的 CDMA 移动通信系统中，移动用户 MS_1 通信中使用的扩频码 PN_1，为

$$PN_1 = PN_{M_1} \oplus PN_{I_i} \oplus PN_{C_j} \tag{5-10}$$

式中，I_i 为第 i 个基站；C_j 为第 j 个信道。而移动用户 MS_2 同时通信时，使用的扩频码 PN_2 为

$$PN_2 = PN_{M_2} \oplus PN_{I_i} \oplus PN_{C_k} \tag{5-11}$$

其中 $k \neq j$，在同一基站使用不同的信道码。对移动用户 MS_m，不论使用哪个信道码，处在与哪个基站的通信中，使用的扩频码 PN_m 都为

$$PN_m = PN_{M_m} \oplus PN_{I_i} \oplus PN_{C_k} \tag{5-12}$$

其中，$k \leqslant N_C$，$i \leqslant N_I$，$m \leqslant N_M$。不同用户有不同的扩频码。

当然，在实际系统中，扩频编码可以不使用上述的 3 层编码结构，但要构成大范围覆盖的、支持大量用户的 CDMA 移动通信系统，3 层扩频编码结构是实现全码分多址通信方式的 CDMA 通信网的组网技术。

2. IS-95 CDMA 蜂窝系统中基站码的复用

在 IS-95 CDMA 系统中，前向信道包括导频信道、同频信道、寻呼信道和业务信道，其中必然有且仅有一个导频码分信道，以便于系统内所有基站覆盖区中工作的移动台同步和切换，每个基站利用导频 PN 序列的时间偏置来标识它的前向信道。PN 序列的时间偏置常用偏置指数来区别，偏置指数是相对于零偏置导频 PN 序列的偏置值，其取值范围为 0～511。导频 PN 码序列由 15 阶序列生成器产生，故 PN 码的周期为 $2^{15}=32\,768$ 个码片。将此周期序列的每 64 个码片作为一个码型，即每两个相邻的码之间的相位相差 64bit，共可得到 32 768/64=512 个码型。将这些不同的码型作为基站码分配给不同的基站，那么，在 1.25MHz 带宽的 CDMA 蜂窝系统中，可建多达 512 个基站(或扇区)。

在同一个扩频 CDMA 蜂窝系统中，这 512 个基站码是互不相同的，并与基站一一对应。但这些基站码却能在其他的扩频 CDMA 蜂窝系统中得到复用，以区别本系统内的基站。

如果由于传播延迟或导频 PN 序列的复用导致到达移动台的导频相位一致，移动台不能区分来自两个或多个基站的导频信号，就会造成干扰。因此，在基站的设计中，既要保证 PN 序列有一定的相位间隔，又要保证 PN 序列复用距离不能过大。在 IS-95 CDMA 系统中，将导频信号和导频 PN 序列偏置指数的增量分别定义为 PILOT 和 PILOT_INC。合适地选取 PILOT_INC，以控制基站的每个扇区 PN 码的相位偏置的间隔，可以避免来自其他基站导频信号的干扰。因此在 PN 序列的规划中，要确定 PILOT_INC 下限值，即考虑不同

的基站扇区对应的不同PN码的相位偏置所需的最小隔离和确定PILOT_INC的上限值，即考虑相同PN码复用于不同基站时的复用距离。PILOT_INC要满足式(5-13)，即

$$\text{PILOT\_INC} \geqslant \{(6.6d+s_2)/64\} * \{10^{\wedge}\,(T/(10g))-1\} \tag{5-13}$$

式中，d为基站半径，假设所有半径相等；T为避免干扰所设置的平均信号强度，用以消除其他基站对当前基站所产生的噪声干扰，$T>27$；g为路径损耗指数；s_2为有效搜寻窗尺寸，其中，有效搜寻窗是指手机在有效集或候选集搜索导频信号的窗口(ASW)，而ASW尺寸由式(5-14)确定，即

$$\text{ASW} \geqslant 2(T_d/T_c) \tag{5-14}$$

式中，T_d为最大时延；T_c为一个码片的宽度。

确定PILOT_INC后，分配给基站扇区不同相位偏置PN码的原则如下：

(1) 相邻扇区不要分配邻近相位偏置的PN码，相位偏置的间隔要尽可能大些，这与GSM系统的邻频干扰相似。

(2) PN码复用时，复用的基站间要有足够远的地理隔离，这与GSM系统的同频干扰相似。

(3) 要保留一定数目的PN码，以备扩容或与现有不同类型的基站使用。

PN序列偏置的具体分配如下：

不同相位偏置PN码的数目$N=2^{15}/(64\times\text{PILOT_INC})$。若PILOT_INC=10，则3扇区基站的数目$M=2^{15}/(64\times\text{PILOT_INC})$。由PILOT_INC和$N$确定预分配给基站每个扇区的PN序列偏置如表5-1所示。

表5-1　PN序列偏置分配

PILOT_INC	10				
N	17				
	n×PILOT_INC×6		(n+N)×PILOT_INC×64		(n+2N)×PILOT_INC×64
1	640	18	11 520	35	22 400
2	1280	19	12 160	36	23 040
3	1920	20	12 800	37	23 680
4	2560	21	13 440	38	24 320
5	3200	22	14 080	39	24 960
6	3840	23	14 720	40	25 600
7	4480	24	15 360	41	26 240
8	5120	25	16 000	42	26 880
9	5760	26	16 640	43	27 520
10	6400	27	17 280	44	28 160
11	7040	28	17 920	45	28 800
12	7680	29	18 560	46	29 400
13	8320	30	19 200	47	30 080
14	8960	31	19 840	48	30 720
15	9600	32	20 480	49	31 360
16	10 240	33	21 120	50	32 000
17	10 880	34	21 760		

5.3.5 PN码的同步

CDMA系统要求PN码自相关性好、互相关性弱、实现方案简单等。PN码的选择直接影响到CDMA系统性能的方方面面。同时,PN码同步是扩频系统所特有的,也是扩频技术中的难点。CDMA系统要求接收机生成的本地码与发送端的PN码在结构、频率和相位上完全一致,否则就不能正常接收所发送的信息,接收到的只是一片噪声。因此,PN码序列的同步是CDMA扩频通信的关键技术。CDMA系统中的PN码同步过程分为PN码捕获(精同步)和PN码跟踪(细同步)两部分。

1. PN码序列捕获

PN码序列捕获指接收机在开始接收扩频信号时,选择经调整接收机的本地扩频PN序列的频率和相位,使它与发送的扩频PN序列频率与相位基本一致、误差小于1个码片间隔T_c,这就是接收机捕捉发送的扩频PN序列相位,也称为扩频PN序列的初始同步。在CDMA系统接收端,一般解扩过程都在载波同步前进行,实现捕获大多采用非相关检测。接收到扩频信号后,经射频宽带滤波放大及载波解调后,分别送往$2N$扩频PN序列相关处理解扩器(N是扩频PN序列长)。$2N$个输出中哪个输出最大,该输出对应的相关处理解扩器所用的扩频PN序列相位状态,就是发送的扩频信号的扩频PN序列相位,从而完成扩频PN序列捕获。捕获的方法有多种,如滑动相关法、序贯估值法及匹配滤波器法等,滑动相关法是最常用的方法。

2. PN码序列跟踪

当同步系统完成捕获过程后,同步系统转入跟踪状态。跟踪是使本地码的相位一直随接收到的伪随机码相位改变,与接收到的伪随机码保持较精确的同步。跟踪环路不断校正本地序列的时钟相位,使本地序列的相位变化与接收信号相位变化保持一致,实现对接收信号的相位锁定,使同步误差尽可能小,使之小于码片间隔的几分之一,从而能正常接收扩频信号。跟踪是闭环运行的,当两端相位出现差别后,环路能根据误差大小自动调整,减小误差,因此同步系统多采用锁相技术。跟踪环路可分为相关与非相关两种。前者在确知发端信号载波频率和相位的情况下工作,后者在不确知的情况下工作。实际上大多数应用属于后者。常用的跟踪环路有延迟锁定环及τ抖动环两种。延迟锁定环采用两个独立的相关器,τ抖动环采用分时的单个相关器。这两种跟踪环路的主要跟踪对象是单径信号,但在移动信道中,由于受到多径衰落及多普勒频移等多种复杂因素影响,不能得到令人满意的跟踪性能,所以CDMA扩频通信系统应采用适合多径衰落信道的跟踪环,如基于能量窗重心的定时跟踪环就是其中技术之一,其基本工作原理如下:CDMA数字蜂窝移动系统采用扩频技术,其扩频带宽使系统具有较强的多径分辨能力;接收机不断搜索可分辨多径信号分量,选出其中能量最强的J个多径分量作为能量窗;利用基于能量窗重心的定时跟踪算法,观察相邻两次工作窗内多径能量分布变化;计算跟踪误差函数;根据能量重心变化,调整本地PN码时钟,控制PN码滑动,达到跟踪目的。采用该跟踪环的目的是使用于RAKE接收的工作窗内多径能量之和最大,接收机性能更好。

思考与练习

5.3.1　填空题

① m 序列是________________。

② m 序列有________、________、________、________等特性。

③ CDMA 移动通信由________、________、________3 种码构成 3 层扩频编码结构。

④ IS-95 CDMA 系统中，PN 码由________阶序列生成器产生，其 PN 序列周期为________，可以最多为________个不同基站编码。

⑤ CDMA 系统中的 PN 码同步过程分为________和________两部分。

⑥ 扩频 PN 序列捕获方法有________、________及匹配滤波器法等。

5.3.2　判断题

① 在 CDMA 系统接收端，一般解扩过程都在载波同步前进行，实现捕获大多采用相关检测。　（　）

② PN 码序列跟踪是闭环运行的，当两端相位出现差别后，环路能根据误差大小自动调整，减小误差，因此同步系统多采用锁相技术。　（　）

5.3.3　简述题

① 简述 CDMA 码序列有哪些特性。

② 试分析 m 序列的形成及其特性。

③ 简述 CDMA 移动通信系统的 3 层扩频编码结构。

*5.4　CDMA 的控制与管理

CDMA 系统的控制和管理功能与 GSM 蜂窝系统基本相似，但也有一些不同之处。

1. 登记注册

移动台通过注册通知基站其位置、状态、身份标志、时隙段、移动台类型和其他特征。在移动台被呼叫的过程中，通过注册，基站可以知道移动台的位置、等级和通信能力，确定移动台在寻呼信道的哪个时隙中监听，并能有效地向移动台发起呼叫。所以，注册是 CDMA 蜂窝移动通信系统在控制和操作中很重要的功能。CDMA 系统支持以下几种不同类型的注册：

(1) 开机注册。当移动台开机或从使用模拟模式返回，移动台都会进行开机注册。为了防止移动台频繁开关机时的多次注册，移动台会在空闲状态之后和注册之前延迟 20s。

(2) 关机注册。关机注册在移动台发出关机指令时完成。如果移动台之前没有与当前系统标识和网络标识对应的系统中注册，则不会真正进行关机注册。

(3) 周期性注册。周期性注册实际上是基于计数器的注册，它使用寻呼信道时隙计数器。当基站通过系统参数消息的注册周期字段使计数器达到最大值时或称计数满时，移动台即进行一次注册。周期性注册不仅能保证系统及时掌握移动台的状态，而且当移动台的关机注册没有成功时，系统还会自动删除该移动台的注册。但是周期性注册的时间不能太长也不能太短。如果时间间隔过长，系统不能准确地知道移动台的位置，从而增大对寻呼信道的负荷；如果时间间隔过短，则注册会变得频繁，却要增加接入信道的负荷。所以注册周期要能使寻呼信道的接入和接入信道的负荷比较平衡。

(4) 基于距离的注册。移动台在当前基站与上次注册基站距离超过阈值时，则移动台要进行注册。移动台通过当前基站与上次注册基站的经度和纬度差的计算结果确定移动距离。移动台最后要存储注册基站的纬度、经度和注册距离。

(5) 基于位置区注册。位置区是系统和网络中的基站群。通过系统参数消息中的注册区域序号字段来标识基站区域指配。移动台进入新位置区时注册，如果注册完成，则在列表中增加一个区域；如果计数器到时间，则被删除。在系统接入时，除了由接入成功注册的区域，其他区域的计数器都被激活。在呼叫开始时，所有计数器都被激活。移动台可以在不同位置区注册。通过区域序号加上区域系统标识(SID)及区域网络标识(NID)来唯一标识位置区。移动台保存一个包括所有注册过的区域列表，列表中每一记录包括区域序号和(SID，NID)对。只有当基站区域注册，(SID，NID)在区域列表记录中能找到才能认为该基站在区域列表中。移动台在半永久存储器中提供一个记录的存储。基站通过系统参数消息中的区域字段来控制移动台注册的最大区域数。当列表中增加一条记录或者允许的区域总数减少导致记录超过允许数，移动台将从区域列表中移出即删除最早的注册记录，保证剩下的注册数目不超过允许的数目。

(6) 参数改变注册。当移动台修改了其存储的某些参数(如首选时隙段序号、基站类型标志、呼叫终端的被激活指示器等)，移动台要进行注册。

(7) 受命注册。当基站发出请求时移动台要进行受命注册，多在移动台受命和消息处理操作时实施。在注册请求指令收到 0.3s 之内，移动台进入到带有注册标识的系统接入状态的更新开销信息子状态中，在这些处理操作中，除开销消息和寻呼消息以外的所有消息都会被处理。

(8) 默认注册。当移动台成功发送起始消息或寻呼应答消息时，基站能借此判断出移动台的位置，且不涉及两者之间的任何注册消息的交换，这叫默认注册。在移动台接收到接入信道上发送的注册消息、起始消息或寻呼响应消息的确认之后，注册成功或默认注册。

(9) 业务信道注册。一旦基站得到移动台已被分配到业务信道的注册信息时，则基站通知移动台已经注册。

前 5 种注册形式为一组，称为自主注册，由漫游标识激活。参数改变注册独立于漫游标识。受命注册通过基站的指令消息来初始化。默认注册不包括任何基站和移动台之间的消息交换。当移动台已指配了业务信道，基站通过发送标识请求指令从移动台得到标识消息，从而获得注册信息。通过注册消息通知移动台已经注册。所有自主注册和参数改变注册都可被激活或禁用。激活的注册形式和相应的注册参数在系统参数消息中获得。

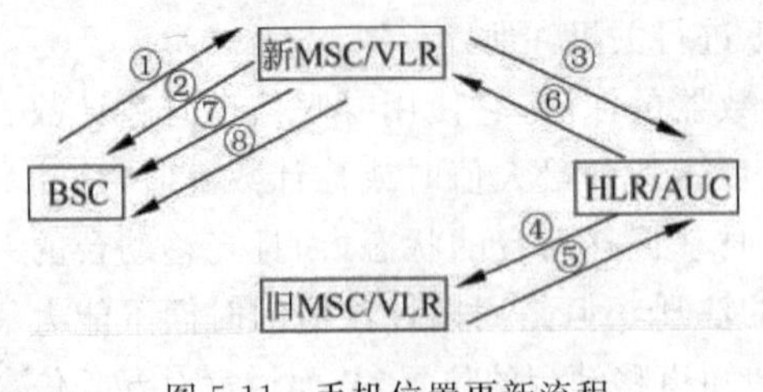

图 5-11　手机位置更新流程

2. 移动台位置更新

移动台进行位置更新的工作流程如图 5-11 所示，其具体步骤如下：

① 移动台进入某个访问区需要进行位置登记时，通过 SCCP 的连接请求消息上报位置更新请求。

② MSC 给 BSC 回送 SCCP 的连接证实表示建立了连接。

③ 然后 VLR 通过 C/D 接口给 HLR 发送位置登记请求。

④ 如果 HLR 存在旧的 VLR,则该旧 VLR 发送登记取消消息。

⑤ 旧的 VLR 取消登记成功后,给 HLR 回送响应信息。

⑥ HLR 登记成功,发给 VLR 登记成功响应信息。

⑦ MSC 给 BSC 发送位置登记成功消息。

⑧ 默认情况下是以 CREF 带回接受或拒绝消息。

3. 手机关机登记

手机要想真正实现关机,必须在关机之前进行关机登记,整个过程的流程如图 5-12 所示,具体步骤如下:

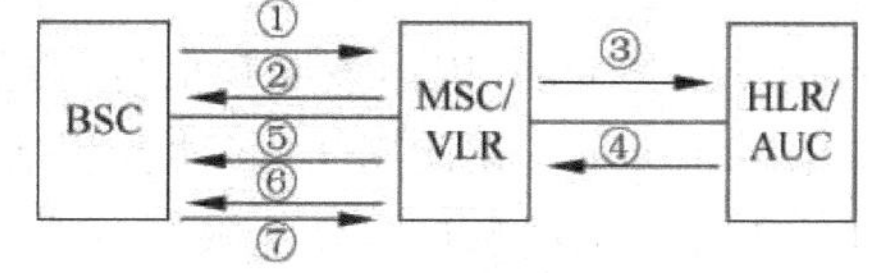

图 5-12 手机关机登记流程

① 在关机注册的时候,手机先上报关机登记请求(通过位置更新请求消息,请求类型为关机登记)。

② MSC 给 BSC 回送 SCCP 的连接证实表示建立了连接。

③ VLR 通过 C/D 接口给 HLR 发送关机登记请求。

④ HLR 关机登记如果成功,便回送给 MSC/VLR 关机登记成功响应信息。

⑤ MSC 给 BSC 发送关机登记成功消息并发送清除命令。

⑥ 清除无线连接。

⑦ BSC 回送清除完成信息。

4. 切换

基站和移动台支持 3 种切换方式,即软切换、硬切换和 CDMA 到模拟系统的切换。

(1) 软切换。移动台如果与两个基站同时连接时进行的切换称为软切换。更软切换则指的是一个小区内不同扇区间的软切换。软切换的原理如下:移动台在上行链路中发射的信号被两个基站所接收,经解调后转发到基站控制器(BSC),下行链路的信号也同时经过两个基站再传送到移动台。移动台可以将收到的两路信号合并,起到宏分集的作用。因为处理过程是先通后断,故称为软切换,而一般的硬切换则是先断后通。软切换只能在同一频率的 CDMA 信道中进行。软切换是 CDMA 蜂窝系统独有的切换功能,可以有效地提高切换的可靠性,会带来更好的话音质量,实现无缝切换,减少掉话可能,且有利于增加反向容量。

(2) 硬切换。当各基站使用不同频率或声码器时,基站引导移动台进行的一种切换方式。在切换过程中,移动台与新的基站联系前,先中断与原基站的通信,再与新基站建立联系。硬切换过程中有短暂的中断,容易掉话。

(3) CDMA 到模拟系统的切换。基站引导移动台向模拟话音信道切换。

切换的前提是移动台必须对基站发出的导频信号不断进行测量,并把测量结果回送基站,以便网络及时了解各基站发射的信号在到达移动台接收地点的强度。因此,不同基站发出的导频信号由引导 PN 序列的不同偏置来区分,每一可用导频要与同一 CDMA 信道中的正向业务信道配合才有效。当移动台检测到一个足够强的导频而它没有与任何一个正向业务信道相配合,它就向基站发送一个导频测量报告,于是基站就给移动台指定一正向业务信道和该导频相对应,这样的导频称为激活导频或称有效导频。

导频信道共 2^{15} 个状态,以 64 为步长分为 512 个导频信道偏置,每个基站对应一个不同的导频偏置 PILOT_PN。具有相同的频率但有不同的 PN 码相位的导频集合,把它称为导频集。导频集主要可以分为以下几类:

有效集:与正在联系的基站对应的导频集合。

候选集:当前不在有效集中,但是已有足够的强度表明与该导频对应基站的前向业务信道可以被成功解调的导频集合。

相邻集:当前不在有效集或候选集中但是有可能进入候选集的导频集合。

剩余集:其他导频集合。

当移动台驶向一基站,然后又离开该基站时,移动台收到的该基站的导频强度先由弱变强,接着由强变弱,因而该导频信号可能由相邻集和候选集进入有效集,然后又返回相邻集,如图 5-13 所示。在此期间,移动台和基站之间的信息交换如下:

① 导频强度超过强度上限 T_ADD,MS 将其加入候选集并上报 BS。

② BS 命令 MS 将该导频加入有效集。

③ 导频强度小于强度下限 T_DROP,手机启动切换去除 T_DROP 定时器。

④ T_DROP 定时器超时,MS 上报 BS。

⑤ BS 命令 MS 将该导频从有效集中删除。

移动台对其周围基站的导频测量是不断进行的,能及时发现邻近小区中是否出现导频信号更强的基站。如果邻近基站的导频信号变得比原先呼叫的基站更强,表明移动台已经进入新的小区,从而可以被引导向这个新的小区切换。

下面对几种切换过程的流程作一下介绍。

(1) 前向切换

前向切换的流程图如图 5-14 所示,具体步骤如下:

① 当进行 CDMA 同频切换时,移动台执行移动台辅助切换(MAHO)程序,完成信号质量的测量;当进行 CDMA 非同频切换和 CDMA 至模拟系统切换时,服务 MSC 根据内部算法确定是否应当切换到一个相邻 MSC。

② 服务 MSC 发送切换测量请求消息(HANDMREQ)给相邻 MSC(服务 MSC 可发送多个 HANDMREQ 给不同的相邻 MSC)。

③ 相邻 MSC 返回请求结果。

④ 当服务 MSC 确定应当切换到相邻 MSC 中时(此时相邻 MSC 称为目标 MSC),它发送设备指令消息(FACDIR)给目标 MSC,命令目标 MSC 开始前向切换程序。

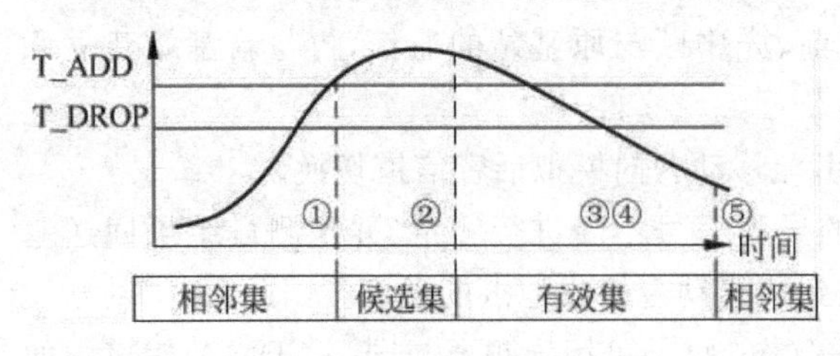

图 5-13 切换阈值

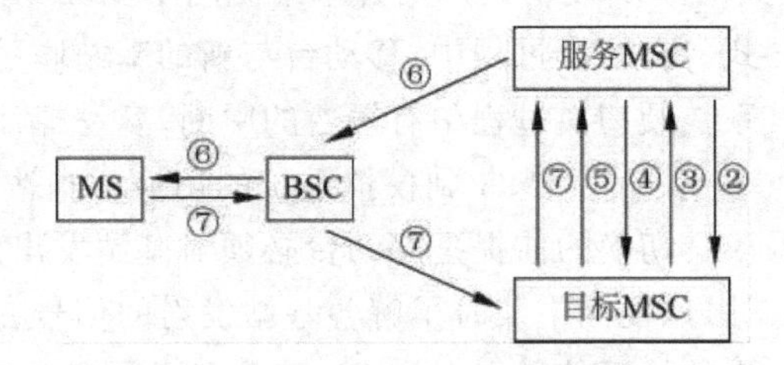

图 5-14 前向切换流程

⑤ 如果在预定的目标小区里有空闲业务信道，目标 MSC 将计费 ID 参数中的段计数器加 1，在以后的呼叫处理过程中使用新的计费 ID，发送设备指令消息返回结果(FACDIR)给服务 MSC，开始前向切换程序。

⑥ 接收到 FACDIR 后，服务 MSC 向 BSC 发送切换命令。

⑦ 目标 MSC 在分配的业务信道上收到 MS 的信号，完成业务信道和 MSC 间中继电路的连接，并发送移动台进入信道消息(MSONCH)给服务 MSC，通知它目标 MSC 完成了前向切换程序。

⑧ 服务 MSC 在收到 MSONCH 后，将呼叫连接到 MSC 间中继电路上，完成切换的全过程。

(2) 后向切换

后向切换的流程如图 5-15 所示，具体步骤如下：

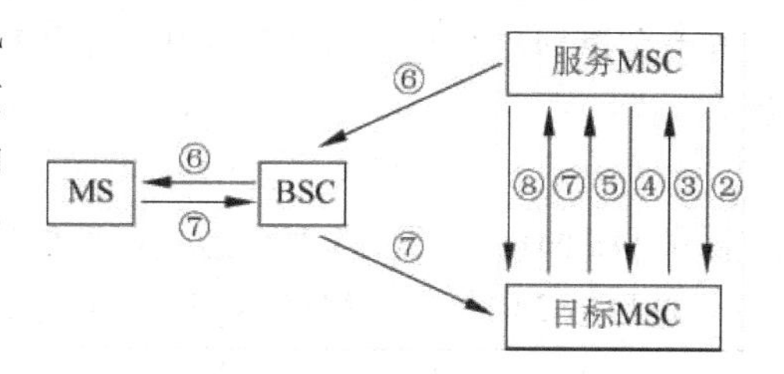

图 5-15　后向切换流程

① 当进行 CDMA 同频切换时，由移动台执行移动台辅助切换(MAHO)程序，完成信号质量的测量；当进行 CDMA 非同频切换和 CDMA 至模拟系统切换时，移动台执行移动台辅助切换(MAHO)程序，同时服务 MSC 根据内部算法确定是否应当切换到一个相邻 MSC。

② 服务 MSC 发送切换测量请求消息(HANDMREQ)给相邻 MSC。

③ 相邻 MSC 返回请求结果。

④ 当服务 MSC 确定应当切换到相邻 MSC 时(此时相邻 MSC 称为目标 MSC)，它发送后向切换消息(HANDBACK)给目标 MSC，命令目标 MSC 开始后向切换程序。

⑤ 如果在预定目标小区有空闲业务信道，目标 MSC 将计费 ID 参数中的段计数器加 1，在以后的呼叫处理过程中使用新的计费 ID。然后发送后向切换消息返回结果(HANDBACK)，开始后向切换程序。

⑥ 收到 HANDBACK 后，服务 MSC 向 MS 发送切换命令。

⑦ 目标 MSC 在预定业务信道上收到 MS 的信号，目标 MSC 发送设备释放消息(FACREL)给服务 MSC，指明“切换成功”。

⑧ 服务 MSC 发送设备释放消息(FACREL)给目标 MSC，并释放 MSC 间中继电路，目标 MSC 释放 MSC 间中继电路，切换过程结束。

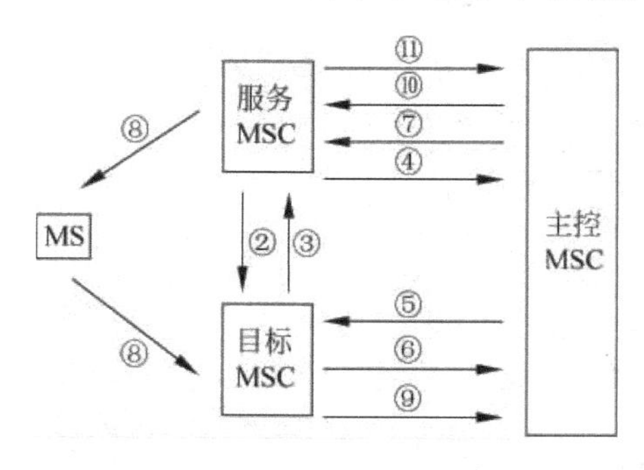

图 5-16　不涉及中间 MSC 的切换到第三方

(3) 切换到第三方

切换到第三方的流程如图 5-16 所示，具体步骤如下：

① 当进行 CDMA 同频切换时，移动台只需要执行移动台辅助切换(MAHO)程序，便可以完成信号质量的测量；当进行 CDMA 非同频切换和 CDMA 至模拟系统切换时，移动台执行移动台辅助切换(MAHO)程序，同时服务 MSC 根据内部算法确定是否应当切换到一个相邻 MSC。

② 服务 MSC 发送切换测量请求消息(HANDMREQ)给相邻 MSC。

③ 相邻 MSC 根据内部算法执行测量过程,并在切换测量请求消息返回结果(HANDMREQ)中把结果返回给服务 MSC。

④ 服务 MSC 确定应当切换到目标 MSC 且可以进行路由优化,它发送切换到第三方消息(HANDTHIRD)给主控 MSC,要求主控 MSC 执行带路由优化的切换。

⑤ 如果主控 MSC 已知目标 MSC 的信息且可以分配到目标 MSC 中继电路,则主控 MSC 执行切换程序,它发送 FACDIR 给目标 MSC。

⑥ 如果在预定的目标小区有空闲业务信道,目标 MSC 将计费 ID 参数中的段计数器加 1,在以后的呼叫过程中使用新的计费 ID,然后发送 FACDIR 给主控 MSC,开始切换到第三方程序。

⑦ 主控 MSC 在接受执行切换的申请并确认目标 MSC 可以分配信道后,返回切换到第三方消息返回结果(HANDTHIRD)给服务 MSC,其中包括目标 MSC 选择的业务信道的数据。

⑧ 服务 MSC 在收到 HANDTHIRD 后向 MS 发送切换命令,如果在预定的业务信道上收到 MS 的信号,目标 MSC 连接业务信道和 MSC 间中继电路。

⑨ 目标 MSC 发送 MSONCH 给主控 MSC 通知它成功完成了切换到第三方程序。

⑩ 主控 MSC 连接到目标 MSC 间的电路,并发送 FACREL 要求释放到服务 MSC 间的中继电路,其中释放原因设置为"切换成功"。

⑪ 服务 MSC 释放中继电路,发送 FACREL 给主控 MSC 要求主控 MSC 也释放中继电路,则切换到第三方的过程结束。

(4) 涉及中间 MSC 的切换到第三方

涉及中间 MSC 的切换到第三方的流程图如图 5-17 所示,其具体步骤如下:

① MS 正在进行一次呼叫,如果进行 CDMA 同频切换时,移动台执行移动台辅助切换(MAHO)程序,便可以完成信号质量的测量;当进行 CDMA 非同频切换和 CDMA 至模拟系统切换时,移动台执行移动台辅助切换(MAHO)程序,进行信号质量测量;服务 MSC 根据内部算法确定是否应当切换到一个相邻 MSC,它发送切换测量请求消息(HANDMREQ)给相邻 MSC。

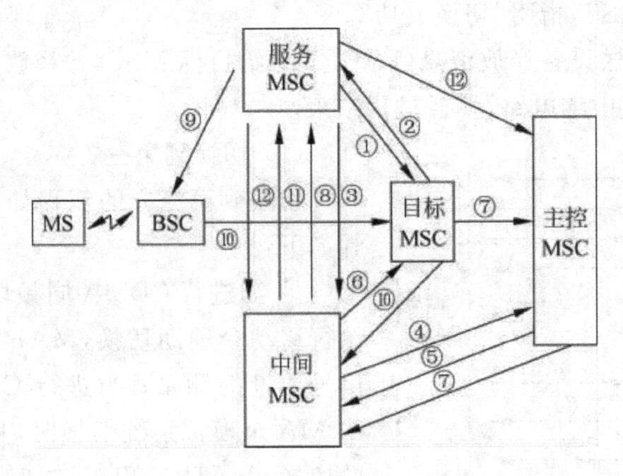

图 5-17 涉及中间 MSC 的切换到第三方

② 相邻 MSC 根据内部算法执行测量过程，并在切换测量请求消息返回结果(HANDMREQ)中把结果返回给服务 MSC。

③ 服务 MSC 确定应当切换到目标 MSC 且可以进行路由优化，它发送切换到第三方消息(HANDTHIRD)给切换链路上前一个 MSC(中间 MSC)，要求这个 MSC 执行带路由优化的切换。

④ 中间 MSC 比较在 HANDTHIRD 消息中收到的交换机计数器参数值与它自己存储的值，如果两者相差不超过 TANDEMDEPTH，则中间 MSC 修改 HANDTRIRD 消息中的交换机计数器参数值，并将这个消息发送给主控 MSC。

⑤ 如果主控 MSC 中没有目标 MSC 的有关信息，或没有到目标 MSC 的电路，主控 MSC 发送 HANDTHIRD 返回错误消息给中间 MSC。

⑥ 如果中间 MSC 已知目标 MSC 的信息且可以分配到目标 MSC 中继电路，则中间 MSC 执行切换程序，它发送 FACDIR 给目标 MSC。

⑦ 如果在预定的目标小区有空闲业务信道，目标 MSC 将计费 ID 参数中的段计数器加 1，在以后的呼叫过程中使用新的计费 ID 参数，然后发送 FACDIR 给主控 MSC，开始切换到第三方程序。

⑧ 中间 MSC 在接受执行切换的申请并确认目标 MSC 可以分配信道后，返回切换到第三方消息返回结果(HANDTHIRD)给服务 MSC，其中包括目标 MSC 选择的业务信道的数据。

⑨ 服务 MSC 在收到 HANDTHIRD 后向 MS 发送切换命令。

⑩ 如果在预定的业务信道上收到 MS 的信号，目标 MSC 连接业务信道和 MSC 间中继电路，目标 MSC 发送 MSONCH 消息给中间 MSC，通知它成功完成了切换到第三方程序。

⑪ 中间 MSC 连接到目标 MSC 间的电路，并发送 FACREL 要求释放到服务 MSC 间的中继电路，其中释放原因设置为“切换成功”。

⑫ 服务 MSC 释放中继电路，发送 FACREL 给主控 MSC，要求主控 MSC 也释放中继电路，切换结束。

5. 移动台的状态

移动台的状态有初始化状态、空闲状态、接入状态和在业务信道控制状态等多种模式。各模式间的转换关系如图 5-18 所示。

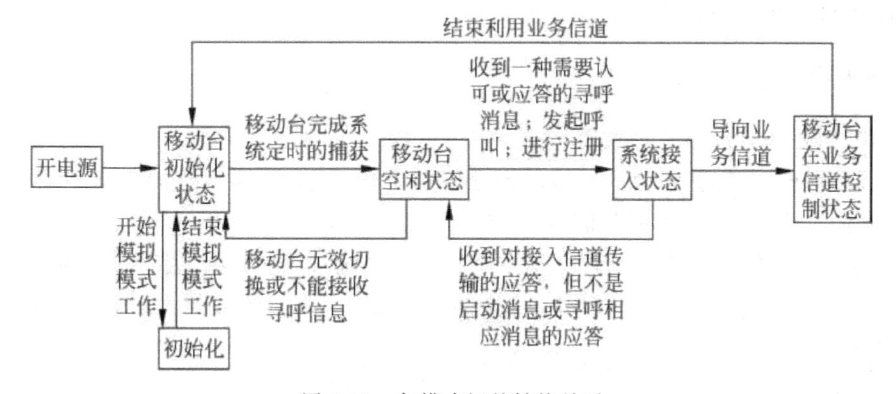

图 5-18 各模式间的转换关系

(1) 移动台初始化状态,这时移动台选择和捕获系统。移动台接通电源后就进入初始化状态。在此状态中,移动台首先要选择一个系统使用。

(2) 移动台空闲状态。移动台在完成同步和定时后,即由初始化状态进入移动台空闲状态,这时移动台可接收寻呼、消息、呼入、呼出、注册或发送消息等,还能设置编码信道、寻呼信道数据速率和实施寻呼信道监控等。移动台的工作模式有两种:一种是时隙工作模式;另一种是非时隙工作模式。如果移动台在空闲状态工作于非时隙模式,要一直检测寻呼信道;如果移动台在空闲状态工作于时隙状态,移动台只需在其指配的时隙中监听寻呼信道,其他时间可以关掉接收机(出于节电的考虑)。

(3) 系统接入状态。移动台在发起呼叫、注册登记或收到需认可与应答的寻呼信息时,进入"系统接入状态",并在接入信道上向基站发送有关的信息,在寻呼信道上接收基站的信息。系统接入状态由6个子状态构成:更新开销消息子状态、移动台起始子状态、寻呼响应子状态、移动台指令或消息响应子状态、注册接入子状态及移动台消息发送子状态。

(4) 移动台在业务信道控制状态。在移动台控制业务信道状态中,移动台利用前向、反向业务信道与基站通信。其中比较特殊的是:

① 为了支持正向业务信道进行功率控制,移动台要向基站做帧错误速率统计周期报告或阈值报告。

② 无论移动台还是基站都可以申请"服务选择"。移动台可以在响应寻呼、业务信道操作期间、呼叫开始时间内要求特定的服务。如果服务选择要求对基站是可以接收的,移动台和基站就开始使用新的服务选择。如果基站不能接收移动台要求的服务选择,基站可以拒绝服务选择请求或者请求一个替换的服务选择。如果基站请求了替换的服务选择,移动台可以接收或拒绝基站的替换服务选择,还可以请求另一服务选择。最终移动台和基站都应寻找到双方都接受的服务选择或移动台拒绝基站的服务选择请求或基站拒绝移动台的服务选择请求。移动台和基站使用"服务选择申请指令"来申请服务选择或建议另一种服务选择,而用"服务选择应答指令"去接受或拒绝服务选择申请。此外,移动台可以在呼叫消息或寻呼响应消息中请求服务选择,基站可以在寻呼消息或时隙寻呼消息中请求服务选择。

6. 移动台发起呼叫

由移动台发起呼叫的简化流程如图5-19所示。

7. 基站呼叫处理

基站呼叫处理有以下几种类型:

(1) 导频和同步信道处理。当移动台处于初始化状态时,移动台捕获基站发射导频和同步信号,使自己同步到CDMA信道。

(2) 寻呼信道处理。当移动台处于空闲状态或系统接入状态时,基站发射寻呼信号。

(3) 接入信道处理。当移动台处于系统接入状态时,基站监听接入信道,以接收移动台发来的消息。

(4) 业务信道处理。当移动台处于业务信道控制状态时,基站用前向业务信道和反向

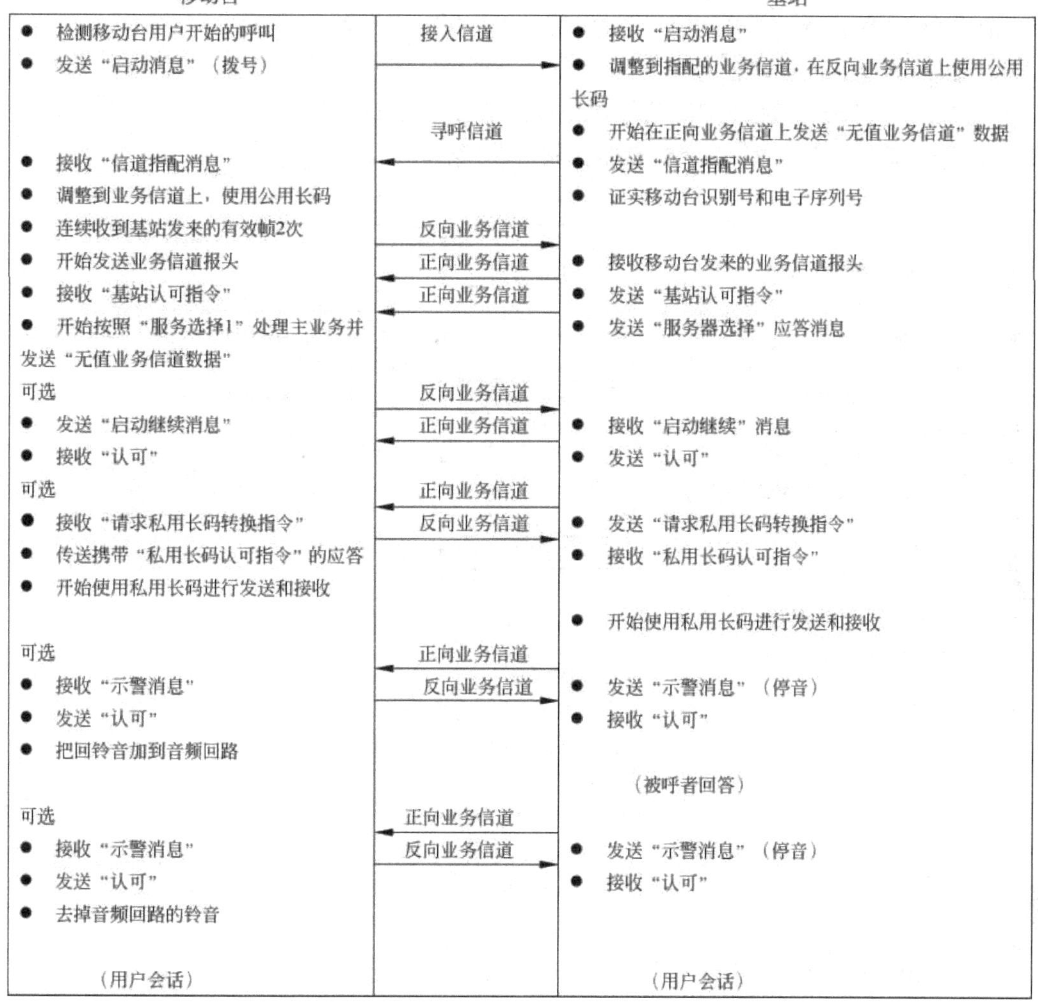

图 5-19　移动台发起的呼叫流程

业务信道与移动台交换消息。

基站呼叫处理的简化流程如图 5-20 所示。

8. 由 MS 发起的呼叫拆线

呼叫拆线是向终端发送一条释放通知，并且释放该呼叫所有的资源。这里的正常释放流程比较简单，GSM 中的 DISCONNECT、RELEASE、RELEASE CMP 等消息都被省略，而直接用 CLEAR REQ、CLEAR CMD 和 CLEAR CMP 来完成，流程大为简化。在 GSM 中，当 SCCP 出现故障时，是由故障方发起复位电路操作，而在这里，是由故障方的对端发起复位电路。在 CLEAR CMD 完成后 MSC 还将在 VLR 中清除用户忙状态。由 MS 发起的呼叫拆线如图 5-21 所示。步骤如下：

① 由 MS 向基站系统发送释放请求。

② 基站系统 BSS 向 MSC 发送清除请求。

③ MSC 收到 BSS 发来的请求后返回清除命令给 BSS。

④ BSS 发送释放命令给 MS,MS 执行释放命令。

⑤ BSS 发送清除完成信号给 MSC。

⑥ MSC 向 BSS 发送 SCCP(信令连接控制部分)RLSD 信号。

⑦ BSS 返回 SCCP RLC(无线链路控制)信号给 MSC。

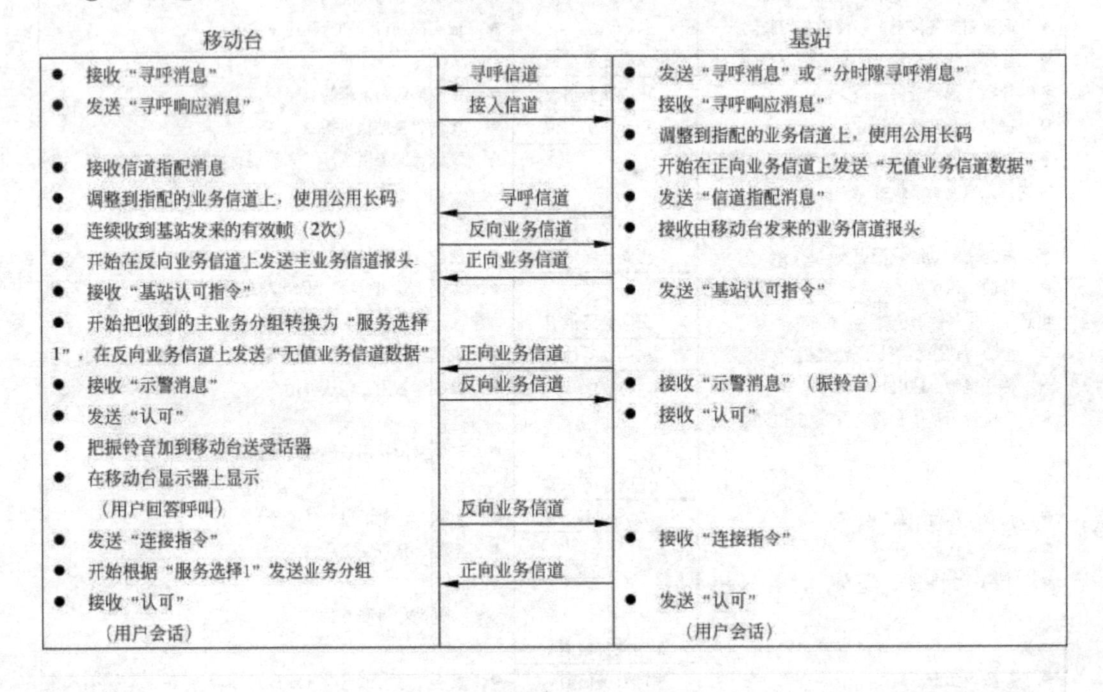

图 5-20 基站呼叫处理流程

9. 由 BS 发起的呼叫拆线

由 BS 发起的拆线情况：在 MSC 向 BS 发送一条清除请求消息后,BS 回应一条清除请求消息,启动呼叫拆线,其流程如图 5-22 所示。

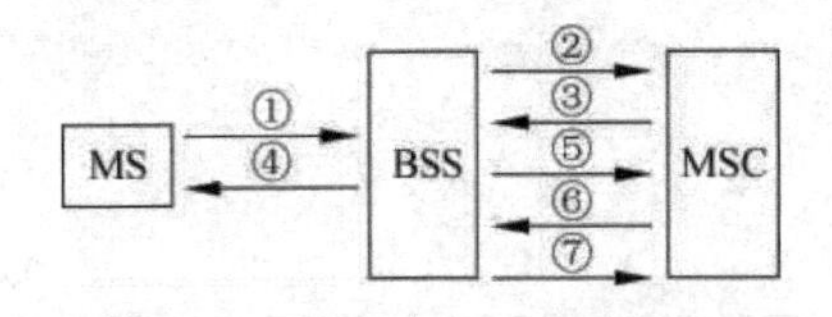

图 5-21 MS 发起的呼叫拆线流程

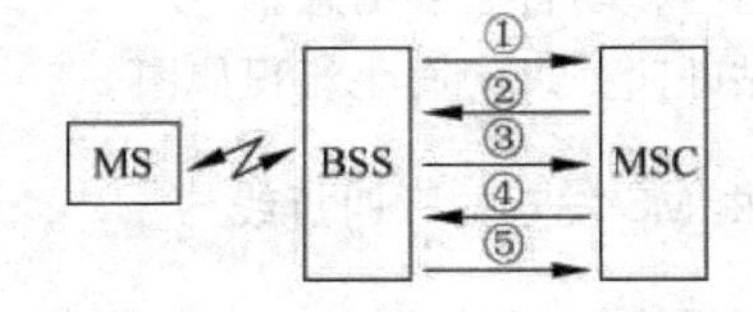

图 5-22 BS 发起的呼叫拆线流程

① BSS 向 MSC 发出清除请求。

② MSC 收到后返回清除命令给 BSS。

③ BSS 执行拆线清除命令,完成后发送清除完成信号给 MSC。

④ MSC 向 BSS 发送 SCCP(信令连接控制部分)RLSD 信号。

⑤ BSS 返回 SCCP RLC(无线链路控制)信号给 MSC。

10. 由 MSC 发起的呼叫拆线

由 MSC 发起的拆线流程如图 5-23 所示，有两种情况：

(1) 在收到一个呼叫拆线通知时由 MSC 启动呼叫拆线。具体步骤如下：

① a：MSC 向 BSS 发送清除命令。

② d：BSS 执行拆线清除命令，完成后发送清除完成信号给 MSC。

③ e：MSC 向 BSS 发送 SCCP(信令连接控制部分)RLSD 信号。

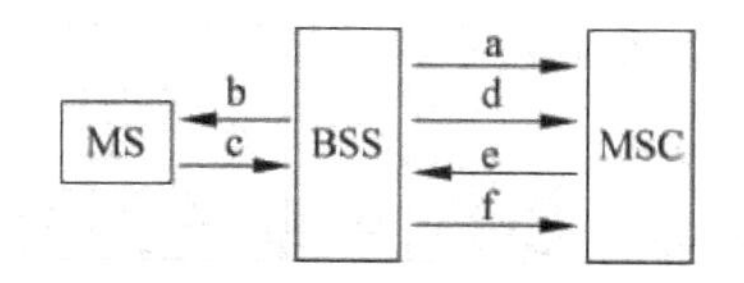

图 5-23 MSC 发起的呼叫拆线流程

④ f：BSS 返回 SCCP RLC(无线链路控制)信号给 MSC。

(2) 在 MSC 从 BS 收到一条 CM 业务请求消息后，MSC 回应一条清除命令消息(该清除命令可以放在 SCCP 连接证实的数据项里，也可以在 SCCP 连接证实之后发送)。启动呼叫拆线，其具体要求步骤如下：

① b：由 BSS 向 MS 发送释放命令。

② c：MS 收到后返回释放命令确认信号给 BSS。

③ d：BSS 执行拆线清除命令，完成后发送清除完成信号给 MSC。

④ e：MSC 向 BSS 发送 SCCP(信令连接控制部分)RLSD 信号。

⑤ f：BSS 返回 SCCP RLC(无线链路控制)信号给 MSC。

另外，CDMA 中还包括软切换期间的呼叫处理、连续软切换期间的呼叫处理等许多的呼叫处理流程，鉴于篇幅原因，这里就不一一详细叙述了。

思考与练习

5.4.1 填空题

① 移动台通过________通知基站其位置、状态、身份标志、时隙段、移动台类型和其他特征等。

② CDMA 系统支持的注册类型有________、________、________、________、基于位置区注册、________、________、________和________。

③ 基站和移动台支持的 3 种切换方式是________、________和________。

④ 移动台的状态有________、________、________和在业务信道控制状态 4 种模式。

⑤ 移动台的工作模式有________和________两种。

5.4.2 判断题

① 大部分自主注册和参数改变注册都可被激活或禁用，激活的注册形式和相应的注册参数在系统参数消息中获得。 ( )

② 周期性注册的时间很长。 ( )

③ 受命注册通过基站的指令消息来初始化，默认注册包括任何基站和移动台之间的消息交换。 ( )

④ 在软切换的过程中，移动台先中断与原基站的通信，再与新基站建立联系；所以该切换过程中有短暂的通话中断，容易掉话。 ( )

⑤ 不同基站发出的导频信号由引导 PN 序列的不同偏置来区分，每一可用导频要与它同一 CDMA 信道中的正向业务信道配合才有效。 ( )

5.4.3 名词解释

软切换；有效集；候选集；相邻集；剩余集

5.4.4 画图简述题

① 画出手机位置更新流程图，并简述手机位置更新的具体步骤。

② 画出手机关机登记流程图，并简述手机关机登记的具体步骤。

5.5 CDMA系统的其他技术

5.5.1 CDMA的功率控制

1. 功率控制的概念

由于小区中的所有用户发射到基站的信号功率，随着他们距离基站的远近不同而不同，假设各个用户的发射功率相等，那么离基站近的用户信号到达基站时就会大于那些离基站远的用户信号，进而引起强信号淹没弱信号的现象，这就是移动通信系统的远近效应。CDMA移动通信系统是一个自扰系统，所有移动用户都占用相同带宽和频率，它的远近效应问题特别突出。CDMA系统使用功率控制技术的目的是为了克服远近效应对系统通信质量的影响，同时还能够控制系统中同一频道上的各个用户之间的相互干扰，使系统维持高质量的通信。以IS-95为例，根据信号传输方向的不同，CDMA系统分为下面两种信道：

- 前向信道。由基站向其管辖区域内的移动台发出的1.23MHz的无线信道。
- 反向信道。移动台向所属基站发送信息的信道，此时基站接收的是1.23MHz信道信息。

因此，IS-95的功率控制分为前向功率控制和反向功率控制，反向功率控制又可分为仅由移动台参与的开环功率控制和移动台、基站同时参与的闭环功率控制。

2. 反向开环功率控制

这是一种由移动台自己完成的功率控制，其目的在于使小区内所有移动台发出的信号在到达基站时都达到标称功率。它由移动台根据在小区中接受功率的变化，自动调节移动台发射功率来完成。它可以补偿阴影、拐弯等效应及平均路径衰落，但必须具有很大的动态范围，根据IS-95的空中接口标准，它至少应有±32dB的动态范围。

3. 反向闭环功率控制

闭环功率控制的设计目标是根据接收到的信号，迅速估算出移动台的开环功率并立即进行调整或补偿，以使移动台保持最适当的发射功率。事实上，移动台根据在前向业务信道上接收到的有效功率控制比特来调整其发射功率，实现反向闭环功率控制。该功率控制比特发送速率为800b/s，中间无间断，长度为前向业务信道中两个调制符号的长度，被连续插入在前向信道的数据扰码之后。其中“0”表示移动台应增加1dB平均输出功率，“1”则正好相反，表示移动台应减少1dB平均输出功率。由前述控制比特发送速率可以推知，基站对其辖区内的所有移动台进行一次信号强度测量的时间间隔是固定的，为 125ms，并以此测量结果为依据，确定出各个移动台的功率控制比特值究竟应该为"1"还是"0"后，从前向信道将其发送出去。当然，发送的功率控制比特将比反向业务信道的实际情况延迟 2×125ms。一般把一个信号帧中的每个时隙称做一个功率控制组，则基站对收到的第 K 个控制组信号后的对应功率控制比特将在第 $K+2$ 个控制组中发送出去。

4. 前向功率控制

前向功率控制技术是基站根据测量结果自行调整每个移动台的发射功率，其控制方向为基站至移动台。而前面反向开环功率控制的方向是移动台至移动台；反向闭环功率控制的方向是移动台至基站再至移动台。前向功率控制的目的是对路径衰落小的移动台分派较小的前向链路功率，而对那些远离基站和误码率较高的移动台分派较大的前向链路功率。

5.5.2 CDMA 的多径接收技术

在移动通信中，由于城市建筑物和地形、地貌的影响，电波传播必然会出现不同路径和时延，使接收信号出现起伏和衰落，采用分集合并接收技术是十分有效的抗多径衰落的方法。CDMA 个人通信系统采用时间分集和空间分集两种 RAKE 接收方法。基站使用有一定间隔的两组天线分别接收来自不同方向的信号；而移动台采用时间分集 RAKE 接收，让接收信号通过相关延迟为 D 的逐次延迟相关器，延迟间隔 D 为扩频码码元宽或大于码元宽，不同的延迟相关输出结果对应不同路径的信号。这样，基站和移动台都用多组天线同时分别接收每一路的信号并独立进行解调，然后再将接收并解调了的信号综合叠加，滤掉噪声后通过放大使输出增强，形成清晰悦耳的语音信号，富有立体效果。这个道理有点类似于制图中的全方位图像，人们对一个具有多个角度视图的物体的印象要比仅有某一个视图的物体的印象全面而真实。这样，在 CDMA 移动通信系统中将多径信号转化为一个可供利用的有利因素。

多径接收之所以能够实现，是因为发射机发出的扩频信号，在传输过程中受到不同建筑物、山冈等各种障碍物的反射和折射，到达接收机时每个波束具有不同的延迟，形成多径信号。如果不同路径信号的延迟超过一个伪码的码片的时延，则在接收端可将不同的波束区别开来。将这些不同波束分别经过不同的延迟线，对齐及合并在一起，则可达到变害为利，把原来是干扰的信号变成有用信号组合在一起。

M 支路 RAKE 接收机结构如图 5-24 所示。图中多个相关器分别检测多径信号中最强的 M 个支路信号，然后对每个相关器的输出进行加权及合并，最后进行检测和判决。M 个相关器的输出分别为 $Z_1, Z_2, \cdots, Z_M$，其权重分别为 $\alpha_1, \alpha_2, \cdots, \alpha_M$。权重的大小是由各支路的输出功率或 SNR(信噪比)决定的。如果该支路的输出功率小或 SNR 小，那么相应的权重就小。采用最大比率合并时，合并后的输出 Z' 如式(5-15)，即

$$Z' = \sum_{m=1}^{M} \alpha_m Z_m \tag{5-15}$$

CDMA 技术采用多径接收技术，有利于克服码间干扰，但当扩频处理增益不够大时，克服的程度会受到限制，即仍会残存码间干扰。

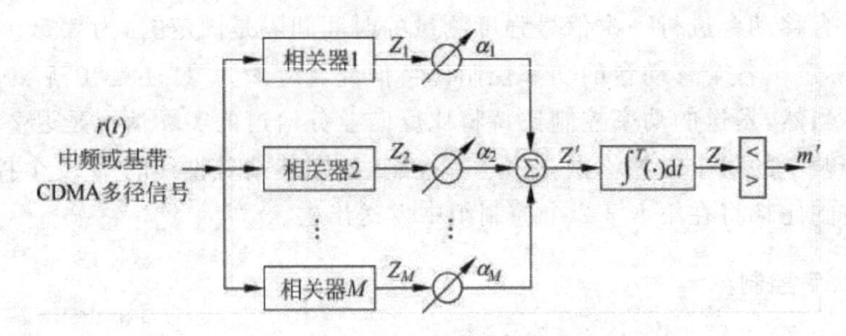

图 5-24 *M* 支路 RAKE 接收机结构框图

思考与练习

5.5.1 填空题

① CDMA 系统使用功率控制技术的目的是为了________,同时还能够________,使系统维持高质量的通信。

② IS-95 的功率控制分为________和________。

③ 闭环功率控制的设计目标是________。

④ CDMA 技术采用多径接收技术,有利于________,但当扩频处理增益不够大时,克服的程度会受到限制,即仍会残存码间干扰。

5.5.2 名词解释

反向开环功率控制；反向闭环功率控制；多径接收

5.5.3 简述题

简述 CDMA 的多径接收技术；试说明这一技术主要解决哪些问题。

本章小结

本章介绍了 CDMA 系统,主要涉及 CDMA 系统概述,CDMA 系统的无线接口、码序列、控制与管理,以及 CDMA 系统的关键技术这 5 部分内容。在 CDMA 系统概述这一部分,主要叙述了 CDMA 的概念、系统构成及特点、主要参数以及 CDMA 的业务和应用；在 CDMA 系统的无线接口这一部分,主要讨论了 CDMA 系统的正、反向信道结构,CDMA 系统的基带处理过程；在 CDMA 码序列一节中重点介绍了 PN 码序列的产生、特点、应用以及 CDMA 系统的关键技术之一——PN 码同步；在 CDMA 系统的控制与管理部分则向读者论述了位置更新和切换等基本概念与工作流程；另外还简要介绍了 CDMA 系统其他技术等。本章知识点较多,如 CDMA 系统的概念、信道结构、码序列等,都是本章的重点,大家要仔细领会它们的含义。

实验与实践

活动 1 CDMA 市场观察

CDMA 技术一问世,短短十几年的时间,就在全球移动通信领域刮起一阵旋风,大有席卷天下之势。目前 CDMA 系统在北美和亚太地区取得了长足发展。在美国,7 家移动运营商选用了 CDMA 系统。根据 CDG(世界 CDMA 发展集团)2006 年的统计,CDMA 商用网络覆盖到了北美洲、拉丁美洲、欧洲、亚洲、非洲、大洋洲的 50 个国家 112 家运营商,还有 21 家运营商决定开始 CDMA 网络的建设。

请你实地参观 CDMA 的制造厂家,或上网访问大唐电信网站 http://www.catt.ac.cn、中国联通网站 http://www.chinaunicom.com.cn,或以"CDMA"等为关键词,了解一下国内 CDMA 的技术发展与市场;同时到中国联通的客户服务部,了解一些运营商的业务和品牌等,或上网访问中国联通的网站。然后组织一个研讨会,对 CDMA 的背景、市场、解决方案、关键技术等进行讨论,大家相互交流。研讨结束后,请根据讨论结果,结合自己的感想,作一篇名为"CDMA 的业务品牌"的综述,并收入个人成果集。

活动 2 CDMA 课题研究

CDMA 技术的出现源自于人类对更高质量无线通信的需求。第二次世界大战期间因战争的需要而研究开发出的 CDMA 技术,其思想初衷是为了防止敌方对己方通信的干扰,在战争期间广泛应用于军事抗干扰通信,后来由美国高通公司将其更新为一种商用蜂窝电信技术。1995 年,第一个 CDMA 商用系统运行之后,CDMA 技术理论上的诸多优势在实践中得到了检验,从而在北美、南美和亚洲等地得到了迅速推广和应用。全球许多国家和地区,包括中国香港、韩国、日本、美国都已建有 CDMA 商用网络,如在日本 CDMA 成为国内的主要移动通信技术;在美国 10 个移动通信运营公司中有 7 家选用 CDMA;2005 年 4 月韩国有 60%的人口成为 CDMA 用户;在澳大利亚主办的第 28 届奥运会中,CDMA 技术更是发挥了重要作用等。

请根据自己的研究兴趣,在本章的学习过程中围绕"CDMA 的技术与发展"选择一项研究课题。也可以在老师的指导下,成立课题研究小组,推荐研究的课题有:

- 探讨 PN 码的分配技术。
- 简析 CDMA 与 GSM 之优劣。
- 探究 CDMA 的关键技术。
- 探索 CDMA 的未来演进。
- 简述 CDMA 系统中功率控制技术的必要性、类型和要求。
- 其他 CDMA 的技术研究。

请你或小组使用 PowerPoint 创作一个演示文稿,在本章课程结束时进行全班交流,并存入个人成果集。

活动 3 CDMA 手机面面观

你或周围人用了 CDMA 手机吗?对于 CDMA 手机的外形、功能、业务、辐射等,你的感受如何?回忆一下本章学习过的 CDMA 基带处理流程,并试探究一下 CDMA 手机的构造原理。

实验:PN 码特性的研究

为了便于你了解 PN 码的生成方法及其自相关性和互相关特性,从而加深对 m 序列、Gold 序列等概念的理解,进一步掌握 Gold 序列在 CDMA 系统做扩频码序列的重要应用,你可以利用 MATLAB 软件对 Gold 序列的产生过程进行仿真编程。推荐的实验方法是:用两个移位寄存器的输出值模二加产生 $L=31$ 的 Gold 序列。

推荐的程序清单如下:

```
Gold.m
Echo on                                         % 将移位寄存器的内容初始化为"00001"
connection1 = [10100];
connection1 = [11101];
sequence1 = ss_mlsrs(connection1);
sequence2 = ss_mlsrs(connection2);
% 将第二个序列循环移位并与一个序列相加
L = 2^length(connections1) - 1
for shift_amount = 0:L - 1,
temp = [sequence2(shift_amount + 1; L) sequence2(1:shift_amount)];
gold_seq(shift_ amount + 1,:) = (sequence1 + temp) - floor((sequence1 + temp)./2). * 2;
end;
% 查找这些序列中互相关的最大值
max_cross_corr = 0;
for i = 1:L - 1,
for j = i + 1:L,
% 平衡各序列
c1 = 2 * gold_seq(i,:) - 1;
c2 = 2 * gold_seq(j,:) - 1;
for m = 0:L - 1,
shifted_c2 = [c2(m + 1:L) c2(1:m)];
corr = abs(sum(c1 * shift_c2));
if (corr > max_cross_corr),
max_cross_corr =  corr;
end;
end;
end;
end;
% 注意 max_cross_corr 在程序中为 9
s_smlsrs.m
function[seq] = ss_mlsrs(connections);
% ss_mlsrs 程序产生最大长度移位寄存器序列
m = length(connections);
L = 2^m - 1;                                    % 所需的移位寄存器的长度
registers = [zeros(1,m - 1) 1];                 % 初始寄存器内容
seq(1) =  registers(m);                         % 序列的第一位
for i = 2:L,
new_reg_cont(1) =  connections(1) * seq(i - 1);
for j = 2:m,
new_reg_cont(j) = registers(j - 1) +  connections(j) * seq(i - 1);
end;
registers = new_reg_cont;                       % 当前寄存器内容
seq(i) = registers(m)                           % 序列的下一位
end;
```

请你书写实验报告,并画出实验原理图以及得到 Gold 序列表,并存入个人成果集。另外,还有 m 序列,你能将以上源程序改一下,变为对 m 序列的生成吗?

拓展阅读

[1] 黄钦泓. CDMA 数据业务寻呼优化. 电信科学,2005 年 06 期.
[2] 徐绍君,李道本. 多径衰落信道下的扩频码设计与联合检测. 通信学报,2004 年 04 期.
[3] 陈亚丁,等. CDMA 系统中的信道估计和多址干扰. 电子科技大学学报,2003 年 05 期.
[4] 林丹阳. CDMA 网络接入失败的原因探讨. 移动通信,2004 年 09 期.
[5] 胡严,钟豫粤. 广州 CDMA 网络造成被叫难问题的原因和解决办法. 移动通信,2004 年 12 期.
[6] 孙孺石. 码分多址系统的抗干扰分析. 移动通信,2004 年 12 期.
[7] 郝云飞,周阶纯. CDMA 室内蜂窝系统应用的探索. 移动通信,2004 年 08 期.
[8] 宋捷,曾伟. CDMA 网络的导频污染问题. 移动通信,2004 年 01 期.
[9] 大唐 TD-SCDMA 第三代移动通信标准通过验收. 移动通信,2007 年 01 期.
[10] CDMA 加速拓展欧洲大陆市场. 移动通信,2008 年 08 期.
[11] 李俭伟. 盘点 CDMA“基本面”. 通信世界,2008 年 22 期.
[12] 李学博. CDMA 产业开始“强势”整合. 通信世界,2008 年 22 期.

深度思考

在本章的学习中,我们知道 CDMA 是一种先进的大容量通信技术,其优越性很多,因此第三代移动通信均采用 CDMA 技术。请你试着对 CDMA 的容量进行分析,并探索一下,究竟有哪些关键技术的采用保证了 CDMA 系统的大容量?

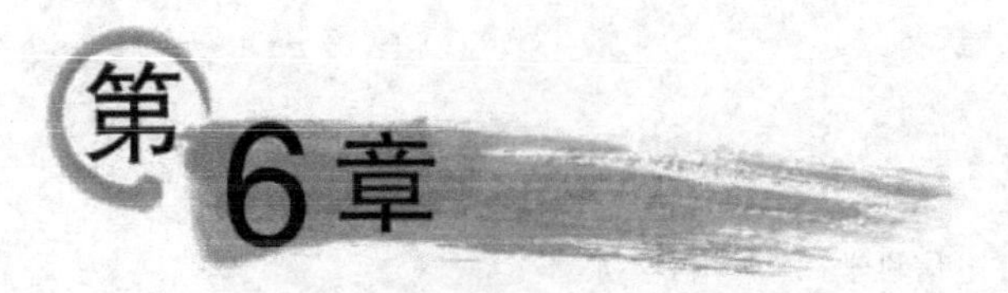

移动通信系统的发展与演进

学习目标

- 了解3G的目标、标准与频谱分配、国内外的发展与应用，掌握移动通信的演进路线，以及移动通信网络的分组化趋势。
- 熟练掌握GPRS的系统构成及其特点，理解GPRS的新增功能实体及接口等，能用自己的语言简述GPRS的应用，了解GPRS的主要参数、信道结构、控制与管理。
- 熟练掌握WCDMA的系统构成及其特点，理解WCDMA的新增功能实体及接口等，能用自己的语言简述WCDMA的应用，了解WCDMA的主要参数、信道结构、控制与管理。
- 熟练掌握CDMA 1x的系统构成及其特点，理解CDMA 1x的新增功能实体及接口等，能用自己的语言简述CDMA 1x的应用，了解CDMA 1x的主要参数、信道结构、控制与管理。
- 熟练掌握CDMA 1x EV-DO的系统构成及其特点，理解CDMA 1x EV-DO的新增功能实体及接口等，能用自己的语言简述CDMA 1x EV-DO的应用，了解CDMA 1x EV-DO的主要参数、信道结构、控制与管理。

知识地图

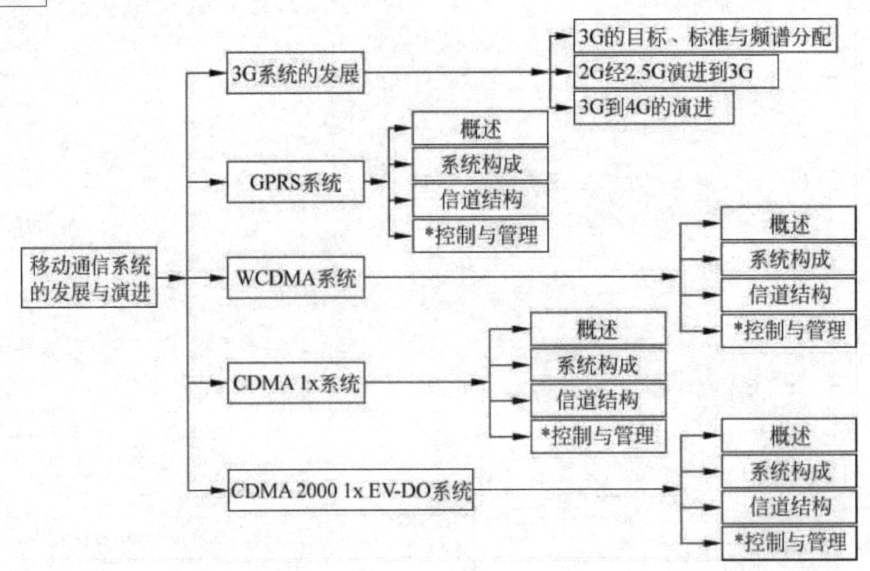

学习指导

2G技术仅能满足话音和低速数据业务的需求，而3G技术则迎合了人们对更大移动性和信息容量的需求，从而得到了迅猛的发展。整个3G的建设过程中，并不是一蹴而就的，它需要一个逐步演进、多标准并存的发展过程，即通过2.5G技术而逐步演进到3G技术。

本章首先阐述了3G的目标、标准与频谱分配，接着介绍了国内外3G的发展与应用，然后给出了2G到2.5G再到3G直至4G的演进路线。基于此，本章进一步介绍了2.5G网络的典型代表GPRS系统和CDMA 1x系统的体系结构及其特点、业务和应用、信道结构、控制与管理等；同时介绍了两种3G网络WCDMA系统和CDMA 1x EV-DO系统的体系结构及其特点、信道结构、控制与管理等，另一种中国标准的3G网络第7章介绍。

本章知识点较多，为了帮助您对学习内容的掌握，建议您在学习本章时充分利用本章知识地图，同时建议您充分利用课后的拓展阅读。

课程学习

移动数据、移动因特网等的高速发展，使得原本以语音业务为主的移动通信受到了巨大的挑战，各种数据和多媒体业务超越传统的话音业务成为移动通信主流并引发爆炸性增长。传统的电路型移动通信系统已经越来越难以承受这样的现状，需要向分组化发展，这就带来了移动通信系统结构的一系列变化。可以预见，未来的移动通信系统将是全IP化的网络结构，其业务是分层的，同时为了保护运营商的相关投资，需要第二代移动通信系统向未来移动通信系统的逐步演进。

移动通信网络的演进着重于网络本身的演进，其根本目的是通过构建一个无缝的2G/3G网络来保证移动终端业务在两个系统间的平滑和连续；同时对运营商而言，也意味着节点设备的再利用和逐步升级，以保护现有的投资。

6.1 3G系统的发展

6.1.1 3G的目标、标准与频谱分配

1. 3G的目标

1985年，在2G刚商用的时候，国际电信联盟(ITU)即提出了对第三代移动通信系统的要求，当时命名为未来公共陆地移动通信系统(FPLMTS)，其理想是实现全球标准的完全统一，以实现真正的无缝漫游。1996年国际电信联盟(ITU)将FPLMTS正式更名为IMT-2000标准，统称为3G系统。第三代移动通信的目标是要满足多环境能力、多模式操作及系统兼容性等。其核心内容就是3个"2000"：系统工作频点在2000MHz；最高业务速率可达2000Kb/s；预计商用时间是2000年。

为了达到以上目标，3GPP和3GPP2这两个组织进行了大量的研究工作，最后商定IMT-2000系统功能模型及接口如图6-1所示，它主要由核心网(CN)、无线接入网(RAN)、

移动台(MT)和用户识别模块(UIM)这4个功能子系统构成的,分别对应于2G系统的交换子系统、基站子系统(BSS)、移动台(MS)和SIM卡。同时,ITU定义了4个标准接口,即网络与网络间接口(NNI)、无线接入网与核心网之间的接口(RAN-CN)、无线接口(UNI)和用户识别模块和移动台之间的接口(UIM-MT),这些标准接口是保证互通和漫游的关键接口。由于这些接口的定义,使得接入网与核心网之间有个清晰的分界。接入网完成用户接入业务全部功能,包括所有空中接口相关功能;核心网由交换网和业务网组成,交换网完成呼叫及承载控制所有功能,业务网完成支撑业务所需功能,包括位置管理。这样的划分使核心网受无线接口影响很小,并使接入网和核心网可以分别独立地演化,这一点很重要,它是我们谈移动通信网演进的一个基础。

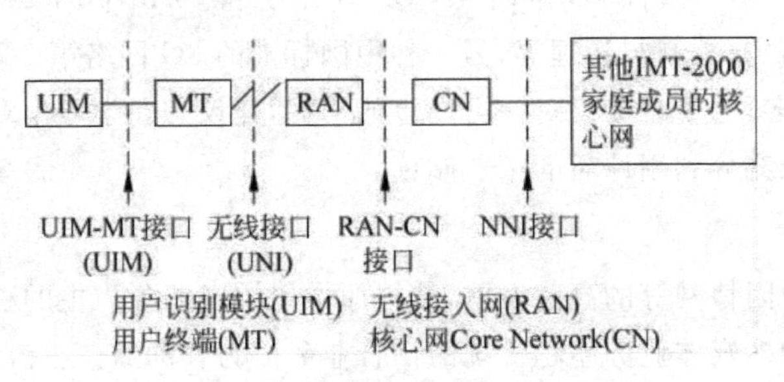

图6-1 IMT-2000系统功能模型及其接口

2. 3G的标准

IMT-2000中主流的无线传输标准共5种,分别是WCDMA、CDMA 2000和TD-SCDMA,其他两种TDMA方式主要是作为补充。

(1) WCDMA

WCDMA是一种直扩序列码分多址技术,DS-CDMA信息被扩展成3.84Mchip/s,然后在5MHz带宽内传送。它采用了多种技术保证QoS支持同步/异步基站运行模式,采用上、下行闭环加外环功率控制方式,同时使用开环和闭环发射分集方式,上、下行采用QPSK调制,支持Turbo编码及卷积码。

(2) CDMA 2000

CDMA 2000是基于IS-95 CDMA基础上提出的,它主要指CDMA 2000-1x和CDMA 2000-3x。它采用的是多载频码分多址方式。MC-CDMA 1x仍然采用的IS-95 CDMA的无线传输方式,3x是1x的3载波方式,它相对于IS-95主要是增加了导频,使反向可进行相干解调,这相对于IS-95可提高信噪比2~3dB。同时,使用了相对阈值代替绝对阈值,在前向使用了快速功控,前向信道使用了分集发射,采用了Turbo码提高抗干扰能力,采用了辅助信道多码传输方式提高数据速率等技术。

(3) TD-SCDMA

TD-SCDMA标准是由中国提出。目前由于欧洲已经放弃了UTRAN TDD方式,所以TD-SCDMA已经是唯一的TDD方式的无线传输标准,该标准由于采用时分技术,因此有利于上、下行不对称业务的传输。同时,TD-SCDMA还应用了联合检测、智能天线和软件无线电等多项新技术。

以上 3 种标准的比较如表 6-1 所示。

表 6-1 3 种标准比较

项 目	UMTS WCDMA	CDMA 2000	TD-SCDMA
提出国家	欧洲 日本	美国 韩国	中国
继承基础	GSM	IS-95 CDMA	GSM
信道带宽	5MHz	1.25/5MHz	1.6MHz
码片速率	3.84Mcps	N×1.2288Mcps	1.28Mcps
多址方式	DS-CDMA	DS-CDMA 和 MC-CDMA	DS-CDMA 和 TDD
核心网	GSM MAP	ANSI 44	GSM MAP

2007 年 10 月 19 日，国际电信联盟(ITU)正式批准 WiMAX 成为 ITU 移动无线标准。这意味着，WiMAX 也成为了 IMT-2000 家族的一名正式成员，它与 WCDMA、CDMA 2000 和 TD-SCDMA 并列，成为又一个全球 3G 标准。WiMAX 是一项新兴技术，相对于 Wi-Fi，WiMAX 能够在更广阔的地域范围内提供“最后一公里”的宽带连接，使用户拥有相当于访问线缆 DSL 的能力。WiMAX 凭借其在任意地点的 1～6 英里覆盖范围(取决于多种因素)，将为高速数据应用提供更出色的移动性服务。

3. 3G 的频谱分配

国际电信联盟对第三代移动通信系统 IMT-2000 划分了 230MHz 频率，分为上行 1885～2025MHz 和下行 2110～2200MHz。其中，1980～2010MHz(地对空)和 2170～2200MHz(空对地)用于移动卫星业务。上、下行频带不对称，主要考虑可使用双频 FDD 方式和单频 TDD 方式。此规划在 WRC92 上得到通过，在 2000 年的 WRC2000 大会上，在 WRC-92 基础上又批准了新的附加频段：806～960MHz、1710～1885MHz 和 2500～2690MHz。

欧盟对第三代移动通信的问题亦十分重视，欧洲电信标准化协会早在近 20 年前就开始了第三代移动通信标准化的研究工作，成立了一个由运营商、设备制造商和电信管制机构的代表组成的“通用移动通信系统(即 UMTS)论坛”，1995 年正式向 ITU 提交了频谱划分的建议方案。

欧洲陆地通信的 3G 频谱共 155MHz，分为下行 1900～1980MHz、2010～2025MHz 和上行 2110～2170MHz。而北美情况就比较复杂，在 3G 低频段的 1850～1990MHz 处，实际已经划给 PCS 使用，且已划成 2×15MHz 和 2×5MHz 的多个频段。PCS 业务已经占用的 IMT-2000 的频谱，虽然经过调整，但调整后 IMT-2000 的上行与 PCS 的下行频段仍需共用。这种安排不大符合一般基站发高收低的配置。日本 3G 频谱分配也有类似的问题，如 1893.5～1919.6MHz 已用于 PHS 频段，仅可以提供 2×60MHz+15MHz=135MHz 的 3G 频段(1920～1980MHz、2110～2170MHz、2010～2025MHz)。目前，日本正在致力于清除与第三代移动通信频率有冲突的问题。

韩国和 ITU 建议一样，共计 170MHz。WCDMA FDD 模式使用频谱为(3GPP 并不排斥使用其他频段)：上行 1920～1980MHz，下行 2110～2170MHz。每个载频的频率为 5MHz 范围，双工间隔为 190MHz。而美洲地区：上行为 1850～1910MHz，下行为 1930～

1990MHz。双工间隔为80MHz WCDMA TDD(包括High bit rate和Low bit rate)模式使用频谱：①上下行1900～1920MHz和2010～2025MHz；②美洲地区为上下行1850～1910MHz和1930～1990MHz；③美洲地区为上下行1910～1930MHz。

特殊情况下(如两国边界地区)可能会出现TDD和FDD在同一个频带内共存的情况，3GPP TSG RAN WG4正在进行这方面的研究。CDMA 2000中只有FDD模式，目前共有7个频段，其中频段6为IMT-2000规定的1920～1980MHz/2110～2180MHz频段。

在我国，根据目前的无线电频率划分，1700～2300MHz频段有移动业务、固定业务和空间业务，该频段内有大量的微波通信系统和一定数量的无线电定位设备正在使用。1996年12月，国家无线电委员会为了发展蜂窝移动通信和无线接入的需要，对2GHz的部分地面无线电业务频率进行了重新规划和调整。但还与第三代移动有冲突，即公众蜂窝移动通信1.9MHz的频段和无线接入的频段均占用了IMT-2000的一部分频段。因此，第三代移动通信必须与现有的各种无线通信系统共享有限的频率资源。IMT-2000在我国的频段分配如下：

(1) 主要工作频段

频分双工(FDD)方式：1920～1980MHz/2110～2170MHz。

时分双工(TDD)方式：1880～1920MHz/2010～2025MHz。

(2) 补充工作频率

频分双工(FDD)方式：1755～1785MHz/1850～1880MHz。

时分双工(TDD)方式：2300～2400MHz，与无线电定位业务共用，均为主要业务，共用标准另行制定。

(3) 卫星移动通信系统工作频段

1980～2010MHz/2170～2200MHz。

6.1.2 国内外3G的发展与应用

1. 国外3G的发展与应用

由于移动通信在未来的信息化社会占有举足轻重的地位，发达国家的政府部门、电信运营商和制造商均不遗余力地积极参与有关第三代移动通信的标准制定和研发工作，以期在未来的竞争中占据有利地位。

IMT-2000后续的标准化主要集中在IMT-2000增强(Future Development of IMT-2000)和后IMT-2000系统(Systems Beyond IMT-2000)的研究，目标是采用更新的技术，达到更高的性能指标，包括CDMA 2000向1x EV-DO和1x EV-DV的演进，第三代移动通信系统向全IP结构的演进，并融入高速下行分组接入、IPv6、软件无线电和智能天线等无线新技术，还有扩展频谱的规划，不同系统间的干扰分析、不同系统的共存方案等技术领域。

IMT-2000 CDMA DS也称WCDMA，最早由欧洲和日本提出，其核心网基于演进的GSM/GPRS网络技术，空中接口采用直扩DS的宽带CDMA。目前这种方式得到欧洲、北美、亚太地区各GSM运营商和日本、韩国多数运营商的广泛支持，是第三代移动通信最具竞争力的技术之一。3GPP WCDMA技术的标准化工作十分规范，从1999年12月开始每3个月更新一次，2001年3月的版本R4是目前最为完善的版本，并将与今后的版本兼容。

目前全球 3GPP R99 标准的商用化程度最高，全球绝大多数 3G 试验系统和设备研发都基于该技术标准规范，R99 的发展方向是最终基于全 IP 方式进行网络架构，为此分为 R4 和 R5 两个阶段进行演进。2001 年 3 月的第一个 R4 版本初步确定了未来发展的框架，部分功能进一步增强并启动部分全 IP 演进内容，而同年 12 月完成全 IP 方式的第一个版本 R5，其核心网的传输、控制和业务分离，IP 化已从核心网 CN 逐步延伸到无线接入部分(RAN)和终端(UE)。

IMT-2000 CDMA MC 也称 CDMA 2000，由北美最早提出，其核心网采用演进的 IS-95 CDMA 核心网(ANSI-41)，能与现有的 IS-95 CDMA 后向兼容。CDMA 2000 技术得到 IS-95 CDMA 运营商的支持，主要分布在北美和亚太地区。其无线单载波 CDMA 2000 1x 采用与 IS-95 相同的带宽，容量提高了 1 倍，第一阶段支持 144Kb/s 业务速率，第二阶段支持 614Kb/s。3GPP2 已完成这部分的标准化工作，但后续技术 CDMA 2000 3x 三载波方式技术较复杂，处于研究和开发阶段。目前增强型单载波 CDMA 2000 1x EV 在技术发展中较受重视，极具商用潜力，其中包括 DO(Data Only) 和 DV(Data and Voice) 两个阶段。韩国和美国已于 2001 年初成功商用 CDMA 2000 1x，CDMA 2000 1x EV-DO 也已有北美和日本的几个运营商宣布采用。

IMT-2000 CDMA TD 为 TDD 方式，包括欧洲的 UTRAN TDD 和我国提出的 TD-SCDMA 技术。在 IMT-2000 中 TDD 拥有自己独立的频谱，并部分采用了智能天线和上行同步技术，适合高密度低速接入、小范围覆盖和不对称数据传输。2001 年 3 月 3GPP 正式接纳 TD-SCDMA 标准。从技术特点和市场需求看 TD-SCDMA 作为 FDD 方式的一种补充，具有一定的发展潜力。

早在 10 年前，美国、法国、日本、韩国等国家就已经迈入了 3G 时代。国外 3G 发展经历了从朦胧、观望到大力发展的艰难道路。

美国最大的无线运营商 Verizon 无线公司的 3G 网络已覆盖美国近 350 个主要地区。美国市场调查公司 ComScore 2008 年 9 月发布的统计结果表明，2007 年 6 月至 2008 年 6 月的一年间，美国 3G 手机用户数量猛增 80%，达到 6420 万，占移动通信用户总数的 28.4%，而此时西欧诸国拥有 3G 设备的用户比例只有 28.3%。

日本一直是全球移动通信业务开展最好的国家之一，其业务开展良好不仅是用户普及率高，而且业务丰富多彩，业务使用的普及率也很高。并且日本也是全球最早提供 3G 业务的国家之一，既有 WCDMA 网络也有 CDMA 2000 网络。日本人认为，3G 成功的关键在服务。一方面，只有不断推出用户喜爱的服务，3G 运营商才能尽快增加 ARPU 值；另一方面，是跟内容提供商搞好关系，内容提供商提供的服务内容越丰富，手机用户选择的空间就越大，运营商也就能吸引越多的用户。

在法国，3G 政策的调整经历了很长时间的摸索，真可谓“摸着石头过河”。到 2004 年底奥朗捷公司和 SFR 公司就已在法国市场上拥有 100 多万 3G 手机用户。而电信监管机构的一项最新调查显示，法国 3G 用户在 2003 年一年内激增 61.3%，达到 760 万，使其 3G 业务重新焕发了生机。

韩国是全球 3G 业务发展最快的市场之一。不论是语音市场的增值业务(如彩铃业务)，还是手机电视、手机音乐、手机游戏和手机定位等 3G 数据业务在韩国都发展得有声有色。韩国 3G 业务发展一直领先于欧美国家，截至 2008 年 11 月底，韩国 3G 用户数量约为

1586 万人,占移动通信用户总数的 34.95%。

除了网络建设发展迅速以外,用户终端的发展也十分迅速。以苹果公司的 3G 版 iPhone 手机为代表的 3G 终端,不仅能支持 3G 网络,还集众多功能于一身:视频通话、收看电视、下载音乐、在线游戏、实时导航、网上购物、手机钱包等,这使其更像一个网络终端,其功能不再是“打电话”那么简单。拥有如此众多功能的重要一点是数据传输速度得到了显著提升,从而大大推动了 3G 业务的蓬勃发展。3G 功能的一个亮点是 3G 视频业务,其包括了移动视频业务、视频共享和可视电话等,其中移动视频业务可以保证用户随时点播高清晰视频和音频节目,在点播过程中还可以随时控制播放进度;3G 手机也具备了一些电视功能,手机也是电视机;由于具有影音功能,3G 手机还可以成为一款功能丰富的娱乐工具,比如支持直感游戏;3G 手机还可能成为用户的“钱包”,日本最大的移动通信服务商多科莫于 2004 年 7 月就提供的 Felica 服务使日本用户顺利实现了手机付费,它有力地提升了移动支付能力;而基于位置的服务更是另一热门应用,韩国的 GPS 定位很受欢迎,手机导航已经取代了传统的汽车导航。

2. 国内 3G 的发展与应用

我国相关政府部门也非常重视第三代移动通信的标准化研究和产业化发展。中国无线通信标准委员会 CWTS 专门组织对 3G 标准进行跟踪和研究,并参与了国际 3G 标准化的工作。CWTS 共 3 个工作组,第一工作组(原 IMT-2000 工作组)负责 WCDMA 和 TD-SCDMA 无线接入网部分的标准化工作;第二工作组(原 GSM 工作组)负责 WCDMA 和 TD-SCDMA 核心网部分的标准化工作;第三工作组(原 CDMA 工作组)负责 CDMA 2000 的标准化工作。同时经国务院批准,科技部信息产业部联合组织实施“中国第三代移动通信系统研究开发项目(C3G)”。C3G 项目于 1998 年 11 月正式启动,该项目分别由中国科技大学、清华大学、北京邮电学院等高校以及中兴、大唐等国内知名通信企业共同承担。C3G 项目还设立了领导小组和总体组,分别负责有关重大事宜的决策与项目的实施和研发工作。为加强和产业界的联系,有效保护项目形成的知识产权,在企业自愿加入的前提下,于 1999 年 11 月成立了由 C3G 总体组和企业共同组建的 C3G 知识产权联盟,目前共有国内 8 家企业成为 C3G 知识产权联盟成员,包括巨龙公司、大唐电信、中兴通讯、华为技术、东方通信、北京邮电通信设备厂、上海贝尔、深圳赛格等,国内主要移动运营商更是重视第三代移动通信技术的发展和标准化工作。

2009 年 1 月 7 日,我国 3G(第三代移动通信)移动通信牌照发放工作完成,3 种技术制式——TD-SCDMA、CDMA 2000、WCDMA,分别“花落”中国移动通信集团公司、中国电信集团公司和中国联合网络通信集团公司,这标志着我国正式步入 3G 时代。但经过 2009 年的布局和 2010 年的发展,3G 渗透率却不高,截至 2010 年 6 月底,我国 3G 用户仅达到 2520 万户,当时的终端和应用制约着中国 3G 的发展。2011 年,中国 3G 发展迎来了转折点进入全面商用期。3 家基础电信运营商进一步加大了 3G 投资的力度,1~10 月累计共完成 3G 专用设施投资同比增长 18%,3G 基站规模比 2010 年同期增长 39.7%,网络已覆盖所有城市和县城及部分乡镇。随着 3G 网络基础设施建设的快速推进,智能终端普及化进程明显加快,3 家基础电信运营商积极引入“千元智能机”计划,通过差异化服务吸引不同层次客户尝试3G应用。2011年以来，3G用户增长速度明显加快，1～10月，月均新增3G用户比2010年同期多371.4万户，截至10月底，全部3G用户数已超过1.1亿，在移动电话用户中占比11.4%。

同时，国内3G业务随着移动接入宽带化、手机智能化后，将3G聚焦在移动互联网的多媒体应用上。随处可见的3G智能手机同时是多媒体信息的采集器和发布器，在线音乐及视频、手机发微博、手机导航、手机支付、可视电话、二维码应用、资讯类业务等成为了3G的典型应用。

2012年，随着全球范围内3G向4G演进趋势的日渐明朗，国内部分移动运营商又开始了对4G网络的部署。

6.1.3　移动通信系统的演进路线图

1. 移动通信网络分组化、融合化趋势

随着数据业务比例的快速增长和分组技术的发展，下一代的网络将有一个可支撑语音、数据、多媒体等多种业务，支持各种移动接入技术的IP分组核心网，所有的业务全部由统一的IP核心网完成。未来的移动网络必将具备以下特点：核心网络的分组化，接入技术多样化，网络设备构件化，网络互通网关化，网关一体化等。这其中的核心是，整个核心网将发展成为统一的全IP网，但这需要一个很长的演进过程。首先，核心网必须由传统的电路交换向分组交换演进，提高传输速率和在核心网中引入IP技术，使核心网同时拥有用来传输传统话音的电路交换子网络和用来传输数据的分组交换子网络；然后在交换子网络中再一次分离，使呼叫控制和承载分离；之后的工作重点是IP多媒体子网络的建设，使它成为真正的能够提供高速数据业务和多媒体业务的网络；最后考虑不同的核心网之间的互通，使不同标准的核心网向统一的IP核心网融合。所以可以看到，未来的电信网是基于IP网络的，在统一的全IP核心网上将实现网络、技术、业务、产业等的融合。可见，未来的移动核心网，其下一步演进的趋势是分组化和融合化。

为此，3G的两个标准化组织3GPP和3GPP2，它们各自制定了GSM与CDMA演进至3G的路线，并且制订了各自的全IP核心网框架，如图6-2所示。

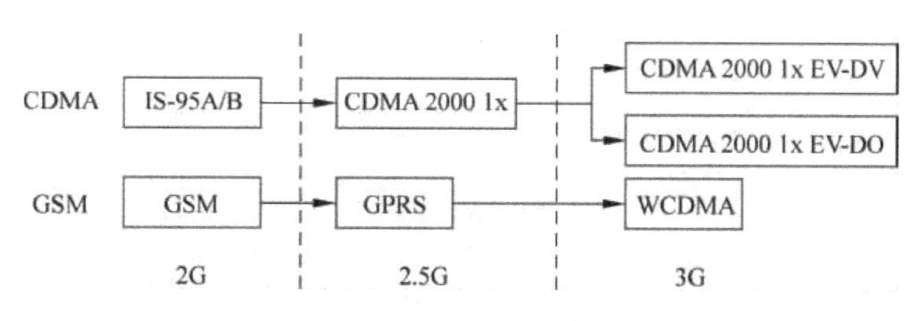

图6-2　2G到3G的演进路线

目前国内的移动通信系统已经完成了第二代到第三代的演进，是逐步从第二代系统过渡到第二代半系统再过渡到第三代系统的，如GSM经GPRS过渡到了TD-SCDMA和WCDMA、CDMA的IS-95B经CDMA 1x过渡到了CDMA 2000 EV-DO/DV等。第二代半数字蜂窝移动通信系统通过在第二代数字蜂窝移动通信系统基础上增加一系列功能实体

来实现对分组数据的传输,新增功能实体和软件升级后的原功能实体组成电路域—分组域共存的网络,作为独立的网络实体完成数据业务,原网络实体则完成电路业务。新增网络实体与原网络实体通过一系列的接口协议共同完成对移动台的移动性管理功能。

GSM 系统与 CDMA 系统向 3G 演进的过程中是存在着一些共性的,即演进到分组化、控制和承载最终分离、全 IP 核心网的这个趋势是一致的。当然,它们的演进路线不同。事实上,由于 3GPP 所定义的核心网络与 3GPP2 所定义的核心网络有很多的相似之处,如多媒体域,3GPP2 定义的 MMD 与 3GPP 定义的 IMS 是相似的,这样在相关组织的推动下,目前已发展了公共融合的参考模型。可以预见,在统一的全 IP 网络构架下,GSM 和 CDMA 未来可能演进到一个互相融合的网络,这意味着将来,用户只购买一部手机,就能在世界上的任何地点进行便捷的话音与数据接入,标准化的网络本身及手机的内置智能将使人们再也不用担心不同的空中接口标准了。下面分别看一下 GSM 和 CDMA 向 3G 的演进路线。

2. GSM 经 GPRS 过渡到 3G

目前国内 GSM 向第三代演进的步骤是:首先大力发展 GPRS 网络,然后通过升级 GSM/GPRS 网络节点 MSC/GSN 的功能,使之提供 Iu 接口并增加 WCDMA 系统协议处理能力,在保证与原有 GSM/GPRS 兼容的条件下,实现 UTRAN 接入。其核心网络的演进可分成以下两个阶段:

(1) 第三代 WCDMA-UMTS 的接入网 UTRAN 可先引入 GSM/GPRS 网络中,并通过网络互通单元 IWU 接入 2G 的核心网络,如图 6-3 所示。

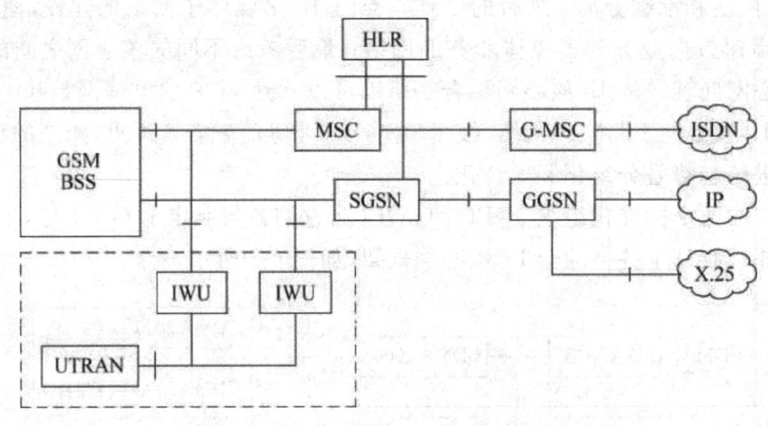

IWU— 交互工作单元; SGSN—服务支持节点;

ISDN—综合业务数字网; GGSN—网关支持节点

图 6-3 演进的第一阶段

(2) 然后引入 3G(UMTS)核心网络;第二代、第三代两代核心网络混合组网,核心网之间通过网络互联实现业务互通,如图 6-4 所示。

就具体的过渡实现过程而言,在第一阶段中,可以通过扩充 GSM MSC 的容量和升级 GPRS GSN(SGSN 和 GGSN)的功能,并利用相应的 IWU 标准化接口,达到分别支持 UTRAN 语音业务的承载和分组数据业务的接入,为移动用户提供基本的 3G 业务服务。

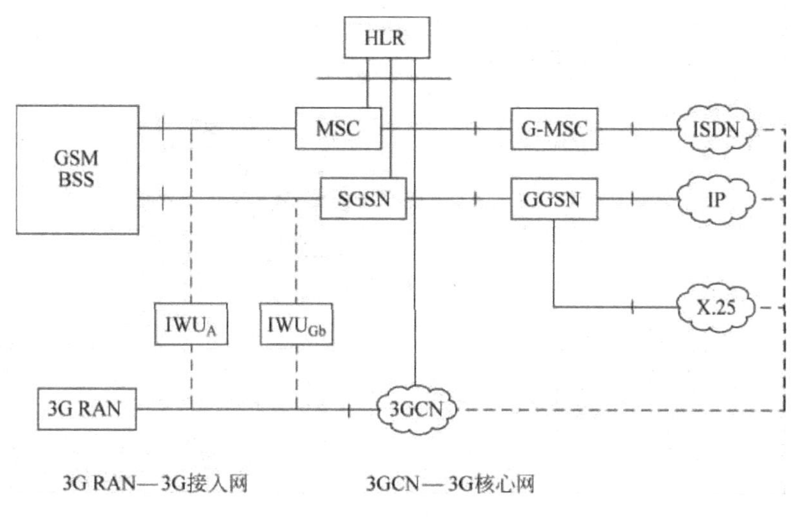

图 6-4 演进的第二阶段

第一阶段需要双模移动终端，该阶段主要是满足中心城市对宽带移动数据通信的需求，而漫游问题仍靠 GSM 网络的覆盖来解决。随着 3G 用户的不断增长，GSM 核心网将无力继续支撑日益增长的 3G 业务，这时便进入演进的第二阶段。新增的 UMTS 核心网 CN(UMSC)叠加在 GSM 核心网上，它可充分利用已有的 HLR/AUC 等网络设施，沿用移动信令网，并逐步建设可提供丰富业务的 3G/UMTS 网络。这种叠加 3G/UMTS 核心网的演进方式充分体现出对 GSM/GPRS 网络基础设施使用的继承性。

(3) 全面建设 3G 核心网，实现全 IP 网络的结构和功能。

在 Release99 版本中，采用电路域和分组域相分离的核心网结构，主要是考虑到与现有系统的兼容和解决 IP 技术对实时业务支持不足的问题。在 Release2000 版本中，3G 核心网结构将采用全 IP 的核心网络结构，与 PSTN 的骨干网 IP 化趋势一致。未来 IP 将作为用户语音、数据及信令的统一载体。图 6-5 表明了全 IP 网络的结构。

由图 6-5 可见，整个网络结构分为 5 部分：可支持 UTRAN、ERAN 和其他方式接入的网络；GPRS 网络；呼叫控制网络；与外部网络的关口；业务生成结构。通过在 IP 网上构建逻辑独立的信令处理服务器来处理控制信令(相当于 MSC/SGSN 的信令处理功能)，并且构建业务应用服务器来提供业务，从而实现"业务/控制/交换/适配"的逻辑分离。

全 IP 网络是通信发展的趋势，只是目前技术尚未完全成熟，难以马上实施。一旦 VoIP 和 IP QoS 技术发展成熟，即可用 IP 技术统一传输语音、数据和多媒体业务，实现移动网络与 IP 网络的融合。全 IP 网络是第三代移动通信网络的发展趋势，采用构建语音/数据/图像一体化平台的 UMTS 核心网的方式，可以逐步实现向全 IP 网络的平滑过渡。

3. CDMA 经 CDMA 1x 过渡到 3G

CDMA 标准的演进过程如图 6-6 所示。

国内 CDMA 向第三代演进的步骤是：首先大力发展 CDMA 1x 网络，完成 IS-95 向 CDMA 2000 过渡过程中空中接口与核心网的平滑过渡，然后开始大规模部署 1x EV-DO/DV 网络，如图 6-6 所示。

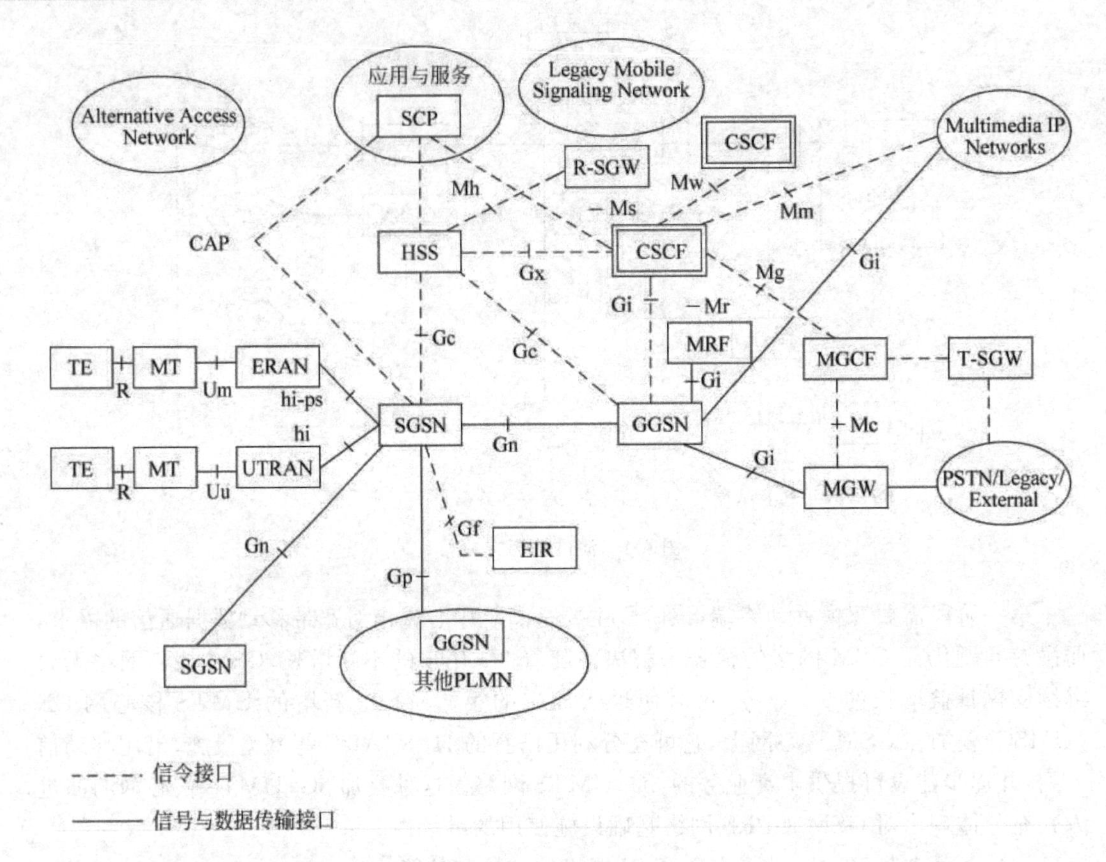

图 6-5 全 IP 网络结构

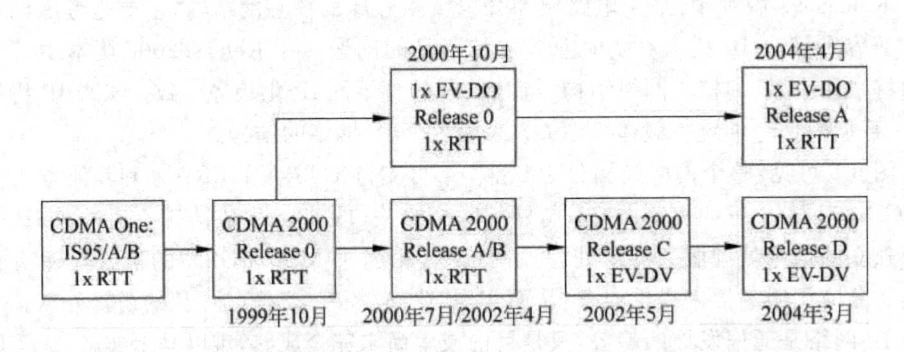

图 6-6 CDMA 标准的演进过程

(1) 核心网中增加分组域

图 6-7 所示为 IS-95 向 CDMA 2000 1x 过渡过程中,空中接口亦是向下兼容,仅在 ANSI-41 核心网的系统结构上新增功能实体 PCF 和 PDSN、AAA 等节点,通过支持移动 IP 协议的 A10、A11 接口互联,以支持分组数据业务传输。这样,实现了核心网中分组域与电路域共存的局面,话音业务主要由电路域承载,而数据业务主要由分组域承载。其中,在这个网络中,电路域和分组域的鉴权也是分开完成的,AAA 服务器仅完成分组域的鉴权。

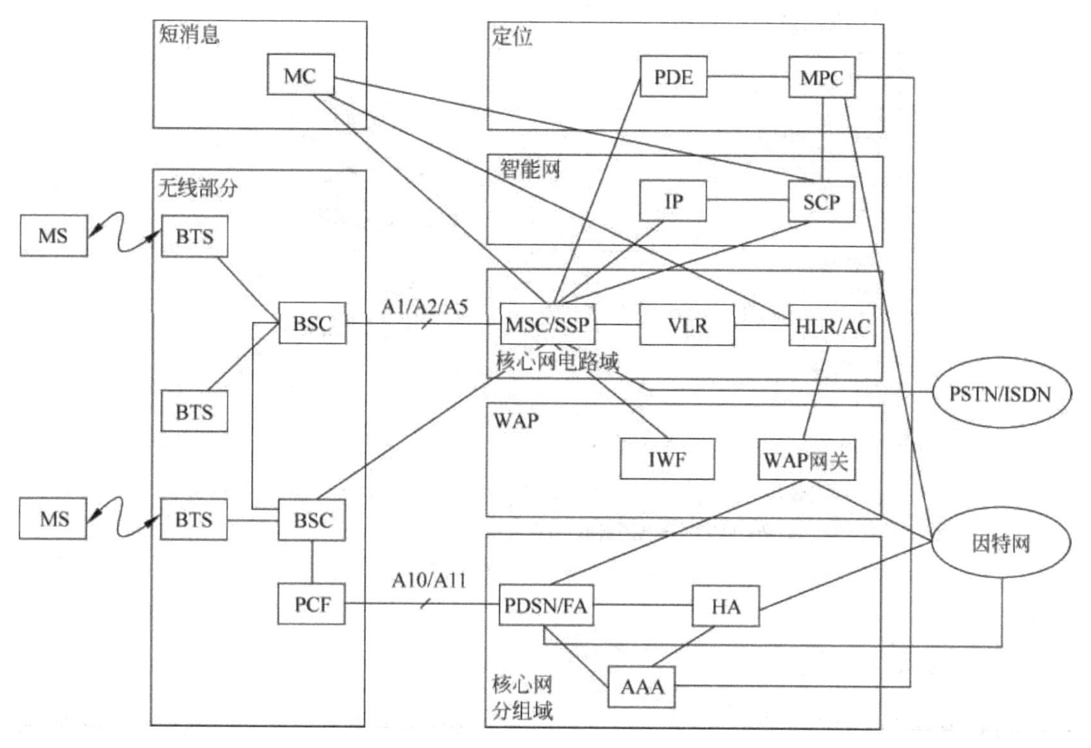

MC—短消息中心；PCF—分组控制功能；BTS—基站；PDE—定位实体；IWF—互通功能；BSC—基站控制器；AAA—鉴权、认证、计费；MPC—移动位置中心；MSC—移动交换中心；HA—本地代理；SSP—业务交换点；IP—智能终端；VLR—拜访位置寄存器；ISDN—综合业务数字网；AC—鉴权中心；SCP—业务控制点；PDSN—分组数据业务节点；PSTN—公众交换电话网

图 6-7　CDMA 2000 1x 系统结构

(2) 迈向 3G 的 CDMA 2000 1x EV-DO 与 CDMA 2000 1x EV-DV

CDMA 2000 1x 能在 1.25MHz 无线传输带宽内提供语音业务以及高达 307.2Kb/s 的数据业务；CDMA 2000 1x EV-DO 则针对数据应用进行了优化，能在 1.25MHz 的带宽内提供高达 2.4Mb/s 的数据速率，具有非常高的频谱利用率；而 CDMA 2000 1x EV-DV 集成了 CDMA 2000 1x 和 CDMA 2000 1x EV-DO 的优点，可在 1.25MHz 带宽内同时提供语音业务和高达 3.09Mb/s 的数据速率。在整个升级过程中，无线侧是平滑过渡，只需更换基带处理板，再升级软件，就可以从一种标准升级为另一种标准；在网络侧，则经历了一个逐渐演进的过程，即从非开放内部接口，到半开放的 ATM 接口，最终过渡到完全开放的 IP 接口，这就是 CDMA 2000 全 IP 网络，如图 6-8 所示。

图 6-8 中 CDMA 2000 全 IP 网络在设计之初就很好地考虑到了与未来全 IP 网络的兼容性，带来的好处是：从核心网到接入网，无论演进到何阶段，甚至到最终的 IP 多媒体域与传统 MS 域分离整合的最终阶段，设备都可以保持同一种架构。其 CDMA 2000 基站子系统无论是 BSC 还是 BTS 均以全 IP 网络为核心，完全适应未来向全 IP 网络演进的要求。

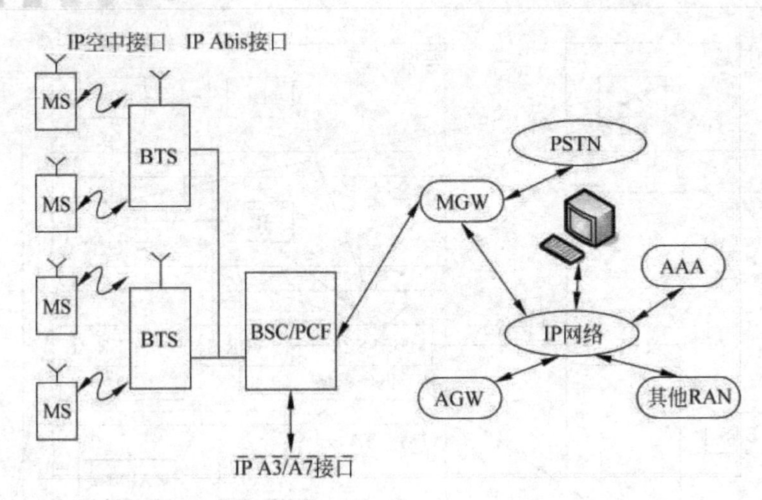

MS—移动终端；MGW—媒体网关；BTS—基站；AGW—接入网关；BSC—基站控制器；AAA—认证、鉴权、计费；PCF—分组控制单元；RAN—接入网

图 6-8　向全 IP 的演进

4. 3G 到 4G 的演进

ITU 有关 4G 的提法是从 Beyond IMT-2000 开始的，并提议各会员国于 2010 年实现 4G 的商用。4G 技术是把移动通信系统同其他系统(如无线局域网，WLAN)相结合，以提高传输速率及提供多种业务，实现商业无线网络、局域网、蓝牙、广播和电视卫星通信等的无缝衔接并相互兼容。

可以从以下几方面来描述第四代移动通信系统：

(1) 新的频段(比如 5～8GHz 或更高)上的无线通信系统，基于分组数据的高速率传输(50Mb/s 以上)，承载大量的多媒体信息，具有非对称的上、下行链路速率等功能。

(2) "全球统一"(包括卫星部分)的通信系统，基于全新网络体制的系统，能使各类媒体、通信主机及网络之间进行"无缝"连接，使得用户能够自由地在各种网络环境间无缝漫游。

(3) 融合了数字通信、数字音/视频接收(点播)和因特网接入的崭新系统，用户能够自由地选择协议、应用和网络，让应用业务提供商(ASP)及内容提供商(SP)提供独立于操作的业务及内容。

可以看出，4G 拥有无可比拟的优越性。

由于 3 种 3G 标准在向 4G 演进的过程中具有一定的相似性，演进路线亦存在共性，鉴于此，本文以 WCDMA 向 4G 的演进为例，讨论演进过程中的各个版本。

目前，WCDMA 已经经历了几个版本：R99、R4、R5、R6、R7、R8 和 R9 版本。这些版本都有独特的性质，它们的演进过程也是一个技术和业务需求不断提高的过程。这些版本的发展历程如图 6-9 所示。

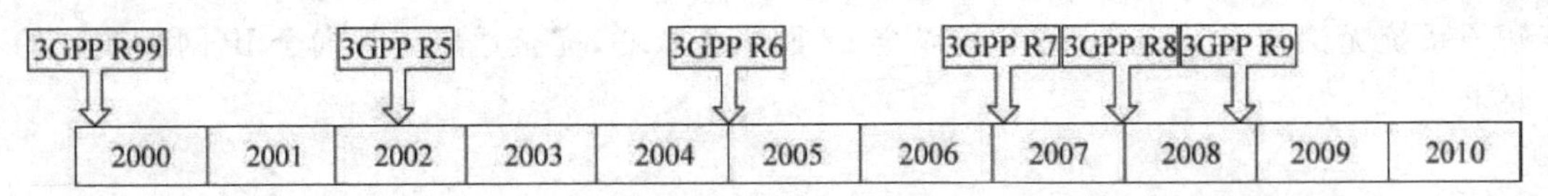

图 6-9　3GPP 发展历程

这些版本的传输速率的具体情况如图 6-10 所示。

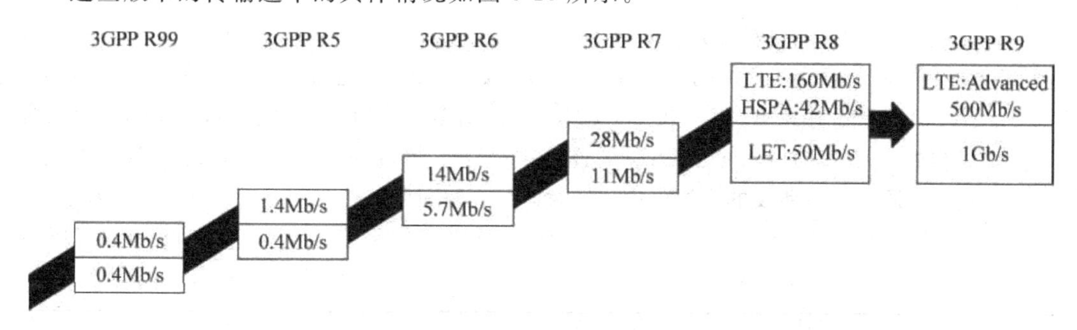

图 6-10 3GPP 传输速率

(1) R99 版本系统构成

从 3GPP R99 标准的角度来看,UE 和 UTRAN(UMTS 的陆地无线接入网络)由全新的协议构成,其设计基于 WCDMA 无线技术。而 CN 则采用了 GSM/GPRS 的定义,这样可以实现网络的平滑过渡,此外在第三代网络建设的初期可以实现全球漫游。而 UMTS 网络功能单元构成如图 6-11 所示。

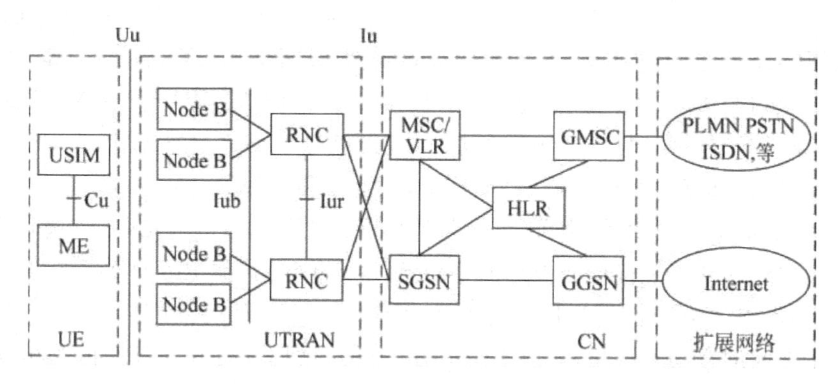

图 6-11 UMTS 网络单元构成示意图

① 用户终端设备 UE(User Equipment)。它主要包括射频处理单元、基带处理单元、协议栈模块及应用层软件模块等。UE 通过 Uu 接口与网络设备进行数据交互,为用户提供电路域和分组域内的各种业务功能,包括普通话音、数据通信、移动多媒体和 Internet 应用(如 E-mail、WWW 浏览 FTP 等)。UE 包括两部分:

- ME(Mobile Equipment),提供应用和服务。
- USIM(UMTS Subscriber Module),提供用户身份识别。

② 陆地无线接入网 UTRAN(UMTS Terrestrial Radio Access Network)。它分为基站(Node B)和无线网络控制器(RNC)两部分。

- Node B:Node B 是 WCDMA R99 系统的基站(即无线收发信机),包括无线收发信机和基带处理部件。通过标准的 Iub 接口和 RNC 互连,主要完成 Uu 接口物理层协议的处理。它的主要功能是扩频/解扩、调制/解调、信道编码及解码等,还包括基带信号和射频信号的相互转换、内环功率控制等的无线资源管理等功能。它在逻辑上对应于 GSM 网络中基站(BTS),由 RF 收发放大、射频收发系统(TRX)、基带部分(BB)、传输接口单元和基站控制部分等几个逻辑功能模块构成。

- 无线网络控制器 RNC(Radio Network Controller)：RNC 是用于控制 UTRAN 的无线资源，主要完成连接建立/断开、切换、宏分集合并、无线资源管理控制等功能。它在逻辑上对应 GSM 网络中的基站控制器(BSC)。控制 Node B 的 RNC 称为该 Node B 的控制 RNC(CRNC)，CRNC 负责对其控制的小区的无线资源进行管理。如果在一个移动台与 UTRAN 的连接中用到了超过一个无线子系统(RNS)的无线资源，那么这些涉及的 RNS 可以分为：
  - 服务 RNS(SRNS)：管理 UE 和 UTRAN 之间的无线连接。它是对应于该 UE 的 Iu 接口(Uu 接口)的终止点。无线接入承载的参数、映射到传输信道的参数、是否进行越区切换、开环功率控制等基本的无线资源管理都是由 SRNS 中的 SRNC(服务 RNC)来完成的。一个与 UTRAN 相连的 UE 有且只能有一个 SRNC。
  - 漂移 RNS(DRNS)：除了 SRNS 以外，UE 所有用到的 RNS 都称为 DRNS。一个用户可以有零个、一个或多个 DRNS。通常在实际的 RNC 中包含了所有 CRNC、SRNC 和 DRNC 的功能。

③ 核心网络 CN(Core Network)。CN 负责与其他网络的连接和对 UE 的通信和管理。CN 中有多个功能实体，主要如下：

- MSC/VLR：是 WCDMA R99 核心网 CS 域功能节点，它通过 Iu_CS 接口与 UTRAN 相连，通过 PSTN/ISDN 接口与外部网络(PSTN、ISDN 等)相连，通过 C/D 接口与 HLR/AUC 相连，通过 E 接口与其他 MSC/VLR、GMSC 或 SMC 相连，通过 CAP 接口与 SCP 相连，通过 Gs 接口与 SGSN 相连。MSC/VLR 的主要功能是提供 CS 域的呼叫控制、移动性管理、鉴权和加密等功能。
- GMSC：是 WCDMA 移动网 CS 域与外部网络之间的网关节点，是可选功能节点，它通过 PSTN/ISDN 接口与外部网络(PSTN、ISDN、其他 PLMN)相连，通过 C 接口与 HLR 相连，通过 CAP 接口与 SCP 相连。GMSC 的主要功能是充当移动网和固定网之间的移动关口局，完成 PSTN 用户呼移动用户时呼入呼叫的路由功能，承担路由分析、网间接续、网间结算等重要功能。
- SGSN：是 WCDMA R99 核心网 PS 域的功能节点，它通过 Iu_PS 接口与 UTRAN 相连，通过 Gn/Gp 接口与 GGSN 相连，通过 Gr 接口与 HLR/AUC 相连，通过 Gs 接口与 MSC/VLR 相连，通过 Ge 接口与 SCP 相连，通过 Gd 接口与 SMS-GMSC/SMS-IWMSC 相连，通过 Ga 接口与 CG 相连，通过 Gn/Gp 接口与 SGSN 相连。SGSN 主要提供 PS 域的路由转发、移动性管理、会话管理、鉴权和加密等功能。
- GGSN：是 WCDMA R99 核心网 PS 域功能节点，通过 Gn/Gp 接口与 SGSN 相连，通过 Gi 接口与外部数据网络(Internet/Intranet)相连。GGSN 提供数据包在 WCDMA 移动网和外部数据网之间的路由和封装。GGSN 主要功能是同外部 IP 分组网络的接口功能，GGSN 需要提供 UE 接入外部分组网络的关口功能，从外部网的观点来看，GGSN 就好像是可寻址 WCDMA 移动网络中所有用户 IP 的路由器，需要同外部网络交换路由信息。
- HLR：是 WCDMA R99 核心网 CS 域和 PS 域共有的功能节点，它通过 C 接口与 MSC/VLR 或 GMSC 相连，通过 Gr 接口与 SGSN 相连，通过 Gc 接口与 GGSN 相连。HLR 主要是提供用户的签约信息存放、新业务支持、增强的鉴权等功能。

④ 外部网络(External Networks)。外部网络主要可以分为两类：

- 电路交换型外部网络(CS Networks)：提供电路交换的连接服务，如语音服务。ISDN 和 PSTN 均属于电路交换型外部网络。
- 分组交换型外部网络(PS Networks)：提供数据包的连接服务。Internet 属于分组数据交换型外部网络。

⑤ 系统接口。3G WCDMA R99 版本系统与 2G GSM 网络相比，CN 部分的接口变化不大，UTRAN 部分主要有以下接口：

- Cu 接口：是 USIM 卡和 ME 之间的标准电气接口。
- Uu 接口：是 WCDMA 的系统无线接口。UE 通过 Uu 接口接入到 UMTS 系统的固定网络部分，可以说 Uu 接口是 UMTS 系统中最重要的开放接口。
- Iu 接口：是连接 UTRAN 和 CN 的接口。类似于 GSM 系统的 A 接口，Iu 接口是一个开放的标准接口，它使得通过 Iu 接口相连接的 UTRAN 与 CN 可以分别由不同的设备制造商提供。
- Iur 接口：是连接 RNC 之间的开放标准接口，Iur 接口是 UMTS 系统特有的接口，用于对 RAN 中移动台的移动管理。比如在不同的 RNC 之间进行软切换时，移动台所有数据都是通过 Iur 接口从正在工作的 RNC 传到候选 RNC。
- Iub 接口：是连接 Node B 与 RNC 的接口，Iub 接口也是一个开放的标准接口。这也使通过 Iub 接口相连接的 RNC 与 Node B 可以分别由不同的设备制造商提供。

⑥ 主要参数与特点。WCDMA R99 标准的核心网是基于 GSM-MAP 的，同时通过网络扩展方式提供在基于 ANSI-41 的核心网上运行的能力。

WCDMA R99 标准的系统支持宽带业务，可有效支持电路交换业务(如 PSTN、ISDN 网)、分组交换业务(如 IP 网)。灵活的无线协议可在一个载波内对同一用户同时支持话音、数据和多媒体等业务。通过透明或非透明传输块来支持实时、非实时业务。业务质量可通过如延迟、误比特率、误帧率等调整。

WCDMA R99 标准的系统的特点和基本参数如下：

- 扩频方式：可变扩频比的直接扩频。
- 载波扩频速率：4.096MChip/s。
- 每载波带宽：5MHz(可扩展为 10/20MHz)。
- 载波速率：16～256Kb/s。
- 帧长：10ms。
- 时隙长度(功率控制组)：0.625ms。
- 调制方式：QPSK。
- 基站间同步：异步。
- 分集方式：RAKE＋天线。
- 功率开关：开环＋自适应闭环方式(功率速率为 1.6Kb/s)。
- 业务复用：有不同服务质量要求的业务复用到一个连接中。
- 多速率概念：可变的扩频因子和多码。
- 检测：使用导频符号或公共导频进行相关检测。
- 多用户检测，智能天线：标准支持，应用可选。

R99 版本是一个里程碑式的版本，因为它是 UMTS 的第一个正式版本。它的主要特征是继承了 GSM/GPRS 核心网，但在空中接口引进了宽带 WCDMA 技术，并采用了 CDMA

的一系列关键技术。

(2) R4 版本系统构成

本节所介绍的 R4 版本网络是基于 3GPP TS23.002 V4.3.0 2001.6 版本。与 R99 版本网络一样,R4 网络基本结构同样分为核心网和无线接入网。在核心网一侧也分为电路域和分组域两部分,图 6-12 所示的 R4 与 R99 版本相比,R4 版本主要变化发生在电路域,分组域没有什么变化,即 R4 版本中 PS 域的功能实体 SGSN 和 GGSN 没有改变,与外界的接口也没有改变。CS 域的功能实体仍然包括 MSC、VLR、HLR、AuC、EIR 等设备,相互间关系也没有改变。但为了支持全 IP 网发展需要,R4 版本中 CS 域实体有所变化,如:

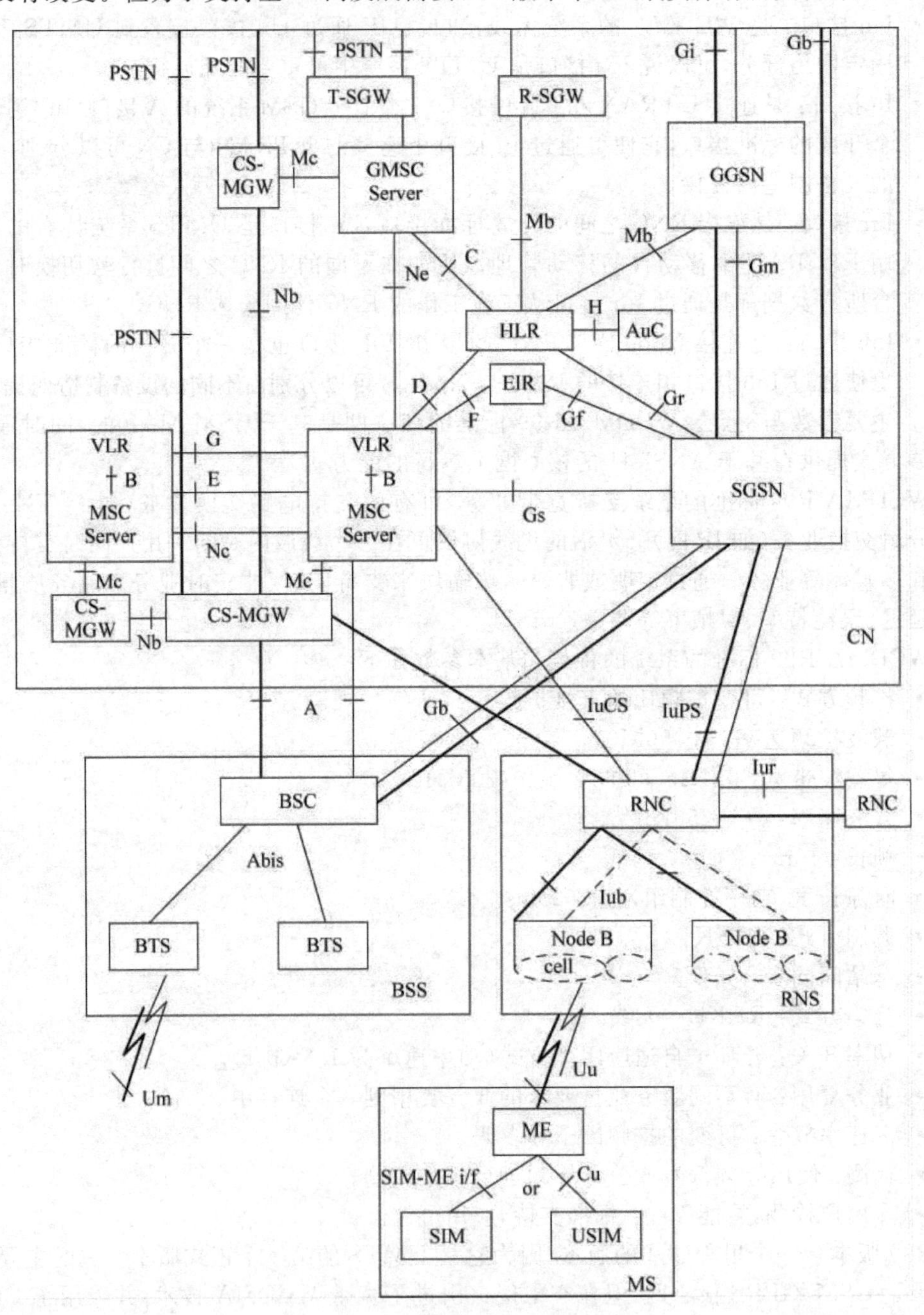

图 6-12 WCDMA 的 R4 版本的结构

① MSC根据需要可分成两个不同的实体。MSC服务器(MSC Server,仅用于处理信令)和电路交换媒体网关(CS-MGW,用于处理用户数据),MSC Server和CS-MGW共同完成MSC功能。对应的GMSC也分成GMSC Server和CS-MGW。

- MSC服务器(MSC Server):MSC Server主要由MSC的呼叫控制和移动控制组成,负责完成CS域的呼叫处理功能。MSC Server终接用户—网络信令,并将其转换成网络—网络信令。MSC Server也可包含VLR以处理移动用户的业务数据和CAMEL相关数据。MSC Server可通过接口控制CS-MGW中媒体通道的关于连接控制的部分呼叫状态。
- 电路交换媒体网关(CS-MGW):CS-MGW是PSTN/PLMN的传输终接点,并且通过Iu接口连接核心网和UTRAN。CS-MGW可以是从电路交换网络来的承载通道的终接点,也可是分组网来的媒体流(如IP网中的RTP流)的终接点。在Iu接口上,CS-MGW可支持媒体转换、承载控制和有效载荷处理(如多媒体数字信号编解码器、回音消除器、会议桥等),可支持CS业务的不同Iu选项(基于AAL2/ATM或基于RTP/UDP/IP)。
- CS-MGW:它与MSC服务器和GMSC服务器相连,并进行资源控制;它使用回音消除器资源,并具有多媒体数字信号编解码器。CS-MGW具有必要的资源,以支持UMTS/GSM传输媒体。进一步,CS-MGW要求H.248裁剪器支持附加的多媒体数字信号编解码器和成帧协议等。CS-MGW的承载控制和有效载荷处理能力也可用于支持移动性功能,如SRNS重分配/切换和定位。
- GMSC服务器(GMSC Server):主要由GMSC的呼叫控制和移动控制组成。

② HLR实体更新为归属位置服务器。

③ R4版本新增一个实体。信令网关(SGW)。在R4网络中可以使用两种信令传送方式:基于TDM的传统SS7方式和基于IP的SS7方式(也称为SIGTRAN信令传送网络)。当使用两种不同信令传送方式的设备互相通信时,就需要一个信令网关SGW来完成相关承载协议的转换。SGW主要完成传输层的信令转换,也就是完成传统SS7的MTP协议与SIGTRAN的SCTP/IP之间的转换。对于MTP之上的应用层,如MAP/CAP/ISUP/BICC等协议,SGW是不会加以处理的。

④ 在R4网络中也新增一些接口协议,如表6-2所示。

表6-2　R4接口协议(1)

接口	连接实体	信令与协议
A	MSC—BSC	BSSAP
Iu-CS	MSC—RNS	RANAP
B	MSC—VLR	
C	MSC—HLR	MAP
D	VLR—HLR	MAP
E	MSC—MSC	MAP
F	MSC—EIR	MAP
G	VLR—VLR	MAP
Gs	MSC—SGSN	BSSAP+

续表

接口	连接实体	信令与协议
H	HLR—AuC	
	MSC—PSTN/ISDN/PSPDN	TUP/ISUP
Ga	SGSN—CG	GTP'
Gb	SGSN—BSC	BSSGP
Gc	GGSN—HLR	MAP
Gd	SGSN—SM-GMSC/IWMSC	MAP
Ge	SGSN—SCP	CAP
Gf	SGSN—EIR	MAP
Gi	GGSN—PDN	TCP/IP
Gp	GSN—GSN(Inter PLMN)	GTP
Gn	GSN—GSN(Intra PLMN)	GTP
Gr	SGSN—HLR	MAP
Iu-PS	SGSN—RNC	RANAP
Mc	(G)MSC Server—CS-MGW	H. 248
Nc	MSC Server—GMSC Server	ISUP/TUP/BICC
Nb	CS-MGW—CS-MGW	
Mh	HSS—R-SGW	

R4 版本在空中接口上没有太多的变化,但在核心网上实现了控制与承载的分离。

(3) R5 版本系统构成

R5 阶段的 UMTS 基本网络的结构如图 6-13 所示。基本网络的网元实体继承了 R4 的定义,没有变化,不同的是网元功能有所增强。由于增加了 IP 多媒体子系统,基本网络和 IM 多媒体子系统间也增加了相应的接口。从图 6-13 所示基本网络图来看,到 R5 阶段,要求 BSC 提供 Iu-CS 接口和 Iu-PS 接口。这是 R5 网络和 R4 及 R99 网络的一个主要不同。另外,到 R5 阶段,增加了 HSS 实体替代 HLR。HSS 实体在功能上比 HLR 强,支持 IP 多媒体子系统。

在 R5 阶段,从实体方面看,无线接入网络没有大的变化,但对无线部分进行了 IP 化,从而形成真正意义上的全 IP 网络;而核心网络除了在基本网络结构上继承了 R4 的变化外,重要的是引入了 IP 多媒体子系统 IMS(IP Multimedia Subsystem)实体,即形成了一个以 CSCF 为核心的 IMS 系统,目的是在 IP 网络上完全实现语音、数据和图像等多种媒体流的传输。

IP 多媒体子系统具备以下功能单元:呼叫会话控制功能(CSCF)、媒体网关控制功能(MGCF)、IP 多媒体网关功能(IM-MGW)、多媒体资源功能控制器(MRFC)、多媒体资源功能处理器(MRFP)、签约定位功能(SLF)、出口网关控制功能(BGCF)、应用服务器(AS)及信令网关功能(SGW)。

为了实现接入的独立性和支持无线终端与 Internet 互操作的平滑性,IP 多媒体子系统尽量采用与 IETF 一致的因特网标准。因此,定义的接口跟 IETF 的因特网标准也是尽可

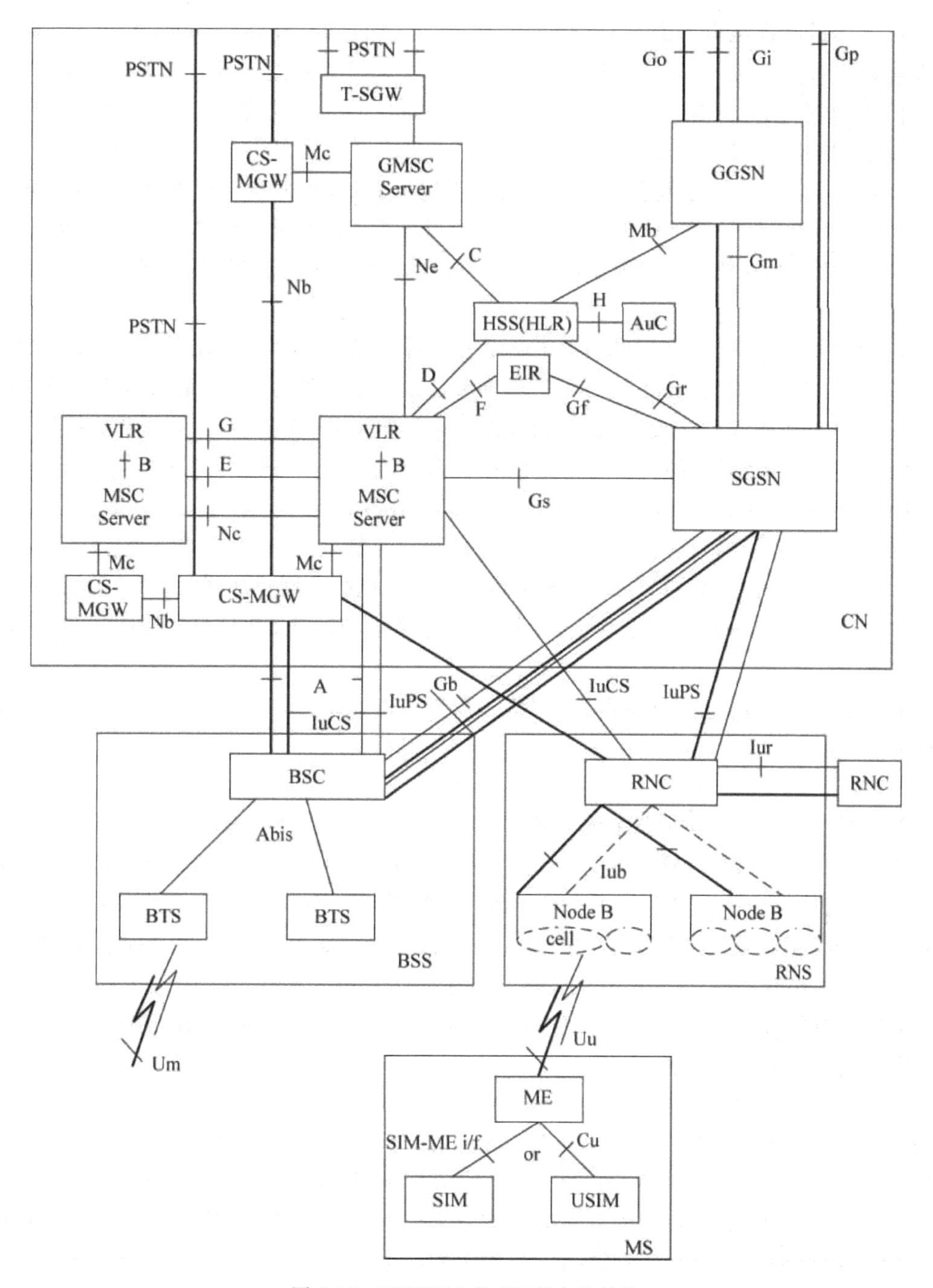

图 6-13 WCDMA 的 R5 版本的结构

能的一致，如采用了 IETF 的 SIP 协议。IP 多媒体子系统使运营商能为他们的用户提供基于因特网的应用、服务和协议的多媒体业务。这里并不是要把这些业务变成 IP 多媒体子系统的标准，而是为了让运营商和第三方的业务提供者来发展这些业务。IP 多媒体子系统能集成语音、图像、消息、数据和基于 Web 的技术来为无线用户服务，并把因特网的发展和移动通信的发展结合起来。

R5 版本的特征是引入了全 IP 的概念,无论接入网也好,核心网也罢,所有业务全部由 IP 来承载。R5 版本还引入了 HSDPA 技术,其核心思想有两点:第一是共享,扩频码被分成了 15 份,根据用户的情况动态进行分配;第二是自适应,可以根据信道质量来选择编码方式和调制方式,这样大大提升了 WCDMA 的下载速率。

R5 版本的另一个重要特征就是在核心侧引进了 IMS,通过基于 IP 的 SIP 技术,能够提供电信级的 QoS 保证,以及对业务的灵活计费。R5 提出的这种多媒体广播和多播业务,方便了用户手机电视的使用。目前中国已经有自己的手机多媒体标准,即 CMMB。

(4) R6 版本

R5 版本提升了下行数据速率,但上行数据速率没变。随着"Web2.0 时代"的到来,这种模式受到了挑战,因为"Web2.0 时代"的典型特征就是强调分享,越来越多的人成为信息传递的主体,而不仅仅是接收信息。例如,许多人上传视频、音频、图片等文件,这使得上行流量大大上升。因此,R6 的典型特征是引入了 HSUPA 技术,通过扩频因子的并码传输方案和自适应编码技术将上行峰值速率提升到 5.67Mb/s。

R6 版本的另一个特征是增加了与 Wi-Fi 技术的互通,这样通过在热点地区引入 Wi-Fi,与 UMTS 互为补充,从而降低 UMTS 在热点区域的负荷。用户在通过 Wi-Fi 接入的时候可以和 UMTS 用户一样使用移动网,包括统一的鉴权和计费,以及移动网提供的一些 PS 域的业务。

鉴于篇幅的原因,这里就不再给出 R6 以后版本的系统结构图了,感兴趣的读者可以自行查阅相关标准。

(5) R7 版本

R7 版本立项之时,WiMAX 标准也已经浮出水面了。为此,3GPP 在此版本中,用 64QAM 代替了 16QAM 进行调制,使得下行速率增加了 1.5 倍;同时,进一步引入 MIMO 技术,采用 2×2 天线就可以使下行速率再提升 1 倍。经过这些技术上的改进,下行速率可高达 21Mb/s。

3GPP R7 版本在继续完成了一些 R6 未完成的工作(如 MIMO 技术的标准化)外,又增加了一些新的功能特性,或对已有的功能特性进行了增强。另外,R7 中还花费大量精力开展了 LTE 的可行性研究和 HSPA 演进的工作研究范围。在 R7 版本中研究和标准化的主要内容包括以下方面:干扰消除技术、下行符号周期减小和高阶调制、延迟降低技术、用于 HSDPA 的 MIMO 技术、通过 CS 域承载 IMS 话音、支持 IMS 紧急呼叫对 PS 域和 IMS 的影响、采用 OFDM 增强 HSDPA 和 HSUPA 的可行性研究、位置业务的增强、先进全球导航卫星系统的概念、辅助 GPS(Assisted GPS,A-GPS)的最小性能、合并业务、端到端 QoS 的增强、在通用 3GPP IP 接入系统中支持短信息和多媒体信息业务、基于 WLAN 的 IMS 话音与 GSM 网络的电路域的互通、在 R7 架构中的合法监听等。

(6) R8 版本

R8 版本是另一个标志性版本,它开展了 LTE 的演进和 3G 系统架构的演进(SAE)。还进行了家庭基站和自组织网络的研究(相关内容在第 9 章)。该版本中,还研究了与 3GPP2 以及移动 WiMAX 之间的移动性控制。在 HSDPA 中,MIMO 和 64QAM 一起使用,下行峰值速率高达 43.2Mb/s。在 R8 版本中研究和标准化的主要内容还包括以下方面:3G 家庭节点 B 与家庭演进型节点 B、LTE 和 3GPP2、移动 WiMAX 系统之间改进的网络控制移动性研究、3GPP WLAN 和 3GPP LTE 之间互操作和移动性的可行性研究、基于

SMS的增值业务、地震与海啸报警系统、IMS多媒体电话与补充业务等。

(7) 4G版本

R8版本之后是R9版本,也就是目前所说的LTE-Advanced网络,即4G(相关内容在第9章)。LTE-Advanced网络定位于“无线的宽带化”,强调下行峰值将达到1Gb/s,上行峰值将达到500Mb/s,是原来LTE指标的10倍。同时,LTE-Advanced网络对时延的要求也有所提高,从空闲到连接状态时延小于50ms,从睡眠状态到激活状态转换时间小于10ms。

思考与练习

6.1.1 填空题

① 1985年,国际电信联盟(ITU)将第三代移动通信系统命名为FPLMTS,全称为________,它的目标是满足________、________及系统兼容性等。

② IMT-2000系统由________、________、________和用户识别模块(UIM)4个功能子系统构成。

③ ITU定义了4个标准接口为________、________、________和________。

④ GPRS网络中引入了________和________概念。

⑤ 在R5版本中,3G核心网结构将采用全IP的核心网络,共分为________、________、________、________和________5部分。

⑥ HSDPA技术将原来的WCDMA下载速度由384Kb/s,提升到________Mb/s。

6.1.2 选择题

① 未来的移动网络必将具备的特点是(　　)。

A. 核心网络的分组化　　B. 接入技术多样化

C. 网络设备构件化　　D. 网络互通网关

E. 网关一体化　　F. 全IP核心网

② GPRS新增的功能实体有(　　)。

A. 新增了PCF和PDSN等节点　　B. 分组控制单元(PCU)

C. 网关GPRS支持节点(GGSN)　　D. 服务GPRS支持节点(SGSN)

③ GSM系统与CDMA系统向3G演进的过程中存在的共性有(　　)。

A. 演进到分组化　　B. 控制和承载最终分离

C. 全IP核心网　　D. 网关一体化

④ 后3G技术已受到广泛关注并投入了试运行,下列属于后3G技术的有(　　)。

A. HSDPA技术　　B. WiMAX技术

C. LTB技术　　D. UMB技术

6.1.3 判断题

① 采用上下行闭环加外环功率控制方式,同时使用开环和闭环发射分集方式,上下行采用ASK调制。(　　)

② R99的发展方向是最终基于全IP方式进行网络架构,为此分为R4和R5两个阶段进行演进。(　　)

6.1.4 简述题

① 试简述IMT-2000系统的结构及接口。

② 用自己的话,简述移动通信系统3G到4G的演进过程。

6.2 GPRS 系统

在 2G 系统向 3G 系统演进的过程中，GPRS 系统的建设较关键，下面来看一下这个系统。

6.2.1 GPRS 系统概述

1. GPRS 的概念

GPRS 是英国 BT Cellnet 公司于 1993 年提出的 GSM 向第三代移动通信(3G)过渡的一种技术，是 GSM Phase2＋(1997 年)规范实现的内容之一。GPRS 采用与 GSM 相同的频段、频带宽度、突发结构、无线调制标准、跳频规则及 TDMA 帧结构，面向用户提供移动分组的 IP 或者 X.25 连接，从而为用户同时提供语音与数据业务。从外部看，GPRS 同时又是 Internet 的一个子网。

2. GPRS 的系统构成及其特点

GPRS 在现有的 GSM 网络基础上增加一些硬件设备并相应地进行了软件升级，形成了一个新的网络逻辑实体，提供端到端的、广域的无线 IP 连接，如图 6-14 所示。应该说，GSM 系统只有电路域交换，而 GPRS 系统在 GSM 系统基础上增加了一个分组交换域，引入了分组交换和分组传输概念。用户通过 GPRS 网络可以在移动状态下使用各种高速数据业务，包括收发 E-mail、进行 Internet 浏览等。GPRS 对 GSM 的升级具体如下：

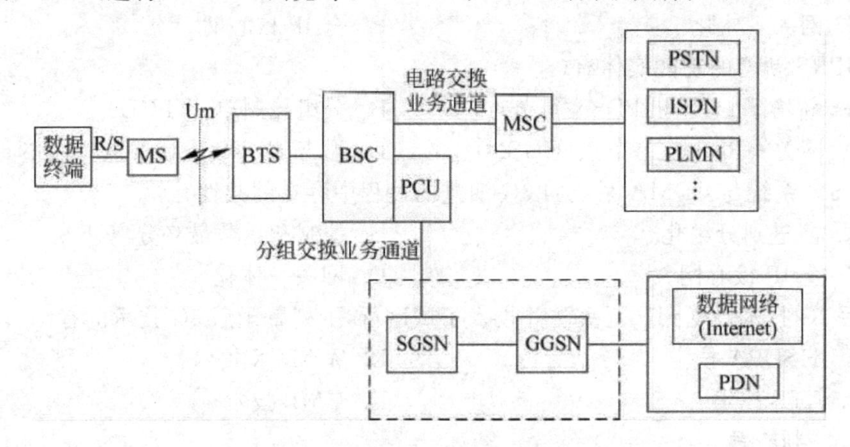

图 6-14 GPRS 网络结构

(1) 在 GSM 系统中引入 3 个主要组件

① GPRS 服务支持节点(Serving GPRS Supporting Node,SGSN)。记录移动台的当前位置信息，并且在移动台和 GGSN 之间完成移动分组数据的发送和接收，它和 MSC 在同一等级水平，并跟踪单个 MS 的存储单元，实现安全功能和接入控制，并通过帧中继连接到基站系统。

② GPRS 网关支持节点(Gateway GPRS Support Node,GGSN)。这是连接 GSM 网络

和外部分组交换网(如因特网和局域网)的网关,它的功能是支持与外部分组交换网的互通,并经由基于IP的GPRS骨干网和SGSN连通。

③ 分组控制单元(PCU)。在BSC与SGSN两个节点之间提供基于帧中继的Gb接口(速率为2Mb/s),以分离电路业务和数据业务。

(2) 对GSM的相关部件进行软件升级

① HLR现有软件需更新,以支持Gc、Gr接口。

② MSC现有软件需更新,以支持Gs接口。

③ 在BSC中引入PCU,并且软件需要升级。

④ BTS配合BCF进行相应的软件升级。

(3) 新增接口

① R:非ISDN终端与移动终端之间的参考点。

② Gb:SGSN与BSS之间的接口。

③ Gc:GGSN与HLR之间的接口。

④ Gd:SMS-GMSC之间的接口,SMS-IWMSC与SGSN之间的接口。

⑤ Gi:GPRS与外部分组数据之间的参考点。

⑥ Gn:同一GSM网络中两个GSN之间的接口。

⑦ Gp:不同GSM网络中两个GSN之间的接口。

⑧ Gr:SGSN与HLR之间的接口。

⑨ Gs:SGSN与MSC/VLR之间的接口。

⑩ Gf:SGSN与EIR之间的接口。

⑪ Um:MS与GPRS固定网部分之间的无线接口。

GPRS的主要特点如下:

(1) GPRS采用分组交换技术,优化了对网络资源和无线资源的利用。

(2) 支持中、高速率数据传输,可提供9.05~171.2Kb/s的数据传输速率(每用户)。

(3) GPRS定义了4种新的编码方案:CS1、CS2、CS3和CS4。

(4) GPRS网络接入速度快,提供了与现有数据网的无缝连接。

(5) GPRS支持基于标准数据通信协议的应用,采用IP技术,底层还可使用多种传输技术,可以和IP网、X.25网互联互通。

(6) GPRS支持特定的点到点和点到多点服务,以实现一些特殊应用,如远程信息处理,GPRS也允许短消息业务(SMS)经GPRS无线信道传输。

(7) GPRS的安全功能同现有的GSM安全功能一样,身份认证和加密功能由SGSN来执行,其中的密码设置程序的算法、密钥和标准与目前GSM中的一样,不过GPRS使用的密码算法是专为分组数据传输所优化过的,GPRS移动设备(ME)可通过SIM访问GPRS业务,不管这个SIM是否具备GPRS功能。

(8) GPRS可以实现基于数据流量、业务类型及服务质量等级(QoS)的计费功能,计费方式更加合理,用户使用更加方便。

3. GPRS的业务与应用

GPRS是基于新型移动分组数据承载业务,始终在线且传送速率高,而费率计算又是以传送的数据量为依据,也就是说移动数据用户可以始终保持与IP网或其他数据网的连接,快速实现数据通信,但又按实际数据通信的流量来付费,因此应用前景十分广泛。

GPRS网络可以提供的业务,也称为GPRS网所提供的承载业务,包括点对点(Point To Point,PTP)的业务和点对多点(Point To Multipoint,PTM)的业务。在GPRS承载业务支持的标准化网络协议基础上,GPRS可支持或为用户提供一系列的交互式电信业务,包括承载业务、用户终端业务、补充业务以及短消息业务、匿名接入等其他业务。本节只对承载业务和用户终端业务进行介绍。

(1) 点对点业务

点对点业务是GPRS网络在业务请求者和业务接收者之间提供的分组传送业务。点对点业务又分为两种:面向无连接的网络业务和面向连接的网络业务。

① 点对点面向无连接的网络业务。属于数据报业务类型,即数据用户之间的信息传递没有端到端的呼叫建立过程,分组的传送没有逻辑连接,且没有交付确认保证。这种类型的业务主要支持突发非交互式应用业务,如基于IP的网络应用。

② 点对点面向连接的网络业务。属于虚电路型业务,要为两个用户之间传送多路数据分组建立逻辑电路。它要求有建立连接、数据传送和连接释放的过程。这种类型的业务是面向连接的网络协议支持的业务,即X.25协议支持的业务。

(2) 点对多点业务

GPRS可以提供点对多点业务,该业务可以根据某个业务请求者的请求,把信息传送给多个用户,由请求者定义用户组成员。GPRS使用国际移动组识别码识别用户组成员。业务请求者可定义所传送信息的地理区域,地理区域可以是一个或几个,所有成员不一定要分布在相同区域,而可能分布在不同的地理区域内。

GPRS提供的业务主要包括:GPRS承载WAP业务;电子邮件业务;在线聊天,包括手机间和手机与PC间的在线聊天;无线方式接入因特网业务,即利用GPRS手机与笔记本连接,通过无线方式接入互联网;基于手机终端安装数据业务,即在GPRS终端内置特定Internet应用,通过手机内置应用软件实现,无须外接PC;专线接入业务;Kjava下载业务,只要是支持Kjava的GPRS手机,即可使用通过GPRS下载的各种Kjava应用服务;支持行业应用的业务;GPRS短消息业务等。另外,GPRS还可实现无线监控与报警、无线销售、移动数据库访问、财经信息咨询、远程测量、车辆跟踪与监控、移动调度系统、交通管理、警务和急救等应用。

6.2.2 GPRS网络的结构

GPRS网络的基本功能是在移动终端和标准数据通信网的路由器之间传递分组业务,该网络是在GSM网络的基础上发展的移动数据分组网。GPRS网络分为两个部分:无线接入及核心网。无线接入在移动台和基站系统之间传递数据;核心网在基站子系统和标准数据网边缘与路由器之间中继传递数据。

GPRS的网络结构及接口的示意图如图6-15所示。尽管GPRS网络与GSM使用同样的基站,但是GPRS网络在原有GSM网的基础上增加了SGSN-GPRS(业务支持节点)、GGSN-GPRS(网关支持节点)和PTM SC(点对多点业务中心)等功能实体。因此需要对基站进行更新,但是只需要对基站的软件进行更新,使之可以支持GPRS系统,并且要采用新的 GPRS 移动台。另外，GPRS 还要增加新的移动性管理(MM)程序，而且原有的 GSM 网络子系统也要进行软件更新，并增加新的 W 信令及 GPRS 信令等。

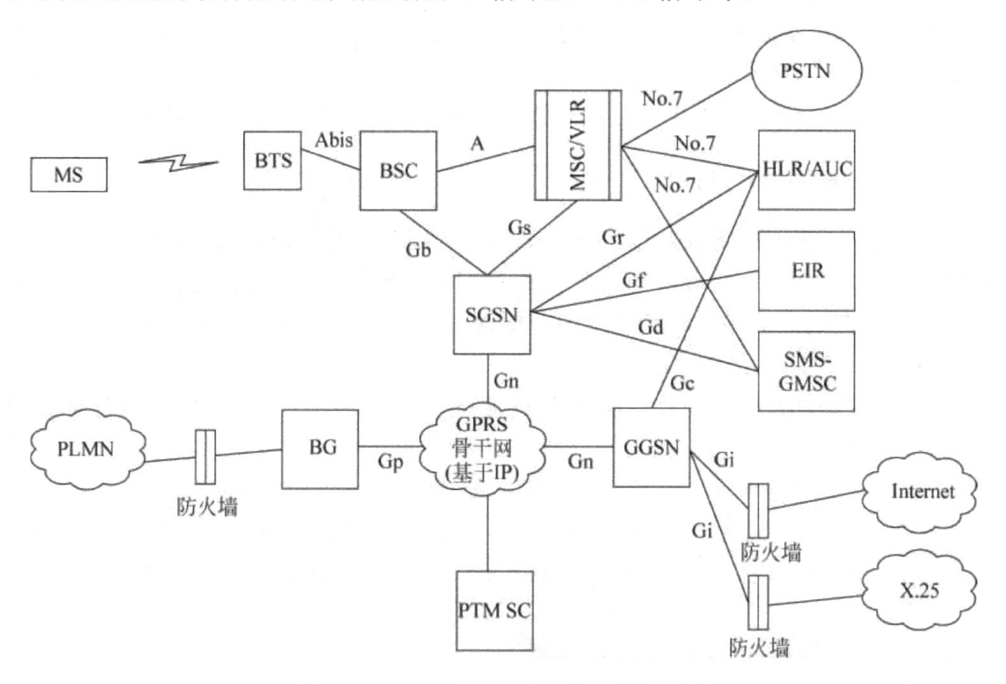

图 6-15 GPRS 的网络结构及接口示意图

下面对 GGSN 及 SGSN 这个重要的功能实体以及其接口进行详细介绍。

1. SGSN 功能实体及其接口

SGSN 的功能类似于 GSM 系统中的 MSC/VLR，主要是对移动台进行鉴权、移动性管理和路由选择；建立移动台 GGSN 的传输通道；接收基站子系统透明传来的数据；进行协议转换后经过 GPRS 的 IP Back Bone(骨干网)传给 GGSN(或 SGSN)，或反向进行；另外还进行计费和业务统计。

SGSN 与 BSC 之间的接口为 Gb 接口，该接口协议即可用来传输信令和话务信息。通过基于帧中继的网络业务提供流量控制，支持移动性管理功能和会话功能，如 GPRS 附着/分离、安全、路由选择、数据连接信息的激活/去活等；同时支持移动台经 BSC 到 SGSN 间分组数据的传输。

同一 PLMN 中 SGSN 与 SGSN 之间以及 SGSN 与 GGSN 之间的接口为 Gn 接口，该接口协议支持用户数据和有关信令的传输，并支持移动性管理。该接口采用的是 TCP/IP 协议。不同 PLMN 之间、SGSN 与 SGSN 之间的接口为 Gp 接口，该接口与 Gn 接口的功能相似；另外，它还提供边缘网关、防火墙及不同 PLMN 间互连的功能。

此外，SGSN 与 MSC/VLR 的接口为 Gs 接口，其接口协议用来支持 SGSN 和 MSC/VLR 之间的配合工作，使 SGSN 可以向 MSC/VLR 发送移动台的位置信息或接收来自 MSC/VLR 的寻呼信息。该接口采用 No.7 信令 MAP 方式，使用 BSSAP+协议，是一个可选接口，但对于 GPRS 的 A 类终端必须使用此接口。

SGSN与HLR的接口为Gr接口,其接口协议用来支持SGSN接入HLR并获得用户管理数据和他置信息:该接口采用No.7信令MAP方式。

SGSN与EIR的接口为Gf接口,其接口协议用来支持SGSN与EIR交换有关数据,认证移动台的IMEI信息。

SGSN与SMS-GMSC的接口为Gd接口,通过此接口可以提高SMS的使用效率。

2. GGSN功能实体及其接口

GGSN实际上是GPRS网络对外部数据网络的网关或路由器,它提供GPRS和外部分组数据网的互联。GGSN接收移动台发送的数据,选择到相应的外部网络,或接收外部网络的数据,根据其地址选择GPRS网内的传输通道,传输给相应的SGSN。此外,GGSN还有地址分配和计费等功能。

GGSN与其他功能实体的接口除了上面所介绍的Gn、Gp接口外,还有与外部分组数据网的接口,Gio GPRS通过该接口与外部分组数据网互联(IP、X.25等)。由于GPRS可以支持各种各样的数据网络,所以Gi不是标准接口,只是一个接口参考点。

GGSN与HLR之间的接口为Gc接口。通过此可选接口可以完成网络发起的进程激活,此时支持GGSN到HLR获得移动台的位置信息,从而实现网络发起的数据业务。

6.2.3 GPRS的新增信道结构

与GSM系统相同,在GPRS系统的空中接口中,一个TDMA帧分为8个时隙,每个时隙发送的信息称为一个“突发脉冲串”(Burst),每个TDMA帧的一个时隙构成一个物理信道。物理信道被定义成不同的逻辑信道。与GSM系统不同的是,在GPRS系统中,一个物理信道既可以定义为一个逻辑信道,也可以定义为一个逻辑信道的一部分,即一个逻辑信道可以由一个或几个物理信道构成。MS与BTS之间需要传送大量的用户数据和控制信令,不同种类的信息由不同的逻辑信道传送,逻辑信道映射到物理信道上。GPRS系统中主要是增加了分组数据链路逻辑信道,具体如下:

(1) 分组公共控制信道(Packet Common Control Channel,PCCCH)。它包括以下一组传输公共控制信令的逻辑信道:

① 分组随机接入信道(Packet Randem Access Channel,PRACH):只存在于上行链路,MS用来发起上行传输数据和信令信息,即在分组接入突发脉冲和扩展分组接入突发脉冲中使用该信道。

② 分组寻呼信道(Packet Paging Channel,PPCH):只存在于下行链路,在下行数据传输之前用于寻呼MS,也可以用来寻呼电路交换业务。

③ 分组接入许可信道(Packet Access Grant Channel,PAGCH):只存在于下行链路,在发送分组之前,网络在分组传输建立阶段向MS发送资源分配信息。

④ 分组通知信道(Packet Notification Channel,PNCH):只存在于下行链路,当发送点到多点组播(PTM-M)分组之前,网络使用该信道向MS发送通知信息。

(2) 分组广播控制信道(Packet Broadcast Control Channel,PBCCH)。只存在于下行链路,适用于广播分组数据的系统信息。

(3) 分组业务信道(Pachet Traffic Channel,PTCH)。它包括以下的逻辑信道：

① 分组数据业务信道(Pachet Data Traffic Channel,PDTCH)：用于传输分组数据。在PTM-M方式,该信道在某个时间只能属于一个MS或者一组MS。在多时隙操作方式时,一个MS可以使用多个PDTCH并行地传输单个分组。所有的数据分组信道都是双向的,对于移动发起的传输就是上行链路(PDTCH/U),对于移动终止分组传输就是下行链路(PDTCH/D)。

② 分组相关控制信道(Packet Associate Control Channel,PACCH)：它携带与特定MS有关的信令信息。这些信令信息包括确认、功率控制等内容。它还携带资源分配和重分配消息,包括分配的PDTCH的容量和将要分配的PACCH的容量。另外,当一个MS正在进行分组传输时,可以使用PACCH进行电路交换业务的传输。

总之,GPRS系统定义了为传输分组数据而优化的逻辑信道,如表6-4所示。

表6-4 GPRS分组逻辑信道

组别	名　称	方　向	功　能
PCCCH	PRACH	上行	随机接入
	PPCH	下行	寻呼
	PAGCH	下行	允许接入
	PNCH	下行	多播
PBCCH	PBCCH	下行	广播
PTCH	PDTCH	下行和上行	数据
	PACCH	下行和上行	随路控制

GPRS的分组逻辑信道总图如图6-16所示。

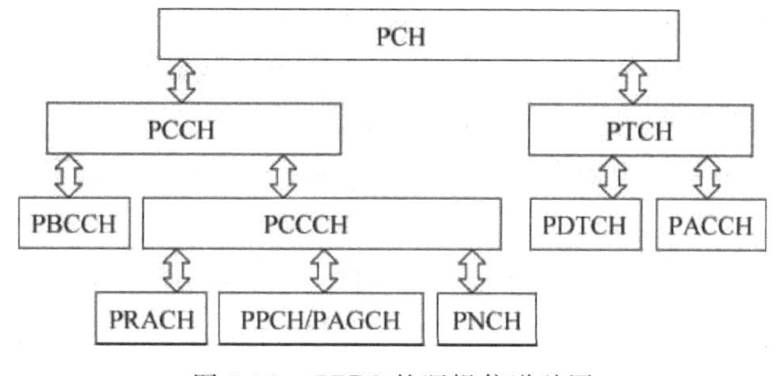

图6-16 GPRS的逻辑信道总图

*6.2.4 GPRS的控制与管理

GPRS的控制与管理主要包括网络访问控制功能、分组选路与传输功能、移动性管理功能、逻辑链路管理功能、无线资源管理功能和网络管理功能这6个功能组,每一个功能组都包含许多相对独立的功能,下面简介部分功能组。

1. 网络访问控制功能

网络访问控制功能就是用户入网后使用服务的控制功能,它是一个功能组,主要子功能如下。

① 注册功能。联系用户的移动ID与用户在PLMN范围内的分组数据协议及其地址、连到外部PDP网的用户访问点。这种联系可以是静态的存储在一个HLR中,还可以动态地分布于每一个所必需的基站。

② 身份认证和授权。验证用户身份和服务请求类型,以确保某个用户使用某特定网络服务的权限。

③ 许可证控制功能。许可证控制与无线资源管理功能相辅相成,预测无线资源的需求程度、判断所需的资源是否可用、预定相关资源以及提供所要求的服务质量。

④ 消息筛选。通过分组过滤功能来实现未授权或不请自来消息的滤除。

⑤ 分组终端适配功能。为使数据适合于在GPRS网络中传输,将从终端设备接收或向终端设备发送的数据分组进行适配。

⑥ 计费收集。收集有关用户计费的必要数据。

2. 分组选路与传输功能

分组选路与传输功能就是指根据一定规则,判断或选择在PLMN之内或PLMN之间传输消息所用路由的过程,这里的路由是一个有序的节点列表。分组选路与传输功能也是一个功能组,主要子功能如下。

① 中继功能:按一定路由接收与转发节点间的消息。

② 路由选择功能:决定发送到目的地址的消息的转发网络节点,使用哪一个底层服务来到达GPRS支持节点,下一跳GSN之间的数据传输方式等。

③ 地址转换和映射功能:地址转换就是将一个地址转换成另一个不同类型的地址,如可以将一个外部网络地址转换成一个内部网络地址;地址映射用于将一个网络地址映射成同类型的另一个网络地址。

④ 封包功能:将地址和控制信息加入到一个原始数据单元中的过程就是封包,解包是指将分组中地址和控制信息删除,还原出原始数据单元。

⑤ 隧道传输:隧道是一个双向的点对点传输路径,用于从封包点到解包点间的封包数据的传输。

⑥ 压缩功能:为优化无线信道的容量,传输尽可能小的外部PDP和PDU。

⑦ 加密功能:对数据和信令加密,保护在无线信道中传输的用户信息。

⑧ 域名服务器功能:用来把GSN逻辑域名解析成GSN地址。

3. 移动性管理(MM)功能

在GPRS网络中的移动性管理涉及新增的网络节点、接口和参考点,因此它定义了空闲(Idle)、等待(Standby)、就绪(Ready)这3种不同的移动性管理状态。

(1) 空闲状态

用户一开机而没激活时,MS即守候在空闲状态即GPRS非激活状态;当接入GPRS业务时,MS会进入等待状态,同时启动等待状态计时器,如果等待状态计时器超时,MS会又回到空闲状态;当GPRS业务断开时,MS也会返回到空闲状态。

在空闲状态下,用户没有激活GPRS移动性管理,MS和SGSN环境中没有存储与这个用户相关的有效位置信息或路由信息。因此在这个状态下,MS可完成PLMN选择、GPRS

选择和重选择过程，可收到 PTM-M 的信息；但不能进行与用户有关的移动性管理过程、PTP 数据的接收或发送、PTM-G 数据的传输、对用户的寻呼等。

(2) 等待状态

用户激活 GPRS 业务后会启动就绪状态计时器，就绪状态计时器超时或强制返回时即进入等待状态。

在等待状态下，在 MS 和 SGSN 中的 MM 环境已经创建了用户的 IMSI，此时 MS 可以接收 PTM-M 和 PTM-G 数据、对 PTP 或 PTM-G 数据传输所进行的寻呼、经由 SGSN 发送寻呼、执行 GPRS 路由区(RA)选择、GPRS 蜂窝选择和本地重选、由 MS 启动 PDP 环境的激活或去活等。但在这个状态下，不能进行 PTP 数据收发和 PTM-G 数据的发送。

(3) 就绪状态

MS 请求接入 GPRS 业务时，一个 PDP 环境将会在数据发送或接收前被激活。如果 PDP 环境已被激活，SGSN 可在 MM 等待状态下接收移动终端的 PTP 或 PTM-G 分组，并且 SGSN 会在这个 MS 所处的路由区中发送一个寻呼请求。当 MS 响应了这个寻呼，MS 中的 MM 状态就会转变到就绪状态。在 SGSN 中，如果它收到了 MS 对寻呼的回应信息，其 MM 状态也会转变到就绪状态。同样，当数据或信令从 MS 处发送时，MS 的 MM 状态会改变到就绪状态。相应地，当 SGSN 收到 MS 发来的数据和信令时，其 MM 状态也会改变到就绪状态。

在就绪状态下，MS 可以收发 PTP PDU、启动对 MS 的 GPRS 业务寻呼、能收到 PTM-M 和 PTM-G 数据，而且 MS 还可以激活或去活 PDP 环境。就绪状态由一个计时器监控，当就绪状态计时器没超时时，即使没有数据传送，MM 环境也保持就绪状态；当就绪状态计时器超时后，MM 环境就会从就绪状态转移到等待状态。MS 可以启动一个 GPRS 业务断开过程，来实现从就绪状态向空闲状态的转移。

图 6-17 描述了一个状态向另一个状态的转移条件。

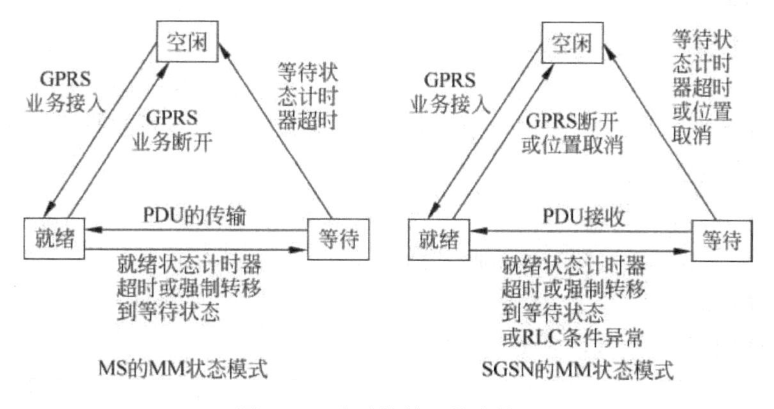

图 6-17 移动性管理状态模型

对于匿名访问的情况，可使用一个简化的状态模型，即仅由空闲状态和就绪状态所组成。MS 和网络会单独处理匿名访问移动性管理(AA MM)状态机制，并且它可与基于 IMSI 的 MM 状态机制共存。

GPRS的移动性管理流程将为底层提供信息,使得MM消息在Um接口可靠传输。此外,用户数据在业务接入、身份认证和路由区更新过程中,可能会丢失而需要重传。移动性管理流程包括业务接入管理、业务断开管理、清除管理、安全管理和位置管理等。

4. 逻辑链路管理功能

逻辑链路管理功能包括管理与协调MS与PLMN之间的链路状态,包括链路的建立、维护和释放,同时监管这个逻辑链路上的数据传输活动。具体子功能如下。

① 建立功能:负责MS接入GPRS服务时的逻辑链路建立。

② 维护功能:负责监控逻辑链路的状态及改变。

③ 释放功能:负责逻辑链路所占用资源的释放。

5. 无线资源管理功能

无线资源管理功能参与无线通信路径的分配和维护,其子功能如下。

① Um管理功能:GPRS无线接口的管理,如每一蜂窝中所用的物理信道组、分配给GPRS所使用的无线资源的数量等。

② 蜂窝选择功能:使用户在同PLMN建立通信路径时能选择最佳的蜂窝。

③ Um-tranx功能:提供无线信道上的介质访问控制和分组多路传送功能,提供MS内的分组识别,提供差错诊断和纠正,提供流量控制等功能。

④ 路径管理功能:根据数据流量动态建立和释放BSS与SGSN节点之间的分组数据通信路径,又可根据每一蜂窝中的最大期望载荷静态地建立和释放BSS与SGSN节点之间的分组数据通信路径。

思考与练习

6.2.1 填空题

① GPRS采用与GSM相同的________、________、________、________、________及相同的________。

② 在GPRS承载业务支持的标准化网络协议基础上,GPRS可支持或为用户提供一系列的交互式电信业务,包括________、________、________、________以及________等其他业务。

③ GPRS系统在GSM系统的基础上增加了________,引入了________和________概念。

6.2.2 选择题

① 在GSM系统中引入的主要组件有(　　)。

A. SGSN　　B. GGSN　　C. PSGN　　D. PCU

② GPRS网所提供的承载业务包括(　　)。

A. PTP　　B. PTM　　C. TTP　　D. TPM

③ 下列信道只存在于下行链路的是(　　)。

A. 分组随机接入信道　　B. 分组寻呼信道

C. 分组接入许可信道　　D. 分组通知信道

E. 分组广播控制信道　　　　F. 分组数据业务信道

④ GPRS 系统对 GSM 的相关部件进行的软件升级有(　　)。

A. HLR　　B. MSC　　C. PCU　　D. BTS

6.2.3 判断题

① 就绪状态由一个计时器监控,当就绪状态计时器没超时时,即使没有数据传送,MM 环境也保持就绪状态;当就绪状态计时器超时后,MM 环境就会从就绪状态转移到等待状态。(　　)

② 在 GSM 系统和 GPRS 系统中,一个逻辑信道可以由一个或几个物理信道构成。(　　)

③ 地址转换就是将一个网络地址映射成同类型的另一个网络地址。(　　)

6.2.4 简述题

① 画图并说明 GPRS 的系统结构。

② 试用自己的语言简述 GPRS 系统的特点。

③ 试简述 GPRS 新增的信道结构。

④ 试说明 GGSN 及 SGSN 各自的功能。

6.3 WCDMA 系统

6.3.1 WCDMA 系统概述

1. WCDMA 的概念

UMTS(Universal Mobile Telecommunications System,通用移动通信系统)是基于 GSM MAP 核心网、采用 WCDMA 空中接口技术的第三代移动通信系统,通常也把 UMTS 系统称为 WCDMA 通信系统。

WCDMA 主要起源于欧洲和日本的早期第三代无线研究活动,GSM 的巨大成功对第三代系统在欧洲的标准化产生了重大的影响。早期的研究中,对各种不同的接入技术包括 TDMA、CDMA、OFDM 等进行了实验和评估,为 WCDMA 奠定了技术基础。1998 年 12 月成立的 3GPP(第三代伙伴项目)极大地推动了 WCDMA 技术的发展,加快了 WCDMA 的标准化进程,并最终使 WCDMA 技术成为 ITU 批准的国际通信标准。目前 WCDMA 有 Release 99、Release 4、Release 5、Release 6 等版本,如上文所述。

WCDMA 的一些技术参数总结如下:

(1) 射频带宽为 5MHz,码片速率为 3.84Mchip/s。

(2) 支持异步基站运行模式。

(3) 采用上下行闭环加外环功率控制方式。

(4) 采用 QPSK 调制方式。

(5) 支持 Turbo 编码及卷积码。

(6) 物理帧长为10ms(15个时隙)。

2. WCDMA的业务与应用

WCDMA可以提供以下类型的业务与应用。

① 基本电信业务：如语音业务、紧急呼叫、短消息业务等。

② 补充业务：如呼叫转移、多方通信等。

③ 承载业务：WCDMA提供电路域承载业务和分组域承载业务，并可以根据业务类型的不同，提供不同QoS要求的承载业务。

④ 智能网业务：在WCDMA中，依旧可以使用系统中的基于CAMEL机制的智能网业务。

⑤ 位置业务：提供了多种定位技术作为对位置业务的支持，因此具有与用户移动性相关的位置服务，如利用移动终端进行导航等。

⑥ 多媒体业务：通过新的IMS多媒体应用平台，可以实现移动多媒体应用与因特网多媒体应用的融合。

其中WCDMA承载的传输业务种类有：

(1) 电路数据传输。电路数据业务目前暂时考虑144Kb/s或64Kb/s的ISDN业务。电路数据业务的传输通过DPDCH进行。

(2) 分组业务传输。分组数据业务主要考虑移动IP业务，第1阶段所支持的最高速率不低于144Kb/s。分组业务传输分为两种方式，即无连接方式和有连接方式。无连接方式不需要建立DPDCH，上、下行的分组数据传输分别通过PRACH和FACH/PCH进行。有连接方式需要通过上、下行DPDCH进行。为简化移动台的设计，规定在无DPDCH建立时，分组数据的传输通过无连接方式进行；在针对某一移动台的上、下行DPDCH信道已存在时(即已存在话音业务和电路业务连接时)，若需增加分组业务，则通过有连接方式进行。

(3) 并发业务传输。并发业务为上述业务的并发组合，总业务速率不低于144Kb/s。若存在话音业务和电路数据业务时，需通过建立DPDCH进行，否则无需建立DPDCH。

6.3.2 WCDMA的系统构成

UMTS系统采用了与第二代移动通信系统类似的结构，包括无线接入网络(Radio Access Network，RAN)和核心网络(Core Network，CN)。其中，无线接入网络处理所有与无线有关的功能，而CN处理UMTS系统内所有的话音呼叫和数据连接，并实现与外部网络的交换和路由功能。CN从逻辑上分为电路交换域(Circuit Switched Domain，CS)和分组交换域(Packet Switched Domain，PS)两部分。UTRAN、CN与用户设备UE(User Equipment)一起构成了整个UMTS系统，其整体系统结构框架如图6-18所示。各版本WCDMA系统如前所述。

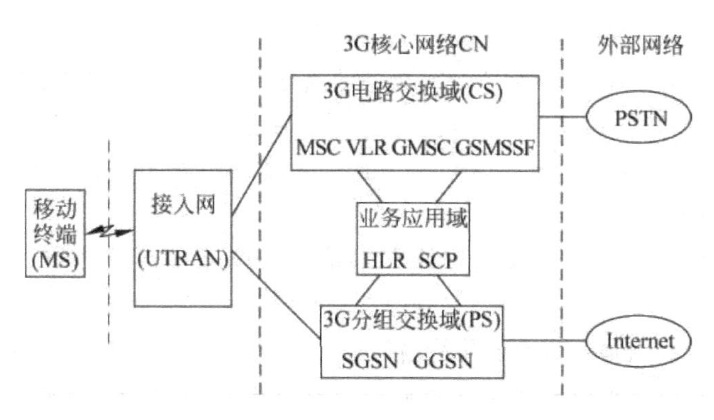

图 6-18　UMTS 的系统结构框架

6.3.3　WCDMA 的信道结构

WCDMA 的信道分为逻辑信道、传输信道和物理信道 3 类。

1. 逻辑信道

逻辑信道为媒体接入控制(MAC)子层与链路接入控制(LAC)子层之间的接口信道，逻辑信道主要有控制信道和业务信道两类。

(1) 控制信道

① 广播控制逻辑信道(BCCH)：下行链路，用于承载系统的广播控制信息。

② 寻呼控制逻辑信道(PCCH)：下行链路，用于承载并发出系统的寻呼信息。

③ 专用控制逻辑信道(DCCH)：上、下行链路均有，用于 UE 与 RNC 间发送点对点的专用控制信息。

④ 公共控制逻辑信道(CCCH)：上、下行链路均有，用于网络和 UE 之间发送公共控制信息。

(2) 业务信道

① 专用业务逻辑信道(DTCH)：上、下行链路均有，用于承载针对某移动台的某种业务的点对点逻辑信道，不同的业务采用不同的专用业务逻辑信道。

② 公共业务信道(CTCH)：点对多点的下行链路，用于承载发送给全部或一组特定 UE 的专用用户信息。

在基站子系统端，针对每一个移动台需建立独立的专用控制及专用业务逻辑信道。

2. 传输信道

传输信道为物理信道与 MAC 子层之间的接口信道，一个物理控制信道和一个或多个物理数据信道形成一条编码组合的传输信道，在一个给定的连接中可以有多个传输信道，但只能有一个物理层控制信道。传输信道主要分为两种类型，即专用传输信道和公共传输信道。按上、下行的方向来分，传输信道又分为上行传输信道和下行传输信道。

(1) 下行传输信道主要包括以下信道。

① 广播信道(BCH)：属于公共传输信道，通过基本公共控制信道(PCCPCH)发送，用

于发送系统及小区的配置信息。

② 前向接入信道(FACH):属于公共传输信道,通过辅助公共控制信道(SCCPCH)发送,用于本小区内对某已知移动台的控制信息发送,该信道还可用于发送下行分组突发信息。

③ 寻呼信道(PCH):属于公共传输信道,通过辅助公共控制信道(SCCPCH)发送,用于向终端发起呼叫等。

④ 共享传输信道(DSCH):属于公共传输信道,用来传送专用用户数据或控制信息,可由几个用户共享。

⑤ 下行公共分组信道:属于公共传输信道,用于用户分组数据的下行传输。

⑥ 下行专用传输信道(DCH):这是唯一的一种专用信道类型,该传输信道通过下行专用数据物理信道(DPDCH)发送,用于传输针对某移动台的数据信息或随路控制信令。该信道支持快速功率控制、软切换等。

(2) 上行传输信道主要包括以下信道。

① 随机接入信道(RACH):属于公共传输信道,通过上行反向物理接入信道发送,用于传输移动台的接入信息,该信道还可用于发送上行分组突发信息。

② 上行公共分组信道(CPCH):属于公共传输信道,它是 RACH 的施展,与 FACH 信道相对应,用于用户分组数据的上行传输。

③ 上行专用传输信道(DCH):这是唯一的一种专用信道类型,该传输信道通过上行专用数据物理信道(DPDCH)发送,用于传输移动台的数据信息或随路控制信令。该信道支持快速功率控制、软切换等。

3. 物理信道

物理信道又分为上行物理信道(RXU_1～RXU_8)、下行物理信道(TXU_1)和下行物理信道(TXU_2)。

(1) 下行物理信道(TXU_1)

① 基本公共导频信道(PCPICH):用于移动台的信道估计及码片同步。这里仅考虑单天线发送的 PCPICH。

② 基本同步信道(PSCH):用于移动终端(MT)的码片定时与时隙定时的提取。

③ 辅助同步信道(SSCH):用于 MT 的帧定时提取。

④ 基本公共控制信道(PCCPCH):MT 通过搜索可能的长码状态,实现长码同步;通过接收 PCCPCH 传送的 BCH 消息,MT 可获取系统配置信息、可用的反向接入信道参数、公共导频所用的扰码号等;通过接收 BCH 中包含的 SFN 编号可以确定 MT 超帧定时及零偏移 AccessSlot 所在位置等。这里仅考虑无发射分集的主公共控制信道。

⑤ 辅助公共控制信道(SCCPCH):发送 PCH 及 FACH 传输信道。这里仅考虑无发送分集的辅助公共控制信道。

⑥ 寻呼指示信道(PICH):与 PCH 配合使用,用于指示 MT 接收属于自己的寻呼信息帧。

⑦ 捕获指示信道(AICH):可支持 BTS 的一个 PRACH 接收机同时最多捕获 4 个反向接入时的反向捕获指示发送。在 BTS 捕获 MT 发送的反向接入信道后,在无需上层(主控 CPU)干预的条件下,通过本信道发送捕获指示(A1)信息,为此,需建立一个接收单元至发送单元的直接连接接口。

(2) 下行物理信道(TXU_2)

下行专用物理信道(DPCH)用于发送专用物理控制信道 DPCCH 和专用物理数据信道 DPDCH。

(3) 上行物理信道(RXU_1～RXU_8)

① 随机接入信道(PRACH)：用于发送 MT 接入信道信息。

② 上行专用物理信道(DPCH)：用于发送专用物理控制信道 DPCCH 和专用物理数据信道 DPDCH。

*6.3.4　WCDMA 的控制与管理

这里以 R99 版本的 WCDMA 为例，介绍 WCDMA 的控制与管理。WCDMA 的控制与管理主要包括有电路域移动性管理、分组域移动性管理、寻呼、空闲状态下的 UE 管理、链路建立与释放管理等，鉴于篇幅原因，这里仅就寻呼、空闲状态下的 UE 管理、链路建立与释放过程进行简单介绍。

1. 寻呼

寻呼就是为了建立一次呼叫，使得被寻呼的 UE 发起与 CN 的信令连接建立过程。一般核心网 CN 经由 Iu 接口向 UTRAN 发送寻呼消息，而 UTRAN 则经由 Uu 接口将 CN 的寻呼消息下发给 UE。

当 UTRAN 收到某个 CN 域(CS 域或 PS 域)的寻呼消息时，首先需要判断 UE 是否已经与另一个 CN 域建立了信令连接。如果没有建立信令连接，那么 UTRAN 只能知道 UE 当前所在的服务区，并通过寻呼控制信道将寻呼消息(PAGING TYPE 1)发送给 UE；如果已经建立信令连接，在 CELL_DCH 或 CELL_FACH 状态下，UTRAN 就可以知道 UE 当前活动于哪种信道上，并通过专用控制信道将寻呼消息(PAGING TYPE 2)发送给 UE。因此，针对 UE 所处的模式和状态，寻呼可以分为寻呼空闲模式或 PCH 状态下的 UE 和寻呼 CELL_DCH 或 CELL_FACH 状态下的 UE 两种情况。

(1) 寻呼空闲模式或 PCH 状态下的 UE

这一类型的寻呼，使用 PCCH (寻呼控制信道)寻呼处于空闲模式、CELL_PCH 或 URA_PCH 状态下的 UE，用于向被选择的 UE 发送寻呼信息，其作用有以下 3 点：

① 网络侧的高层发起寻呼过程以建立一次呼叫或一条信令连接。

② UTRAN 发起寻呼以触发 UE 状态的迁移，从而使 UE 的状态从 CELL_PCH 或 URA_PCH 状态迁移到 CELL_FACH 状态。

③ 当系统消息发生改变时，UTRAN 发起空闲模式、CELL_PCH 和 URA_PCH 状态下的寻呼，以触发 UE 读取更新后的系统信息。

UTRAN 用 PAGING TYPE 1 消息来启动寻呼过程，该消息经由 PCCH 上一个适当的寻呼时刻发送，该寻呼时刻和 UE 的 IMSI 有关。UTRAN 可以选择在几个寻呼时机重复寻呼一个 UE，以增加 UE 正确接收寻呼消息的可能。

(2) 寻呼 CELL_DCH 或 CELL_FACH 状态下的 UE

这一类型的寻呼过程用于向处于连接模式 CELL_DCH 或 CELL_FACH 状态的某个 UE 发送专用寻呼信息。

2. 空闲模式下的 UE

当 UE 开机后或在漫游中,它的首要任务就是找到网络并和网络取得联系。只有这样,才能获得网络的服务。UE 在空闲模式下包括 PLMN 选择与重选、小区选择与重选和位置登记,这 3 个过程的转换如图 6-19 所示。

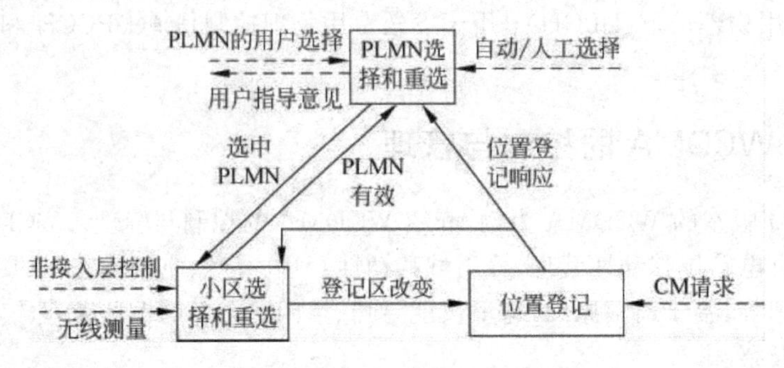

图 6-19 空闲模式下的 UE

UE 开机后的第一件事就是选择一个 PLMN。如果选中了一个 PLMN 后,UE 就开始选择属于这个 PLMN 的小区,找到后,接收该小区的系统信息(广播),从中获得邻近小区的信息,这样,UE 就可以在所有这些小区中选择一个信号最好的小区,临时驻留下来。紧接着,UE 就会发起位置登记过程。位置登记成功后,UE 就成功地驻留在这个小区中了,驻留以后的 UE 可以接收 PLMN 广播的系统信息、可以在小区内发起随机接入过程、可以接收网络的寻呼、可以接收小区广播业务等。

当 UE 驻留在小区中,并且位置登记成功后,随着 UE 的移动,当前小区和邻近小区的信号强度都在不断变化。UE 就要选择一个最合适的小区,这就是小区重选过程。这个最合适的小区不一定是当前信号最好的小区,为什么呢? 因为比如 UE 处在两个小区的交界处,恰好这两个小区又是分属不同的 LA 或者 RA,这时 UE 就可能不断地向两个小区发起位置更新,结果既浪费了网络资源,又浪费了 UE 的能量。因此,在所有小区中重选哪个小区是有一定规则的。

当 UE 重选小区后,如果发现这个小区属于另外一个 LA 或者 RA,UE 就要发起位置更新过程,使网络获得最新的 UE 位置信息。如果位置登记或者更新不成功,比如当网络拒绝 UE 时或者当前的 PLMN 出了覆盖区,UE 可以进行 PLMN 重选,以选择另外一个可用的 PLMN。

PLMN 选择和重选的目的是为 UE 选择一个可用的(就是能提供正常业务的)最好的 PLMN。为达到这一目的,UE 会维护一个 PLMN 列表,这些列表将 PLMN 按照优先级排列,然后从高优先级向下搜索找到最高优先级的 PLMN。另外 PLMN 选择和重选的模式有两种,即自动和手动。自动选网就是 UE 按照 PLMN 的优先级顺序自动地选择一个可用的 PLMN,手动选网就是将当前的所有可用网络呈现给用户,由用户手动选择一个可用的 PLMN。

在这个列表中,上次注册成功的 PLMN,即 RPLMN (Registered PLMN)优先级最高。无论自动选网还是手动选网,UE 开机后,首先就会尝试 RPLMN,成功后,就不会有后续过程。如果不成功，UE就会生成一个PLMN列表(按照优先级)，然后进行PLMN选择和重选搜索并尝试位置登记。

当UE尝试与网络进行接触时，网络由于种种原因有时会拒绝UE的请求。根据拒绝原因的不同，UE的行为也会截然不同。

3. RRC连接建立流程

若UE处于空闲模式下，当UE请求建立信令连接时，UE将发起RRC连接建立过程。

每个UE最多只有一个RRC连接。当SRNC接收到UE的RRC连接请求消息时，由其无线资源管理模块(RRM)根据特定的算法，确定是接受还是拒绝该RRC连接建立请求。如果接受，则再判决是建立在专用信道还是公共信道上。不同信道的RRC连接建立流程不一样。

(1) RRC连接建立在专用信道上(图6-20)

① UE在上行CCCH上发送一个RRC连接请求消息，请求建立一条RRC连接。

② SRNC根据RRC连接请求的原因以及系统资源状态，决定UE建立在专用信道上，并分配RNTI和L1、L2资源。

③ SRNC向Node B发送无线连接建立请求消息；请求Node B分配RRC连接所需的特定无线链路资源。

④ Node B资源准备成功后向SRNC应答无线连接设置响应消息。

⑤ SRNC使用ALCAP协议发起Iub接口用户面传输承载的建立，并完成SRNC与Node B之间的同步过程。

⑥ SRNC在下行CCCH向UE发送RRC连接建立消息。

⑦ UE在上行DCCH向SRNC发送RRC连接建立完成消息。

至此，RRC连接建立过程结束。

(2) RRC连接建立在公共信道上

如图6-21所示，当RRC连接建立在公共信道上时，因为用的是已经建立好的小区公共资源，所以这里无须建立无线链路和用户面的数据传输承载，其余过程与RRC连接建立在专用信道相似。

图6-20 RRC连接建立在专用信道上

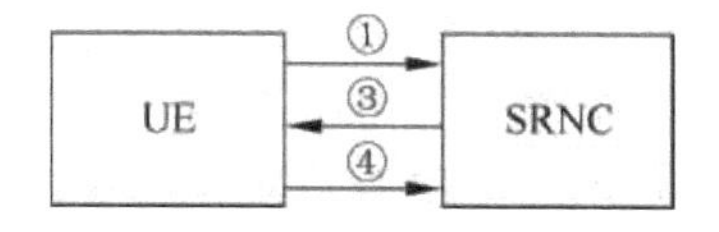

图6-21 RRC连接建立在公共信道

(3) 信令建立流程

在UE与UTRAN之间的RRC连接建立成功后，UE通过RNC建立与CN的信令连接，这个过程也叫“信令建立流程”。信令连接用于UE与CN间的信令交互，如鉴权、业务请求、连接建立等。UE与CN间交互的信令，对于RNC而言，都是直传消息。RNC在收到第一条直传消息时，即初始直传消息，就建立与CN之间的信令连接，该连接建立在SCCP之上。流程如图6-22所示，具体步骤如下：

① RRC连接建立后，UE通过RRC连接向RNC发送初始直传消息，消息中携带UE

发送到CN的信息内容。

② RNC接收到UE的初始直传消息,通过Iu接口向CN发送SCCP连接请求消息(CR),消息数据为RNC向CN发送的初始UE消息。

③ 如果CN准备接受连接请求,则向RNC返回SCCP连接证实消息(CC),成功建立SCCP连接。RNC接收到该消息,确认信令连接建立成功。

④ 如果CN不能接受连接请求,则向RNC返回SCCP连接拒绝消息(CJ),SCCP连接建立失败。RNC接收到该消息,确认信令连接建立失败,则发起RRC释放过程。

信令连接建立成功后,UE发送到CN的消息,通过上行直传消息发送到RNC,RNC将其转换为直传消息发送到CN;CN发送到UE的消息,通过直传消息发送到RNC,NC将其转换为下行直传消息发送到UE。

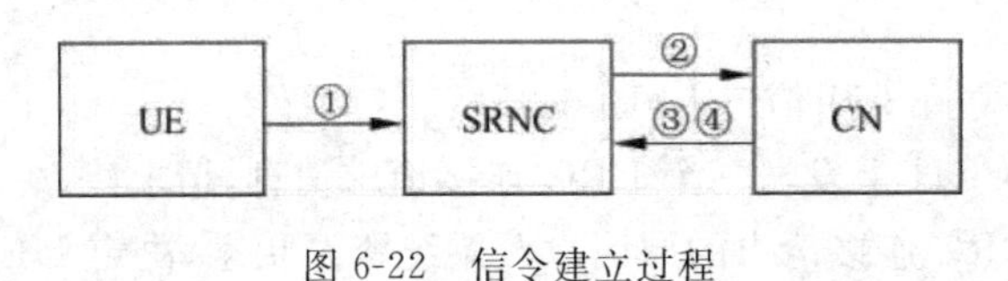

图6-22 信令建立过程

4. 呼叫释放流程

呼叫释放流程也就是RRC连接释放流程。RRC连接释放流程分为两种类型:UE发起的释放和CN发起的释放。两种释放类型的区别主要在于高层的呼叫释放请求消息由谁先发出,但最终的资源释放都是由CN发起的。当CN决定释放呼叫后,将向SRNC发送释放命令消息。SRNC收到该释放命令后,有以下操作步骤:

① 向CN返回释放命令消息。

② 发起IUB接口用户面传输承载的释放。

③ 释放RRC连接。

RRC释放就是释放UE和UTRAN之间的信令链路及全部无线承载。根据RRC连接所占用的资源情况。可进一步划分为两类:释放建立在专用信道上的RRC连接和释放建立在公共信道上的RRC连接。

(1) 释放建立在专用信道上的RRC连接

流程如图6-23所示,具体如下:

① SRNC向UE发送RRC连接释放消息。

② UE向RNC返回释放完成消息。

③ SRNC向Node B发送无线链路删除消息,删除Node B中的无线链路资源。

④ Node B资源释放完成后,向SRNC返回释放完成消息。

⑤ SRNC使用ALCAP协议发起Iub接口用户面传输承载的释放。

最后RNC再发起本地L2资源的释放,至此,RRC释放过程结束。

(2) 释放建立在公共信道上的RRC连接

图6-24所示为释放建立在公共信道上的RRC连接时,因为此时用的是小区公共资源,所以直接释放UE就可以了,无需释放Node B的资源,当然也没有数据传输承载的释放过程。

具体过程如下:

① SRNC 向 UE 发送 RRC 连接释放消息。

② UE 向 SRNC 返回释放完成消息。

另外，WCDMA 的控制与管理还包括有电路域移动性管理、分组域移动性管理、寻呼等，鉴于篇幅原因，这里就不一一详述了。

图 6-23 释放建立在专用信道上的 RRC 连接

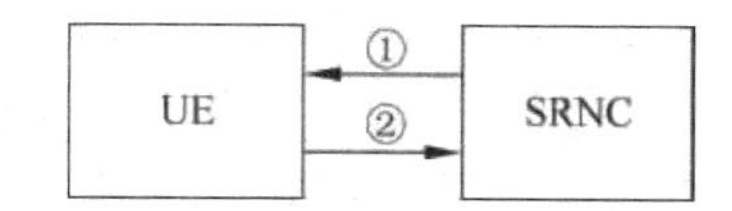

图 6-24 释放建立在公共信道上的 RRC 连接

思考与练习

6.3.1 填空题

① UMTS 的英文全称为________。

② 3GPP R99 版本于________年提出。

6.3.2 判断题

① UMTS 是采用 WCDMA 空中接口技术的第三代移动通信系统，通常也把 UMTS 系统称为 WCDMA 通信系统。 ( )

② WCDMA 分组业务传输为有连接方式。 ( )

6.3.3 简述题

① 简述 3GPP 传输速率的发展历程。

② 试用自己的语言简述 WCDMA 的业务和应用。

6.4 CDMA 1x 系统

6.4.1 CDMA 1x 系统概述

1. CDMA 1x 的概念

在第三代移动通信的无线接口国际提案中，最广泛受到注意的是 W-CDMA 和 CDMA 2000。CDMA 2000 是美国向 ITU 提出的第三代移动通信空中接口标准的建议，是 IS-95 标准向第三代演进的技术体制方案。CDMA 2000 1x 是指 CDMA 2000 的第一阶段(速率高于 IS-95，低于 2Mb/s，可以简写为 CDMA 1x 或 1x)，前向链路数据速率可达到 144Kb/s、网络部分引入分组交换，可支持移动 IP 业务。CDMA 1x 采用扩频速率为 SR1，即指前向信道和反向信道均用码片速率 1.2288Mb/s 的单载波直接序列扩频方式。因此它可以方便地与 IS-95(A/B)后向兼容，实现平滑过渡。同时，CDMA 1x 采用了反向相干解调、快速前向功控、发送分集、Turbo 编码等技术，该网络同时作为话音业务和无线接入 Internet 分组数据的承载平台，既可以为用户提供传统的话音业务，也可以为用户提供端对端分组传输模式的数据业务。

CDMA 1x 是在 IS-95 的基础上升级了无线接口，性能上得到了很大的增强。如 1x 可支持高速补充业务信道，单个信道的峰值速率可达 307.2Kb/s；采用了前向快速功控，提高了前向信道的容量；可采用发射分集方式OTD或STS,提高了信道的抗衰落能力；新的接入方式减少了移动台接入过程中干扰的影响,提高了接入成功率等。有关的测试结果显示：1x系统的话音业务容量是IS-95系统的2倍,而数据业务容量是IS-95的3.2倍,性能提高的幅度相当可观。

如果进一步对比频谱利用率的话,1x技术的发展前景也是令人满意的。在1.25MHz内,1x系统可以实现速率为307.2Kb/s的数据传输,其频谱效率为0.3b/s/Hz；3x在5MHz内实现速率为2Mb/s的数据传输,频谱效率为0.4b/s/Hz,这一指标与WCDMA相当；而CDMA 2000 HDR在1.25MHz内可以实现2.4Mb/s的数据传输,频谱效率大幅度提高到了1.92b/s/Hz；1x EV-DV的候选技术之一,1x TREME则在1.25MHz内实现了速率为4.8Mb/s的数据传输,频谱效率高达3.84b/s/Hz,这在3G技术中,是进展最快的。

CDMA 1x系统的关键参数如下：

(1) 前向、反向同时采用导频辅助相干解调。

(2) 扩频码采用相同的*M*序列,通过不同的相位偏置来区分不同的小区和用户。

(3) 射频带宽为1.25MHz,码片速率为1.2288Mchip/s。

(4) 快速前向和反向功率控制。

(5) 下行信道中采用公共连续导频方式进行相干检测,提高系统容量。

(6) 核心网络基于ANSI-41网络的演进,并保持与ANSI-41网络的兼容性。

(7) 支持软切换和硬软切换。

(8) 设计了两类码复用业务信道：基本信道用于传送语音、信令和低速数据,是一个可变速率信道；补充信道用以传送高速率数据,在分组数据传送上应用了ALOHA技术,改善了传输性能。

(9) 在同步方式上CDMA 2000 1x与IS-95相同,基站间同步采用GPS方式。

2. CDMA 1x的业务与应用

CDMA 2000 1x网络为运营商同时提供了话音业务的承载平台和分组数据承载平台,换句话说,它既可以为用户提供传统的话音业务,也可以为用户提供端到端的分组传输方式的数据业务。

业务分类的方式很多,按照传统的业务分类方式,通常将CDMA 2000 1x网络提供的业务分为基本业务和补充业务,而基本业务又可分为电信业务和承载业务。

(1) 电信业务

电信业务是指为用户通信提供的,包括终端设备功能在内的有完整能力的通信业务,此类业务通常要依照网络运营部门批准的规程。具体而言电信业务包括：

① 话音业务。CDMA 2000系统采用8Kb/s EVRC话音编码器,无线配置采用RC3。为了前向兼容IS-95A系统,也可以采用其他类型的话音编码器。

② 短消息业务。包括移动台始发(MO)的短消息业务、移动台终止(MT)的短消息业务和小区广播短消息业务(在控制信道上发送),其中MO和MT型短消息分为在控制信道上传送和在业务信道上传送两种形式。

随着移动用户数量的快速增长,移动用户的消费行为正在发生着巨大的变化,移动通信运营商也深刻地意识到仅提供话音业务已不能满足消费者的需求，因此基于上述两种基本业务又派生出多种增值业务。

① 语音增值业务。移动语音信箱业务和 IP 电话业务是目前应用比较多的语音增值业务。

- 移动语音信箱业务：通过在 MSC(Mobile Switching Center)侧增加语音信箱功能部件，可为用户提供留言、提取留言、信箱维护、留言通知、定时邮寄、分信箱、自动应答等服务。
- IP 电话业务：指用户接入 CDMA 网络后在 IP 网络上通过 TCP/IP 协议，实现实时传送语音信息的通信业务。该业务无需对 CDMA 网络做较大改动，只需在 IP 网络侧增加 IP 电话网关及网守设备并安装相应软件即可实现。同时，此业务对用户终端无特殊要求。

② 短消息增值业务。短消息增值业务是在短消息中心的基础上，通过短消息网关接入外部信息资源，以短消息为信息传输手段的业务。短消息增值业务可细分为信息类业务、交易类业务、娱乐类业务、个人信息管理类业务、基于位置的服务类业务和行业应用类业务。短消息业务由于受到信道容量和短消息技术本身的影响，只能提供低速和实时性要求不太高的数据业务。

(2) 承载业务

承载业务是指提供用户接入点间信号传输能力的通信业务，也就是在用户和网络接口之间向用户提供低层的运送基本比特功能的业务。承载业务分为：

① 电路承载业务：提供 9.6Kb/s 或 14.4Kb/s 的异步数据和传真业务。

② 分组交换承载业务：支持 CDMA 2000 Release 0 的网络应向用户提供前向最高速率为 153.6Kb/s，反向最高速率为 76.8Kb/s 的数据业务；支持 CDMA 2000 Release A 的网络应能提供前向最高速率为 307.2Kb/s，反向最高速率为 153.6Kb/s 的数据业务。

(3) 补充业务

补充业务是对基本业务的改进和补充，它不能单独向用户提供，而必须与基本业务一起提供，同一补充业务可应用到若干个基本业务中。补充业务可分为以下几类：

① 呼叫显示提醒/限制类业务。主要提供对各类来话的提醒和限制，包括主叫号码识别显示(CNIP)、主叫号码识别限制(CNIR)、来电提示(FA)等。

② 呼叫转移类业务。提供用户可以预置条件或临时选择将呼叫转接到第三方的业务，包括遇忙呼叫前转(CFB)、隐含呼叫前转(CFD)、无应答呼叫前转(CFNA)、无条件呼叫前转(CFU)、用户选择呼叫前转(USCF)和呼叫转移(CT)等业务。

③ 群组/多方呼叫类业务。提供各种特性的群组/多方呼叫业务，主要包括第三方呼叫(3WC)、会议电话(CC)、呼叫等待(CW)、用户群(UG)和移动台接入寻线(MAH)等。其中移动台接入寻线业务类似于智能网中的统一号码业务。

④ 呼叫限制类业务。用户可在各种情况下对呼入和呼出进行限制和筛选，包括免打扰业务(DND)、口令呼叫接受(PCA)、用户 PIN 接入(SPINA)、用户 PIN 拦截(SPINI)和选择呼叫接受(SCA)等。

⑤ 业务控制和管理类业务。网络提供用户优先级、优选语言及用户实时修改业务属性等，包括优选语言(PL)、远端业务控制(RFC)和优先接入和信道指配(PACA)等。

(4) 智能网业务

移动智能网业务是结合移动通信网和智能网业务平台提供给用户的各种补充业务,包括预付费业务、移动虚拟专用网业务、被叫集中付费业务、通用个人通信业务、无线广告业务、分时分区计费业务、统一接入号码业务和号码可携带性业务等。

6.4.2 CDMA 1x 的系统构成

CDMA 2000 1x 网络主要有 BTS、BSC、PCF 和 PDSN 等节点组成。基于 ANSI-41 核心网的系统结构如图 6-25 所示。

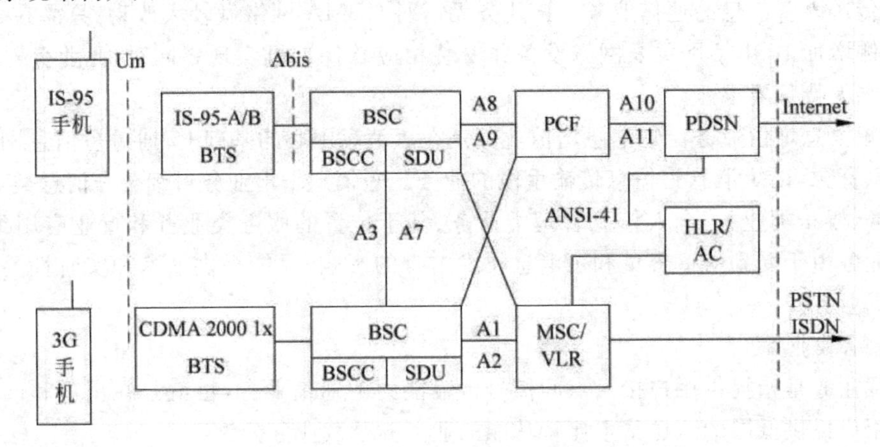

图 6-25 CDMA 2000 1x 网络结构示意图

图 6-25 中:

- BTS 是基站收发信机,它在小区建立无线覆盖区,用于移动台通信,移动台可以是 IS-95 或 CDMΛ 2000 1x 制式的手机。
- BSC 是基站控制器,可对多个 BTS 进行控制。
- SDU 是业务数据单元。
- BSCC 是基站控制器连接。
- PCF 是分组控制功能,是新增节点,用于转发无线子系统和 PDSN 分组控制单元之间的消息。
- PDSN 是分组数据服务器,该节点为 CDMA 2000 1x 接入 Internet 的接口模块。
- MSC/VLR 是移动交换中心/访问寄存器。
- Abis 接口用于 BTS 和 BSC 之间连接。
- A1 接口用于传输 MSC 与 BSC 之间的信令信息。
- A2 接口用于传输 MSB 与 BSC 之间的话音信息。
- A3 接口用于传输 BSC 与 SDU(交换数据单元模块)之间的用户话务(包括语音和数据)和信令。
- A7 接口用于传输 BSC 之间的信令,支持 BSC 之间的软切换。

以上节点与接口与 IS-95 系统需求相同。由图 6-25 可见,与 IS-95 相比,核心网中的 PCF 和 PDSN 是两个新增模块,通过支持移动 IP 协议的 A10、A11 接口互联,可以支持分组数据业务传输。而以 MSC/VLR 为核心的网络部分,支持话音和增强的电路交换型数据业务,与IS-95一样,MSC/VLR与HLR/AC之间的接口基于ANSI-41协议。CDMA 2000 1x新增接口为:

- A8接口:传输BS和PCF之间的用户业务。
- A9接口:传输BS和PCF之间的信令信息。
- A10接口:传输PCF和PDSN之间的用户业务。
- A11接口:传输PCF和PDSN之间的信令信息。

A10/A11接口是无线接入网和分组核心网之间的开放接口。

6.4.3 CDMA 1x的信道结构

CDMA 2000 1x空中接口与窄带CDMA空中接口一样采用FDD的工作方式,其物理信道完全包括了IS-95系统中的物理信道,这种后向兼容的特性保证了2G系统向3G系统的平滑过渡。为了提高系统容量,更好地支持各种分组数据业务,CDMA 2000 1x增加了一些新的物理信道及一些新的工作模式,大大提高了传输性能。

CDMA 2000 1x的物理信道从传输方向上分为前向信道和反向信道两大类,前向信道从基站到移动台,反向信道从移动台到基站。从物理信道是针对多个移动台还是针对某个特定的移动台来看,分为公共信道(Common Channel)和专用信道(Dedicated Channel)两大类。其中,公共信道为系统中用户共享,用于系统管理控制。专用信道用于用户的数据传输,可能会伴有一些专用的管理/控制信令。

由于CDMA 2000版本的不断发展演进,其Release C和Release D中新引入了与传输高速分组数据有关的信道,这里不做介绍。下面主要介绍Release C之前的信道。

1. 前向链路物理信道

CDMA 2000 1x前向信道分为公共信道和专用信道。

前向链路的公共信道包括前向导频信道(F-PICH)、前向发送分集导频信道(F-TDPICH)、前向辅助导频信道(F-APICH)、前向辅助发送分集导频信道(F-ATDPICH)、前向同步信道(F-SYNCH)、前向寻呼信道(F-PCH)、前向广播控制信道(F-BCCH)、前向公共控制信道(F-CCCH)、前向快速寻呼信道(F-QPCH)、前向公共功率控制信道(F-CPCCH)和前向公共指配信道(F-CACH)。

前向链路的专用信道包括前向专用控制信道(F-DCCH)、前向基本信道(F-FCH)、前向辅助信道(F-SCH)和前向码分辅助信道(F-SCCH)。

前向链路物理信道由适当的Walsh函数或准正交函数进行扩频,并采用了多种分集发送方式来提高容量。前向链路物理信道的结构如图6-26所示。

(1) 导频信道

前向链路中的导频信道包括前向导频信道(F-PICH)、发送分集导频信道(F-TDPICH)、辅助导频信道(F-APICH)和辅助发送分集导频信道(F-ATDPICH)。它们所承载的都是未经调制的扩频信号,作用是使基站覆盖范围内的移动台可以获得基本的同步信息。

前向导频信道(F-PICH)不携带任何用户信息,所有比特均为"0",在发送前只需经过正交扩频(采用Walsh码)、QPSK调制和滤波。在接入系统时,基站使用F-PICH为所服务的移动台提供基准频率和相位信息,以帮助实现移动台接收机对基站所发射信号的相干解调。在接

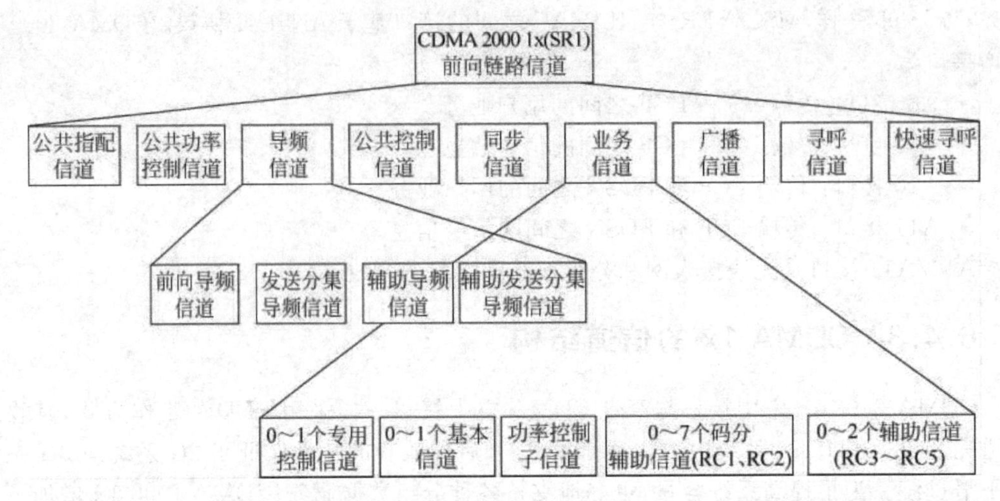

图 6-26　CDMA 2000 1x 前向链路物理信道结构

入系统后,移动台利用导频信号来比较不同基站之间的信号强度,从而确定何时进行切换。

前向发送分集导频信道(F-TDPICH)是 CDMA 2000 1x 为了支持正交发送分集(OTD)或空时扩展(STS)分集而增加的。该信道承载的导频信号用于具有分集作用的信道上,提供相应的相位定时信息。

当采用智能天线技术形成某个方向的波束时,针对该波束增加了前向辅助导频信道(F-APICH)。若该波束上还使用了发射分集技术,还应增加前向辅助发送分集导频信道(F-ATDPICH)。

(2) 前向同步信道(F-SYNCH)

前向同步信道(F-SYNCH)用于传送同步信息,在基站覆盖的范围内,处于开机状态的移动台利用它来获得初始的时间同步。由于 F-SYNCH 使用的导频 PN 序列偏置与同一前向信道的 F-PICH 使用的相同,因此移动台通过捕获 F-PICH 获得同步时,F-SYNCH 也就同步了。

当移动台解调导频信道后,它就获得了基站的 PN 短码相位信息,也就可以解调同步信道的信号,因为同步信道只经过了短码的调制。通过对同步信道的解调,移动台可以获得长码状态、短码偏置值、前向寻呼信道数据速率、系统定时信息和其他一些基本的系统配置参数。有了这些信息,移动台可以使自身的长码及时间与系统同步,同时为进一步解调经过长码扰码的前向信道的信号做好了准备。

F-SYNCH 的数据速率为固定的 1200b/s,一个 F-SYNCH 帧长为 26.667ms,在发送前要经过卷积编码、码符号重复、交织、扩频、QPSK 调制和滤波。其信道处理结构与 IS-95 系统相同。

(3) 前向寻呼信道(F-PCH)

前向寻呼信道供基站在呼叫建立阶段传送基站系统信息和控制信息。通常,移动台在建立同步后,就选择一个 F-PCH(或在基站指定的 F-PCH)监听由基站发来的消息,在收到基站分配业务信道的指令后,就转入指配的业务信道中进行信息传输。当需要通信的用户数很多,业务信道不够用时,这种 F-PCH 可临时用作业务信道,直到全部用完为止。

F-PCH 以固定的速率 9600b/s 或 4804b/s 传递信息，具体使用哪种由系统规划决定。在一个给定的系统中，所有的 F-PCH 都必须采用同样的速率。F-PCH 应被分为时长为 80ms 的时间片，每个时间片含 4 个 F-PCH 帧，帧长 20ms。F-PCH 在发送前要经过卷积编码、码符号重复、交织、数据扰码、正交扩频、QPSK 调制和滤波。

(4) 前向广播控制信道(F-BCCH)

前向广播控制信道用来发送系统开销信息和一些广播消息。F-BCCH 的编码率有两种，可以根据不同的传输质量要求选择。

F-BCCH 在发射前经过编码、交织、序列重复、扩频、QPSK 调制和滤波。F-BCCH 的约束长度 $K=9$，卷积编码的速率分为 1/2 和 1/4 两种，对应的交织器长度分别为 1536 和 3072 个符号。

(5) 前向公共控制信道(F-CCCH)

在未建立呼叫时，基站使用 F-CCCH 来给整个覆盖区的移动台传递系统信息以及传输移动台的特定信息，如寻呼消息。前向公共控制信道传送的是经过卷积编码、码序列重复、交织、扰码、扩频和调制的信号。

(6) 前向快速寻呼信道(F-QPCH)

前向快速寻呼信道传送的是未编码的、扩频开关键控(OOK)调制的信号。它在每个 F-PCH/F-CCCH 时隙之前提前发送指示比特，基站用它来通知工作于时隙模式的且处于空闲状态的移动台，是否应该在下一个 F-CCCH 或 F-PCH 的时隙上接收 F-CCCH 或 F-PCH。这样，移动台可以不必去监听没有相关消息的时隙，延长移动台的待机时间。

F-QPCH 的时隙划分结构如下所述。

① 寻呼指示符(PI)。PI 的作用是用来通知特定的移动台在下一个 F-CCCH 或 F-PCH 上有寻呼消息或其他消息。当有消息时，基站将该移动台对应的 PI 置为“ON”，MS 被唤醒；否则 PI 置为“OFF”，移动台继续进入低功耗的睡眠状态。

② 广播指示符(BI)。BI 只会出现在第一个 F-QPCH 上。当移动台用于接收广播消息的 F-CCCH 的时隙上将要有内容出现时，基站就把对应于该 F-CCCH 时隙的 F-QPCH 时隙中的 BI 置为“ON ”；否则置为“OFF”。

③ 配置改变指示符(CCI)。CCI 只会出现在第一个 F-QPCH 上。在基站的系统配置参数发生改变后的一段时间内，BS 将把 CCI 置为“ON”，以通知移动台重新接收包含系统配置参数的开销信息。

(7) 前向公共功率控制信道(F-CPCCH)

前向公共功率控制信道(F-CPCCH)用于基站对多个反向公共控制信道(R-CCCH)和反向增强接入信道(R-EACH)进行功控，从而实现在移动台接入时对其接入功率进行闭环控制。基站可以支持一个或多个 F-CPCCH，每个 F-CPCCH 又分为多个功控子信道(每个子信道 1bit，相互间时分复用)，每个功控子信道控制一个 R-CCCH 或 R-EACH。公共功控子信道用于控制 R-CCCH 还是 R-EACH 取决于工作模式。当工作在功率受控接入模式(Power Controlled Access Mode)时，MS 可以利用指定的 F-CPCCH 上的子信道控制 R-EACH 的发射功率。当工作在预留接入模式(Reservation Access Mode)时，移动台利用指定的 F-CPCCH 上的子信道控制 R-CCCH 的发射功率。

(8) 前向公共指配信道(F-CACH)

前向公共指配信道(F-CACH)专门用来发送对反向信道快速响应的指配信息,以支持反向信道的随机接入分组传输。F-CACH在预留接入模式中控制分配R-CCCH和相关的F-CPCCH子信道,并在功率受控接入模式下提供快速的确认响应,此外还有拥塞控制的功能。基站也可以不用F-CACH,而是选择F-BCCH来通知移动台。F-CACH可以在基站的控制下工作于非连续方式。

(9) 前向专用控制信道(F-DCCH)

前向专用控制信道是CDMA 2000中新增的一种前向业务信道,用于在一次呼叫过程中给特定的移动台发送用户数据和信令信息。每一个前向业务信道可以包含一个前向专用控制信道。

F-DCCH用于传送低速的小量数据或相关控制信息,其最大的特点是可以动态分配,支持灵活的数据速率,采用非连续发送,比较适合于突发方式的数据,但F-DCCH不支持话音业务。

(10) 前向基本信道(F-FCH)

前向基本信道(F-FCH)用来在通话(可包括数据业务)过程中向特定的移动台传送用户信息和信令信息。每个前向业务信道最多可以包括1个F-FCH。F-FCH可以支持多种可变速率,在工作于RC1或RC2时,它分别等价于IS-95A或IS-95B的业务信道。在F-FCH上,允许附带一个前向功率控制子信道。

(11) 前向辅助信道(F-SCH)

前向辅助信道(F-SCH)用来在通话(可包括数据业务)过程中向特定的MS传送用户信息。F-SCH仅在前向分组数据量突发性增大时建立,并在指定的时间段内存在。每个前向业务信道可以包括最多2个F-SCH。F-SCH可以支持多种速率,当它工作在某一允许的RC下,并且分配了单一的数据速率(此速率属于相应RC对应的速率集)时,则它固定在这个速率上工作;而如果分配了多个数据速率,F-SCH则能够以可变速率发送。基站可以支持F-SCH帧的非连续发送,其速率的分配是通过专门的补充信道请求消息等来完成的。

当基站检测到要发送给移动台的数据超过一个阈值时,就会为移动台分配F-SCH,然后基站通过F-SCH或F-DCCH向移动台发送扩展SCH分配消息(Extended Supplemental Channel Assignment Message,ESCAM)。移动台经过一定的传输时延后收到ESCAM,然后根据ESCAM中的指示,在规定的开始时间(FOR_SCH_START_TIME)开始接收F-SCH,连续接收的时间长度为FOR_SCH_DURATION。

(12) 前向码分辅助信道(F-SCCH)

前向码分辅助信道(F-SCCH)用于RC1和RC2,它用来在一次呼叫中为指定的移动台传递用户消息和信令,该信道仅在前向分组数据量突发性增大时建立,并在指定的时间段内存在。每个前向业务信道最多可包括7个F-SCCH。所有的F-SCCH帧长都是20ms。

2. 反向链路物理信道

反向链路物理信道也分为公共信道和专用信道两大类:

- 反向链路公共信道包括反向导频信道(R-PICH)、反向接入信道(R-ACH)、反向增强接入信道(R-EACH)和反向公共控制信道(R-CCCH)。
- 反向链路专用信道包括反向专用控制信道(R-DCCH)、反向基本信道(R-FCH)、反向辅助信道(R-SCH)和反向辅助编码信道(R-SCCH)。

在反向链路上,不同的用户仍然用PN长码来区分,一个用户的不同信道则是用Walsh码来区分的。反向链路物理信道的结构如图6-27所示。

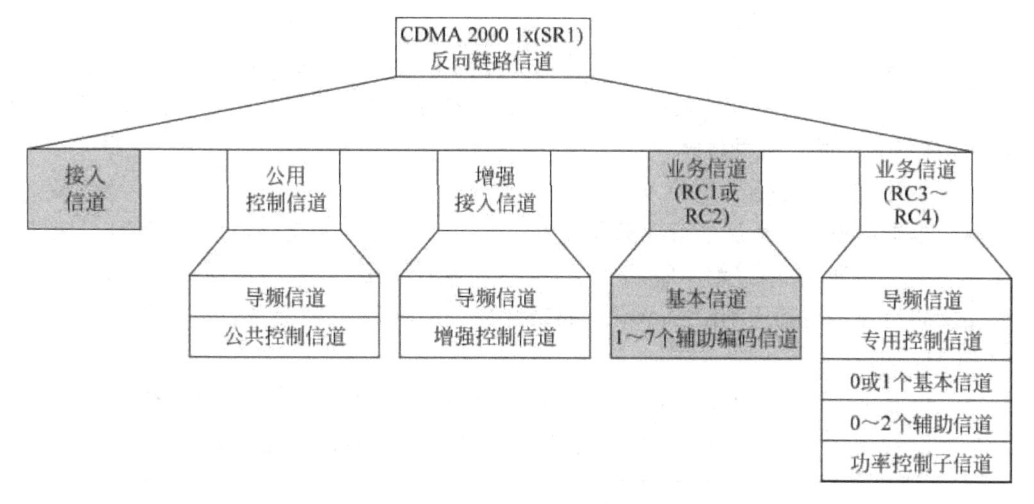

图6-27　反向链路信道结构

(1) 反向导频信道(R-PICH)

IS-95系统中,由于反向链路没有导频信道,所以不能进行相干解调,从而限制了系统的容量。在CDMA 2000 1x系统中,增加了反向导频信道(R-PICH),使得反向链路传输也可以进行相干解调。

反向导频信道传送的是一个移动台发射的未调制扩频信号,主要功能是用于辅助基站进行相关检测。与F-PICH不同的是,F-PICH独立发射,但R-PICH一般不单独发射,而是伴随着其他反向信道的传输而发射。这些反向信道有R-EACH、R-CCCH以及工作于RC3和RC4的反向业务信道。

R-PICH还可以插入一个反向功率控制子信道,使得移动台在发射配置为RC3或RC4的反向业务信道时可以对前向业务信道进行闭环功率控制。其结构如图6-28所示。

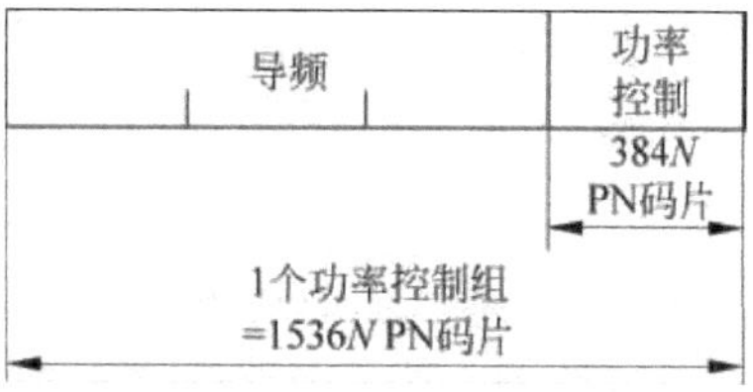

导频
功率
控制
384N
PN码片
1个功率控制组
=1536N PN码片

图6-28　R-PICH及反向功控子信道的结构

和F-PICH不同,R-PICH在某些情况下可以非连续发送,以减小干扰并节约功耗,延长MS的电池寿命。

(2) 反向接入信道(R-ACH)

反向接入信道与IS-95系统后向兼容。反向接入信道传送的是一个经过编码、交织及调制的扩频信号。其主要功能是移动台用来发起同基站的通信或者响应基站发来的寻呼信道消息。接入信道通过公共长码掩码唯一识别。接入信道由接入试探组成,一个接入试探由接入前缀和一系列接入信道帧组成。

(3) 反向增强接入信道(R-EACH)

反向增强接入信道用于移动台初始接入基站或基站响应移动台信令消息,采用了随机接入协议,可能用于以下3种接入模式:基本接入模式、功率受控接入模式和预留接入模式。基本接入模式工作在单独的 R-EACH 上,后两种模式可以工作在同一个 R-EACH 上。基本接入模式适合于传送数据量较小的接入,而预留接入模式适合于接入的数据量较大,且又没有必要为此建立专用信道的情况。

(4) 反向公共控制信道(R-CCCH)

反向公共控制信道用于在没有使用反向业务信道时向 BS 发送用户和信令信息。它的发射功率受基站的 F-CPCCH 的闭环功控的控制,并且可以进行软切换,因此可以支持的速率较高,对系统的资源利用充分。

(5) 反向基本信道(R-FCH)

反向基本信道主要承载话音业务及信令信息,它与 IS-95 系统是后向兼容的,对应的是 RC1 和 RC2。新增的 RC3 与 RC4 不再采用 64 阶正交调制,而是与前向链路类似,每个移动台的反向信道之间利用不同的 Walsh 码来区分。R-FCH 反向业务信道中最多可包括一个 R-FCH。

由于没有 R-PICH, RC1 和 RC2 下的 R-FCH 的非全速率采用非连续发送。而 RC3 与 RC4 的非全速率发送是连续的,但要降低功率,以保证每信号比特能量不变。

(6) 反向专用控制信道(R-DCCH)

反向专用控制信道是 CDMA 2000 新增的一种反向业务信道,它的功能与 F-DCCH 类似,其结构与 R-FCH 类似。R-DCCH 用于传送低速的小量数据或相关控制信息,它可以动态分配,非连续发送,比较适合于突发方式的数据,但不支持话音业务。

(7) 反向辅助信道(R-SCH)

反向辅助信道的功能与 F-SCH 相似,用于在通话中向 BS 发送用户信息,它只适用于 RC3 和 RC4。R-SCH 是一种分组业务信道,信道编码采用卷积码和 Turbo 码,用于高于 19.2Kb/s 的数据业务。反向业务信道中可包括最多两个 R-SCH。

一个小区/扇区中各移动台的 R-SCH 可以协调起来发送数据,其中一种方式相当于对反向链路资源的时分复用。R-SCH 的分配由基站控制,其过程与 F-SCH 类似。

(8) 反向辅助编码信道(R-SCCH)

R-SCCH 的功能与 F-SCCH 相似,用于在通话中向 BS 发送用户信息,它只适用于 RC1 和 RC2。反向业务信道中可包括最多 7 个 R-SCCH,虽然它们和相应 RC 下的 R-FCH 的调制结构相同,但它们的长码掩码及载波相位相互之间略有差异,这与 F-SCCH 不同,其同一 MS 业务信道内相互关联的 F-SCCH 的长码掩码值是相同的。

*6.4.4 CDMA 1x 的控制与管理

1. 移动性管理流程

(1) 位置登记流程

由于移动用户的移动性,移动用户的位置常处于变动状态。为了呼叫业务、短消息业务、补充业务等处理时便于获取移动用户的位置信息,同时也为了提高无线资源的有效利用率,要求移动用户在网络中进行位置信息登记和报告移动用户的激活状态,即发起位置登记。

CDMA 系统支持以下 9 种不同形式的登记。

① 开机登记：当 MS 开机接入 CDMA 系统时，MS 发起登记。

② 关机登记：如果 MS 已经在当前服务系统中登记了，MS 关机时，MS 发起登记。

③ 周期性登记：当定时器超时时，MS 发起登记。

④ 基于距离的登记：当前的基站和上次登记的基站之间的距离超过阈值时，MS 发起登记。

⑤ 基于区域的登记：当 MS 进入新的登记区时，MS 发起登记。

⑥ 参数改变登记：当 MS 进入一个新的系统或者 MS 存储的参数发生改变时，MS 发起登记。

⑦ 受令登记：MS 应基站的要求而登记。

⑧ 隐含登记：当 MS 成功地发送始呼消息或者寻呼响应消息，网络能够推断 MS 的位置。这可以被认为隐含登记。

⑨ 业务信道登记：当网络获得了已经指配了业务信道的 MS 的登记信息，网络可以通知 MS 已经登记了。

上述获取移动用户的位置信息的登记流程涉及以下信令：

- 登记通知(REGNOT)。手机发起位置更新时由 VLR 向 HLR 发起。
- 取消登记(REGCAN)。手机需要位置更新时，HLR 向手机先前登记的 VLR 发起。
- 拒绝删除(CANDEN)。VLR 向 HLR 发起，拒绝在数据库删除该用户。
- 移动台去活(MSINACT)。由 VLR 向 HLR 发起，通知手机已不再活动。

位置登记流程典型的登记处理流程如图 6-29 所示。

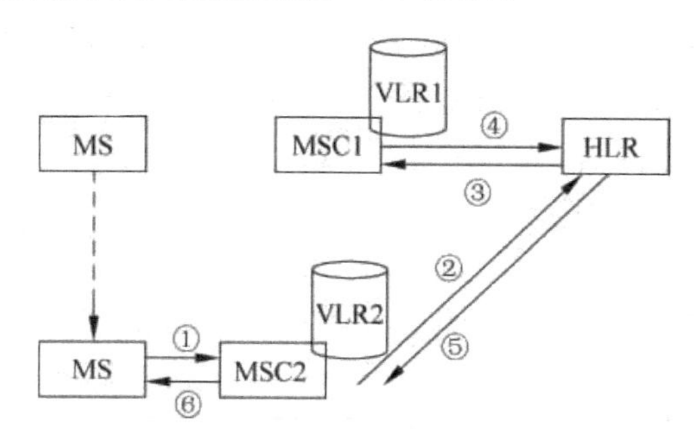

图 6-29 登记处理流程

① 基站接收到移动台的登记请求后，向当前服务系统(MSC2/VLR2)发送位置更新请求消息，启动登记流程。

② 当前服务系统向移动台归属 HLR 发送登记通知消息。目的是：

- 报告 MS 的位置(MSC_ID、VLR_ID、VLR_ID)。
- 报告 MS 的状态(激活、去活)。
- 获得 MS 的批准信息(批准周期)。
- 获得该用户的服务项目清单。

③ 如果 MS 曾在别处登记过，HLR 向以前的系统 MSC1/VLR1 发送取消登记消息，目的是请求 VLR 删除先前的位置信息，MSC1/VLR1 从数据库中删除该移动台的所有记录。

④ MSC1/VLR1 向 HLR 返回取消登记结果。

⑤ HLR 向 MSC2/VLR2 返回登记通知结果。

⑥ 如果成功登记，MSC2/VLR2 向 MS 发送位置更新接受消息指示移动台已成功登记。

周期性位置登记流程图和普通登记过程一样。

(2) 取消登记流程

取消登记的典型流程如图 6-30 所示。

① MS 发出取消登记消息(如关机)。

② 服务 MSC/VLR 删除该移动台的所有记录并向 HLR 发送包含取消登记类型参数的 MSINACT 消息。

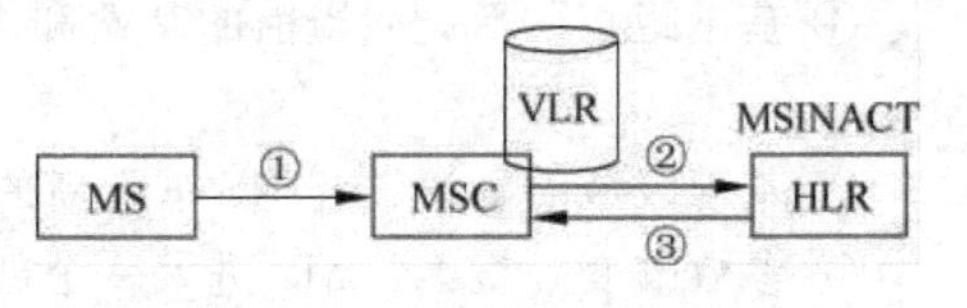

图 6-30 取消登记流程

③ HLR 删除该移动台数据中指向该 MSC/VLR 的指针，并向 MSC/VLR 发送一个空 MSINACT 确认操作。

(3) 移动台去活流程

在确定一个已登记的漫游 MS 长时间不再活动时(如在规定时间内未做周期性位置登记)，MSC/VLR 将发起移动台去活操作，以释放出为该用户所占用的资源，其流程类似图 6-28，这里就不再重复画出了，其流程如下：

① 在确定一个已登记的漫游 MS 不再活动后，MSC/VLR 将该 MS 标记为去活，然后向 HLR 发送 MSINACT 消息。

② HLR 设置 MS 为去活状态，删除指向该 MSC/VLR 的指针，然后向 MSC/VLR 发送 MSINACT 证实操作。

在 CDMA 系统中，不论是取消登记还是手机去活，其信令的表现形式是一样的，但结果有区别。取消登记的去活过程，VLR 的数据库删除该用户信息，系统发起的去活，只标记用户未激活，但不从数据库删除信息，这一点要注意。

2. 网络切换流程

当移动台在呼叫过程中，由于各种原因需要改变业务信道时，将发生切换。在 CDMA 系统中，切换包括软切换和硬切换两大类。其中软切换要求在切换过程中不改变信道频率及选择分配单元 SDU，从而使通话在切换过程中不发生中断现象。按切换过程中所参与的实体又可将切换过程分为 BS 内部切换、BS 间切换、MSC 间切换等。

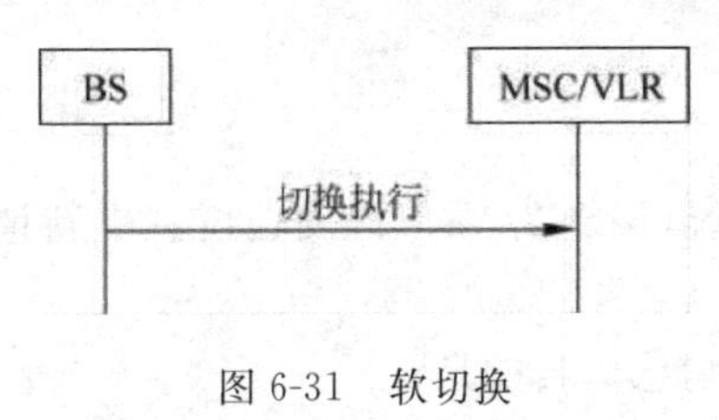

图 6-31 软切换

(1) 软切换

软切换一般在 BS 内部完成，并以切换执行(Handoff Performed)消息通知 MSC，如图 6-31 所示。

(2) 硬切换

以 MSC 间的前向切换为例，硬切换的典型流程如图 6-32 所示。

① 源基站 BS1 向服务 MSC1 发送切换请求(Handoff Required)消息，申请发起一次切换。

② 服务 MSC1 向目标 MSC2 发送 FACDIR2 消息，命令目标 MSC2 开始前向切换程序。

③ 目标 MSC2 向目标基站 BS2 发送切换请求消息，请求目标基站为移动台分配相应的信道资源。

④ 目标基站 BS2 发切换请求证实消息(Handoff Request Ack)。

⑤ 目标 MSC2 以 FACDIR2 证实前向切换命令。

⑥ 服务 MSC1 向源基站 BS1 发送切换(Handoff Command)消息,命令移动台开始切换。

⑦ 移动台开始切换。

⑧ 移动台向目标 BS2 报告切换已经完成。

⑨ 目标 BS2 以 MSONCH 消息通知原服务 MSC1 切换已经结束,请求释放资源。

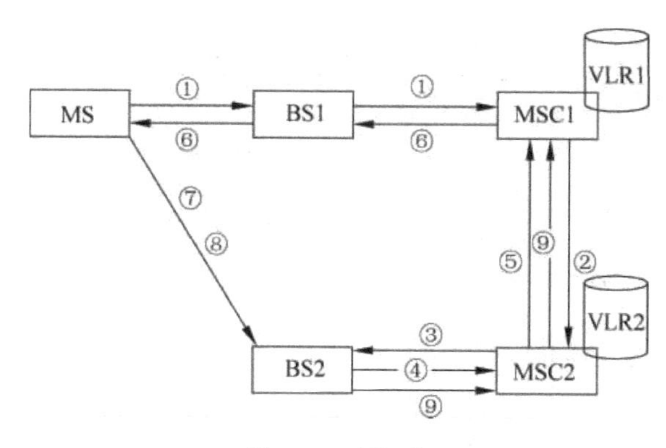

图 6-32 硬切换

3. 基本呼叫流程

基本呼叫业务功能包括本局呼叫、出局呼叫(去话)、入局呼叫(来话)和出入局呼叫(汇接)。后三者则须由局间信令支持,局间信令按其工作方式的不同,又可分为随路信令和共路信令两种。共路信令适用于程控局之间的信令传递,而随路信令适用于 DT、ABT、SFT 等中继器与其他局之间的通信。

(1) 移动台主叫流程

移动台主叫流程如图 6-33 所示。

① BS 收到移动台的接入试探后构造“CM 业务请求(CM_Service_Request)”消息,将其包含在“完全第三层信息”(Complete Layer3 Info)消息中,并将“完全第三层信息”作为 SCCP 连接请求 CR 的用户数据向 MSC 发送。

② MSC/A 口模块收到“CM 业务请求”后,构造内部消息“接入请求(Access_Req)”向 VLR 发送,以检查是否允许该移动台接入。

③~⑥ VLR 在收到“接入请求”后有可能启动独立查询过程;如果 MSC 在向 BS 发送“鉴权请求(Authemication Request)”消息时 SCCF 连接尚未建立,此时可以将消息作为 SCCP 连接证实 CC 的用户数据部分发送。

⑦ VLR 向 A 口模块返回“接入响应(Access_Rsp)”消息,指示接入是否成功。

⑧ 如果接入成功,A 口模块向 CC 模块发送 Setup 消息以通知 CC 进行呼叫建立,在 Setup 消息中携带了被叫号码等参数。

⑨ CC 模块向 A 口模块发送“指配请求(Assign_Req)”消息,其中携带了地面电路及空中信道信息。

⑩ A 口模块向 BS 发送“指配请求(Assignment Request)”消息。如果此时 SCCP 连接

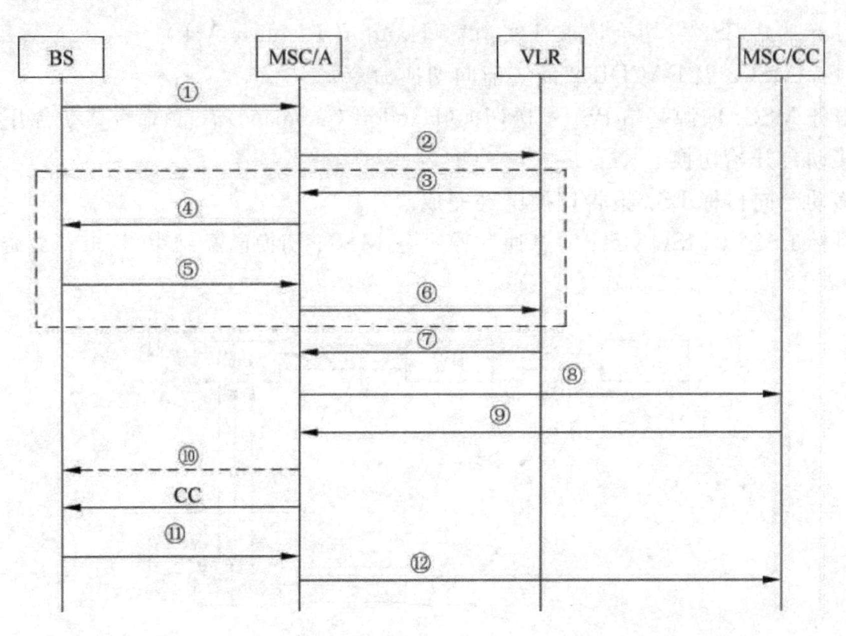

图 6-33 移动台主叫流程

尚未建立(没有鉴权过程),则可以将消息作为 SCCP 连接证实 CC 的用户数据传送。

⑪ BS 完成指配后向 MSC 发送“指配完成(Assignment Complete)”消息。

⑫ A 口模块收到 BS 的“指配完成”消息后向 CC 模块发送“指配完成(Assign_Cmpl)”消息。此时,对于 A 口模块来说,起呼建立过程已经结束。

(2) 移动台被叫流程

移动台被叫流程如图 6-34 所示。

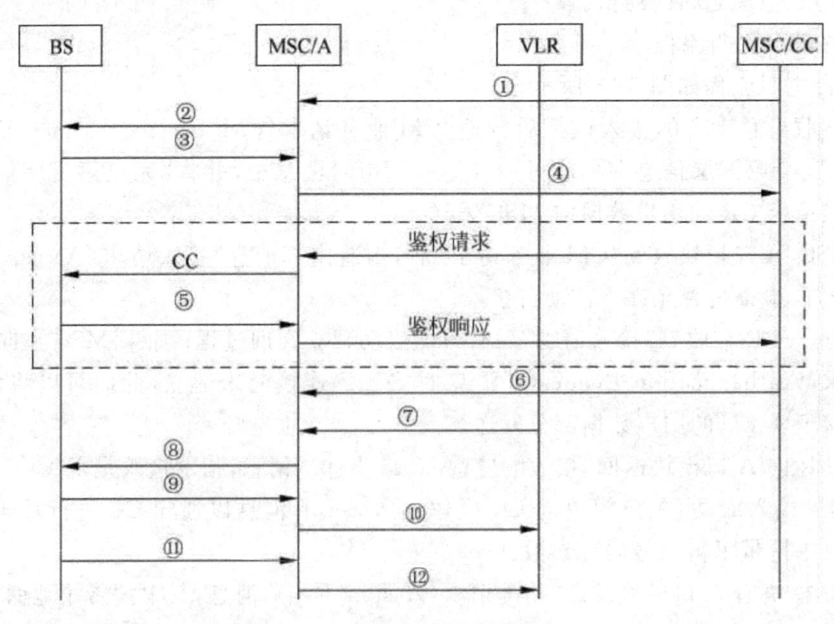

图 6-34 移动台终呼建立流程

① VLR确定在其服务区内有一入呼请求，向相应的A口模块发送“寻呼请求(Page_Req)”消息。

② A口模块向BS发送无连接的“寻呼请求”消息。

③ BS向MSC发送“寻呼响应(Paging Response)”消息，“寻呼响应”被包含在BSMAP消息“完全第三层信息”(Complete Layer3 Info)中，而“完全第三层信息”消息又作为SCCP连接请求CR的数据项传送。

④ A口模块收到BS的“寻呼响应”后向VLR发送“接入请求(Access_Req)”以确定用户是否被允许接入。

⑤ VLR根据需要可有选择地发起“鉴权查询”操作。

⑥ CC模块向A口模块返回“接入响应(Access_Rep)”消息。

⑦ 然后VLR以TpBegin启动MSC/CC模块，CC模块在收到主叫侧的Setup消息后向A口模块发“指配请求(Assign_Req)”消息。

⑧～⑩ A口模块用“指配完成(Assign_Cmpl)”消息通知CC模块指配已经完成。

⑪ 如果被叫摘机，则BS向MSC发送连接消息。

⑫ A口模块以连接消息通知CC模块用户已摘机；此时用户进入通话。

说明：在上述的起呼和终呼过程中，只涉及A口的信令信息和内部信令，并没有涉及MAP信令。MAP信令只在MSC、HLR和GMSC中传递。

(3) 路由信息获取流程

当移动用户做被叫时，系统需要确定被叫用户的位置信息，其中涉及MSC、VLR和HLR之间的MAP信令传递，包括以下两种请求：

① 位置请求(LOCREQ)：它由MSC发现主叫拨打了移动号码时向与被叫MS联系的HLR发起。

② 路由请求(ROUTREQ)：主叫和被叫不在同一个MSC时发起申请TLDN。

路由信息获取的流程如下所述：

① 由始发MSC向与MS有关的HLR发送一个位置申请消息(LOCREQ)，这关系是通过MS的MDN确定的。位置申请消息用于定位被叫用户所在的HLR，经HLR分析处理后返回对此呼叫的处理信息。

② 如果这个MDN被分配给了合法用户，HLR向MS登记处的VLR发送一个路由申请消息(ROUTREQ)，用于向被叫的服务VLR申请漫游号码(TLDN)，经HLR通过LOCREQ返回给始发MSC建立CallSetup。

③ 服务VLR分配一个临时本地号码簿号码(TLDN)并且在路由申请消息返回结果(ROUTREQ)中将TLDN返回给HLR。

④ 当HLR收到ROUTREQ时，它向始发MSC返回位置申请消息(LOCREQ)。其中在终端列表参数中有路由。

当HLR收到来自MSC的位置请求消息(LOCREQ)后，根据具体情况会做不同的处理：

- 当主叫和被叫在同一MSC时直接返回呼叫接续信息。
- 对于被叫在不同于主叫的其他MSC的情况，HLR将发起ROUTREQ消息到被叫VLR，取得TLDN返回给CC。

- 当补充业务被激活时,应按补充业务的要求进行。如 CFU 被激活时,应取得前转号码; DND 被激活时,接入拒绝等。
- 当被叫用户处于漫游状态,且没有漫游权限时接入拒绝。

CDMA 2000 1x 的控制与管理还包括有寻呼、鉴权、资源释放等,鉴于篇幅原因,这里就不一一详述了。

思考与练习

6.4.1 简述题

① 简述 CDMA 2000 1x 系统的关键参数。

② 简述 CDMA 2000 1x 系统的业务与应用。

6.4.2 画图题

① 画出 CDMA 2000 1x 系统的网络结构并简述其中的主要设备与接口。

② 画出 CDMA 2000 1x 系统信道结构。

6.5 CDMA 2000 1x EV-DO 系统

6.5.1 CDMA 2000 1x EV-DO 系统概述

1. CDMA 2000 1x EV-DO 的概念

CDMA 2000 1x EV-DO 标准最早起源于 Qualcomm 公司的 HDR 技术,早在 1997 年的时候 Qualcomm 就向 CDG 提出了 HDR(高速数据)的概念,此后经过不断地完善和实验,在 2000 年 3 月以 CDMA 2000 1x EV-DO 的名称向 3GPP2 提交了正式的技术方案。1x EV 意思是 Evolution of CDMA 2000 1x, DO 意 思为 Data Only or Data Optimized。CDMA 2000 1x EV-DO 是一种专为传送高速无线数据的技术,不支持电路域话音业务,与 CDMA 2000 1x 网络结合,可以组成一个完整的 3G 解决方案。其中,1x 提供话音业务及低速分组数据业务,1x EV-DO 提供高速分组速率业务,双模终端可以在两个网络间自由切换。

从技术特点上看,1x EV-DO 前向链路采用了多种优化措施以提高前向数据吞吐量和频谱利用率,前向链路峰值速率可以达到 2.4Mb/s; 反向链路设计与 CDMA 2000 1x 有许多共同点,反向链路速率与 CDMA 2000 1x 相同。

从网络结构上看,1x EV-DO 与 CDMA 2000 1x 的无线接入网在逻辑功能上是相互独立的,分组核心网可以共用,这样既实现了高速分组数据业务的重点覆盖,又不会对 CDMA 2000 1x 网络和业务造成明显影响。

从系统覆盖上看,CDMA 2000 1x 前反向链路是对称的,1x EV-DO 虽然前反向速率不对称,但是,其前反向链路预算与 CDMA 2000 1x 相差不多,CDMA 2000 1x 系统覆盖的许多特性可以作为 1x EV-DO 网络规划优化的参考。

从网络规划上看,1x EV-DO 与 CDMA 2000 1x 可以共站址、天线和天馈系统; 在天馈设计、PN 规划、邻区规划方面,1x EV-DO 与 CDMA 2000 1x 基本一致; 1x EV-DO 利用独立的载频提供高速分组数据业务,有助于降低与 CDMA 2000 1x 网络之间的互干扰。

从业务互补性看,1x EV-DO 可以作为高速分组数据业务的专用网,1x 提供语音和中低速分组数据业务；同时利用 CDMA 2000 1x 网络的广域覆盖特性以弥补 1x EV-DO 网络建设初期在覆盖上的不足。

由于存在技术特点、网络结构、网络规划、业务互补性等多方面的相容性，从 CDMA 2000 1x 向 1x EV-DO 演进，有利于快速部署网络，降低设备投资和网络运行维护成本。

2. CDMA 2000 1x EV-DV 的概念

CDMA 2000 1x EV-DV 是对 CDMA 2000 1x 技术标准的继承和发展，它继承了 CDMA 2000 1x 的网络架构，使用与 CDMA 2000 1x 相同的频段。其主导思想是在 CDMA 2000 1x 载波基础上提升前向和反向分组传送的速率和提供业务 QoS 保证。1x EV-DV 的物理层采用重传机制、时分与码分相结合及自适应调制编码等先进技术实现高效传输；其 MAC 层采用灵活的资源调度机制以提高系统资源的利用效率；此外，它还增加了用户分类和业务流分类机制以保障业务的 QoS。

CDMA 2000 1x EV-DV 把语音和分组数据业务放在同一个载波中传送，并且要求提供更高速率的数据业务服务，在技术实现和实际组网上都存在一定的困难。在 2004 年 10 月的 ITU 日内瓦国际通信展上，三星电子公司率先向世界展示了基于 Release C 版本的 1x EV-DV 系统设备，同时推出世界上第一款 1x EV-DV 与 WCDMA 的双模终端。2004 年 11 月，爱立信公司宣布完成了从 CDMA 2000 1x 到 1x EV-DV 的升级实验方案。

由于 1x EV-DV 标准较 1x EV-DO 复杂，在技术实现和开发进度上明显滞后于 1x EV-DO。所以，出于对以上两方面原因的考虑，国际上越来越多的主流 CDMA 2000 运营商对 1x EV-DV 的需求明显降低，而纷纷选择 1x EV-DO。可以认为，1x EV-DO 作为 CDMA 2000 1x 的比较现实的演进技术，在 CDMA 2000 1x 的进一步发展中将占据重要的地位，为此，本书着重介绍 1x EV-DO 系统。

6.5.2 CDMA 2000 1x EV-DO 的系统构成

1x EV-DO 网络参考模型如图 6-35 所示，它由分组核心网（Packet Core Network, PCN）、无线接入网（Radio Access Network, RAN）和接入终端（Access Terminal, AT）等 3 部分组成。其中，RAN 提供 PCN 与 AT 之间的无线承载，传送用户数据和非接入层面的信令消息，AT 通过这些信令消息与 PCN 进行业务信息的交互。RAN 主要负责无线信道的建立、维护及释放，进行无线资源管理和移动性管理。RAN 参考模型如图 6-36 所示，它主要包括接入网（Access Network, AN）、分组控制功能（Packet Control Function, PCF）和接入网鉴权/授权/计费（AN-Authentication, Authorizationand Accounting, AN-AAA）等功能实体。RAN 中的 PCN 通过 Pi 接口与外部 IP 网络（如因特网）相连，Pi 接口在 IS-835 标准中定义；RAN 通过 A 接口与 PCN 相连，A 接口在 IS-878 标准中定义；AT 通过空中接口或 Um 接口与 RAN 相连，Um 接口在 IS-856 标准中定义。

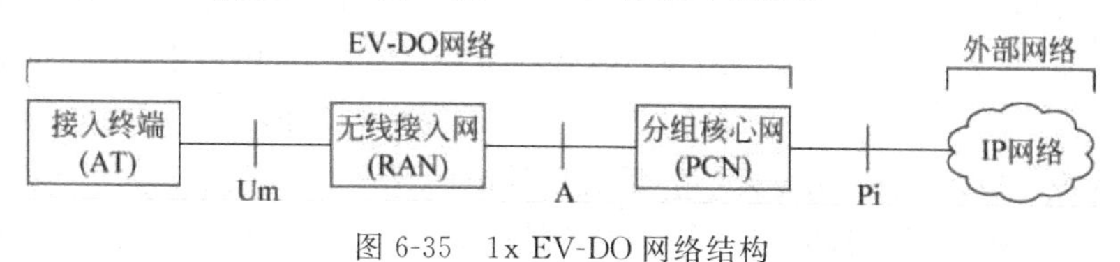

图 6-35 1x EV-DO 网络结构

从网络结构上看,1x EV-DO 与 CDMA 2000 1x 基本一致,两者的主要差异在于 1x EV-DO 作为数据业务专用网络,不支持电路型语音业务,因而不存在电路核心网。从接口协议上看,1x EV-DO 定义了新的 Um 接口协议,其 A 接口功能及其通信协议与 CDMA 2000 1x 大致相似;其核心网内部接口协议及其与外部 IP 网络之间的接口协议与 CDMA 2000 1x 基本一致,均遵从 CDMA 2000 无线 IP 网络标准中的有关规定。

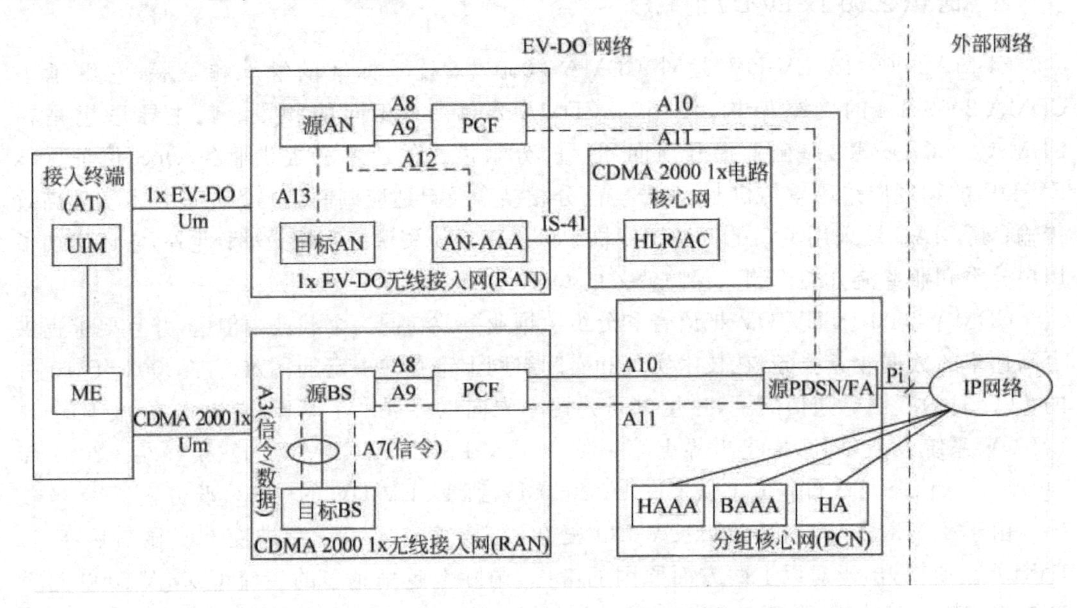

图 6-36 CDMA 2000 1x EV-DO 网络参考模型

图 6-36 中各主要设备介绍如下:

(1) UIM。作为用户数据和签约信息的存储及处理模块,通过 UIM-MT2 接口与移动终端 MT2 相连,该接口作为接入终端的内部接口,取决于设备实现。

(2) MT2。作为网络通信设备,可以是手机等移动终端,通过 Um 接口与 RAN 相连,Um 接口在 IS-856 标准中定义。

(3) TE2。作为数据终端处理设备,可以是手机或便携机,通过 Rm 接口与 MT2 相连,Rm 接口在 IS-707 标准中定义。

(4) AN。这是在分组网(主要为因特网)和接入终端之间提供数据连接的网络设备,完成基站收发、呼叫控制及移动性管理功能。AN 类似于 CDMA 2000 1x 系统中的基站,可以由基站控制器(Base Station Controller,BSC)和基站收发器(Base Transceiver Station,BTS)组成。通常,BTS 完成 Um 接口物理层协议功能;BSC 完成 Um 接口其他协议层功能、呼叫控制及移动性管理功能。A8/A9、A12、A13 接口在 AN 的附着点是 BSC;BSC 与 BTS 之间通过 Abis 接口相连。

(5) AN-AAA。这是接入网执行接入鉴权和对用户进行授权的逻辑实体。它通过 A12 接口与 AN 交换接入鉴权的参数及结果。在空中接口 PPP-LCP 协商阶段,可以协商进行 CHAP 鉴权。在 AT 与 AN 之间完成 CHAP 查询—响应(Challenge-Response)信令交互后,AN 向 AN-AAA 发送 A12 接入请求消息,请求 AN-AAA 对该消息所指示的用户进行鉴权。AN-AAA 根据所收到的鉴权参数和保存的鉴权算法,计算鉴权结果,并返回鉴权成功或失败指示。若鉴权成功，则同时返回用户标识 MNID(或 IMSI)，用作建立 R-P 会话时的用户标识。AN-AAA 可以与分组核心网的 AAA 合设，此时需要在 AN 与 AAA 之间增设 A12 接口。接入鉴权功能是可选的，可以选择不实现 AN-AAA。

(6) PCF。与 AN 配合完成与分组数据业务有关的无线信道控制功能。在具体实现时，PCF 可以与 AN 合设，此时 A8/A9 接口变成 AN/PCF 的内部接口。PCF 通过 A10/A11 接口与 PDSN 进行通信。1x EV-DO 的 PCF 与 CDMA 2000 1x 的 PCF 的功能相同，详细介绍参见 IS-2001 标准。

(7) PCN。PCN 逻辑实体主要包括 PDSN 与 AAA。AAA 可以分为 3 类：归属地 AAA(Home AAA，HAAA)、拜访地 AAA(Visited AAA，VAAA)及代理 AAA(Broker AAA，BAAA)。PCN 通过 A10/A11 接口或 R-P 接口与 RAN 进行通信。PCN 主要用于提供 AT 接入到因特网。为了接入到因特网，AT 必须获得一个 IP 地址。PCN 提供两种接入方法：简单 IP 接入和移动 IP 接入。两者之间的主要区别是 AT 获得 IP 地址及其数据分组路由转发的方法不同。如果支持"Always-On"，在停止分组数据呼叫后，仍然保持 AT 与 PDSN 之间的 PPP 连接，而且 AT 仍然保留其 IP 地址，这样在发起新的分组数据呼叫时，不需要重新分配 IP 地址和建立 PPP 连接。

(8) PDSN。在 1x EV-DO 网络中，PDSN 作为网络接入服务器(Network Access Server，NAS)，主要完成以下 3 方面的功能：①负责建立、维持和释放与 AT 之间的 PPP 连接。终端侧 PPP 的实现与其参考协议模型有关：在中继层协议模型中，PPP 协议层由 TE2 提供；在网络层协议模型中，PPP 协议层由 MT2 提供。②负责完成移动 IP 接入时的代理注册。当 PDSN 收到 AT 的鉴权及注册请求时，协助 HAAA 完成对用户的鉴权及注册功能。PDSN 根据 HAAA 的鉴权结果，允许或拒绝 AT 的分组数据业务接入请求。③转发来自 AT 或因特网的业务数据。对于 AT 发起的分组数据业务，PDSN 在收到的数据分组包头中添加 DSCP(Differential Service Code Point)标识，指示该数据业务的优先级或 QoS 要求，因特网根据 DSCP 标识进行路由选择和执行流控等。在移动 IP 情况下，PDSN 收到来自因特网的数据分组后，根据该数据分组包头中的用户 QoS 信息，执行流控，并送往 RAN，由 RAN 为该业务分配无线资源，并将该数据分组发送给目的 AT。在采用简单 IP 接入时，PDSN 作为 NAS 使用，负责为 AT 分配 IP 地址。在采用移动 IP 接入时，HA 为 AT 分配 IP 地址，PDSN 作为 FA 使用，负责实现 HA-IP 与 FA 的转交地址(Care of Address，CoA)之间的绑定。

(9) FA。移动 IP 接入时，FA 提供的主要功能包括移动 IP 的注册、FA-HA 反向隧道(Reverse Tunneling)的协商以及数据分组的转发等。为了保证 FA 与 HA 之间的通信安全，FA 可以选择采用因特网密钥交换(Internet Key Exchange，IKE)协议建立与 HA 之间的安全联盟(Security Association，SA)后，并通过 IPSec 提供它们之间的信息安全保护。FA 通过 HA-FA 鉴权扩展支持移动 IP 注册，FA 为 AT 分配动态的转交地址 CoA，HA 为 AT 分配归属 IP 地址，并由 PDSN 负责实现 CoA 和归属 IP 地址的绑定(PDSN 提供 FA 的功能)。如果 FA 与 HA 之间协商了反向隧道，PDSN 根据地址绑定记录向 HA 转发来自 AT 的数据分组或向 AT 转发来自 HA 的数据分组。

(10) HA。提供用户漫游时的 IP 地址分配、路由选择和数据加密等功能，负责将分组数据通过隧道技术发送给移动用户，并实现 PDSN 之间的宏移动(Macro Mobility)管理。

HA 有一个公开的、可路由的 IP 地址,它与 HAAA 相互关联。HA 截获送往其所属 AT 的数据分组,然后通过隧道技术转发给 FA;当 FA 支持反向隧道时,HA 也可以接收 FA 送来的数据分组,然后解隧道封装,将数据分组转发给目的地。HA 可以选择是否建立、维持及中止与 FA 之间的安全联盟;在建立 FA 和 HA 之间的安全联盟后,采用 IPSec 提供安全通信。此外,HA 也支持 HA-FA 鉴权扩展,在收到 PDSN/FA 转发的移动 IP 注册请求消息后,HA 为 AT 分配动态或静态的 IP 地址作为其归属 IP 地址。

(11) AAA。负责管理分组网用户的权限、开通的业务、认证信息、计费数据等内容。由于 AAA 采用的主要协议是 RADIUS,故 AAA 也常被称为 RADIUS 服务器。如前所述,AAA 可以分为 VAAA、HAAA 和 BAAA 等 3 类。采用移动 IP 接入时,HAAA 根据来自 PDSN/FA 或 VAAA 的请求对用户进行鉴权,并通过鉴权响应消息返回鉴权的结果以及所授权的用户 QoS 规格(Profile);HAAA 可以向 HA 及 VAAA 提供密钥信息,VAAA 向 PDSN/FA 转发密钥信息(密钥信息可以被 IKE 协议用作预共享密钥或用于 HA-FA 鉴权扩展);此外,在通过移动 IP 用户的鉴权后,HAAA 还向 PDSN/FA 提供 HA 的 IP 地址,辅助完成后续的移动 IP 注册过程。采用简单 IP 时,VAAA 向 HAAA 转发来自 PDSN 的用户鉴权请求;HAAA 执行用户鉴权,并返回鉴权结果,同时进行用户授权;VAAA 收到鉴权结果后,保存计费信息,并向 PDSN 转发用户授权。采用移动 IP 时,VAAA 向 HAAA 转发来自 PDSN 的移动 IP 注册请求,HAAA 执行鉴权并返回 HA 的 IP 地址;如果 VAAA 与 HAAA 之间不存在安全联盟,则可以通过 BAAA 转发移动 IP 注册请求和响应消息。

6.5.3 CDMA 2000 1x EV-DO 的信道结构

1. 前向信道结构

1x EV-DO 前向信道结构如图 6-37 所示,它由导频信道、MAC 信道、业务信道和控制信道组成;MAC 信道又分为反向活动(Reverse Activity,RA)子信道、反向功率控制(Reverse Power Control,RPC)子信道及 DRCLock 子信道。

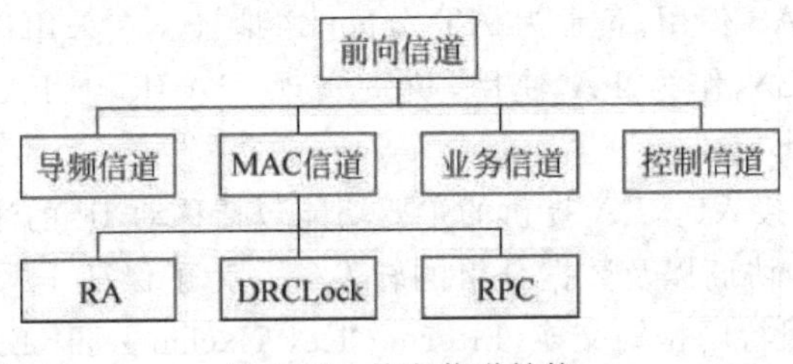

图 6-37 前向信道结构

导频信道用于系统捕获、相干解调和链路质量的测量;RA 子信道用于传送系统的反向负载指示;RPC 子信道用于传送反向业务信道的功率控制信息;DRCLock 子信道用于传送系统是否正确接收 DRC 信道的指示信息;控制信道用于传送系统控制消息;业务信道则用于传送物理层数据分组。

2. 反向信道结构

1x EV-DO 反向信道结构如图 6-38 所示。它包括接入信道和反向业务信道。接入信道由导频信道和数据信道组成；反向业务信道由导频信道、MAC 信道、应答(ACK)信道及数据信道组成。其中，MAC 信道又分为反向速率指示(Reverse Rate Indicator，RRI)子信道和数据速率控制(Data Rate Control，DRC)子信道。接入信道用于传送基站对终端的捕获信息。其导频部分用于反向链路的相干解调和定时同步，以便于系统捕获接入终端；数据部分携带基站对终端的捕获信息。反向业务信道用于传送反向业务信道的速率指示信息和来自反向业务信道 MAC 协议的数据分组，同时用于传送对前向业务信道的速率请求信息和终端是否正确接收前向业务信道数据分组的指示信息。其中，MAC 信道辅助 MAC 层完成对前反向业务信道的速率控制功能；RRI 信道用于指示反向业务信道数据部分的传送速率；DRC 信道携带终端请求的前向业务信道的数据速率值及其通信基站的标识，分别用 DRCValue 和 DRCCover 表示；ACK 信道用于指示终端是否正确接收前向业务信道数据分组；数据部分用于传送来自反向业务信道 MAC 层的数据分组；导频部分除了用于连接状态下对反向链路的相干解调和定时控制外，还可以用于链路质量估计，系统由此计算反向业务信道的闭环功率控制信息。

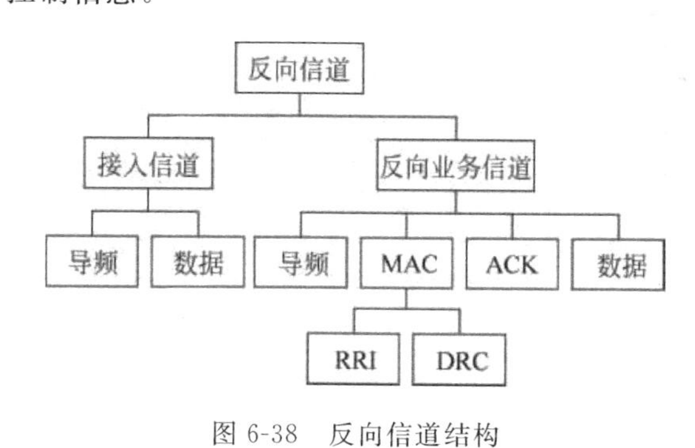

图 6-38 反向信道结构

*6.5.4 CDMA 2000 1x EV-DO 的控制与管理

1. 分组数据会话状态

1x EV-DO 分组数据会话包含激活(Active)、休眠(Dormant)和空闲(Idle)3 种状态。

(1) 在激活态，AT 和 PDSN 之间存在空口连接、A8 连接、A10 连接和 PPP 连接，AT 与 PDSN 之间可以进行数据传送。

(2) 在休眠态，AT 与 PDSN 之间仅存在 A10 连接和 PPP 会话，没有空口连接和 A8 连接，AT 与 PDSN 之间要进行数据传送，必须重新建立空口连接和 A8 连接。

(3) 在空闲态，不存在空口连接、A8 连接、A10 连接和 PPP 连接及会话。

3 种分组数据会话状态之间的转移流程如图 6-39 所示。

(1) 在空闲态，若建立空口连接、A8 连接、A10 连接和 PPP 连接，则转移到激活态。

(2) 在休眠态，若释放 A10 连接和清除 PPP 会话，则转移到空闲态。

(3) 在激活态，若释放空口连接和 A8 连接，中断 PPP 连接，保留 PPP 会话，则转移到休眠态；若同时释放空口连接、A8 连接和 A10 连接，并中断 PPP 连接和清除 PPP 会话，则转移到空闲态。

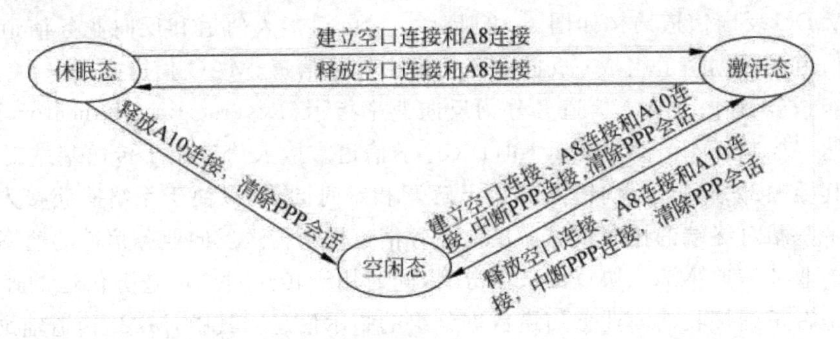

图 6-39 分组数据会话的状态转移流程

2. 空口会话建立

数据通信之前，要先进行空口会话的建立与连接，其步骤如下，如图 6-40 所示。

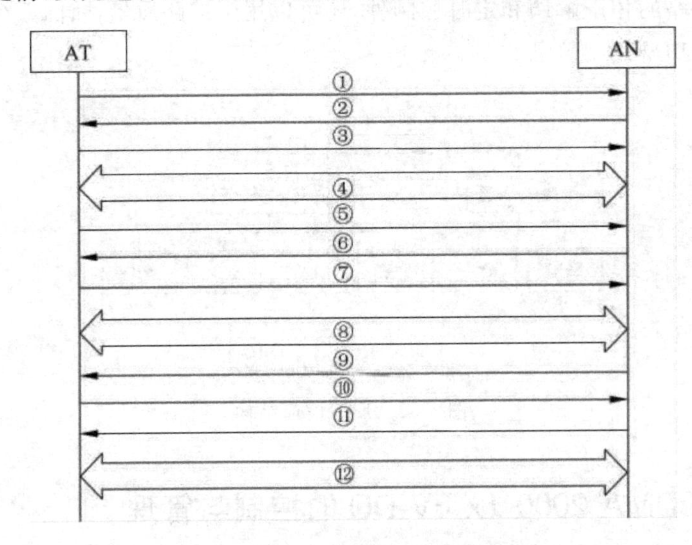

图 6-40 空口会话建立的信令流程

① AT 通过接入信道向 AN 发送 UATI 请求消息，请求 AN 分配 UATI。

② AN 为该 AT 分配一个 UATI，并通过 UATI 指配消息发送给 AT。

③ AT 更新 UATI，返回 UATI 指配完成消息，确认 UATI 分配完成。此时空口会话已初步建立起来。不过，AT 与 AN 要进行正常通信，通常还需要建立空口连接，并对空口各协议层的不同子协议及其属性进行协商和配置。

④ AT 发起空口连接建立过程，建立前反向业务信道。

⑤ AT 在反向业务信道上发送配置请求消息，其中携带了待协商的协议及其属性。

⑥ AN 通过配置响应消息返回协商的结果，完成各子协议及其属性的协商和配置。可以重复步骤 ⑤和⑥，进行多次协商。

⑦ AT 在协商完所有需要协商的内容后发送配置完成消息给 AN。

⑧ AN 发起与 AT 的 DH 密钥交换过程。

⑨ 若 AN 有需要协商的内容，则发送配置请求消息给 AT；否则直接跳到步骤⑫，由 AT 发起空口连接的关闭。

⑩ AT 发送配置响应消息。可以重复步骤⑨和⑩，进行多次协商。

⑪ AN 协商完所有需要协商的内容后发送配置完成消息给 AT。

⑫ AT 或 AN 发起空口连接的关闭，初始化所协商的各子协议，并设置其属性配置。

3. 空口会话维持

AT 和 AN 均可以发起空口会话维持操作。如果发送端在 TSMPClose/NSMPKeepAlive(默认值为 1080)分钟内未收到对方的任何消息，则发送生命期请求消息，接收端发送生命期响应消息予以响应，具体信令流程如图 6-41 所示。

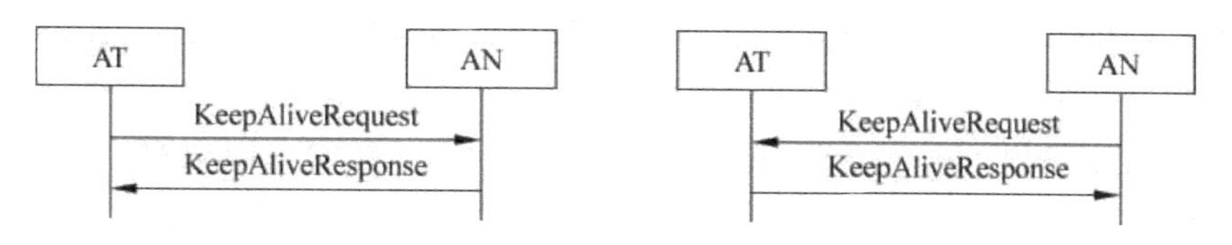

图 6-41 空口会话维持的信令流程

4. 空口会话关闭

(1) AT 发起空口会话关闭(存在 A8 连接)

在空口会话的激活态，若存在 A8 和 A10 连接，由于某种原因(比如用户关机或 DRC 监管失败等)，AT 会发起空口会话关闭操作，其信令流程如图 6-42 所示，包含以下步骤：

① AT 发送会话关闭消息，发起空口会话的关闭过程。

② AN 关闭与 AT 之间的空口会话后，向 PCF 发送原因值为 Normal call release 的 A9 连接释放消息，请求 PCF 释放 A8 连接。

③ PCF 发送 A11 注册请求消息，置 Lifetime=0，请求释放 A10 连接。

④ PDSN 用 A11 注册应答消息，置 Lifetime=0，确认释放 A10 连接。

⑤ PCF 向 AN 发送 A9 连接释放完成消息，释放 A8 连接。

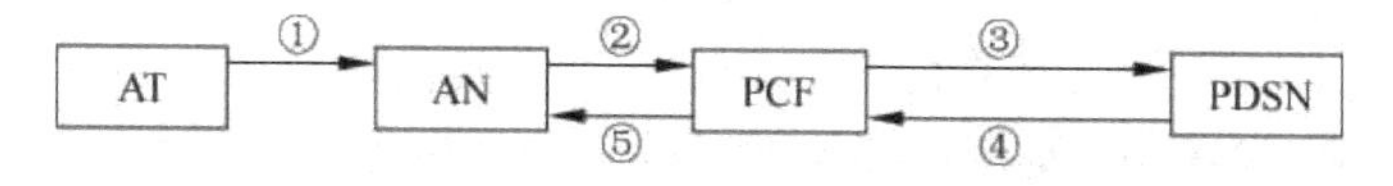

图 6-42 存在 A8 连接时 AT 发起空口会话关闭的信令流程

(2) AT 发起空口会话关闭(不存在 A8 连接)

在休眠态，AN 与 PCF 之间不存在 A8 连接，如果用户关机，则 AT 会发起空口会话关闭操作，其信令流程如图 6-43 所示，包含以下步骤：

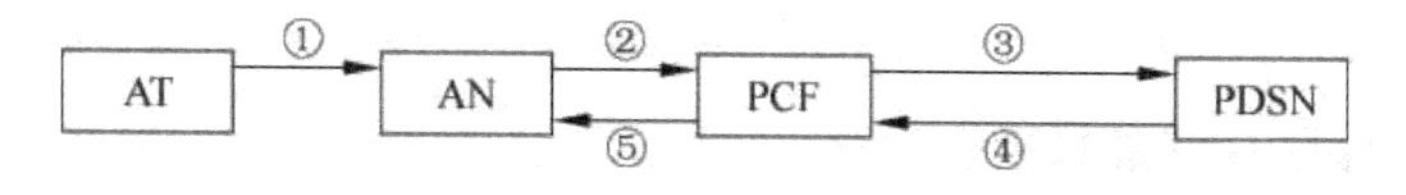

图 6-43 不存在 A8 连接时 AT 发起空口会话关闭的信令流程

① AT 发送空口会话关闭消息,发起空口会话关闭过程。

② AN 关闭与 AT 之间的空口会话后,向 PCF 发送原因值为 Power down from dormantstate 的 A9 更新消息,请求 PCF 释放相关资源和 A10 连接。

③ PCF 发送 A11 注册请求消息,置 Lifetime=0,释放 A10 连接。

④ PDSN 用 A11 注册应答消息,置 Lifetime=0,确认释放 A10 连接。

⑤ PCF 向 AN 发送 A9 更新应答消息,释放相关资源。

(3) AN 发起空口会话关闭(存在 A8 连接)

在激活态,存在 A8 和 A10 连接,由于某种原因(比如用户跨子网切换时 A13 接口信令传递失败等),AN 会发起空口会话关闭操作,其信令流程如图 6-44 所示,包含以下步骤:

① AN 向 AT 发送会话关闭消息,发起空口会话关闭过程。

② AT 向 AN 返回会话关闭消息,确认进行空口会话关闭。

③ AN 关闭与 AT 的空口会话后,向 PCF 发送原因值为 Normal call release 的 A9 连接释放消息,请求 PCF 释放 A8 连接。

④ PCF 发送 A11 注册请求消息,置 Lifetime=0,请求释放 A10 连接。

⑤ PDSN 用 A11 注册应答消息,置 Lifetime=0,确认释放 A10 连接。

⑥ PCF 向 AN 发送 A9 连接释放完成消息,确认释放 A8 连接。

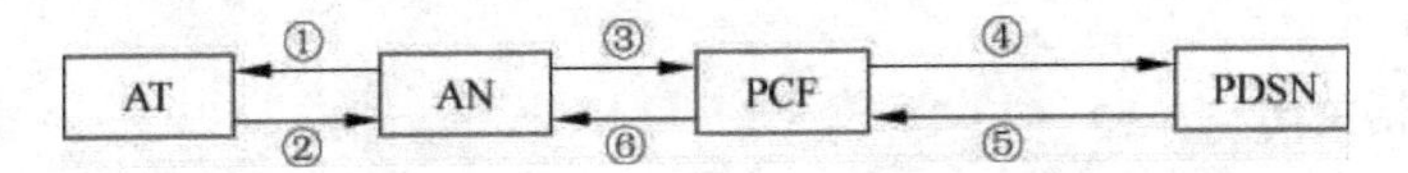

图 6-44 存在 A8 连接时 AN 发起空口会话关闭的信令流程

(4) AN 发起空口会话关闭(不存在 A8 连接)

在休眠态,不存在 A8 连接,如果空口会话超时或用户关机,则 AN 会发起空口会话关闭操作,其信令流程如图 6 45 所示,包含以下步骤:

① AN 向 AT 发送会话关闭消息,发起空口会话关闭过程。

② AT 返回会话关闭消息,确认进行空口会话关闭。

③ AN 关闭与 AT 的空口会话后,向 PCF 发送原因值为 Power down from dormant state 的 A9 更新消息,请求 PCF 释放相关资源。

④ PCF 发送 A11 注册请求消息,置 Lifetime=0,请求释放 A10 连接。

⑤ PDSN 用 A11 注册应答消息,置 Lifetime=0,确认释放 A10 连接。

⑥ PCF 向 AN 发送 A9 更新应答消息,确认释放相关资源。

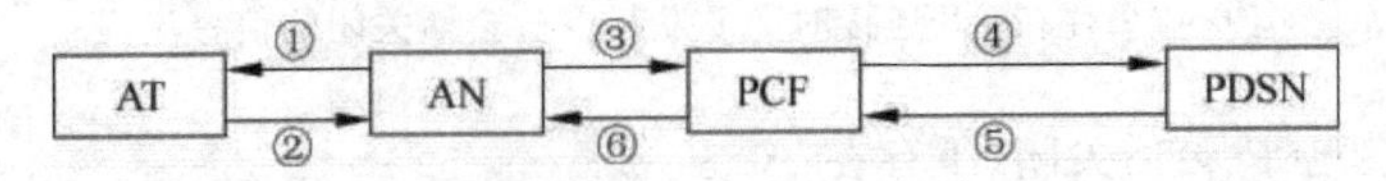

图 6-45 不存在 A8 连接时 AN 发起空口会话关闭的信令流程

5. HRPD 连接建立

(1) AT 发起 HRPD 连接建立

当 AT 有数据要传送时,AT 将发起 HRPD 连接的建立。假设 HRPD 会话已经存在,并通过了接入鉴权，AT 发起 HRPD 连接建立的信令流程如图 6-46 所示，包含以下步骤：

① AT 在接入信道向 AN 发送连接请求消息和路径更新消息，请求 AN 分配业务信道。

② AN 向 AT 发送业务信道指配消息，指示 AT 需要监听的信道和导频激活集。

③ AT 切换至 AN 指定的信道，返回业务信道完成消息，至此业务信道建立起来。

④ AN 向 PCF 发送 A9 连接建立消息，置 DRI=1，请求 PCF 建立 A8 连接。

⑤ PCF 分配 A8 连接资源后，向 PDSN 发送 A11 注册请求消息，请求建立 A10 连接。

⑥ PDSN 建立 A10 连接后，向 AN 发送 A11 注册应答消息，确认建立 A10 连接。

⑦ PCF 向 AN 发送 A9 连接确认消息，确认建立 A8 连接。

⑧ AT 或 PDSN 发起 PPP 的 LCP 协商，协商 PPP 数据分组的大小和分组核心网鉴权类型(如 CHAP)等。

⑨ AT 或 PDSN 发起 IPCP 协商，协商上层协议和为 AT 分配 IP 地址等。

⑩ LCP 和 IPCP 协商完成后，AT 和 PDSN 之间的 PPP 会话和连接建立完成，用户数据可以在 PPP 连接上传送。

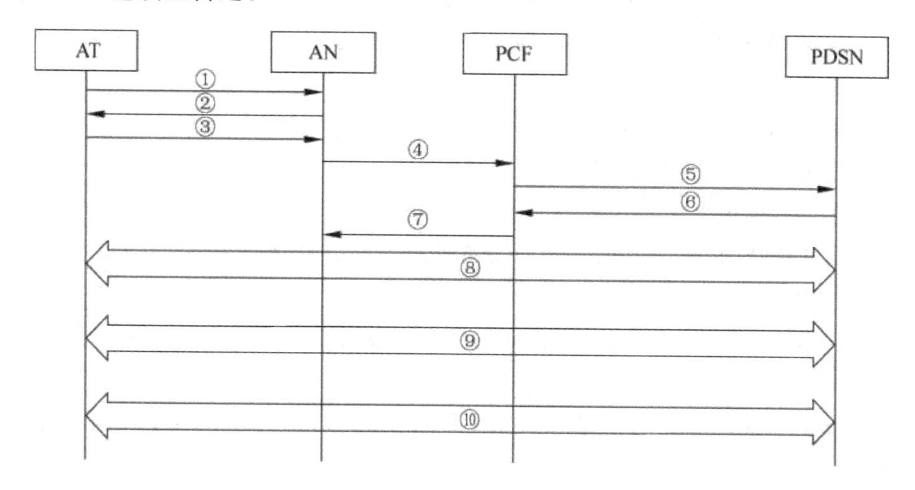

图 6-46 AT 发起建立 HRPD 连接的信令流程

(2) AT 发起 HRPD 连接重激活

在休眠态，如果 AT 有数据要传送，则 AT 将重新激活它与 PDSN 之间的 PPP 连接，其信令流程如图 6-47 所示，包含以下步骤：

① AT 和 PDSN 之间的 PPP 会话处于休眠态。

② AT 有数据要发送时，向 AN 发送连接请求消息和路径更新消息，请求 AN 分配业务信道。

③ AN 发送业务信道指配消息，指示 AT 需要监听的前向信道。

④ AT 切换至 AN 指定的前向信道，并向 AN 返回业务信道完成消息，建立前、反向业务信道。

⑤ AN 向 PCF 发送 A9 连接建立消息，置 DRI=1，请求 PCF 建立 A8 连接。

⑥ PCF 向 AN 发送 A9 连接确认消息，确认建立 A8 连接，至此完成 PPP 连接的重激活。

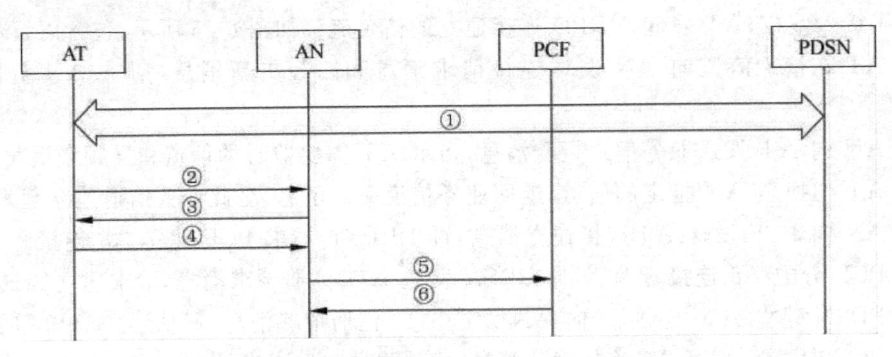

图 6-47 休眠态 AT 重激活 HRPD 连接的信令流程

(3) PDSN 发起 HRPD 连接重激活

休眠态,当 PDSN 有数据要传送时,PDSN 通知 AN 重激活 HRPD 连接,同时激活 PPP 连接,其信令流程如图 6-48 所示,包含以下步骤:

① AT 与 PDSN 之间的 PPP 会话处于休眠态。

② PDSN 向 PCF 发送业务分组数据,指示网络侧有数据需要发送给 AT,请求建立空口连接。

③ PCF 向 AN 发送 A9 基站服务请求消息,请求激活 HRPD 会话和建立 HRPD 连接。

④ AN 用 A9 基站服务响应消息进行响应。

⑤ AN 在控制信道上向指定的 AT 发送寻呼消息。

⑥ AT 响应寻呼,在接入信道发送连接请求消息和路径更新消息,请求 AN 分配前、反向业务信道。

⑦ AN 为 AT 分配前、反向信道后,向 AT 发送业务信道指配消息,指示 AT 需要帧听的前向信道。

⑧ AT 切换至 AN 指定的信道,建立前反向业务信道,并向 AN 返回业务信道完成消息。

⑨ AN 向 PCF 发送 A9 连接建立消息,置 DRI=1,请求 PCF 建立 A8 连接。

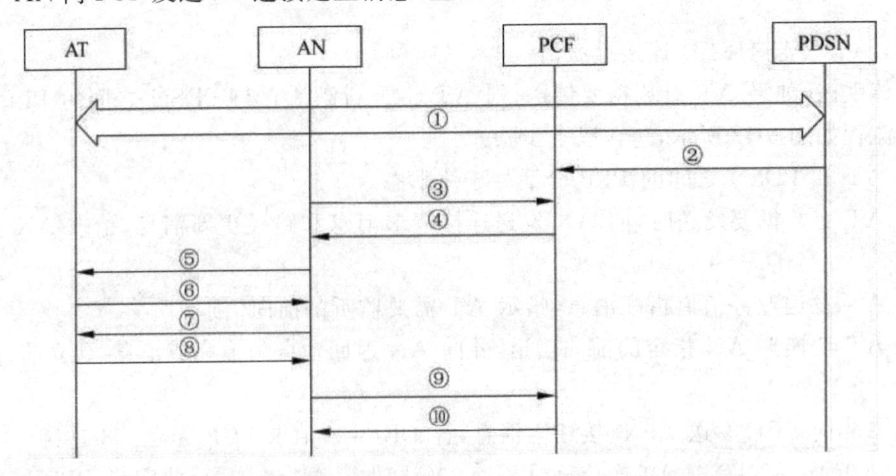

图 6-48 PDSN 发起 HRPD 连接重激活信令流程

⑩ PCF 向 AN 发送 A9 连接确认消息，确认建立 A8 连接，至此完成 PPP 连接的重激活。

6. HRPD 连接释放

(1) AT 发起 HRPD 连接释放

AT 发起 HRPD 连接释放过程如图 6-49 所示，包含以下步骤：

① 在发送完业务数据分组后，AT 发起空口连接的释放过程（在反向业务信道上发送连接关闭消息）。

② AN 向 PCF 发送原因值为 Packet call going dormant 的 A9 连接释放消息，请求释放 A8 连接。

③ PCF 向 PDSN 发送 A11 注册请求消息，同时上传 Active Stop 计费记录。

④ PDSN 返回 A11 注册应答消息。

⑤ PCF 向 AN 发送 A9 释放完成消息，确认释放 A8 连接。此时仍然保留 A10 连接。

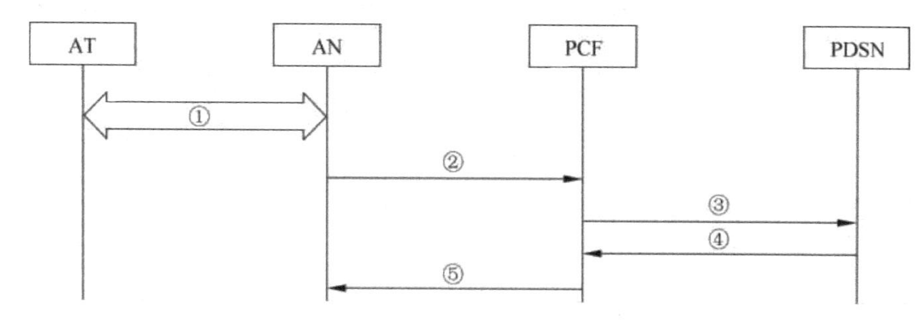

图 6-49　AT 发起的 HRPD 连接释放信令流程

(2) AN 发起 HRPD 连接释放

AN 发起 HRPD 连接释放过程如图 6-50 所示，包含以下步骤：

① AN 向 PCF 发送原因值为 Packet call going dormant 的 A9 连接释放消息，请求释放 A8 连接。

② PCF 向 PDSN 发送 A11 注册请求消息，上传计费信息。

③ PDSN 返回 A11 注册应答消息。

④ PCF 向 AN 返回 A9 释放完成消息，确认释放 A8 连接。

⑤ AN 发起空口连接释放过程。该步骤可以与步骤①和②同时进行。

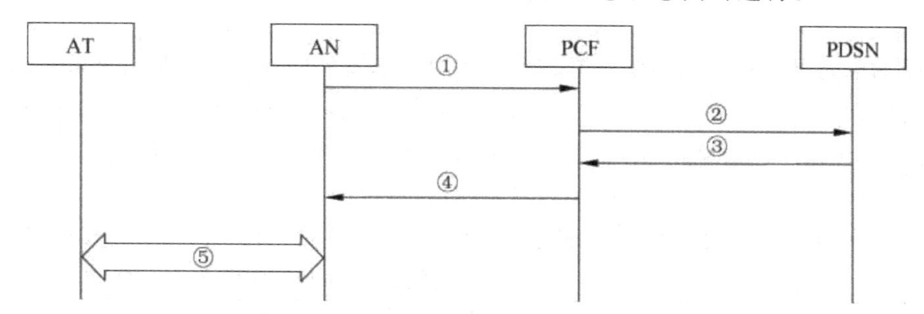

图 6-50　AN 发起 HRPD 连接释放信令流程

(3) PDSN 发起 HRPD 连接释放

PDSN 发起 HRPD 连接关闭信令流程如图 6-51 所示,包含以下步骤:

① PDSN 向 PCF 发送 A11 注册更新消息,指示释放它与 AT 之间的 PPP 连接。

② PCF 用注册更新应答消息进行响应。

③ PCF 向 PDSN 发送 A11 注册请求消息,请求释放 A10 连接。

④ PDSN 返回 A11 注册应答确认消息。

⑤ PCF 向 AN 发送 A9 连接中断消息。

⑥ AN 向 PCF 发送原因值为 Normal call release 的 A9 连接释放消息,请求释放 A8 连接。

⑦ PCF 向 AN 发送 A9 连接释放完成消息,确认释放 A8 连接。

⑧ AN 向 AT 发送连接关闭消息,要求关闭空口连接。

⑨ AT 向 AN 发送连接关闭消息,确认关闭空口连接。

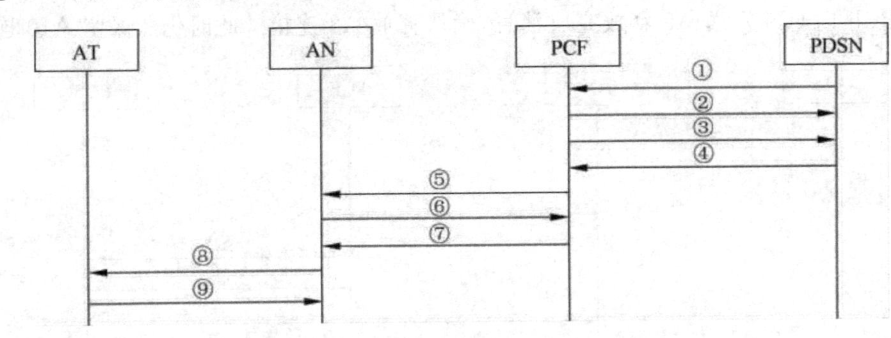

图 6-51 PDSN 发起 HRPD 连接关闭信令流程

另外,1x EV-DO 的控制与管理还包括有接入鉴权、位置更新、子网切换等,鉴于篇幅原因,这里就不再一一详述了。

思考与练习

6.5.1 画图题

① 画出 CDMA 2000 1x EV-DO 系统的网络参考模型,并简述其主要设备与接口。

② 画出 CDMA 2000 1x EV-DO 系统的信道结构。

本章小结

传统的电路型移动通信系统越来越难以满足飞速发展的移动业务的需要,因此,移动通信系统需要向分组化发展,这就带来了移动通信系统结构的一系列变化。未来的移动通信系统将是全 IP 化的网络结构,其业务是分层的,同时为了保护运营商等的相关投资,需要第二代移动通信系统向第三代乃至第四代移动通信系统的逐步演进。

本章首先阐述了 3G 的目标、标准与频谱分配,接着介绍了国内外 3G 的发展与应用,然后给出了 2G 到 2.5G 再到 3G 直至 4G 的演进路线。基于此,本章进一步介绍了 2.5G 网络的典型代表 GPRS 系统和 CDMA 1x 系统的体系结构及其特点、业务和应用、信道结构、控制与管理等;同时介绍了两种 3G 网络的 WCDMA 系统和 CDMA 1x EV-DO 系统的体系结构及其特点、信道结构、控制与管理等。本章的重点和难点包括有3G的目标，移动通信系统的演进路线，以及GPRS、WCDMA、CDMA 1x和CDMA 1x EV-DO的系统结构及其特点等，大家要仔细领会它们的含义。

实验与实践

活动1　调查正在发展中的2.5G和3G

今天，3G的商用正如火如荼地开展着，手机上网、手机办公、手机执法和手机商务、视频通话、手机电视、手机音乐、手机购物、移动搜索、手机网游、位置服务等，已经成为了3G的热门应用。那么，这些应用市场前景如何呢？它们又是由哪些技术作为支撑呢？

请访问：华为网站 http://www.huawei.com.cn、中兴网站 http://www.zte.com.cn 或以“GPRS”、“WCDMA”、“CDMA 1x”、“CDMA 2000 1x EV-DO”等为关键词，了解一下国内移动通信技术的发展与市场现状，并举行一个研讨会，对2.5G和3G的背景、市场、解决方案、关键技术等进行讨论，和同学相互交流。研讨结束后，请根据讨论结果，结合自己的感想，作一篇名为“正在发展中的2.5G和3G”的文献综述，并收入个人成果集。

活动2　3G课题研究

自从3G网络运营以来，业内人士一直认可一个观点，终端是3G发展的一个瓶颈。3G业务已经发展了4个年头左右，终端瓶颈是否有所改善？3G业务的发展，需要网络与终端的协调配合。对用户来说，终端是用户体验3G第一界面。业务的发展，用户至关重要。从某种意义上说，终端的重要性远高于网络的重要性。了解、把握终端的发展动态，对业内参与者来说是门必修课，也是一个需要长期关注的研究课题。

类似的研究课题还有许多。请您根据自己的研究兴趣，在本章的学习过程中围绕“3G的技术与发展”这一话题，选择一项研究课题。也可以在老师的指导下，成立课题研究小组，推荐研究的课题有：

- 中国目前的3G应用现状研究。
- 浅谈为什么要建设GPRS或CDMA 1x。
- GPRS和GSM的对比研究。
- CDMA的演进路线研究。
- WCDMA关键技术的具体内容。
- CDMA 2000 1x EV-DO关键技术的具体内容。
- 浅谈3G主流技术标准的各自特点。
- 未来3G标准的融合可能性预测。
- 浅析3G几个版本的差异。

请你或小组使用PowerPoint创作一个演示文稿，在本章课程结束时进行全班交流，并存入个人成果集。

活动3　4G发展的调查

高科技市场研究公司在一份报告中说，在一些发达国家，如韩国、日本、德国、英国和美国等，使用3G业务已经不再是令人吃惊的了，令人吃惊的是3G普及率是如此之高，甚至有很多地区有多家运营商在同时提供各自的3G业务。3G商用的同时，4G的网络部署也已经开始,4G 的发展已经初露雏形。4G 的各种技术代表的是移动通信未来发展的方向,请根据自己的兴趣,形成调查小组,通过查阅图书馆资料,在网络上搜索相关资料等形式,调查4G 的相关课题,推荐研究的课题有:

- 国内外 4G 技术的研发状况。
- 4G 的各种关键技术。
- 3G 向 4G 的演进之路。
- 4G 几个版本的差异。
- 4G 终端研究。

请你或小组使用 PowerPoint 创作一个演示文稿,在本章课程结束时进行全班交流,并存入个人成果集。

拓展阅读

[1] 吴彦文.CDMA 核心网与 GSM 核心网向 3G 演进的对比研究.网络电信,2003 年 11 期.
[2] 张国华.UMTS 分组域与 GSM/GPRS 系统间切换过程中数据缓存与转移的实现与分析.现代电子技术,2006 年 01 期.
[3] 张传福,吴伟陵.第三代移动通信系统 UMTS 的网络结构.电子技术应用,2002 年 06 期.
[4] 宗建华.我国第三代移动通信系统的特点与关键技术及发展前景.电子技术应用,2002 年 03 期.
[5] 王松宏,李德华.基于 GPRS 的车辆监控系统车载移动终端的设计.计算机应用研究,2005 年 06 期.
[6] 卢新波.GPRS 系统容量分析.电力系统通信,2006 年 03 期.
[7] 吴松.GPRS 系统的短消息流量研究.电信科学,2003 年 04 期.
[8] 胡敦利,李颖宏,徐继宁.工业级 GPRS 数据终端的设计与实现.仪器仪表学报,2005 年 02 期.
[9] 姚克友.WCDMA 系统中的功率控制与容量仿真研究.微计算机信息,2008 年 18 期.
[10] 杨秀清.GSM 系统与 WCDMA 系统用户鉴权体系的比较分析.中国新通信,2008 年 09 期.
[11] 陈博.基于 WCDMA 系统的传播模型校正的研究.吉林大学学报(信息科学版),2008 年 01 期.
[12] 张航.TD-SCDMA 和 WCDMA 系统以及 HSDPA 的容量覆盖分析.现代电子技术,2008 年 05 期.
[13] 胡学骏,赵慧民.GSM/GPRS 到 WCDMA 演进策略分析.移动通信,2005 年 05 期.
[14] 张轶凡.3G 网络与 2G 网络的兼容性规划设计.移动通信,2005 年 05 期.

深度思考

各种 4G 技术各有特点,究竟哪一种技术会主导 4G 的市场呢?当然,具体采用什么标准,不仅取决于技术的先进性,还取决于运营商的选择。请查阅相关文献,对多种 4G 技术进行详细的对比和思考。

第7章 TD-SCDMA系统

学习目标

- 熟练掌握 TD-SCDMA 的概念、系统结构和优势，能用自己的语言陈述 TD-SCDMA 系统的发展历程。
- 熟练掌握 TD-SCDMA 系统的时隙结构、帧结构、信道结构和基带处理的流程。
- 能用自己的语言陈述一些 TD-SCDMA 的控制与管理的流程，如开机注册、主叫、接力切换等。
- 了解 TD-SCDMA 的关键技术，如动态信道分配、功率控制、HSDPA 等并关注其发展。

知识地图

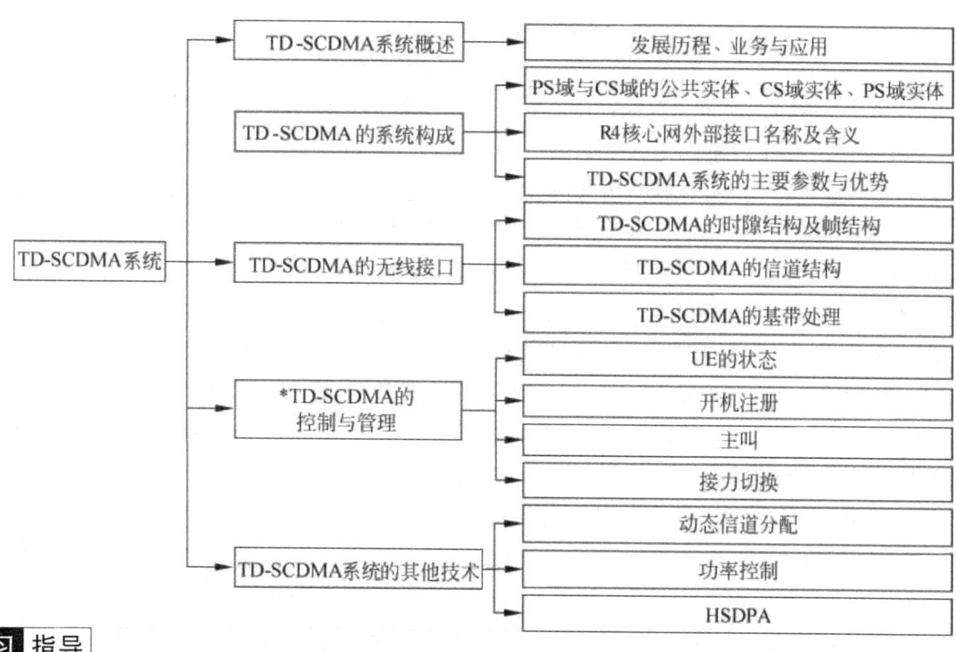

学习指导

TD-SCDMA 是中国提出的第三代移动通信标准，也是 ITU 批准的 3 个 3G 标准中的一个，以我国知识产权为主的、被国际上广泛接受和认可的无线通信国际标准，是我国电信史上重要的里程碑。本章介绍了 TD-SCDMA 系统的概念、系统结构及主要设备、业务与应用、控制与管理、关键技术等，着重讲述了 TD-SCDMA 的无线接口，包括帧结构、时隙结构、信道结构等，还详细介绍了其基带处理流程，这些内容是本章的重点和难点，大家要仔细领会。为了帮助你对学习内容的掌握，建议你在学习本章时充分利用本章知识地图。

课程 学习

7.1 TD-SCDMA 系统概述

7.1.1 TD-SCDMA 的发展历程

TD-SCDMA(Time Division-Synchronous Code Division Multiple Access)是时分一同步的码分多址技术，它是中国自己提出的第三代移动通信标准。

在1998年年初，由电信科学技术研究院组织队伍基于SCDMA技术，研究和起草了符合IMT-2000要求的TD-SCDMA建议草案。该标准草案以智能天线、同步码分多址、接力切换、时分双工为主要特点，于ITU征集IMT-2000第三代移动通信无线传输技术候选方案的截止日1998年6月30日提交到ITU，从而成为IMT-2000的15个候选方案之一。

1998年11月，国际电联第八组织在伦敦召开第15次会议，确定要在日、韩、美、欧、中等15项方案中淘汰若干项。当时国际电联内代表美国利益的CDMA 2000和代表欧洲利益的WCDMA争斗得激烈，对来自中国的标准也是排斥有加。但在巨大的中国市场诱惑下，最年轻、实力最弱的TD-SCDMA得以保留。

在1999年11月赫尔辛基ITU-RTG8/1第18次会议上和2000年5月在伊斯坦布尔的ITU-R全会上，ITU综合了各评估组的评估结果后，中国大唐集团(即前信产部科技研究院)的TD-SCDMA系统被投票采纳为国际三大3G标准之一，与欧洲的WCDMA和美国的CDMA 2000并列。至此，TD-SCDMA被正式接纳为CDMA TDD制式的方案之一。

在2001年3月棕榈泉的RAN全会上，包含TD-SCDMA标准在内的3GPP R4版本规范正式发布。至此，TD-SCDMA在国际上被广大运营商、设备制造商所认可和接受，形成了真正的国际标准。此后，TD-SCDMA标准规范的实质性工作主要在3GPP体系下完成。到目前为止的TD-SCDMA R4规范达到了相当稳定和成熟的程度。

TD-SCDMA的所有技术特点和优势主要体现在空中接口的物理层。物理层技术的差别是TD-SCDMA与WCDMA最主要的差别所在。在核心网方面，TD-SCDMA与WCDMA采用完全相同的标准规范，包括核心网与无线接入网之间采用相同的Iu接口；在空中接口高层协议栈上，TD-SCDMA与WCDMA两者也完全相同。这些共同之处保证了两个系统之间的无缝漫游、切换、业务支持的一致性、QoS的保证等，也保证了TD-SCDMA和WCDMA在标准技术的后续发展上的一致性。

2002年10月，信息产业部公布了TD-SCDMA的频谱规划，为TD-SCDMA标准划分了总计155MHz(1880～1920MHz、2010～2025MHz及补充频段2300～2400MHz)的非对称频段。2006年1月20日宣布TD-SCDMA为中国通信行业标准。2007年4月，中国移动TD-SCDMA网络建设揭开序幕，2008年4月1日，中国移动TD-SCDMA网络放号，这是商用开始的标志。

7.1.2 TD-SCDMA 的业务与应用

TD-SCDMA采用的TDD模式，其固有的特点突破了WCDMA和CDMA 2000这些FDD模式的诸多限制，结合两者的技术优势，实现了FDD系统难以满足的移动运营业务需求。随着技术的逐渐成熟和产业链的建立和完善，按照用户需求的不同，将 TD-SCDMA 业务分为 4 大类，即电信类业务、信息类业务、娱乐类业务和互联网业务。

(1) 电信类业务。电信类业务包括基础话音业务和消息类业务及视像业务等实时通信业务，由于市场的主流趋向、规模经济及简单话音和消息类业务资费低等特点，致使在 3G 发展初期，其主导应用仍然是类似 2G 时代的简单话音和消息类业务。

(2) 信息类业务。信息类业务主要是指通过文字、音频、视频的融合方式来实现信息内容的实时交互性传递。

(3) 娱乐类业务。娱乐类业务包括音、视频点播业务和图片、铃声下载等。

(4) 互联网业务。互联网业务包括与互联网相关的一些业务，如移动视频信息服务、移动企业网服务、基于 WAP 的浏览业务等。

目前，中国移动还将 TD-SCDMA 增值业务分为"3G 特色业务"、"3G 增强型业务"和"3G 移植型业务"3 类。其中"3G 特色业务"主推可视电话及其补充业务，以及随之衍生的显示业务；"3G 增强型业务"包括彩信、手机报、WAP 门户和数据上网；"3G 移植型业务"涵盖 2G 主流业务以及 12580 综合信息服务等 2G 特色业务。

思考与练习

7.1.1 填空题

① TD-SCDMA(Time Division-Synchronous Code Division Multiple Access)是________技术，它是中国自己提出的第三代移动通信标准。

② 国际三大 3G 标准分别是大唐的________、欧洲的________和美国的________。其中，________是被正式接纳为 CDMA TDD 制式的方案之一。

7.1.2 简述题

① 试简述 TD-SCDMA 的发展历程。

② 试简述 TD-SCDMA 所支持的业务与应用。

7.2 TD-SCDMA 的系统构成

TD-SCDMA 的网络结构(以 R4 版本为例)如图 7-1 所示。

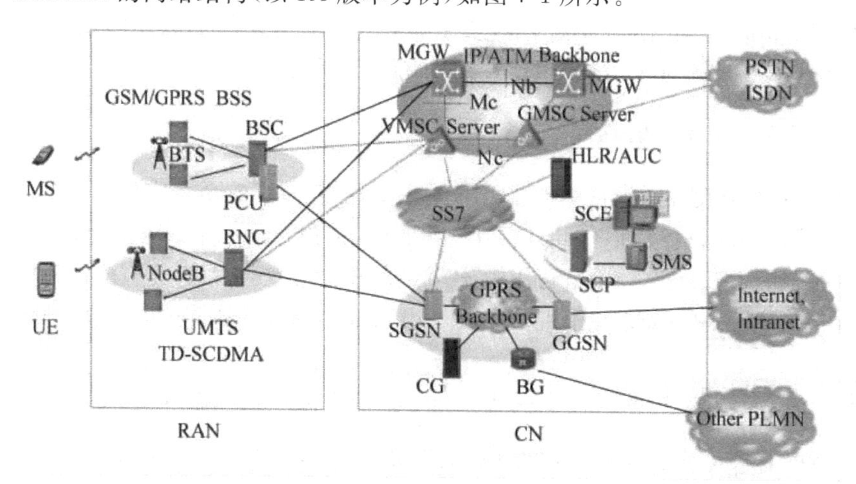

图 7-1 TD-SCDMA 的网络结构(R4 版本)

TD-SCDMA网络主要包括核心网(CN)和无线接入网(RAN)两部分。核心网主要处理UMTS内部所有的语音呼叫、数据连接和交换以及与外部其他网络的连接和路由选择;无线接入网完成所有与无线有关的功能。在核心网与接入网之间为Iu接口,终端与接入网之间为Uu接口。

7.2.1 PS域与CS域的公共实体

1. HLR(本地位置寄存器)

HLR是一个数据库,它负责移动用户的管理。一个PLMN可能包含一个或若干个HLR,这取决于移动用户的数目、设备容量及网络架构。HLR中存储了以下信息:用户信息、CS位置信息、PS位置信息、IMSI、MSISDN等识别号。

2. VLR(访问位置寄存器)

当一个移动台漫游在一个MSC区域时,它由负责这个区域的VLR控制。当一个移动台(MS)进入一个新的位置区域,它会发起注册进程。负责这个区域的MSC监测到这个注册用户并将他转到本地的VLR中。如果这个移动台还没有注册,则VLR和HLR需要交换信息,接纳这个MS,使之能正常地呼叫。一个VLR可以服务一个或多个MSC。VLR也包含了用于处理在本地数据库中注册的移动台的呼叫建立或接收的信息(对于一些增值业务,VLR可能需要从HLR中获得额外的信息)。VLR中存储的信息主要包含以下内容:国际移动用户标识(IMSI)、移动台国际ISDN号(MSISDN)、移动台漫游号(MSRN)、临时移动台标识(TMSI)、本地移动台标识(LMSI)、移动台注册的位置区域、移动台注册所在的SGSN号等信息。

3. AuC(鉴权中心)

鉴权中心主要验证每个移动用户的IMSI是否合法。鉴权中心通过HLR向VLR、MSC及SGSN等需要鉴权移动台的网元发送所需的鉴权数据。鉴权中心与HLR协同工作。它存储了每一个在相关的HLR注册的移动台的身份标识密钥。这个密钥可以用来产生用于鉴权国际移动用户标识(IMSI)的数据和对移动台与网络的无线路径进行加密通信的密钥。鉴权中心只同与它相关的HLR在H接口进行通信。

4. EIR(设备识别寄存器)

在GSM系统中设备标识寄存器(EIR)是一个逻辑实体,它负责存储GSM系统中使用到的网络的国际移动设备标识(IMEI)。这个功能实体包含了一个或若干个数据库,它们存储了GSM系统的IMEI。移动设备可以被分为白单、灰单和黑单,因此相应的设备标识可以被分别存储在3个列表中。如果在手机中输入"*#06#",即可看到自己手机中的IMEI号。

7.2.2 CS域实体

MSC根据需求可分成两个不同的实体,即MSC服务器(用于处理信令)和电路媒体网关(用于处理用户数据)。

1. MSC Server(MSC 服务器)

MSC 服务器主要由呼叫控制(CC)和移动控制部分组成。MSC 服务器负责处理移动台发起和接收的 CS 域的呼叫,它终止了用户—网络的信令,并将它转换成相关的网络—网络的信令。MSC 服务器还包含了一个 VLR 来存储移动用户服务数据和 CAMEL (Customized Applications for Mobile network Enhanced Logic,智能网)相关的数据。MSC 服务器可以通过接口控制 CS-MGW 中媒体通道的关于连接控制的部分呼叫状态。

2. CS-MGW(电路交换—媒体网关)

CS-MGW 是 PSTN/PLMN 传输终止点,并且通过 Iu 接口连接 UTRAN。CS-MGW 可以是从电路交换网络来的承载信道的终止点,也可以是分组网络来的媒体流(如 IP 网络中的 RTP 流)的终止点。在 Iu 接口上,CS-MGW 可以支持媒体转换、承载控制和有效载荷处理(如编解码、回音抵消、会议桥),可以支持 CS 业务的不同 Iu 选项(基于 AAL2/ATM 及基于 RTP/UDP/IP)。

CS-MGW 主要功能:与 MSC 服务器和 GMSC 相连,进行资源控制,拥有并处理资源,如回音抵消等;可具有多媒体数字信号编解码器。

CS-MGW 将提供必要的资源来支持 UMTS/GSM 传输介质。进一步,需要 H.248 协议来支持附加的多媒体数字信号编解码器和成帧协议等。

CS-MGW 的承载控制和有效负荷处理能力也用于支持移动性功能,如 SRNS 重分配、切换及定位。可以使用当前的 H.248 标准机制来实现这些功能。

3. GMSC

GMSC 服务器主要由 GMSC 的呼叫和移动控制组成。

7.2.3 PS 域实体

UMTS PS 域(或 GPRS)支持节点 (GSN)包括网关 GSN (GGSN) 和服务 GSN(SGSN)。它们构成了无线系统和提供分组交换业务的固定网络间的接口。GSN 执行所有必要的功能来处理发往/来自移动台的数据包。

1. SGSN(服务 GPRS 支持节点)

SGSN 中的位置寄存器存储了两种类型的用户数据,它们被用于处理起始的和终止的数据包传输业务。用户数据分用户信息和位置信息两类。其中用户信息有 IMSI、一个或多个临时标识、零个或多个 PDP 地址;位置信息有根据 MS 的运行模式,MS 注册所在的小区或路由区域,相关的 VLR 编号(如果存在 Gs 接口),一个激活的 PDP 上下文所在的 GGSN 地址。

SGSN 完成分组型数据业务的移动性管理、会话管理等功能,管理 MS 在网络内的移动和通信业务,并提供计费信息。

2. GGSN(网关 GPRS 支持节点)

GGSN 中的位置寄存器存储了来自 HLR 和 SGSN 的用户数据。需要用户信息和位置信息两类数据来处理起始和终止的数据包传输。其中,用户信息包括 IMSI 和零个或多个 PDP 地址;位置信息包括 MS 注册的 SGSN 地址。

GGSN 作为移动通信系统与其他公用数据网之间的接口,同时还具有查询位置信息的功能。例如,MS 被呼叫时,数据先到 GGSN,再由 GGSN 向 HLR 查询用户当前的位置信息,然后将呼叫转移到目前登记的 GGSN 中。GGSN 也提供计费接口。

3. BG(边界网关)

边界网关是支持 GPRS 的 PLMN 和外部 PLMN 主干网的网关。它用于同其他支持 GPRS 的 PLMN 互联。BG 的角色是提供适当的安全级别来保护 PLMN 及其用户。只有支持 GPRS 的 PLMN 需要 BG。

7.2.4 R4 核心网外部接口名称与含义

R4 核心网外部接口名称与含义如表 7-1 所示。

表 7-1 R4 核心网外部接口名称与含义

接口名称	连接实体	信令协议	接口名称	连接实体	信令协议
A	MSC-BSC	BSSAP	Gc	GGSN-HLR	MAP
Iu-CS	MSC-RNS	RANAP	Gd	SGSN-SM-GMSC/IW MSC	MAP
B	MSC-VLR		Ge	SGSN-SCP	CAP
C	MSC-HLR	MAP	Gf	SGSN-EIR	MAP
D	VLR-HLR	MAP	Gi	GGSN-PDN	TCP/IP
E	MSC-MSC	MAP	Gp	GSN-GSN(inter PLMN)	GTP
F	MSC-EIR	MAP	Gn	GSN-GSN(intra PLMN)	GTP
G	VLR-VLR	MAP	Gr	SGSN-HLR	MAP
Gs	MSC-SGSN	BSSAP+	Iu-PS	SGSN-RNC	RANAP
H	HLR-AuC		Mc	(G)MSC Server-CS MGW	H. 248
Ga	SGSN-CG	GTP	Nb	CS-MGW-CS MGW	
Gb	SGSN-BSC	BSSGP	Nc	MSC Server-GMSC Server	ISUP/TUP/BICC
	MSC-PSTN/ISDN/PSPDN	TUP/ISUP			

7.2.5 TD-SCDMA 系统的主要参数与优势

1. TD-SCDMA 系统的主要参数

其主要参数具体如下:

通道间隔:1.6MHz。

码片速率:1.28Mc/s。

多址方式：FDMA+TDMA+CDMA。
双工方式：TDD。
帧长：10ms(子帧 5ms)。
DS 与 MC 方式：单载波窄带 DS。
资料调制：QPSK/8PSK(2Mb/s 业务)。
扩频调制：QPSK。
语音编码：8Kb/(s·AMR)。
信道编码：卷积编码+Turbo 码。
基站发射功率最大：43dBm。
移动台发射功率：33dBm。
小区覆盖半径：0.1～12km。
切换方式：硬切换/软切换/接力切换。
上行同步：1/8chip。
相干检测：上行、下行；连续的公共导频。
功率控制：开环加闭环功率控制，200 次/s。
多速率方案：多时隙、可变扩频和多码扩频。
基站间定时：同步。

2. TD-SCDMA 的主要优势

相比较其他通信系统，TD-SCDMA 有以下几个主要优势：
(1) 上、下行配置灵活，使用智能天线、多用户检测、SCDMA 等新技术。
(2) 可高效率地满足不对称业务需要。
(3) 简化硬件，可降低产品成本和价格。
(4) 便于利用不对称的频谱资源，频谱利用率大大提高。
(5) 可与第二代移动通信系统兼容。

思考与练习

7.2.1 简述题

试简述 TD-SCDMA 系统的组成及其主要接口，并使用自己的语言陈述常用功能设备的作用。

7.3 TD-SCDMA 的无线接口

7.3.1 TD-SCDMA 无线接口的协议结构

UMTS 系统由核心网 CN、无线接入网 UTRAN 和手机终端 UE 三部分组成，如图 7-2 所示。UTRAN 由基站控制器 RNC 和基站 Node B 组成。

CN 通过 Iu 界面与 UTRAN 的 RNC 相连。其中 Iu 接口又被分为连接到电路交换域的 Iu-CS 接口、分组交换域的 Iu-PS 接口、广播控制域的 Iu-BC 接口。Node B 与 RNC 之间

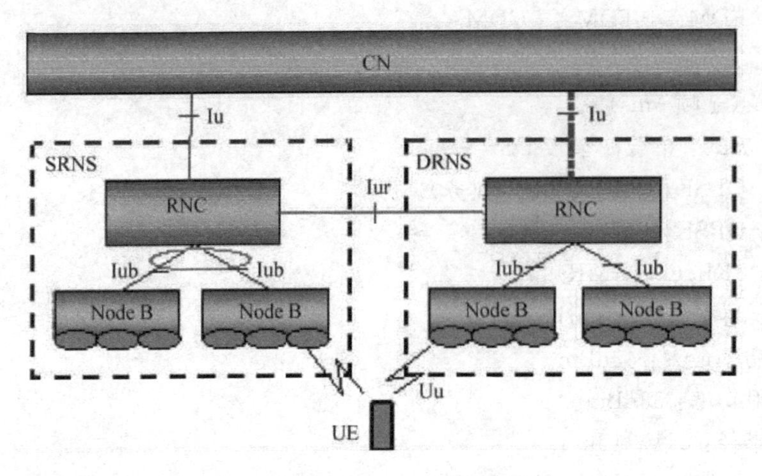

图 7-2　UTRAN 网络结构

的接口叫做 Iub 接口。在 UTRAN 内部,RNC 通过 Iur 接口进行信息交互。Iur 接口可以是 RNC 之间物理上的直接连接,也可以靠通过任何合适传输网络的虚拟连接来实现。Node B 与 UE 之间的接口叫 Uu 接口,Uu 接口是核心网与用户设备的接口,也称无线接口或者空中接口。Uu 接口是 TD-SCDMA 系统区别于其他 3G 系统的关键。

无线接口从协议结构上可以划分为 3 层:物理层(L1)、数据链路层(L2)和网络层(L3),如图 7-3 所示。

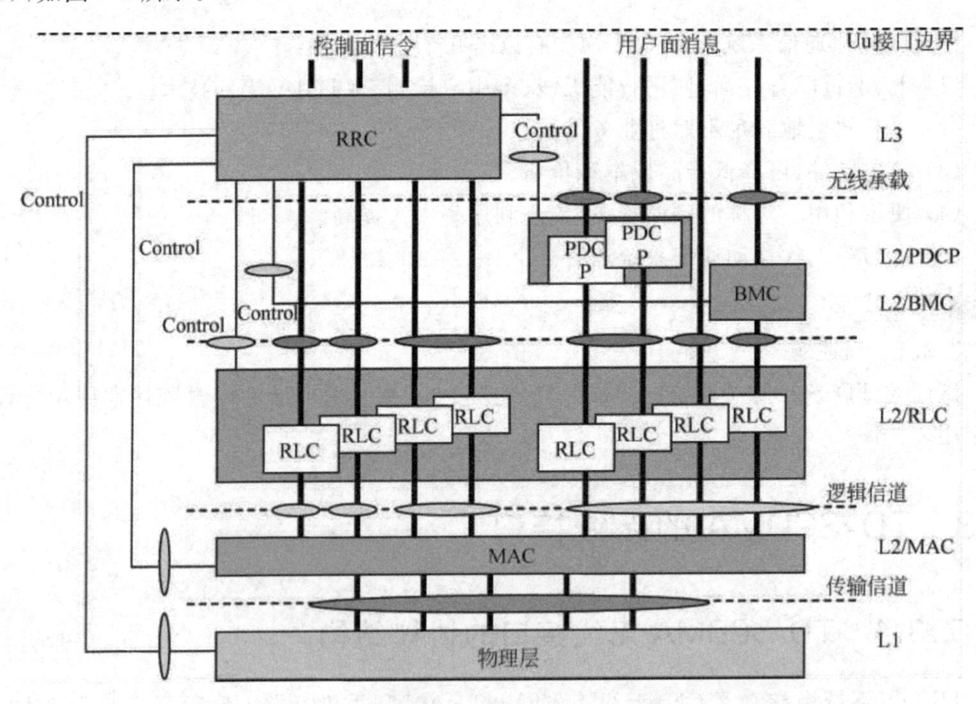

图 7-3　Uu 界面

其中,L2 分为控制平面(C-平面)和用户平面(U-平面)。在控制平面中包括媒体接入控制 MAC 和无线链路控制 RLC 两个子层;在用户平面除 MAC 和 RLC 外,还有分组数据会聚协议 PDCP 和广播/多播控制协议 BMC。

L3 也分为控制平面(C-平面)和用户平面(U-平面)。在控制平面上,L3 的最低层为无线资源控制(RRC),它始于接入层(AS),终止于 RAN。移动性管理(MM)和连接管理(CM)等属于非接入层(NAS),其中 CM 层还可按其任务进一步划分为呼叫控制(CC)、补充业务(SS)、短消息业务(SMS)等功能实体。接入层通过业务接入点(SAP)承载上层的业务,非接入层信令属于核心网功能。

RLC 和 MAC 之间的业务接入点(SAP)提供逻辑信道,物理层和 MAC 之间的 SAP 提供传输通道。RRC 与下层的 PDCP、BMC、RLC 和物理层之间都有连接,用以对这些实体的内部控制和参数配置。

7.3.2 TD-SCDMA 的帧结构、时隙结构

TD-SCDMA 系统的物理信道帧结构采用 4 层结构,即超帧、无线帧、子帧、时隙/码,如图 7-4 所示。

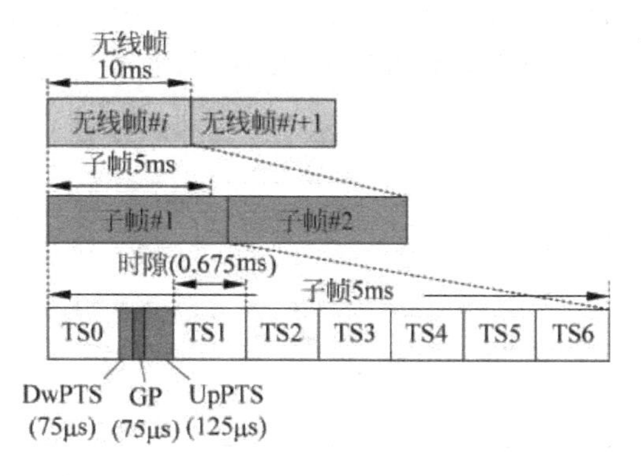

图 7-4 TD-SCDMA 的物理信道帧结构

图 7-4 中:

(1) 一个超帧长 720ms,由 72 个无线帧组成。

(2) 一个无线帧长 10ms,它又分为两个 5ms 的子帧。

(3) 每个子帧由 7 个主时隙(长度 675μs)和 3 个特殊时隙——下行导频时隙(DwPTS)、上行导频时隙(UpPTS)和保护时隙(GP)构成。

1. TD-SCDMA 常规时隙结构

TS0～TS6 共 7 个常规时隙被用作用户数据或控制信息的传输,它们具有完全相同的时隙结构,如图 7-5 所示。每个时隙被分成了 4 个域:两个数据域、一个训练序列域(Midamble)和一个用作时隙保护的空域(GP)。Midamble 码长 144chips,传输时不进行基带处理和扩频,直接与经基带处理和扩频的数据一起发送,在信道译码时被用作通道估计。

数据域用于承载来自传输信道的用户数据或高层控制信息,此外,在专用信道和部分公共信道上,数据域的部分数据符号还被用来承载物理层信令。

Midamble 用作扩频突发的训练序列,在同一小区同一时隙上的不同用户所采用的 Midamble 码由同一个基本的 Midamble 码经循环移位后产生。整个系统有 128 个长度为

128chips 的基本 Midamble 码,分成 32 个码组,每组 4 个。一个小区采用哪组基本 Midamble 码由小区决定,当建立起下行同步之后,移动台就知道所使用的 Midamble 码组。Node B 决定本小区将采用这 4 个基本 Midamble 中的哪一个。一个载波上的所有业务时隙必须采用相同的基本 Midamble 码。原则上,Midamble 的发射功率与同一个突发中的数据符号的发射功率相同。训练序列的作用体现在上下行通道估计、功率测量和上行同步保持过程中。

图 7-5 TD-SCDMA 系统常规时隙结构

在 TD-SCDMA 系统中,存在着 3 种类型的物理层信令:TFCI、TPC 和 SS。TFCI(Transport Format Combination Indicator)用于指示传输的格式,TPC(Transmit Power Control)用于功率控制,SS(Synchronization Shift)是 TD-SCDMA 系统中所特有的,用于实现上行同步,该控制信号每个子帧(5ms)发射一次。在一个常规时隙的突发中,如果物理层信令存在,则它们的位置被安排在紧靠 Midamble 序列,如图 7-6 所示。

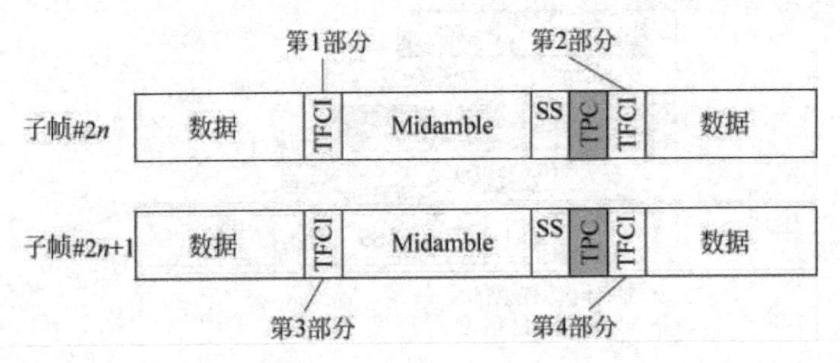

图 7-6 物理层信令所在位置

对于每个用户,TFCI 信息将在每 10ms 无线帧里发送一次。高层信令将指示所使用的 TFCI 格式。对于每一个所分配的时隙是否承载 TFCI 信息也由高层分别告知。如果一个时隙包含 TFCI 信息,它总是按高层分配信息的顺序采用该时隙的第一个通道码进行扩频。TFCI 是在各自相应物理信道的数据部分发送,这就是说 TFCI 和数据比特具有相同的扩频过程。如果没有 TPC 和 SS 信息传送,TFCI 就直接与 Midamble 码域相邻。

2. 特殊时隙

(1) 下行导频时隙(DwPTS 时隙),如图 7-7 所示。

每个子帧中的 DwPTS 是为下行导频和建立下行同步而设计的。这个时隙通常是由长为 64chips 的 SYNC_DL 和 32chips 的保护码间隔组成。SYNC_DL 是一组 PN 码,用于区分相邻小区,系统中定义了 32 个码组,每组对应一个 SYNC_DL 序列,SYNC_DL 码集在蜂窝网络中可以复用。

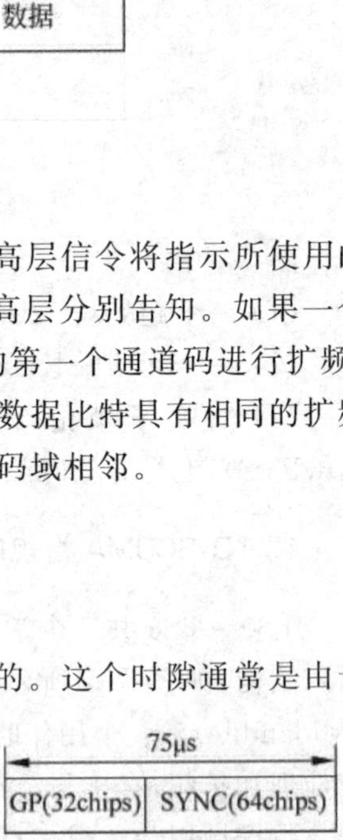

75μs

GP(32chips)	SYNC(64chips)

图 7-7 下行导频时隙结构

(2) 上行导频时隙(UpPTS 时隙),如图 7-8 所示。

每个子帧中的 UpPTS 是为上行同步而设计的,当 UE 处于空中登记和随机接入状态时，它将首先发射 UpPTS，当得到网络的应答后，发送 RACH。这个时隙通常由长为 128chips 的 SYNC_UL 和 32chips 的保护间隔组成。

(3) 保护时隙(GP)，如图 7-9 所示。

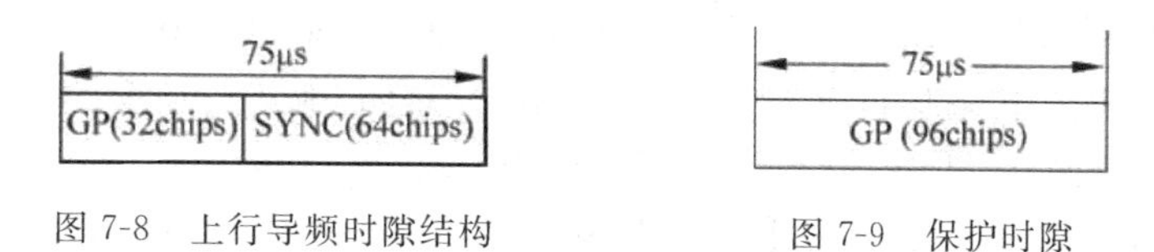

图 7-8 上行导频时隙结构　　图 7-9 保护时隙

保护时隙用于下行和上行转换的保护，即在小区搜索时，确保 DwPTS 可靠接收，防止干扰 UL 工作；在随机接入时，确保 UwPTS 可以提前发射，防止干扰 DL 工作。GP 也决定了 TD-SCDMA 系统基站的最大覆盖距离。

7.3.3 TD-SCDMA 的信道结构

TD-SCDMA 有 3 种信道模式。

- 逻辑信道：MAC 子层向 RLC 子层提供的服务，它描述的是传送什么类型的信息。
- 传输信道：物理层向高层提供的服务，它描述的是信息如何在空中接口上传输。
- 物理信道：承载传输信道的信息。

1. 物理信道及其分类

物理信道根据其承载的信息不同被分成了不同的类别，有的物理信道用于承载传输信道的数据，而有些物理信道仅用于承载物理层自身的信息。

(1) 专用物理信道

专用物理信道 DPCH (Dedicated Physical Channel)用于承载来自专用传输信道 DCH 的数据。物理层将根据需要把来自一条或多条 DCH 的两层数据组合在一条或多条编码组合传输信道 CCTrCH(Coded Composite Transport Channel)内，然后再根据所配置物理信道的容量将 CCTrCH 数据映像到物理信道的数据域。DPCH 可以位于频带内的任意时隙和任意允许的信道码，信道的存在时间取决于承载业务类别和交织周期。一个 UE 可以在同一时刻被配置多条 DPCH，若 UE 允许多时隙能力，这些物理信道还可以位于不同的时隙。物理层信令主要用于 DPCH。

(2) 公共物理信道

根据所承载传输信道的类型，公共物理信道可划分为一系列的控制信道和业务信道。在 3GPP 的定义中，所有的公共物理信道都是单向的(上行或下行)，它又具体有以下几种：

① 主公共控制物理信道(Primary Common Control Physical Channel，P-CCPCH)仅用于承载来自传输信道 BCH 的数据，提供全小区覆盖模式下的系统信息广播，信道中没有物理层信令 TFCI、TPC 或 SS。

② 辅公共控制物理信道(Secondary Common Control Physical Channel，S-CCPCH)用于承载来自传输信道 FACH 和 PCH 的数据。不使用物理层信令 SS 和 TPC，但可以使用 TFCI，S-CCPCH 所使用的码和时隙在小区中广播，信道的编码及交织周期为 20ms。

③ 快速物理接入信道(Fast Physical Access Channel，FPACH)不承载传输信道信息，

因而与传输信道不存在映像关系。Node B 使用 FPACH 来响应在 UpPTS 时隙收到的 UE 接入请求,调整 UE 的发送功率和同步偏移。数据域内不包含 SS 和 TPC 控制符号。因为 FPACH 不承载来自传输信道的数据,也就不需要使用 TFCI。

④ 物理随机接入信道(Physical Random Access Channel,PRACH)用于承载来自传输信道 RACH 的数据。传输信道 RACH 的数据不与来自其他传输信道的数据编码组合,因而 PRACH 信道上没有 TFCI,也不使用 SS 和 TPC 控制符号。

⑤ 物理上行共享信道(Physical Uplink Shared Channel,PUSCH)用于承载来自传输信道 USCH 的数据。共享指的是同一物理信道可由多个用户分时使用,或者说信道具有较短的持续时间。由于一个 UE 可以并行存在多条 USCH,这些并行的 USCH 数据可以在物理层进行编码组合,因而 PUSCH 信道上可以存在 TFCI。但信道的多用户分时共享性使得闭环功率控制过程无法进行,因而信道上不使用 SS 和 TPC(上行方向 SS 本来就无意义,为上、下行突发结构保持一致 SS 符号位置保留,以备将来使用)。

⑥ 物理下行共享信道(Physical Downlink Shared Channel,PDSCH)用于承载来自传输信道 DSCH 的数据。在下行方向,传输信道 DSCH 不能独立存在,只能与 FACH 或 DCH 相伴而存在,因此作为传输信道载体的 PDSCH 也不能独立存在。DSCH 数据可以在物理层进行编码组合,因而 PDSCH 上可以存在 TFCI,但一般不使用 SS 和 TPC,对 UE 的功率控制和定时提前量调整等信息都放在与之相伴的 PDCH 信道上。

⑦ 寻呼指示信道(Paging Indicator Channel,PICH)不承载传输信道的数据,但却与传输信道 PCH 配对使用,用以指示特定的 UE 是否需要解读其后跟随的 PCH 信道(映像在 S-CCPCH 上)。

2. 传输信道及其分类

传输信道的数据通过物理信道来承载,除 FACH 和 PCH 两者都映像到物理信道 S-CCPCH 外,其他传输信道到物理信道都有一一对应的映射关系。

(1) 专用传输信道

专用传输信道仅存在一种,即专用信道(DCH),是一个上行或下行传输信道。

(2) 公共传输信道

① 广播信道(BCH)是一个下行传输信道,用于广播系统和小区的特定消息。

② 寻呼信道(PCH)是一个下行传输信道,PCH 总是在整个小区内进行寻呼信息的发射,与物理层产生的寻呼指示的发射是相随的,以支持有效的睡眠模式,延长终端电池的使用时间。

③ 前向接入信道(FACH)是一个下行传输信道,用于在随机接入过程,UTRAN 收到了 UE 的接入请求,可以确定 UE 所在小区的前提下,向 UE 发送控制消息。有时,也可以使用 FACH 发送短的业务数据包。

④ 随机接入信道(RACH)是一个上行传输信道,用于向 UTRAN 发送控制消息,有时,也可以使用 RACH 来发送短的业务数据包。

⑤ 上行共享信道(USCH)被一些 UE 共享,用于承载 UE 的控制和业务数据。

⑥ 下行共享信道(DSCH)被一些 UE 共享,也用于承载 UE 的控制和业务数据。

3. 传输信道到物理信道的映射

表 7-2 中给出了 TD-SCDMA 系统中传输信道和物理信道的映射关系。表中部分物理信道与传输信道并没有映射关系。按 3GPP 规定,只有映射到同一物理信道的传输信道才能够进行编码组合。由于 PCH 和 FACH 都映像到 S-CCPCH,因此来自 PCH 和 FACH 的资料可以在物理层进行编码组合生成 CCTrCH。其他的传输信道数据都只能由自身组合成,而不能相互组合。另外,BCH 和 RACH 由于自身性质的特殊性,也不可能进行组合。

表 7-2 TD-SCDMA 传输信道和物理信道间的映射关系

传输信道	物理信道	传输信道	物理信道
DCH	专用物理信道(DPCH)	DSCH	物理下行共享信道(PDSCH)
BCH	主公共控制物理信道(P-CCPCH)		下行导频信道(DwPCH)
PCH	辅助公共控制物理信道(S-CCPCH)		上行导频信道(UpPCH)
FACH	辅助公共控制物理信道(S-CCPCH)		寻呼指示信道(PICH)
RACH	物理随机接入信道(PRACH)		快速物理接入信道(FPACH)
USCH	物理上行共享信道(PUSCH)		

7.3.4 TD-SCDMA 的基带处理

话音信号在发送端无线接口的基带处理过程如图 7-10 所示,接收端的处理过程与此相反。

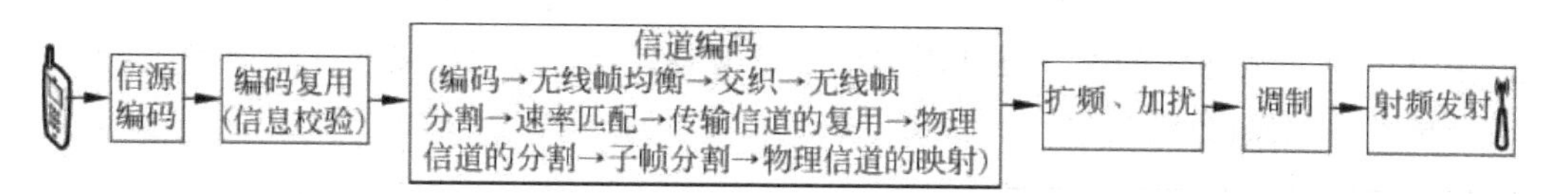

图 7-10 TD-SCDMA 的基带处理过程

1. 信源编码

信源编码的主要作用是将所传输的数据数字化,TD-SCDMA 系统采用自适应多速率(Adaptive Multi-Rate,AMR)技术。

(1) 对于语音业务来说,信源编码指的就是语音编码。UMTS 语音编解码器采用自适应多速率(AMR)技术。多速率声码器是一个带 8 种信源速率的集成声码器。这 8 种速率包括 12.2Kb/s、10.2Kb/s、7.95Kb/s、7.40Kb/s、6.70Kb/s、5.90Kb/s、5.15Kb/s、4.75Kb/s。每个话音信息由 3 个子流块组成,通过改变 3 个子流块中传输的比特数,从而改变最终话音速率。

(2) AMR 多种语音速率与目前各种主流移动通信系统使用的编码方式兼容,有利于设计多模终端。比如,12.2Kb/s AMR 声码器相当于 GSM EFR 编解码器,7.40Kb/s 相当于 US-TDMA 的声码器,6.70Kb/s 相当于日本的 PDC 声码器。

(3) 根据用户离基站远近,系统可以自动调整语音速率,减少切换,减少掉话。当移动终端离开了小区覆盖范围,并且已经达到了它的最大发射功率,可以利用较低的 AMR 速率来扩展小区的覆盖范围。

(4) 根据小区负荷,系统可以自动降低部分用户语音速率,节省部分功率,从而容纳更多用户。在高负荷期间,比如忙时,就有可能采用较低的 AMR 速率在保证略低的话音质量的同时提供较高的容量。

(5) 利用 AMR 声码器,就有可能在网络容量、覆盖以及话音质量间按运营商的要求进行折中。

2. 信道编码与交织

信道编码与交织是为了提高数据在无线信道传输的可靠性。数字通信要求传输过程中所造成的误码率足够低,引起传输误码的根本原因是信道内存在着噪声或者衰落,为了提高通信的可靠性,就需要采用信道编码技术,对可能或者已经出现的差错进行控制。

① 信道编码按一定的规则给输入的经过信源编码后的比特序列增加一些冗余的码元,使不具有规律性的比特序列变换为具有某种规律性的比特序列。这种冗余度使码字具有一定的纠错和检错能力,提高了传输的可靠性,降低了误码率。在接收端,信道解码器利用预知的编码规则来解码,从而发现传输的比特序列是否有错,进而纠正其中的差错。根据相关性来检测(发现)和纠正传输过程中产生的差错就是信道编码的基本思想。在 TD-SCDMA 系统中,语音业务采用了卷积码(1/2、1/3)进行信道编码,数据业务采用卷积码或 Turbo 码进行信道编码。

② 对于编码速率为 1/2 的卷积编码,每输入一个比特至编码器,在输出端同时得到 2 个符号,输出符号速率是输入比特速率的 2 倍。对于编码速率为 1/3 的卷积编码,每输入一个比特至编码器,在输出端同时得到 3 个符号,输出符号速率是输入比特速率的 3 倍。信道编码获得通信可靠性的代价是增加了信息冗余度,牺牲了传输带宽。

③ Turbo 译码算法的特点是利用两个子译码器之间信息的往复迭代递归调用,来加强后验概率对数似然比,提高判决可靠性。

信道编码过程如图 7-11 所示。

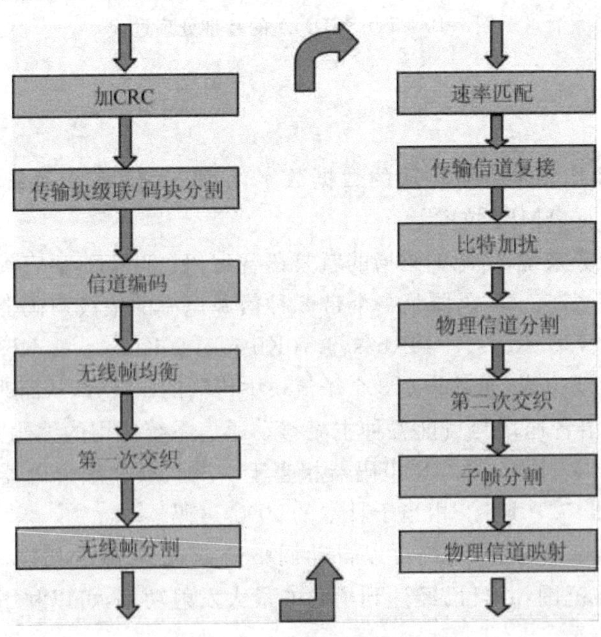

图 7-11 信道编码与复用过程

(1) 给每个传输块添加 CRC 校验比特。差错检测功能是通过传输块上的循环冗余校验 CRC(Cyclic Redundancy Check)来实现的,信息数据通过 CRC 生成器生成 CRC 比特,CRC 的比特数目可以为 24、16、12、8 或 0 比特,每个具体 TrCH 所使用的 CRC 长度由高层信令给出。

(2) 传输块的级联和码块分割。在每一个传输块附加上 CRC 比特后,把一个传输时间间隔 TTI 内的传输块顺序级联起来。如果级联后的比特序列长度大于最大编码块长度 Z,则需要进行码块分割,分割后的码块具有相同的大小,码块的最大尺寸将根据 TrCH 使用卷积编码还是 Turbo 编码而定。

(3) 信道编码。无线信道编码是为了接收机能够检测和纠正因传输介质带来的信号误差,在原数据流中加入适当冗余信息,从而提高数据传输的可靠性。

TD-SCDMA 中,传输信道可采用以下信道编码方案:卷积编码;Turbo 编码;无信道编码。不同类型的传输通道 TrCH 所使用的不同编码方案和码率如表 7-3 所示。

表 7-3 不同类型的传输通道 TrCH 所使用的不同编码方案和码率

<table>
<tr><th>传输信道类型</th><th>编码方式</th><th>编码率</th></tr>
<tr><td>BCH</td><td rowspan="4">卷积编码</td><td>1/3</td></tr>
<tr><td>PCH</td><td>1/3,1/2</td></tr>
<tr><td>RACH</td><td>1/2</td></tr>
<tr><td rowspan="3">DCH, DSCH, FACH, USCH</td><td>1/3,1/2</td></tr>
<tr><td>Turbo 编码</td><td>1/3</td></tr>
<tr><td colspan="2">无编码</td></tr>
</table>

(4) 无线帧均衡。无线帧尺寸均衡是指对输入比特序列进行填充,以保证输出可以分割成具有相同大小设为 F 的数据段。当传输信道的 TTI 大于 10ms 时,输入比特序列将被分段映射到连续的 F 个无线帧上,经过无线帧均衡之后,可以保证输入比特序列的长度为 F 的整数倍。

(5) 交织(分两步)。受传播环境的影响,无线通道是一个高误码率的信道,虽然信道编码产生的冗余可以部分消除误码的影响,可是在信道的深衰落周期,将产生较长时间的连续误码,对于这类误码,信道编码的纠错功能就无能为力了。而交织技术就是为了抵抗这种持续时间较长的突发性误码设计的,交织技术把原来顺序的比特流按一定规律打乱后再发送出去。接收端再按相应的规律将接收到的数据恢复成原来的顺序。这样一来,连续的错误就变成了随机差错,通过解信道编码,就可以恢复出正确的数据。

(6) 速率匹配。速率匹配是指传输信道上的比特被重复或打孔。一个传输信道中的比特数在不同的 TTI 可以发生变化,而所配置的物理信道容量(或承载比特数)却是固定的。因而,当不同 TTI 的数据比特发生改变时,为了匹配物理信道的承载能力,输入序列中的一些比特将被重复或打孔,以确保在传输信道复用后总的比特率与所配置的物理信道承载能力相一致。高层将为每一个传输信道配置一个速率匹配特性。这个特性是半静态的,而且只能通过高层信令来改变。当计算重复或打孔的比特数时,需要使用速率匹配算法。

(7) 传输信道的复用。根据无线通道的传输特性,在每一个 10ms 周期,来自不同传输信道的无线帧被送到传输信道复用单元。复用单元根据承载业务的类别和高层的设置,分别将其进行复用或组合,构成一条或多条编码组合传输信道(CCTrCH)。传输信道的复用需要满足以下规律:①复用到一个CCTrCH上的传输信道组合如果因为传输信道的加入、重配置或删除等原因发生变化,那么这种变化只能在无线帧的起始部分进行,即小区帧号(CFN)必须满足:CFN mod $F_{max}=0$,式中,F_{max}为使用同一个CCTrCH的传输信道在一个TTI内使用的无线帧的帧数的最大值,取值范围为1、2、4或8;CFN为CCTrCH发生变化后第一个无线帧的帧号。CCTrCH中加入或重配置一个传输信道i后,传输信道i的TTI只能从具有满足下面关系的CFN的无线帧开始:CFNi mod $F_i=0$。②专用传输信道和公共传输信道不能复用到同一个CCTrCH上。③公共传输信道中,只有FACH或PCH可以被复用到一个CCTrCH上。④BCH和RACH不能进行复用。⑤不同的CCTrCH不能复用到同一条物理信道上。⑥一条CCTrCH可以被映射到一条或多条物理信道上传输。

(8) 物理信道的分割。一条CCTrCH的数据速率可能要超过单条物理信道的承载能力,这就需要对CCTrCH资料进行分割处理,以便将比特流分配到不同的物理信道中。

(9) 子帧分割。在前面的步骤中,级联和分割等操作都是以最小时间间隔(10ms)或一个无线帧为基本单位进行的。但为了将数据流映像到物理信道上,还必须将一个无线帧的数据分割为两部分,即分别映像到两个子帧之中。

物理信道映像:将子帧分割输出的比特流映射到该子帧中对应时隙的码道上。

3. 突发时隙的形成

这一部分前面已经叙述过了。

4. 扩频和加扰

扩频主要用于物理信道的信道化操作,对物理信道比特进行扩频,以保证不同物理信道之间的正交性;加扰是用扰码来区分小区,如图7-12所示。

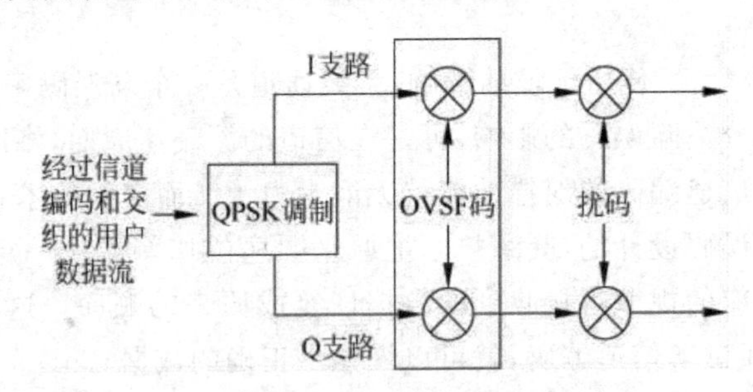

图7-12 扩频过程(1)

来源于物理信道映射的比特流在进行扩频处理之前,先要经过数据调制。数据调制就是把2个(如QPSK调制)或3个(如8PSK调制)连续的二进制比特映射成一个复数值的数据符号。经过物理信道映射之后,信道上的数据将进行扩频和扰码处理。扩频就是用高于数据比特速率的数字序列与信道数据相乘,相乘的结果扩展了信号的带宽,将比特速率的数据流转换成了具有码片速率的数据流。扩频处理通常也叫做信道化操作,所使用的数字序列称为信道化码,这是一组长度可以不同但仍相互正交的码组。扰码与扩频类似,也是用一个数字序列与扩频处理后的数据相乘。与扩频不同的是，扰码用的数字序列与扩频后的信号序列具有相同的码片速率，所作的乘法运算是一种逐码片相乘的运算。扰码的目的是为了标识数据的小区属性。

图 7-13 所示为在发射端，数据经过扩频和扰码处理后，产生码片速率的复值数据流。流中的每一复值码片按实部和虚部分离后再经过脉冲成形滤波器成形，然后发送出去。脉冲成形滤波器的冲激响应 $h(t)$ 为根升余弦型（滚降系数 $\alpha=0.22$），接收端和发送端相同。滤波器的冲激响应 $h(t)$ 定义为

$$RC_0(t)=\frac{\sin\left[\pi\frac{t}{T_C}(1-\alpha)\right]+4\alpha\frac{t}{T_C}\cos\left[\pi\frac{t}{T_C}(1+\alpha)\right]}{\pi\frac{t}{T_C}\left[1-\left(4\alpha\frac{t}{T_C}\right)^2\right]} \tag{7-1}$$

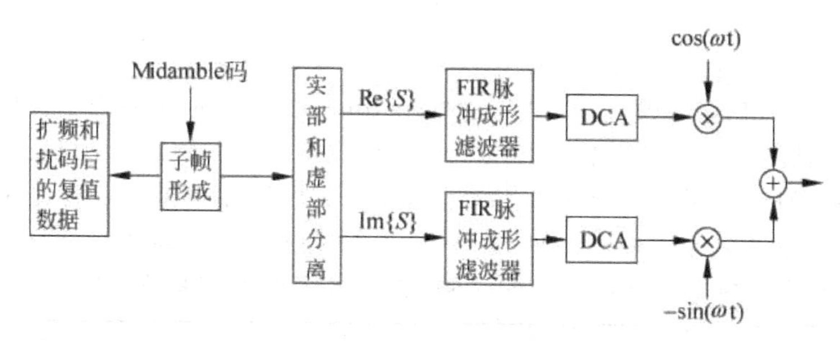

图 7-13 扩频过程(2)

5. 调制

调制就是为了解决低频基带信号在高频射频信道上传输的问题，起到了频谱搬移的作用。以解决信源信号与客观信道特性相匹配的问题。调制在实现时分为两个步骤：首先是将含有信息的基带信号调制至某一载波上，再通过上变频搬移至适合某信道传输的射频段。不同调制技术极大地影响空中接口提供数据业务的能力。TD-SCDMA 采用 8PSK 和 16QAM 方式进行调制，具体见前相关章节所述。

6. 发射

最后一步就是射频发送。

思考与练习

7.3.1 填空题

① ________接口是核心网与用户设备的接口，也称无线接口或者空中接口。无线接口从协议结构上可以划分为 3 层：________、________和________。

② TD-SCDMA 系统的物理信道采用 4 层结构：________、________、________和______。

③ 一个超帧长 720ms，由 72 个________组成。

④ 一个无线帧长 10ms，它又分为两个 5ms 的______。

⑤ 每个子帧由 7 个主时隙（长度 675μs）和 3 个特殊时隙——________、________和________构成。

7.3.2 画图简述题

① 试画图说明常规突发序列的帧结构。

② 画图说明 TD-SCDMA 的逻辑信道结构。

③ 画图说明 TD-SCDMA 的基带处理过程。

*7.4 TD-SCDMA 的控制与管理

7.4.1 UE 的状态

UE 有两种基本运行模式,即空闲模式和连接模式。

1. 空闲模式

UE 开机后停留在空闲模式下,又称为处于 Idle 状态,这时在一个小区中读取系统消息,监听寻呼信息。在 Idle 状态下,UE 的所有连接在接入层都是关闭的,UE 的识别通过非接入层标识(如 IMSI、TMSI 和 P-TMSI)来区别。UTRAN 不保留空闲模式下的 UE 信息,即 UTRAN 中没有为处于空闲模式的 UE 建立上下文。如果要寻址一个特定的 UE,只能在一个小区内向所有的 UE 或向监听同一寻呼时段的多个 UE 发送寻呼消息。当 UE 完成 RRC 连接建立后,才会从空闲模式转移到连接模式时的 CELL_FACH 状态或 CELL_DCH 状态。当 RRC 连接释放后,UE 从连接模式到空闲模式。

2. 连接模式

UE 连接模式共有 4 种状态:CELL_DCH、CELL_FACH、CELL_PCH 和 URA_PCH。

① CELL_DCH 状态。CELL_DCH 状态的基本特征是,UE 被分配了专用的物理信道。在该状态下,除了上下行专用物理信道 DPCH 外,UE 还可能被分配物理上、下行共享信道 PUSCH 和/或 PDSCH。根据 UTRAN 的分配情况,UE 可以使用专用传输信道 DCH、上行共享传输信道 USCH、下行共享传输信道 DSCH,以及这些传输信道的组合。UTRAN 根据当前的启动信道集知道该 UE 已经处在小区识别等级上。

② CELL_FACH 状态。CELL_FACH 状态的基本特征是,UE 与 UTRAN 之间不存在专用物理信道连接,UE 在下行方向将连续监视 FACH 传输信道,而在上行方向可以使用公共或共享传输信道(如 RACH),UE 在任何时候都可以在相关传输信道上发起接入过程。根据 UTRAN 的分配情况,UE 在此状态下可以使用 USCH 或 DSCH 传输信道,UTRAN 也可以根据 UE 最后一次执行的小区更新过程,知道 UE 当前所处的小区。如果 UE 选择了一个新的小区,UE 将把当前的位置信息通过小区更新过程报告给 UTRAN。UTRAN 也可以在 FACH 上直接给 UE 发送数据,而不必先发起寻呼。UTRAN 将把系统信息的变化通过相应的调度信息在 FACH 上及时地广播给 UE,以便 UE 重新读取相应的系统信息。

③ CELL_PCH 状态。CELL_PCH 状态的基本特征是,UE 与 UTRAN 之间不存在专用物理信道连接,而且 UE 也不可以使用任何上行物理信道。在该状态下,UE 为节省功耗,可以使用 DRX 方式去监听 PICH 所指示的 PCH 通道。UTRAN 根据 UE 上次在 CELL_FACH 状态下执行的最后一次小区更新过程,知道 UE 当前所处的小区。如果 UE 需要发送上行数据(响应寻呼或者发起呼叫),必须先从 CELL_PCH 状态转移到 CELL_FACH

状态。在该状态下，RRC 子层通过小区重选过程执行连接移动性管理。

④ URA_PCH 状态。URA_PCH 状态的基本特征是，UE 与 UTRAN 之间不存在专用物理信道连接，而且 UE 也不可以使用任何上行物理信道。在该状态下，UE 为节省功耗，可以使用 DRX 方式去监听 PICH 所指示的 PCH 信道。UTRAN 根据 UE 上次在 CELL_FACH 状态下执行的最后一次 URA 更新过程，知道 UE 当前所处的 URA。如果 UE 需要发送上行数据(响应寻呼或者发起呼叫)，必须先从 URA_PCH 状态转移到 CELL_FACH 状态。在该状态下，RRC 子层通过小区重选过程执行连接移动性管理。

7.4.2 手机开机注册网络

开机注册流程图如图 7-14 所示。

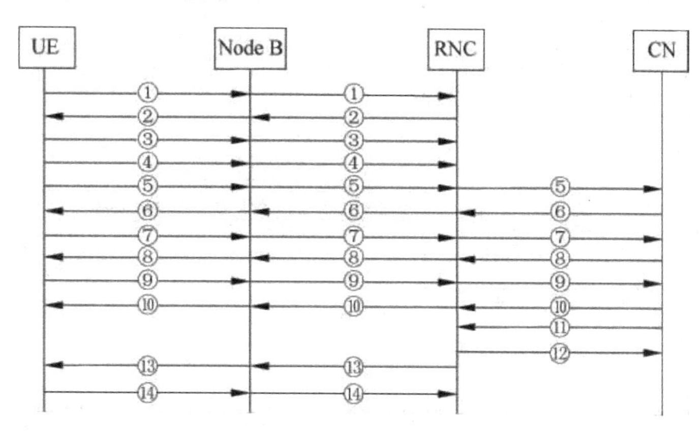

图 7-14 开机注册流程

第一阶段：RRC 连接建立

① RRC 连接请求。

② RRC 连接建立。

③ RRC 连接完成。

第二阶段：初始化直接传输—位置更新请求

④ 初始化 DT，位置更新请求，IMSI 附着。

⑤ 初始化 UE 信息。

第三阶段：鉴权与加密

⑥ 鉴权请求。

⑦ 鉴权响应。

⑧ 安全模式命令(加密)。

⑨ 加密完成。

第四阶段：位置更新确认

⑩ 位置更新确认。

第五阶段：Iu 与 RRC 释放

⑪ Iu 释放命令。

⑫ Iu 释放完成。

⑬ RRC 连接释放。

⑭ RRC 连接释放完成。

7.4.3 主叫

一个主叫从开始到通信结束的总体流程如图 7-15 所示。

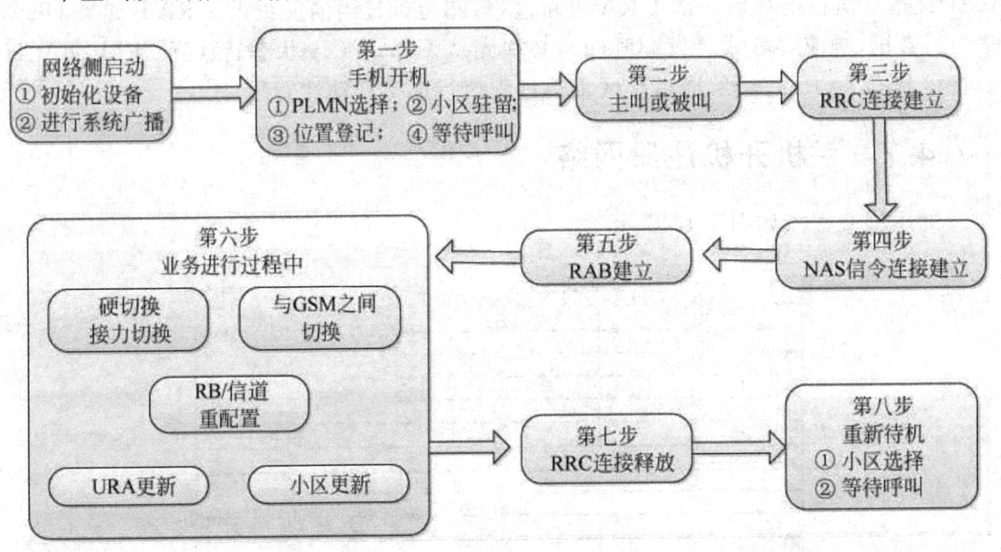

图 7-15 呼叫总体流程

下面具体分析图 7-15 中第 3～5 步主叫建立时的信令流程，如图 7-16 所示。主要经历了以下几个过程。

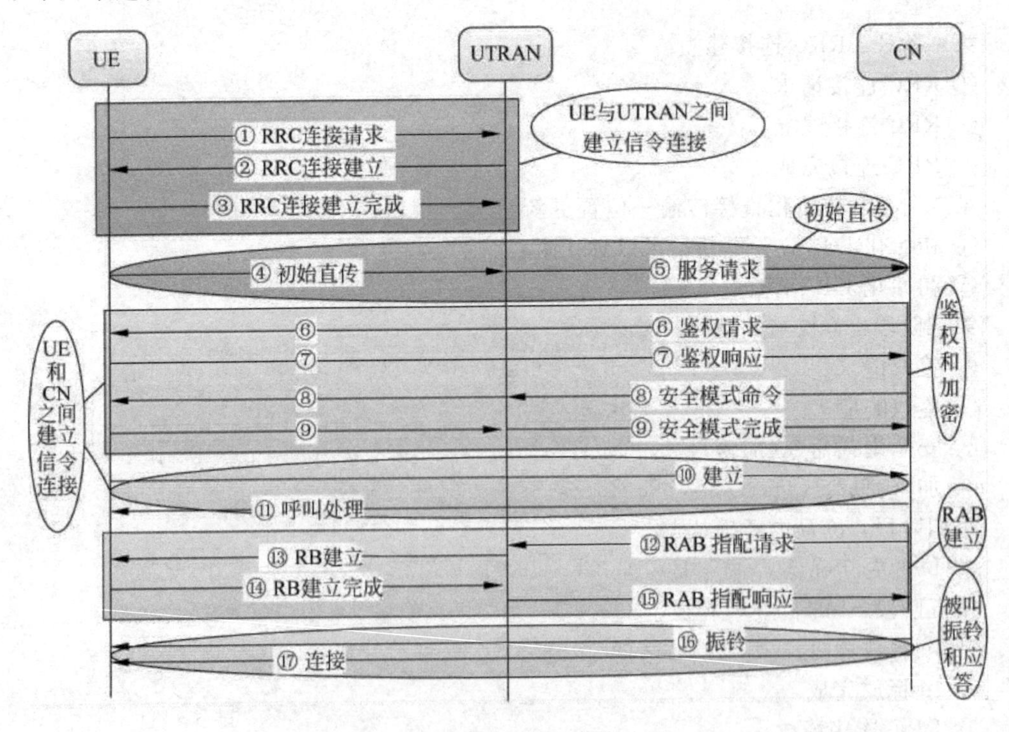

图 7-16 UE 主叫建立信令流程

1. RRC连接建立

为了成功进行呼叫，UE向RNC发送RRC连接建立请求消息(RRC CONNECTION REQUEST)，发起RRC连接建立过程，建立起与RNC之间的信令连接。当RNC接收到UE的RRC连接请求消息，根据特定的算法确定是接受还是拒绝该RRC连接建立请求。如果接受，则再判决是建立在专用信道还是公共信道。RRC连接建立信道不同，RRC连接建立流程也不同。若RRC连接建立在专用信道上，RNC需要为UE分配专用无线资源、建立无线链路，并且为无线链路建立Iub接口的ALCAP用户面承载。

信令流程描述如下：

(1) UE通过上行CCCH发送RRC连接请求消息，请求建立一个RRC连接。

(2) RNC根据RRC连接请求的原因以及系统资源状态，决定UE建立在专用信道上，并分配RNTI、无线资源和其他资源(L1、L2资源)。

(3) RNC向Node B发送无线链路建立请求消息(RADIO LINK SETUP REQUEST)，请求Node B分配RRC连接所需的特定无线链路资源。

(4) Node B资源准备成功后，向RNC应答无线链路建立响应消息(RADIO LINK SETUP RESPONSE)。

(5) RNC使用ALCAP协议建立Iub接口用户面传输承载，并完成RNC与Node B之间的同步过程。

(6) RNC通过下行CCCH信道向UE发送RRC连接建立消息(RRC CONNECTION SETUP)，消息包含RNC分配的专用信道信息。

(7) UE确认RRC连接建立成功后，在刚刚建立的上行DCCH信道向RNC发送RRC连接建立完成消息(RRC CONNECTION SETUP COMPLETE)。RRC连接建立过程结束。

2. 信令连接建立

UE向UTRAN发送初始直传消息(INITIAL DIRECT TRANSFER)，发起与CN之间的信令连接建立过程，RNC建立起与CN之间的信令连接。直传消息指UE与CN之间的信令交互NAS信息，如鉴权、业务请求、连接建立等，由于这些消息在RNC透明传输，所以又叫直传消息。RRC连接建立的只是UE与RNC之间的信令连接，因此为了传送直传消息，还需要继续建立UE与CN之间的信令连接。RNC在收到第一条直传消息时，即初始直传消息，将建立与CN之间的信令连接，该连接建立于SCCP上。

信令连接建立成功后，UE发送到CN的消息，通过上行直传消息(UPLINK DIRECT TRANSFER)发送到RNC，RNC将其转换为直传消息(DIRECT TRANSFER)发送到CN；CN发送到UE的消息，通过直传消息发送到RNC，RNC将其转换为下行直传消息(DOWNLINK DIRECT TRANSFER)发送到UE。

UE发起业务呼叫的初始过程视为随机接入过程，从物理层的连接建立角度出发，上行同步过程也是随机接入的一个步骤。

(1) 初始直传

初始直传过程用于建立起RNC与CN之间的一条信令连接，同时承载一条初始NAS

消息。NAS 消息的内容在 RNC 并不进行解释,而是转送给 RNC。

信令流程描述如下:

① RRC 连接建立后,UE 通过 RRC 连接向 RNC 发送初始直传消息,消息中携带 UE 发送到 CN 的初始 NAS 信息内容及 CN 标识等内容。

② RNC 接收到 UE 的初始直传消息,通过 Iu 接口向 CN 发送 SCCP 连接请求消息 CR,消息数据为 RNC 向 CN 发送的初始 UE 消息(INITIAL UE MESSAGE),该消息包含 UE 发送到 CN 的消息内容。

③ 如果 CN 准备接受连接请求,则向 RNC 发回 SCCP 连接证实消息(CONNECTION CONFIRM),表明 SCCP 连接建立成功。RNC 接收到该消息,确认信令连接建立成功。

④ 如果 CN 不能接受连接请求,则向 RNC 发回 SCCP 连接拒绝消息(CONNECTION REFUSE),SCCP 连接建立失败。RNC 接收到该消息,确认信令连接建立失败,则发起 RRC 释放过程。初始直传过程结束。

(2) 上行直传

当 UE 需要在已存在的信令连接上向 CN 发送 NAS 消息时,将发起上行直传过程。信令流程描述如下:

① UE 向 RNC 发送上行直传消息,发起上行直传过程。消息中包含 NAS 消息、CN 标识等信息。

② RNC 按照消息中包含的 CN 标识进行路由,将其中包含的 NAS 信息内容,通过 Iu 接口的直传消息,发送到 CN。上行直传过程结束。

(3) 下行直传

当 CN 需要在已存在的信令连接上向 UE 发送 NAS 消息时,发起下行直传过程。信令流程描述如下:

① CN 向 RNC 发送直传消息,发起下行直传过程。消息中包含 NAS 消息。

② UTRAN 通过下行 DCCH 信道采用 AM RLC 方式,发送下行直传消息,消息中携带 CN 发送到 UE 的 NAS 信息内容及 CN 标识。

③ UE 接收并读取下行直传消息中携带的 NAS 消息内容。若接收到的消息包含协议错误,UE 将在上行 DCCH 上采用 AM RLC 方式发送 RRC 状态消息(RRC STATUS)。下行直传过程结束。

3. RAB 建立

CN 向 RNC 发送 RAB 指配请求消息(RAB ASSIGNMENT REQUEST),发起 RAB 建立过程,CN 响应 UE 的业务请求,要求 RNC 建立相应的无线接入承载,建立成功后,对方应答,双方通话。

RAB 指用户面的承载,用于 UE 和 CN 之间传送语音、数据、多媒体等业务信息。UE 和 CN 之间的信令连接建立完成后,才能建立 RAB。RAB 建立是由 CN 发起让 UTRAN 执行的功能。

根据 RAB 建立前 RRC 连接状态与 RAB 建立后 RRC 连接状态,可以将 RAB 的建立流程分成以下 3 种情况:

① DCH_DCH: RAB 建立前 RRC 使用 DCH,RAB 建立后 RRC 使用 DCH。

② CCH_DCH：RAB 建立前 RRC 使用 CCH，RAB 建立后 RRC 使用 DCH。

③ CCH_CCH：RAB 建立前 RRC 使用 CCH，RAB 建立后 RRC 使用 CCH。

根据无线链路重配置情况，RAB 建立流程又可分为两种情况：同步重配置无线链路和异步重配置无线链路。两者的区别在于 Node B 与 UE 接收到 SRNC（Serving Radio Network Controller，服务 RNC）下发的配置消息后，能否立即启用新的配置参数。

本书以 DCH_DCH 为例给出 RAB 同步建立流程。

(1) CN 向 UTRAN 发送 RAB 指配请求消息，发起 RAB 建立过程。

(2) SRNC 接收到 RAB 建立请求后，将 RAB 的 QoS 参数映射为 AAL2 链路特性参数与无线资源特性参数，Iu 接口的 ALCAP 根据其中的 AAL2 链路特性参数发起 Iu 接口的用户面传输承载建立过程（对于 PS 域，本步不存在）。

(3) SRNC 向所控制的 Node B 发送无线链路重配置准备消息（RADIO LINK RECONFIGURATION PREPARE），请求所控制的 Node B 准备在已有的无线链路上增加一条（或多条）承载 RAB 的专用传输通道（DCH）。

(4) Node B 分配相应的资源，然后向所属的 SRNC 发送无线链路重配置准备完成消息（RADIO LINK RECONFIGURATION READY），通知 SRNC 无线链路重配置准备完成。

(5) SRNC 中 Iub 接口的 ALCAP 发起 Iub 接口的用户面传输承载建立过程。Node B 与 SRNC 通过交换 DCH 帧协议的上、下行同步帧建立同步。

(6) SRNC 向 UE 发送 RRC 协议的无线承载建立消息（RADIO BEARER SETUP）。

(7) SRNC 向所控制的 Node B 发送无线链路重配置执行消息（RADIO LINK RECONFIGURATION COMMIT）。

(8) UE 执行 RB 建立后，向 SRNC 发送无线承载建立完成消息（RADIO BEARER SETUP COMPLETE）。

(9) SRNC 接收到无线承载建立完成的消息后，向 CN 响应 RAB 指配响应消息（RAB ASSIGNMENT RESPONSE）。RAB 建立流程结束。

7.4.4 接力切换

切换过程是移动通信区别于固定通信的一个显著特征之一，TD-SCDMA 支持的切换类型包括硬切换、接力切换两种。

接力切换（Baton Handover）是 TD-SCDMA 移动通信系统的核心技术之一。其设计思想是利用 TDD 系统特点和上行同步技术，在切换测量期间，利用开环技术进行并保持上行预同步，即 UE 可提前获取切换后的上行通道发送时间、功率信息；在切换期间，可以不中断业务资料的传输，从而达到减少切换时间、提高切换的成功率、降低切换掉话率的目的。

接力切换分 3 个过程，即测量过程、判决过程和执行过程，如图 7-17 所示。信令描述如下：

(1) RNC 根据测量报告进行切换判决，确定目标小区，确定使用接力切换。

(2) RNC 向目标小区所在的 Node B 发送无线链路建立请求消息（RADIO LINK SETUP REQUEST），启动无线链路建立过程。

(3) 目标小区所在的 Node B 向 CRNC 发送无线链路建立完成消息（RADIO LINK SETUP RESPONSE）。主要参数有小区标识、传输格式集、传输格式组合集、频率、时隙、信

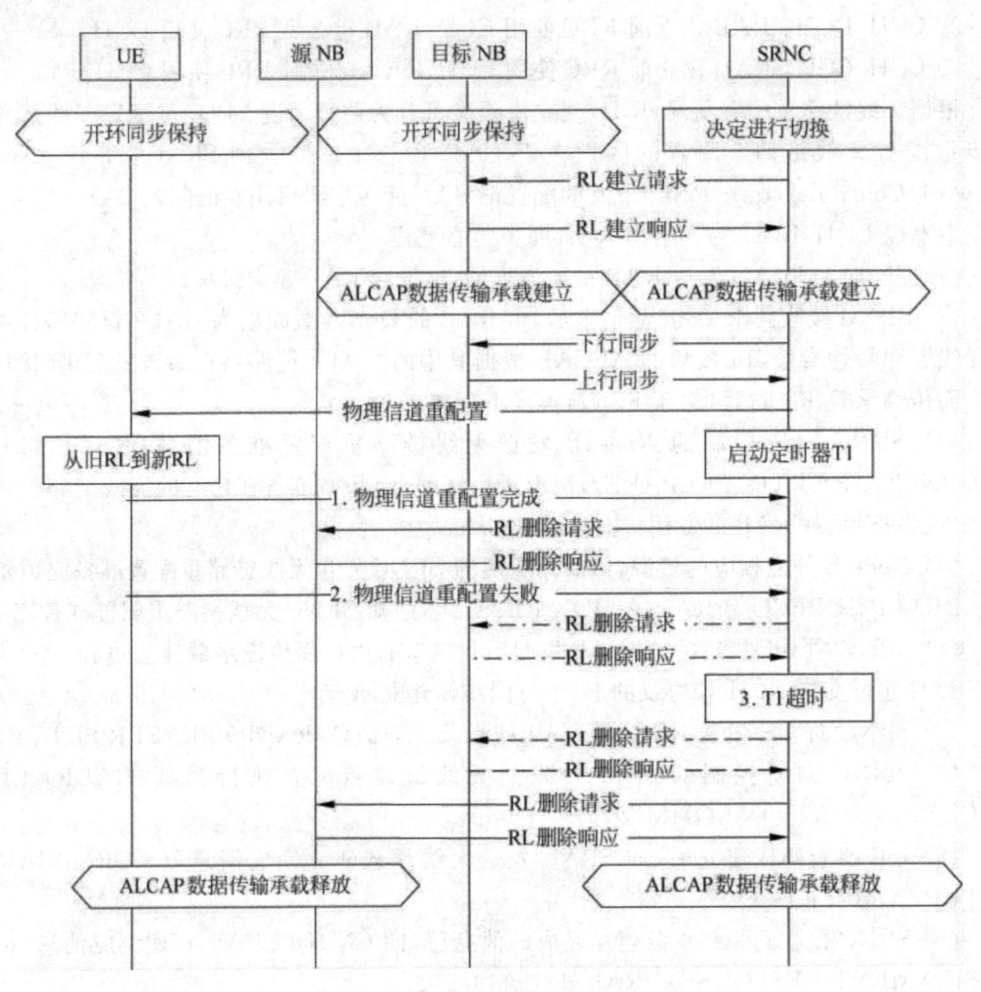

图 7-17　接力切换信令过程

道码、功率控制消息。

(4) RNC采用ALCAP协议建立RNC和Node B的Iub接口传输承载,并且进行FP同步。

(5) RNC发送控制帧DCH-FP——下行链路同步(DOWNLINK SYNCHRONISATION)请求到Node B; Node B完成之后回复控制帧DCH-FP——上行链路同步(UPLINK SYNCHRONISATION)消息,表示Node B和RNC之间的Iub数据传输承载建立同步。

(6) RNC通过下行DCCH通道向终端发送无线承载重配置消息(RADIO BEARERRE CONFIGURATION),该消息中包括了FPACH消息。此时网络在给原基站发送下行数据的同时也给目标基站发送下行数据,在一段时间内两条链路上并发资料,可以保证终端能够成功接收。

(7) 终端收到物理信道重配置消息后,向目标小区用开环功率控制和开环同步控制方式发射上行信息。终端将根据制定的目标基站的数据重新进行测量,获得终端至此目标基站的链路损耗及到达时间 t(即开环功率和同步控制)。

(8) 终端在成功切换到目标小区后,通过DCCH向CRNC发送无线承载重配置完成消息(RADIO BEARER RACONFIGURATION COMPLETE)。

(9) 为了在合适的时间内收回系统资源,RNC 在发出“物理信道重配置”信令后需要启动保护定时器 T1。如果切换成功且收到“物理信道重配置完成”的信令,则 RNC 继续发出信令释放配置在原小区的链路资源;如果切换失败且收到“物理信道重配置失败”的信令,则 RNC 继续发出信令释放配置在目标小区的链路资源;由于某种异常情况,RNC 在 T1 超时之后仍未收到终端的任何信息,如当用户突然中断则 RNC 将发出信令释放配置在原小区和目标小区的链路资源。

与通常的硬切换相比,接力切换除了要进行硬切换所进行的测量外,还要对符合切换条件的相邻小区的同步时间参数进行测量、计算和保持。接力切换使用上行预同步技术,在切换过程中,UE 从源小区接收下行数据,向目标小区发送上行数据,即上、下行通信链路先后转移到目标小区。上行预同步的技术在移动台是指在与源小区通信保持不变的情况下与目标小区建立起开环同步关系,提前获取切换后的上行信道发送时间,从而达到减少切换时间、提高切换的成功率、降低切换掉话率的目的。接力切换是介于硬切换和软切换之间的一种新的切换方法。TD-SCDMA 采用接力切换有以下优势:

- 与软切换相比,都具有较高的切换成功率、较低的掉话率及较小的上行干扰等优点。不同之处在于接力切换不需要同时有多个基站为一个移动台提供服务,因而克服了软切换需要占用的信道资源多、信令复杂、增加下行链路干扰等缺点。
- 与硬切换相比,具有较高的资源利用率,简单的算法,以及较轻的信令负荷等优点。不同之处在于接力切换断开原基站和与目标基站建立通信链路几乎是同时进行的,因而克服了传统硬切换掉话率高、切换成功率低的缺点。
- 传统的软切换、硬切换都是在不知道 UE 的准确位置下进行的,因而需要对所有邻小区进行测量,而接力切换只对 UE 移动方向的少数小区测量。

思考与练习

7.4.1 填空题

① UE 有两种基本运行模式:________和________。UE 开机后停留在________下,又称为处于________状态,这时在一个小区中读取系统消息,监听寻呼信息。

② UE 连接模式共有 4 种状态:________、________、________和________。

7.4.2 画图简述题

① 简述接力切换的过程与优势。

② 画图说明主叫的工作流程。

7.5 TD-SCDMA 系统的其他技术

7.5.1 动态信道分配

1. 动态信道分配的方法

在无线通信系统中,为了将给定的无线频谱分割成一组彼此分开或者互不干扰的无线信道,使用诸如频分、时分、码分、空分等技术。对于无线通信系统来说,系统的资源包括频率、时隙、码道和空间方向4个方面,一条物理信道由频率、时隙、码道的组合来标志。无线信道数量有限,是极为珍贵的资源,要提高系统的容量,就要对信道资源进行合理的分配,由此产生了信道分配技术。如何有效地利用有限的信道资源,为尽可能多的用户提供满意的服务是信道分配技术的目的。信道分配技术通过寻找最优的信道资源配置,来提高资源利用率,从而提高系统容量。

TD-SCDMA 系统中动态信道分配的方法有以下几种。

(1) 时域动态信道分配

因为 TD-SCDMA 系统采用了 TDMA 技术,在一个 TD-SCDMA 载频上,使用7个常规时隙,减少了每个时隙中同时处于启动状态的用户数量。每载频多时隙,可以将受干扰最小的时隙动态分配给处于启动状态的用户。

(2) 频域动态信道分配(DCA)

频域 DCA 中每一小区使用多个无线信道(频道)。在给定频谱范围内,与5MHz的带宽相比,TD-SCDMA 的1.6MHz带宽使其具有3倍以上的无线信道数(频道数)。可以把启动用户分配在不同的载波上,从而减小小区内用户之间的干扰。

(3) 空域动态信道分配

因为 TD-SCDMA 系统采用智能天线的技术,可以通过用户定位、波束赋形来减小小区内用户之间的干扰、增加系统容量。

(4) 码域动态信道分配

在同一个时隙中,通过改变分配的码道来避免偶然出现的码道质量恶化。

2. 动态信道分配的分类

TD-SCDMA 动态信道分配分为慢速 DCA 和快速 DCA 两类。

(1) 慢速 DCA

慢速 DCA 主要解决两个问题:一是由于每个小区的业务量情况不同,所以不同的小区对上下行链路资源的需求不同;二是为了满足不对称数据业务的需求,不同的小区上下行时隙的划分是不一样的,相邻小区间由于上下行时隙划分不一致时会带来交叉时隙干扰。所以慢速 DCA 主要有两个方面:一是将资源分配到小区,根据每个小区的业务量情况,分配和调整上下行链路的资源;二是测量网络端和客户端的干扰,并根据本地干扰情况为通道分配优先级,解决相邻小区间由于上下行时隙划分不一致所带来的交叉时隙干扰。具体的方法是可以在小区边界根据用户实测上下行干扰,决定该用户在该时隙进行哪个方向上的通信。

(2) 快速 DCA

快速 DCA 主要解决以下问题:不同的业务对传输质量和上下行资源的要求不同,如何选择最优的时隙、码道资源分配给不同的业务,从而达到系统性能要求,并且尽可能地进行快速处理。快速 DCA 包括信道分配和信道调整两个过程。信道分配是根据其需要资源单元的多少为承载业务分配一条或多条物理通道。信道调整(信道重分配)可以通过 RNC 对小区负荷情况、终端移动情况和信道质量的监测结果,动态地对资源单元(主要是时隙和码道)进行调配和切换。

3. DCA 对 TD-SCDMA 的重要性

① 有利于上、下行转换点的动态调整。

② 部分克服 TDD 系统特有的上、下行干扰问题。

③ 上、下行的干扰受限条件需要根据链路负荷情况动态调整。

④ 通过小区内或波束间的信道切换,可以减小 CDMA 系统软容量的影响。

⑤ DCA 可以提供组合信道方式。满足所需业务质量要求,具有优化多个时隙多个码道的组合能力。

⑥ DCA 能尽量把相同方向上的用户分散到不同时隙中,把同一时隙内的用户分布在不同的方向上,充分发挥智能天线的空分功效,使多址干扰降至最小。

⑦ 可以克服因为不同小区间上、下行切换点的不同而导致小区边缘移动终端间的信号阻塞问题。

⑧ DCA 可以根据时隙内用户的位置(DOA)为新用户分配时隙,使用户波束内的多址干扰尽量小。

⑨ 快速 DCA 中通道调整可以克服同码道干扰问题。

4. TD-SCDMA 对 DCA 的考虑

① 为了组网规范,频率分配仍然采用固定信道分配(FCA)方式。

② 时隙必须先于码道分配,在码道分配时,同一时隙内最好采用相同扩频因子。

③ 根据 DCA 信息,尽量把相同方向上的用户分散到不同时隙中。

④ 在 CAC(接纳控制)时,首先搜索已接入用户数小于系统可形成波束数的时隙,然后针对该接入用户进行波束成形,使波束的最大功率点指向该用户。

⑤ 系统测量最好以 5ms 子帧为周期进行。

⑥ 在智能天线波束成形效果足够好的情况下,可以为不同方向上的用户分配相同的频率、时隙、扩频码,将使系统容量成倍地增长。

7.5.2 功率控制

功率控制技术是 CDMA 系统的基础,没有功率控制就没有 CDMA 系统。功率控制可以补偿衰落,接收功率不够时要求发射方增大发射功率。功率控制可以克服远近效应,对上行功控而言,功率控制的目标即为所有的信号到达基站的功率够用即可。由于移动信道是一个衰落信道,快速闭环功控可以随着信号的起伏进行发射功率的快速改变,使接收电平由起伏变得平坦。TD-SCDMA 的功率控制技术采取开环控制、内环闭环控制和外环闭环控制 3 种方式。下面将逐个简单介绍。

1. 开环功率控制

由于 TD-SCDMA 采用 TDD 模式,上行和下行链路使用相同的频段,因此上、下行链路的平均路径损耗存在显著的相关性。这一特点使得 UE 在接入网络前,或者网络在建立无线链路时,能够根据计算下行链路的路径损耗来估计上行或下行链路的初始发射功率。当它接收到的功率越强,说明收发双方距离较近或有非常好的传播路径,发射的功率就越小,反之则越大。开环功控只能在决定接入初期发射功率和切换时决定切换后初期发射功率的时候使用。上行开环功率控制由 UE 和网络共同实现，网络需要广播一些控制参数，而 UE 负责测量 PCCPCH 的接收信号码功率，通过开环功率控制的计算，确定随机接入时 UPPCH、PRACH、PUSCH 和 DPCH 等信道的初始发射功率。

2. 内环闭环功率控制

内环闭环功率控制的机制是无线链路的发射端根据接收端物理层的回馈信息进行功率控制，这使得 UE(Node B)根据 Node B(UE)的接收 SIR 值调整发射功率，来补偿无线信道的衰落。在 TD-SCDMA 系统中的上、下行专用信道上使用内环功率控制，每一个子帧进行一次。

3. 外环闭环功率控制

内环功率控制虽然可以解决损耗及远近效应的问题，使接收信号保持固定的信干比(SIR)，但是却不能保证接收信号的质量。接收信号的质量一般由误块率(BLER)或误码率(BER)来表征。环境因素(主要是用户的移动速度、信号传播的多径和迟延)对接收信号的质量有很大的硬性。当信道环境发生变化时，接收信号 SIR 和 BLER 的对应关系也相应发生变化。因此，需要根据信道环境的变化，调整接收信号的 SIR 目标值，这就是外环闭环功率控制的目标。具体功率控制参数如表 7-4 所示。

表 7-4 功率控制参数

项目	上行链路	下行链路
功率控制速率	可变；闭环：0～200 次/s； 开环：(200～3575μs 的延迟)	可变； 闭环：0～200 次/s
步长	1dB、2dB、3dB (闭环)	1dB、2dB、3dB (闭环)
备注	所有数值不包括处理和测量时间	

7.5.3 HSDPA

HSDPA(High Speed Downlink Packet Access)高速下行分组接入，是一种移动通信协议。该协议在 TD-SCDMA 下行链路中提供分组数据业务，在一个 5MHz 载波上的传输速率可达 8～10Mb/s(如采用 MIMO 技术，则可达 20Mb/s)。在具体实现中，采用了自适应调制和编码(AMC)、多输入多输出(MIMO)、混合自动重传请求(HARQ)、快速调度、快速小区选择等技术。HSDPA 是 TD-SCDMA 系统提高下行容量和数据业务速率的一种重要技术。

1. 基本原理

HSDPA 技术的基本原理是，当 UE 接入到 HSDPA 无线网络，需要传输下行数据时，UE 周期性地向 Node B 上报信道质量指示 CQI。Node B 接收到 UE 上报的资料后，根据所要传输资料的 QoS 和 UE 上报的 CQI，选择合适的调制方式，即 QPSK 或 16QAM，并在 HSDPA 专用信道 HS-PDSCH 上传输用户的下行数据。UE 接收到 Node B 的下行数据包后，通过 HSDPA 专用通道 HS-SICH，向 Node B 发送确认信息 ACK/NACK，如图 7-18 所示。

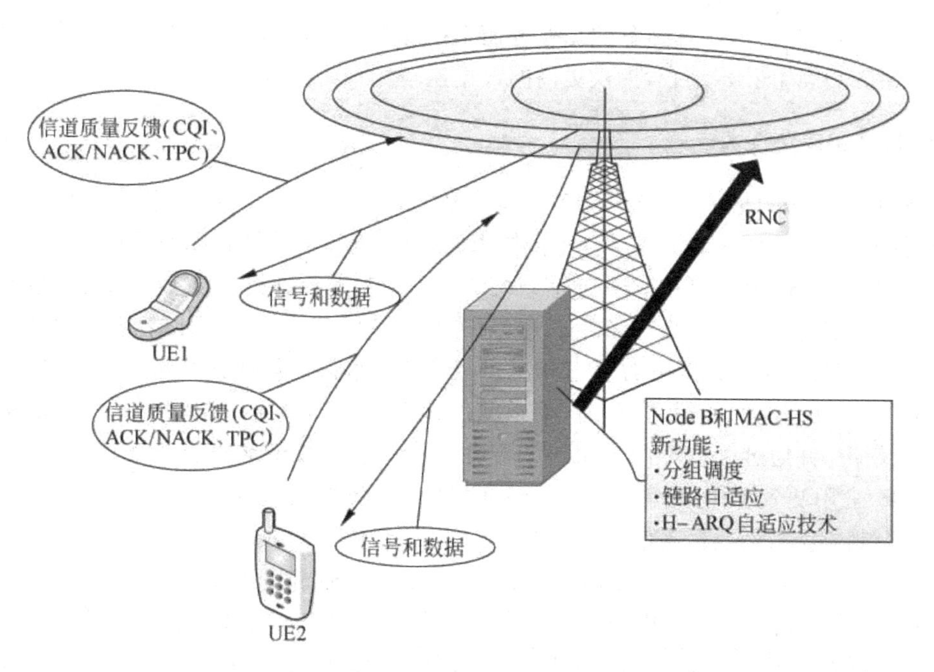

图 7-18 HSDPA 基本原理示意

与 R4 架构相比，HSDPA 引入了 AMC、HARQ，并将分组调度器从 RNC 移到 Node B 中，以便在 Node B 中实现 MAC-HS 协议控制的快速分组调度。通过 UE 上报的确认信息 ACK/NACK，Node B 可以知道什么时间、以什么方式重发资料。通过小区内各 UE 上报的 CQI，快速分组调度器就可优化用户间的数据传输。

HSDPA 设计遵循的准则之一是尽可能地兼容 R99 版本中定义的功能实体与逻辑层间的功能划分。在保持 R99 版本结构的同时，在 Node B(基站)增加了新的媒体接入控制(MAC)实体 MAC-HS，负责调度、链路调整及混合 ARQ 控制等功能。这样使得系统可以在 RNC 统一对用户在 HS-DSCH 信道与专用数据信道 DCH 之间切换进行管理。

HSDPA 引入的信道使用与其他信道相同的频点，从而使得运营商可以灵活地根据实际业务情况对信道资源进行灵活配置。HSDPA 信道包括高速共享数据信道(HS-DSCH)以及相应的下行共享控制信道(HS-SCCH)和上行专用物理控制信道(HS-DPCCH)。下行共享控制信道(HS-SCCH)承载从 MAC-HS 到终端的控制信息，包括移动台身份标记、H-ARQ 相关参数以及 HS-DSCH 使用的传输格式。这些信息每隔 2ms 从基站发向移动台。上行专用物理控制信道(HS-DPCCH)则由移动台用来向基站报告下行信道质量状况并请求基站重传有错误的数据块。在物理层，HS-DSCH 映射到物理下行共享信道(HS-PDSCH)，HS-PDSCH 的扩频因子固定为 16，每个小区最多可以配置 15 个 HS-PDSCH，这些信道可以供单用户使用，也可以供多用户使用。不同移动台除了在不同时段分享信道资源外，还分享信道码资源。信道码资源共享使系统可以在较小数据包传输时仅使用信道码集的一个子集，从而更有效地使用信道资源。此外，信道码共享还使得终端可以从较低的数据率能力起步，逐步扩展，有利于终端的开发。共享信道池分配的信道码由 RBS 根据

HS-DSCH 信道业务情况每隔 2ms 分配一次。与专用数据信道使用软切换不同,高速共享数据信道(HS-DSCH)间使用硬切换方式。

通过 HSDPA 技术,下行 PS 数据业务速率达到 10.2Mb/s;而且,HSDPA 技术可以和 OFDM、MIMO 等新技术结合,提供更高的数据速率。

2. 链路层调整技术

HSDPA 参考 CDMA 2000 1x EV-DO 体制,充分考虑到数据业务特点,采用了快速链路调整技术、结合软合并的快速混合重传技术、集中调度技术等链路层调整技术。

(1) 快速链路调整技术。语音通信系统通常采用功率控制技术以抵消信道衰落对于系统的影响,以获得相对稳定的速率;而数据业务相对可以容忍延时,可以容忍速率的短时变化。因此 HSDPA 不是试图去对通道状况进行改善,而是根据通道情况采用相应的速率。由于 HS-DSCH 每隔 2ms 就更新一次信道状况信息,因此,链路层调整单元可以快速跟踪信道变化情况,并通过采用不同的编码调制方案来实现速率的调整。当信道条件较好时,HS-DSCH 采用更高效的调制方法——16QAM,以获得更高的频带利用率。理论上,*M*QAM 调制方法虽然能提高信道利用率,但由于调制信号间的差异性变小,因此需要更高的码片功率,以提高解调能力。因此,*M*QAM 调制方法通常用于带宽受限的场合,而非功率受限的场合。在 HSDPA 中,通常靠近基站的用户接收信号功能相对较强,可以得到 *M*QAM 调制方法带来的好处。此外,WCDMA 是语音数据合一型系统,在保证语音业务所需的公共及专用信道所需的功率外,还可以将剩余功率全部用于 HS-DSCH,以充分利用基站功率。

(2) 结合软合并的快速混合重传(HARQ)技术。终端通过 HARQ 机制快速请求基站重传错误的数据块,以减轻链路层快速调整导致的数据错误带来的影响。终端在收到数据块后 5ms 内向基站报告数据正确译码或出现错误。终端在收到基站重传数据后,在进行译码时,结合前次传输的数据块及重传的数据块,充分利用它们携带的相关信息,以提高译码概率。基站在收到终端的重传请求时,根据错误情况以及终端的存储空间,控制重传相同的编码数据或不同的编码数据(进一步增加信息冗余度),以帮助提高终端纠错能力。

(3) 集中调度技术。该技术是决定 HSDPA 性能的关键因素。CDMA 2000 1x EV-DO 及 HSDPA 追求的是系统级的最优,如最大扇区通过率,集中调度机制使得系统可以根据所有用户的情况决定哪个用户可以使用信道,以何种速率使用信道。集中调度技术使得信道总是为与信道状况相匹配的用户所使用,从而最大限度地提高信道利用率。

信道状况的变化有慢衰落与快衰落两类。慢衰落主要受终端与基站间距离影响,而快衰落则主要受多径效应影响。数据速率相应于信道的这两种变化也存在短时抖动与长时变化。数据业务对于短时抖动相对可以容忍,但对于长时抖动要求则较严。好的调度算法既要充分利用短时抖动特性,也要保证不同用户的长时公平性。也就是,既要使得最能充分利用信道的用户使用信道以提高系统吞吐率,也要使得信道条件相对不好的用户在一定时间内能够使用信道,以保证业务连续性。

3. HSDPA 的技术优势

(1) 通过实施若干快速而复杂的信道控制机制，包括物理层短帧、自适应编码调制(AMC)、快速混合自动重传技术(Hybrid-ARQ)和快速调度技术，HSDPA 使峰值数据传输速率达到 10Mb/s，改善了用户数据下载服务的体验，缩短了连接与应答的时间。更为重要的是，HSDPA 使分区数据吞吐量增加了 3～5 倍，这便可以在不占用更多网络资源的基础上大幅度增加用户数量。

(2) HSDPA 较高的吞吐量和峰值数据传输速率有助于激励和促进数据密集型应用的发展。事实上，HSDPA 可以更加有效地实施由 3GPP 标准化的服务品质水平(QoS)控制，通信网路可以更加智慧地对不同优先级的应用与服务进行排序与资源调拨，首先保证话音通信的质量，其次保证对于实时性要求较高的应用的数据传输需求，如实时视频、网络游戏等，而网页浏览、下载等应用的数据传输则可以设置为较低的优先级。通过这样的 QoS 管理，HSDPA 可以根据用户业务的需求，做不同的网络安排并进行网络容量分配，更有效地支持和管理多种多样的实时高速数据传输业务。

(3) HSDPA 的另一个重要优点是后向兼容性，运营商可以根据网络建设发展的需要进行逐级部署，而不会对现有的网络用户造成影响。

(4) HSDPA 因成本低而具有强大的竞争优势。由于 HSDPA 网络建设所带来的成本主要用于基站(Node Bs 或 BTS)和无线网络控制系统(RNC)的软/硬件升级，因此 HSDPA 的部署具备很高的性价比。

思考与练习

7.5.1 填空题

① TD-SCDMA 系统中动态信道分配的方法有以下几种：时域动态信道分配、频域动态信道分配、________和________。

② TD-SCDMA 动态信道分配分为________和________两类。

③ TD-SCDMA 的功率控制技术采取________、________和________3 种方式。

④ HSDPA 是________，是一种移动通信协议。

⑤ HSDPA 采用了________、结合软合并的快速混合重传技术、集中调度技术等链路层调整技术。

本章小结

本章介绍了 TD-SCDMA 系统，主要涉及 TD-SCDMA 的发展、无线接口、控制与管理和关键技术这 4 部分内容。在 TD-SCDMA 的发展这一部分，主要介绍了 TD-SCDMA 的概念、发展历史、业务和应用；在 TD-SCDMA 系统的无线接口这一部分，主要介绍了 TD-SCDMA 系统的时隙结构、帧结构、信道结构，重点讲述了 TD-SCDMA 系统的基带处理过程；在 TD-SCDMA 的控制与管理这一部分主要介绍了 UE 状态、主叫、接力切换等基本概念与工作流程；另外，还介绍了 TD-SCDMA 系统的其他技术，如动态信道分配、HSDPA 等。本章知识点较多，如 TD-SCDMA 系统的概念、信道结构、帧结构和基带处理流程等都是本章的重点和难点,大家要仔细领会它们的含义。

实验与实践

活动1 TD-SCDMA市场观察

2008年4月1日,中国移动在北京、上海、天津、沈阳、青岛、广州、深圳、厦门、秦皇岛和保定等10个城市启动TD-SCDMA社会化业务测试和试商用;2009年1月7日,中国政府正式向中国移动颁发了TD-SCDMA业务的经营许可;2012年1月中国移动TD-SCDMA 3G用户增至5394万。可见,TD-SCDMA市场发展迅速。

请你实地参观TD-SCDMA的制造厂家,或上网访问大唐电信网站http://www.catt.ac.cn、中国移动网站http://www.10086.cn/,或以"TD-SCDMA"等为关键词,了解一下国内TD-SCDMA的技术发展与市场;同时到中国移动的客户服务部,了解一些运营商的业务和品牌等,或上网访问中国移动的网站。然后组织一个研讨会,对TD-SCDMA的背景、市场、解决方案、关键技术等进行讨论,大家相互交流。研讨结束后,请根据讨论结果,结合自己的感想,作一篇名为"TD-SCDMA的业务品牌"的综述,并收入个人成果集。

活动2 TD-SCDMA课题研究

这些年以来,TD-SCDMA的发展势头看好。有数据显示,2012年1月中国移动TD-SCDMA 3G用户增至5394万,新增终端达3600万,同比2011年增长70%。据统计网上的数据流量,与2011年相比,整个用户流量增长超过了300%。可见,进入2012年之后,TD-SCDMA产业终于迎来了快速发展时期,进入了良性发展轨道。

请您根据自己的研究兴趣,在本章的学习过程中围绕"TD-SCDMA的技术与发展"选择一项研究课题。也可以在老师的指导下,成立课题研究小组,推荐研究的课题有:

- 多用户检测技术在TD-SCDMA系统中的应用。
- 智能天线技术在TD-SCDMA系统中的应用。
- 软件无线电技术在TD-SCDMA系统中的应用。
- MIMO技术在TD-SCDMA系统中的应用。
- 动态信道分配技术在TD-SCDMA系统中的应用。
- 接力切换技术在TD-SCDMA系统中的应用。
- 其他TD-SCDMA的技术研究。

请你或小组使用PowerPoint创作一个演示文稿,在本章课程结束时进行全班交流,并存入个人成果集。

活动3 TD-SCDMA手机面面观

目前,TD终端款型虽日益丰富,但国际一流品牌终端制造商的介入力度还相对有限。从产品价位看,目前TD手机以中高端产品为主,价格普遍较同档次GSM终端高。用户已经习惯了使用高性能、多功能、外观时尚、价格相对低廉的GSM终端,目前TD的终端情况远远低于用户的预期,使其没有很强烈的购买欲望,这在一定程度上仍制约TD的发展。

那么,你或周围人用了TD-SCDMA手机吗?对于TD-SCDMA手机的外形、功能、业务、辐射等,你的感受如何?回忆一下本章学习过的TD-SCDMA基带处理流程,并试探究一下TD-SCDMA手机的构造原理。

拓展阅读

[1] 侯自强. TD-SCDMA 的演进策略. 电视技术,2007 年 11 期.
[2] 赵全军. TD-SCDMA 系统多业务动态信道分配算法研究. 通信技术,2007 年 10 期.
[3] 葛君伟. 基于 TD-SCDMA 的无缝定位服务. 计算机应用研究,2007 年 09 期.
[4] 孙天伟. 基于 TD-SCDMA 的 HSUPA 关键技术. 通信技术,2007 年 08 期.
[5] 张俊辉. TD-SCDMA 高速下行分组接入技术. 通信技术,2007 年 06 期.
[6] 陶雄强. 对建设 TD-SCDMA 的几点思考. 宏观经济研究,2007 年 01 期.
[7] 郑宇. TD-SCDMA 系统中的切换技术. 电信科学,2006 年 06 期.
[8] 吴慧敏. TD-SCDMA 终端射频模块的研制. 微电子学,2006 年 05 期.
[9] 徐霞艳. TD-SCDMA 技术标准的发展. 电信科学,2006 年 05 期.
[10] 王建海. 一种新型的 TD-SCDMA 动态信道分配方案. 电信科学, 2005 年 04 期.

深度思考

随着 TD-SCDMA 网络建设的不断进行,以及 TD-SCDMA 的产业成熟度的不断提高,这个中国的 3G 标准吸引了全球的目光。在这一大背景下,请结合本章的学习内容并上网查一下,未来 TD-SCDMA 的发展空间以及发展前景又如何呢?

第8章 移动增值业务系统

学习目标

- 掌握移动通信增值业务的概念及基本特点，了解国内移动通信增值业务的发展趋势，能用自己的语言陈述移动通信增值业务发展的驱动力。
- 理解移动增值业务提供的体系结构。
- 理解并掌握一些与移动增值业务相关的技术，理解短消息与小区广播技术、位置服务、移动IP技术的工作原理，掌握小区广播业务、短消息业务、移动代理、移动IP地址、位置登记、代理发现等概念；了解IMAP4、移动流媒体、普适计算、DRM、移动数据库等技术。
- 了解移动通信增值业务的企业级应用与典型的行业应用。

知识地图

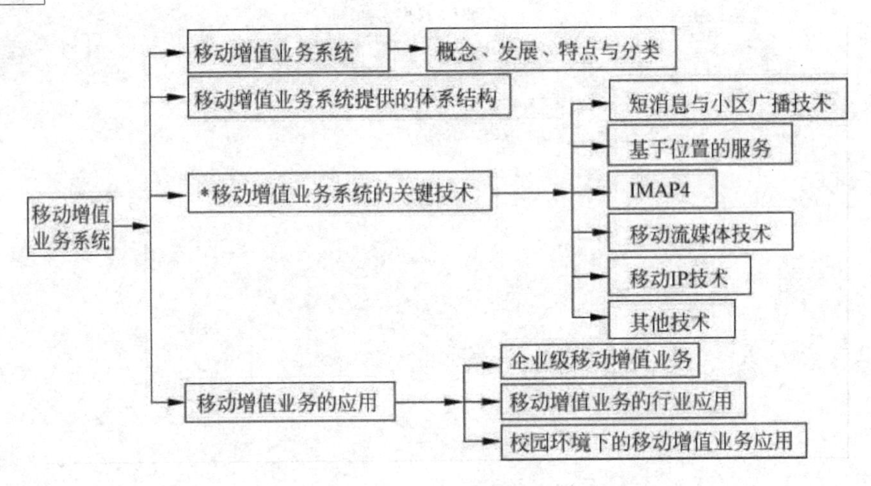

学习指导

移动增值业务是移动通信技术的具体应用，它是移动运营商在移动基本业务（话音业务）的基础上，针对不同的用户群和市场需求开通的可供用户选择使用的业务。移动增值业务是市场细分的结果，它充分挖掘了移动网络的潜力，满足了用户的多种需求，因此在市场上取得了巨大的成功。本章主要介绍了移动增值业务的基本概念、发展过程、特点和分类，移动增值业务系统提供的体系结构，关键技术，企业级应用，行业应用等内容。本章属于移动通信系统的应用篇，所以大家重在掌握移动增值业务系统的基本概念，了解目前的一些移动增值业务的应用。为了帮助你对学习内容的掌握，建议你在学习本章时充分利用本章知识地图，同时建议你充分利用课后的拓展阅读。

课程 学习

移动增值服务是在社会信息化水平日益提高的前提下，为了满足人们对以信息为基础的各种应用的强烈需求而迅速发展起来的一种崭新的移动通信服务方式。由于移动通信自身所具有的移动性、便捷性、专属性、灵活性等特点，再加上基于这些特点之上的短消息、彩信、游戏、电子商务、支付、定位、管理等丰富多彩的应用服务，不仅能够为广大用户提供更方便、更灵活的通信服务，同时也为移动通信市场带来了无限商机，移动增值服务已经逐渐成为一种欣欣向荣的朝阳行业。艾瑞市场咨询根据资料整理显示，目前移动增值业务正日益成为运营商关注的重点，它是移动运营商适应市场竞争、提高每个用户平均收入(APRU值)的有效手段。移动增值业务还充分挖掘了移动网络的潜力，更能满足用户的多样化、个性化的业务需求。从某种意义上来说，它还可以进一步带动社会的信息化。可见，移动增值业务已经成为当今社会的热点之一，不远的将来，一定会有更多的企业、团体甚至个人参与到移动增值业务的市场大潮中。

8.1 移动增值业务概述

8.1.1 移动增值业务的定义

目前电信运营商们推出的新业务大多是增值业务，那么，什么是移动增值业务？不同国家的电信监管机构、电信运营商等给出的移动增值业务的定义和范围界定略有不同。例如，澳大利亚电信管制机构对移动增值电信业务的定义是：“移动增值电信业务通常是通过应用计算机智能技术，在公用移动网或专用移动网上提供的一些业务，在某些方面增加了基础运营业务的价值，包括提供增强型网络属性的服务。”德国市场研究机构对移动增值电信业务的定义为：“移动电信运营商除基础业务外提供的‘创新’业务，其附加的属性使运营商可收取更高的价格和吸引更多的用户。”

近年来电信技术和电信业务的飞速发展更使得移动增值电信业务的概念很难确切定义。这里借用增值电信业务的定义认为，移动电信增值业务(The Mobile Value-Added Service)是在计算机技术、通信技术、互联网技术发展融合的环境下，移动运营商为了满足不同用户群和市场的需求，在点对点语音业务基础上所提供的可供用户选择的、通过移动终端实现的各种生活、工作、学习、娱乐、管理和控制等服务业务。

8.1.2 国内移动增值业务的发展

1. 我国移动增值业务市场基本情况

(1) 业务量逐年上升

2G时代，发展最快的移动通信增值业务是短消息服务，它具有较多的优点，如对移动设备的非限制性、低廉的价格、操作方式方便等优点。该业务2000年刚推出时，业务量仅为1亿元，至2004年，其业务量就已经翻升至300亿元。2007年，无线市话短信业务量311.2亿条,同比增长4.4%,移动短信业务量5921.0亿条,同比增长37.8%。自中国移动GPRS网络和中国联通CDMA 1x网络商用后,我国移动增值业务就进入全面建设时期。如中国移动成功推出的“移动梦网”、中国联通推出的以“联通无限”等品牌服务,提供了几十种增值业务服务。至3G商用,移动互联网业务等就成为移动增值业务中增长最快的业务了。到目前为止,我国移动数据增值业务的提供基本遵循“一个平台,一类业务”的思路,新的业务种类的不断涌现,各类数据增值业务平台也在网上陆续出现。

移动增值业务在我国正处在逐年递增的大好形势之下,其发展潜力可观,较受用户欢迎的业务包括短消息、彩信、移动上网及IVR(Interactive Voice Response,互动式语音应答)等。以个性化回铃业务为例,2007年1～10月,固定个性化回铃用户新增3412.9万户,达到8768.7万户,渗透率从2006年底的14.6%上升到23.7%;移动个性化回铃用户新增10 010.7万户,达到30 672.3万户,渗透率从2006年底的44.8%上升到57.7%。

(2) 价值链初步形成

移动增值业务领域中的产业链突破了传统语音增值业务囿于移动运营商的限制,其产业链扩展至设备制造商、业务运营商(SP)、内容提供商(CP)和最终用户等市场主体,逐步创造出了多方共赢的商业模式。

总的看来,未来移动通信价值链可以分成4个环节,各环节的主要角色如下:

(1) 移动运营商(如中国移动、中国联通)。移动运营商负责基础电信网络和数据网络的建设与运营,在整个产业链中占支配地位。

(2) 设备制造商又分为网络设备制造商和终端设备制造商。

① 网络设备制造商主要为移动网络运营者提供包括空中接口、基础设施、路由器和交换机等设备构筑网络基础设施,为确保技术的互通性,全球性的网络技术标准仍需要发挥至关重要的作用。

② 终端设备制造商负责开发和推广用户终端设备,保证用户能够使用移动增值业务。

(3) 业务运营商。整合内容提供商的内容,通过移动运营商所提供的接口进入移动网络,为最终用户提供移动增值业务,并经由移动电信运营商代收费获取利润。目前,我国已有3000多家增值电信运营商,他们对促进电信业务的发展起到了重要的作用。

(4) 内容提供商。向业务运营商提供天气预报、股市信息、车次、航班、新闻、游戏、片源等增值业务的内容。

很明显,未来的移动通信价值链各环节之间的相互关系将变得更为复杂。尽管移动增值业务发展得红红火火,但其市场远未成熟,存在许多问题如品种不齐全、业务不系统、标准不统一、成本又很高等问题。以移动电子商务为例,其价值链包括很多内容,而现在的移动增值电信业务只能打造其中的一部分。因此,用户更需要个性化、无终端限制、体验程度高、计费方式灵活的移动增值业务。

2. 移动增值业务发展的驱动力

总的来说,移动增值业务的发展主要有以下几个驱动力。

(1) 技术驱动力。电信业务的数据化、宽带化等推动了移动增值业务的发展;同时WAP、IPv6、HSDPA、电信BOSS系统等技术的出现与发展使得移动增值业务的发展成为可能。

(2) 用户需求驱动力。用户业务需求向多样化的方向发展,满足不同用户的个性化需求是移动增值业务产生并持续发展的原动力。

(3) 制造商驱动力。制造商需要不断拓展市场,因而需要不断推出新产品(如用支持Java的手机代替不支持Java的手机),从而从侧面也推动了移动增值业务的发展。

(4) 运营商驱动力。电信市场的开放与运营商间竞争也推动了移动增值业务的发展。

一类电信增值业务的产生,除了技术推动与用户需求升级的驱动因素之外,设备市场与运营市场竞争的加剧是另外两个更深层次的原因。在上述4个驱动因素中,网络作为移动增值业务的基本承载,其成熟程度将在一定程度上决定移动增值业务的类型及水平。尽管网络技术的发展会迁就用户的需求,但移动增值业务发展的成熟和完善终究要受限于网络技术水平,即移动增值业务的发展终究要囿于固定通信网、移动通信网及互联网的发展状况。换言之,3种网络各自发展及互相的融合应用,为未来的增值业务的发展界定了基本的技术网络/平台框架。

8.1.3 移动增值业务的基本特点

移动增值电信业务具有以下基本特点:

(1) 不同于基础电信业务,增值电信业务提供的所有业务均具有附加价值。

(2) 使原有移动电信网经济效益不断增加的同时,刺激用户对核心业务以外的附加业务的需求,从而在一定程度上提高了运行效率。

(3) 在基础电信业务资费的基础上,移动增值电信业务可以根据其附加价值属性制定更高的资费标准。

(4) 通常不会占用基础电信业务运营系统的人员与设备。

(5) 除了业务的多样性外,移动增值电信业务还提供业务间在运行与管理上的协作。

8.1.4 移动增值业务的分类

移动增值业务的常用分类有以下几种:

(1) 国际常用分类方式有移动智能业务、移动数据业务、移动IP业务。

(2) 基于业务承载方式的分类有信令、电路、分组。

(3) 按照高层应用上划分的原则,移动增值业务又分为以下多类。

① 基于服务对象的性质,划分为个人用户应用和企业用户应用。

② 基于互通对象,划分为人与人、人与设备、设备与设备之间的应用。

③ 基于业务的特性,划分为通信类、交易处理类、内容类等。

④ 基于服务器的应用或者基于终端设备的应用。

⑤ 基于业务平台或者支持协议,划分为SMS、WAP、HTML业务。

⑥ 基于位置信息的业务或者与位置信息无关的业务等。

以上的划分方式是在不同层面上进行的,具体见表8-1。

表 8-1 基于层面划分的移动增值业务和应用

终端设备	普通手机	大屏幕终端	Java 手机			
业务平台或协议	SMS	EMS	MMS	i-Mode	WAP	
语言	WML	XML	HTML			
业务的交互方式	实时通信	单向信息通知	浏览下载式非对称业务	实时双向交互处理类		
与位置关系	基于位置信息服务	位置无关业务				
内容形式	图片	音频	视频			
业务提供的主体性质	移动网络或业务运营商	移动门户网关	第三方企业的服务			
产生内容的主体	用户	新闻界	金融机构	游戏	教育	传统媒体
业务用途	个人通信类	娱乐类	生活信息类	金融商务类	移动办公类	
服务对象	个人用户	特殊行业	小范围团体	企业		

思考与练习

8.1.1 填空题

① 移动增值业务是提高________的有效手段。

② 按国际常用分类方式,移动增值业务可分为________、________和移动 IP 业务 3 类。

③ 基于业务承载方式,可将移动增值业务分为________、________和________。

④ 基于互通对象,可将移动增值业务划分为________、________、________之间的应用。

⑤ 基于业务的特性,可将移动增值业务划分为________、________和内容类等。

8.1.2 简述题

① 你使用了哪些移动增值业务?简述你对移动增值业务的了解。

② 简述移动增值业务发展的驱动力。

③ 简述移动增值业务的基本特点。

8.2 移动增值业务提供的体系结构

移动增值业务的提供也经历了一个逐步演进的过程,最早是基于传统的交换机来提供一些补充业务,后来发展为基于本地业务平台的方式来提供增值业务,随后智能网的兴起使得移动增值业务的提供更加方便,未来移动增值业务的提供将会进一步基于开放业务接入(OSA)。本节介绍移动增值业务提供的体系结构,如图 8-1 所示。

移动增值业务提供的体系可分为以下几个层面。

(1) 网络承载层

承载层一般是由移动通信网络本身提供,该层又分为两层:适配层和接入层。网络适配层负责将各种业务系统的业务请求信息进行适配;网络接入层负责各种用户终端设备通过 WAP 网关、消息网关、语音网关、互联网关等设备接入适配层,从而进入移动增值业务系统的服务。一般而言,基于网络承载层的移动增值业务平台由设备制造商提供,而移动运营商就是网络承载商,提供移动增值业务服务中的网络承载。

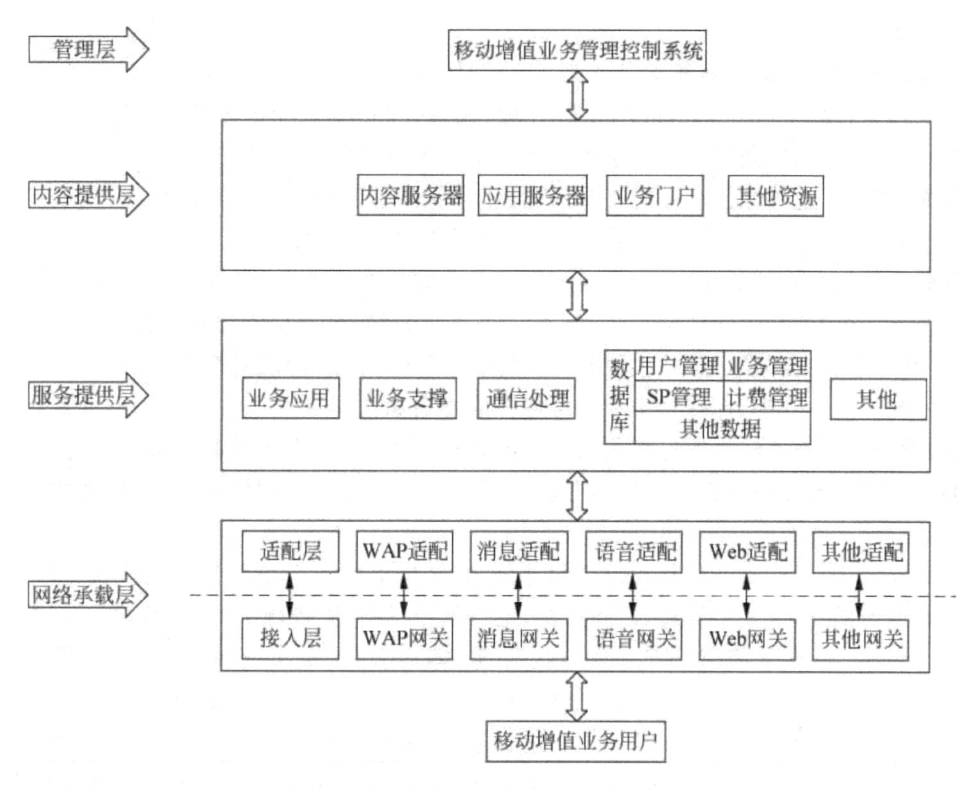

图 8-1 移动增值业务提供的体系结构框图

(2) 系统接口

考虑到实际情况中，移动增值业务系统会是分布式系统，会和不同移动运营商的不同网关连接，所以在不同层间都有系统接口。如适配层和接入层之间就有多种系统接口组件，需要包含支持不同协议的通信组件，可划分为多种接入门户(Portal)，在每种 Portal 内，还会涉及不同地区的接入点。如 Portal 包括：

- 支持中国移动 CMPP 协议的短消息门户(CMPP Portal)。
- 支持联通 SGIP 协议的短消息门户(SGIP Protal)。
- 支持中国移动 MM7 协议的彩信门户(MMS Portal)。
- 其他未知的种类。

(3) 内容提供层

内容提供层主要是内容/应用服务器(提供如 Java 下载等)、业务门户(如 WAP 门户、WWW 门户等)、第三方业务资料及其他因特网资源。一般而言，基于内容提供层的移动增值业务平台由一般软件生产商提供。它可提供个性化的内容服务：通过跟踪用户的浏览过程掌握用户的爱好，向用户提供个性化的主页，选择用户希望看到的服务，并向各类用户发送感兴趣的促销广告。该层还提供服务管理，主要包括：创建、修改、更新各种 CP/SP 服务；根据服务权限，对用户的服务访问进行认证和访问控制等；提供服务外包功能和分层授权管理；提供各种服务的单一登录；对 CP/ SP 提供的内容服务(如图像、文本、视频和广告)在全网范围进行内容审批/任务指配、发行、分类索引、再加工/过滤、翻译/存档/回收提供自动化管理服务；根据内容服务的不断变化，及时提供新的菜单供用户下载或更换介质等。

(4) 管理层

管理层提供统一的管理和支撑平台,如用户管理(包括开户、认证鉴权等)、业务管理(包括业务录入、修改等)、CP/SP管理、计费管理、流量控制等。目前,各移动增值业务平台或运营商都有自己独立的管理层,各系统的功能主要集中在性能管理、故障管理和业务管理等功能方面,缺乏完整的包括业务配置及开通、业务保障和业务分析等功能的支撑,各自独立的系统形成很多"信息孤岛",更难满足各种新业务发展的需要。

因此从投资和管理的角度出发,需要把这些公共功能从各个业务系统中提取出来,从而建立一个统一的、公共的管理层。在NGN的业务体系结构中,也需要这样做,以实现"一点接入、全网服务、一点结算"一站式服务,同时能通过统一的管理层对全网业务进行整合,提供有效的统一业务管理、计费管理和全网业务的规划和控制等。目前的BOSS(业务运营支撑系统)就能够较好地解决信息孤岛问题。BOSS将把主要的业务流程管理自动化,使运营商能高速、及时、迅速地为客户提供服务。运营商将不仅能注意网络的状况,也能关注客户和业务的状况。

在管理层中,网管与计费是较重要的部分,它是增值业务系统网络的运营的支撑系统,包括操作运行的支撑(网络管理、设备维护、七号信令网络、同步网络等)和运营的支撑(营业受理、计费及账务处理、障碍排除、计算机号簿、客户服务、决策支持等)。以中国移动的BOSS系统为例,其技术模型核心是"3层结构",指的是系统由集中的数据核心层(负责数据信息的存储、访问及其优化)、灵活的业务逻辑层(实现业务逻辑)和开放的接入层构成(提供用户与系统的友好访问),如图8-2所示。BOSS系统在业务功能方面形成了计费结算模块、账务处理模块、业务管理模块、客户服务业务模块和决策支持模块,使BOSS系统形成了一套完整的体系。

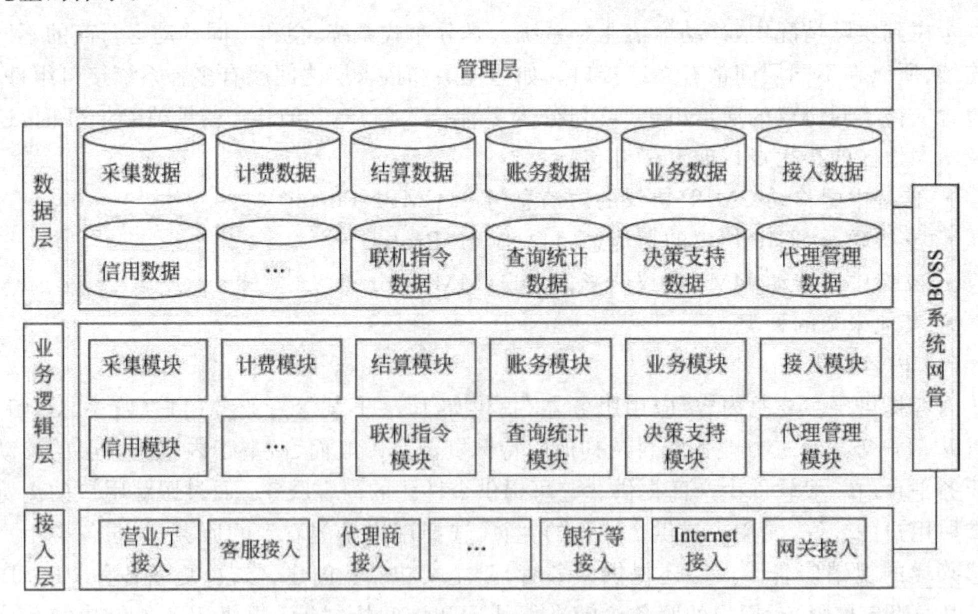

图8-2 中国移动的BOSS系统的结构

以上是移动增值业务提供的体系结构。目前国内大大小小数千家移动增值业务服务的提供商分别工作于不同的层面上,如管理层(如计费)、承载层、服务层多由移动运营商提供,而内容提供层多由内容服务商(如 SP)提供。下面以流媒体直播业务的提供为例,来说明移动增值业务与几层体系之间的关系。流媒体业务包括内容发现和业务使用两个基本功能。流媒体内容发现是指用户使用支持流媒体业务的手机或其他移动终端,访问流媒体业务平台门户网站,通过页面浏览、分类查找或直接搜索功能发现流媒体内容的过程。流媒体业务使用是指用户发现指定流媒体内容后进一步使用流媒体业务的过程,包括流媒体内容的在线播放、流媒体内容下载以及收看实时流媒体广播服务等。整个流媒体直播业务与管理层、内容提供层、服务提供层、适配层及承载层的关系如图 8-3 所示。

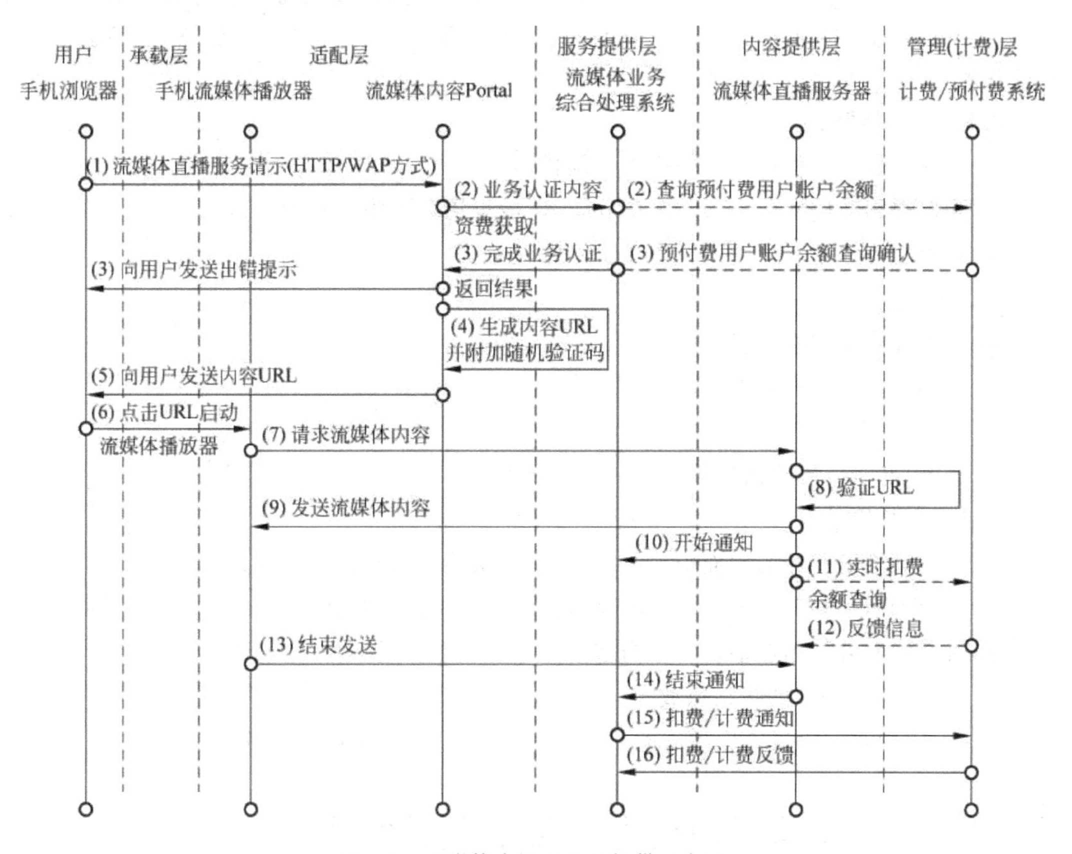

图 8-3　流媒体直播业务的提供示意图

今天,移动通信的高速发展,用户对移动增值业务的需求将与日俱增,急需统一规划的、融合的移动增值业务提供体系。

① 分层化的移动增值业务服务系统,且高层的存在以低层的实现为基础,同时高层对低层起到规范作用。

② 为使得移动增值业务易于维护和扩容,应采用数据集中管理、开放式接口、业务分布接入的框架结构,以适应即将到来的 3G 时代。

③ 为方便新业务的生成、使用与管理,可将传统的移动业务详细分成业务控制、业务数据和业务服务。

④ 统一的 BOSS 系统。

思考与练习

8.2.1 填空题

① 移动增值业务最早是基于________来提供一些补充业务,后来发展为基于________方式来提供增值业务,以后________使得移动增值业务的提供更加方便,未来移动增值业务的提供将会进一步基于________的提供架构。

② 网络适配层负责________;网络接入层负责各种用户终端设备通过________、________、________、________等设备接入适配层,从而进入移动增值业务系统的服务。

③ BOSS的全称是________,中国移动BOSS系统的技术模型核心是"3层结构",指的是系统由________、________和________组成。

8.2.2 判断题

① 承载一般是由移动通信网络本身提供。 ( )

② 为使得移动增值业务易于维护和扩容,应采用数据集中管理、开放式接口、业务分布接入的框架结构,以适应即将到来的3G时代。 ( )

8.2.3 选择题

① 服务提供层的特性包括( )。

A. 业务应用的组件化

B. 数据安全性

C. 内部组件可根据负载压力的分布处理

D. 用户管理

② 在移动增值业务的层面中,下列层面是多由移动运营商提供的是( )。

A. 管理层(如计费) B. 承载层 C. 服务层 D. 内容提供层

③ 流媒体业务使用包括( )内容。

A. 流媒体内容的在线播放 B. 流媒体内容下载播放

C. 收看实时流媒体广播服务 D. 流媒体的计费

*8.3 移动通信增值业务系统的关键技术

8.3.1 短消息与小区广播技术

短消息业务可分为小区广播业务和点对点业务两类业务。以移动台点对点短消息业务为例,移动台空闲或通话期间均可收/发短消息,其中在空闲期间利用独立专用信道(SDCCH),在通话期间利用慢速伴随信道(SACCH)收/发短消息。小区广播技术实现的是基于移动通信网络(TDMA、CDMA)的增值业务。该技术以移动通信网的蜂窝结构为基础,利用BCCH信道向手机发送广播信息,消息发送的覆盖范围可以是一个扇区(Cell),也可以是一个基站(BTS)或由若干个基站组成的既定区域(Area)甚至整个移动通信网,此类广播消息的特点是广播式发送,凡是进入既定区域的手机均可接收到,且只有当手机空闲时才接收广播消息,不影响手机的正常操作,其系统结构如图8-4所示。

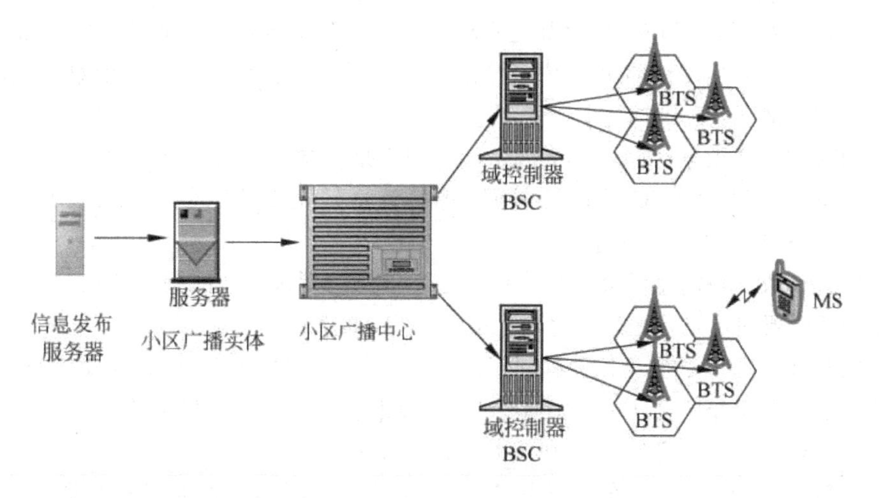

图 8-4 短消息与小区广播系统组成与网络结构示意图

- 信息发布服务器：为小区广播与信息定制服务提供信息内容，是该系统最重要的组成部分。
- 小区广播实体：负责广播信息的收集及格式化，起到连接信息发布服务器与移动运营商的作用。
- 小区广播中心：负责广播信息的发送及管理。接收来自小区广播实体的信息，并将它们发送到移动网络设备。
- BSC：基站控制器，负责广播信息的转发。
- BTS：基站发收系统，负责向手机发送广播消息。
- MS：移动台（如手机），是信息的显示终端。

（1）小区广播业务

小区广播系统的技术实现过程如下：

① 信息服务器采用开放的接口向小区广播实体提交需要广播的信息内容。

② 小区广播实体设置广播参数（包括小区广播地理范围、开始广播和停止广播时刻、重复广播的次数等）；然后对收到的广播信息进行格式化，其中对于较长的广播信息还需将它分成几页；最后把它提交到小区广播中心。

③ 小区广播中心收到小区广播实体传来的格式化的信息后，首先提取其中的地理范围描述，把它转换成对应的小区列表，然后对信息进行编号，向 BSC 发出广播；对于以前发出并保存在 BSC 内的消息，它还可按要求进行修改和删除。

④ BSC 接收并存储由小区广播中心发来的广播消息，安排小区广播信道（CBCH），并将消息转发到指定的 BTS 上；接着向小区广播中心反馈消息的广播功能成功与否的信息。

⑤ BTS 向区内的 MS 传送广播消息。

⑥ MS 接收广播消息，对于多页的广播消息要进行消息页的重组。

（2）短消息业务

短消息业务通过无线控制信道进行传输，经短消息业务中心完成存储和前转功能。

移动用户发出短消息之前，要预先设置好短消息服务中心 SMSC 的号码，然后通过移动台或与移动台相连接的 PC 编辑短消息，输入被叫用户电话号码，才能将短消息发出。短消息的传输要求在MS和MSC之间建立信令连接。移动台发送短消息的过程如下：

① 首先在无线信令链路上将SMSC的电话号码、被叫用户号码、短消息的内容等信息送到拜访地的MSC/VLR内。

② MSC/VLR根据存储的用户数据检查用户是否具有短消息业务功能。

③ 若有，再根据SMSC的电话号码，将短消息转至SMS网关，再由SMS网关送到SMSC内，由SMSC暂时储存起来。

④ SMSC收到短消息后会向移动台回送短消息已发送成功的确认信息。

当SMSC要向用户发送短消息时，其工作过程如下：

① 它先要建立一条包含各种有利于接收者的信息。这条信息中包含短消息内容、原发者的识别符号及SMSC收到该短消息的时间，该消息将在各种接口上传送。

② SMSC把这条消息传给与中心相连的关口站。

③ 关口站根据被叫用户的MSISDN号向相关的HLR查询，查询是通过用于短消息的相关消息报文来实现的。

④ HLR将查询结果送给关口站，查询结果消息中包含了被叫用户正所在的MSC/VLR的信令地址。

⑤ 关口站用该地址消息向用户拜访地的MSC/VLR传递消息，再由MSC建立必要的信令连接后将短消息传递给移动台。

向移动台传送的短消息可自动存于SIM卡内而不需要用户的介入，用户读完后可删除。存在SIM卡内的短消息不会因移动台关机而丢失，它还可以通过任一移动台读出该消息。

随着移动增值业务产业链的不断完善，短消息服务也越来越丰富多彩。当前的短消息平台所要提供的不仅是点对点短消息服务，还有基于该平台的各种短消息扩展业务，如移动证券、移动银行、移动购物、信息查询和点播、话费查询、互动游戏、手机个性化服务的铃声和开机画面下载、小区广播短消息等个性化业务的提供。因此需要相应的短消息平台具有容量大、功能全面、性能可靠且发送快捷等特点。一般的短消息增值业务平台系统结构如图8-5所示，主要功能有：

- 用户服务管理。负责短消息平台的用户服务和管理，如提供身份验证、个人信息管理、手机绑定注销、费用查询等功能。
- 内容服务管理。提供短消息订阅、自写短消息、短消息管理等服务内容。
- 应用服务管理。各种专业应用服务的实现，如短消息群呼等。
- 费用管理。实现综合计费管理。
- 应用程序接口。为用户提供应用程序直接访问平台的方式。

短消息中心的信令处理网关(IW/GMSC)和业务处理模块(SC)互为备份。正常工作时同类型节点负荷分担，某节点故障时另一个节点暂时接管所有工作。对多设备局所，可提供集中操作维护中心，同时管理多个同类设备，并由统一接口连至上级网管中心。

(3) 多媒体短消息业务

多媒体短消息业务(Multimedia Messaging Service)俗称“彩信”，实际上这种业务包含在短消息业务之中，是SMS向多媒体的演化。它不仅支持短消息的传输，同时还可以传送图像、影像和音频等。目前国内的“彩信”业务蓬勃发展，已经成为移动运营商手中的一项非常具有商业价值的业务。多媒体短消息业务的体系结构，如图8-6所示。

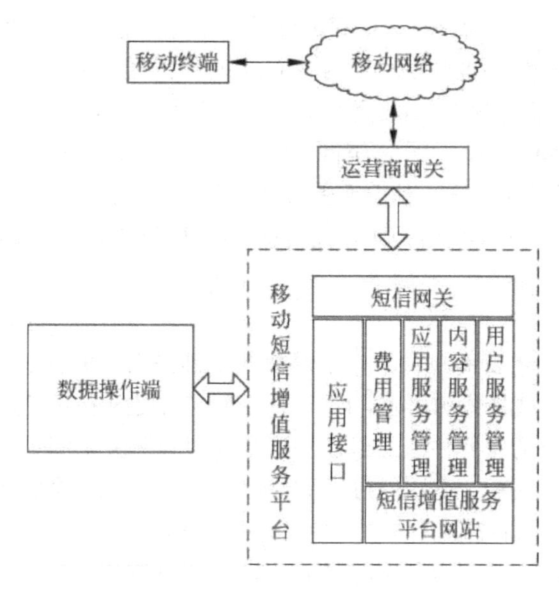

图 8-5 移动短消息增值服务平台

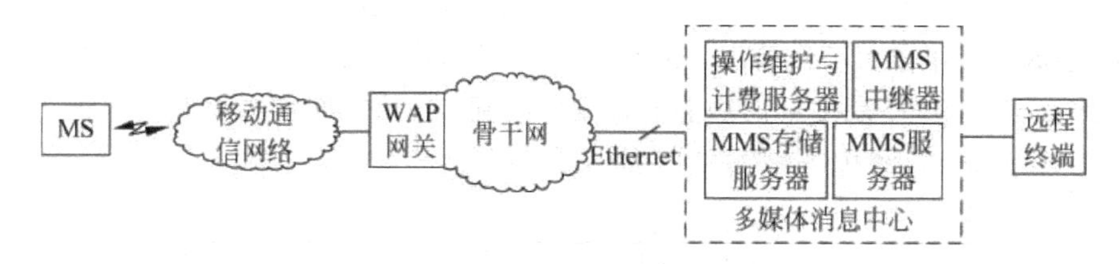

图 8-6 多媒体短消息业务体系结构

由图 8-6 可以看出，多媒体消息中心是这个业务体系结构的核心部分，主要由 MMS 服务器、MMS 中继器、MMS 存储服务器、操作维护服务器、计费服务器及其他增值服务接口。

① MMS 服务器。每个多媒体消息中心可以有多个 MMS 服务器，MMS 服务器可以和外部网络的 E-mail 服务器等通过标准的接口协同工作。MMS 服务器的功能是实现多媒体消息的接收、查询、删除、转发、自动重发、用户数据管理、多媒体消息控制信息管理等核心业务。

② MMS 中继器。为整合处于不同网络中的各种类型的服务器，实现多媒体消息中心与不同消息系统之间的消息传递，MMS 中继器提供对外的多种接口(如 MM1 等)。

③ MMS 存储服务器。MMS 存储服务器对待发的多媒体消息进行存储。

④ 操作维护服务器与计费服务器。其主要用于多媒体中心的管理与计费，如告警管理、性能统计、业务观察、信令跟踪、系统配置、权限管理、日志管理等数据的存储及管理以及产生多媒体消息业务服务使用记录。

⑤ 其他增值服务接口。其主要是为拓展业务服务而设计的，能够为不同的运营商量身定制特定的多媒体消息服务。

8.3.2 基于位置的服务

随着无线通信技术和智能移动终端的快速发展，基于位置的服务(Location-Based

Services，LBS)在军事、交通、物流等诸多领域得到了广泛应用,它能够根据移动对象的位置信息提供个性化服务。例如,司机可以利用内置 GPS 功能的智能手机查找到最近的加油站,也可制定行车线路。在大型博物馆(如故宫博物馆)内,游客可以借助一个能感知位置的语音导游器来欣赏对各个藏品的讲解。“2012 年世界电信日和信息社会日纪念大会”数据显示,2011 年中国互联网用户高达 5.13 亿人,其中手机网民占了 69.3%。有媒体报道称,高达 74%的智能型手机用户都通过手机取得实时的所在地信息。可见,位置服务已经成为一种趋势。

1. LBS 的体系结构

在 LBS 价值链中，运营商提供了一个通信的基础平台，负责通过 LBS 给用户提供增值服务。内容商负责提供具体的内容，LBS 平台应该能使内容商很方便获取到位置数据或者 GIS 数据，他们的目的是专注于提供应用服务和内容服务来满足终端用户的需求，而不需要关心对下层的实现技术。终端用户是平台的最终用户,他们会为所获取到的服务支付费用，他们只关注由不同设备商提供的移动终端能否接入服务及能够得到高效的服务。所以，LBS 从应用的角度上来说,是一个分层的体系结构,提供标准的接口,可实现统一的接入。

一个完整的 LBS 系统是由 4 部分组成：定位系统、移动服务中心、通信网络及移动智能终端。LBS 体系结构如图 8-7 所示,具体划分为 4 层，从左到右分别为接入层、数据层、应用层和集成层。本平台层次的划分遵从以下 3 条原则：①平台总体体系结构简单、易于部署、维护成本低；②各层之间的功能职责划分明确，各层之间耦合度低；③平台内部体系结构稳定,具有较强的健壮性，服务可定制、可升级。

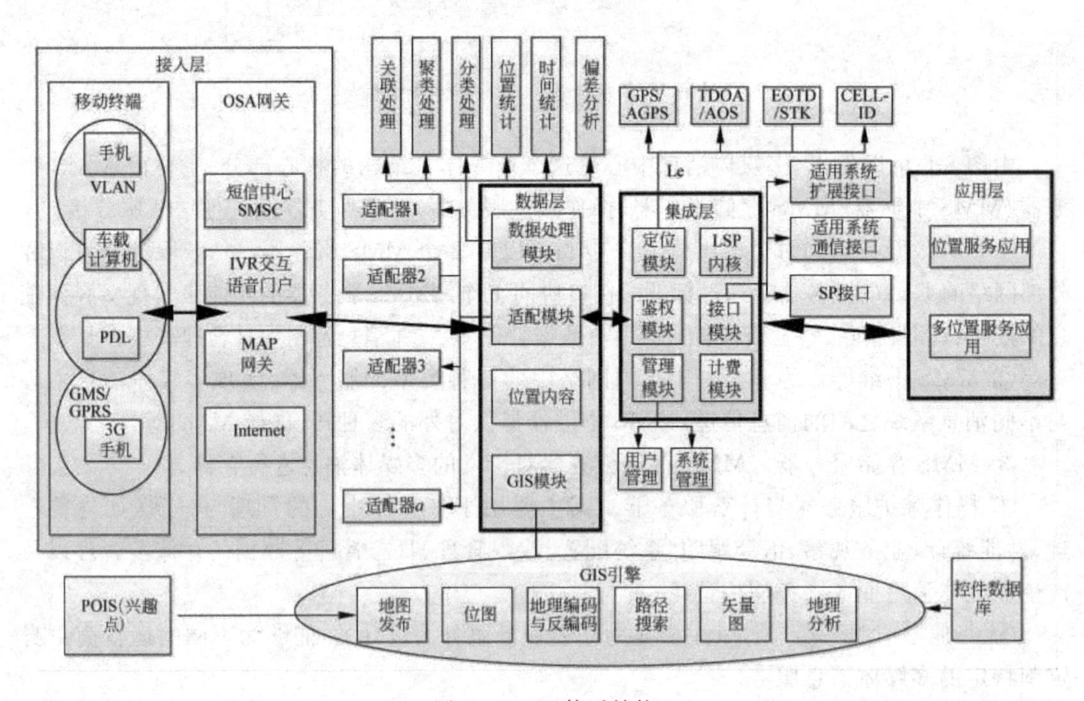

图 8-7 LBS 体系结构

(1) 接入层是对系统当前所支持的各种用户终端接入方式的一个总体概括，由移动终端和 OSA(Open Services Access) 网关构成，把不同类型的访问请求解析成与网络无关的服务请求，并按照统一格式封装和发送。

(2) 数据层是 LBS 的平台的数据中心，为 LBS 提供基础地理信息及增值化的地理信息，LBS 的数据总结起来就是地理数据和内容数据。地理数据就是某个地区的地理信息，而内容数据则是描述这个地区特征的数据。根据不同的 SP 需求(如黄页查询、路径搜索等功能)，结合自己的数据库信息，发布不同的地理信息。平台支持从第三方位置信息提供商或 GIS 提供商等独立的信息源中动态的获取、集成位置信息内容，如餐饮指南、地图导航、移动黄页、远程车辆控制、旅游信息、客户地址等，扩充信息来源，提高平台的服务质量。数据层一方面负责数据库的管理、维护和存储。另一方面负责把接入层中上报的采集数据进行处理、分析和存储以及根据请求的业务服务操作数据。

(3) 集成层是整个平台系统的核心组成部分，负责与外部资源、外部系统通信。它独立于具体的地理信息系统和终端设备，它可以描述、创建和部署 LBS 服务，它能为服务提供商部署 LBS 服务提供支撑平台，提供用户客户端需要的各种 LBS 业务服务。其主要功能是响应来自应用层的请求，给应用层返回所请求的数据；与数据层进行交互，完成数据的获取、修改和增加；进行鉴权、计费等处理。

(4) 应用层提供用户客户端需要的各种 LBS 业务服务，它是基于位置的具体应用系统，LBS 运营商可以在平台基础上建立各种不同的 LBS 应用，比如交通监控系统、移动导航系统、车辆定位调度系统等以及加入自己的餐馆信息、电影院信息等，构成城市黄页。

2. LBS 的功能框架

一个完整的 LBS 服务，除了终端需要接入平台，整个过程中还需要调用地理信息处理、定位、适配、隐私鉴权、计费等多种业务对象。针对多个业务对象的调用操作，集中聚合 LBS 应用相关功能，通过 LSP 内核模块进行部署以及调用适配、GIS、隐私鉴权、计费等外围功能模块，为应用层组件提供一个统一的服务层。LSP 内核模块与这些外围模块就构成了整个平台的主要功能框架，如图 8-8 所示。

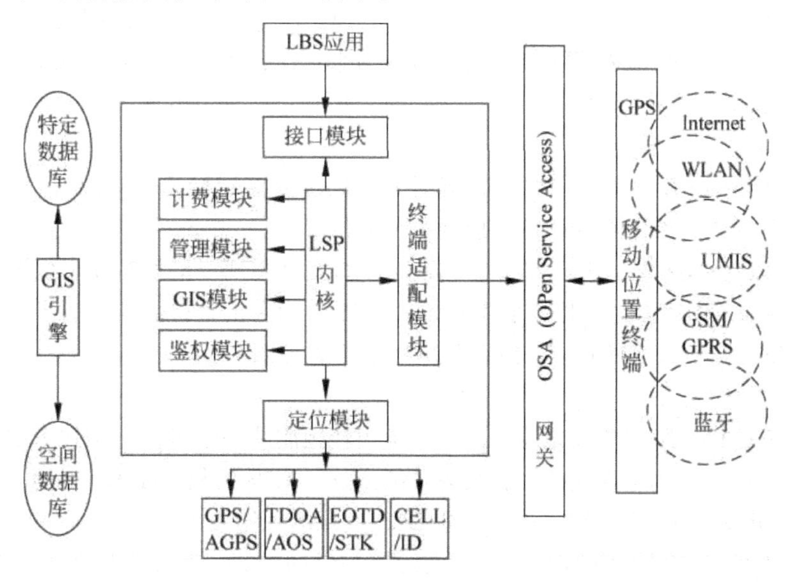

图 8-8　LBS 平台功能框架

3. LBS的关键技术

(1) 定位技术

位置服务是通过移动运营商网络和手机内置GPS接收机获取手机位置(经度、纬度)信息,在GIS(Geographic Information System,地理信息系统)平台的支持下,提供基于位置的增值业务服务,是较受用户欢迎的一类新业务。

LBS定位的过程大致分为两步：第一步是测量；第二步是计算。根据测量和计算的实体不同，定位技术分为基于网络的定位技术(反向链路定位)和基于移动终端的定位技术(前向链路定位)。

目前位置的定位方式主要有4种类型,即CELL-ID定位方式、E-OTD定位方式、A-GPS定位方式和GPSone定位方式。以GPSone技术为例,采用该技术的移动台,是同时从GPS卫星和蜂窝网络收集测量数据的,然后基于数据组合生成精确的三维定位,其原理如图8-9所示。该系统具有采用双信号精确定位、灵敏度高、双向数据交互、定位速度快等特点。

图8-9 采用GPSone技术的定位系统

从蜂窝网络收集测量数据的网络解决方案通常有到达角度(AOA)、到达时间(TOA)、到达时间差(TDOA)和多路径鉴别标志等几种方式。

① AOA利用多基站,测定与用户机位置距离的角度,由3个不同角度找出用户的位置。

② TOA是一种基于信元技术的系统,其精度高,但由于手机及基站均需扩充软件并集成,因而成本较高。

③ TDOA采用信元定位技术,通过在城市的栅格地图上设立一系列等距离的监测点,由这些监测点检测和接收移动终端发出的信号,并送往该城市相应的网络进行处理和服务。通常将检测及记录到的每个基站与手机间信号的来回时间附上准确的时间标志,送到网络中的服务器,该服务器将时间印记互相比较,确定用户手机所在位置,该方案需要至少3条记录,当然记录越多越精确。

④ 多途径鉴别标志,需要在城市街道图上制成位置鉴别标志分布图。当信号到达时,该信号与鉴别标志最吻合的点就是最接近用户的位置点。

以上网络定位技术结合基于终端的GPS技术,就可实现双信号精确定位服务。这种定位方式又称为混合定位,是定位技术发展的一个方向和主流，它结合了基于终端的定位技术和基于网络的定位技术的优点，使定位更加精确和可靠。

(2) GIS技术

LBS服务的核心是位置与地理信息，两者相辅相成缺一不可。定位技术解决了移动终端的位置问题而要提供与位置相关的服务必须依赖于GIS的相关技术，如动态数据库管理技术、空间分析技术、电子地图技术等也是LBS实现的关键技术。

① 地图匹配。在导航应用中依据定位设备提供的结果，通过与地图上附近道路的匹配，可以得到更加准确的位置信息，结合交通道路连通性、单行线等约束条件研究新的地

图匹配算法是实现 LBS 中车载导航的关键技术。

② 路径规划。路径规划所要解决的是怎样利用现有的道路网拓扑结构进行最短路径的规划，当前的路径规划已经有了一整套体系，但这些方法都没有考虑到 LBS 中移动终端的处理速度与存储容量及无线网络的传输速度等问题，需要对这些方法进行改进以适合 LBS 的应用环境。

③ 应用于 LBS 的动态数据库应称为移动数据库，包括移动目标建摸、动态分段、路网拟合等技术。

④ 电子地图技术涉及在 LBS 环境中的和地图数据的处理有关的地图显示速度、地图存储容量、信息查询速度等问题。

(3) 数据挖掘和信息抽取技术

LBS 中的"推送技术"是指服务器定期主动地把客户端关心的热点问题发送给移动终端。在 LBS 中上行传输和下行传输的网络代价是有很大差别的，所以推送技术便是一种解决网络传输负担、网络间断连接的有效手段。而实现"推送技术"的关键在于确定热点信息，所以采用某种数据挖掘技术如关联规则挖掘来发现热点问题也是一个研究方向。LBS 的终端用户通过各种无线手持设备访问因特网，获取与位置有关的资讯，但由于这些设备显示屏较小，再加上无线通信网带宽不足，无法浏览整个网页，采用文本摘要、主题词、信息抽取技术来浓缩整个网页将是 LBS 中重要技术之一。

4. LBS 的应用

LBS 主要有以下应用：

① 个人信息服务，提供与个人位置有关的信息服务，包括移动黄页、附近信息提供等服务。

② 交通/导航服务，提供诸如车辆及旅客位置，车辆的调度管理，监测交通状况，疏导交通等服务，提供交通路况及最佳行车路线，陌生地点路线指南，旅游景点路线的查找等。

③ 跟踪/监测服务，跟踪定位嫌疑犯 MS(Mobile Station，移动台)，追踪失窃的 MS 和巨额话费 MS，监测船队、车队及贵重物品的运输，了解用户所在位置及移动情况。

④ 安全/救助服务，为公众提供基于位置的公共安全业务，以及向特定的地理位置范围内的移动用户发布飓风、洪水、泥石流等警报，提供有危机的个体的准确位置，提供有效、快速的紧急救助指引。

⑤ 物流服务，提供物流的空间定位，优化配送路线，监视车辆运行轨迹，追求配送资源的最大利用率。

⑥ 移动商务服务，根据手机用户的当前所处的地点和环境随时发送相应的商业信息和广告。

⑦ 位置计费服务，提供与位置有关的计费服务。

其他基于位置的服务还有娱乐与餐饮搜索、基于 LBS 的游戏、基于 LBS 的及时推送等。

8.3.3 IMAP4

多媒体邮件业务是将互联网上的电子邮件业务引入到移动通信领域的业务。不过互联网上最为普及的邮件接收协议是POP3协议,而移动多媒体邮件业务中使用优化的IMAP4(Internet Message Access Protocol)协议作为邮件接收协议(只保留正常接收邮件必要的命令,尽量减少交互过程中资源的开销)。目前应用较多的优化IMAP4协议为U-IMAP,基于该优化协议的多媒体邮件业务网络结构如图8-10所示。IMAP提供了类似POP3的邮件下载服务,能让用户进行邮件离线阅读,但IMAP能完成的却远远不只这些,还包括以下几点:

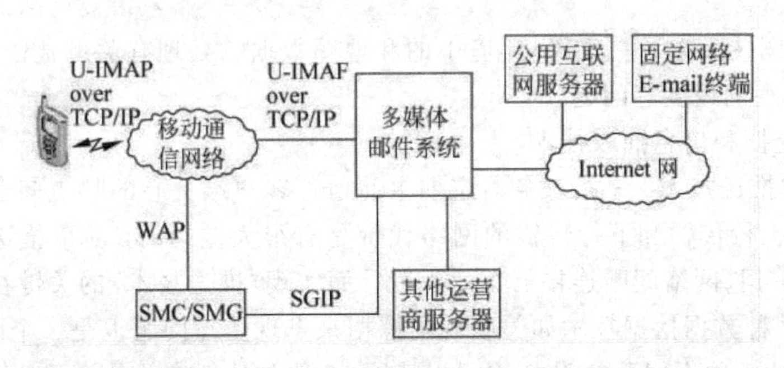

图8-10　基于IMAP4协议的多媒体邮件业务网络结构

① 邮件摘要与邮件分离功能。IMAP首先生成邮件摘要信息,包括邮件到达时间、主题、发件人、大小等,传输到用户手机上,而邮件本身仍保存在服务器中,由用户根据邮件摘要决定是否下载邮件。也就是说,用户根据摘要信息就可以决定某些邮件无用,可以直接在服务器上删除邮件,而不必浪费时间及手机的存储空间。

② 选择性附件下载功能。用户就可以选择性下载一个邮件中自己所需要的附件,而无需完全下载整个邮件。

③ 较大的灵活性。其包括附件大小的灵活性(大小可以从几十KB到几百KB)、附件格式的灵活性(各种格式的文本信息、图片、音频、视频文件可作为附件进行接收和发送)和使用邮箱的灵活性,即接收和发送邮件所使用的邮箱可以是移动网络中分组数据网内的专用邮箱,也可以是互联网上通用的个人邮箱。

目前中国联通移动多媒体彩E业务就是该类业务,它利用了移动互联网和成熟的电子邮件技术,通过多媒体邮件服务器提供用户的注册,鉴权,邮件的存储和邮件的通知,并以高速的CDMA 2000 1x数据网络为承载,实现了手机电子贺卡、邀请函、屏保、商业卡片等的发送。

8.3.4 移动流媒体技术

移动流媒体技术融合了多种网络技术,涉及流媒体数据的采集、压缩、存储以及移动网络通信等多项技术,其核心部分是传输协议和文件格式。它实现了音频、视频或多媒体文件的流式传输,即把连续的影像和声音信息经过压缩处理后存储到网络服务器上,让移动终端用户只需经过几秒或十几秒的启动延时就能实现下载视听,而不需要等到整个多媒体文件下载完成的技术。流媒体业务支持多种媒体格式,如Mov、MPEG-4、MP3、Wav、Au、Avi、Flash等,目前移动流媒体技术已被广泛运用于网上直播、网络广告、视频点播、远程教育、远程医疗、视频会议、企业培训、电子商务等多种领域。移动流媒体的增值业务服务平台的系统架构如图 8-11 所示。

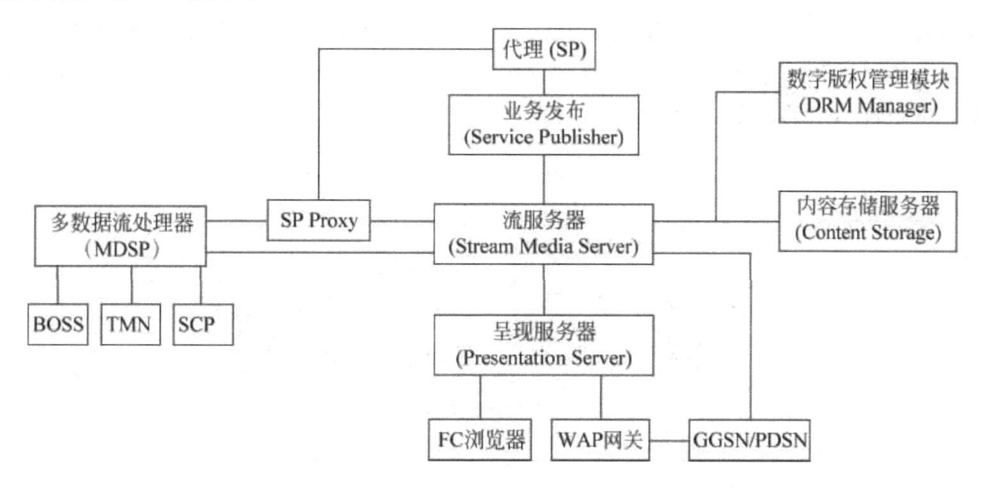

图 8-11 流媒体业务解决方案示意图

其核心模块是流服务器、内容存储服务器、数字版权等模块。

- 流服务器(Stream Media Server)：是核心部分，实现流式媒体的编解码、数据压缩、连接管理、优先级调度、会话管理等。它通过实时传输会话管理协议接收 CP/SP 的视/音频源，实现与 GGSN/PDSN 组网，进行视/音频源的传递，系统具有高性能的处理能力。
- 呈现服务器(Presentation Server)：为不同类型的终端提供不同的业务界面和业务集合，实现用户浏览内容的入口和导航功能，可进行用户个性化设置、QoS 设置等。
- 内容存储服务器(Content Storage)：可为编辑的视频、音频剪辑提供存储，并支持大容量并发用户的视/音频处理。
- 数字版权管理模块(DRM Manager)：负责包装内容，生成应用 License，限制终端内容的转发和多次播放等。
- 业务发布(Service Publisher)：业务发布窗口，是一种面向 CSP 的业务发布门户。
- 代理(SP)：实现 SP 流媒体节目源的实时传输，并支持向 SP 实时发送流媒体内容的计费信息，以便 SP 与运营商结算。

目前，移动流媒体主流格式有 MPEG4、RM、WMV 等，不同格式各有优、缺点。在业务表现方式上，移动流媒体可提供点播、直播、下载播放 3 种业务形式；在计费方面，流媒体业务可按照内容、流量、点播次数、时长、包月等策略计费。随着 2.5G/3G 等高速移动通信技术的逐渐成熟，手机、PDA 等移动通信设备的不断完善，流媒体技术将在移动通信中得到更广泛的应用。

8.3.5 移动 IP 技术

网络 IP 化的趋势、TCP/IP 协议不支持移动性以及用户对不同网络之间的无缝漫游的要求等，这些都使移动 IP 成为新的技术发展方向。移动 IP 是为解决 Internet 中节点的移动性而引入的网络层协议，由 IEIF 移动 IP 工作组提出的一套新的 IP 路由机制和协议。移动 IP 技术是移动通信和 IP 的深层融合，并真正实现了话音和数据的业务融合，其主要支持网络移动性、访问的双向性,支持多媒体业务的实时性等。目前IETF正在开发一套用于移动IP的技术规范,目前已制订完成了RFC2002(IP移动性支持)、RFC2003(IP内的IP封装)、RFC2004(IP内的最小封装)、RFC2290(用于PPP IPCP的移动IPv4配置选项),其他协议正在制订中。移动IP网络结构具体如图8-12所示。

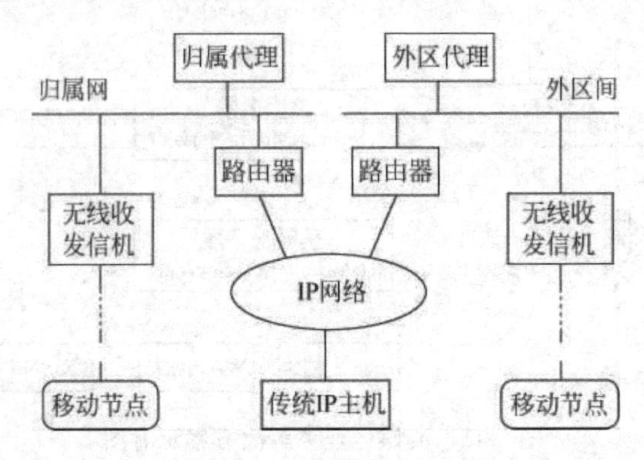

图8-12 移动IP网络结构

(1) 与传统IP的区别

传统IP主机使用固定的IP地址和TCP端口号进行相互通信,而移动IP主机在通信期间可能需要在网路上移动,结果它的IP地址也许会经常发生变化。若采用传统方式,IP地址的变化将会导致通信中断。为解决这一问题,移动IP技术引用了处理蜂窝移动电话呼叫的原理,使移动节点采用固定不变的IP地址,一次登录即可实现在任意位置上保持与IP主机的单一链路层连接,使通信持续进行。为此,在移动IP中引入了以下重要概念。

① 移动代理(Mobility Agent,MA)。移动代理分归属代理(Home Agent)和外区代理(Foreign Agent)两类。归属代理是归属网上的移动IP代理,它至少有一个在归属网上的接口;当移动节点离开归属网,并连至某一外区网时,它截收发往移动节点的数据包,并使用隧道技术将这些数据包转发到移动节点的转交节点;它还负责维护移动节点的当前位置信息。外区代理位于移动节点当前连接的外区网络上,它向已登记的移动节点提供选路服务;它负责解除原始数据包的隧道封装,取出原始数据包,并将其转发到移动节点;对于那些由移动节点发出的数据包而言,外区代理可作为已登记的移动节点的默认路由器使用。因此,移动代理(MA)代理移动的IP服务器或路由器,能知道移动节点实际连接在何处。

② 移动IP地址。移动IP节点拥有归属地址和转交地址这两个IP地址。归属地址是用来识别端到端连接的静态地址,也是移动节点与归属网连接时使用的地址,它不管移动节点连至网络何处均保持不变。转交地址是隧道终点地址,它可能是外区代理转交地址,也可能是驻留本地的转交地址。移动节点利用外区代理转交地址进行登记、接收隧道数据包、解除数据包的隧道封装等,并将原始数据包转发到移动节点。外区代理转交地址是外区代理的一个地址,是一个临时分配给移动节点的地址,它由外部获得(如通过DHCP)。驻留本地的转交地址仅能被一个移动节点使用,仅供数据包选路使用的动态地址,也是移动节点与外区网连接时使用的临时地址。每当移动节点接入到一个新的网络,转交地址就发生变化。

③ 位置登记(Registration)。移动节点必须向其归属代理进行位置登记,以便被找到。依不同的网络连接方式,有两种不同的登记规程。一种是移动节点通过外区代理发送登记

请求报文至移动节点的归属代理，归属代理处理完登记请求报文后再向外区代理发送登记答复报文（接受或拒绝登记请求），外区代理处理登记答复报文，并将其转发到移动节点。另一种是移动节点直接向其归属代理发送登记请求报文，归属代理处理后向移动节点发送登记答复报文（接受或拒绝登记请求）。当移动节点收到来自其归属代理的代理通告报文时，它可判断其已返回到归属网络。此时，移动节点应向归属代理撤销登记。在撤销登记之前，移动节点应配置适用于其归属网络的路由表。

④ 代理发现（Agent Discovery）。移动 IP 定义了两种发现移动代理的方法：一是被动发现，即移动节点等待本地移动代理周期性地广播代理通告报文；二是主动发现，即移动节点广播一条请求代理的报文。使用以上任何一种方法都可使移动节点识别出移动代理并获得转交地址。通过代理发现，可以获悉移动代理可提供的任何服务，并确定移动节点连至归属网还是某一外区网上；可以使移动节点检测到它何时从一个 IP 网络（或子网）漫游（或切换）到另一个 IP 网络（或子网）。所有移动代理都应具备代理通告功能，并对代理请求作出响应。所有移动节点必须具备代理请求功能。

⑤ 隧道技术（Tunneling）。当移动节点在外区网上时，归属代理需要将原始数据包转发给已登记的外区代理。这时，归属代理使用 IP 隧道技术，将原始 IP 数据包（作为净负荷）封装在转发的 IP 数据包中，从而使原始 IP 数据包原封不动地转发到处于隧道终点的转交地址处。在转交地址处解除隧道，取出原始数据包，并将原始数据包发送到移动节点。当转交地址为驻留本地的转交地址时，移动节点本身就是隧道的终点，它自身进行解除隧道，取出原始数据包的工作。

（2）工作原理

移动 IP 协议的工作原理大致如下：移动代理（即外区代理和归属代理）广播代理通告以便于移动节点识别它，移动节点也通过代理请求报文，可有选择地向本地移动代理请求代理通告报文。移动节点收悉这些代理通告后，分辨其在归属网上，还是在某一外区网上。当移动节点检测出自己位于归属网上时，那么它不需要移动服务就可工作；当移动节点从登记的其他外区网返回归属网时，移动节点要向其归属代理撤销其外区网登记信息；当移动节点检测到自己已漫游到某一外区网时，它获得该外区网上的一个转交地址（可通过外区代理的通告获得也可通过外部分配机制获得），然后移动节点向归属代理登记其新的转交地址并进行登记，这样发往移动节点归属地址的数据包被其归属代理截收，归属代理利用隧道技术封装该数据包，并将封装后的数据包发送到移动节点的转交地址，由隧道终点（外区代理或移动节点本身）接收，解除封装，并最终传送到移动节点。在相反方向，无需通过归属代理转发，移动节点使用标准的 IP 选路机制，发出的数据包到目的地。无论移动节点在归属网内还是在外区网中，IP 主机与移动节点之间的所有数据包都使用移动节点的归属地址，转交地址仅用于与移动代理的联系，而不被 IP 主机所觉察。图 8-13 说明了移动节点在外区网上时，移动 IP 的工作过程。具体步骤如下：

① 经过标准的 IP 选路，IP 主机发往移动节点的数据包抵达归属代理网。

② 数据包被归属代理截收并采用“隧道技术”发送到移动节点的较高地址，即外区代理。

③ 外区代理解除隧道，取出原始数据包，并将原始数据包转发给移动节点。

④ 移动节点发出数据包，经过标准的 IP 选路规程抵达目的地 IP 主机。

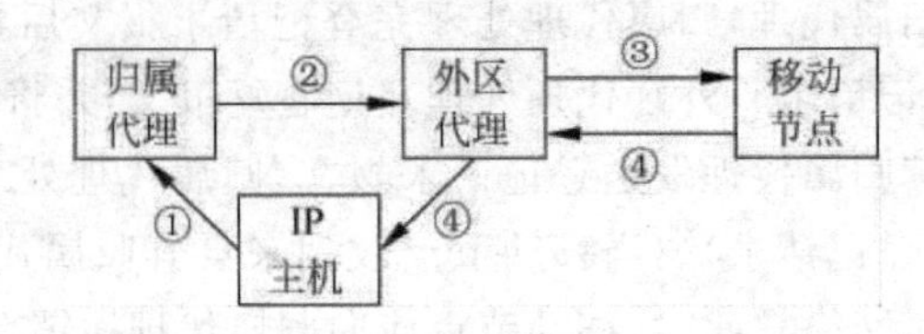

图 8-13 移动 IP 工作原理——移动节点连接在外区网上且使用外区代理转交地址

应该说,移动 IP 技术使移动通信系统和 Internet 网络相结合,提供高速、高质量的多媒体通信业务,它将缔造人类个人通信的美好蓝图:人类将实现在任何时间、任何地点、用任何一种媒体与任何一个人进行通信的梦想。

8.3.6 其他技术

1. 普适计算技术

随时随地计算又称普适计算,其主导思想源自 20 世纪 80 年代末,由 IBM 首先提出,从 20 世纪 90 年代后期开始受到广泛关注。"普适计算"指的就是"无论何时何地,只要您需要,就可以通过某种设备访问到所需的信息"。从计算技术的角度来看,人类已经由网络计算逐步延伸到了普适计算。普适计算的含义十分广泛,所涉及的技术包括移动通信技术、小型计算设备制造技术、小型计算设备上的操作系统技术及软件技术等。普适计算主要针对移动设备,比如信息家电或某种嵌入式设备,如掌上电脑、BP 机、车载智能设备、笔记本计算机、手表、智能卡、智能手机(具有掌上电脑的一部分功能)、机顶盒、POS 销售机、屏幕电话(除了普通话机的功能还可以浏览因特网)等新一代智能设备。普适计算设备可以一直或间断地连接着网络。与 Internet、Intranet 及 Extranet 连接,使用户能够随时随地获取相关的各种信息,并做出回应。由于普适计算设备的高度移动性,所以也被称为移动计算。普适计算提供了经由网络,使用各种各样的普适计算设备,访问后台数据、应用和服务的功能。无论使用何种普适计算设备,用户将能轻易访问信息,得到服务。普适计算降低了设备使用的复杂性,方便了人们的日常生活,还可帮助在外办公人员提高工作效率。

2. DRM(数字版权管理)技术

随着视/音频等具有版权特征的网络资源的广泛传播,DRM(Digital Right Management)技术应运而生。利用 DRM 技术,需要保护的节目是被加密的,即使被用户下载保存并散播给他人,没有得到数字节目授权中心的验证授权也无法播放,从而保护了节目的版权。另外,通过对文件的打包处理,可以实现打包实体在手机上不可转发、使用时间限制和使用次数的限制,最大程度保护了内容和应用的知识产权。

DRM 技术为移动数据增值业务的开展提供了有效的控制手段,主要表现在以下 4 个方面:

① 定义媒体对象使用版权。

② 为媒体对象定义不同的版权及价格。为新的商业模式提供了可能,如按天出租游戏、按使用次数控制视频节目的播放等。

③ 体现内容的版权价值,而非媒体对象本身。

④ 使媒体对象的数字版权成为计费的来源。

数字版权管理能够实现对网络资源的技术性保护，不仅保护了移动运营商的经济利益，同时也维护了移动增值业务赖以生存的经营商业模式。

3. 移动数据库技术

移动数据库是传统分布式数据库的延伸和扩展，其数据在物理上（或地理上）分散而在逻辑上集中。它涉及数据库技术、分布式计算技术以及移动通信技术等多个学科，典型的移动数据库系统的体系模型如图 8-14 所示，基本上是由 3 种类型的主机组成，即移动主机、移动支持站点和固定主机，它们之间通过高速网络连接，不能对移动设备进行管理，但可以通过设置来实行对移动设备的管理。移动支持站点可以通过无线通信接口和移动设备进行数据通信；固定主机是通常含义上的计算机，它通过操作本地数据库系统为用户提供各种信息服务，这些本地数据库系统是具有局部自治能力的数据库系统，它们在逻辑上构成一个异构的多数据库系统。

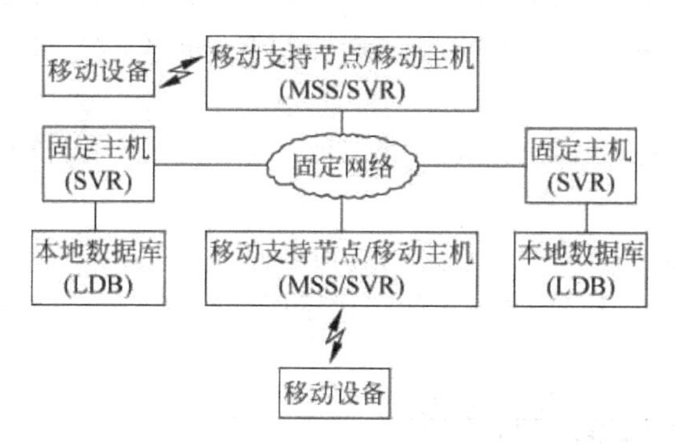

图 8-14 典型移动数据库系统体系

与传统分布式数据库相比，移动数据库具有移动性、位置相关性、频繁的断接性、网络条件的多样性、系统的安全性及可靠性较差、资源的有限性、网络通信的非对称性等特征。

另外，移动数据库技术的许多特性都与信息时代的需求特点相吻合，在许多领域获得了成功的应用，如公共信息发布、零售业、制造业、金融业、医疗卫生等。此外，移动数据库技术配合 GPS 技术，还可以用于智能交通管理、大宗货物运输管理、消防现场作业等。总之，移动数据库在移动增值业务中有着广泛的应用前景。

综上，移动增值业务的实现是依赖于许多关键技术的，其实还有许多关键技术如承载层的协议适配，与终端相关的数字图像处理、显示技术等，鉴于篇幅的原因就不多说了。

思考与练习

8.3.1 填空题

① 短消息业务可分为________和________两类业务。

② 多媒体短消息业务的英文全称为________，俗称________。

③ OTA 是一种基于________、________、________的空中下载技术。

8.3.2 判断题

① 移动台通话期间只能收短消息，而不能发短消息。 （ ）

② 消息发送的覆盖范围可以是一个扇区，也可以是一个基站或由若干个基站组成的既

定区域(Area)甚至整个移动通信网。 ( )

③ 向移动台传送的短消息可自动存于 SIM 卡内而不需要用户的介入。 ( )

8.3.3 选择题

① 从蜂窝网络收集测量数据的网络解决方案通常有( )。

A. 到达角度(AOA) B. 到达时间(TOA)

C. 到达时间差(TDOA) D. 多路径鉴别标志

② 采用 GPSone 技术的定位系统具有的特点有( )。

A. 采用双信号精确定位 B. 灵敏度高

C. 双向数据交互 D. 定位速度快

③ 移动流媒体业务支持的媒体格式有( )。

A. Mov B. MPEG-4 C. MP3 D. Wav E. Au F. Avi G. Flash

④ IMAP4 的优势有( )。

A. 邮件摘要与邮件分离功能 B. 选择性附件下载功能

C. 较大的灵活性 D. 以高速的 CDMA 2000 1x 数据网络为承载

8.3.4 名词解释

归属代理;外区代理;归属地址;转交地址;被动发现;主动发现;隧道技术

8.3.5 简述题

① 用自己的语言简述移动台发送短消息的过程。

② 用自己的语言简述移动 IP 技术的工作原理。

8.4 移动增值业务的应用

开发移动增值业务市场除了要在技术上不断创新、在市场需求上不断拓展外,更重要的是培育消费观念,也就是说要培育消费群体。这将决定移动增值业务今后的生存和发展,谁拥有用户,谁就拥有市场。即使如此,增值业务的收益在中国的移动运营总收入中所占比例,与英国等发达国家市场相比也非常小。而针对企业移动数据解决方案而言,这一差距更大,在发达国家市场上,企业客户提供的移动数据收益比例至少是中国的 5 倍。由此可见,针对企业级客户的通信服务,将成为未来中国移动运营商发展的重点。

8.4.1 企业级移动增值业务

目前,针对企业级集团用户而开发的移动增值业务主要有移动虚拟专用网技术、集团 IP 电话技术、集团短消息、集团 E 网和统一消息等。

1. 移动虚拟专用网技术

移动虚拟专用网简称 VPMN,也称它为“集团 V 网”。它是利用现有公用移动通信网及智能网业务平台资源建立的一个逻辑专用网,从而实现员工间更为便捷、智能的移动语音沟通,为移动用户提供了类似固定网中小交换机的闭合专用网络业务。移动虚拟专用网特别适用于机关、企业、厂矿等移动用户数量多、话务量大的单位,其深层应用可实现固定电话和移动电话统一编号，形成一个集团内部的综合 VPMN 网等。VPMN 的系统结构如图 8-15 示，申请了 VPMN 可实现以下功能。

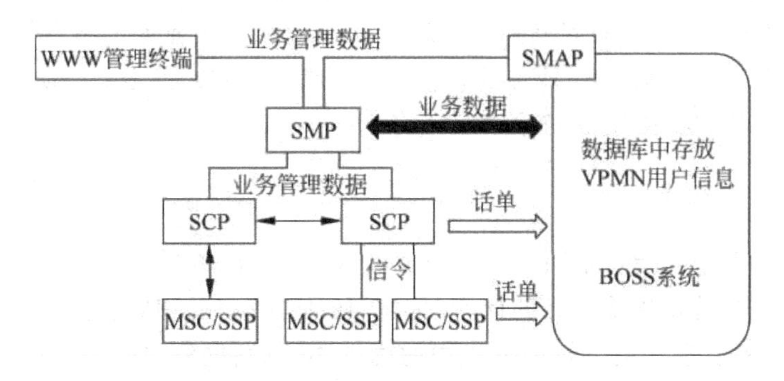

图 8-15 VPMN 的组网方案

(1) 灵活的编号方案(短号码)。企业或集团申请了 VPMN 业务后，可制定自己内部的短号码编号方案以方便记忆和管理。当集团成员的真实号码改变时可以不影响其短号码的编号方案，这样，集团内部的员工不会因移动通信终端真实号码的变更而影响工作联系；当集团内部的短号码编号方案发生变化时，VPMN 集团需将具体的变化内容通知运营商，由运营商对业务数据作相应的改变。VPMN 集团编制的短号码只能用于拨打同一 VPMN 集团的网内用户。

(2) 灵活的分组和计费方案。根据集团用户的特点，可以设置灵活的分组，如闭合用户群呼叫、网内呼叫、网外呼叫和网间呼叫等。移动运营商可以根据这些不同的分组情况，对各种资费给予优惠。

(3) 长短号码显示。根据用户的设置，被叫用户的来电显示方式可以是主叫的短号码，也可以是主叫的真实号码，并且可以通过该号码回拨主叫。

(4) 灵活的拨号方式。在进行网内呼叫时，VPMN 用户既可以拨集团定义的短号码，也可以拨被叫用户的真实号码。

(5) 灵活的呼叫控制。集团可以通过权限管理来实现对呼叫的控制，使集团内用户只能进行某一类的呼叫。

(6) 系统禁拨号。系统可以设置系统禁拨号码。

(7) 支持补充业务和电信业务。支持包括短消息业务、来电显示功能、主叫隐藏、呼叫前转、呼叫等待、移动秘书、IP 电话等多项补充业务和增值业务。

(8) 多样的管理手段。如提供给 VPMN 个人用户和 VPMN 集团用户的语音查询和管理方式，提供给 VPMN 集团用户的管理员和运营商的专用管理终端和 WWW 终端的管理方式等。

(9) 多业务管理功能。其包括集团管理功能和用户管理功能。

(10) 灵活的话费控制和账户管理。集团可通过账户管理方式来实现对话费的控制，包括 VPMN 个人账户方式和 VPMN 集团账户方式，使用户的话费可得到灵活有效的控制和管理。

(11) 对跨省集团用户的支持。除了在进行集团短号码的编制时需以省为单位独立编制，集团话务员、集团管理员需以省为单位设置外，其他可享有的业务特征与省内集团用户一样。

随着网络的发展,通信网络变得越来越复杂,如何在PSTN、GSM、CDMA和Internet间提供给用户以透明的业务将是新业务发展的重点。VPMN业务也不例外,如何将固定用户、Internet用户纳入到VPMN业务逻辑中演变成综合VPN将是下一阶段讨论和实施的重点。将来,VPMN业务将融合多种智能业务。

2. 集团IP电话技术

集团IP电话业务是指将集团客户的交换机通过专线的方式接入移动通信网络或IP网关,从而为集团客户提供优质优惠的话音、传真、IP长途等一系列的业务。通过互联网(或内部数据专网),可以建立覆盖各办公机构的内部IP电话网络,使企业各级机构内部通信“零话费”,该增值业务系统结构如图8-16所示。核心设备如下:

(1) IP语音网关设备。各级办公机构可利用IP语音网关,通过互联网(内部数据网)建设公司内的IP电话网络。IP语音网关支持任意互联网线路(ADSL、ISDN、DDN等),支持互联网和内网上的即插即用,支持防火墙/私网的穿透。通过IP语音网关设备的内线口(PHONE),连接当地办公电话环境(程控交换机、电信虚拟网、电话机),实现内部电话通过互联网通信;通过外线口(LINE)连接PSTN市话网,实现注册的外部移动电话/市话呼入,客户服务电话的呼入,各地区间的长途电话的“落地”。

(2) 呼叫管理控制中心。集团企业总部需要建立呼叫管理控制中心,用于对IP电话网络和设备进行注册管理/身份认证/号码管理/设备网管/呼叫统计计费等。对于不具备条件建立呼叫管理控制中心的中小型企业,可以使用在互联网上配置公用的服务器,对于各地的设备进行统一管理。

集团IP电话技术的增值应用包括以下内容:

(1) 网络电话会议。系统支持多达128方网络电话会议,可以进行各部门/机构间分组讨论,外出人员或客户可以通过市话呼入网络电话系统,加入会议。

(2) IP客服呼叫中心系统。可以利用各地区连接PSTN的IP语音网关设备,将当地客户服务电话统一接入到总部进行处理。IP语音网关设备支持播放多段语音提示,可以完成对于当地用户的初步处理。

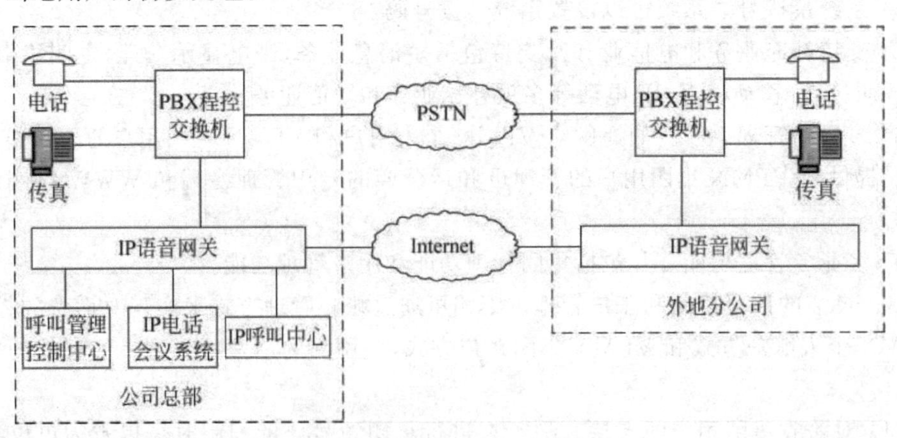

图8-16 集团IP电话增值业务系统

(3) 虚拟办事处/分公司。在当地申请一个热线号码并设置一套 IP 语音网关设备连接 PSTN。当用户拨打服务热线时，电话将通过互联网传输到总部统一处理。实现“虚拟办事处”功能，这样一来可以提高服务水平，大大提高企业形象。

3. 集团短消息

集团短消息的主要功能有用户分级管理、群发短消息、点播/查询功能、点对点短消息、邮件/公文提醒、号码簿功能、统计/日志/过滤功能、提供 API 及后续开发支持等。该业务的主要特点如下：

① 个性化。信息内容针对不同用户的需求定制，如不同界面选择、自动定时发送等。

② 针对性。通过用户管理，将信息发送给选定的接收目标，如充分利用行业专有信息资源，通过短消息的方式向有需求的公众提供信息服务，使信息资源价值化。

③ 时效性。可设定在特定时间自动单发或群发所定制的信息。如每逢节日定时给员工发送祝贺信息。

④ 高效性。提高工作效率，控制运营成本等，如可同时向拥有手机的员工或客户传达通知、信息、公告等。

利用集团短消息业务可以充分利用企业信息资源，提升市场营销和客户服务能力。

4. 集团 E 网

集团 E 网就是集团专线业务，即利用无线传输网络为集团客户提供端到端的专线接入，也称 VPN，这样集团客户能更为方便、安全地接入集团内部网。该增值业务支持集团客户全国及部分国家漫游接入，从而实现随时随地外出移动办公，安全访问企业内部网络。其业务实现方式主要有 4 种。

(1) 方式 1。企业 VPN 接入公共地址。新建一个 APN，每个通过该 APN 访问移动网络的无线终端(如笔记本+无线上网卡)都可以自动获得一个公有 IP 地址，集团客户在接入企业 VPN 时，在终端选择指定 APN，无需增加任何投资，即可实现接入内网。

(2) 方式 2。集团 VPN 接入专线。集团内网可以通过 DDN 数据专线或者通过公共网络与移动通信网络接入平台之间建立起隧道连接，避免了 NAT 和 PAT 的问题，移动通信网络为每一个集团设置一个专有 APN，保证整个连接过程在私网中安全、稳定进行。

(3) 方式 3。升级集团 VPN 接入系统，包括客户端软件或者集团 VPN 网关，支持 IPSec 隧道穿透 NAT 设备。

以上 3 种方式需要集团已建成或自建 VPN 系统。

(4) 方式 4。租用移动通信网络的 VPN。对于集团自己没有 VPN 系统，可以租用移动通信网络的 VPN，如利用中国移动通信建立和提供安全的运营商级的 VPN 接入系统，直接为集团客户提供 VPN 服务。

5. 统一消息

面对电话、传真、E-mail、短消息等大量信息，统一消息服务是集团客户获得各种通信渠道信息的极佳方式，即集团客户可以在任何地点，通过任何一种终端，如 PC、电话等，得到自己需要的各种信息，该业务需要在邮件系统上整合 WAP、SMS 等技术，从而为集团客户提

供统一的消息服务,如图 8-17 所示。该业务的特点如下:

① 统一的语音和短消息接入号码,统一的用户号和统一的域名。

② 支持 Web、WAP、SMS、MMS、VOICE、FAX 等多种接入手段。

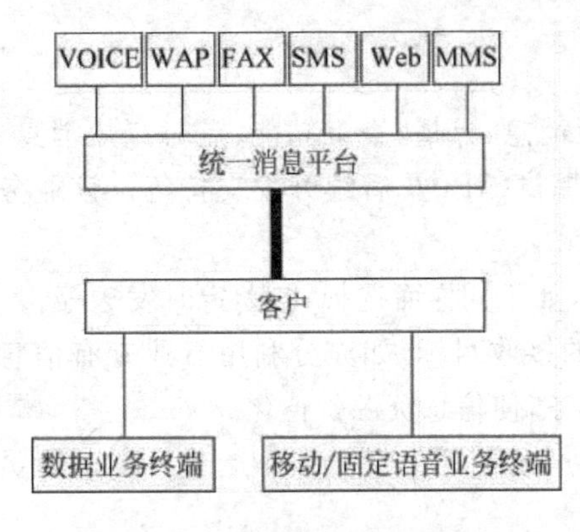

图 8-17 统一消息增值业务系统示意图

③ 强大的支撑服务平台,可进行多种文本服务的转换。

④ 可灵活组合业务,流程简单。

使用统一消息增值业务可以方便集团客户的工作,如集团客户可以用计算机上网(或手机通过 WAP)访问统一消息邮箱并进行信息管理,可以设置邮件/传真到达和日程安排短消息提醒,可以通过语音收发邮件/传真,可将邮件/传真及邮件附件在传真机上"打印"出来,利用通信录的功能可以同时向多人群发传真邮件等。另外,对于集团客户,可以直接使用手机号码作为客户的身份标识。

8.4.2 移动增值业务的行业应用

针对不同的行业,可以组合一些相关的企业级移动增值业务应用,来满足特定行业的工作需要,实现个性化、移动化、信息化的行业应用,提高行业的工作效率,并降低一些不必要的通信成本,从而促进整个社会的移动信息化进程。

1. 政府办公、商业金融服务应用

利用一些相关的移动增值业务服务可以实现移动应急办公,从而满足政府部门办公人员随时、随地办公的需要,提高工作效率,加快突发事件的反应、处理速度,并降低通信成本并丰富了电子政务应用。利用相关的移动增值业务服务可以实现移动金融与商业服务,如端到端的金融专线、无线 DDN 专线、手机银行等,可以实现银行主机通信机房与各分支机构和营业网点的实时数据传输,拓宽了银行服务的领地,促进了银行业务的发展,同时降低通信成本、提高工作效率。具体的应用如下:

(1) 内部通信服务。整合集团 V 网、一号通业务、集团 IP 电话等企业级移动增值业务可实现集团内更为便捷的专用通信,如实现内部短号互拨、随时随地召开内部会议等。

(2) 移动办公助理。整合集团短消息、自由呼、统一消息服务等企业级移动增值业务可实现手机和寻呼机合二为一,实现集团内的短消息群发、各类通知发布以及个性化短消息应用、统一消息服务等,实现在任何时间、任何地点、多种设备收发信息,最大化提高员工工作效率。

(3) 对外服务应用。

① 公告信息等服务应用。如整合 800 特服业务、小区广播业务等,实现政府与商业服务热线、信息发布等功能;实现向群众发布公告信息等,群众可以多途径访问政府与商业公众网络,响应国家大力发展电子政务与电子商务的长期战略。

② 查询或业务办理应用。如依托短消息业务,实现为银行的重点客户或特约客户提供

查询或业务办理通知(包括储蓄信息、信贷信息、信用卡信息、外汇信息、单位账务信息)等;又如,银行客户可用手机完成日常缴费(电话费、水电煤气费、有线电视费等)、汇款服务、神州行卡充值(将银行卡资金补充到神州行卡账户)等业务,可促进业务发展并提高客户满意度。

2. 物流行业应用

利用一些相关的移动增值业务服务可以实现物流行业的一些关键需要,如定位查询服务(包括车辆定位、车辆跟踪、历史查询等)、物流信息发布(包括车辆调度的信息发布、公共信息发布等)和物流信息管理(包括派车情况、车辆调度等),还可实现内部通信服务、移动办公助理等功能,如图 8-18 所示,从而降低通信成本、提高工作效率。

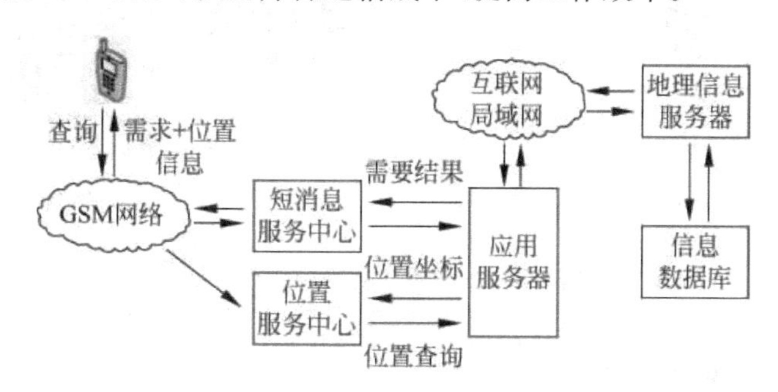

图 8-18 移动增值业务的物流行业应用

今天,物联网技术的进一步发展,使得拥有感知技术的智能物流应运而生。这需要移动通信与 RFID、传感等多种技术相结合,由此又派生出许多新的移动通信增值业务应用。例如,蔬菜水果、药品等物品的运输监测,这些物品在长时间运输中必须保持货仓环境的湿度、温度相对稳定,而移动增值业务的应用可以实现对货舱内温度、湿度的监测,经无线数据传输设备接入运营商网络,通过短信、数据、视频等方式将货仓内的温度、湿度等数据持续反馈给管理者,并远程设置相关设备的参数,达到远程管理、监测的效果。

3. 智能农业中的应用

农产品规模化种植企业或农业大户通常要管理多个大棚,需要对大棚内的环境进行监控。通过在大棚内部署无线数据采集模块,数据会自动传输到大棚监控应用平台,生产管理人员可以通过互联网、专用显示设备、手机短信方式获取检测点的数据,并根据数据情况对环境控制做出判断,即通过数据采集模块采集温度等多种传感器信号,经由无线信号收发模块传输数据,实现对大棚温、湿度等环境参数的远程监控。

大棚监控系统由传感器、通信主机(终端)、M2M 平台和大棚监控应用平台组成,如图 8-19 所示。

通过实时采集温室内温、湿度信号以及光照、土壤温度、CO_2 浓度、叶面湿度、露点温度等环境参数,还可以设定自动开启或者关闭指定设备。可以根据用户需求,随时进行处理,为实施农业综合生态信息自动检测、对环境进行自动控制和智能化管理提供科学依据。

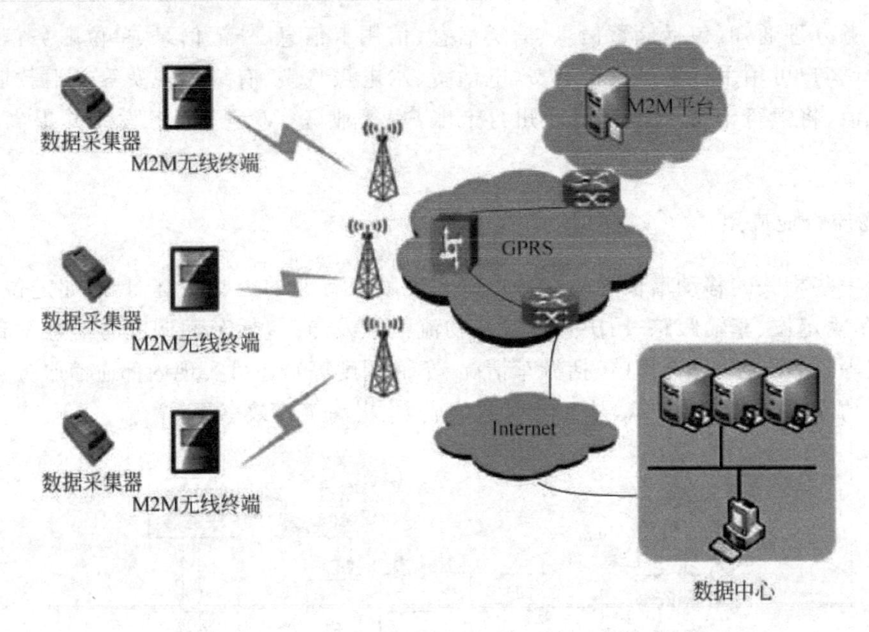

图 8-19 大棚监控系统结构示意图

4. 在森林防火监控中的应用

随着造林事业的不断发展,林地面积、林业蓄积量逐年增加,防火工作是首要任务。森林火灾具有突发性、灾害发生的随机性、短时间内能造成巨大损失的特点。因此一旦有火警发生,就必须以极快的速度采取扑救措施,扑救是否及时,决策是否得当,重要原因都取决于对林火行为的发现是否及时。为此国内外都在为预防、减少和控制森林火灾而努力。

针对我国森林面积覆盖的实际情况,由于林区地形条件很复杂,较适合采用移动通信技术来进行森林防火的图像监控。森林防火无线图像监控系统由林区监控管理指挥中心系统、无线传输系统、摄像机和镜头系统、云台控制系统、电源系统和铁塔组成。林区监控管理指挥中心系统是整个系统的图像显示、图像录像控制中心,具有远程控制功能,向指挥调度人员提供全面的、清晰的、可操作的、可录制、可回放的现场实时图像。林区监控管理指挥中心系统还具有向上级林业局和省林业厅接口的功能,如图 8-20 所示。

5. 移动支付应用

移动支付,即通过手机发起完成支付的电子商务活动,这是 NFC 技术与移动终端相结合的结果,它分为远程支付和现场支付两种形式。

(1) Google Wallet 的产品形式

Google Wallet 是将银行卡、预付卡或者礼品卡等,通过 APP 的形式绑定在手机上,在消费时选择相应的卡片通过近程支付的方式进行支付。同样,用户可在应用程序中查看卡片消费记录等信息,如图 8-21 所示。

(2) 校园手机一卡通应用

目前大学校区内有多套与卡、证、票、现金使用密切相关的系统,如超市消费系统、图书管理系统、宿舍门禁系统、计算机机房管理系统、校巴公交系统、热水供应系统等,由于各系

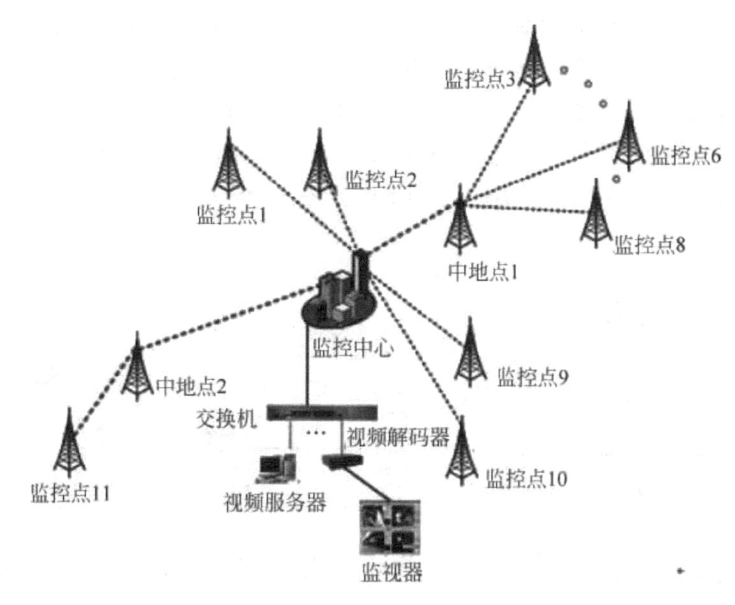

图 8-20　森林防火无线图像监控系统

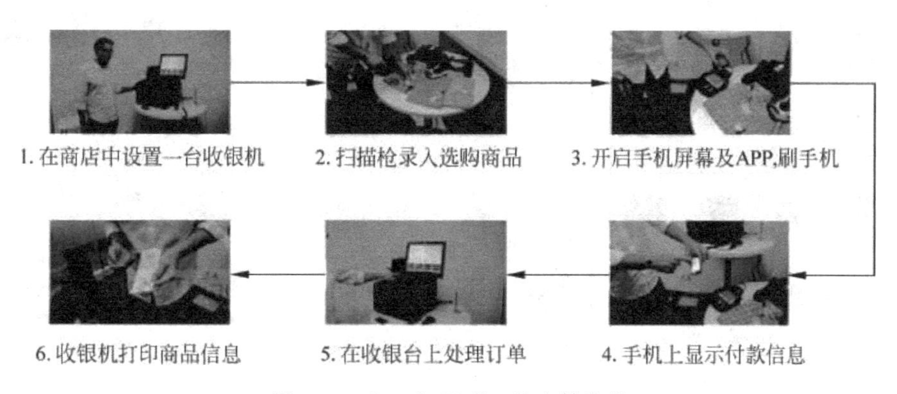

图 8-21　Google Wallet 的支付流程

统有相应独立的管理体制，给学校的统一管理、财务结算、学生使用等带来了一定的不便。如果建设以 2.4GHz RF-USIM 卡技术为基础的手机一卡通平台，可以将学校内凡是同卡、证、票、现金使用密切相关的系统整合在一起，达到用一部手机来代替原有的卡、证、票、现金的作用，从而可以方便学校广大师生的教学、科研、学习、生活和管理，其系统应用如图 8-22 所示。

移动支付产业链的模式之一是由移动运营商来主导，即由移动运营商主导深度产业链的垂直整合，把金融服务提供商、设备提供商、应用提供商等统一整合，做好统一的移动支付平台；产业模式之二是由第三方支付平台提供移动方案与金融服务机构的合作，然后把移动运营商当作是必要的基础服务平台，由第三方支付平台建设移动服务平台，如财富通、支付宝等。

总之，在智能化的移动终端帮助下，丰富多彩的数据业务将为用户生活带来极大的便利，随时随地上网、看电视新闻、收发邮件、可视电话等正逐渐成为人们的所需。伴随着数据业务的发展,人们将步入移动数据化新时代,尤其是在行业应用方面,移动数据业务更是大有可为。而对运营商来说,借助移动智能终端,为用户提供更为丰富、更加精彩的移动数据业务将能更好地吸引用户、留住用户,在竞争日趋激烈的移动通信行业站稳脚跟。同时,不同的行业集团客户会有不同的需求。因此利用一些相关的移动增值业务服务就可以实现特定行业的工作需要,类似的行业应用还可以有公安系统、电力系统、交通系统等,鉴于篇幅原因就不一一列举了。

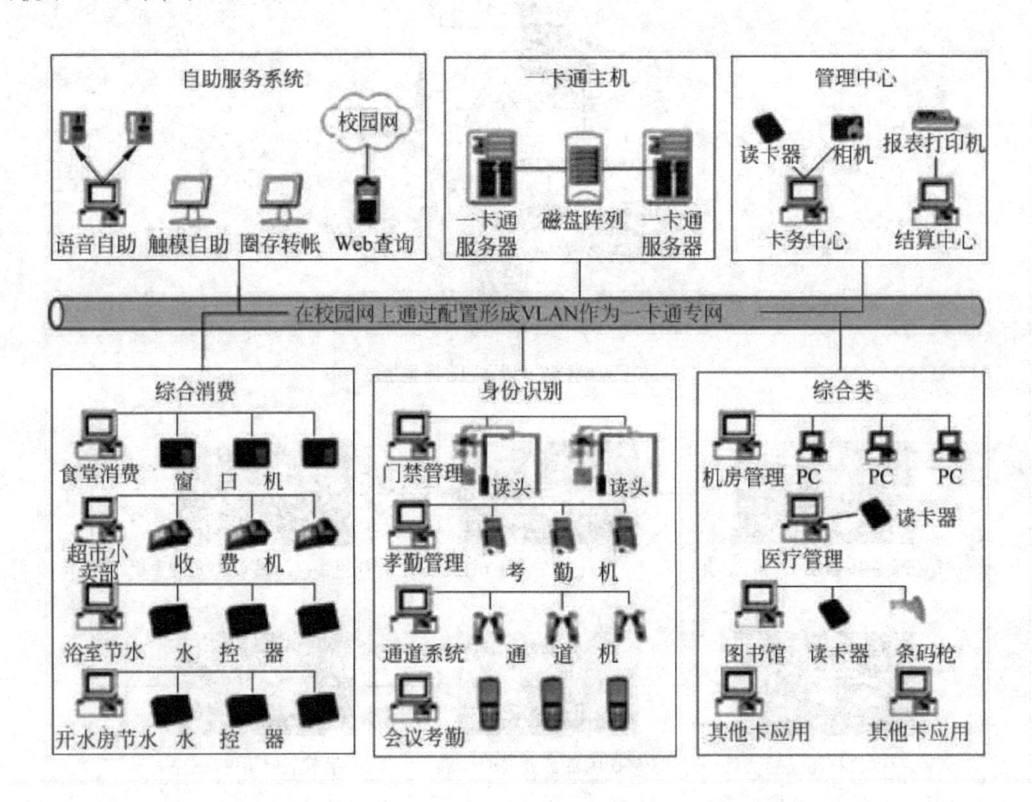

图 8-22 手机一卡通整体网络结构

8.4.3 校园环境下的移动增值业务应用

以上只是粗看了一下移动增值业务的行业应用,下面具体看一下,在校园环境下,如何利用移动通信技术以及增值业务来促进教育信息化的案例。

1. 校园办公移动信息化应用

校园环境下的办公自动化系统因结构复杂和其他因素有着不同于其他行业的特点,从教师的档案管理、上课开会的通知自动化、招生工作的录取全线信息化、学生入校后的信息一卡化等,各环节的信息化建设都是很复杂的。因此,目前启动了许多校园网络建设,学校各方面的工作包括管理、教育、财务、后勤都已基于校园网络实现自动化办公。另外,由于学校扩招等的需要,不少学校也建有分校区,加上不少老师在家上班,所以需要组建的信息资源网络,支持通过 Internet 拨号或专线接入,共享校园网的资源。另外,学生放假回家或工作后再深造，也需要能够接入校园网的资源。因此，利用 PC 为主要终端，Internet 或 Intranet 为架构，辅以移动通信网络（GSM、CDMA 或 GPRS 等）为传输依托，基于手机、PDA 等移动通信终端，实现办公的移动信息化，成为了校园环境下办公自动化的新需要，如图 8-23 所示。

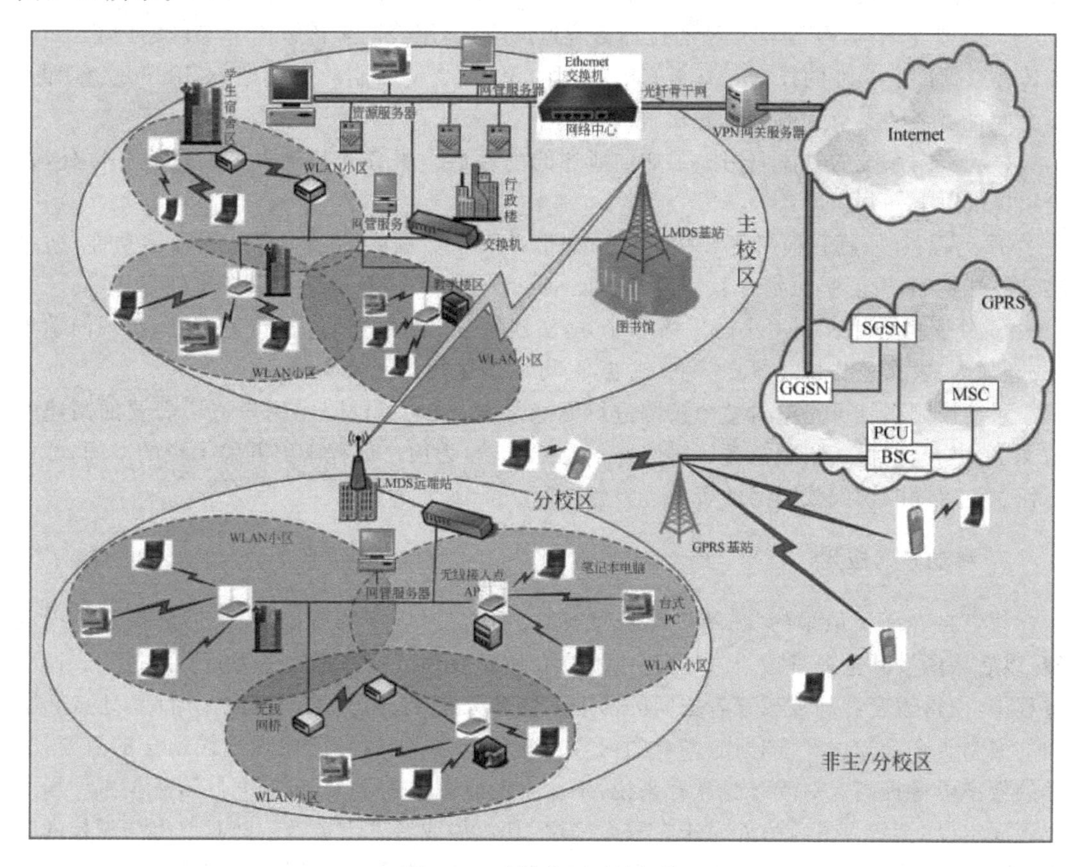

图 8-23　移动校园系统架构

（1）“热点”地区用 WLAN 覆盖

WLAN，即无线局域网，是利用射频技术实现无线通信的局域网络。在主校区和分校区的各个“热点”地区，比如教学楼、学术报告厅、学生宿舍区、教师家属区等地区，现仍不能访问校园网，可设置多个 WLAN 小区可实现点到多点的全方位覆盖。WLAN 主要由无线网桥，无线接入点 AP，无线网卡等设备组成。无线网桥用于楼宇之间相距较近且不易开沟挖槽、布线困难的情况；无线网桥之间空中相接，不需要再铺设线缆。AP 通过双绞线 UTP 与以太网相连，无线网卡安装在用户终端（笔记本计算机，台式 PC）上，用来接收和发送数据。

（2）主分校区用 LMDS 连接

分校区和主校区的连接可以采用 LMDS，即本地多点分配系统，也是一种固定宽带无线接入技术，工作在 26GHz 或 38GHz 频段上，覆盖半径达 3～5km，带宽可达 1G 以上。LMDS 的下行链路采用 TDMA 方式，可实现带宽的动态分配，容量最高可达 155Mb/s，上行链路根据业务流量的不同，可分别采用 TDMA 和 FDMA 来实现，容量可达 1.54Mb/s，也可实现双向传输的多媒体数据传输和交互式业务,Internet 接入、视频点播等。

(3) 校园外接入校园网用 GRPS VPN

利用 WLAN+LMDS 技术覆盖校园网,可实现在整个校园内部移动性地访问校园网资源。但当你身处校园网外时,仍不能访问校园网资源,这就需要构建校园的虚拟专用网 VPN。虚拟专用网 VPN 是一种通过加密隧道的方式,用公网来传输内部专网的内容,并保证传输数据的安全性的技术。基于 GPRS 网的 VPN 支持强制隧道模型,对用户是透明的,不必配置复杂的支持隧道协议的软、硬件。

移动校园系统的具体应用除了如前所述的内部通信服务和移动办公助理服务以外,还可以提供以下一些应用:

① 远程教学、远程监考等教学辅助。如借助后台数据库的强大存储和查询功能,通过移动终端定制功能,提供远程教学以及查证每一考生相关信息以防止冒考事件发生等。

② 外服务应用。利用小区广播等业务,实现教学、生活等信息发布等功能,实现向学生(或老师等)发布公告信息等;学生(或老师)可以多途径访问校园网。

移动校园系统可完整对整个校园进行无缝覆盖,满足了校园网用户迫切需要的高速率的文字、声音、图像、音频、视频等多媒体信息的传输,为用户远程学习开辟了新的空间,并可在任意位置随时访问校园网的资源。

2. 移动学习应用

教育在经历了最早的"粉笔+黑板"的面授后,又经历了邮寄函授、广播函授及电视函授,以后从函授到电视直播,从以卫星电视为介质发展到以网络多媒体为介质的过程。这个过程中,使得教育者和被教育者之间的活动从同步发展到异步,逐渐摆脱了时间、地点和空间的限制。今天知识经济时代,教育的内容日新月异,终身教育已成为现代社会的需要,教学的效率亟待提高。对于终身教育来说,不少人没有固定的学习地点和时间,甚至工作场所也不固定(如销售人员),另外对于在校生来说,其放假或者外出也希望随时取得与学校的联系,这些在当前的教育手段下实现起来较为困难。这时,集移动通信技术和现代教育理念于一身的移动教育概念破土而出,其目标是实现教学在任何时间、任何地点进行的梦想。

国际远程教育权威基根博士写了一本《学习的未来:从 E-Learning 到 M-Learning》,书中提到"M-Learning 实际上把学习带给人们,而再不是把人们带到学习场所",实际上 M-Learning 的发展非常契合中国的国情,它简化了传统教育方式对师资、费用、教育环境等资源的要求,并且结合网络与移动技术的优势,以移动增值业务的形式呈现,是技术改变教育方式方法的一个典型范例。在该书中,基根博士还详细概述了当前国际 M-Learning 领域的 30 个行动计划,这些计划实际上就是借助于无线互联技术和无线终端(比如笔记本、PDA、手机),实现 Anywhere Learning 的一种手段,它不仅是一种技术的应用革新,更是潜在变革教育模式的动力。

关于移动学习,目前并没有一个确切的定义,领域内的专家学者各抒己见,分别从不同的角度去理解和诠释移动学习,有的专家认为移动学习在数字化学习的基础上通过有效结合移动计算技术带给学习者随时随地学习的全新感受,而 Clark Quinn 从技术的角度定义移动学习为"是通过 IA 设备实现的数字化学习,这些 IA 设备包括 Palms、Windows CE 设备和数字蜂窝电话等",Chabra 和 Figueiredo 定义移动学习为"移动学习就是能够使用任何设备,在任何时间任何地点接受学习",Paul Harris 给出的定义是"移动学习是移动计算技术和 E-Learning 的交点",Alexzander Dye 等认为"移动学习是一种在移动计算设备帮助下的能够在任何时间任何地点发生的学习,移动学习所使用的移动计算设备必须能够有效地呈现学习内容并且提供教师与学习者之间的双向交流"等。

综合上述专家学者对移动学习的定义笔者认为,正确理解移动学习的内涵应该从以下几个方面来把握:

- 移动学习是在网络化学习的基础上发展起来的,是网络化学习的无限扩展。
- 移动学习,使学习者可以自由自在、随时随地进行不同目的、不同方式的学习。
- 学习环境是移动的,教师、研究人员、技术人员和学生,甚至于学习资料都是移动的。
- 它是移动计算技术和互联网技术、教育技术等多种学科与技术的交叉点。
- 优势在于"5W 的学习"和信息的随身性与个性化。

目前国内外很多院校、企业等十分重视移动学习。一些注重硬件设施的建设,如各种无线网络安装等;一些注重开发基于无线通信的简单应用,如无线答疑等;还有一些研究和开发适合移动的教育模式和教育资源,以做到任意时间、任意地点的教育或教学。

(1) 移动教育的体系结构

移动教育基本构架如图 8-24 所示。从图中可以看到,教学服务器和国际互联网上的其他学习资料是教育资源的主要载体;而移动台和移动通信网则是连接用户和互联网的主要介质,正是这种介质才使得移动学习系统独具魅力。同时,随着移动通信的发展,移动学习系统将给使用者提供更方便的服务,未来使用手机就可以浏览网页,那时的移动学习系统也会提高到新的水平,如可在线收看教师讲课、与教师面对面地进行答疑等。

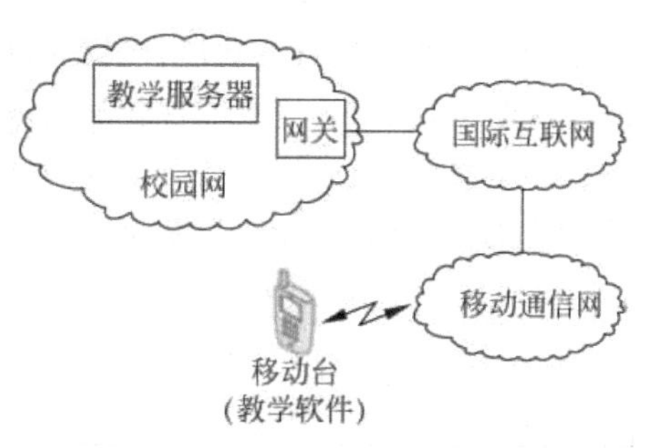

图 8-24 移动学习系统的基本构架

从移动学习系统的构成来看,其整体可分为硬件设备、软件及通信网络。硬件包括移动终端、无线联网设备、各种网络服务器、数据库服务器及企业应用服务器。其中,移动终端包括笔记本电脑、手机、PDA、掌上电脑等;无线联网设备包括无线 WAN 调制解调器、无线 LAN 设备、无线 MAN 适配器等;网络服务器包括支持无线连接的 Web 服务器、WAP 网关、通信服务器,它们为手持设备提供与 Internet 或 Intranet 连接的能力。软件通常包括安装在移动终端上的客户端操作系统和应用系统、服务器上的服务器软件和数据库软件、服务器上的后台应用系统、负责与后台应用或基于 Web 的应用服务器通信的应用中间件以及负责将多个无线网络连接到应用服务器的无线中间件等。通信网络包括两个部分,即通信方式和无线网络。移动通信主要依靠 3 类无线通信网络,即无线局域网(WLAN)、城市蜂窝网(由 2G 到 3G 发展)和卫星通信网络。

(2) 移动学习系统方案一 ——基于短消息的移动学习系统

基于短消息的移动学习系统主要利用短消息进行信息的交互。通过短消息,不仅用户间,而且用户与互联网服务器之间都可实现有限字符的传送。用户通过手机,将短消息发送到教学服务器;教学服务器分析用户的短消息生成数据请求,并进行数据分析、处理,再回送给用户手机。利用这一特点，可实现用户通过无线移动网络与互联网之间的通信，并完成一定的教学活动，其实现系统结构如图 8-25 所示。

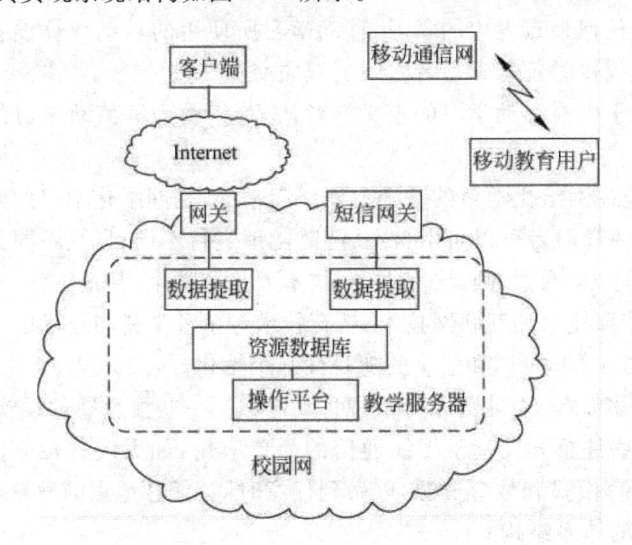

图 8-25 基于短消息的移动学习系统

基于短消息的教育方式适合通信数据少、简单文字描述的教学活动，如利用短消息定制每日单词学习、利用短消息实现教学教务管理工作的移动教务系统、利用短消息完成答疑功能的移动答疑系统、通过短消息实现新闻系统功能的移动新闻系统、利用短消息实现简单的 BBS 操作的移动网上 BBS 系统等。

(3) 移动学习系统方案二——基于浏览的移动学习系统

基于浏览的移动学习系统主要是针对移动数据服务(如 GPRS)，开发了适合多种设备的教育资源，如课件、网站等。该平台主要解决资源共享问题，使得 GPRS 手机、PDA 和 PC 可以浏览同一种资源。该平台主要利用了普适计算技术，其实现系统结构如图 8-26 所示。

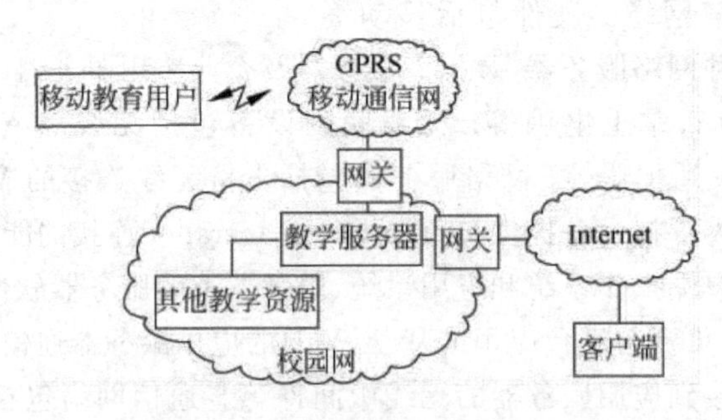

图 8-26 基于浏览的移动学习系统

目前很多手机生产商正在或已经开发能支持浏览器的高档手机。移动用户使用无线终端，经过电信的网关后可接入互联网，访问教学服务器，并进行浏览、查询、实时交互，类似于普通的互联网用户。随着 3G 通信协议的推出，面向浏览器的移动设备很快得到推广，此时的移动教育在方便性以及服务质量上都将会发生空前变化：教学活动将不受时间、空间和地域的限制，并将得到高质量的保证。

(4) 移动学习系统方案三——基于小区广播的移动学习系统

基于小区广播的移动学习系统主要利用了小区广播技术实现信息发布、师生沟通等功能，其实现系统结构如图 8-27 所示。

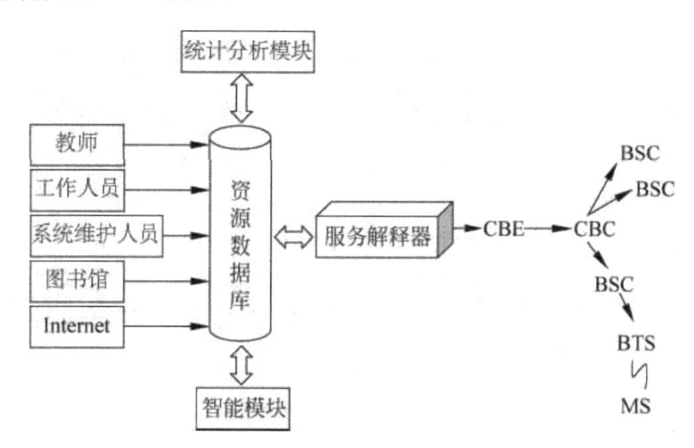

图 8-27 基于小区广播的移动学习系统

基于小区广播技术的教学帮助系统的特点与优势。

① 它是一对多的广播服务。类似于广播电视，它能够在短时间内将文字信息发送到广大移动用户手中。

② 学生可以进行个化性设置。学生可以通过选择广播频道号来决定接收哪些课程的广播信息，所有这些选择都可以使学生的信息接收更具针对性。

③ 它是基于位置的服务。可向全区广播或某个小区广播，因此可以通过指定广播基站的列表来确定广播区域，更方便将教学信息公布于校园内。

④ 对手机的限制很少。绝大多数的手机都可接收信息，同时，也无需对网络设备进行改动。

⑤ 系统使用无线控制通道而非语音通道。不影响校园区的正常的通话服务。

⑥ 广播信息可通过 BTS 重复广播。学生上课时关机，下课后开机。利用重复广播或定时广播可使进入区域的学生不至于错过先前已经发送过的信息。而对于已经收到信息的学生而言，手机能够识别已经接收的信息，并忽略重复的信息。

⑦ 教学信息广播由于不需要接收信息者额外付费，因此不会被学生所拒绝。当学生使用习惯后，对预习、复习、考试等均有帮助。作为一项新的增值业务，它可以提高运营商的市场形象，作为宣传自己服务的一种媒体。这无疑将极大地吸引大学生这个新的群体用户，并给运营商带来直接收入，如招聘广告等。

(5) 移动学习系统方案四——基于手机报的移动学习系统

手机报具有突破时间、空间，随时、随地的特性，为实现由过去单一的、固定的学习环境，向多样化、智能化的学习环境的转变提供了可能。基于手机报的移动学习系统结构如图 8-28 所示。

基于手机报的移动学习系统是传统 E-Learning 的有益补充，它可以更好地促进师生间的交流与沟通。以辅助学生研究性学习为例，该系统可以完成以下功能：

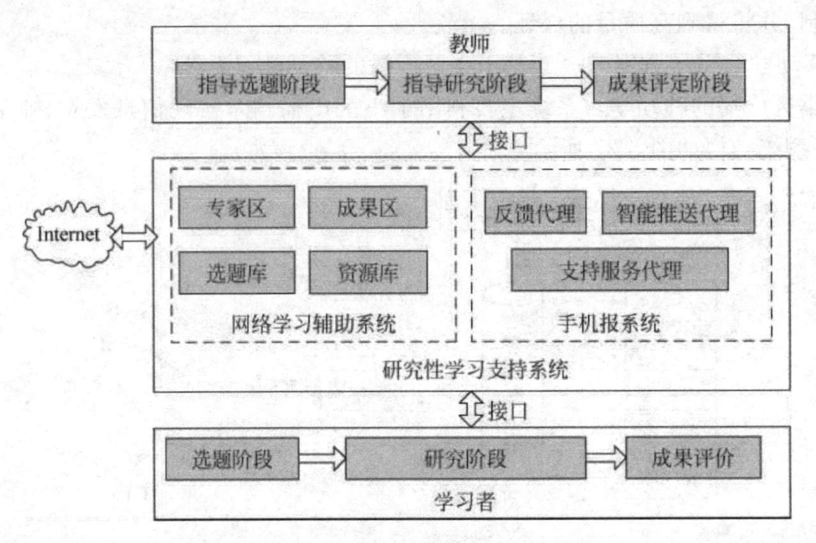

图 8-28 基于手机报的移动学习系统

① 确定选题阶段。学生根据自己的先验知识和兴趣方向,通过与老师的沟通在研究性学习选题库中选定课题,并根据自身需要定制前期手机报推送服务项目(包括课题相关资料等);同时反馈代理根据学习者选定的课题提供具体的课题研究背景、要求及基本的研究素材。

② 课题研究阶段。

- 指导老师关注每个课题研究进展,在资源库准备基础资料供学习者使用。
- 系统定期给学习者发送手机报,内容包括信息更新与课题资料。其中信息更新包括指导老师的课件资料更新、辅导安排等信息;而课题资料包括提供给学习者的参考文献信息、相关问题解答信息等。学习者根据手机报的相关信息提示,进入研究性学习的网络学习辅助系统,深入分析所提供的课题基本资料,检查自己的已有知识与技能,从而判定进一步需要的知识,同时根据研究需要确定所需要的素材支持、向老师提问等,这些信息又会以手机报的形式传送给指导老师。
- 支持服务代理根据学习者发送的请求,查阅资源库(内库),进而以手机报的方式,向学习者提供信息反馈。对于资源库中不能提供的素材则通过智能搜索在 Internet 上进行相关查找和智能推荐,同时向指导教师发送请求获取相关资料。
- 智能推送代理记录学习者的学习进度及学习效果评价,收集学习者的请求并进行分析,基于手机报向学习者推荐基于用户特征的个性化学习资源。智能推送代理是整个研究性学习支持系统的关键技术。当教师遇到知识缺陷时则可通过向专家顾问咨询获得帮助。

③ 综合评定阶段。学习者完成课题研究,整理全部课题研究成果提交给研究性学习的网络学习辅助系统;该系统通过手机报向指导教师及专家顾问发送成果评定请求;指导教师及专家顾问评定课题研究成果后,通过手机报向学习者进行反馈等。

简而言之,基于手机报的移动学习系统是有其优势的。一方面,手机报的大容量特性,决定了它适合学习资料的发送;另一方面,手机报的多媒体特性允许插入图片等多媒体元素，可以图文混排，有助于提高学生对于所发送的学习资料的学习兴趣以及对抽象知识点更为形象的理解；加上手机报的主动推送性，能够很好地实现教师引导学生完成学习任务的导航功能，与网络学习方式相比，可以有效地减少学习者在学习过程中的盲目性；最重要的是，手机报可以非常好地帮助师生间的沟通，如可以自主编制以学习心得为主题的报纸回发给老师或互相转发，实现师生互动和生生互动。学生也可以根据自己学习的不同需求定制相关的手机报纸，从而达到自主学习的目标。

图 8-29 简要介绍了手机报的平台结构，图中所示手机报系统使用多层分布式应用模型，前、后台之间采用 HTTP 承载 XML 消息的方式通信，前、后台各自的实现形式不会相互影响。

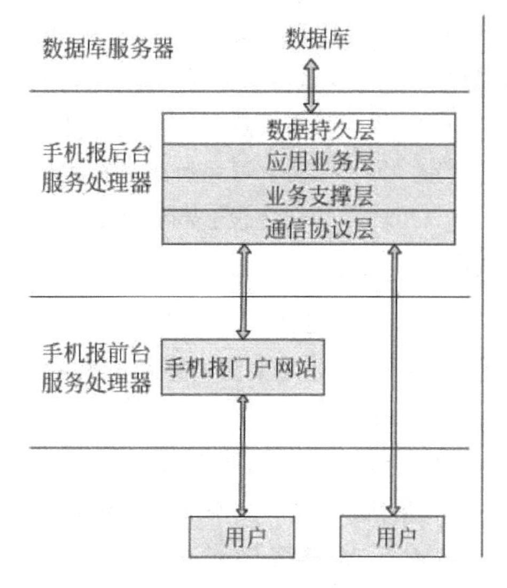

图 8-29 手机报系统平台结构

手机报后台服务处理系统属于手机报的业务处理核心，通过后台服务处理系统外界的请求消息或后台服务处理系统自身内部的消息来触发手机报系统的相关业务。后台服务处理系统由 4 个层面构成：第 1 层为通信协议层，负责消息的解析与发送；第 2 层为业务支撑层，是用于维护业务和扩展业务的基础层，它是通信协议层和应用业务层的衔接层；第 3 层是具体的应用业务层，可以在支撑层上不断扩展；第 4 层是数据持久层，提供面向对象的数据操作。利用多层应用模型可以简化前台的处理流程，提高手机报系统的可维护性、稳定性和可扩展性。

系统采用多层分布式应用模型，可以简化前台的处理流程，提高手机报系统的可维护性、稳定性和可扩展性。在基于 Java 的手机报系统开发中，关键是掌握接口函数 MPSInterface 的设计，以及手机报发送类和手机报接收类的特点和使用。MPSInterface 为一个抽象接口，用来定义手机报系统的基本业务功能。为实现系统业务的扩展性，接口还定义了一些附加功能。

手机报接口定义如表 8-2 所示。

表 8-2 手机报接口定义

变量名	regAccount	conAccount	opeAccount
变量类型	int	int	int
变量名	cloAccount	ordAccount	updAccount
变量类型	int	int	int

(6) 移动学习系统的另类——移动教育性娱乐业务

移动教育性娱乐业务可以分为两部分：教育性游戏业务和带有教育性质的移动信息(内容)业务。

教育性游戏业务与普通的移动下载游戏相似，但增加了教育和文化成分，其目的在于让用户以娱乐的方式进行学习和掌握知识。因此，教育性游戏主要为了吸引 18 岁以下的年轻人以及他们的父母。大部分的游戏很有可能是由多个家庭内成员共同参与的。

教育性的移动信息(内容)业务也称为交互式出版物业务,主要有两类,即交互式的参考资料(如字典等)和交互式指南类业务(如城市指南、博物馆指南、翻译、地图等)。该业务的优势是通过移动网络为用户提供交互式的查询业务且具有多媒体形式。

根据欧洲某咨询公司对用户进行的调查,该类业务有较好的应用前景,如移动参考书的用户基本可以分为两大类:一类是在8～24岁的学生群,他们主要关心与他们的课程相关的参考书;另一类是比较年长的人群,他们主要是用手机的便利性来代替书本。目前较出名的移动教育性娱乐业务有BBC在线,为小孩子们准备的基于Discovery的历史教育游戏(品牌名称为Dynamo),Michelin Red Guide为PDA用户提供的欧洲指南手册的内容服务,这是一份提供旅游景点参考和选择饭店、旅馆等全方位信息的指南手册。

除了以上移动学习系统外,移动学习的增值业务研究还集中于资源制作、发布与浏览平台、WAP教育站点建设、支持PDA的课程下载等方面。

思考与练习

8.4.1 填空题

① 针对企业级集团用户而开发的移动增值业务主要有________、________、________、________和统一消息等。

② 移动虚拟专用网简称________,也称为________。

③ 集团IP电话技术的核心设备有________和________。

8.4.2 选择题

① VPMN系统可实现的功能有(　　)。

A. 灵活的编号方案　　B. 支持补充业务和电信业务

C. 灵活的分组和计费方案　　D. 多业务管理功能

E. 多样的管理手段　　F. 对跨省集团用户的支持

② IP语音网关支持的技术有(　　)。

A. IP语音网关支持ISDN　　B. IP语音网关支持ADSL

C. 支持互联网和内网上的即插即用　　D. 支持防火墙\私网的穿透

③ 集团E网业务实现方式有(　　)。

A. 企业VPN接入公共地址　　B. 集团VPN接入专线

C. 升级集团VPN接入系统　　D. 租用移动通信网络的VPN

④ 统一消息业务的特点有(　　)。

A. 统一的语音和短消息接入号码,统一的用户号和统一的域名

B. 支持Web、WAP、SMS、MMS、VOICE、FAX等多种接入手段

C. 强大的支撑服务平台,可进行多种文本服务的转换

D. 可灵活组合业务,流程简单

8.4.3 简述题

① 试用自己的语言简述集团IP电话技术的增值应用。

② 简述集团短消息的主要功能和特点。

本章小结

今天,多样化移动增值业务的出现,进一步刺激了用户需求的上升。这使得移动增值业务的发展一方面可充分挖掘移动通信系统的潜力,如基于移动通信网络和 IP 技术来提供移动增值业务;另一方面它又逐步脱离移动通信网络而发展,如手机电视业务。随着自然语言识别、手写输入等人性化技术的发展,还会不断地有各种个性化业务的推出。在未来的移动信息化时代,人们将时刻离不开移动服务,如利用移动办公技术进行工作,通过移动学习系统进行"自我充电",在生活中定制所需的移动保健、移动游戏,购物时进行移动支付等。这些丰富业务的提供,也给运营商提供了新的市场机遇。但是,移动增值业务的发展还远未成熟。无论从移动运营商的经济效益,还是从用户的多样化需求角度来考虑,移动增值业务仍然有很广阔的发展空间。

本章主要介绍了移动增值业务及其应用,包括移动增值业务的概念与特点、移动增值业务提供的体系结构、移动增值业务的关键技术、移动增值业务的行业应用等内容。通过本章的学习,可以看到当前的增值业务技术的发展主要集中在以下几个方面。

首先,专业化的移动增值业务平台日趋完善。这些平台多数具备集语音、数据、IP 等于一体的综合业务支持能力,能提供强大的应用和服务开发能力,具备完整的计费、管理等支持系统。

其次,针对不同行业的移动增值业务解决方案层出不穷,如移动校园解决方案,这大大促进了移动增值业务的繁荣。

此外,为移动增值业务发展提供支撑的系统越来越多。许多厂商已意识到移动增值业务的潜力,他们在自己的解决方案中加强了对移动增值业务的支持能力,如计费系统的改进。这些都将促使移动增值业务更具个性化。

应该说,移动增值业务的发展代表了电信产业发展的趋势,它意味着电信网络将从技术主导型网络向业务主导型网络演进,未来的移动网络将能够更方便、灵活地提供丰富多彩的个性化服务。

实验与实践

活动 1　移动增值业务市场观察

我国的移动增值业务在短短十几年里从无到有,迅速发展成为一个令世人瞩目的朝阳产业。移动增值业务收入比例逐渐增加,2005 年第一季度中国移动数据业务收入的比例达到 19%,其中点对点短消息收入占到 70%,彩铃也在 2005 年得到了快速发展,2005 年 7 月广东移动彩铃用户数已经达到 1400 万户,并以每月 50 万户的速度快速增长。除此以外,还有手机上网、手机钱包、移动定位、手机游戏、手机视频等,移动增值业务已拥有了巨大的用户群、庞大的产业规模、多样的服务。

请访问:中国移动网站 http://www.chinamobile.com/、中国联通网站 http://www.chinaunicom.com.cn/,或以"移动增值业务"等为关键词,了解一下国内移动增值业务的发展与市场，并举行一个研讨会，对移动增值业务的背景、市场、解决方案、关键技术等进行讨论，和同学相互交流。研讨结束后，请根据讨论结果，结合自己的感想，作一篇名为“移动增值业务之我见”的文献综述，并收入个人成果集。

活动2 浅谈移动增值业务的主流技术

技术是业务得以开展的前提，以一个完善的技术平台为基础，并配以数据库、终端等的支撑，可以衍生出各种各样的业务。比如在一个移动网络中增加了GPSone定位技术，就能够完成比较精确的位置信息计算，根据这个位置信息就可以开展电子地图业务、最近的商场/餐馆等的查询业务、好朋友的位置查询业务、车辆的跟踪业务、提供用户附近商场打折信息的业务、导航、紧急情况报警等。

请你根据自己的研究兴趣，在本章的学习过程中围绕“移动增值业务的支撑技术”选择一项研究课题。也可以在老师的指导下，成立课题研究小组，推荐研究的课题有：

- 初识基于智能卡的应用工具箱技术。
- 多媒体消息业务的应用研究。
- 位置业务的应用研究。
- WAP网站印象。
- 基于GPS的定位业务的研究。
- 初识基于Java/BREW的业务。
- 初识移动流媒体直播业务。
- 其他移动增值业务的支撑技术。

请你或小组使用PowerPoint创作一个演示文稿，在本章课程结束时进行全班交流，并存入个人成果集。

活动3 定位话题讨论

目前市面上已经有专用的学生手机了，该手机可以定位学生的行踪，如学生到校时间、所处地点等均可用一条短消息通知到其家长的手机上。显然，一方面，儿童或老人配上此类手机，发个短信就能确定他们的位置，再也不用为亲人外出而担忧了；另一方面，在网上却引发了激烈的争论，有人问“手机定位，是关爱还是侵害？”对此，你怎么看？

拓展阅读

[1] 李从兵，移动增值业务市场展望．中国电信建设，2004年16卷09期．

[2] 张新，苏放，纪阳．移动增值业务体系研究．移动通信，2004年06期．

[3] 吴彦文．基于小区广播技术的教学帮助系统的设计．电信工程技术与标准化，2005年01期．

[4] 白刚，杨猛，李锌，尹宝才．3G网络视频流媒体服务系统研究与实现．计算机工程与应用，2005年24期．

[5] 罗小巧，吴彦文．基于STK卡的移动定位服务解决方案．湖北邮电技术，2004年03期．

[6] 孙莉莉，吴彦文．运用WLAN+LMDS+GPRS构建城域校园网络．电信工程技术与标准化，2004年10期．

[7] 李明泽，张岩，汤林超．3G移动增值业务研究．邮电设计技术，2005年第1、2期．

[8] 马丰，杨玉凤，朱海波．移动通信市场的价值链模式．经济论坛，2003年22期．

[9] 王晖，乔斯敏．3G业务平台建设探讨．移动通信，2005年04期．

[10] 纪汉霖. 对我国移动通信增值业务发展的思考. 移动通信,2004 年 09 期.
[11] 王瑜坤,张伟青. 企业移动通信解决方案研究. 移动通信,2004 年 05 期.
[12] 张平. 第四代移动通信系统的关键技术及分析. 电信科学,2002 年 08 期.
[13] 许爱装. 2004 年中国手机市场回眸与展望. 移动通信,2005 年 01 期.
[14] 宋俊德,王劲松. 无线移动终端(WMT)的复杂性和标准化的必要性. 移动通信,2004 年 10 期.
[15] 张智江,张云勇. 移动核心网络融合研究. 移动通信,2005 年 04 期.
[16] 张建华,蔡鹏. OFDM——4G 核心的物理传输技术. 移动通信,2005 年 02 期.
[17] 张孝林,张强. 移动终端技术现状与发展趋势浅析. 移动通信,2005 年 01 期.
[18] 彭艺,查光明. 第四代移动通信系统及展望. 电信科学,2002 年 06 期.
[19] 付铮. 3G 时代的移动增值业务. 数据通信,2006 年 03 期.
[20] 徐玉. 3G 时代的移动增值业务发展趋势. 移动通信,2008 年 02 期.
[21] 刘东明. 移动增值业务发展策略. 电信网技术,2007 年 04 期.
[22] 周阳霖. 移动增值业务现状与趋势分析. 移动通信,2007 年 10 期.
[23] 宋雨江. 移动增值业务的发展. 电信工程技术与标准化,2008 年 04 期.
[24] Yanwen Wu, Tingting Wang. Research-Based Learning in Mobile Communication Course: With Assistance of Mobile Newspaper. ISECS International Colloquium on Computing, Communication, Control, and Management(CCCM 2008), Aug, 2008.
[25] 李志勇,高峰. 一种可扩展的基于位置服务(LBS) 平台的设计. 计算机与现代化,2011 年第 11 期.

深度思考

1. 想一想：如何依托现有的无线通信技术构建一个本校的数字无线环境。

2. 结合自己的工作、学习经验和亲身经历，谈一谈你希望未来的移动通信为你提供怎样的业务和服务？你又希望未来的移动终端能做哪些事情？

LTE系统和LTE-Advanced系统

学习目标

- 了解 LTE 的发展，掌握 LTE 的系统构成与主要需求指标。
- 了解 LTE 的帧结构、信道结构、信道编码。
- 理解 LTE 的无线资源管理和移动性管理。
- 了解 LTE-Advanced 的发展，掌握其主要需求指标，理解多频段协同与频谱整合、中继技术、分布式天线、基站间协同、自组织网络等关键技术。

知识地图

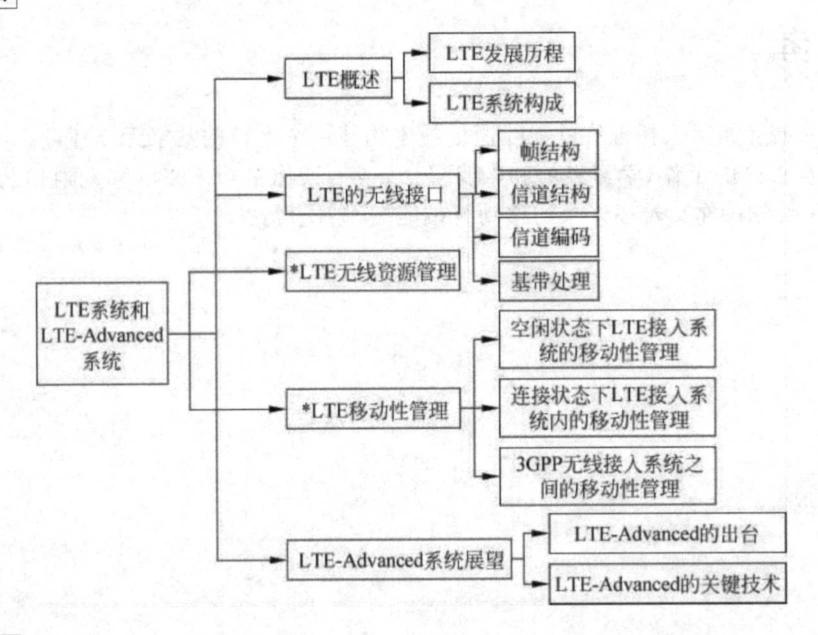

学习指导

LTE 在空中接口方面用频分多址(OFDM/FDMA)替代了 3GPP 长期使用的码分多址(CDMA)作为多址技术，并大量采用了多输入多输出(MIMO)技术和自适应技术提高数据速率和系统性能。在网络架构方面，LTE 取消了 UMTS 标准长期采用的无线网络控制器(RNC)节点，代之以全新的扁平架构。经过多年艰苦的标准化工作，LTE 标准已经基本完成，从目前的情况看来，LTE 受到了世界上绝大多数运营商的青睐。

本章介绍了 LTE 移动通信系统，主要涉及了 LTE 的发展、系统结构、帧结构、信道结构、信道编码、无线资源管理和移动性管理，最后展望了 LTE-Advanced 系统。为了帮助你对学习内容的掌握,建议你在学习本章时充分利用本章知识地图。

9.1 LTE概述

近几年来,WCDMA、CDMA 2000、TD-SCDMA 等各种系统已经逐步在全球大规模部署并商用,此时,3GPP 又启动了 LTE、HSPA+、LTE-Advanced 等长期标准演进项目。

LTE 是 3GPP 在"移动通信宽带化"趋势下,为了对抗 WiMAX 等宽带无线接入技术的市场挑战,在十几年超 3G(B3G)研究的技术储备基础上研发出的"准 4G"技术,是移动通信与宽带无线接入技术的融合。经过多年的工作,LTE 标准已接近完成。这个标准采用 OFDM、MIMO 等先进的无线传输技术、扁平网络结构和全 IP 系统架构,支持最大 20MHz 的系统带宽、超过 200Mb/s 的峰值速率和更短的传输延时,频谱效率达到 3GPP R6 标准的 3~5 倍,是一项重大的革新。预计在未来 10 年内,LTE 作为最具影响力的宽带移动通信技术标准之一,将受到业界越来越广泛的关注,很可能成为未来宽带移动通信的主流标准,并为 3GPP 运营商铺就了平滑的 IMT-Advanced 演进之路。我国企业长期以来在 3GPP 标准化过程中积极参与,占有重要的地位。尤其是在 TD-SCDMA 及其后续演进标准,如 TD-LTE 的标准化工作方面,我国始终处于领先和主导的位置。

9.1.1 LTE的由来与需求指标

1. LTE 的发展历程

LTE(Long Term Evolution)是 3GPP 开展的长期演进项目,是 3G 与 4G 技术之间的一个过渡,是俗称 3.9G 的全球标准,它改进并增强了 3G 的空中接入技术,采用 OFDM 和 MIMO 作为其无线网络演进的唯一标准。在 20MHz 频谱带宽下能够提供下行 326Mb/s 与上行 86Mb/s 的峰值速率。改善了小区边缘用户的性能,提高小区容量和降低系统延迟。

3GPP 致力于 3GPP LTE 作为 3G 系统的演进是从 2004 年 11 月加拿大多伦多的 3GPP 接入网演进学术讨论会(RAN Evolution Workshop)开始的,考虑到 WiMAX 等宽带无线通信技术的迅速发展,3GPP 需要提出自己的标准,参与宽带无线通信技术的竞争。这样,3GPP 于 2004 年 12 月正式成立了 LTE 研究项目,明确研究项目的目标是:发展 3GPP 无线接入技术向着"高数据速率、低延迟和优化分组数据应用"方向演进。

LTE 研究项目分若干个研究阶段,其中研究阶段 SI 原定于 2006 年 6 月完成,最终延迟了 3 个月;工作阶段 WI 原定于 2007 年 6 月完成,但最终延迟了一年半。SI 又可以称为第 1 阶段,这个阶段主要是以研究的形式确定 LTE 的基本框架和主要技术选择,对 LTE 标准化的可行性作出判断。如果 SI 对 LTE 基本技术框架的评估结论是正面的,则可以设立 WI 并开始正式的标准化工作;如果 SI 无法得出正面的结论,则不能开始 WI 阶段的工作。经过 1 年 10 个月的研究,LTE SI 阶段明确了 LTE 的需求、应用场景,RAN 和 CN(核心网)的功能划分,在 RAN 网络架构、空口协议结构、多址技术、MIMO 技术、信道结构、信令结构、移动性等方面初步形成了共识,形成了需求报告、RAN1 研究报告、RAN2 研究报告、RAN3 研究报告等一系列研究报告。经过厂家评估,通过在 RAN1 增加 4×4 天线配置,基本满足了运营商的要求,得出了正面结论,于 2006 年 9 月通过了 LTE WI 的立项申请,WI 阶段正式开始。

WI阶段又可以分成两个阶段：第2阶段和第3阶段。第2阶段通过对第1阶段中初步讨论的系统基本框架进行确认，同时进一步丰富了系统的第2阶段细节，最终于2007年3月形成了LTE第2阶段规范TR36.300。TR36.300并不是一个可以直接用于设备开发的技术规范，而可以看作对LTE系统的一个总体描述，是一个"参考规范"。

阶段3于2007年年底形成了LTE技术规范的第一个正式版本V1.0.0，但这个版本还有很多方面没有确定，实际上是无法使用的。因此在2008年，继续对技术规范进行修改完善。由于阶段3的技术细节问题层出不穷，故其完成时间一拖再拖，R8 LTE的完成时间最终延迟到2008年12月。R9继续解决R8 LTE的遗留问题。

可见，LTE长期演进项目历时近10年。其间，我国也提出了自己的TD-LTE标准，其标志性事件如下：

① 2005年3月，LTE概念提出后的第一次3GPP会议，LTE项目正式开展可行性研究工作。各家公司(包括中国的大唐)均提交了对LTE概念的基本观点。

② 2005年6月，3GPP召开第一次LTE Ad Hoc会议，大唐率先提出了TD-LTE的基础性提案：提出基于多载波TD-SCDMA和基于OFDM TDD的两套LTE TDD框架技术方案，并陆续写入LTE技术报告中。

③ 2005年11月，大唐提出的基于OFDM TDD的技术方案作为两种TDD模式中的一种正式被3GPP LTE采纳(另一个方案在3GPP HSPA中进行标准化)，该方案充分考虑了TD-SCDMA的演进和相关技术的延续，奠定了TD-LTE标准化工作的基础。

④ 2007年4月，在国内企业的持续推动下，LTE TDD模式的影响越来越大，3GPP专门在北京召开了LTE TDD Ad Hoc会议。这次会议上，3GPP初步接受了可使用专用导频的智能天线方案，在LTE持续讨论近两年的智能天线技术终于成功地进入到LTE中。

⑤ 2007年11月，3GPP通过了基于LTE TDD Type2帧结构(即基于TD-CDMA的帧结构)的融合框架方案，使LTE TDD模式只存在一种TDD模式的方案，即TD-LTE方案，从标准上保证了TD-LTE作为唯一的TDD模式的技术方案。

⑥ 2008年6月，在ITU IMT Advanced评估文件截止之前，大唐代表我国提交了在IMT Advanced技术评估文件中增加8×2智能天线配置的提案，为今后我国在4G特色技术的智能天线增强技术进入IMT-Advanced创造了有利的条件。

⑦ 2009年3月，中国移动和大唐联合多厂家积极支持，提出了基于双流赋形的增强智能天线技术在3GPP LTE R9的立项申请，并获得通过。

⑧ 2009年10月，我国向ITU提交了4G候选方案TD-LTE-Advanced，被ITU采纳为IMT-Advanced候选技术之一。

⑨ 2010年3月，双流赋形技术和单基站定位技术完成标准化，成为LTE第二版本(R9)的重要增强特性，进一步树立了TD-LTE显著的技术特色和优势。

鉴于LTE技术标准的类似性，本章着重以3GPP的LTE长期演进项目为例，展开其原理上的介绍。

2. LTE的需求指标

由于要求LTE必须成为一个有竞争力的B3G宽带无线业务。因此，LTE系统的设计主要考虑以下几个总体目标：

(1) 降低每比特成本。

(2) 扩展业务的提供能力,以更低的成本、更佳的用户体验提供更多的业务。

(3) 灵活使用现有的和新的频段。

(4) 简化架构,开放接口。

(5) 实现合理的终端功耗。

在 TR 25.913 中,定义了对 LTE 系统的需求指标,这些需求可简要总结在表 9-1 中。

表 9-1 LTE 需求指标

需求名称	需求内容
峰值数据率	20MHz 系统宽带下,下行瞬间峰值速率 100Mb/s(频谱效率 5b/Hz),上行瞬间峰值速率 50Mb/s(频谱效率 2.5b/Hz)
控制面延迟	从驻留状态转换到激活状态的时延小于 100ms
控制面容量	每个小区的 5MHz 带宽下最少支持 200 个用户
用户吞吐量	下行每兆赫平均用户吞吐量为 R6 HSDPA 的 3～4 倍;上行每兆赫平均用户吞吐量为 R6 HSUPA 的 2～3 倍
频谱效率	在真实负载的网络中,下行频谱效率为 R6 HSDPA 的 3～4 倍;上行频谱效率为 R6 HSUPA 的 2～3 倍
移动性	为 0～15km/h 低速移动优化,15～120km/h 高速移动下实现高性能,在 120～350km/h(在某些频段甚至应支持 500km/h)下能够保持蜂窝网络的移动性
覆盖	吞吐率、频谱效率和移动性指标在半径 5km 以下的小区中应全面满足,在半径为 30km 的小区中性能可以小幅下降,不应排除半径达到 100km 的小区
增强 MBMS	为了降低终端复杂度,应和单播操作采用相同的调制、编码和多址方法;可向用户同时提供 MBMS 业务和专用语音业务;可用于成对和非成对频谱
频谱灵活性	支持不同大小的频带尺寸,从 1.4～20MHz;支持成对和非成对频谱中的部署;支持基于资源整合的内容提供,包括一个频段内部、不同频段之间、上下行之间、相邻和不相邻频带之间的整合
与 3GPP 无线接入技术的共存和互操作	和 GERAN/UTRAN 系统间可以邻频共站址共存;支持 UTRAN、GERAN 操作的 E-UTRAN 终端应支持对 UTRAN/GERAN 的测量,以及 E-UTRAN 和 UTRAN/GERAN 之间的切换。实时业务的 E-UTRAN 和 UTRAN/GERAN 之间的切换中断时间小于 30ms
系统架构和演进	单一基于分组的 E-UTRAN 系统架构,通过分组架构支持实时业务和会话业务;最大限度地避免单点失败;支持端到端 QoS;优化回传通信协议
无线资源管理	增强的端到端 QoS;有效支持高层传输;支持不同的无线接入技术之间的负载均衡和政策管理
复杂度	尽可能减少选项;避免多余的必选特性

9.1.2 LTE 系统构成

E-UTRAN 系统架构如图 9-1 所示。E-UTRAN 由 eNode B 构成,eNode B 之间由 X2 接口互连,每个 eNode B 又和演进型分组核心网(Evolved Packet Core network, EPC)通过 S1 接口相连。S1 接口的用户面终止在服务网关(Serving Gateway, S-GW)上,S1 接口的控制面终止在移动性管理实体(Mobility Management Entity, MME)上。控制面和用户面的另一端终止在 eNode B 上。

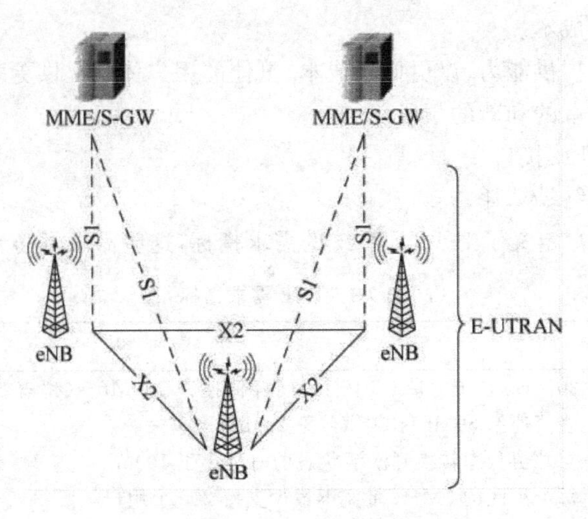

图 9-1 LTE 系统架构

对比以往的 3G 系统可以看出,LTE 在砍掉基站控制器 RNC 后,它的无线接入网(E-UTRAN,Evolved-UTRAN)只余下基站 eNode B(简写为 eNB)这个网元了,该网元承接了很多原来 RNC 的功能,具体如下:

(1) 无线资源管理,包括无线承载控制、无线许可控制、连接移动性控制、上行和下行资源动态分配(即调度)。

(2) IP 头压缩和用户数据流加密。

(3) 当从提供给 UE 的信息无法获知向 MME 的路由信息时,选择 UE 附着的 MME。

(4) 用户面数据向 S-GW 的路由。

(5) 从 MME 发起的寻呼消息的调度和发送。

(6) 从 MME 或 O&M 发起的广播信息的调度和发送。

(7) 用于移动性和调度的测量与测量上报配置。

由于 RNC 的功能大部分都转移到了 eNode B 上,因此,S1-U 就相当于 WCDMA 中的 Iu-CS 接口和 Iu-PS 接口的用户面部分,也就是纯粹走话音和数据,在 LTE 中话音和数据都是走的分组域的 IP 包,因此不再有 Iu-CS 接口和 Iu-PS 接口之分。S1-MME 就相当于 WCDMA 中的 Iu-CS 接口和 Iu-PS 接口的控制面部分,走的都是信令。eNode B 上还有个 X2 接口,它是 eNode B 间的连接,因为 RNC 被取消了,eNode B 间需要了解切换和负载均衡等信息,因此这个 X2 接口就相当于以前的 Iur 接口。

MME 负责移动性管理包括位置更新、鉴权加密等,是处理手机和核心网络间信令交互的控制节点,该设备继承了一部分 RNC 的功能。

可见,LTE 时代,网络结构更加扁平化了。LTE 的自动邻居关联功能,可利用手机来鉴别有用的相邻 eNode B 节点,即 eNode B 可以允许手机从另一个 eNode B 的广播信息中读取新小区的小区身份标识,然后把这个信息上报给 eNode B,这样 eNode B 就可以认为手机读到的小区信息就是它相邻的基站发的。

思考与练习

9.1.1 填空题

① LTE是英文________的缩写，是3GPP开展的长期演进项目，是3G与4G技术之间的一个过渡，俗称3.9G的全球标准，它改进并增强了3G的空中接入技术，采用________和________作为其无线网络演进的唯一标准。在20MHz频谱带宽下能够提供下行________与上行86Mb/s的峰值速率。改善了小区边缘用户的性能，提高小区容量和降低系统延迟。

② LTE时代，网络结构更加扁平化了。LTE的________功能，可利用手机来鉴别有用的相邻的eNode B节点。

9.1.2 判断题

① 2005年3月，LTE概念提出后的第一次3GPP会议，LTE项目正式开展可行性研究工作。各家公司(包括中国大唐)均提交了对LTE概念的基本观点。 ( )

② LTE系统设计的总体目标有：降低每比特成本；扩展业务的提供能力，以更低的成本、更佳的用户体验提供更多的业务；灵活使用现有和新的频段；简化架构，开放接口，实现合理的终端功耗。 ( )

③ LTE的系统由移动性管理实体(MME)、eNode、基站控制器RNC组成。 ( )

9.1.3 画图题

画出LTE系统架构图，并简述基站eNode B的主要功能。

9.2 LTE的无线接口

9.2.1 LTE的帧结构与信道结构

1. 无线帧结构

LTE支持两种类型的无线帧结构：类型1，适用于FDD模式；类型2，适用于TDD模式。

(1) 帧结构类型1

帧结构类型1适用于全双工和半双工的FDD模式。每一个无线帧长度为10ms，由20个时隙构成，每一个时隙的长度为0.5ms。这些时隙分别编号为0～19。一个子帧定义为两个相邻的时隙，其中第i个子帧由第$2i$个和$2i+1$个时隙构成，如图9-2所示。

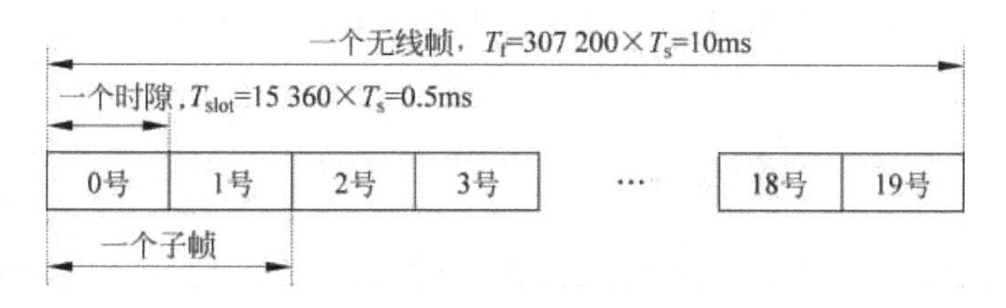

图9-2 帧结构类型1

对于FDD，在每一个10ms中，有10个子帧可用于下行传输，并且有10个子帧可以用上行传输。上、下行传输在频域上进行分开。

(2) 帧结构类型 2

帧结构类型 2 适用于 TDD 模式。每一个无线帧由两个半帧构成,每一个半帧长度为 5ms。每一个半帧又由 8 个常规时隙和 DwPTS、GP 和 UpPTS 这 3 个特殊时隙构成。1 个常规时隙的长度为 0.5ms。DwPTS 和 UpPTS 的长度是可以配置的,并且要求 DwPTS、GP 和 UpPTS 的总长度等于 1ms。子帧 1 包含 DwPTS、GP 和 UpPTS,所有其他子帧包含两个相邻的时隙,其中第 i 个子帧由第 $2i$ 个和 $2i+1$ 个时隙构成,如图 9-3 所示。

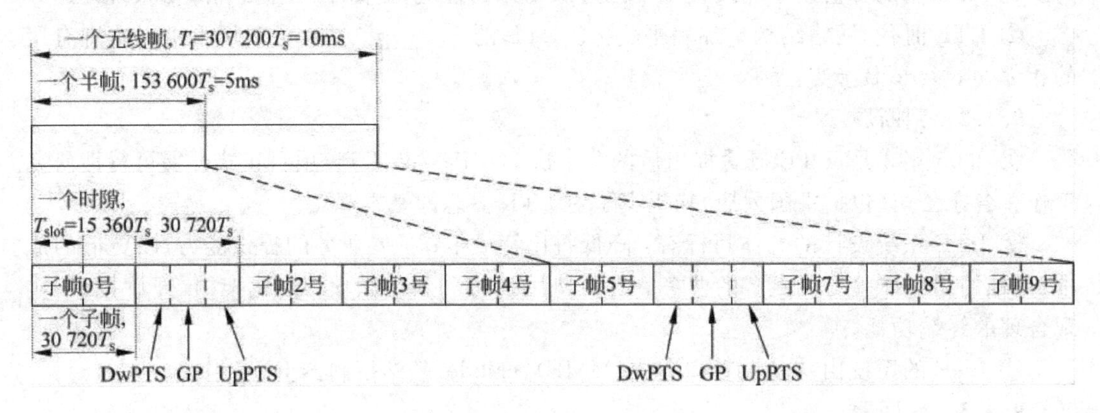

图 9-3　帧结构类型 2

2. LTE 的信道结构

LTE 定义的下行物理信道包括以下几个:

(1) 物理下行共享信道(Physical Downlink Shared Channel,PDSCH)。

(2) 物理多播信道(Physical Multicast Channel,PMCH)。

(3) 物理下行控制信道(Physical Downlink Control Channel,PDCCH)。

(4) 物理广播信道(Physical Broadcast Channel,PBCH)。

(5) 物理控制格式指示信道(Physical Control Format Indicator Channel,PCFICH)。

(6) 物理 HARQ 指示信道(Physical HARQ Indicator Channel,PHICH)。

LTE 定义的上行物理信道包括以下几个:

(1) 物理上行共享信道(Physical Uplink Shared Channel,PUSCH)。

(2) 物理上行控制信道(Physical Uplink Control Channel,PUCCH)。

(3) 物理随机接入信道(Physical Random Access Channel,PRACH)。

除了上述物理信道之外,LTE 还定义了上下行参考信号、主同步信号、辅同步信号等物理层信号。

9.2.2 LTE 的信道编码

在信道编码的研究中,广播信道(如 PBCH,主广播信道)和控制信道(如 PDCCH,物理下行控制信道)这些较低数据率的信道采用的编码技术是比较明确的,即用卷积码进行编码。具体设计为码率 1/3、约束长度 $K=7$。所用卷积码的具体形式是具有最优距离谱的无尾(Tail Biting)卷积码。

对于数据信道,由于 LTE 相对原有的 UMTS 系统在系统带宽和数据率方面都有很大提高，因此是否需要考虑更适合宽带传输的信道编码成为重点讨论的问题。经过深入研究，最终决定延用 R6 Turbo 码的归零结尾方法。

1. 编码块分段

当待编码的传输块较大时，为了控制编译码器的复杂度，需要将一个大传输块分割为若干长度较小的码块(CB，大小为 6144bit)，每个码块独立进行编译。

2. 速率匹配

在每个 CB 内，为了实现各种需要的码率，需要进行速率匹配操作。速率匹配由子块交织、比特收集和比特选择与修剪 3 个步骤构成，如图 9-4 所示。

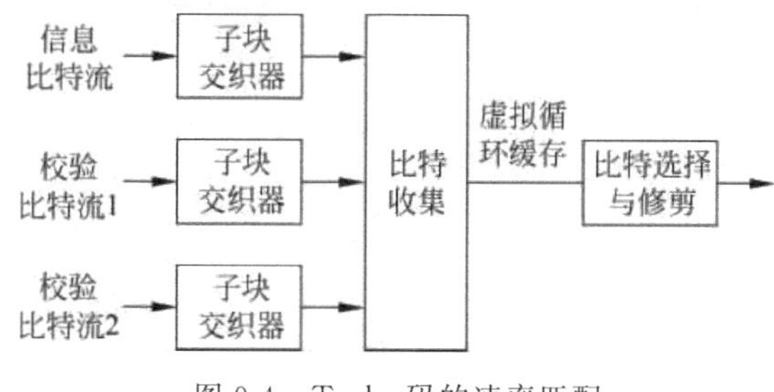

图 9-4　Turbo 码的速率匹配

3. 循环冗余校验(CRC)

在进行信道编码之前，首先要对传输的数据进行 CRC 处理，即在数据尾部添加若干 CRC 比特，以便在接收端判断对数据的译码是否正确。如果数据译码错误，则会向发射端反馈 NACK，请求数据重传。

添加的 CRC 比特可以采用顺序排列或逆序排列，最终采用的是 CRC 比特顺序排列的方式。

当对较长的传输块进行分段时，需要考虑 CRC 处理的位置。一种选择是先对整个 TB 进行 CRC 处理，然后再进行分段处理，如图 9-5(a)所示；另一种选择是先进行编码块分段处理，然后再对每个 CB 分别添加 CRC 比特，如图 9-5(b)所示；另外，还可以同时采用 TB CRC 处理和 CB CRC 处理，如图 9-5(c)所示，这也是最终所采用的方案。

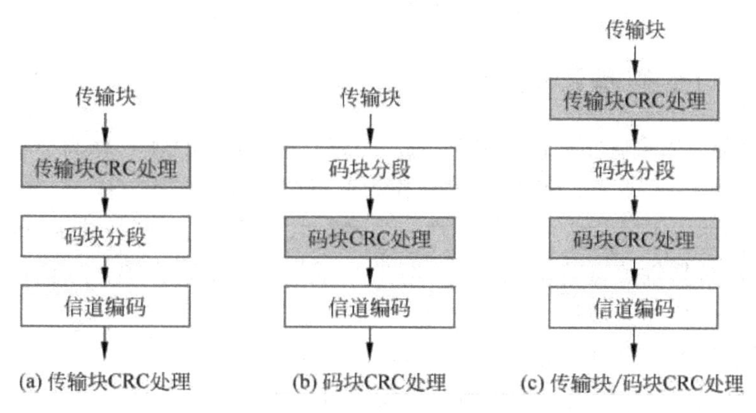

图 9-5　3 种 CRC 处理方式

CRC 处理过程可以表述为：先在 TB 上添加 24bit CRC，然后如果进行码块分段(当传输块长于 6144bit 时)，再在每个 CB 上添加 24bit CRC，如图 9-6 所示。

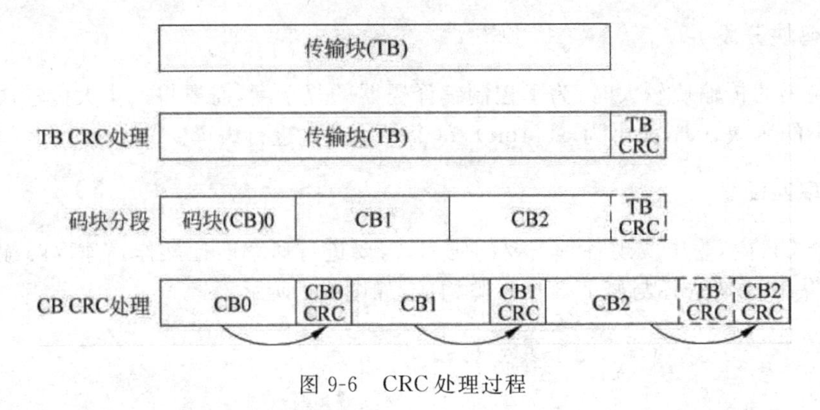

图 9-6　CRC 处理过程

4. Tail Biting 卷积码

这里定义了限制长度为 7，编码速率为 1/3 的 Tail Biting 卷积码。

卷积编码器的配置如图 9-7 所示。

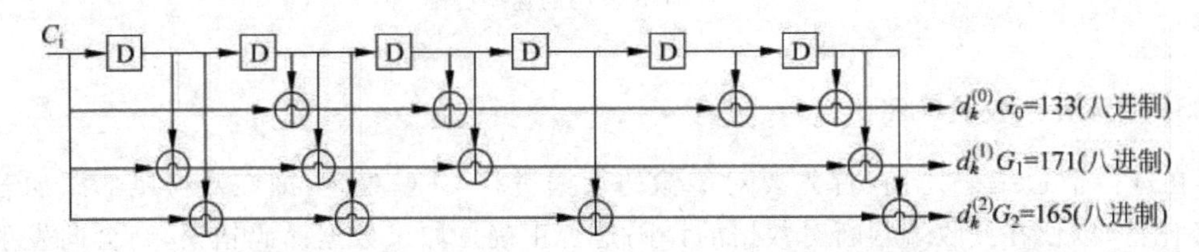

图 9-7　编码速率为 1/3 的 Tail Biting 卷积码编码器

编码器的移位寄存器的初始值设置为输入流最后的 6 个信息比特对应的值，使得移位寄存器的初始和最终状态相同。因此，用 $S_0, S_1, S_2, \cdots, S_5$ 表示编码器的移位寄存器，那么移位寄存器初始值将被设置为

$$S_i = C_{(k-1-i)}$$

编码器的输出流 $d_k^{(0)}$、$d_k^{(1)}$ 及 $d_k^{(2)}$ 分别对应第一、第二和第三奇偶流，如图 9-7 所示。还有一种卷积码为 Turbo 卷积码，鉴于篇幅原因，这里就不介绍了。

9.2.3 LTE 的基带处理

LTE 物理层采用带有循环前缀(CP)的正交频分多址(OFDMA)作为下行多址方式，采用带有 CP 的单载波频分多址(SC-FDMA)作为上行多址方式。

OFDMA 技术尤其适用于频率选择性信道和高数据率传输，这种技术可以借助 CP，将一个宽带的频率选择性信道转化为多个并行的平坦衰落的窄带信道。这样，原理上接收机就可以采用低复杂度的频域均衡(即单抽头线性均衡)来检测信号。

图 9-8 所示为下行物理信道的基带信号由以下步骤形成：

(1) 对将要在物理信道上发送的编码比特的每个码字进行加扰。

(2) 对加扰后的比特进行调制，形成复值的调制符号。

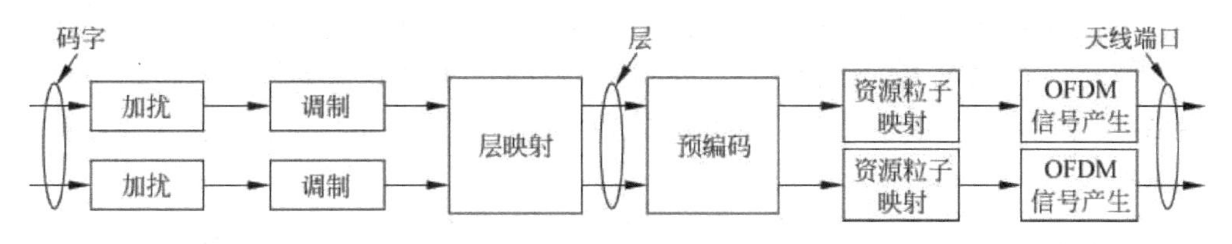

图 9-8 下行物理信道的基带处理

(3) 将复值调制符号映射到一个或多个传输层上。

(4) 对每个层(每个层对应一个天线端口)上的复值调制符号进行预编码。

(5) 将每个天线端口上的复值调制符号映射到资源粒子(Resource Element，RE)上。

(6) 对每个天线端口产生复值的 OFDM 时域信号。

图 9-9 所示为上行物理信道的基带信号由以下步骤形成：

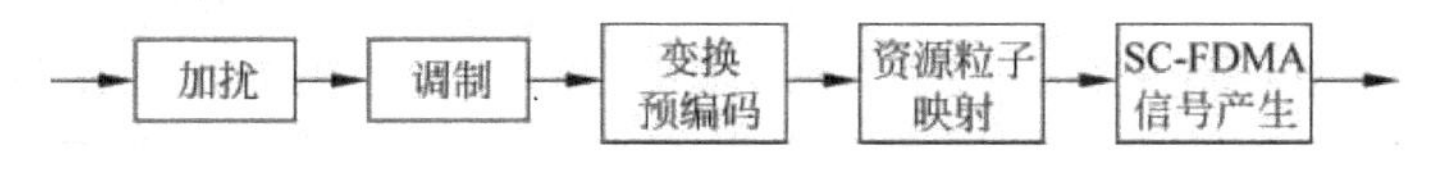

图 9-9 上行物理信道的基带处理

(1) 对将要在物理信道上发送的编码比特的每个码字进行加扰。

(2) 对加扰后的比特进行调制，形成复值的调制符号。

(3) 对复值调制符号进行线性预编码变换(即离散傅里叶变换，DFT)。

(4) 将复值调制符号映射到资源粒子上。

(5) 产生复值的时域 SC-FDMA 信号。

思考与练习

9.2.1 填空题

① 循环冗余校验(CRC)的处理方式有 3 种，即________、________和________。

② 除物理上行共享信道、物理上行控制信道、物理随机接入信道之外，LTE 还定义了________、________、________等物理层信号。

③ LTE 物理层采用带有循环前缀(CP)的________作为下行多址方式，采用带有 CP 的________作为上行多址方式。

9.2.2 简述题

① 简述 LTE 的信道结构。

② 简述 LTE 的信道编码。

9.2.3 画图题

① 画出 LTE 的两种帧结构。

② 画出 LTE 上、下行物理信道的基带处理过程。

9.3 无线资源管理

无线资源管理(RRM)提供空中接口的无线资源管理功能，目的是能够提供一些机制保证空中接口无线资源的有效利用，实现最优的资源使用效率，从而满足系统所定义的无线资源需求。在LTE的E-UTRAN系统中,RRN功能的定义参考了现有3G系统RRM的基本功能,并基于LTE的E-UTRAN架构和需求特性对RRM功能进行了扩展。LTE系统中所进行的无线资源管理既包括对单小区无线资源的管理,也包括对多小区无线资源的管理,具体如下。

1. 无线承载控制

无线承载控制包括无线承载的建立、保持、释放,是对无线承载相关的资源进行配置。当为一个服务连接建立无线承载时,无线承载控制需要综合考虑E-UTRAN中无线资源的整体状况、正在进行中的会话的QoS需求以及该新建服务连接的QoS需求。由于如移动性等各种原因,无线资源的状态是在实时变化的,无线承载控制还需要对正在进行中的会话的无线承载进行动态管理。无线承载控制还需要管理会话结束、切换以及其他情况下与无线承载相关的无线资源的释放。具体体现在对UE和E-UTRAN的各对等协议实体(如物理层、MAC层和ARQ等)进行合理的配置,其中也包括用于不同承载控制的控制信道的配置。

2. 无线接纳控制

无线接纳控制功能用于在请求建立新的无线承载时判断允许接入或拒绝接入。为得到合理、可靠的判决结果,在进行接纳判决时,无线接纳控制需要考虑E-UTRAN中无线资源状态的总体情况、QoS需求、优先级、正在进行中的会话的QoS情况以及该请求新建无线承载的QoS需求。无线接纳控制的目标在保证无线资源的高利用率的同时,保证正在进行的会话满足适当的QoS,为此,在无线资源许可的情况下,要尽可能地接纳无线承载的新建请求,在无线资源无法满足时,拒绝无线承载的新建请求。

3. 连接移动性控制

连接移动性控制功能用于对空闲模式及连接模式下的无线资源进行管理。在空闲模式下,为小区重选算法提供一系列参数(如阈值、滞后量等)以确定最好小区,使得UE能够选择新的服务小区,还提供用于配置UE测量控制及测量报告的E-UTRAN广播参数。在连接模式下,支持无线连接的移动性,基于UE与eNB的测量结果进行切换决策,将连接从当前服务小区切换到另一个小区。切换决策还需要依据其他方面的信息,如邻小区负载状况、业务量分布状况、传输资源与硬件资源状况以及定义的一些运营策略等。连接移动性控制功能还应包括对相应UE测量参数的配置。

4. 动态资源分配

动态资源分配又可称为分组调度,该功能用于分配和释放控制面与用户面数据包的无线资源,包括缓冲区、进程资源、资源块等。动态资源分配功能包括几个方面,无线承载的选择和管理必要的资源(如功率、所使用的无线资源块)。动态资源分配主要考虑无线承载的QoS需求、信道质量信息、缓冲区状态、干扰状态等信息,还可以考虑由于几小区间干扰协调后可用的资源块信息。

5. 小区间干扰协调

小区间干扰协调功能是指通过对无线资源进行管理,从而将小区之间干扰水平保持在可控的状态下,尤其是在小区边界地带,需要对无线资源做些特殊的处理,以满足 LTE 系统小区边缘用户业务质量的提升需求。小区间干扰协调本质上是一种多小区无线资源管理功能,它需要同时考虑来自多个小区的资源使用状态信息和业务负载状态信息。上、下行可以采用不同的小区间干扰协调方法。

如果网络侧需要 UE 汇报与小区间干扰协调功能相关的 UE 信息,则这个信息终止于 eNB,核心网无需获得该信息。

6. 负载均衡

负载均衡用于处理多个小区间不均衡的业务量,通过均衡小区之间的业务量分配,提高无线资源的利用率,将正在进行中会话的 QoS 保持在一个合理的水平,降低掉话率。负载均衡算法可能会导致部分终端进行切换或小区重选,以均衡小区间的负载状况。

7. 无线接入技术间的无线资源管理

无线接入技术间的无线资源管理用于对不同无线接入技术之间连接移动性相关的无线资源进行管理,主要是指无线接入技术之间的切换。无线接入技术间切换策略主要考虑相关的无线接入技术系统中的资源状态、UE 能力及运营策略等信息。无线接入技术间的无线资源管理的重要性与 E-UTRAN 部署的特定场景相关。无线接入技术间的无线资源管理还包括无线接入技术间的负载均衡功能。

思考与练习

9.3.1 填空题

① 在 LTE 的 E-UTRAN 系统中,RRN 功能的定义参考了现有 3G 系统 RRM 的基本功能,并给予 LTE 的 E-UTRAN 架构和需求特性对 RRM 功能进行了扩展。LTE 系统中所进行的无线资源既包括对________的管理,也包括对________的管理。

② 无线承载控制包括无线承载的________、________、________,是对无线承载相关的资源进行配置。

9.3.2 简述题

LTE 的无线资源管理包括哪些内容?

9.4 移动性管理

9.4.1 空闲状态下 LTE 接入系统内的移动性管理

在 LTE 系统中,为了移动性管理的方便,引入了一个跟踪区的概念,它是 LTE/SAE 系统为 UE 的位置管理新设立的概念。跟踪区的功能与 3G 的位置区和路由区类似,由于 LTE/SAE 系统主要为分组域功能设计,因此跟踪区更接近路由区的概念。

1. 空闲状态

这里所说的空闲状态指 EPS 连接性管理的空闲状态(ECM-Idle),其主要特征如下:

(1) UE 与网络之间没有信令连接,在 E-UTRAN 中不为 UE 分配无线资源并且没有建立 UE 上下文。

(2) UE 与网络之间没有 S1-MME 和 S1-U 连接。

(3) 当处于空闲状态的 UE 在有下行数据到达时,数据应终止在 Serving GW,并由 MME 发起寻呼。

(4) 网络对 UE 位置所知的精度为 TA 级别。

(5) 当 UE 改变驻留的小区时,应执行小区更新。

(6) 当 UE 进入未注册的新跟踪区时,应执行 TA 更新。

(7) UE 在小区间移动时自动执行小区选择和重选以及 PLMN 选择过程。

(8) E-UTRAN 在 EPC 的辅助下执行区域限制功能。

(9) 应具有节省电力的功能,如使用非连续接收功能。

2. 信令缩减

空闲模式信令缩减(Idle mode Signaling Reducion,ISR)方法的目的是考虑空闲用户在不同系统(尤其是 2G/3G 系统与 LTE/SAE 系统)间频繁移动时,缩减注册/更新信令的数量。

信令缩减方案的主要思想是将相邻的 2G/3G 的路由区和 LTE/SAE 的跟踪区设定为等效位置区,当 UE 进入一个接入系统时,按照普通的注册/更新程序进行注册,网络为 UE 分配临时标识和位置区域标识;当 UE 在 ISR 激活情况下进入另一种接入系统时,发起位置更新过程,网络分配新系统的临时标识和位置区域标识。此时,两个系统为 UE 提供服务的核心网节点都在 HSS 登记,同时为 UE 提供服务,而当 UE 再在这两个系统间来回移动时,因为有关联关系的存在,不需再次发起注册/更新过程,由此达到减少路由更新信令的目的。

当关联建立后,对于空闲状态的 UE 有下行数据到达时,也将在两个系统内同时寻呼。网络将向响应寻呼消息的那个接入系统发送下行数据。

图 9-10 所示为 UE 从 SAE 系统进入 2G/3G 系统时的信令流程示意图。

3. 寻呼与控制面建立

对于空闲状态的 UE,当下行数据到达核心网时,要对 UE 进行寻呼。

当下行数据到达网络时,这些数据分组终止并缓存在 Serving GW,同时 Serving GW 向 MME 发出寻呼通知,由 MME 负责向寻呼区域相关的所有 eNode B 发出寻呼消息。要求 eNode B 在其覆盖范围内寻呼 UE。此外,下行信令也会触发 MME 寻呼 UE,建立 UE 与网络之间的信令连接。

当一个处于空闲状态的 UE 希望发起业务时,也要首先建立 UE 和网络间的控制平面连接。这种控制连接建立的过程中,也可能包括建立默认承载或专用承载的无线资源。

寻呼通过 S1 接口下发到相关的 eNode B,寻呼请求将发送到相关 TA 的所有小区,如图 9-11 所示。

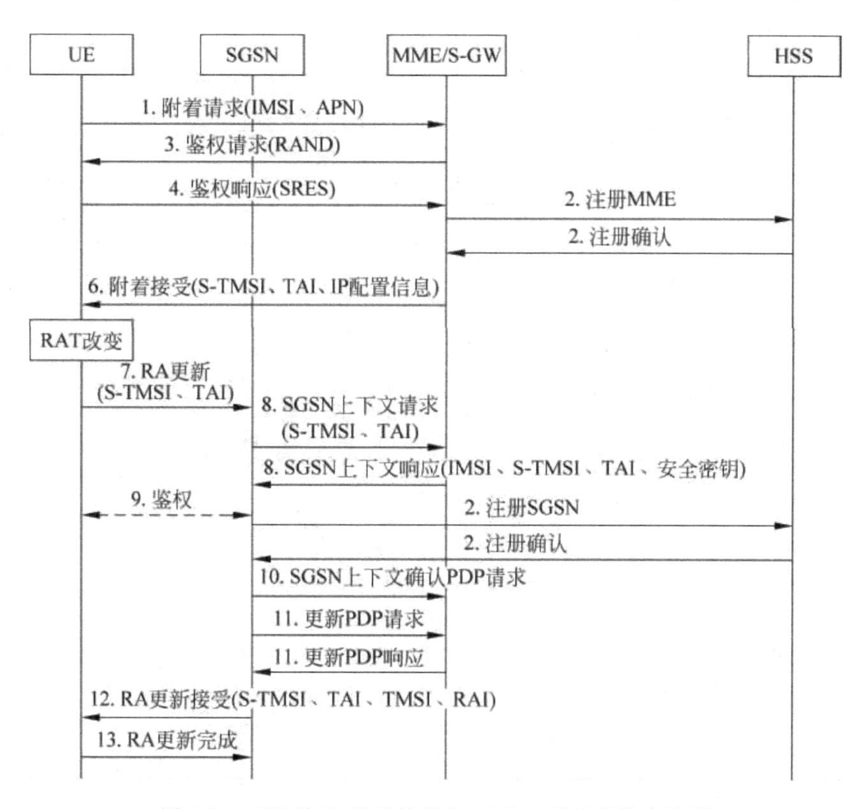

图 9-10 UE 从 SAE 系统进入 2G/3G 系统的信令流程

图 9-11 S1 接口寻呼信令

MME 通过 S1 接口向 eNode B 发送寻呼请求，要求相关 TA 中的所有小区都向 UE 发送寻呼消息。UE 在 NAS 层返回对 MME 的寻呼响应，将基于非接入层的路由信息发送到 MME。

图 9-12 所示为寻呼和初始上下文建立过程，显示了 UE 从空闲状态转移到连接状态的信令过程。当 eNode 对 UE 进行寻呼之后，控制平面将随之建立，用户平面将根据情况建立。MME 在 S1-MME 接口上的“初始上下文建立请求”消息中不仅携带所需要的 NAS 信令(如鉴权信令)，还会携带 S1 接口上控制平面链接的标识——MME UE 信令连接 ID。另外，与 UE 相关的安全性上下文、漫游限制、UE 能力信息等也将在这个消息中传送给 eNode B。“初始上下文建立请求”消息还负责默认承载的建立，所需要的 QoS 以及传输层的相关信息将在“承载建立”(Beare Setup)信息单元中携带，eNode B 中的空口协议将根据 QoS 信息为 UE 建立空中接口上的承载。

eNode B 收到“初始上下文建立请求”消息后，在 eNode B 内为 UE 建立上下文，并对

UE执行必需的RRC过程,如建立无线承载。

如果eNode B内以及空中接口的操作都成功完成,eNode B将向MME发送“初始上下文建立完成”消息;如果有失败的操作,则发送“初始上下文建立失败”消息。

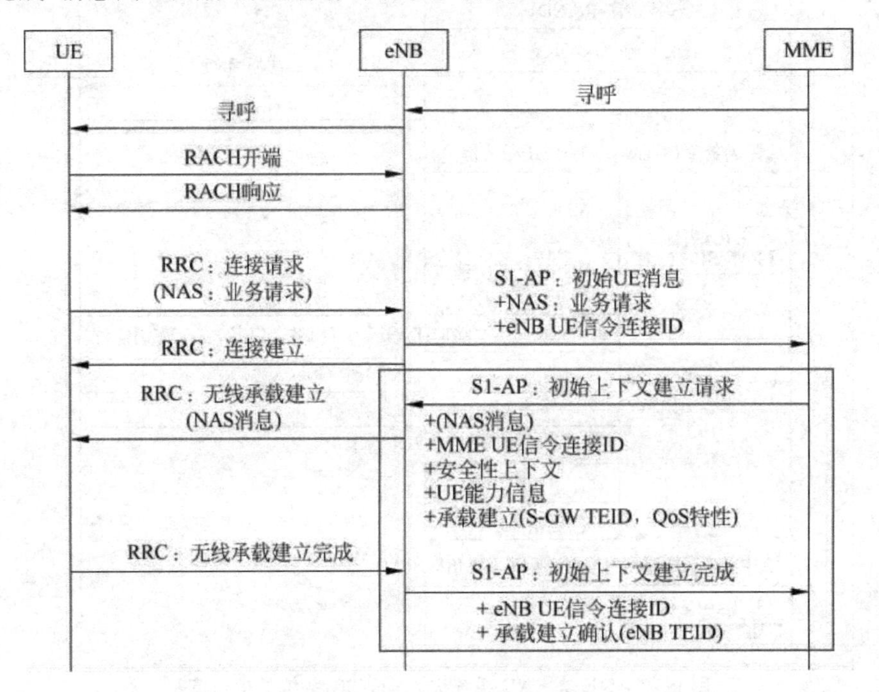

图9-12 寻呼与初始承载建立

9.4.2 连接状态下LTE接入系统内的移动性管理

1. 连接状态

这里的连接状态指EPS连接性管理的连接状态(ECM-CONNECTED),其主要特征如下:

(1) UE与网络之间有信令连接,这个信令连接包括RRC连接和S1-MME连接两部分。

(2) 网络对UE位置所知精度为小区级。

(3) 在此状态的UE移动性管理由切换过程控制。

(4) 当UE进入未注册的新跟踪区时,应执行TA更新。

(5) S1释放过程将使UE从ECM-CONNECTED状态迁移到ECM-IDLE状态。

2. LTE接入系统内的移动性管理

LTE接入系统内的移动性管理,处理在连接状态下UE的移动,包括核心网节点的重点位和UE切换过程,这些过程应包括源系统的切换决策、目标系统中的资源准备、指挥UE接入新的无线接入网以及最终释放在源系统中的资源等功能。

切换过程的发起总是由源侧决定,源侧的eNode B控制并评估UE和eNode B的测量结果,并考虑 UE 的区域限制情况,判定释放发起切换。LTE 系统内部的切换都采用 UE 辅助的网络控制方式,切换准备信令在 E-UTRAN 中执行。在目标系统预留切换后所需要的资源,待切换命令执行后再为 UE 分配这些预留的资源。当 UE 同步到目标接入系统后,网络控制释放源系统中的资源。这个过程还包括在相关节点之间传输上下文信息、在相关节点间转发用户数据,以及用户平面和控制平面的核心网节点重定位。

处于连接状态的 UE 在 LTE 接入系统内部的移动性管理,分为涉及 EPC 节点重定位的 Inter-eNode B 移动性管理和不涉及 EPC 节点重定位的 Inter-eNode B 移动性管理。这两种移动性管理的不同之处在于,切换双方的源 eNode B 和目标 eNode B 之间是否能通过 X2 接口完成资源预留和切换操作。

3. 不涉及 EPC 节点重定位的移动性管理

(1) 控制平面的处理过程

当 LTE 接入系统内的切换在同一个 MME 内执行时,切换过程不涉及这个 MME,即由源 eNode B 直接与目标 eNode B 通过 X2 接口进行交互,如图 9-13 所示。

第 0 步: 对于连接状态的 UE,源 eNode B 已经从 MME Serving GW 获得漫游限制的信息。

第 1 步: 源 eNode B 根据漫游限制配置 UE 的测量过程。

第 2 步: UE 根据预定的测量规划发送测量报告。

第 3 步: 源 eNode B 根据这些测量报告及 RRM 信息决定 UE 是否进行切换。

第 4 步: 当源 eNode B 决定 UE 需要切换时,向目标 eNode B 发送“切换请求”消息,其中包含在目标侧为切换准备资源所必需的信息,如 UE 在源 eNode B 中的信令上下文参考信息、UE 所需 S1 信令上下文参考信息、目标小区的标识、SAE 承载上下文。

第 5 步: 目标 eNode B 可以根据 QoS 信息执行接纳控制,如果目标 eNode B 可以向 UE 分配所需要的资源,则目标 eNode B 配置所请求的资源并为 UE 分配新的 C-RNTI。

第 6 步: 目标 eNode B 配置 L1/L2 并向源 eNode B 发送“切换请求确认”,其中包括需要发送给 UE 的切换命令、目标 eNode B 新分配的 C-RNTI 以及其他可能的参数。这条消息中还可能包含前转数据隧道的 RNL/TNL 信息。

下面的第 7~13 步用于提供切换过程中保证数据无损的机制。

第 7 步: 源 eNode B 产生 RRC 消息“切换指令”发送给 UE,消息中包含从目标 eNode B 收到的透明传输的信息单元,将目标 eNode B 的配置信息提前告知源 eNode B,以做相应的资源和功能准备。UE 收到“切换指令”消息后根据命令进行切换。

第 8 步: UE 执行同步过程,同步到目标 eNode B,并启动获得上行定时提前。

第 9 步: 网络对同步进行响应,包括上行分配和定时提前。

第 10 步: 当 UE 成功接入目标 eNode B 后,UE 向目标 eNode B 发送“切换确认”消息指示 UE 的切换过程完成。目标 eNode B 对消息中携带的 C-RNTI 进行校验。

第 11 步: 目标 eNode B 向 MME 发送“切换完成”消息,通知 MME 为 UE 服务的 eNode B 已经发生变化。

第 12 步: MME 向 Serving GW 发送“用户面更新请求”消息,通知 Serving GW 用户平面的连接需要从源 eNode B 切换到目标 eNode B。

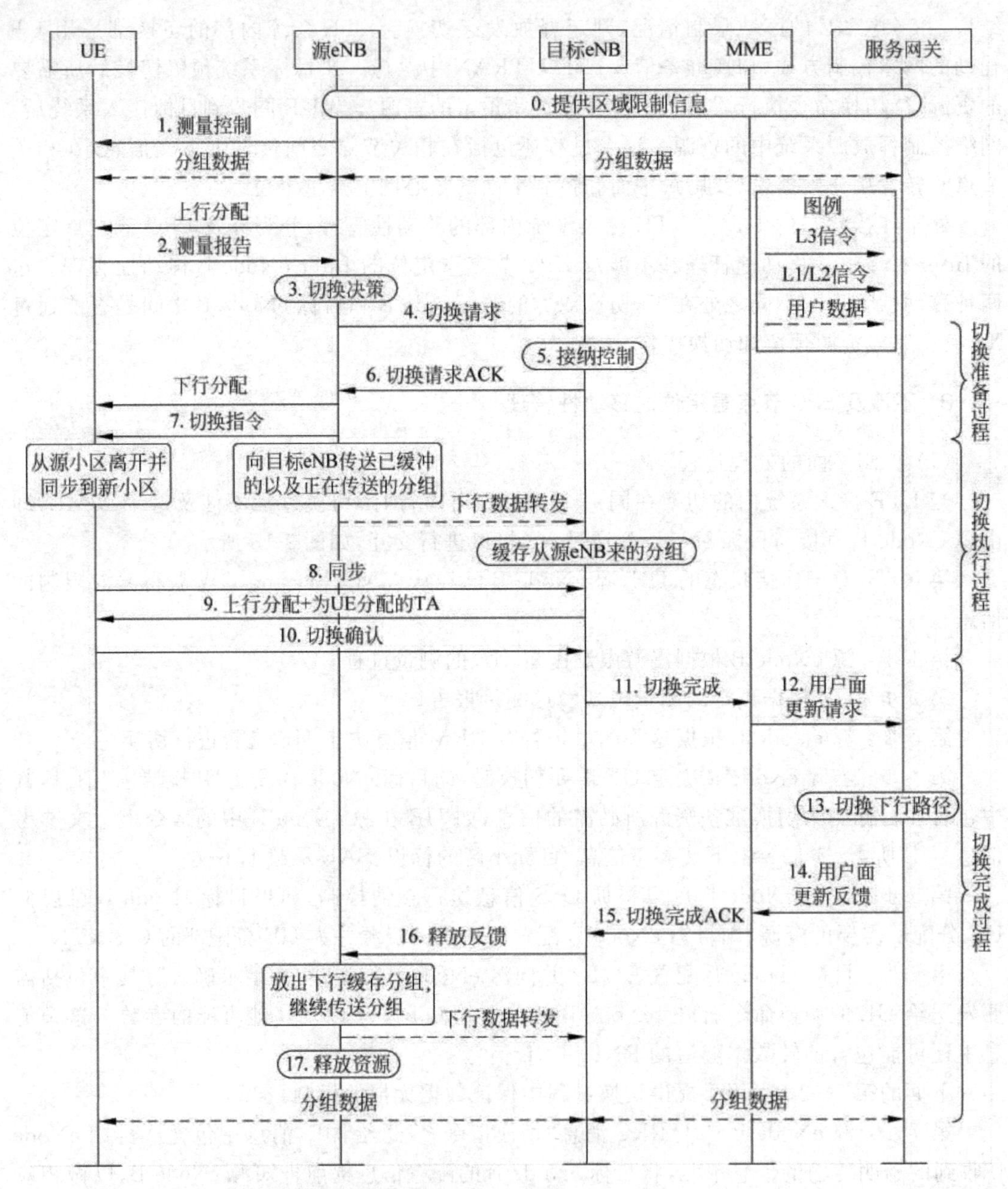

图 9-13 MME/Serving GW 内部切换过程

第 13 步：用户平面切换下行路径到目标侧。

第 14 步：Serving GW 向 MME 返回“用户面更新响应”消息，确认 MME 发出的用户平面更新请求。

第 15 步：MME 向目标 eNode B 返回“切换完成确认”消息，eNode B 触发释放源侧的用户平面和传输层资源。

第 16 步：目标 eNode B 向源 eNode B 发送“释放资源”消息，通知源 eNode B 切换已经顺利完成，可以释放原先占用的资源。

第 17 步：一旦收到“释放资源”消息，源 eNode B 释放于这个 UE 相关的无线和控制平面资源。

(2) 用户平面的处理过程

切换过程中在用户平面进行以下处理,可保证避免数据的丢失,并能够支持无缝、无损的切换业务。

① 在切换准备过程中,源 eNode B 和目标 eNode B 间建立用户平面隧道。

② 在切换执行的过程中,用户数据可从源 eNode B 转发到目标 eNode B。这种转发可以依赖于业务进行,也可以基于实现方式进行。当源 eNode B 一直从 EPC 收到分组,或者源 eNode B 的缓冲区还没有清空的时候,源 eNode B 可一直向目标 eNode B 转发用户数据。但依赖于实现的数据转发机制可以停止数据的转发。

③ 在切换完成阶段,目标 eNode B 发送"切换完成"到 MME,通知切换完成;EPC 将用户平面路径从源 eNode B 切换到目标 eNode B。而源 eNode B 在持续从 EPC 收到数据的情况下,或缓存的数据还没有发送完毕的情况下继续转发数据。

UMTS 系统中无损切换是通过数据转发实现的。在 LTE 系统中,E-UTRAN 内的无损切换亦采用数据转发来实现。

4. 涉及 EPC 节点重定位的移动性管理

涉及 EPC 节点重定位的移动性管理过程包括 MME 重定位和 Serving GW 重定位。

在 E-UTRAN 中可以应用类似 UMTS 中的 Iu-flex 概念,即 S1-flex,同时引入类似 SGSN Pool 的 MMR PLL Area 的概念。MME Pool Area 定义为一组 MME 共同服务于相同覆盖范围的无线接入网,在一个 MME Pool Area 的服务范围内,UE 移动的时候不需要改变提供服务的 MME。

当 UE 在两个 MME Pool 之间移动时,或者是类似的情况,源 eNode B 和目标 eNode B 之间没有 X2 接口,或者一侧的 eNode B 与另一侧的 EPC 间没有 S1 接口时,需要执行 MME 重定位。Serving GW 是否同时执行重定位,取决于服务 Serving GW 是否改变。由于 MME Pool Area 与 Serving GW 之间不一定有一一对应的关系,因此 Serving GW 的改变有可能是另外单独决定的,也有可能 Serving GW 重定位的执行与 MME 重定位一起进行。

(1) 源侧发起的重定位,其信令流程如图 9-14 所示,通常发生于切换过程中。

第 1 步:源 eNode B 对连接状态的 UE 决定发起重定位过程。该过程可在源 eNode B 与目标 eNode B 间没有 X2 接口的情况下,或在源 eNode B 中的配置信息显示目标 eNode B 与源 MME 间没有 S1-MME 连接的情况下,或在基于 X2 接口的切换不成功后从目标 eNode B 发出一个错误指示的情况下触发。

第 2 步:源 eNode B 向源 MME 发送"需要切换"消息。

第 3 步:源 MME 选择目标 MME,并且发送"前转重定位请求"消息,消息中包括源 MME 中的 UE 上下文。

第 4 步:目标 MME 查找是否有 Serving GW 的改变,并且选择一个目标 Serving GW。目标 MME 向目标 Serving GW 发送一个"承载请求生成" 消息,包括 UE 已建立的承载、PDG GW 的标识及 TEID 等信息。目标 Serving GW 为上行数据在 S1-U 参考点上分配 TEID(一个承载一个 TEID)目标 Serving GW 向目标 MME 返回一个确认消息,消息中包

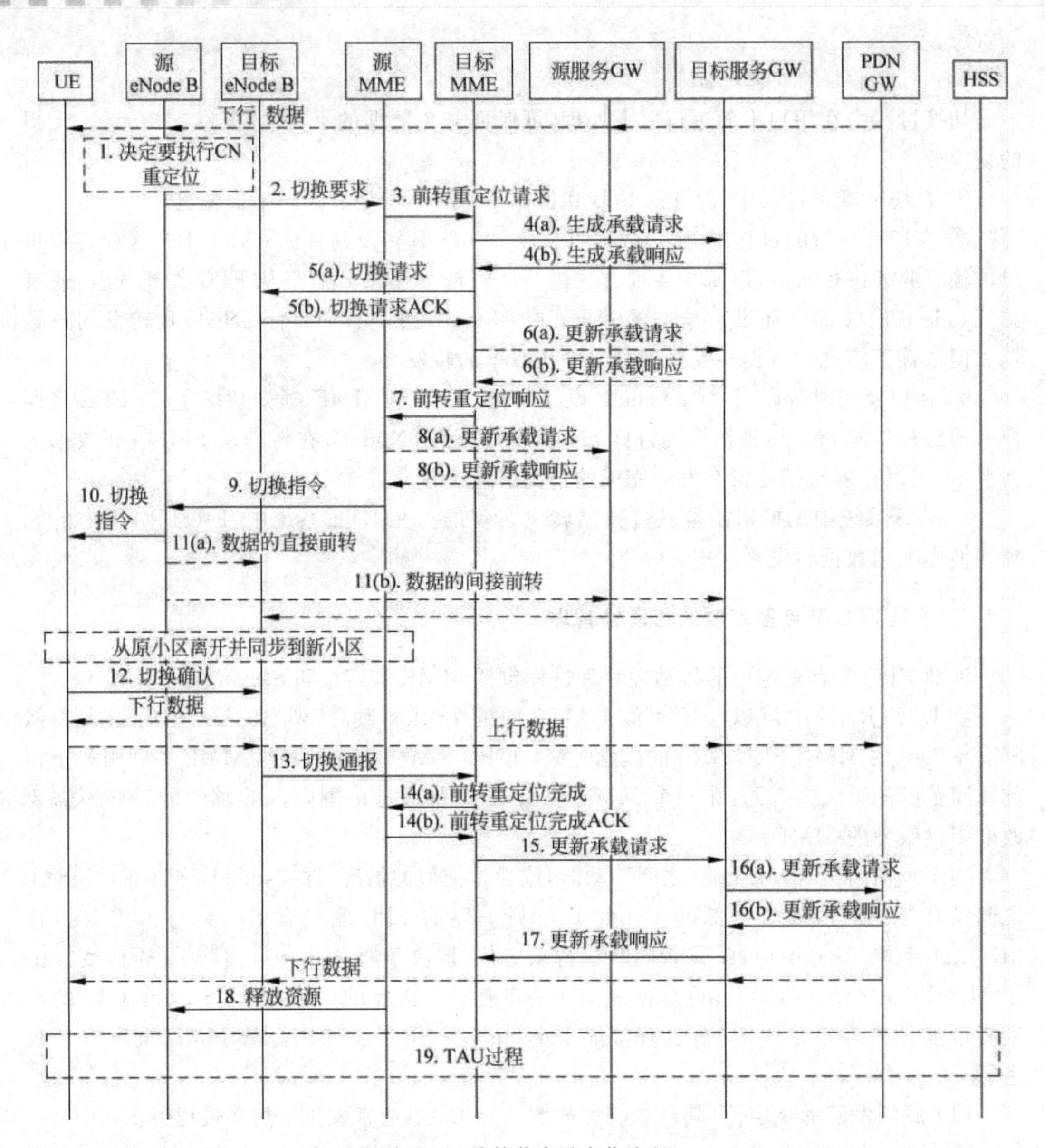

图 9-14　连接状态重定位流程

括这些新分配的 TEID。

第 5 步：目标 MME 向目标 eNode B 发送“切换请求”消息。这个消息在目标 eNode B 中建立 UE 上下文，包括承载和安全性相关的上下文等信息。目标 eNode B 向 MME 发送“切换请求确认”消息。消息中包括在目标 eNode B 为下行数据在 S1-U 参考点上分配的 TEID(一个承载一个 TEID)。

第 6 步：如果使用非直接转发方式，目标 MME 在目标 Serving GW 设置转发参数。

第 7 步：目标 MME 向源 MME 发送一个“前转重定位反馈”消息。

第 8 步：如果使用非直接转发方式，源 MME 更新源 Serving GW 中用于目标 Serving GW 的那些隧道。

第 9 步：源 MME 向源 eNode B 发送“切换指令”消息。

第 10 步：源 eNode B 向 UE 发送“切换指令”消息。要求 UE 切换到目标系统。UE 必须知道正在执行 CN 的重定位，因为在这种情况 UE 需要发起一个跟踪区更新过程。UE 断开与原小区的连接，同步到新的小区。

第 11 步：源 eNode B 可以启动下行数据转发到目标 eNode B 的过程。这种转发可以是直接转发或间接转发方式。

第 12 步：在 UE 成功同步到目标小区后，它向目标 eNode B 发送一个“切换确认”消息。此时从源 eNode B 转发过来的下行分组可以发送给 UE。同样的，从 UE 接收的上行分组可以发送到目标 Serving GW 和 PDN GW。

第 13 步：目标 eNode B 向目标 MME 发送“切换通报”消息。

第 14 步：目标 MME 向源 MME 发送“前转重定位完成”消息。源 MME 向目标 MME“前转重定位完成”响应。

第 15 步：目标 MME 向目标 Serving GW 发送“更新承载请求”消息，消息中包含目标 eNode B 为下行数据分配的 TEID。

第 16 步：目标 Serving GW 为从 PDN GW 来的下行数据的每个承载分配一个 TEID。目标 Serving GW 向 PDN GW 发送“更新承载请求”消息，包含分配的 TEID。PDN GW 使用新收到的 TEID，启动向 Serving GW 发送下行数据。这些下行分组可以使用新的下行链路路径，通过目标 Serving GW 到达目标 eNode B，并将“更新承载响应”消息反馈给 Serving GW。

第 17 步：目标 Serving GW 向目标 MME 发送“更新承载响应”消息。

第 18 步：在源 MME 收到“前转重定位完成”消息后，向源 eNode B 发送“释放资源”消息。源 eNode B 可以释放其内的资源。

第 19 步：一旦目标 eNode B 完成切换，UE 马上就可以发起并执行一个普通的 TA 更新过程。

(2) 目标侧发起的重定位，其信令流程如图 9-15 所示，通常用于 UE 从空闲状态迁移到连接状态的过程，如执行跟踪区更新。

第 1 步：UE 从空闲状态切换到连接状态后，向目标 EPC 发送 NAS 消息，消息中携带的 S-TMSI 对目标 MME 是不可知的。

第 2 步：目标 MME 向源 MME 请求传送 UE 的移动性管理上下文。

第 3 步：源 MME 返回 UE 的移动性上下文。

第 4 步：目标 MME 与 UE 之间执行鉴权过程。

第 5 步：鉴权完成后，目标 MME 向目标 Serving GW 发送消息，要求进行重定位。

第 6 步：目标 Serving GW 向源 Serving GW 请求传输 UE 相关的上下文。

第 7 步：目标 Serving GW 通知 PDN，服务的 Serving GW 发生改变。

第 8 步：目标 Serving GW 向目标 MME 发送 Serving GW 重定位请求响应。

第 9 步：目标 MME 向源 MME 发送 MME 重定位请求确认。

第 10 步：源系统向目标系统转发收到的数据。

第 11 步：重定位完成后，目标 MME 向 UE 返回 NAS 信令。

第 12 步：目标 MME 要求 HSS 更新 UE 的签约数据。

第 13 步：目标 MME 向源 MME 发送 MME 重定位完成消息。

第 14 步：源 MME 要求源 Serving GW 释放资源。

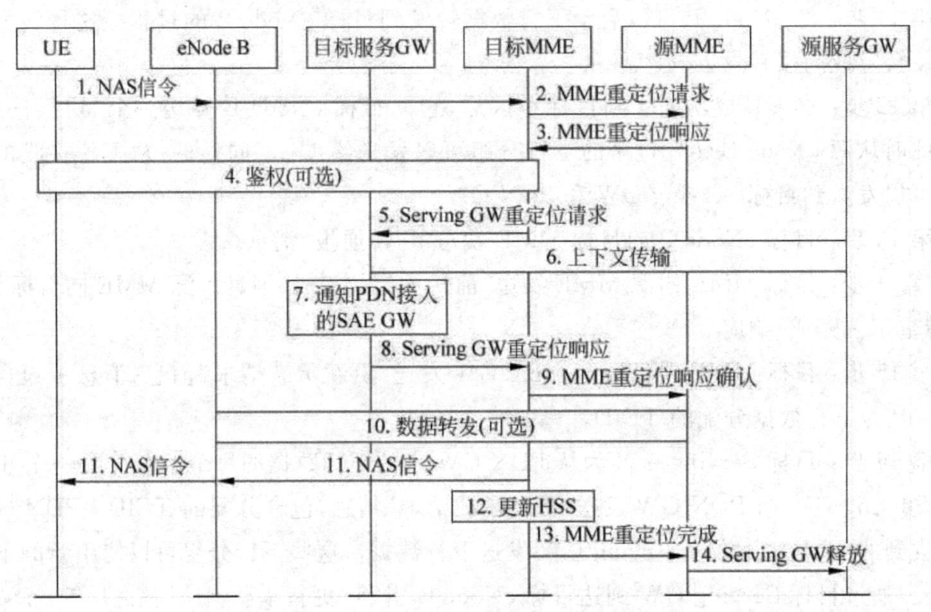

图 9-15 目标侧发起的重定位流程

5. 路径切换

LTE 在网络架构上的考虑是在不影响系统性能的情况下，尽量多地引入 IP 机制。由于网络架构的扁平化，在用户平面，eNode B 可以直接与 Serving GW 相连，用户平面数据隧道的两端分别是 eNode B 和 Serving GW。因此在切换过程中，用户平面的路径采用何种方式切换也是一个讨论的焦点问题。

路径切换 4 种基本方案如图 9-16 所示。

其中，图 9-16(a)所示方案与传统 3G 网络中类似，目标 eNode B 首先向 MME 通知 UE 已经同步到目标系统，切换完成。MME 负责会话控制，向 Serving GW 发送路径切换的命令。Serving GW 完成路径切换后向 MME 确认路径切换完成，之后 MME 再响应目标 eNode B 的切换完成命令。

图 9-16(b)所示方案为先通过控制平面通知 Serving GW 关于用户平面需要切换的信息，同时用户平面也由目标 eNode B 发起路径切换的请求，Serving GW 在完成用户平面路径切换后，响应目标 eNode B 的请求，同时响应 MME 的通知。该方案中，用户平面和控制平面同时发送信令，并且需要扩展 GTP-U 的控制信令功能。

图 9-16(c)所示方案为目标 eNode B 同时向控制平面(MME)和用户平面(Serving GW)发送消息，即通知 MME 切换完成的同时也要求 Serving GW 执行用户平面的路径切换。这个方案的特点是不需要 MME 与 Serving GW 之间的接口，但是用户平面和控制平面间对于用户承载的状态需要协调，且协调起来比较困难。

图 9-16(d)所示方案中,目标 eNode B 只负责要求 Serving GW 执行用户平面路径切换。Serving GW 完成路径切换后,再通过与 MME 间的接口通知 MME 路径切换完成。

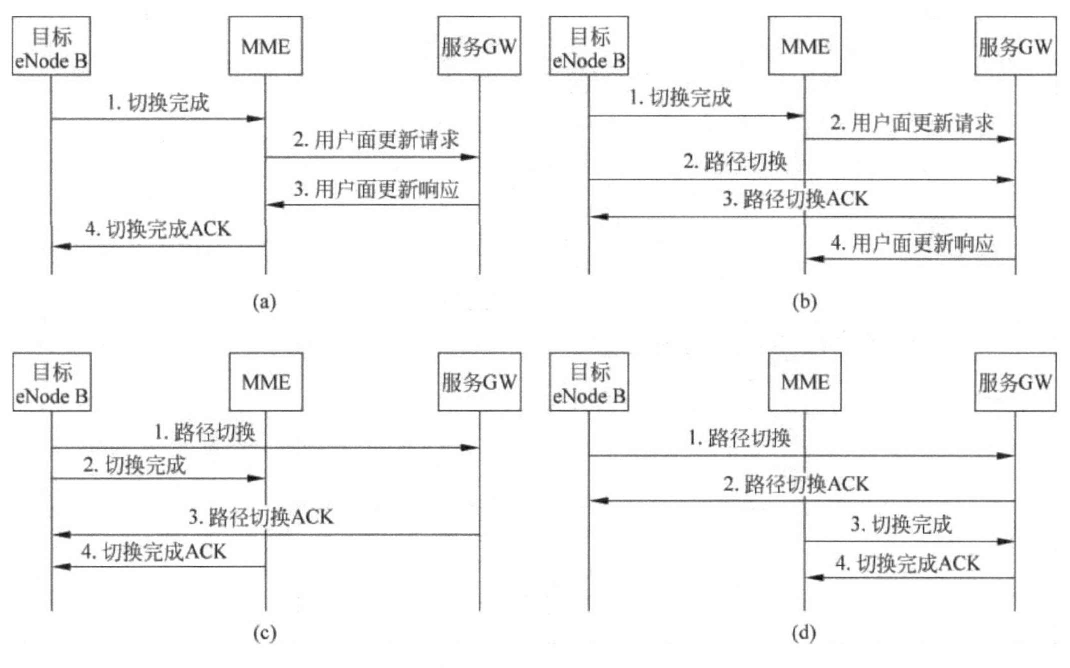

图 9-16 路径切换方案

通过比较,LTE 中最终选用图 9-16(a)所示方案作为 LTE 系统内路径切换的方案。该方案的特点为:与传统 3G 的路径切换方法相似;信令全部通过控制平面发送;要 MME 与 Serving GW 的接口。

9.4.3 3GPP 无线接入系统之间的移动性管理

3GPP 无线接入系统之间的移动性管理,主要指 UMTS/GPRS 系统到 LTE 系统、LTE 系统到 UMTS/GPRS 系统的移动性管理。3GPP 无线接入系统间的切换都采用后向切换的方式,即目标系统预留切换所需要的资源。

空闲状态 UE 的 3GPP 无线接入系统的移动性管理,如果需要激活信令缩减功能,则参见"信令缩减"一节的介绍;如果不激活信令缩减功能,则执行普通的 TA 更新或 RA 更新即可。

本节主要讨论连接状态 UE 的移动性管理,UE 应为双模或多模终端。

根据 MME 独立设置,并且会话管理的功能位于 MME 的原则,上述连接状态的移动性管理信令如下所述。

1. UMTS/GPRS 到 LTE/SAE 的 3GPP 系统间切换

UMTS/GPRS 到 LTE/SAE 的 3GPP 系统间切换信令流程如图 9-17 所示。

第 1 步:源接入系统决定要发起到 E-UTRAN 的 PS 切换。此时,上、下行数据都在通过 UE 和源接入网络的承载、源接入网和 Serving GW 间的隧道以及 Serving GW 与 PDN

GW 的隧道传输。源接入网络 SGSN 发起 PS 切换和重定位,要求 CN 在目标 eNode B、目标 MME 和目标 Serving GW 内建立相应的资源。

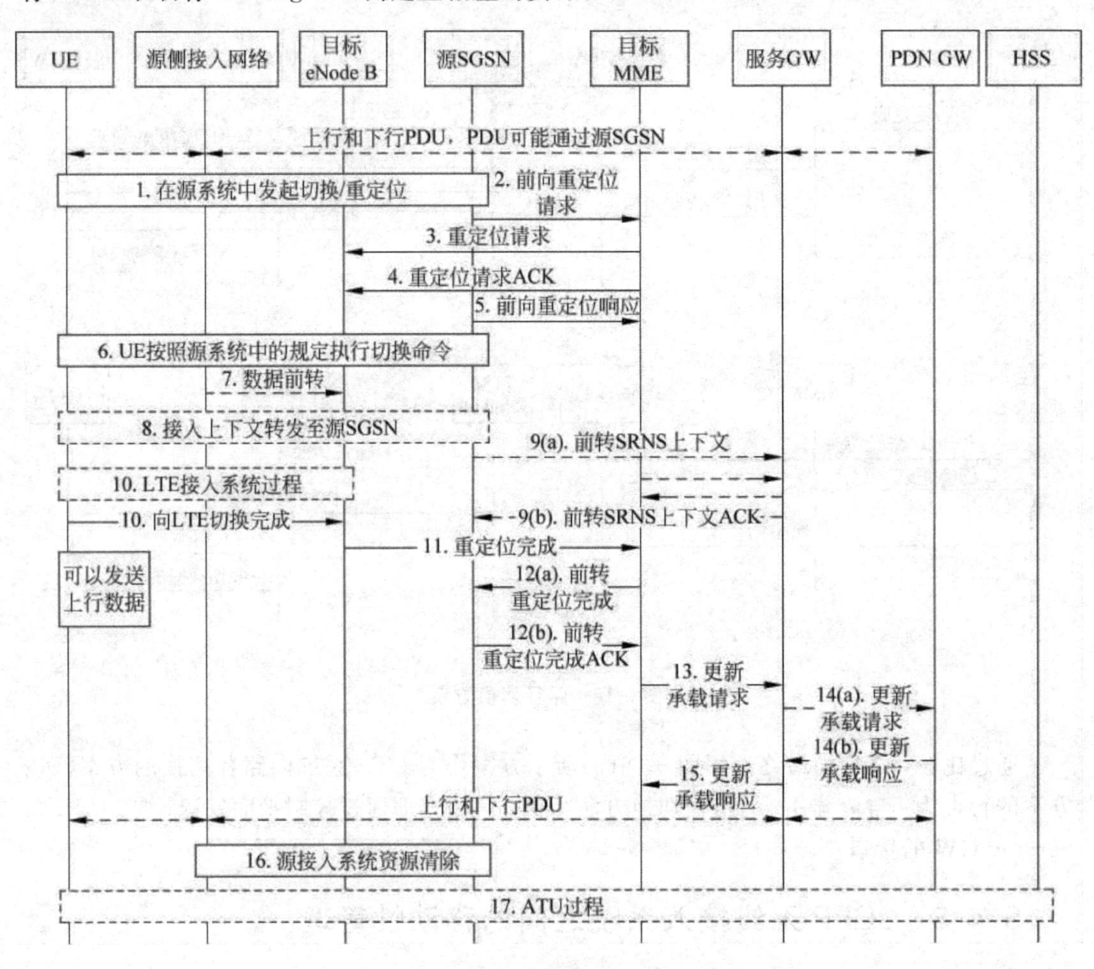

图 9-17 UMTS/GPRS 到 LTE/SAE 切换信令流程

第 2 步：源 SGSN 将切换请求通过“前向重定位请求”消息转发给目标 MME。消息包含在源系统建立的 PDT 上下文以及 Serving GW 的上行 TEID 参数中。

第 3 步：目标 MME 发送“重定位请求”消息,要求目标 eNode B 建立所需要的承载。消息中包含在前一步收到的上行 TEID 参数。

第 4 步：目标 eNode B 分配切换所请求的资源,并在“重定位请求确认”消息中向目标 MME 回复应用参数。

第 5 步：目标 MME 向 SGSN 发送“重定位请求”,完成准备阶段。

第 6 步：源接入网向 UE 发送命令,要求其切换到目标 eNode B。接入网发送给 UE 的消息中包括目标 eNode B 的无线参数,这些参数是在准备阶段获得的。

第 7 步：源网络对已经指示需要无损切换的 RAB/PDP 上下文发起数据前转。数据前转可能直接发送到 eNode B。数据前转可以只通过源 SGSN,也可以通过源 SGSN 和 Serving GW,具体采用的方法由准备阶段的源 SGSN 或目标 MME 决定。

第 8 步：根据源接入网的类型，源接入网可以向源 SGSN 传递源接入网上下文。

第 9 步：源 SGSN 将源接入网上下文包含在“前转 SRNS 上下文”中发送给目标 MME。这个消息通过 Serving GW 中转。

第 10 步：当 UE 接入目标 eNode B，它向 eNode B 发送“切换到 LTE 完成”消息。

第 11 步：当 UE 成功接入目标 eNode B，目标 eNode B 向目标 MME 发送“重定位完成”消息。

第 12 步：目标 MME 得知 UE 已经接入目标系统，因此发送“前后重定位完成”消息给 SGSN，源 SGSN 也将应答这个信息。

第 13 步：目标 MME 发送“更新承载请求”消息给 Serving GW，现在目标 MME 控制所有对 UE 所建立的承接。

第 14 步：Serving GW 通过发送“更新承载请求”消息，可以通知 PDN GW 可能的 RAT 类型改变，这种信息可用于计费等目的。PDN GW 使用“更新承载响应”消息进行应答。

第 15 步：Serving GW 向目标 MME 发送“更新承载响应”消息，确认用户平面的切换。此时，UE 与目标 eNode B、Serving GW 和 PDN GW 间用户平面的所有承载都建立。

第 16 步：在第 12 步之后，源 SGSN 可以通过执行相应的过程，清除源接入网中的所有资源。

第 17 步：UE 发起一个跟踪区更新过程的子集，更新其在网络中的位置信息。

2. LTE/SAE 到 UMTS/GPRS 的 3GPP 系统间切换

LTE/SAE 到 UMTS/GPRS 的 3GPP 系统间切换信令流程如图 9-18 所示。

第 1 步：源 eNode B 决定要发起一个 UMTS/GPRS 网络内的 PS 切换。此时，上下行数据都在 UE 和源 eNode B 之间的承载、源 eNode B 与 Serving GW 之间的隧道以及 Serving GW 与 PDN GW 之间的隧道中传输。

第 2 步：源 MME 向目标 SGSN 发送“重定位请求”消息，要求核心网在目标接入网、目标 SGSN 和 Serving GW 中建立所需要的资源。

第 3 步：源 MME 向目标 SGSN 发送“前向重定位请求”，转发源 eNode B 的切换请求。消息中包括在源系统中建立的 PDP 上下文以及 Serving GW 的上行 TEID 参数。

第 4 步：目标 SGSN 要求目标接入网建立所需要的资源。目标接入网分配资源，并向目标 SGSN 返回应用的参数。

第 5 步：目标 SGSN 完成准备过程，向源 MME 发送“前向重定位响应”消息。

第 6 步：源 MME 完成准备过程，向 eNode B 发送“重定位指令”消息。消息中包括在目标侧建立的所有 PDP 上下文的承载参数。

第 7 步：源 eNode B 对所指示的承载发起数据转发过程。数据可能直接转发到目标系统。数据转发可以只通过 Serving GW，也可以通过 Serving GW 和目标 SGSN，具体采用的方法由准备阶段的源 MME 或目标 SGSN 决定。

第 8 步：源 eNode B 给 UE 一个“从 E-UTRAN 切换指令”消息，要求它切换到目标接入网。这个消息包括目标系统的无线相关参数，这些参数在准备阶段获得。

第 9 步：在“前向 SRNS 上下文”消息的发送过程中，源 eNode B 通知源 MME，再由源

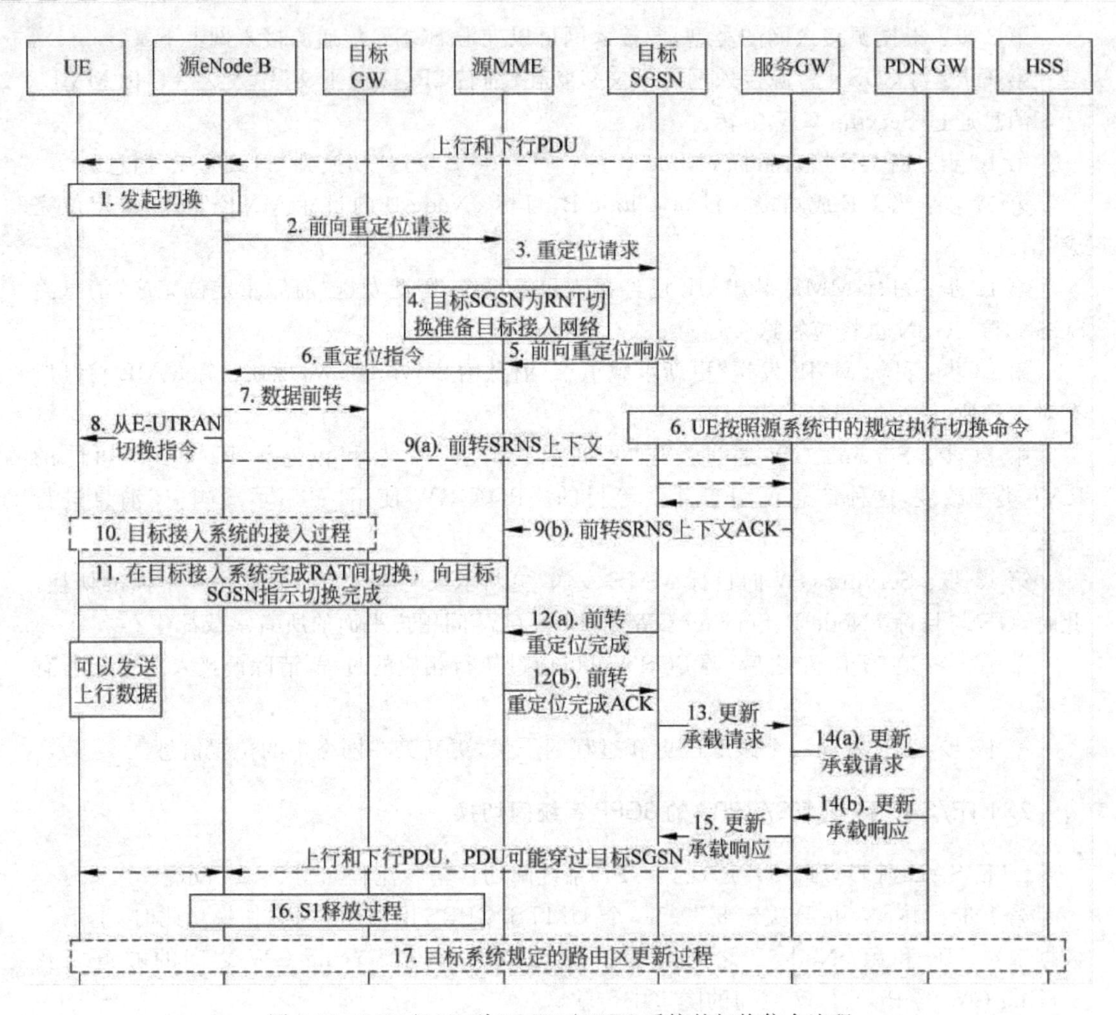

图 9-18 LTE/SAE 到 UMTS/GPRS 系统的切换信令流程

MME 通知目标 SGSN 有关传递命令的参数。这些消息之后会传递给 Serving GW。

第 10 步：UE 移动到目标接入网,并且执行接入过程。

第 11 步：当 UE 成功接入目标接入网时,目标接入网通知目标 SGSN 切换完成。

第 12 步：之后目标 SGSN 知道 UE 已经到达目标侧,目标 SGSN 发送"前向重定位完成"消息给源 MME,源 MME 将确认这个信息。

第 13 步：目标 SGSN 发送"更新承载请求"消息,告诉 Serving GW 目标 SGSN 现在已经接管对 UE 建立的所有 PDP 上下文,PS 切换完成。

第 14 步：Serving GW 可以在发送的"更新承载请求"消息告诉 PDP GW 一些信息,比如可用于计费的 RAT 类型改变等信息。PDP GW 应通过返回"更新承载响应"消息确认收到这些信息。

第 15 步：Serving GW 发送"更新承载响应"消息确认用户平面切换到目标 SGSN。此时,在 UE 和目标 RNC、目标 SGSN、Serving GW 和 PDP GW 之间的所有 PDP 上下文都已建立。

第 16 步：在第 12 步之后,源 MME 将清除源 eNode B 的所有与该 UE 相关的资源,执行"S1 释放"的过程。

第 17 步：UE 触发一个路由区更新过程的子集，更新其在网络中的位置信息。

3. 切换触发

在 E-UTRAN 体系结构的设计中，X2 接口采用了与 S1 接口尽量一致的特性，即基本相同的控制平面和用户平面协议栈，使得 X2 接口与 UMTS 中的 Iur 接口特性并不类似。

在 LTE/SAE 系统引入 MME 池区的概念后，认为在一个 MME 池区内的所有 eNode B 之间应该有 X2 接口连接，这样的全连接方式一方面保证了 E-UTRAN 中各 eNode B 间执行小区干扰协调功能，另一方面使得通过 X2 接口进行切换准备成为可能，如图 9-19 所示。

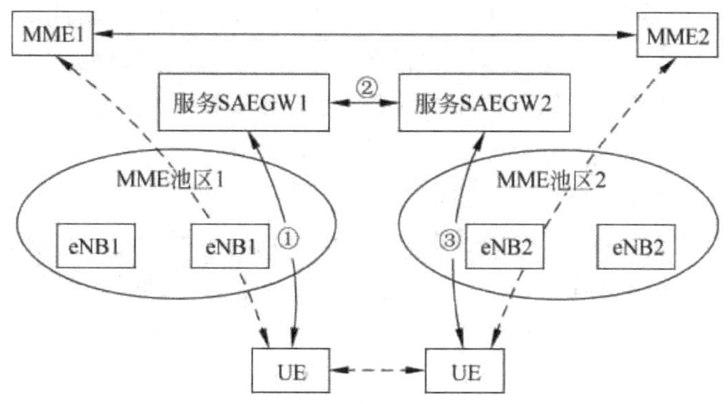

(a) 不依赖源eNode B与目标系统的S1连接的切换过程

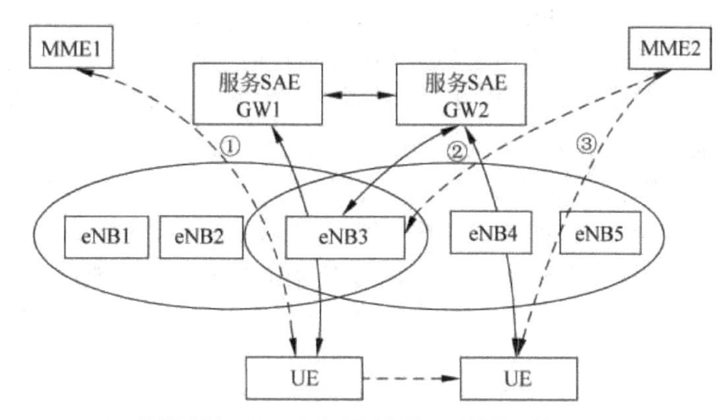

(b) 依赖于源eNode B与目标系统的S1连接的切换过程

图 9-19 通过不同接口的信令流程

在这种结构设计下，不涉及 CN 节点重定位的 Inter-eNode B 切换过程就采用了 X2 接口进行切换准备，这与 UMTS 中的机制是不同的。这样的机制保证了尽可能少地使用核心网节点，对于提高切换效率是有好处的。

但对于整个 LTE/SAE 系统，除了不涉及 CN 节点重定位的 Inter-eNode B 切换外，还包括涉及 CN 节点重定位的 Inter-eNode B 切换，另外还有 3GPP 系统间切换。对于 3GPP 系统间切换，因 eNode B 与 UMTS/GPRS 网络的 RNC/BSS 之间没有直接连接的接口，eNode B 与 Non-3GPP 网络的接入网网元也没有直接连接的接口，切换准备只能通过 S1 接口进行。但对于LTE内的涉及CN节点重定位的Inter-eNode B切换来说，可能会存在X2接口，此时是否通过X2接口进行切换准备就是一个需要讨论的问题了。另外，影响到是否通过X2接口执行切换准备，不仅由切换的源和目标eNode B之间是否有X2连接决定，还由目标eNode B与源MME间是否有S1接口来决定。

当UE需要执行的涉及CN节点重定位的Inter-eNode B切换是发生在MME池区间时，分别属于两个MME池区的eNode B间可能有X2连接，也可能没有X2连接。一般来说，有X2连接时可以通过X2接口执行切换准备；而没有X2连接时可以通过S1接口执行切换准备。但是对于一个eNode B，就需要分别判断两种情况的发生。

同时，两个MME池区也可能是重叠的，对于UE从重叠区域内的eNode B切换到重叠区域外的另一个eNode B时，由于UE的Serving MME需要改变，因此虽然可以经由X2接口执行切换准备，但是切换的流程与源和目标eNode B间没有X2接口时又不一样了，这样对于系统来说，又增加了一种切换信令的流程，会增加系统的复杂度。判断通过X2还是S1接口触发切换由源eNode B决定，发起时将按照下列条件：

(1) 源eNode B与目标eNode B之间没有X2接口。

(2) 源eNode B中配置信息显示，目标eNode B与源MME间没有S1-MME连接。

(3) 当源eNode B尝试与目标eNode B进行切换准备时，目标Node B返回错误指示不能通过这种方式执行切换。

4. 数据转发和双播

数据转发(Data Forwarding)和双播(Bi-Casting)是在研究LTE/SAE移动性管理过程中需要解决的一个重要问题，其考虑的是如何在切换的过程中保证数据不丢失。

在3G UMTS系统，PS域切换过程中保证数据不丢失的方法是执行数据转发。当切换开始时，源系统将从网络陆续到达的下行数据转发给目标系统，在UE从源系统终止连接一直到同步到目标系统过程中，要保证网络下发的下行数据不丢失，转发到目标系统后继续发送给UE。系统间切换的数据转发过程如图9-20所示，下行数据到达源eNode B后，源eNode B将数据复制并通过Serving GW的数据通道，将到达但未能成功发送给UE的下行数据转发至目标侧SGSN，再由SGSN发送目标RNC，最终由目标RNC发送给UE。

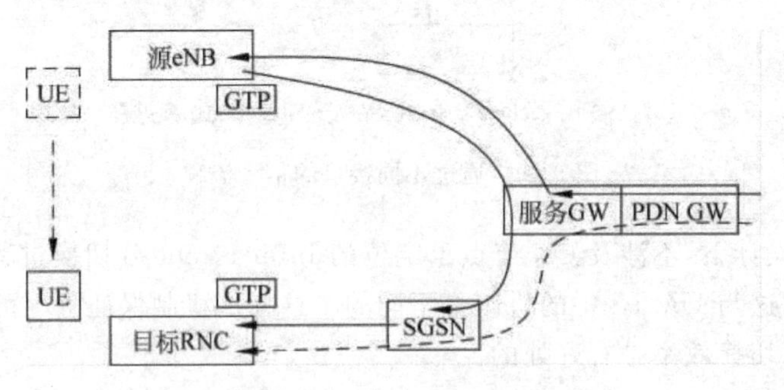

图9-20 LTE切换至UMTS的下行数据转发

当LTE/SAE引入基于IP的传输网络及部分IP管理机制时，使用IP网中已有机制解决数据丢失的方法也随之提出，即使用双播技术。双播机制的使用示意如图9-21所示。在

3GPP 系统间切换中，在 UE 从 LTE 系统源 eNode B 移动到 UMTS 系统的目标 RNC 的过程中，下行数据到达 Serving GW 后，Serving GW 对数据进行复制，同时发送给源 eNode B 及目标系统 SGSN；当切换结束后，Serving GW 将只发送下行数据至目标系统的 SGSN。

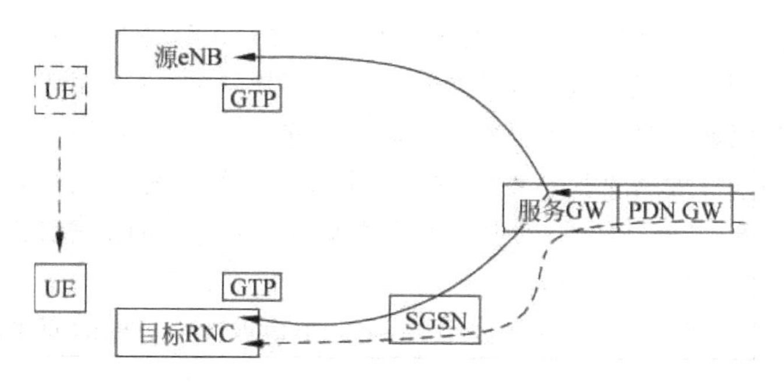

图 9-21　LTE 切换至 UMTS 的下行数据双播

如果切换发生在 LTE 系统内部，则源 eNode B 将切换准备过程中缓冲的下行数据通过 X2 接口转发给目标 eNode B，如图 9-22 所示。当 UE 出现在目标系统后。目标 eNode B 经过调度将通过 X2 接口收到的转发数据先发送给 UE，待转发数据发送完后再将从 S1 接口接收的下行数据发送给 UE。

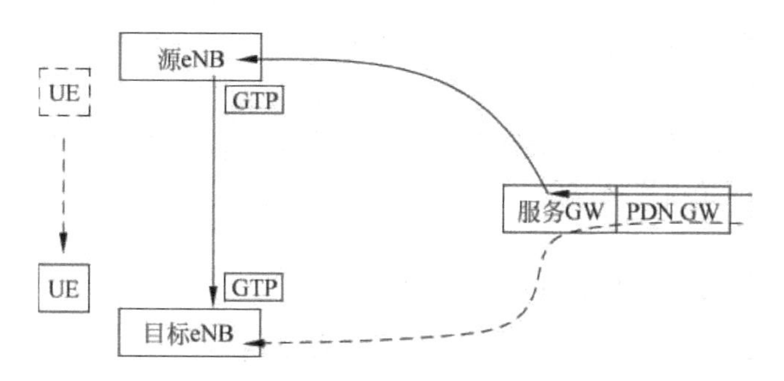

图 9-22　LTE 系统内切换的下行数据转发

这两种机制各有优、缺点。双播方式由于同时向切换过程的源系统和目标系统发送下行数据，在切换过程中目标侧的 PDCP 所在节点不再需要对下行 PDU 进行重新排序等操作，切换中断时间基本等于空中接口从源侧中断到同步至目标侧的时间，加上少量的信令处理时延。而数据转发方式需要目标侧接入网节点(eNode B)先将源节点转发的下行数据发送给 UE 后，再将 Serving GW 下发的数据发送给 UE，以避免 PDU 的乱序，因此切换中断时间除了空中接口同步的时间外，还要加上可能的数据转发时间。双播方式在切换的中断时间上应该是比较小的。

但是双播方式无法保证数据的无损，在双播开始时，很有可能已经出现了源侧无法正确传输分组到 UE 的情况，则这些丢失的分组将不可挽回。另外，如果在 3GPP RAT 系统采用双播方式，则 3G 的 RNC 需要进行修改，即在发生 3G 与 LTE 之间的切换时，RNC 必须判断并且不再发起数据转发过程。

同时，数据转发方法是 3G 中为了无损重定位而制定的方案，LTE 继续采用这个方案将与 3G 系统一致，有利于减小系统实现的复杂性。

由上述举例的 LTE 切换至 UMTS 的过程来看,采用数据转发机制时,下行数据会从 eNode B 发回给 Serving GW 再转发至目标系统,比双播机制中的数据路径要复杂。但是从数据的无损性和系统的复杂性上看,数据转发机制还是比较合适的方法,因此最终确定在 LTE 系统内以及 LTE 与 3G 系统间还是采用数据转发方式解决数据的无损切换问题。

当然,单从实时业务的角度来说,数据的无损并不是最重要的,而切换中断时间才是比较重要的需考虑的因素。双播方式因能最大限度地减少切换的中断时间,被认为对于实时并且对于错误不是十分敏感的业务来说,是一个较为合适的方案。另外,在数据转发过程中源系统和目标系统的 IP 吞吐能力不同时,当数据从吞吐能力大的系统转发到吞吐能力小的系统时,可能会因链路拥塞而造成延迟增长。因此,双播是否应用于 3GPP 与 Non-3GPP 系统间,或更进一步说是否应用于 4G 系统中,也是一个值得后续考虑的问题。

思考与练习

9.4.1 判断题

① 信令缩减方案的主要思想是:将相邻的 2G/3G 的路由区和 LTE/SAE 的跟踪区设定为等效位置区,当 UE 进入一个接入系统时,按照普通的注册/更新程序进行注册,网络为 UE 分配临时标识和位置区域标识;当 UE 在 ISR 激活情况下进入另一种接入系统时,发起位置更新过程,网络分配新系统的临时标识和位置区域标识。 ( )

② 涉及 EPC 节点重定位的移动性管理过程包括 ENode 重定位、MME 重定位和 Serving GW 重定位。 ( )

③ 从数据的无损性和系统的复杂性上看,在 LTE 系统内以及 LTE 与 3G 系统间采用双播方式解决数据的无损切换问题。 ( )

9.4.2 简述题

① 简述 UMTS/GPRS 到 LTE/SAE 之间的切换。

② 简述 LTE/SAE 到 UMTS/GPRS 之间的切换。

9.5 LTE-Advanced 系统展望

9.5.1 LTE-Advanced 的出台

2008 年 3 月,在 LTE 标准化终于接近完成时,一个在 LTE 基础上继续演进的项目——先进的 LTE(LTE-Advanced)项目又在 3GPP 拉开了序幕。如果说,LTE 是准 4G 技术,那么 LTE-Advanced 就是名正言顺的 4G 技术了。

LTE 相对于 3G 技术而言,名为"演进",实为"革命",其空口技术发生了翻天覆地的改变,所以 LTE-Advanced 就需要与 LTE 之间的关系是平滑演进了。其需求趋势如下:

(1) 速率与时延。LTE-Advanced 定位于"无线的宽带化",因此,在低速移动的情况下,下行峰值速率将达到 1Gb/s,上行峰值速率将达到 500Mb/s,其指标是 LTE 的 10 倍。在 LTE 时代,对时延的要求是从空闲状态到连接状态时延小于 100ms,从睡眠状态到激活状态转换时延低于 50ms;而到了 LTE-Advanced 时代,从空闲状态到连接状态时延小于 50ms,从睡眠状态到激活状态转换时延低于 10ms。

(2) 有效支持新的频段和大带宽。LTE-Advanced 的潜在部署频段包括 450～470MHz、698～862MHz、790～862MHz、2.3～2.4GHz、3.4～4.2GHz、4.4～4.99GHz 等。可以看到，除了 2.3～2.4GHz 位于传统蜂窝系统常用的频段外，LTE-Advanced 时代，采用高频段来专门覆盖室内和热点区域内的低速移动用户，将大部分容量都吸收到高频段中，从而可以将覆盖效果比较好、穿透能力比较强的低频段频谱节省下来用于覆盖室外的广域区域及高速移动用户。换句话说，LTE-Advanced 采用了"分层"的结构，底层采用低频段，实现广覆盖，以保证每一个用户能够接入；而在这张网上，又选取若干热点，在其上叠加高频段以保证容量。通过这样的多频段合作，同时满足高容量和广覆盖的要求。

(3) 高频谱效率。LTE-Advanced 要求系统下行峰值频谱速率为 30b/s/Hz，上行峰值速率为 15b/s/Hz，这是由于采用了 MIMO 技术，才可以在不消耗更多频谱资源的情况下提升峰值速率。

9.5.2 LTE-Advanced 的关键技术

由于 LTE 的大规模技术革新已经将近 20 年来学术界积累的先进信号处理技术（如 OFDM、MIMO、自适应技术等）消耗殆尽，LTE-Advanced 相对 LTE 而言，在空口上没有发生太大的变化，依然沿用了 OFDM 和 MIMO 技术，其技术发展主要集中在 RRM 技术和网络层的优化方面。LTE-Advanced 系统所采用的关键技术如下所述。

1. 多频段协同与频谱整合

LTE-Advanced 系统是一个多频段层叠无线接入系统，基于高速数据业务大多发生在室内和热点地区，因此 LTE-Advanced 准备重点对室内和热点场景进行优化。为了实现这个目的，它引入了中继站、家庭式基站、分布式天线等多种手段来扩展高频段的覆盖；在系统带宽的支持上，由于 LTE-Advanced 最大支持 100MHz 的连续频谱很难找到，因此提出了载波聚合(Carrier Aggregation，CA)的概念。

频谱整合比多频段协同更进一步。首先可以考虑将相邻的数个较小的频带整合为一个较大的频带，如图 9-23(a)所示。这种情况的典型场景是：低端终端的接收带宽小于系统带宽，此时为了支持小带宽终端的正常操作，需要保持完整的窄带操作。但对于那些接收带宽较大的终端，则可以将多个相邻的窄频带整合为一个宽频带，通过一个统一的基带处理实现。需要研究的是在多个频带内的公共信道（如同步信道、广播信道）的分布。如果简单地在每个窄频带内分别传输公共信道，则会导致较大的公共信道开销。另一种方法是选择一个频带作为"主频带"，只在这个频带内传输同步信道或广播信道，而其他"辅频带"中则主要传输数据，采用这种方法需要考虑如何避免同步和小区搜索性能的下降，以及如何避免频繁的频带间测量。

离散多频带的整合主要是为了将分配给运营商的多个较小的离散频带联合起来，当作一个较宽的频带使用，通过统一的基带处理实现离散频带的同时传输，如图 9-23(b)所示。对于 OFDM 系统，这种离散频谱整合在基带层面可以通过插入"空白子载波"来实现。但真正的挑战在射频层面，终端需要一个很大的滤波器同时接收多个离散频带。如果频带间隔较小，尚有可能实现，如果间隔很大（很多频带相隔数百兆赫），则滤波器很难实现。

载波聚合的优点十分明显，LTE-Advanced 可以沿用 LTE 的物理信道和调制编码方式，这样标准就不需要大的改动，从而实现 LTE 到 LTE-Advanced 的平滑过渡。

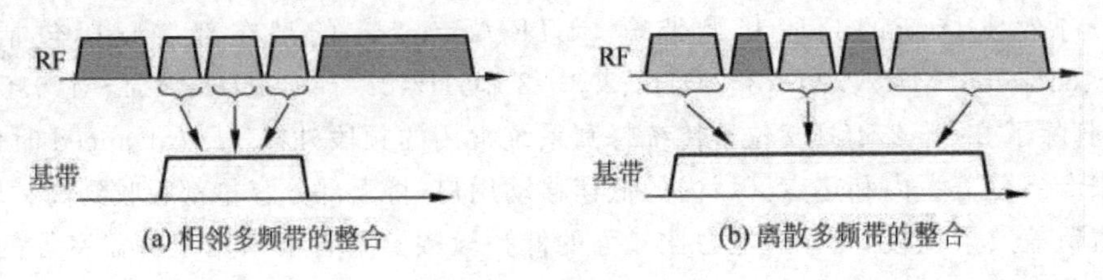

图 9-23 频谱整合操作

2. 中继技术

中继(Relay)就是基站不直接将信号发送给 UE,而是先发给一个中继站(Relay Station,RS),然后再由 RS 转发给 UE,如图 9-24 所示。采用此技术的原因是,LTE-Advanced 提出了很高的系统容量要求,这必须采用较高的频段,而较高频段的路损和穿透损可能都较大,很难实现好的覆盖。除了使用基于基站的 OFDM、MIMO、智能天线、发射分集等技术扩大覆盖范围外,还可以采用中继技术和分布式天线技术来改善系统的覆盖。另外,如果将中继站放置在原有小区覆盖范围内,理论上还可以提高系统容量。

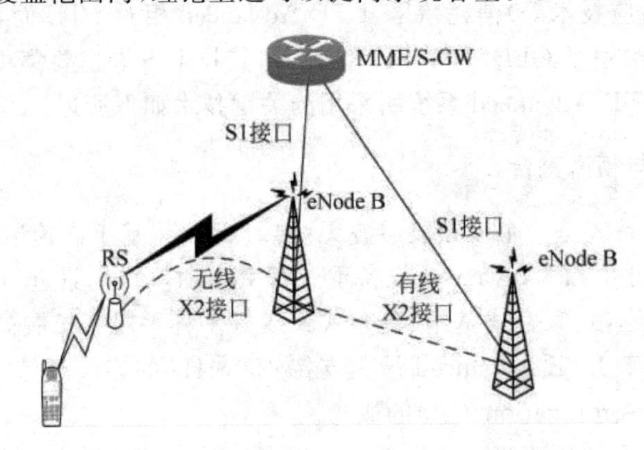

图 9-24 中继示意图

中继虽然在理论上可以获得覆盖和容量增益,但这项技术带来的潜在问题也是很明显的,它插入了一个新的网络节点——RS,因此也插入了新的干扰源,导致了更复杂的干扰结构,为了在基站和 RS 之间有效地分配时频域资源,可能需要通过额外的帧结构设计和资源调度来实现。

由于 RS 设计的复杂性,应考虑从尽可能简单的中继系统开始设计。虽然理论上,中继系统也可以实现多跳、协同发送/接收、网格连接等更复杂的传输模式和网络结构,但应该在研究初期首先将精力放在基本的 2 跳(基站和终端只插入一个 RS)中继系统设计上。对于多跳中继和基于终端的中继,可以首先考虑用于特殊地域的超大覆盖和应急通信场景。

3. 分布式天线

分布式天线系统是另一种从“小区分裂”角度来考虑的新型网络架构,其核心思想就是通过插入大量新的站点来拉近天线和用户之间的距离,实现“小区分裂”,获得最高的频率复用。

所不同的是，新增站点和基站不是通过无线链路连接的，而是通过射频光纤(RoF)连接的，新增的天线站只包含射频模块，类似一个无线远端单元(RRU)，而所有的基带处理仍集中在基站，形成集中的基带单元BBU，BBU生成的中频或射频信号通过RoF光纤传送到各个天线站，如图9-25所示。分布式天线系统中的天线站可以看做基站的多个扇区，因此可以很好地进行天线站之间的协同，在“小区分裂增益”之外，还可以获得“联合发送/接收增益”。当然，和中继相似，要合理地评估“小区分裂增益”，要明确天线站点的数量、位置和信道模型。多个RRU之间的协同发送可以等效地看做一种“分布式多流波束赋形”。既可以考虑一个eNode B内多个RRU之间协同，也可以考虑不同eNode B的RRU之间的协同。

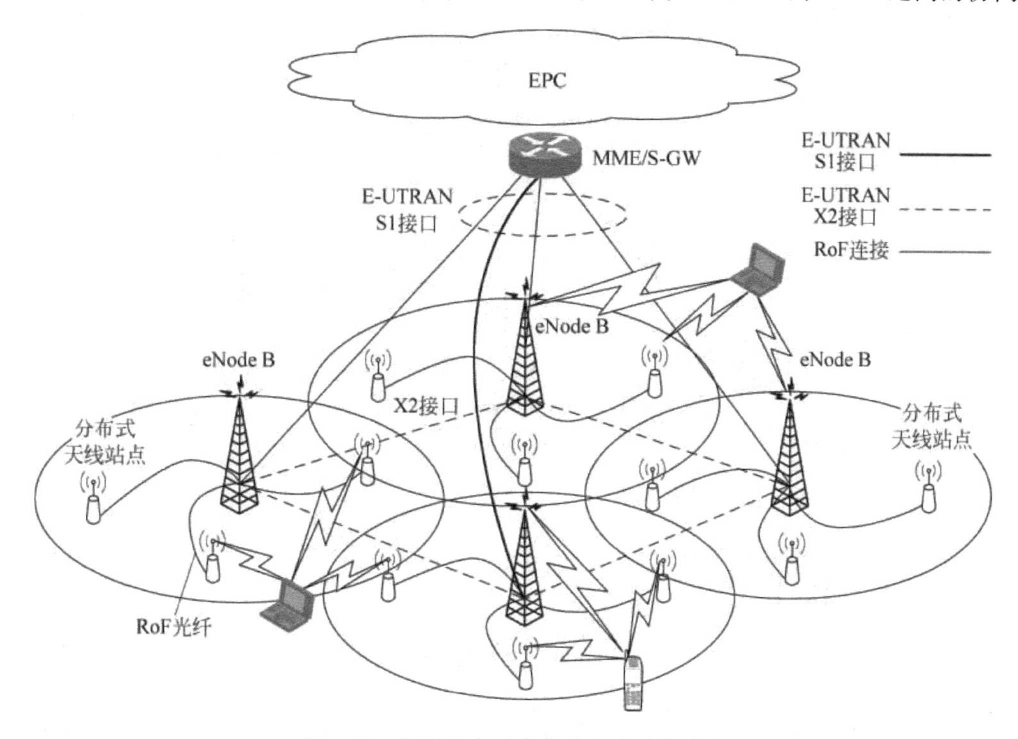

图9-25 新增站点形成的分布式天线系统

具体的设计方面，首先要考虑终端到多个站点的同步误差问题。其次，需要考虑不同天线站点是否发送额外的下行信令，使UE可以分辨各个天线站点；如果不发送额外的下行信令，则分布式天线系统的拓扑结构对UE是透明的。此外，还需要考虑如何控制为了支持分布式天线站点之间的协调而造成的上行反馈量的增加。

针对分布式天线系统，还需要考虑基站(即BBU)和天线站(即RRU)之间的接口是否开放。如果这种接口看做一个厂家内部实现接口，则不需要标准化。但如果需要支持多厂家BBU和RRU的互连互通，则需要再对此接口进行标准化。

4. 基站间协同

和第二种分布式天线系统相似的另一种新型网络架构，是基站间协同，如图9-26所示。这种系统也需要在相邻站点之间铺设RoF光纤，所不同的是，这种系统并没有将多个基站的基带处理单元集中在一个“超级基站”，基站也没有退化为RRU。每个eNode B仍是完整功能的基站,基站之间通过光纤进行紧密协同。LTE 系统其实已经支持相邻 eNode B 之间的 Mesh 连接,但用于连接的 X2 接口的能力是较弱的,传输延迟大于 20ms,因此很难进行真正动态的基站间协调。而用光纤对 X2 接口进行升级后,就可以利用这个增强的高速 X2 接口进行快速的基站间协调,从而获得协同发送/接收增益。如果采用 RoF 光纤,X2 接口甚至可以从一个单纯的控制面接口扩展到一个用户面/控制面综合接口,实现和分布式天线系统相似的数据联合发送/接收。当然,这种增强 X2 接口的具体能力有待于进一步验证。

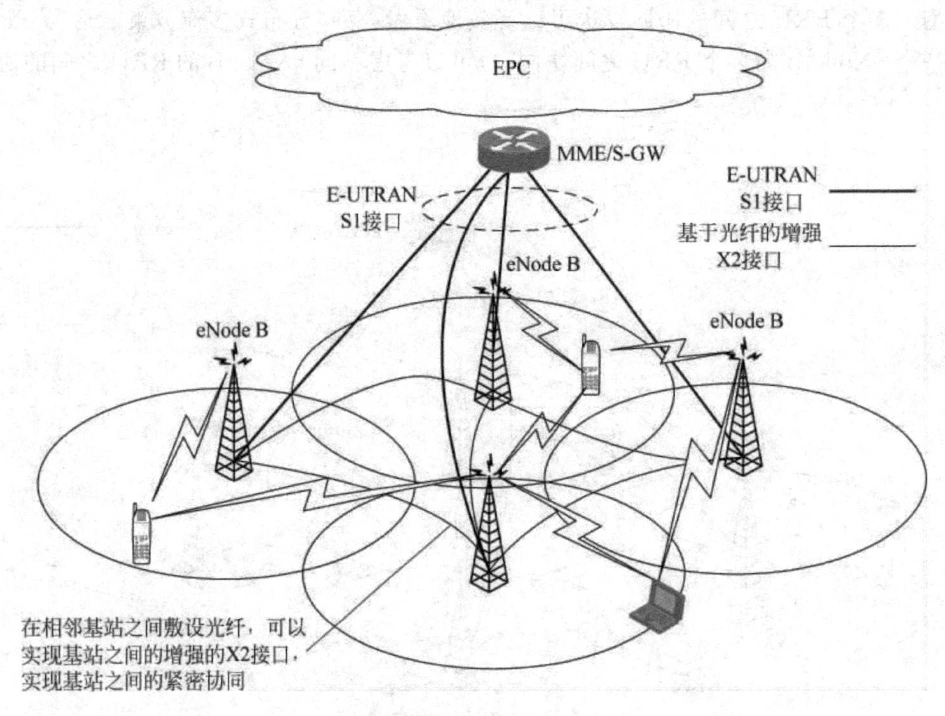

图 9-26 基站间协同

实际上,这种系统针对一个终端看来,就是一个分布式天线系统,即有一个"主基站"充当 BBU,其他"从基站"只是充当 RRU,但对不同的终端,充当 BBU 的主基站有所不同。虽然也可以考虑实现完全平等的"分布式 RRM",但还是基于一个"主基站"进行相对集中的 RRM 比较现实。

5. 家庭基站

家庭基站(Femtocell),顾名思义,就是设备是布放在家里的,又被称为"飞蜂窝",其网络结构如图 9-27 所示。家庭基站加电后,自动完成配置频率、自动选择扰码、自动检测邻区、导频功率调整等功能。

但如果家庭基站大范围部署,则可能对现有系统架构造成较大的冲击。一方面,家庭基站的密集部署、重叠覆盖会造成很复杂的干扰结构;另一方面,由于家庭基站的所有权变化,运营商可能部分地丧失网规、网优的控制权,更加剧了干扰控制和接入管理的难度。因此,需要考虑采用更有效的干扰管理技术,而不是仅仅依赖自配置/自优化,如支持更大数量的小区 ID 和小区扰码、采用更先进的干扰协调和干扰消除技术等。另外,由于家庭基站的庞大数量，现有网络架构是否能支持海量的接口（如 S1 接口和 X2 接口），也是需要考虑的问题。基于这个考虑，甚至有观点建议对家庭基站采用相对独立的网络结构。

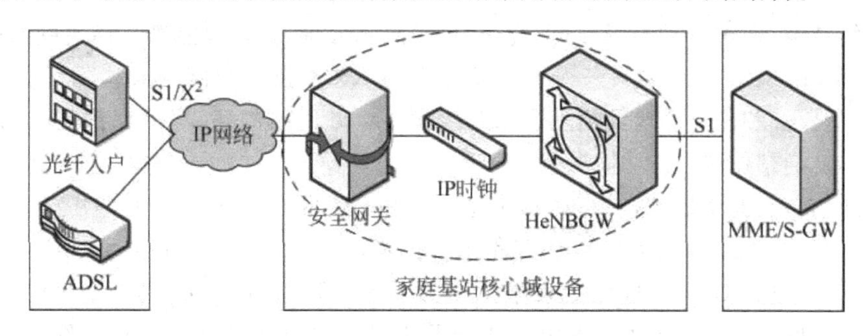

图 9-27 家庭基站网络结构

6. 自组织网络

自组织网络（Self-Organizing Network，SON）包含 4 个特点：网络自配置、网络自优化、网络自愈和网络节能，它可以有效地降低运营成本，具体如下。

① 网络自配置。传统的基站配置需要人工一步步执行，要配置大量的数据，如传输配置、邻区设置、容量和硬件配置等。而 SON 网络可以把这些工作都集成到网管上，现场只需要配置极少量的数据，其他参数都自动从网管上下载，就如用 Ghost 安装盘安装 Windows 一样方便。

② 网络自优化。网络变得越来越庞大和越来越复杂后，网络的自动优化就变得非常重要了，特别是邻区的自动优化。在 LTE-Advanced 网络中，特别是部署了家庭基站之后，网络的邻区关系会更加复杂，手动维护邻区关系将是一个十分巨大的工程。对于 SON 来说，自动邻区关系 ANR 是其最重要的功能之一，它必须支持来自不同厂商的设备。因此，ANR 是 SON 中最早在 3GPP 组织内实现标准化的功能之一。在 LTE-Advanced 网络中，邻区关系不是通过网管来配置的，而是通过终端来自动进行 ANR 的维护，其终端不再需要邻区列表，只通过终端上的测量报告来获得邻小区的情况，从而建立邻区维护关系。当建立一个新的 eNode B 或优化邻区列表时，ANR 将会大大减少邻区关系的手动处理，从而能够提高成功切换的数量并降低由于邻区关系而产生的掉话。

③ 网络自愈。网络自愈是指网络自身能够感知、识别、定位并关联告警，并启动自愈机制消除项目。

④ 网络节能。根据测算，90%的能源消耗都发生在网络没有数据传输的状态下。因此，网络节能就是根据具体网络负荷变化控制无线资源的开闭，在满足用户使用的同时尽量避免网络资源的空转。如某小区有 4 个载波，如果用户数量多，则 4 个载波全开启；如果用户数量少，则关闭 2～3 个载波以节能。

综上，LTE-Advanced 网络注重从 LTE 的平滑演进，其空口技术改变不大。但由于其目标速率定得很高，必定需要很多的频谱资源。由于连续的频谱资源并不多见，LTE-Advanced 采用了多个频段共存的方案，并为此开发了载波聚合技术，以将零散的频谱聚合起来使用；同时，LTE-Advanced 也很关注处在小区边缘的用户体验，为此采用了多站点协作传输的方式；鉴于高容量的频段资源都处于高频段，覆盖势必存在问题，为此 LTE-Advanced 通过中继技术、RRU设置、家庭基站等多种方式来提升覆盖质量；而网络中，如此众多的无线设备存在，使得管理、运行与维护十分麻烦，为了降低运行与维护成本，LTE-Advanced又采用了自组织网络技术，通过自动配置、自动优化、自动故障处理、自动节能来尽最大可能地降低成本。可见，LTE-Advanced网络采纳了众多优秀的RRM技术和网络架构的优化技术。今天，国内的运营商和制造商已经启动了LTE-Advanced网络的建设，可以预见，它将带给大众更好的移动通信体验，即高速率和低时延。

移动通信自它诞生以来，一直在飞速地发展着。到目前为止，标准化组织3GPP已经结束了LTE-Advanced(R11)版本的标准编制工作，并将于2012年9月启动Release 12(R12)的标准化工作。据3GPP标准化专家称，R12又将是LTE-Advanced的一个里程碑版本，它以应对移动互联网时代严峻的容量和覆盖问题为目标，采用新频段类型、高阶星座调制、增强MIMO等技术，大幅提高系统容量，以满足热点/室内覆盖的流量需求，特别是智能天线技术、多点协作、联合覆盖等，可以提高信号强度，减少用户间干扰，进一步改善无线信号覆盖性能。未来，无论是高速移动还是静止点，无论是城市还是郊区，无论是室内还是室外等，用户均可以实现高速的、宽带的移动接入。配合智能终端的使用，各种互联网的功能，如高清视频、互动游戏等也都可移植到移动环境中使用，从而使工作和生活变得更加便利。

思考与练习

9.5.1 填空题

① LTE-Advanced定位于“无线的宽带化”，因此，在低速移动的情况下，下行峰值速率将达到________，上行峰值速率将达到________，其指标是LTE的10倍。在LTE时代，对时延的要求是从空闲状态到连接状态时延小于100ms，从睡眠状态到激活状态转换时延低于50ms；而到了LTE-Advanced时代，从空闲状态到连接状态时延小于________，从睡眠状态到激活状态转换时延低于________。

② 自组织网络的英文缩写是________，它包含4个特点：________、________、网络节能和________，可以有效地降低运营成本。

③ LTE-Advanced网络注重从LTE的平滑演进，其空口技术改变不大，但采纳了众多优秀的RRM技术和网络架构的优化技术，具体包括________、________、________、________、自组织网络技术等关键技术。

9.5.2 简述题

① 简述LTE-Advanced网络采用多载波聚合技术的原因。

② 简述自组织网络的4个特点。

本章小结

LTE于2008年年底被3GPP正式发布，基于一系列全新的技术，其目标是在20MHz的带宽上提供下行100Mb/s，上行50Mb/s的传输速率，支持100km的覆盖半径，支持120～350km/h的高速移动，并具有控制面小于100ms、用户面小于50ms的超短时延，同时提供综合多样化的服务内容并降低网络运营成本。可见，LTE的先进性是不容置疑的。因此，虽然我国的3G才商用几年，但已经开始了LTE网络的部署，并随着LTE-Advanced标准的不断完善，还部署了 LTE-Advanced 实验网。

本章主要介绍了 LTE 移动通信系统，主要涉及了 LTE 的发展、LTE 的系统结构、帧结构、信道结构、信道编码、无线资源管理和移动性管理等内容。作为本书的总结，本章最后一节展望了 LTE-Advanced 系统，介绍了其主要的需求指标和关键技术，希望有助于读者了解移动通信的未来发展趋势。

实验与实践

活动 1 LTE 与 LTE-Advanced 发展的调查

目前，国内外都已经开始了 LTE 网络的部署及 LTE-Advanced 网络的实验，苹果等厂商也相继推出了支持 4G 的移动终端。从移动通信市场的现状来看，2G、3G、4G 将在一段时间内共存共生。

请访问华为网站 http://www.huawei.com.cn、中兴网站 http://www.zte.com.cn，或以“LTE”、“LTE-Advanced”为关键词，了解一下国内 4G 的技术发展与市场，并举行一个研讨会，对 LTE 和 LTE-Advanced 的背景、市场、解决方案、关键技术等进行讨论，和同学相互交流。研讨结束后，请根据讨论结果，结合自己的感想，作一篇名为“正在发展中的 LTE 和 LTE-Advanced 网络”的文献综述，并收入个人成果集。

活动 2 LTE 与 LTE-Advanced 关键技术研究

第四代移动通信系统的设计目标是：提供比第三代移动通信系统更大的系统容量和更好的通信质量、更宽的带宽、更高速的速率等。LTE 系统虽然名为演进，但其实却是革命性的技术变革，它以移动通信宽带化为目标，应用了许多关键技术，如绕开了 CDMA 而采用 OFDM+MIMO，取消了 RNC 网元而采用了 eNode B 网元，使得网络更加扁平化等。请根据自己的兴趣，在本章的学习过程中围绕“LTE 和 LTE-Advanced 的技术与发展”选择一项研究课题。也可以在老师的指导下，成立课题研究小组，推荐研究的课题有：

- LTE 的网络架构研究。
- LTE 的传输和多址技术研究。
- LTE 的物理层技术研究。
- 载波聚合技术研究。
- 自组织网络技术研究。
- 无线中继技术研究。
- 多站点协同技术研究。
- 家庭基站研究。

请你或小组使用 PowerPoint 创作一个演示文稿，在本章课程结束时进行全班交流，并存入个人成果集。

活动 3 课程总结

本课程的学习即将结束了，回过头来，看一下当初定下的课程学习目标与学习计划，你做到了吗？借此，评价一下你个人的学习过程及小组活动情况，发现成绩与不足，撰写反思日记，保存于个人成果集中。反思日记需要包括以下几个内容：

(1) 个人学习目标是否达到？个人学习计划是否完成？

(2) 是否积极参加了小组活动？对小组活动是否满意？成员之间的协作性如何？

(3) 学习完本课程后，是否意识到了移动通信带给我们的机遇与挑战，面对这些变化你准备好了吗？

(4) 本课程学习完后，你有什么收获与体会？请为自己未来的职业发展制定一个规划。

拓展阅读

[1] 李珊. 全球 LTE 市场快速发展. 世界电信，2012 年 07 期.
[2] 熊尚坤. LTE 全球发展和商用进展. 电信科学，2011 年 11 期.
[3] 王鹏. LTE 与 WiMAX 技术发展前景讨论. 哈尔滨师范大学自然科学学报，2011 年 06 期.
[4] 包东智. TD-LTE 产业现状及其发展前景. 数字通信世界，2011 年 01 期.
[5] 索士强. 占领 LTE 制高点：大唐移动推演 TD-LTE-Advanced. 中国电信业，2011 年 03 期.
[6] 章海峰. WCDMA/HSPA 向 LTE 的演进方案探讨. 通信管理与技术，2012 年 01 期.
[7] 赵伦. 一种 LTE 系统中的基站内切换实现方案. 光通信研究，2012 年 01 期.
[8] 吴锦莲. LTE 自组织网络技术分析. 电信科学，2011 年 11 期.
[9] 任丛. LTE SON 下的一种基站自规划机制. 电讯技术，2011 年 04 期.
[10] 张勇. LTE 系统无线资源控制连接重建过程研究与设计. 电视技术，2011 年 01 期.
[11] 吕骥. LTE 的规划和应用. 电信科学，2010 年 01 期.

深度思考

自 3G 标准化以来，R99、R4、R5、R6 直至现在的 R12，版本不断更新。应该说，WiMAX 的出现大大加速了移动通信宽带化的进程，并促使了 LTE 标准的出台，LTE 的本质和方向性的变革，就在于移动通信与宽带无线接入技术的融合。请查阅相关文献，通过了解各版本标准的工作重点，从中思考未来移动通信的发展趋势。

思考与练习参考答案

第1章　移动通信概论

1.1.1　① 终端的移动性；业务的移动性；个人身份
② 移动化、个性化、智能化和虚拟化

1.1.2　（略）

1.1.3　（略）

1.2.1　①（略）
②（提示：市场与技术的双重推动作用）

1.2.2　（略）

1.3.1　① ABCDE　② ABCD

1.3.2　（略）

1.4.1　① ABCD　② ABCD

1.4.2　① 地球站；跟踪遥测及指令系统；监控管理分系统
② 传输集群；准传输集群
③ 自组织网络(或对等网络,Ad-Hoc 网络)
④ 频分多址；时分多址

1.4.3　① 错误,地球站的天线口径越大,发射和接收能力越强,功能也越强
② 正确

1.4.4　①（略）
②（提示：通信距离、工作频段、稳定性、广播方式等方面的优点）
③（提示：作用距离、覆盖地区、造价、通信质量等方面的特点）
④（提示：移动性、覆盖范围、扩展能力、开发运营成本、传输速率、抗干扰性和安全性等方面的优点）

1.4.5　①（提示：自组织网络和基础结构网络结构）
②（略）

第2章　移动通信的基本概念

2.1.1　① 直射波；反射波；地面波
② 自由空间传播损耗；绕射损耗

2.1.2 直射波：从发射天线直接到达接收天线的电波。

反射波：经过大地反射到达收信机的电波。

地面波：沿着地表面传播的电波。

自由空间传播：电磁波在真空中的传播。

自由空间传播损耗：指收、发天线都是各向同性辐射器时，两者之间的传播损耗。

绕射损耗：电波在直射传播的路径上可能存在山丘、建筑等障碍物，这些障碍物会引起除了自由空间传播损耗外的附加损耗，这种附加损耗称为绕射损耗。

菲涅耳余隙：设障碍物与发射点 T、接收点 R 的相对位置如图 2-5 所示。图中 x 表示障碍物顶点 P 至连线 TR 的距离，在传播理论中称为菲涅耳余隙。

2.1.3 ① 错误。地面波随频率的提高衰减很快。

② 正确。

2.1.4 (略)

2.2.1 ① 多径衰落；脉冲展宽

② 码间；频率选择性

③ 脉冲响应；衰减指数响应

④ 可通率；$T=1-R$

2.2.2 ① 错误。在移动无线电通信中，仅出现镜面反射和漫反射的情况，被认为是视距传播，而绕射则被认为是非视距传播。

② 正确。

2.2.3 镜面反射：当无线电波投射到两种不同介质间的平滑分界面，并且界面线尺寸与辐射信号波长相比相差很大的情况下，则发生镜面反射，并服从菲涅耳定律。

漫反射：当无线电波投射到粗糙表面，且表面粗糙程度与辐射信号波长相似时，则产生漫反射，它服从惠更斯原理。一般情况下，漫反射无线电波的强度小于镜面反射无线电波的强度，因为沿不平表面传播时散射了能量，使反射无线电波沿发散路径前进。

多径效应：从发射机到接收机，一般均有多条不同时延的直射或反射传输路径的现象。

瑞利衰落：由于多径传输而产生的干涉型衰落，即不同传输路径的射线随机干涉的结果。

多径时散现象：多径效应在时域上将造成数字信号波形展宽的现象。

2.2.4 (略)

2.3.1 ① 地形特征；传播环境

② 基本损耗；修正因子

2.3.2 ① 错误。电波的波长越短，其穿透能力越强。

② 错误。在移动通信中天线接受电场强度是指长度为 1m 的天线感应的电压值。

③ 正确。

2.3.3 (略)

2.4.1 蜂窝：基站的覆盖范围。

盲点：由于网络漏覆盖或电波在传播过程中遇到障碍物而造成阴影区域等原因，使得该区域的信号强度极弱，通信质量严重低劣。

热点：由于客观存在商业中心或交通要道等业务繁忙区域，造成空间业务负荷的不均匀分布。

频率复用：将用于传输信道的总带宽划分成若干个子频带（或称子信道）以进行信号的传输。

2.4.2 ① E ② D ③ ABCDEF

2.4.3 ①（略）

②（略）

2.5.1 ① 移动台子系统（MS）；基站子系统（BSS）；网路子系统（NSS）；操作支持子系统（OSS）

② 外部接口；交换子系统 MSS 内部接口；接入子系统内部接口

③ A 接口

④ 持卡者相关信息；IC 卡识别信息

2.5.2 （略）

2.5.3 （略）

2.5.4 ① A ② D

2.6.1 ① 热噪声；高斯噪声；白噪声；自然噪声；人为噪声

② 振荡器；倍频器；调制器

③ 由相同频率的无用信号所造成的干扰；共道干扰

④ 干扰台邻频道功率落入接收邻频道接收机通带内

2.6.2 ① 错误。蜂窝系统中采用了频率复用技术，显然同频道的无线小区相距越远，它们之间的空间隔离度就越大，同频道干扰就越小，但频率利用率就低。

② 错误。降低移动台发射功率可以减少上行同频干扰，降低基站发射功率可以减少它对其他同频道小区内移动台的干扰，降低基站天线高度可能并不会减少同频道干扰和邻频道干扰，因为有效天线高度变化不大。

2.6.3 ① ABC ② ABD

第3章 关键技术

3.1.1 ① 降低话音编码速率；提高话音质量；波形编码；参数编码；混合编码

② 预处理；线性预测编码分析；短时分析滤波；长时预测；规则码激励序列编码

③ ARM(Adaptive Multi Rate，自适应多速率)语音编码

3.1.2 ① 错误。语音编码速率与传输信号带宽成比例关系，即语音编码速率减半，传输信号所占用带宽也减半，而系统容量增加1倍，频率利用率可有效提高。

② 正确。

③ 错误。GMSK 的解调可采用类似于 MSK 方式的正交相干解调技术，也可使用非相干检测解调技术，如差分解调和鉴频器解调等。

3.1.3 ABCDE

3.1.4 （略）

3.2.1 ① 模拟调制；线性调制技术；恒包络

② 抗干扰能力强；易于加密

3.2.2 ABCD

3.2.3 (略)

3.3.1 ① 扩频通信；直接序列扩频通信系统；跳频扩频通信系统；跳时扩频通信系统

② 传输信息所用信号的带宽远远大于信息本身的带宽

③ 信息论；抗干扰理论

④ 用一定码序列进行选择的多频率频移键控；慢跳频；快跳频；慢跳频；快跳频

⑤ 处理增益；抗干扰容限

3.3.2 ① 错误。由信息论可以知道：在时间上有限的信号，其频谱是无限的，脉冲信号宽度越窄，其频谱就越宽，在工程估算中信号的频带宽度与其脉冲宽度近似成反比。

② 错误。扩展频谱换取信噪比要求的降低，即降低接收机接收的信噪比阈值。

③ 正确。

④ 错误。跳频速率越高，跳频系统的抗干扰性能就越好，但相应的设备复杂性使成本也越高。

⑤ 错误。抗干扰容限表示系统在干扰环境下的工作性能，它直接反映了扩频通信系统接收机允许的极限干扰强度。

3.3.3 ① ABCDEF ② C

3.3.4 ①（提示：扩频通信可行性的理论基础：一是信息论中关于信息容量的香农(Shannon)公式；一是抗干扰理论中柯捷尔尼可夫关于信息传输差错概率的公式）

②（提示：可参考跳频系统的组成方框图，并简述各功能实体）

③（提示：可参考跳频系统的组成方框图，并简述各功能实体）

3.4.1 ① 误码率；信噪比

② 二重空间接收；发端分集

③ 显分集；交织编码技术；跳频技术；直接扩频技术

④ 基带跳频；射频跳频

⑤ 最大比值合并；等增益合并；选择式合并

3.4.2 ① 错误。分集数 N 越大，分集效果越好，即分集增益正比于分集的数量 N，且分集增益的增加随着 N 的增加而逐步减少。

② 错误。相关器的数目越多，系统获得的增益越大，但设备的复杂度也随之增加。当相关器的数目增加到一定程度时，系统获得的增益将缓慢增加。

③ 正确。

④ 正确。

⑤ 错误。合并可以在检测器以前，即中频和射频上进行合并，且多半是在中频上合并；也可以在检测器以后，即在基带上进行合并。

3.4.3 ① C ② ABCDE ③ C

3.4.4 ① 分集技术的本质：采用两种或两种以上的不同方法接收同一信号以克服衰落；它的作用：在不增加发射机功率或信道带宽的情况下充分利用传输中的多径信号能量，以提高系统的接收性能。它的基本思路：将接收到的多径信号分离成不相关的(独立的)多路信号；然后将这些信号的能量按一定规则合并起来，使接收的有用信号能量最大。

② 从信号传输的方式来看，分集技术分为显分集和隐分集两大类，显分集又分为宏分集和微分集(包括空间分集、频率分集、时间分集、极化分集、路径分集、场分量分集、角度分集等)；隐分集又分为交织编码技术、跳频技术、直接扩频技术等。

3.5.1 ① 频谱利用率

② 发送功率；编码速率；编码方式

3.5.2 D

3.5.3 它动态地跟踪信道变化，根据信道情况确定当前信道的容量，进而改变传输信息的符号速率、发送功率、编码速率和编码方式、调制的星座图尺寸和调制方式等参数，因此可以最大限度地发送信息，实现更低的误码率，并减轻对其他用户的干扰，满足不同业务的需求，提高系统的整体吞吐量。

3.6.1 ① 子载波 ②集中式(Locolized)；分布式(Distributed)

3.6.2 ① D ② B

3.6.3 它采用一种不连续的多音调技术，将被称为载波的不同频率中的大量信号合并成单一的信号，从而完成信号传送。由于这种技术具有在杂波干扰下传送信号的能力，因此常常会被利用在容易受外界干扰或者抵抗外界干扰能力较差的传输介质中。其主要思想是：将信道分成若干正交子信道，将高速数据信号转换成并行的低速子数据流，调制到在每个子信道上进行传输。正交信号可以通过在接收端采用相关技术来分开，这样可以减少子信道之间的相互干扰(ICI)。每个子信道上的信号带宽小于信道的相关带宽，因此每个子信道上的可以看成平坦性衰落，从而可以消除符号间干扰。而且由于每个子信道的带宽仅仅是原信道带宽的一小部分，信道均衡变得相对容易。

3.7.1 ① 信道调制；载波频率

② A/D 变换；射频天线

3.7.2 ① ABCD ② A

3.7.3 (略)

3.8.1 ① 信号处理 ② 接收准则；自适应算法

3.8.2 ① ABD ② D

3.8.3 从某种角度可将智能天线看做是更灵活、主瓣更窄的扇形天线，智能天线的又一个好处是可减小多径效应。

3.9.1 ① 分集 ② 空间复用增益；空间分集增益

3.9.2 ① ABCD ② AD

3.9.3 (略)

3.10.1 ① 多用户检测

② 是根据算法输出是否是输入的线性变换；迫零线性块均衡(ZF-BLE)法；最小均方误差线性块均衡(MMSE-BLE)法

③ 降低干扰；扩大容量；削弱“远近效应”的影响；降低功控的要求

3.10.2 (略)

3.11.1 ① 认知能力；重构能力
② 频谱空穴
③ 动态频谱分配(DSA)

3.11.2 (略)

第4章 全球数字移动通信系统

4.1.1 ① 移动特别小组；Group Special Mobile；GSM；全球移动通信系统；Global System for Mobile Communications
② 移动台子系统；基站子系统；网络子系统；管理子系统

4.1.2 ① ABCD；② ABD；③ B

4.1.3 ① 1982年北欧向CEPT(欧洲邮电行政大会)提议成立了一个在欧洲电信标准学会(ETSI)技术委员会下的“移动特别小组(Group Special Mobile,GSM)”,来制定有关900MHz频段的公共欧洲电信业务的标准和建议书；1991年在欧洲开通了第一个系统,同时MoU组织为该系统设计和注册了市场商标,将GSM更名为“全球移动通信系统”(Global System for Mobile Communications)；1992年大多数欧洲GSM运营者开始商用业务。
② GSM有越区切换和漫游功能,可以实现国际漫游；可以提供多种业务,包括话音业务和一些数据业务；有较好的保密功能,提供对移动识别码的加密、用户数据的加密及用户鉴权等；还有容量大、通话质量较好等特点。

4.2.1 ① 移动终端；网络之间；物理层；数据链路层；第三层
② 时隙；突发脉冲序列；物理；8；4.615
③ 常规突发脉冲序列(NB)；频率校正突发脉冲序列(FB)；同步突发脉冲序列(SB)；接入突发脉冲序列(AB)
④ 保护时间较长；68.25；252

4.2.2 ① 错误。MM和CM层是移动台直接与移动交换机之间的通信。
② 正确。
③ 错误。空闲突发脉冲(DB),其结构与常规突发相同,只不过发送的比特流为固定比特序列。

4.2.3 CD

4.2.4 ①(提示：参考图4-3,常规突发脉冲序列(NB)用于TCH和控制信道)
②(提示：参考图4-4,GSM的逻辑信道分为业务信道(TCH)和控制信道(CCH))
③(提示：参考图4-6,处理过程：语音编码,信道编码,交织,突发脉冲的形成,调制和解调,跳频)
④(提示：n值越大,传输特性越好,但传输时延也越大,因此必须作折中考虑,这样交织就与信道的用途有关,所以在GSM系统中规定了采用二次交织方法,参考图4-8)
⑤ GSM系统引入跳频技术的原因：一是引入跳频可减少瑞利衰落的相关性；二是避开特定频段的干扰源；描述跳频序列主要有两个参数：移动分配指数偏置MAIO和跳频序列号HSN。

4.3.1 ① 频率复用

② 4 个基站；每基站 3 个小区

③ 内圆载频；外圆载频；外圆载频；内圆载频

4.3.2 ① ABCDEF ② ABD

4.3.3 (略)

4.3.4 ① 蜂窝通信网络把整个服务区域划分为若干个较小的区域(Cell,在蜂窝系统中称为小区),各小区均用小功率的发射机(即基站发射机)进行覆盖,许多小区像蜂窝一样能布满(即覆盖)任意形状的服务地区。蜂窝系统的基本原理是频率复用。通常,相邻小区不允许使用相同的频道,否则会发生相互干扰(称同道干扰),但由于各小区在通信时所使用的功率较小,因而任意两个小区只要相互之间的空间距离大于某一数值,即使使用相同的频道,也不会产生显著的同道干扰(保证信干比高于某一阈值)。为此,把若干相邻的小区按一定数目划分成区群,并把可供使用的无线频道分成若干个(等于区群中的小区数)频率组,区群内小区均使用不同的频率组,而任意小区使用的频率组,在其他区群相应的小区中还可以再用。

② (提示：参考图 4-13)

③ 同心圆技术就是在 GSM 网中,将无线覆盖小区(一个基站或基站的一部分小区),分为两层,即外层和内层,又称顶层(Overlay)和底层(Underlay)。外层的覆盖范围是传统的蜂窝小区,而内层的覆盖范围主要集中在基站附近；外层一般采用常规的 4×3 复用方式,而内层则采用密化的复用方式,如 3×3、2×3 或 1×3 等。因而,所有的载频被分为两组,一组用于外层,另一组用于内层。外层和内层是共站址的,而且共用一套天线系统。共用同一个广播控制信道(BCCH),但公共控制信道(CCCH)必须设置在外层载频信道上,这就意味着通话的建立必须在外层信道上进行。

优点：使用同心圆技术,将把一个小区的载频根据频率复用情况分为内圆载频和外圆载频。频率复用度低的载频,其干扰也低,因此配置为外圆载频；频率复用度高的载频干扰大,配置为内圆载频。对于离基站近的地区,呼叫的上下行电平高,抗干扰能力强,因此我们希望能将这种呼叫分配到内圆载频上。而在离基站远的地区,其电平相对较低,抗干扰能力弱,同时由于处于小区的边缘地带,受到其他小区的干扰电平也强,同时对其他邻近小区的干扰也强。在这种情况下,我们希望将这种呼叫分配到外圆载频上,这样该呼叫受到的干扰小,话音质量好,同时对其他小区造成的干扰也小。

④ 随着无线服务需求的进一步提高,若要进一步提高系统容量,除了上文所介绍到的技术手段外,在实际应用中,小区分裂(Splitting)和裂向(Sectoring)是增大蜂窝系统容量的有效方法。(提示：参考 4.3.5 节)

4.4.1 ① 位置更新；同一 MSC 局内的位置区更新；越局位置区更新

② 将一个正处于呼叫建立状态或忙状态的 MS 转换到新的业务信道上

③ PIN 码；鉴权；加密

④ 接入阶段；鉴权加密阶段；TCH 指配阶段

4.4.2 ① 正确。

② 错误。位置更新总是由新 BTS 发起的，总要修改 VLR 数据；相同 MSC 不修改 HLR 数据，不同 MSC 要修改 HLR 数据。

③ 错误。加密不能应用于公共信道；当移动台转到专用信道，网络还不知道用户身份时，也不能加密。

4.4.3 ①（提示：参考图 4-16）

②（提示：参考图 4-17）

③（提示：参考图 4-18）

④ 各种切换之间的共同点：切换是由旧 BTS 或旧 BSC 发起；需要链路的建立；新 BTS 的频率等参数由旧 BTS 发送给 MS；MS 要向新 BTS 发起接入突发脉冲；新 BTS 要回送 TA；MS 通过新 BTS 发送切换成功信息；旧 TCH 无线资源要释放等。

第 5 章　码分多址移动通信系统

5.1.1 ① 码分多址；Code Division Multiple Access

② 自相关性好、互相关性弱；结构；频率；相位

③ PN 码序列的同步

5.1.2 ① C　② BDEF

5.1.3 ①（提示：从码分和扩频两个角度上进行简述）

②（提示：CDMA 系统的特点：大容量；干扰受限；存在远近效应；高服务质量；保密性好；综合成本低；频率规划简单；用户终端设备功耗小、待机时间长、辐射低、有利于健康等）

③（略）

5.2.1 ① 从基站发往移动台的无线信道；从移动台发往基站的无线信道

② 1 路导频信道；1 路同步信道；最多 7 路寻呼信道；64 阶沃尔码

③ 在通话过程中基站向特定移动台发送用户语音编码数据或其他业务数据和随路信令；78%左右；63；9600b/s；4800b/s；2400b/s；1200b/s

④ 反向接入信道；反向业务信道

5.2.2 ① 错误。为了保证各移动台载波检测和提取的可靠性，导频信道是不可缺少的，导频信道的功率高于其他信道的平均功率。

② 正确。

③ 错误。数据在传输之前都要进行卷积编码，卷积码的码率为 1/2，约束长度为 9。

5.2.3 ① CDMA 的正向信道包括 1 路导额信道、1 路同步信道、最多 7 路寻呼信道和 55 路正向业务信道。导频信道用于传送导频信息；同步信道用于传输同步信息；寻呼信道供基站在呼叫建立阶段传输控制信息。当呼叫移动用户时，寻呼信道上就播送该移动用户的识别码等信息；正向业务信道用来传输在通话过程中基站向特定移动台发送用户语音编码数据或其他业务数据和随路信令。

②（提示：CDMA 的反向信道由反向接入信道和反向业务信道组成）

③（提示：可参考图 5-2，并说明各功能实体）

5.3.1 ① 由线性反馈移存器产生的周期最长的二进制数字序列

② 平衡特性；游程分布特性；延位相加特性；双极性 m 序列的自相关特性

③ 基站码；信道码；用户码

④ 15；32 768；512

⑤ PN 码捕获(精同步)；PN 码跟踪(细同步)

⑥ 滑动相关法；序贯估值法

5.3.2 ① 正确；② 正确

5.3.3 ① CDMA 的地址码和扩频码主要应具有以下特性：有足够多的地址码；有尖锐的自相关特性；有处处为零的互相关特性；不同码元数平衡相等；尽可能大的复杂度。

② (提示：参考图 5-5)图 5-5 所示的是一个由 4 阶线性反馈移位寄存器构成的 PN 序列生成器。该序列生成器能够产生周期为 15 的 0、1 二值序列。设初始状态 $(a_4, a_3, a_2, a_1)=(1,0,0,0)$，则周期序列输出为：000111101011001。图 5-6 是反馈移存器生成的 m 序列状态图。若设初始状态 $(a_4, a_3, a_2, a_1)=(0,0,0,0)$，移位后得到的仍为全"0"状态。反馈移存器应避免出现全"0"的初始状态，并用尽可能少的级数产生尽可能长的序列。

特性：(1)平衡特性；(2)游程分布特性；(3)延位相加特性；(4)双极性 m 序列的自相关函数

③ (提示：参考图 5-10)CDMA 移动通信系统，通常具有如图 5-10 所示的 3 层扩频编码结构：分配给移动终端与基站通信用的信道标识编码、表征基站的基站码、表征移动终端的用户码。

5.4.1 ① 注册

② 开机注册；关机注册；周期性注册；基于距离的注册；参数改变注册；受命注册；默认注册；业务信道注册

③ 软切换；硬切换；CDMA 到模拟系统的切换

④ 初始化状态；空闲状态；接入状态

⑤ 时隙工作模式；非时隙工作模式

5.4.2 ① 错误。所有自主注册和参数改变注册都可被激活或禁用，激活的注册形式和相应的注册参数在系统参数消息中获得。

② 错误。周期性注册的时间不能太长也不能太短。如果时间间隔过长，系统不能准确地知道移动台的位置，从而增大对呼信道的负荷；如果时间间隔过短，则注册会变得频繁，却要增加接入信道的负荷。

③ 错误。受命注册通过基站的指令消息来初始化，默认注册不包括任何基站和移动台之间的消息交换。

④ 错误。在硬切换的过程中，移动台先中断与原基站的通信，再与新基站建立联系；所以该切换过程中有短暂的通话中断，容易掉话。

⑤ 正确。

5.4.3 软切换：移动台如果与两个基站同时连接时进行的切换称处理过程是先通后断。

有效集：与正在联系的基站对应的导频集合。

候选集：当前不在有效集中,但是已有足够的强度表明与该导频对应基站的前向业务信道可以被成功解调的导频集合。

相邻集：当前不在有效集或候选集中但是有可能进入候选集的导频集合。

剩余集：除了有效集,侯选集,相邻集以外的其他导频集合。

5.4.4 ①(提示：可参考图5-4,并简述移动台进行位置更新的工作流程)

②(提示：可参考图5-5,并简述手机关机登记的具体步骤)

5.5.1 ① 克服远近效应对系统通信质量的影响；控制系统中同一频道上的各个用户之间的相互干扰

② 前向功率控制；反向功率控制

③ 根据接收到的信号,迅速估算出移动台的开环功率并立即进行调整或补偿,以使移动台保持最适当的发射功率

④ 克服码间干扰

5.5.2 (略)

5.5.3 移动通信的信道是多径衰落信道,多径接收技术(RAKE)就是在手机内设计多个接收机,同时分别接收每一路的信号并独立进行解调,然后再将接收并解调了的信号综合叠加,滤掉噪声后通过放大使输出增强,形成清晰悦耳的语音信号,富有立体效果。这个道理有点类似于制图中的全方位图像,人们对一个具有多个角度视图的物体的印象要比仅有某一个视图的物体的印象全面而真实。这样,在CDMA移动通信系统中将多径信号转化为一个可供利用的有利因素。

CDMA技术采用多径接收技术,有利于克服码间干扰,但当扩频处理增益不够大时,克服的程度会受到限制,即仍会残存码间干扰。

第6章 移动通信系统的发展与演进

6.1.1 ① 未来公共陆地移动通信系统；多环境能力；多模式操作

② 核心网(CN)；无线接入网(RAN)；移动台(MT)

③ 网络与网络间接口(NNI)；无线接入网与核心网之间的接口(RAN-CN)；无线接口(UNI)；用户识别模块和移动台之间的接口(UIM-MT)

④ 分组交换；分组传输

⑤ 可支持UTRAN、ERAN和其他方式接入的接入网络；GPRS网络；呼叫控制网络；与外部网络的关口；业务生成结构

⑥ 14.4

6.1.2 ① ABCDEF；② BCD；③ ABC；④ AB

6.1.3 ① 错误。采用上下行闭环加外环功率控制方式,同时使用开环和闭环发射分集方式,上下行采用QPSK调制。

② 正确。

6.1.4 ①(提示：可参考图6-1,IMT-2000系统主要由核心网(CN)、无线接入网(RAN)、移动台(MT)和用户识别模块(UIM)这4个功能子系统构成的。同时,ITU定

义了4个标准接口,即网络与网络间接口(NNI)、无线接入网与核心网之间的接口(RAN-CN)、无线接口(UNI)和用户识别模块和移动台之间的接口(UIM-MT))

② (略)

6.2.1 ① 频段;频带宽度;突发结构;无线调制标准;跳频规则;TDMA 帧结构

② 承载业务;用户终端业务;补充业务;短消息业务;匿名接入

③ 分组交换域;分组交换;分组传输

6.2.2 ① ABD;② AB;③ BCDE;④ ABC

6.2.3 ① 正确。

② 错误。在GPRS系统中,一个逻辑信道可以由一个或几个物理信道构成。

③ 错误。地址映射用于将一个网络地址映射成同类型的另一个网络地址,而地址转换就是将一个地址转换成另一个不同类型的地址。

6.2.4 ①(提示:可参考图6-13,并说明各功能实体)。

② GPRS系统的特点:采用分组交换技术;支持中、高速率数据传输;定义了4种新的编码方案:CS1、CS2、CS3和CS4;网络接入速度快;支持基于标准数据通信协议的应用;支持特定的点到点和点到多点服务;安全功能同现有的GSM安全功能一样;计费方式更加合理。

③ GPRS新增的信道结构:分组公共控制信道;分组广播控制信道;分组业务信道。

④ SGSN的功能类似于GSM系统中的MSC/VLR,主要是对移动台进行鉴权、移动性管理和路由选择;建立移动台GGSN的传输通道;接收基站子系统透明传来的数据;进行协议转换后经过GPRS的IP Back bone(骨干网)传给GGSN(或SGSN),或反向进行;另外还进行计费和业务统计。SGSN实际上是GPRS网络对外部数据网络的网关或路由器,它提供GPRS和外部分组数据网的互联。GGSN接收移动台发送的数据,选择到相应的外部网络,或接收外部网络的数据,根据其地址选择GPRS网内的传输通道,传输给相应的SGSN。此外,GGSN还有地址分配和计费等功能。

6.3.1 ① Universal Mobile Telecommunications System

② 2000

6.3.2 ① 正确。

② 错误。分组业务传输分为两种方式,即无连接方式和有连接方式。

6.3.3 ① 提示:参考图6-9所示的3GPP传输速率回答。

②(提示:WCDMA的业务种类有话音业务传输;电路数据传输;分组业务传输;并发业务传输4种)

6.4.1 ①(略) ②(略)

6.4.2 ①(略) ②(略)

6.5.1 ①(略) ②(略)

第7章　TD-SCDMA系统

7.1.1 ① 时分—同步的码分多址
② TD-SCDMA；WCDMA；CDMA 2000；TD-SCDMA
7.1.2 ①（略） ②（略）
7.2.1 （略）
7.3.1 ① Uu；物理层(L1)；数据链路层(L2)；网络层(L3)
② 超帧；无线帧；子帧；时隙/码
③ 无线帧
④ 子帧
⑤ 下行导频时隙(DwPTS)；上行导频时隙(UpPTS)；保护时隙(GP)
7.3.2 ①（略） ②（略） ③（略）
7.4.1 ① 空闲模式；连接模式；空闲模式；Idle
② CELL-PCH；URA-PCH；CELL-FACH；CELL-DCH
7.4.2 ①（略） ②（略）
7.5.1 ① 空域动态信道分配；码域动态信道分配
② 慢速DCA；快速DCA
③ 开环控制；内环闭环控制；外环闭环控制
④ 高速下行分组接入
⑤ 快速链路调整技术

第8章　移动增值业务系统

8.1.1 ① 每用户平均收入(AUR值)
② 移动智能业务；移动数据业务
③ 信令；电路；分组
④ 人与人；人与设备；设备与设备
⑤ 通信类；交易处理类
8.1.2 ①（略）
②（提示：移动增值业务发展的驱动力包括技术驱动力；用户需求驱动力；制造商驱动力；运营商驱动力）
③（提示：移动增值业务的基本特点：提供的所有业务均具有附加价值；提高了运行效率；可根据其附加价值属性制定更高的资费标准；不会占用基础电信业务运营系统的人员与设备；业务的多样性，还提供业务间在运行与管理上的协作）
8.2.1 ① 传统的交换机；本地业务平台；智能网的兴起；开放业务接入(OSA)
② 将各种业务系统的业务请求信息进行适配；WAP网关；消息网关；语音网关；互联网关
③ 业务运营支撑系统；集中的数据核心层；灵活的业务逻辑层；开放的接入层构成
8.2.2 ① 正确　②正确。

8.2.3 ① ABC ② ABC ③ ABC

8.3.1 ① 小区广播业务；点对点业务

② Multimedia Messaging Service；彩信

③ DRM(数字版权管理)技术；移动数据库技术；电子地图技术

8.3.2 ① 错误。移动台空闲或通话期间均可收、发短消息。

② 正确。

③ 正确。

8.3.3 ① ABCD ② ABCD ③ ABCDEFG ④ ABCD

8.3.4 归属代理：归属网上的移动 IP 代理。外区代理：位于移动节点当前连接的外区网络上，它向已登记的移动节点提供选路服务。归属地址：用来识别端到端连接的静态地址，也是移动节点与归属网连接时使用的地址，它不管移动节点连至网络何处均保持不变。转交地址：隧道终点地址，它可能是外区代理转交地址，也可能是驻留本地的转交地址。被动发现：移动节点等待本地移动代理周期性地广播代理通告报文。主动发现：移动节点广播一条请求代理的报文。隧道技术：一种通过使用互联网络的基础设施在网络之间传递数据的方式，网络隧道是指在公用网建立一条数据通道(隧道)，让数据包通过这条隧道传输。

8.3.5 ① 移动台发送短消息的过程：首先在无线信令链路上将 SMSC 的电话号码、被叫用户号码、短消息的内容等信息送到拜访的 MSC/VLR 内；MSC/VLR 根据存储的用户数据检查用户是否具有短消息业务功能；若有，再根据 SMSC 的电话号码，将短消息转至 SMS 网关，再由 SMS 网关送到 SMSC 内，由 SMSC 暂时储存起来。SMSC 收到短消息后会向移动台回送短消息已发送成功的确认信息。

② 移动 IP 协议的工作原理大致如下：移动代理(即外区代理和归属代理)广播代理通告以便于移动节点识别它，移动节点也通过代理请求报文，可有选择地向本地移动代理请求代理通告报文。移动节点收悉这些代理通告后，分辨其在归属网上还是在某一外区网上。当移动节点检测出自己位于归属网上时，那么它不需要移动服务就可工作；当移动节点从登记的其他外区网返回归属网时，移动节点要向其归属代理撤销其外区网登记信息；当移动节点检测到自己已漫游到某一外区网时，它获得该外区网上的一个转交地址(可通过外区代理的通告获得也可通过外部分配机制获得)，然后移动节点向归属代理登记其新的转交地址并进行登记，这样发往移动节点归属地址的数据包被其归属代理截收，归属代理利用隧道技术封装该数据包，并将封装后的数据包发送到移动节点的转交地址，由隧道终点(外区代理或移动节点本身)接收，解除封装，并最终传送到移动节点。在相反方向，无需通过归属代理转发，移动节点使用标准的 IP 选路机制，发出的数据包到目的地，可参考图 8-13。

8.4.1 ① 移动虚拟专用网技术；集团 IP 电话技术；集团短消息；集团 E 网

② VPMN；“集团 V 网”

③ 网络电话终端 IAD；呼叫管理控制中心

8.4.2 ① ABCDEF ② ABCD ③ ABCD ④ ABCD

8.4.3 ① 集团 IP 电话技术的增值应用包括：网络电话会议；IP 客服呼叫中心系统；虚拟

办事处/分公司。

② 集团短消息的主要功能：用户分级管理、群发短消息、点播/查询功能、点对点短消息、邮件/公文提醒、地址本功能、统计/日志/过滤功能、提供 API 以及后续开发支持等；特点：个性化；针对性；时效性；高效性。

第 9 章 LTE 系统和 LTE-Advanced 系统

9.1.1 ① Long Term Evolution；OFDM；MIMO；326Mb/s

② 自动邻居关联

9.1.2 ① 正确

② 正确

③ 错误，LTE 系统不包括基站控制器。

9.1.3 (略)

9.2.1 ① 传输块 CRC 处理；码块 CRC 处理；传输块/码块 CRC 处理

② 上下行参考信号；主同步信号；辅同步信号

③ 正交频分多址；单载波频分多址

9.2.2 (略)

9.2.3 (略)

9.3.1 ① 单小区无线资源；多小区无线资源

② 建立；保持；释放

9.3.2 (略)

9.4.1 ① 正确。

② 错误，涉及 EPC 节点重定位的移动性管理过程包括 MME 重定位和 Serving GW 重定位。

③ 错误，双播方式不能保证数据的无损，在双播开始时，很有可能已经出了源侧无法正确传输分组到 UE 的情况。因此应该采用数据转发方法。

9.4.2 (略)

9.5.1 ① 1Gb/s；500Mb/s；50ms；10ms

② SON；网络自配置；网络自优化；网络自愈

③ 多频段协同与载波聚合技术、中继技术、分布式天线技术、多基站协同技术。

9.5.2 (略)

常用英文缩写名称对照表

3GPP	Third Generation Partnership Project,第三代移动通信伙伴项目
3S	Synchronous Seamless Switch,同步无缝切换技术
AAA	Authentication, Authorization and Accounting,认证、授权和计费
AB	Access Burst,接入突发脉冲序列
ADM	Adaptive Delta Modulation,自适应增量调制
ADPCM	Adaptive Differential Pulse Code Modulation,自适应差分脉冲编码调制
AES	Advanced Encryption Standard,高级认证标准
AGCH	Access Granted Channel,准许接入信道
AICH	Acquisition Indicator Channel,捕获指示信道
AMR	Adaptive Multi-Rate,自适应多速率
AN	Access Node,接入节点
ANSI	American National Standards Institute,美国国家标准学会
ANU	Access Network Unit,接入网络单元
AOA	Arrival Of Angle,到达角度
AP	Access Point,接入点
APK	Amplitude and Phase Keying,幅相键控
ASP	Application Service Provider,应用业务提供商
AT	Access Terminal,接入终端
ATC	Adaptive Transfer Coding,自适应传输编码
ATM	Asynchronous Transfer Mode,异步传输模式
AUC	Authentication Centre,鉴权中心
BCCH	Broadcast Control Channel,广播控制信道
BCH	Broadcast Channel,广播信道
BE	Best Effort,尽力而为
BGCF	Breakout Gateway Control Function,出口网关控制功能
BI	Backward Indication,后向指示
BIE	Base Station Interface Equipment,基站接口设备
BP	Burst Period,突发脉冲序列
BPSK	Binary Phase Shift Keying,二相移相键控
BS	Base Station,基站

BSC	Base Station Controller,基站控制器
BSIC	Base Station Identity Code,基站识别码
BSS	Base Station Subsystem,基站子系统
BTS	Base Transceiver Station,基站收发信机
CAMEL	Customized Applications for Mobile network Enhanced Logic,智能网
CAN	Controller Area Network,控制器区域网络
CBR	Constant Bit Rate,固定带宽
CC	Common Control,公共控制
CCCH	Common Control Channel,公共控制信道
CCH	Control Channel,控制信道
CCI	Connection Controller Interface,连接控制接口
CCK	Complementary Code Keying,补码键控
CCM	Central Control Module,中心控制模块
CDMA	Code Division Multiple Access,码分多址
CELP	Code Excited Linear Prediction,码激励线性预测编码
CFB	Call Forwarding on mobile subscriber Busy,遇忙呼叫前转
CFD	Call Forwarding Default,隐含呼叫前转
CFNA	Call Forwarding No Answer,无应答呼叫前转
CFU	Call Forwarding Unconditional,无条件呼叫前移
CGI	Cell Global Identification,全球小区识别码
CII	City Information Infrastructure,国家信息基础设施
CIR	Committed Information Rate,承诺带宽
CM	Communication Management,通信管理层
CMMB	China Mobile Multimedia Broadcasting,中国移动多媒体广播
CN	Core Network,核心网络
CNIP	Calling Number Identification Presentation,主叫号码识别显示
CNIR	Calling Number Identification Restriction,主叫号码识别限制
CORBA	Common Object Request Broker Architecture,公共对象请求代理体系结构
CPSK	Coherent Phase Shift Keying,相干移相键控
CR	Connect Request,连接请求
CRC	Cyclic Redundancy Check,循环冗余校验
CRNC	Controlling Radio Network Controller,控制无线网络的控制器
CS	Circuit Switched Domain,电路交换域
CSC	Cell Station Controller,基站控制器
CSCF	Call Session Control Function,呼叫会话控制功能
CSI	Channel State Information,信道状态信息
CSMA/CA	Carrier Sense Multiple Access/Collision Avoidance,载波检测多路存取/碰撞避免
CTCH	Common Traffic Channel,公共业务信道

CW Call Waiting,呼叫待时
CWTS China Wireless Telecommunications Standards Group,中国无线通信标准委员会
DB Dummy Burst,空闲突发脉冲序列
DCA Dynamic Channel Allocation,动态信道分配
DCCH Dedicated Control Channel,专用控制逻辑信道
DCH Dedicated Channel,专用传输信道
DFS Dynamic Frequency Selection,动态频率选择
DFT Discrete Fourier Transform,离散傅里叶变换
DM Delta Modulation,增量调制
DOA Direction Of Arrival,到达角
DPCH Dedicated Pilot Channel,专用物理信道
DPCM Differential Pulse Code Modulation,差分脉冲编码调制
DPDCH Dedicated Physical Data Channel,专用物理数据信道
DQPSK Differential Quadrature Phase Shift Keying,差分正交相移键控
DRC Data Rate Control,数据速率控制
DRNS Drift Radio Network Subsystem,漂移无线网络子系统
DS Direct Sequence,直接序列
DSA Digital Signature Algorithm,数字签名算法
DS-CDMA Direct Sequence-Code Division Multiple Access,直接序列码分多址
DSCH Downlink Shared Channel,下行共享传输信道
DSP Digital Signal Processing,数字信号处理
DTCH Dedicated Traffic Channel,专用业务逻辑信道
DTMF Dual Tone Multiple Frequency,双音多频
DTX Discontinuous Transmission,不连续发射
ECM Entitlement Control Message,授权控制消息
ECSD Enhanced Circuit Switched Data,增强的电路交换数据
EDGE Enhanced Data Rates for GSM Evolution,增强型数据速率 GSM 演进技术
EGPRS Enhanced GPRS,增强的 GPRS
EIR Equipment Identity Register,设备识别寄存器
EPC Evolved Packet Core Network,演进型分组核心网
ESN Electronic Serial Number,电子序列号
ESN Enhanced Security Network,增强型安全网络
ESSID Extended Service Set Identifier,扩展服务集标识号
ETRI Electronics and Telecommunications Research Institute,电子通信研究院
ETSI European Telecommunication Standards Institute,欧洲电信标准学会
E-UTRAN Evolved-UTRAN,无线接入网
EV-DO Evolution-Data Optimized,演进资料最佳化
EV-DV Evolution Data and Voice,数据和语音演进

FA Foreign Agent,外地代理
FACH Forward Access Channel,前向接入信道
FB Frequency Correction Burst,频率校正短脉冲串
F-BCCH Forward Broadcast Channel,前向广播信道
FCA Fixed Channel Allocation,固定信道分配
F-CACH Forward Common Assignment Channel,前向公共分配信道
FCC Federal Communications Commission,美国联邦通信委员会
F-CCCH Forward Common Control Channel,前向公共控制信道
FCCH Frequency Correction Channel,频率校正信道
F-DCCH Forward Dedicated Control Channel,前向专用控制信道
FDD Frequency Division Duplex,频分双工
FDM Frequency Division Multiplexing,频分复用
FDMA Frequency Division Multiple Access,频分多址
FEC Forward Error Correction,前向纠错
F-FCH Forward Fundamental Channel,前向基本信道
FFH Fast Frequency Hopping,快跳频
FH Frequency Hopping,跳频
FH-CDMA Frequency Hopping-Code Division Multiple Access,跳频码分多址
FM Frequency Modulation,频率调制
F-PCH Forward Paging Channel,前向寻呼信道
FPGA Field Programmable Gate Array,线程可编程门阵列
F-PICH Forward Pilot Channel,前向导频信道
FPLMTS Future Public Land Mobile Telecommunication System,未来公共陆地移动通信系统
GGSN Gateway GPRS Support Node,网关 GPRS 支持节点
GII Global Information Infrastructure,全球信息基础设施
GMSC Gateway Mobile Switching Center,网关移动交换中心
GMSK Gaussian Minimum Shift Keying,高斯最小频移键控
GPP Generation Partnership Project,合作伙伴项目
GPRS General Packet Radio Service,通用无线分组业务
GSM Global System for Mobile Communications,全球移动通信系统
GSN GPRS Support Node,GPRS 支持节点
HCF Hybrid Coordination Function,混合协调功能
HF High Frequency,高频
HLR Home Location Register,归属地位置寄存器
HSDPA High Speed Downlink Packet Access,高速下行分组接入技术
HS-DPCCH High-Speed Dedicated Physical Control Channel,上行专用物理控制信道
HS-DSCH High-Speed Downlink Shared Channel,高速下行共享信道
HSPA High Speed Packet Access,高速分组接入

HS-SCCH High-Speed Shared Control Channel,高速共享控制信道
HSUPA High Speed Uplink Packet Access,高速上行链路分组接入
ICI Inter Channel Interference,信道间干扰
IDEN Integrated Digital Enhanced Network,综合调度增强网络
IDFT Inverse Discrete Fourier Transform,离散傅里叶反变换
IEEE Institute of Electrical and Electronics Engineers,美国电子电气工程师协会
IMAP Internet Message Access Protocol,访问服务器上所存储的邮件的 Internet 协议
IMEI International Mobile Equipment Identification,国际移动台设备识别码
IMS IP Multimedia Subsystem,IP 多媒体系统
IMSI International Mobile Station Identity,国际移动客户识别码
IMT International Mobile Telecommunications,国际移动通信
IP Internet Protocol,互联网协议
IPv6 Internet Protocol Version 6,互联网协议第六版本
ISDN Integrated Services Digital Network,综合数字网
ISI Inter Symbol Interference,符号间干扰
ITU International Telecommunication Union,国际电信联盟
Iu-CS Interface between the RNS and the core network for CS Domain,RNS 与核心网 CS 域的接口
Iu-PS Interface between the RNS and the core network for PS Domain,RNS 与核心网 PS 域的接口
IVR Interactive Voice Response,交互语音应答系统
IWU Interworking Unit,互通单元
JD Joint Detection,联合检测
LA Link Adaptation,链路自适应
LAI Location Area Information,位置区识别码
LAN Local Area Network,局域网
LMDS Local Multipoint Distribution Services,区域多点传输服务
LMS Least Mean Square,最小均方误差算法
LMSI Local Mobile Station Identity,本地移动台标识
LPC Linear Predictive Coding,线性预测编码
LTE Long Term Evolution,长期演进
LU Local Unit,本地单元
MAC Media Access Control,媒体存取控制
MAH Mobile Access Hunting supplementary service DND,移动地址搜索附加业务
MAI Multiple Access Interference,多址干扰
ME Mobile Equipment,提供应用和服务
MGCF Media Gateway Control Function,媒体网关控制功能

MGW	Mobile Media Gateway,移动媒体网关
MIMO	Multiple Input Multiple Output,多入多出系统
MM	Mobility Management,移动性管理层
MMC	Mobile Management Center,移动管理中心
MMD	Multimedia Domain,多媒体域
MMDS	Microwave Multipoint Distribution Systems,微波多路分配系统
MME	Mobility Management Entity,移动性管理实体
MMSE-BLE	Multimedia Messaging Service Environment-BLE,多媒体消息业务环境
MOU	Memorandum Of Understanding,谅解备忘录
MPSK	Multiple Phase Shift Keying,多值相移键控
MQAM	Multiple Quadrature Amplitude Modulation,多重星座调制
MRFC	Media Resource Function Control,多媒体资源控制器
MRFP	Media Resource Function Process,多媒体资源功能处理器
MRP	Multiple Reuse Pattern,多重复用技术
MS	Mobile Station,移动台子系统
MSC	Mobile Switching Center,移动交换中心
MSISDN	Mobile Station ISDN Number,移动台 ISDN 号码
MSRN	Mobile Subscriber Roaming Number,移动客户漫游号码
MT	Mobile Terminal,移动终端
MUD	Multiple User Detection,多用户检测
MUSIC	Multiple Signal Classification,多重信号分类
NAMTS	NEC Advanced Mobile Telephone System,日本 NEC 所制定的移动电话系统
NAS	Network Access Server,网络接入服务器
NB	Normal Burst,常规突发脉冲序列
NII	National Information Infrastructure,国家信息基础设施
NLMS	Normalize LMS,归一化最小均方误差算法
NMT	Nordic Mobile Telephone,北欧移动电话系统
NNI	Network to Network Interface,网络与网络间接口
NSS	Network and Switch Subsystem,交换网路子系统
OFDM	Orthogonal Frequency Division Multiplexing,正交频分复用
OFDM/FDMA	Orthogonal Frequency Division Multiple/Frequency Division Multiple Address,正交频分复用/频分多址
OMC	Operation & Maintenance Center,操作维护中心
OSA	Open Service Architecture,3GPP 组织提出的用于快速部署业务的开放业务平台
OSI	Open System Interconnection,开放系统互联
OSS	Operations Support System,操作支持子系统
PACA	Priority Access and Channel Assignment,优先接入及信道指配

PACCH Packet Associate Control Channel,分组相关控制信道
PAGCH Packet Access Grant Channel,分组接入许可信道
PAS Personal Access System,个人通信接入系统
PBCCH Packet Broadcast Control Channel,分组广播控制信道
PBCH Physical Broadcast Channel,物理广播信道
PC Power Control,功率控制
PCA Password Call Acceptance,口令呼叫接收
PCCH Paging Control Channel,寻呼控制逻辑信道
PCCPCH Primary Common Control Physical Channel,基本公共控制物理信道
PCF Packet Control Function,数据控制功能
PCH Paging Channel,寻呼信道
PCFICH Physical Control Format Indicator Channel,物理控制格式指示信道
PCM Pulse Code Modulation,脉冲编码调制
PCPICH Primary Common Pilot Channel,主公共控制信道
PCS Personal Communications Service,个人通信服务
PCU Packet Control Unit,分组控制单元
PDCCH Physical Downlink Control Channel,物理下行控制信道
PDSCH Physical Downlink Shared Channel,物理下行共享信道
PDSN Packet Data Serving Node,分组数据服务节点
PDTCH Packet Data Traffic Channel,分组数据业务信道
PER Packet Error Ratio,误包率
PHICH Physical HARQ Indicator Channel,物理 HARQ 指示信道
PHS Personal Handyphone System,个人手持电话系统
PI Parameter Identifier,参数标识符
PIAFS Personal Handyphone Internet Access Forum Standard,个人手持电话因特网接入论坛标准
PICH Paging Indication Channel,寻呼指示信道
PL Permanent Line,永久线路
PLMN Public Land Mobile Network,公用陆地移动网
PL Permanent Line,永久线路
PMCH Physical Multicast Channel,物理多播信道
PN Pseudo Noise,伪噪声
PNCH Packet Notification Channel,分组通知信道
PPCH Packet Paging Channel,分组寻呼信道
PRACH Packet Random Access Channel,分组随机接入信道
PS Packet Switched domain,分组交换域
PSCH Primary Synchronisation Channel,基本同步信道
PSPDN Packet Switched Public Data Network,公用数据交换网
PSTN Public Switched Telephone Network,公共电话交换网

PTCH	Packet Traffic Channel,分组业务信道
PTM	Point To Multipoint,点对多点
PTP	Point To Point,点对点
PTT	Push To Talk,一键通话
PUCCH	Physical Uplink Control Channel,物理上行控制信道
PUSCH	Physical Uplink Shared Channel,上行链路共享物理信道
QAM	Quadrature Amplitude Modulation,正交幅度调制
QCELP	Qualcomm Code Excited Linear Prediction,受激线性预测编码
QOS	Quality Of Service,业务质量
QPSK	Quadrature Phase Shift Keying,四相相移键控
RA	Routing Area,路由区
RACH	Random Access Channel,随机接入信道
R-ACH	Reverse Access Channel,反向接入信道
RAN	Radio Access Network,无线接入网
RCPT	Recipient,收件人
R-CCCH	Reverse Common Control Channel,反向公共控制信道
RDA	Remote Database Access,远端数据库访问
R-DCCH	Reverse Dedicated Control Channel,反向专用控制信道
R-EACH	Reverse Enhanced Access Channel,反向增强型接入信道
RFC	Radio Frequency Channel,无线电频率信道
R-FCH	Reverse Fundamental Channel,反向基本信道
RLS	Recursive Least Squares,递归最小二乘算法
RNC	Radio Network Controller,无线网络控制器
RNS	Radio Network Subsystem,无线电网络子系统
RPC	Reverse Power Control,反向功率控制
RPE-LTP	Regular Pulse Excited-Long Term Prediction,长期预测编码
R-PICH	Reverse Pilot Channel,反向导频信道
RPLMN	Registered Public Land Mobile Network,已注册的公众陆地移动网络
RRC	Radio Resources Control,无线电资源控制
RRI	Reverse Rate Indicator,反向速率指示
RRM	Radio Resource Management,无线资源管理层
R-SCCH	Reverse Supplemental Code Channel,反向补充编码信道
R-SCH	Reverse Supplemental Channel,反向补充信道
SACCH	Slow Associated Control Channel,慢速伴随信道
SC	Service Center,短消息中心
SCA	Selective Call Acceptance,可选择的呼叫接收
SCCP	Signaling Connection Control Part,信令连接控制部分
SCCPCH	Secondary Common Control Physical Channel,辅助公共控制信道
SCH	Synchronous Channel,同步信道

SDCCH　Standalone Dedicated Control Channel,独立专用控制信道
SDMA　Space Division Multiple Access,空分多址
SDR　Software-Defined Radio,软件无线电
SFH　Slow Frequency Hopping,慢跳频
SGSN　Serving GPRS Support Node,服务 GPRS 支持节点
SG　Signaling Gateway,信令网关
SID　System Identification,系统标识
SIM　Subscriber Identity Module,用户识别卡
SINR　Signal to Interference Ratio,信号干扰噪声比
SLF　Subscription Locator Function,签约控制功能
SM　Sub Multiplexing,子复用
SMSC　Short Message Service Center,短消息服务中心
SNR　Signal to Noise Ratio,信噪比
SRNC　Serving Radio Network Controller,服务无线电网络控制器
SRNS　Serving Radio Network Subsystem,服务无线网络分系统
SSCH　Secondary Synchronization Channel,辅助同步信道
STC　Space Time Coding,空时编码
STS　Space Time Spreading,时空分集
TA　Terminal Adaptor,终端适配器
TA　Timing Advance,提前量
TACS　Total Access Communications System,全选址通信系统
TC　Trans-Coder,码型变换器
TCH　Traffic Channel,业务信道
TCH/FS　Traffic Channel/Full Speed,全速率话音业务信道
TCH/HS　Traffic Channel/Half Speed,半速率话音业务信道
TDD　Time Division Duplex,时分双工
TDMA　Time Division Multiple Access,时分多址
TDOA　Time Difference Of Arrival,到达时间差
TD-SCDMA　Time Division-Synchronous Code Division Multiple Access,时分的同步码分多址
TE　Terminal Equipment,终端设备
TETRA　Terrestrial Trunked Radio,陆地数字集群通信系统
TFM　Tamed Frequency Modulation,有缓变调频
TH　Time Hopping,跳时
TKIP　Temporal Key Integrity Protocol,当时密匙集成协议
TMN　Telecommunication Management Network,电信管理网
TMSI　Temporary Mobile Subscriber Identity,临时移动用户识别码
TN　Timeslot Number,时隙号码
TOA　Time Of Arrival,到达时间

TPC	Transmit Power Control,传输功率控制
TPM	Traffic Restart allowed Message,业务再启动允许消息
UE	User Equipment,用户设备
UHF	Ultra High Frequency,超高频
UIM	User Identity Model,用户识别模块
UMSC	UMTS Mobile Services Switching Centre,移动业务交换中心
UMTS	Universal Mobile Telecommunications System,通用移动通信系统
UNGN	Uniform Next Generation Network,统一的下一代网络
UNI	User Node Interface,用户节点接口
USIM	Universal Subscriber Identity Module,普通用户识别模块
UTRAN	Universal Terrestrial Radio Access Network,通用地面无线接入网路
VAD	Voice Activity Detection,话音激活检波
VHF	Very High Frequency,甚高频
VLR	Visiting Location Register,访问用户位置寄存器
VPMN	Virtual Private Mobile Network,虚拟专用移动网
VPN	Virtual Private Network,虚拟私人网络
VSELP	Vector Sum Excited Linear Prediction,矢量和激励线性预测编码
WAP	Wireless Application Protocol,无线应用协议
WCDMA	Wideband Code Division Multiple Access,宽带分码多工存取
WEP	Wireless Equivalent Privacy,无线加密协议
WIMA	Worldwide Interoperability for Microwave Access,全球微波互联接入
WLAN	Wireless LAN,无线局域网

图书资源支持

感谢您一直以来对清华版图书的支持和爱护。为了配合本书的使用，本书提供配套的资源，有需求的读者请扫描下方的“书圈”微信公众号二维码，在图书专区下载，也可以拨打电话或发送电子邮件咨询。

如果您在使用本书的过程中遇到了什么问题，或者有相关图书出版计划，也请您发邮件告诉我们，以便我们更好地为您服务。

我们的联系方式：

地　　址：北京市海淀区双清路学研大厦 A 座 714

邮　　编：100084

电　　话：010-83470236　010-83470237

客服邮箱：2301891038@qq.com

QQ：2301891038（请写明您的单位和姓名）

资源下载：关注公众号“书圈”下载配套资源。

资源下载、样书申请

书圈

图书案例

清华计算机学堂

观看课程直播